U0395513

“十二五”上海重点图书

复合材料力学与结构设计

王耀先　编著

華東理工大學出版社
EAST CHINA UNIVERSITY OF SCIENCE AND TECHNOLOGY PRESS
·上海·

图书在版编目(CIP)数据

复合材料力学与结构设计 / 王耀先编著. —上海:华东理工大学出版社,2012.9(2025.1 重印)
ISBN 978-7-5628-3362-8

Ⅰ.①复… Ⅱ.①王… Ⅲ.①复合材料力学-高等学校-教材 ②复合材料-结构设计-高等学校-教材 Ⅳ.①TB33

中国版本图书馆 CIP 数据核字(2012)第 191850 号

"十二五"上海重点图书

复合材料力学与结构设计

编　　著 / 王耀先
责任编辑 / 马夫娇
责任校对 / 金慧娟
封面设计 / 裘幼华
出版发行 / 华东理工大学出版社有限公司
地　　址:上海市梅陇路 130 号,200237
电　　话:(021)64250306(营销部)
(021)64252344(编辑室)
传　　真:(021)64252707
网　　址:www.ecustpress.cn
印　　刷 / 广东虎彩云印刷有限公司
开　　本 / 787mm×1092mm　1/16
印　　张 / 24
字　　数 / 594 千字
版　　次 / 2012 年 9 月第 1 版
印　　次 / 2025 年 1 月第12次
书　　号 / ISBN 978-7-5628-3362-8
定　　价 / 58.00 元

联系我们:电子邮箱 zongbianban@ecustpress.cn
官方微博 e.weibo.com/ecustpress
天猫旗舰店 http://hdlgdxcbs.tmall.com

前　言

新材料产业是重要的战略性新兴产业。复合化是当代新材料发展的一个重要方向。现在想要合成一种新材料使之完全满足各种高要求的综合指标是非常困难的，即使研制出来某一种满意的材料，从实验室到工业生产的周期也非常长。但是如果把现有的材料复合起来则有可能比较容易达到要求。复合材料性能优越、可设计性好，可按实际受力情况进行铺层设计，既节约了材料，又易于满足某些需求的综合指标，这是一般各向同性材料所不能达到的，所以得到迅速发展和广泛应用。复合材料受到世界各国的高度重视，被选定为优先发展的新材料之一。

本教材是在参考1991年华东化工学院出版社《复合材料结构设计》和2001年化学工业出版社《复合材料结构设计》的基础上，根据这些年来复合材料结构设计的发展以及专业教学的实际需要，同时参阅了大量的国内外有关文献资料和最新科研成果，并结合作者长期从事教学、科研和设计的实践经验新编而成。全书共4篇11章，第1篇为复合材料导论，第2篇为复合材料力学，第3篇为复合材料结构设计基础，第4篇为复合材料典型产品设计。各章节具有相对独立性，便于各院校根据具体情况取舍，适用于宽口径的教学需要。本书注重实用性、先进性、科学性，有利于推进素质教育，培养学生创新意识及自学能力，可作为高等院校材料类专业或相关专业的教材，也可供复合材料行业的工程技术人员参考。该书的基本特点如下：

（1）注重创新能力的训练和培养。重点阐明经典的基本原理、设计思想以及分析问题与解决问题的方法，使教材在奠定基础、注重经典、把握方法的同时更具开放性、探索性和拓展性。

（2）注重科学性和先进性。在保持核心内容与关键方法的同时，书中编纂了比较成熟且能反映本课程发展前沿的内容，介绍了国内外最新科研成果和发展方向，还融入了编者的理论研究成果和设计经验。本书各章均有其独特之处并能自成体系，既有比较完整的理论基础，又力求内容稳定、简洁实用。

（3）强调理论联系实际和工程设计能力的训练，重视实践能力的培养。在介绍结构设计理论时，从工程设计角度出发，按照最新的先进标准，较详细地介绍了几类典型复合材料产品的设计和制造；同时还编写了较多的例题、习题、思考题和图表，便于阅读和练习。

（4）内容由浅入深、循序渐进、思路清晰，系统性较强，易于自学。在叙述时从学生已掌握的材料力学基础知识出发，开拓复合材料力学的基本概念；用各向同性材料结构的分析与设计方法来开拓各向异性复合材料结构的分析与设计；力求力学、设计、材料及其制备的紧密结合。

本书的编写得到了华东理工大学优秀教材出版基金的资助，得到材料科学与工程学院领导的关心。最后，要感谢华东理工大学出版社的辛勤工作，使得新教材以更优秀的面目问世。

由于作者水平有限，书中疏漏和不妥之处在所难免，敬请读者批评指正。

王耀先

2012年3月于华东理工大学

主要符号说明

A	横截面面积、积分常数、距离
$[A]$	层合板的面内刚度矩阵
A_{ij}	层合板的面内刚度系数
a	长度、厚度
$[a]$	对称层合板的面内柔度矩阵
a_{ij}	对称层合板的面内柔度系数、强度比值参数
B	宽度、距离、系数
$[B]$	层合板的耦合刚度矩阵
B_{ij}	层合板的耦合刚度系数
b	宽度
C	参数、系数、蜂窝芯子的厚度
c	复合材料吸湿含量、接触系数、比值、系数
$c_{\mathrm{f}}, c_{\mathrm{m}}$	纤维、基体的吸湿含量
D	抗弯刚度、直径、极限内力、系数
$[D]$	层合板的弯曲刚度矩阵
D_{ij}	层合板的弯曲刚度系数
d	距离、直径
$[d]$	对称层合板的弯曲柔度矩阵
d_{ij}	对称层合板的弯曲柔度系数
E	弹性摸量、第二类椭圆积分
E_1, E_2	单层板的纵向、横向弹性模量
$E_{\mathrm{L}}, E_{\mathrm{T}}$	双向单层板的经向、纬向弹性模量
$E_{\mathrm{c}}, E_{\mathrm{f}}, E_{\mathrm{m}}$	复合材料、纤维、基体的弹性模量
E_x, E_y	x、y 方向上的弹性模量
e	单层的湿热膨胀应变、端距
F	第一类椭圆积分、应力函数、外力、支座反力、极限强度、系数、面积
F_i, F_{ij}	应力空间中的强度参数
f	挠度、函数、系数、频率
$f_{\mathrm{L}}, f_{\mathrm{T}}$	经向、纬向纤维量与总纤维量之比
G	剪切弹性模量、风量
G_{12}	单层板的面内剪切弹性摸量
G_i, G_{ij}	应变空间中的强度参数
G_{xy}	层合板的剪切弹性模量

G_{LT}	双向单层板的经纬向剪切弹性模量
G_c	复合材料的剪切弹性模量
g_k	重量风速
H,h	厚度、距离、高度
h_0	单层厚度、距离
I	惯性矩
i	压杆截面的最小惯性半径、焓
J	惯性矩
K	应力比、系数
k	铺层序号、曲率
k_x,k_y,k_{xy}	层合板的曲率和扭率
L	长度、比值
l	长度
M	质量、弯矩、力矩
M_x,M_y,M_{xy}	层合板的弯矩和扭矩
M_c,M_f,M_m	复合材料质量、纤维质量、基体质量
m	铺层角的余弦函数、单层组数
m_c,m_f,m_m	复合材料、纤维和基体的质量含量
N	内力、功率、冷却数
N_x,N_y,N_{xy}	层合板的面内力
N_{FPF}^*	层合板的最先一层失效强度
N_{max}^*	层合板的极限强度
n	铺层角的正弦函数、单层数、安全系数、转速、常数
P	功率
p	压力、分布力、外力、参数
Q	剪力、流量
$[Q]$	单层板的正轴模量矩阵
Q_{ij}	单层板的正轴模量分量
$[\bar{Q}]$	单层板的偏轴模量矩阵
$\bar{Q}_{ij}$	单层板的偏轴模量分量
q	均布载荷集度、参数、淋水密度
R	强度比、半径
R_ϕ,R_θ	回转曲面的主曲率半径
r	半径
S	面内剪切强度、面积
$[S]$	单层的正轴柔量矩阵
$[\bar{S}]$	单层的偏轴柔量矩阵
S_{ij}	单层的正轴柔量分量
$\bar{S}_{ij}$	单层的偏轴柔量分量

T	温度、湿度、周向压缩力、纤维张力
$[T_\sigma]$	应力转换矩阵
$[T_\sigma]^{-1}$	应力负转换矩阵
$[T_\varepsilon]$	应变转换矩阵
$[T_\varepsilon]^{-1}$	应变负转换矩阵
T_g	玻璃化转变温度
t	厚度
U_{iQ}	正轴模量的线性组合($i=l,2,3,4,5$)
U_{iS}	正轴柔量的线性组合($i=1,2,3,4,5$)
u,v,w	坐标轴 x,y,z 方向的位移
u_a	许用单位载荷
V	体积、几何因子、速度
V_c	复合材料体积、芯材的体积含量
V_f、V_m,V_v	纤维、基体、空隙体积
V_r、V_p	增强层、颗粒的体积含量
$\upsilon_c,\upsilon_f,\upsilon_m,\upsilon_\upsilon$	复合材料、纤维、基体、空隙体积含量
W	重力、截面模量
W_c,W_L	静土压、动土压
X_t,X_c	单层板的纵向拉伸、压缩强度
X_{pt}	颗粒增强复合材料的拉伸强度
x,y,z	直角坐标
Y_t,Y_c	单层板的横向拉伸、压缩强度
α	坐标转换角、缠绕角、热膨胀系数
$[\alpha]$	层合板的面内柔度矩阵
α_{ij}	层合板的面内柔度系数
α_1,α_2	复合材料纵向、横向热膨胀系数
α_f,α_m	纤维、基体的热膨胀系数
β	角度、缠绕角、系数
$[\beta]$	层合板的耦合柔度矩阵
β_{ij}	层合板的耦合柔度系数
β_1,β_2	复合材料纵向、横向湿膨胀系数
β_f,β_m	纤维、基体的湿膨胀系数
γ	剪应变、容重、角度
Δ	变形量、增量
δ	挠度
$[\delta]$	层合板的弯曲柔度矩阵
δ_{ij}	层合板的弯曲柔度系数
ε	线(正)应变
$\varepsilon_1,\varepsilon_2,\gamma_{12}$	材料主方向(正轴向)的 3 个应变分量

$\varepsilon_x,\varepsilon_y,\gamma_{xy}$	单层偏轴应变的 3 个分量
$\varepsilon_x^0,\varepsilon_y^0,\gamma_{xy}^0$	层合板中面应变的 3 个分量
η	耦合系数、应力分配参数、内力比
θ	铺层角、角度、周向坐标、干球温度
θ_0	相位角
λ	比值、拉格朗日乘子、压杆柔度、厚度比、气水比
ν	泊松比
ν_c	复合材料的泊松比
ν_1,ν_2	纵向泊松比和横向伯松比
ξ	无量纲化坐标、纤维增强作用系数、函数
ρ	密度、曲率半径
ρ_f,ρ_m	纤维和基体密度
σ	正应力
$[\sigma]$	许用正应力
$\sigma_1,\sigma_2,\tau_{12}$	单层正轴应力的 3 个分量
$\sigma_x,\sigma_y,\tau_{xy}$	单层偏轴应力的 3 个分量
σ_w	轴向弯曲应力
σ_s	单轴拉伸的屈服应力
σ_b	短纤维复合材料的强度
$[\sigma_{br}]$	层合板的许用挤压应力
σ_d	挤压设计应力
σ_{xt}	层合板拉伸强度
τ	剪应力、湿球温度
$[\tau]$	许用剪应力
ϕ	角度、相对湿度、函数
ψ	角度
ω	角度
μ	长度系数

上角标符号

*	正则化
′	新轴
°	面内
+	正转换
−	负转换
T	矩阵转置

下角标符号

x,y,z	分别为坐标轴 x,y,z 方向

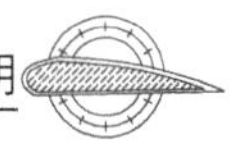

1,2,…,i	分别为 1,2,…,i 方向或个数
cr	临界值
max	最大
min	最小
t	拉伸
c	压缩
s	面内剪切,对称
m	基体
f	纤维
p	颗粒
L	纵向,经向
T	横向,纬向

顶标符号

—	偏轴,平均

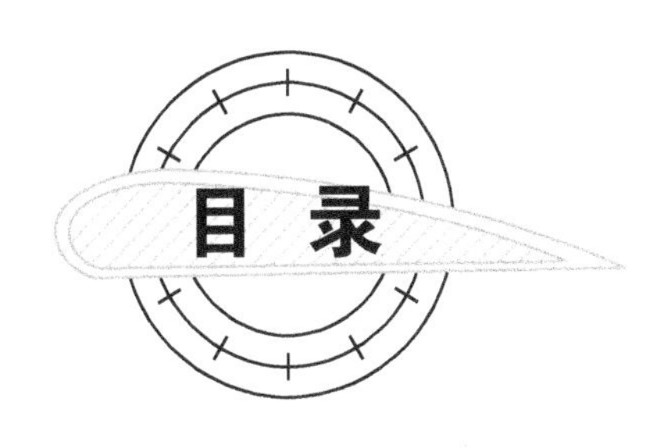

第1篇　复合材料导论

第1章　复合材料的构造、特性、应用及发展 …… 3
1.1　引言 …… 3
1.2　复合材料的分类 …… 4
1.3　复合材料的构造与特性 …… 6
1.4　复合材料的优点和缺点 …… 8
1.4.1　复合材料的优点 …… 8
1.4.2　复合材料的缺点 …… 10
1.5　复合材料的应用 …… 11
1.6　复合材料的发展 …… 16
思考题与习题 …… 20

第2篇　复合材料力学

第2章　单层板的宏观力学分析 …… 25
2.1　单层板的正轴刚度 …… 25
2.2　单层板的偏轴刚度 …… 34
2.2.1　应力转换和应变转换 …… 34
2.2.2　单层板的偏轴模量 …… 38
2.2.3　单层板的偏轴柔量 …… 42
2.2.4　单层板的偏轴工程弹性常数 …… 44
2.3　单层板的强度 …… 50
2.3.1　正交各向异性单层板的基本强度 …… 50
2.3.2　最大应力强度准则和最大应变强度准则 …… 51
2.3.3　蔡-希尔(Tsai－Hill)强度准则 …… 53
2.3.4　霍夫曼(Hoffman)强度准则 …… 53
2.3.5　蔡-吴(Tsai－Wu)张量准则 …… 53
2.3.6　单层板强度的计算方法 …… 57
2.4　单层板的三维应力-应变关系 …… 62

2.4.1 各向异性线弹性材料的应力-应变关系 …… 62
2.4.2 单对称材料的应力-应变关系 …… 63
2.4.3 正交各向异性单层的应力-应变关系 …… 63
2.4.4 横观各向同性单层的应力-应变关系 …… 64
2.4.5 正交各向异性单层的三维工程弹性常数 …… 65
2.4.6 与平面应力状态的关系 …… 66
思考题与习题 …… 67

第3章 层合板的宏观力学分析 …… 69
3.1 引言 …… 69
3.2 对称层合板的面内刚度 …… 72
3.2.1 面内力-面内应变的关系 …… 72
3.2.2 对称层合板的面内工程弹性常数 …… 74
3.2.3 面内刚度系数的计算 …… 75
3.2.4 几种典型对称层合板的面内刚度 …… 76
3.3 一般层合板的刚度 …… 84
3.3.1 经典层合板理论 …… 84
3.3.2 对称层合板的弯曲刚度系数计算 …… 91
3.3.3 一般层合板的刚度系数计算 …… 94
3.3.4 几种典型层合板的刚度 …… 96
3.3.5 平行移轴定理 …… 102
3.4 层合板的强度 …… 103
3.4.1 层合板各单层的应力计算与强度校核 …… 103
3.4.2 层合板的强度 …… 106
3.5 层合板的湿热效应 …… 109
3.5.1 单层板的湿热变形 …… 109
3.5.2 考虑湿热应变的单层板应力与应变关系 …… 110
3.5.3 考虑湿热应变的层合板内力与应变关系 …… 111
3.5.4 层合板的湿热应变 …… 111
3.5.5 层合板的残余应变和残余应力 …… 112
3.5.6 考虑残余应力的层合板强度计算 …… 113
思考题与习题 …… 113

第4章 单层板的细观力学分析 …… 115
4.1 引言 …… 115
4.2 复合材料的密度和组分材料的含量 …… 116
4.3 单向连续纤维增强复合材料弹性常数的预测 …… 118
4.3.1 串联模型的弹性常数 …… 118
4.3.2 并联模型的弹性常数 …… 121

4.3.3　植村-山胁的经验公式 …… 122
4.3.4　组合模型的弹性常数 …… 123
4.3.5　哈尔平-蔡(Halpin - Tsai)方程 …… 126
4.3.6　蔡-韩(Tsai - Hahn)的修正公式 …… 127
4.4　单向连续纤维增强复合材料基本强度的预测 …… 129
4.4.1　纵向拉伸强度 X_t …… 129
4.4.2　纵向压缩强度 X_c …… 131
4.5　正交织物复合材料弹性常数和基本强度的预测 …… 133
4.5.1　正交织物复合材料的弹性常数 …… 134
4.5.2　正交织物复合材料的基本强度 …… 135
4.6　短纤维增强复合材料的细观力学分析 …… 135
4.6.1　应力传递理论 …… 136
4.6.2　单向短纤维增强复合材料的弹性常数和强度 …… 139
4.6.3　平面随机取向短纤维增强复合材料的弹性常数和强度 …… 140
4.6.4　空间随机取向短纤维增强复合材料的弹性常数和强度 …… 140
4.6.5　短切纤维毡增强复合材料的弹性常数和强度 …… 140
4.7　颗粒增强复合材料的弹性常数和强度 …… 141
4.8　湿热膨胀系数的细观力学分析 …… 141
4.8.1　纵向热膨胀系数 α_1 …… 141
4.8.2　横向热膨胀系数 α_2 …… 143
4.8.3　纵向湿膨胀系数 β_1 …… 144
4.8.4　横向湿膨胀系数 β_2 …… 145
思考题与习题 …… 145

第3篇　复合材料结构设计基础

第5章　复合材料连接分析与设计 …… 149
5.1　复合材料连接特点 …… 149
5.2　胶接连接设计 …… 150
5.2.1　胶接连接的破坏形式 …… 150
5.2.2　胶接连接设计基础 …… 151
5.2.3　搭接接头的极限承载力分析 …… 153
5.3　机械连接设计 …… 157
5.3.1　机械连接的破坏形式 …… 157
5.3.2　机械连接设计基础 …… 158
5.3.3　机械连接强度校核 …… 162
5.3.4　机械连接设计和强度校核举例 …… 163
思考题与习题 …… 166

第6章 复合材料结构设计基础 …… 167
6.1 复合材料结构设计过程 …… 167
6.2 原材料的性能及其选择 …… 169
6.2.1 选材的基本原则 …… 169
6.2.2 增强材料的种类 …… 170
6.2.3 增强材料的选择 …… 185
6.2.4 树脂基体 …… 186
6.2.5 耐腐蚀复合材料的树脂基体 …… 190
6.2.6 树脂基体的选择 …… 194
6.3 复合材料成型工艺选择 …… 197
6.4 复合材料层合板的力学性能 …… 200
6.5 层合板设计 …… 200
6.5.1 层合板设计的一般原则 …… 201
6.5.2 等代设计法 …… 204
6.5.3 准网络设计法 …… 204
6.5.4 层合板排序设计法 …… 206
6.5.5 毯式曲线设计法 …… 207
6.5.6 层合板优化设计法 …… 209
6.6 结构设计 …… 211
6.6.1 结构设计的一般原则 …… 211
6.6.2 结构设计应考虑的工艺性要求 …… 212
6.6.3 许用值的确定 …… 212
6.6.4 安全系数的确定 …… 214
6.7 典型结构件设计 …… 216
6.7.1 承拉杆件 …… 216
6.7.2 承压杆件 …… 216
6.7.3 承扭杆件 …… 218
6.7.4 承弯杆件 …… 218
6.7.5 板状构件 …… 222
6.7.6 壳状构件 …… 223
6.8 复合材料结构形式的分类及其选择 …… 223
思考题与习题 …… 225

第4篇 复合材料典型产品设计

第7章 纤维缠绕压力容器设计 …… 229
7.1 引言 …… 229
7.2 网络理论 …… 230
7.3 纤维缠绕内压容器筒身段的网络理论 …… 231

7.3.1 单螺旋缠绕筒身段 …… 231
7.3.2 双螺旋缠绕筒身段 …… 233
7.4 纤维缠绕内压容器封头段的网络理论 …… 235
7.4.1 封头段的基本方程 …… 235
7.4.2 等应力封头 …… 238
7.4.3 平面缠绕封头 …… 240
7.4.4 封头形式的选择与封头补强 …… 242
7.5 纤维缠绕内压容器设计实例 …… 244
思考题与习题 …… 247

第 8 章 复合材料贮罐设计 …… 249
8.1 引言 …… 249
8.2 层合结构设计 …… 251
8.2.1 贮罐罐壁的层合结构 …… 251
8.2.2 单位载荷设计法 …… 252
8.2.3 强度设计与铺层设计同时进行法 …… 255
8.2.4 层合结构的厚度计算 …… 256
8.3 卧式复合材料贮罐的结构设计与计算 …… 257
8.3.1 鞍座设计 …… 257
8.3.2 卧式贮罐受力分析 …… 259
8.3.3 贮罐筒体强度设计与校核 …… 263
8.3.4 封头设计 …… 266
8.3.5 设计实例 …… 269
8.4 立式复合材料贮罐的结构设计与计算 …… 272
8.4.1 立式贮罐内力分析 …… 272
8.4.2 立式贮罐的顶盖和罐底设计 …… 273
8.4.3 立式贮罐支座设计 …… 274
8.5 拼装式复合材料贮罐 …… 276
8.6 复合材料贮罐的零部件设计 …… 278
8.6.1 贮罐的开孔与补强 …… 278
8.6.2 贮罐进出口管和人孔 …… 278
8.7 复合材料贮罐的制造 …… 280
8.7.1 原材料的选择 …… 281
8.7.2 贮罐的制造 …… 282
思考题与习题 …… 284

第 9 章 复合材料管道设计 …… 285
9.1 引言 …… 285
9.2 架空管的设计 …… 287

9.2.1 管道壁厚的计算 …… 287
9.2.2 管道跨度计算 …… 288
9.3 地下埋设管的设计 …… 290
9.3.1 地下管载荷计算 …… 290
9.3.2 地下复合材料管的压力校核 …… 292
9.3.3 地下复合材料管的弯曲强度和刚度校核 …… 293
9.3.4 组合载荷 …… 296
9.3.5 地下复合材料管的稳定性校核 …… 297
9.3.6 地下复合材料管的轴向应力 …… 298
9.3.7 设计计算实例 …… 298
9.4 复合材料管的制造 …… 301
9.4.1 不同制管工艺的比较 …… 301
9.4.2 缠绕工艺制造定长管 …… 303
9.5 复合材料管道连接 …… 305
思考题与习题 …… 308

第10章 复合材料叶片设计 …… 309
10.1 引言 …… 309
10.2 复合材料叶片结构设计 …… 311
10.2.1 叶片的气动设计 …… 311
10.2.2 叶片纵剖面的结构形式 …… 312
10.2.3 叶片横剖面的结构形式 …… 312
10.2.4 铺层设计 …… 313
10.2.5 叶根设计 …… 316
10.3 复合材料叶片的强度、刚度和频率计算 …… 317
10.3.1 叶片的强度计算 …… 318
10.3.2 叶片的刚度计算 …… 321
10.3.3 叶片的频率计算 …… 321
10.4 复合材料叶片的工艺设计 …… 322
10.4.1 原材料的选择 …… 322
10.4.2 叶片成型模具 …… 324
10.4.3 叶片成型工艺 …… 325
10.5 复合材料叶片的试验工作 …… 329
思考题与习题 …… 330

第11章 复合材料冷却塔设计 …… 331
11.1 引言 …… 331
11.2 冷却塔构造设计 …… 335
11.2.1 空气分配装置 …… 335

11.2.2 淋水填料 …… 335
11.2.3 布水系统 …… 336
11.2.4 收水器 …… 337
11.2.5 风机 …… 337
11.2.6 减速机 …… 338
11.2.7 塔体 …… 338
11.2.8 降低噪声 …… 339
11.3 冷却塔热力计算 …… 340
11.4 玻璃钢冷却塔塔体结构设计 …… 343
11.4.1 上塔体薄膜应力的计算 …… 343
11.4.2 下塔体计算 …… 345
11.4.3 安全系数 …… 346
11.5 玻璃钢冷却塔塔体成型工艺设计 …… 346
11.5.1 模具制作 …… 346
11.5.2 冷却塔塔体手糊成型工艺 …… 348
11.6 冷却塔的选型与使用 …… 349
思考题与习题 …… 350

附录 A 复合材料国家标准目录汇编 …… 351
附录 B 复合材料管道、贮罐及容器常用标准目录汇编 …… 355
参考文献 …… 359

第 1 篇

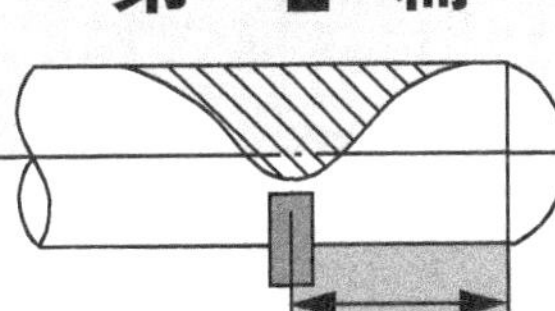

复合材料导论

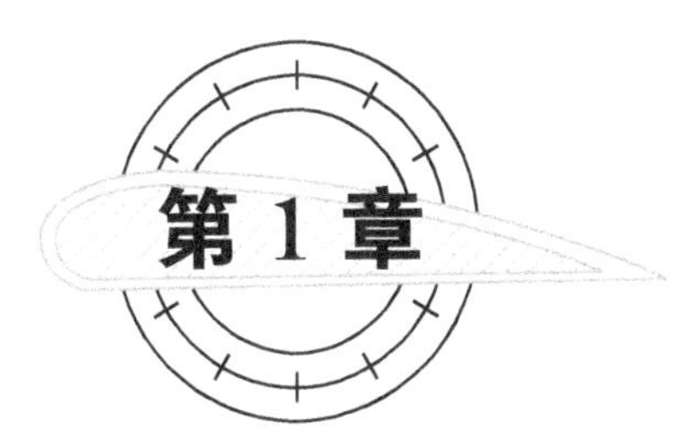

复合材料的构造、特性、应用及发展

1.1 引言

所谓材料，是指经过某种制备与加工，具有一定结构、组分和性能，并具有一定用途的物质。材料是人类社会赖以生存和发展的物质基础，是社会现代化和高新技术发展的先导，是许多新技术得以实现的载体。新材料是指以新制备工艺制成的或正在发展中、往往比传统材料具有更优异的特殊性能的材料。新材料代表材料领域发展的某些前沿，是材料工业发展和推动技术创新的先导，是抢占后危机时代国际经济科技竞争制高点的重要物质保障。发展新材料包括两方面的内涵：一是运用新概念、新技术和新方法，合成或制备出具有高性能或具有特殊功能的全新材料；二是对传统材料的再开发，使性能获得重大的改进和提高。因此，世界各国都高度重视新材料产业的发展，都把新材料的研发作为重要的战略任务予以大力扶持，投入大量人力和财力，力争占领新材料领域的制高点。新材料产业的研发水平及产业化规模已成为衡量一个国家经济、社会发展、科技进步和国防实力的重要标志。进入21世纪，新材料在世界范围内已经步入前所未有的历史发展新阶段。在中国，随着国民经济的持续高速增长，各种新材料的需求急剧增加，新材料在材料研发、产业化等方面都取得了重大发展。我国材料发展的战略目标是实现从材料大国向材料强国的战略性转变，基本建成我国材料科学技术的创新体系。新材料产业是重要的战略性新兴产业。加快发展技术密集、附加值高的新材料产业，对于提高我国的高新技术水平、改造和提升传统产业、促进我国工业经济转型升级、增强综合国力和国防现代化都有着重要的意义。

复合化是当代新材料发展的一个重要趋势。复合材料(Composite materials)是材料领域中的后起之秀，它的出现给材料领域带来了重大变革，从而形成了金属材料、无机非金属材料、高分子材料和复合材料多角共存的格局。

复合材料是指由两种或多种不同性能、不同形态的组分材料(Constituent materials)通过复合工艺组合而成的一类有用的多相材料。复合的目的是改善材料的性能，或满足某种物理性能上的特殊功能要求。从复合材料的组成与结构分析，其中的连续相称为基体(Matrix)，被基体包容的分散相称为增强材料(Reinforcement)。增强相与基体相之间有一个交界面称为复合材料界面(Interface)。通过在微观结构层次上的深入研究，发现复合材料界面附近的增强相和基体相由于在复合时复杂的物理和化学原因，变得具有既不同于基体相又不同于增强相组分本体的复杂结构，同时发现这一结构和形态会对复合材料的宏观性能产生影响，所以界面附近这一个结构与性能发生变化的微区也可作为复合材料的一相，称为界面相。因此确切地说，复合材料是由基体相、增强相和界面相三者组成的。

对复合材料给出的比较全面完整的定义如下：复合材料是由有机高分子、无机非金属或金属等几类不同材料通过复合工艺组合而成的新型材料，它既能保留原组分材料的主要特色，又能通过复合效应获得原组分所不具备的性能；可以通过材料设计使各组分的性能互相补充并彼此关联，从而获得新的优越性能，这与一般材料的简单混合有本质的区别。

博采众长的复合材料代表了材料的发展方向。不少专家认为，当前人类已从合成材料时代进入复合材料时代，这种提法是有一定的科学根据的。因为想要合成一种新材料使之满足各种高要求的综合指标是非常困难的。与此同时，即使研制出来某一种满意的材料，则从实验室到工业生产的周期也非常长。但是如果把现有的材料复合起来则有可能比较容易达到要求。另外，复合材料是各向异性材料，对于结构使用而言，完全可按实际受力的情况来设计增强纤维的排布方式，从而节约了材料，这是一般各向同性材料所不能达到的。并且复合材料的性能非常优越。基于以上情况，复合材料现已得到世界各发达国家的重视，被选定为各国优先发展的新材料领域之一，这足以说明复合材料的重要性。

1.2 复合材料的分类

根据复合材料的定义，其命名以“相”为基础，即将分散相(增强体)材料放在前，连续相(基体)材料放在后，最后缀以“复合材料”。如由碳纤维和环氧树脂构成的复合材料称为“碳纤维环氧复合材料”。通常为了书写简便，在增强相材料与基体相材料之间加半字线(或斜线)，再加“复合材料”。如上面的碳纤维环氧复合材料可写作“碳纤维-环氧复合材料”，更简化一点可写成“碳-环氧”或“碳/环氧”。

按照不同的标准和要求，复合材料通常有以下几种分类法。

(1) 按使用性能分类

按使用性能不同，复合材料可分为功能复合材料(Functional composites)和结构复合材料(Structural composites)两大类。利用复合材料的各种良好力学性能(强度、刚度、韧性等)用于制造结构的材料，称为结构复合材料，它主要由基体材料和增强材料两种组分组成。其中增强材料承受主要荷载，提供复合材料的刚度和强度，基本控制其力学性能；基体材料固定和保护增强纤维，传递纤维间剪力和防止纤维屈曲，并可改善复合材料的某些性能。显然，纤维复合材料的基本力学性质主要取决于纤维和基体的力学性能、含量比、增强方式以及它们之间的界面黏结性质等。

功能复合材料是指除力学性能以外还提供其他物理性能(声、光、电、磁、热等)并包括部分化学和生物性能的复合材料，例如摩阻复合材料，透光复合材料，绝缘复合材料，阻尼复合材料，压电复合材料，磁性复合材料，导电复合材料，超导复合材料，仿生复合材料，耐高温复合材

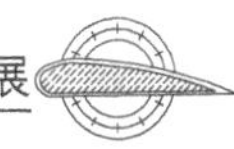

料，隐身吸波复合材料，多功能（如耐热、透波、承载）复合材料，绝热、隔音、阻燃复合材料等。功能复合材料主要由基体和一种或多种功能体组成。在单一功能体的复合材料中，功能性质由功能体提供；基体既起到粘接和赋形的作用，也会对复合材料的物理性能有影响。多元功能体的复合材料具有多种功能，还可能因复合效应而出现新的功能。综合性多功能复合材料将成为功能复合材料的发展方向。功能复合材料可以通过改变复合结构的因素（复合度、联接方式、对称性、尺度和周期性等），大幅度定向化地调整物理张量组元的数值，找到最佳组合，获得最优值。材料多功能化是目前复合材料发展的主要趋势之一。

智能复合材料是功能类材料的最高形式，它能根据设计者的思路要求实现自检测、自诊断、自调节和自预警等各种特殊功能。"智能复合材料"这个名称起源于欧美的 smart material（机敏材料），active and adaptive material（主动适应性材料）及日本的 intelligent material（智能材料），是模仿生命系统，能感知环境变化，并能实时地改变自身的性能参数，作出所期望的、能与变化后环境相适应的复合材料。智能复合材料由传感器、信息处理器和功能驱动器等部分构成。智能复合材料具有的功能可以归纳为三个方面：感知功能，即对局部应变、损伤、温度、应力、声音、光波、pH 等产生自动感知；通信功能，即在感知外部信息之后进行信息的传输；动作功能，即通过改变结构外形和结构应力分布，改变热、电、磁、光、声和化学选择能力，改变渗透性、降解功能来使材料执行动作。把感知材料、信息材料和执行材料等三种功能材料有机地复合或集成于一体，可实现材料的智能化。智能复合材料是微电子技术、计算机技术与材料科学交叉的产物，在航空航天飞行器、机器人、建筑、工程结构、机械、医学等许多领域展现了广阔的应用前景。由于它具有反馈功能，与仿生和信息密切相关，其先进的设计思想被誉为材料科学史上的一大飞跃，已引起世界各国政府和多种学科科学家的高度重视。

(2) 按增强纤维类型分类

强调增强体时，可按增强纤维类型分为碳纤维复合材料、玻璃纤维复合材料、芳纶纤维复合材料、超高分子量聚乙烯纤维复合材料、硼纤维复合材料、聚对苯撑苯并二噁唑（PBO）纤维复合材料、连续玄武岩纤维复合材料、陶瓷纤维复合材料、混杂纤维复合材料等。

(3) 按基体材料类型分类

强调基体时，可按基体材料类型分为树脂基复合材料、金属基复合材料、无机非金属基复合材料，如图 1.2.1 所示。

(4) 按复合材料结构形式分类

按复合材料结构形式可分为层状复合材料、三维编织复合材料和夹层复合材料。层状复合材料是将物理性质不同的复合材料薄片或单一材料薄片黏结成层状的板或壳，如纤维增强复合材料层合板、将纤维复合材料薄片和铝合金薄片黏结在一起的混杂层合复合材料；三维编织复合材料是将纤维束编织成三维预成型骨架，然后注入基体制成的复合材料，它克服了层状复合材料层间剪切强度低的弱点，具有较高的抗冲击强度和损伤容限；夹层复合材料是在两块高强度、高模量的复合材料薄面板之间填充低密度的厚芯材（蜂窝或硬质泡沫塑料）组成的结构物，它具有弯曲刚度高和质轻的优点。

(5) 按分散相的形态分类

按分散相的形态可分为连续纤维增强复合材料，纤维织物、编织体增强复合材料，片状材料增强复合材料，短纤维（Short or "chopped" fibers）或晶须（Whiskers）增强复合材料，颗粒（弥散、纳米、片晶）增强复合材料。

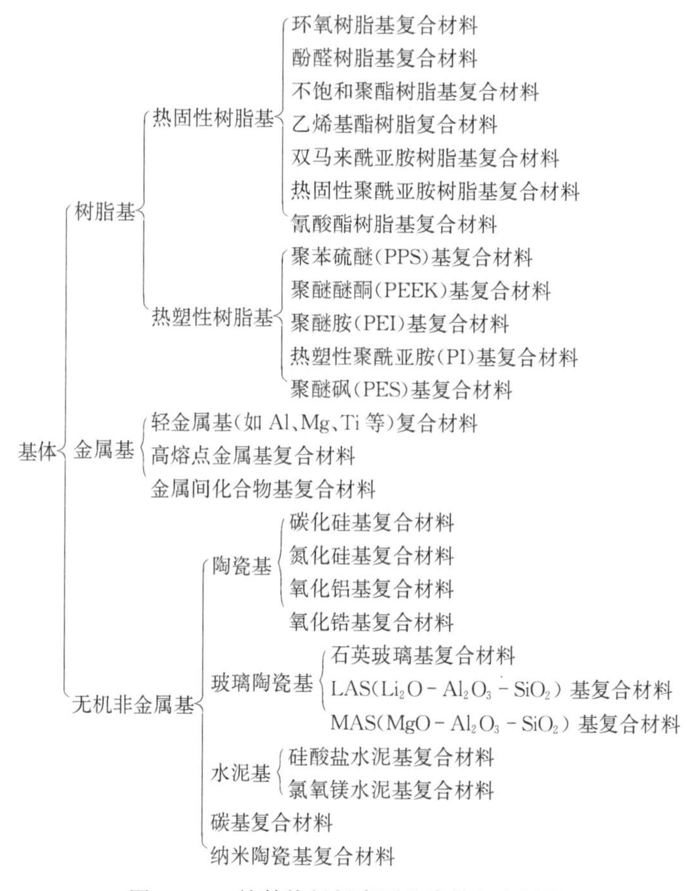

图 1.2.1　按基体材料类型分类的复合材料

本书研究的主要对象为由连续纤维增强复合材料构成的结构，基体为树脂，这类复合材料简称为纤维增强塑料(FRP)。本书中所提及的复合材料，如未另加注明，均指这类纤维增强塑料，且为层合结构。

1.3　复合材料的构造与特性

对于复合材料，与其说是材料，倒不如说是结构更为确切。从固体力学的角度分析，通常可把复合材料分为三个结构层次，我们分别称它们为一次结构、二次结构和三次结构。如图1.3.1(a)所示的纤维缠绕压力容器，可以称为三次结构，也就是通常所说的制品结构(或工程构件)。图1.3.1(b)所示为从容器壁上切取的壳元，可以称为二次结构，它是由若干具有不同纤维方向的单层材料按一定顺序叠合而成的层合板(Laminate)，层合板是结构的基本单元。图1.3.1(c)所示为层合板的一个个铺层，可以称为一次结构，又称单层(Lamina，Layer，Ply)，可见，单层是层合板的基本单元。按单层所含纤维方向，可将单层分为单向单层(Unidirectional lamina)与编织单层(Woven lamina)。如果单层所有纤维都处于同一方向，称为单向单层，又称无纬单层，简称单向板；由二维编织纤维所构成的单层称为双向单层，简称双向板。应当说明，双向单层可以简化为基体含量相同而厚度按经纬向纤维量来分配的两个互相垂直的单向单层的层合，因此，单向单层更具有一般性。在本书的叙述中，如未特别说明，单层均指单

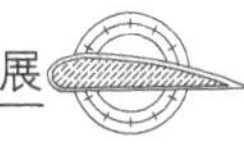

向单层。

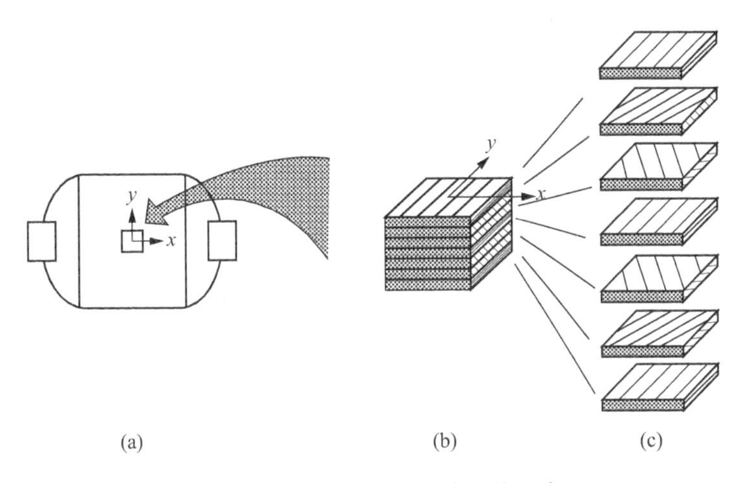

图 1.3.1　复合材料的三个结构层次

单层的力学性能取决于各组分材料(包括界面)的力学性能、各组分的含量以及各相之间的几何关系。层合板的力学性能取决于各单层的力学性能、各单层的纤维取向、铺设顺序及各定向单层相对于总层数的百分比。制品结构(或工程构件)的力学性能取决于层合板的力学性能、结构的几何形状与尺寸。

与上述三个结构层次的概念相对应,也可以将复合材料设计分为三个层次,即单层材料设计、层合板设计和结构设计。单层材料设计包括正确选用增强材料和基体,确定它们的体积含量。层合板设计就是根据单层的性能确定层合板中单层的取向、各单层的铺设顺序以及各定向单层的层数,层合板设计通常又称为铺层设计。结构设计则是根据层合板的力学性能来分析结构件的力学特性,并最终确定制品结构的形状和尺寸。实际工程中,绝大多数复合材料及其结构件是一次完成的,也就是说,人为划分的三个层次的结构其实是在同一个工艺流程中形成的。因此,这三个设计层次互为前提、互相影响,设计人员必须把材料性能和结构性能一起考虑,材料设计和结构设计必须同时进行。

本书首先从宏观力学(Macromechanics)角度讨论单层板的刚度(Stiffness)和强度(Strength),再分析层合板的刚度和强度,然后讨论单层的细观力学(Micromechanics);在此基础上介绍复合材料连接设计、层合板设计和结构设计;最后讨论几种复合材料典型产品的设计。

通过对复合材料构造的分析,与传统材料相比,复合材料有下述特性。

(1) 复合材料具有可设计性

复合材料结构的多层次性为复合材料及其结构设计带来了极大的灵活性。复合材料的力、热、声、光、电、防腐、抗老化等物理、化学性能都可按制件的使用要求和环境条件要求,通过组分材料的选择和匹配、铺层设计及界面控制等材料设计手段,最大限度地达到预期目的,以满足工程设备的使用性能。本书着重阐述力学性能的可设计性。例如,受均匀内压的圆筒形薄壁容器,其纵向截面上的应力为横向截面上应力的两倍,因此,可以用 2∶1 的经纬纤维缠绕,使环向强度为轴向强度的两倍,从而获得具有相同强度储备的结构。再譬如,受扭的圆管,为了提高抗扭刚度,可以用 1∶1 的经纬交织布沿管轴呈 $\pm45°$ 方向铺放。这些通常在金属材料的结构设计中是很难办到的。因此,复合材料给设计人员提供了一种在一定范围内可随意设计的材料。

(2) 材料与结构具有同一性

传统材料的构件成型是经过对材料的再加工完成的，在加工过程中材料不发生组分和化学的变化。而复合材料构件与材料是同时形成的，它由组成复合材料的组分材料在复合成材料的同时也就形成了构件，一般不再由“复合材料”加工成复合材料构件。由于复合材料这一特点，使其结构的整体性较好，可大幅度地减少零部件和联接件数量，从而缩短了加工周期，降低了成本，提高了构造的可靠性。

(3) 复合材料结构设计包含材料设计

传统材料的结构设计中，只需按要求合理选择定型化的标准材料。而在复合材料结构设计中，材料是由结构设计者根据设计条件自行设计的。如上所述，复合材料结构成型与材料形成同时完成，且材料也具有可设计性。因此，复合材料结构设计是包含材料设计在内的一种新的结构设计，它可以从材料和结构两方面考虑，设计人员可以根据结构物的特点，对结构物中不同的部位，根据其不同的受力状态，设计不同性能的复合材料。

(4) 材料性能对复合工艺的依赖性

复合材料现有十几种成型工艺供选择，实际应用时可根据构件的性能、材料的种类、产量的规模和成本的考虑等选择最合适的成型方案。复合材料结构在形成过程中有组分材料的物理和化学变化发生，不同成型工艺所用原材料种类、增强材料形式、纤维体积含量和铺设方案也不尽相同，因此构件的性能对工艺方法、工艺参数、工艺过程等依赖性很大，同时也由于在成型过程中很难准确地控制工艺参数，所以一般来说复合材料构件的性能分散性也是比较大的。

对于复合材料结构物，因为结构和材料是一体，是同时成型制造的，所以各种结构物造型都能比较容易实现，甚至可以实现结构物的整体设计。而这一优越性的发挥依赖于复合材料结构设计和制造工艺设计的密切结合。合理的结构设计应该考虑到制造工艺的可能性，制造工艺设计则应最大限度地保证实现结构物的最优结构设计。

(5) 复合材料具有各向异性和非均质性的力学性能特点

从力学分析的角度看，复合材料与常规材料(如金属材料、塑料)的显著区别是，后者被看做是均质的和各向同性的，而前者是非均质和各向异性的。所谓均质就是物体内各点的性能相同，也就是说，物体的性能不是物体内位置的函数，而非均质正好与此相反。复合材料是由基体和增强材料组成的多相材料，是非均质性的。所谓各向同性就是在物体内一点的各个方向上都具有相同的性能，而各向异性则表明某点的性能是该点方向的函数。

由于复合材料具有强烈的各向异性和非均质性的特点，因而在外力作用下其变形特征不同于一般的各向同性材料。一种外力常常可以引起多种基本变形，其单层和层合板的强度及各类参数都是纤维方向的函数。所以，研究复合材料的力学性能时，要注意它的复杂性和特异性。在进行结构设计时除了要考虑结构物中的最大应力，还要注意因材料强烈各向异性特点反映出来的薄弱环节，这主要是剪切性能和横向性能远弱于纤维方向性能。

1.4 复合材料的优点和缺点

1.4.1 复合材料的优点

(1) 比强度(Specific strength)高、比模量(Specific modulus)大

复合材料的最大优点是比强度高、比模量大。比强度是指材料的强度与密度之比，比模量

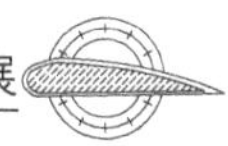

为材料的模量与密度之比。比强度和比模量是在质量相等的前提下衡量结构材料承载能力与刚度特性的一种材料性能指标。对于航空、航天的结构部件，汽车、火车、舰艇等运动结构，这是一个非常重要的指标，它意味着可制成性能好而质量又轻的结构。对于化工设备和建筑工程等，材料的比强度高、比模量大，则意味着可减轻自重，承受较多的载荷和改善抗震性能。

表1.4.1给出了几种典型复合材料和金属材料的力学性能比较。要注意的是，纤维增强复合材料的比强度高、比模量大，是指单向增强复合材料沿纤维方向的有关性能，而不是指所有方向所有情况下的。复合材料各向异性严重，各方向性能悬殊。一个结构由于承载方式、结构形式、支承条件、应力状态和破坏形式等是多种多样的，设计时各个方向的强度和刚度都必须得到适当照顾，需要合理铺层，才能保证结构的安全，满足使用要求。

表1.4.1　典型复合材料和金属材料的力学性能比较

材　料	密度 ρ /(g/cm³)	拉伸强度 σ /MPa	拉伸模量 E /GPa	比强度(σ/ρ) /(MPa·m³/kg)	比模量(E/ρ) /(GPa·m³/kg)
单向玻璃纤维/环氧	1.8	1 062	38.6	0.590	0.021 44
单向碳纤维/环氧	1.6	1 500	181	0.937 7	0.113 1
单向芳纶/环氧	1.4	1 380	76	0.986	0.054 3
单向硼纤维/环氧	1.8	1 280	204	0.711	0.113
正交玻璃纤维/环氧	1.8	88.3	23.58	0.049 0	0.013 1
正交碳纤维/环氧	1.6	373.0	95.98	0.233 1	0.060 0
准各向同性玻璃纤维/环氧	1.8	73.08	18.96	0.040 6	0.010 53
准各向同性碳纤维/环氧	1.6	276.5	69.64	0.172 8	0.043 53
SiC纤维/SiC	2.1	300	100	0.143	0.047 6
铝合金	2.8	400	70	0.142 9	0.025
钛合金	4.5	960	114	0.213 3	0.025 3
45号钢	7.8	600	210	0.076 9	0.026 9

还需说明，在不同载荷条件和构件形式下，结构材料的选择应该采用不同的比较指标。比强度(σ/ρ)和比模量(E/ρ)是杆件在拉压载荷条件下的比较指标。因为在此情况下，当重量一定时，杆的承拉能力与比强度(σ/ρ)成正比，伸长与比模量(E/ρ)成反比。对于其他情况，例如梁的弯曲问题，当重量一定时，可以证明：抗弯能力$\sqrt{\sigma}/\rho$与成正比，所以减小密度ρ较增大弯曲强度更为有效；弯曲变形与$E^{1/3}/\rho$成反比，所以减小密度较增大弯曲模量更为有效。对于杆的屈曲问题，当重量一定时，可以证明：屈曲载荷与$\sqrt{E}/\rho$成正比。对于复合材料的各种板壳，在不同的铺层情况下，作应力、变形、临界载荷等问题的分析时，情况更为复杂，但增加E和σ的效果不如减小ρ有效，这一点则是肯定的。因此采用比强度和比模量作为选择结构材料的标准，往往会产生很大的误差。这说明采用比强度和比刚度的概念并不是最合适的，应采用比强度指标和比刚度指标的概念。

(2) 耐疲劳性能好

疲劳破坏是材料在交变载荷作用下，由于裂纹的形成和扩展而造成的低应力破坏。疲劳破坏是飞机坠毁的主要原因之一。复合材料在纤维方向受拉时的疲劳特性要比金属好得多。金属材料的疲劳破坏是由里向外经过渐变然后突然扩展的。复合材料的疲劳破坏总是从纤维或基体的薄弱环节开始的，逐渐扩展到结合面上。在损伤较多且尺寸较大时，破坏前有明显的预兆,能够及时发现和采取措施。通常金属材料的疲劳强度极限是其拉伸强度的 30%～50%,而碳纤维增强树脂基复合材料的疲劳强度极限为其拉伸强度的 70%～80%。因此用复合材料制成在长期交变载荷条件下工作的构件,具有较长的使用寿命和较大的破损安全性。

(3) 阻尼减振性能好

受力结构的自振频率除了与形状有关外,还同结构材料的比模量平方根成正比。所以,复合材料有较高的自振频率,其结构一般不易产生共振。同时复合材料的基体与纤维界面有较大的吸收振动能量的能力,致使材料的振动阻尼较高,一旦振起来,在短时间内也可停下来。对相同尺寸的梁进行研究表明,铝合金梁需 9 s 才能停止振动,而碳纤维/环氧复合材料的梁,只需 2.5 s 就可停止振动,此例足以说明问题。芳纶复合材料的减振性能比碳纤维复合材料要更好些。

(4) 破损安全性好

复合材料的破坏不像传统材料那样突然发生,而是经历基体损伤、开裂、界面脱黏、纤维断裂等一系列过程。当构件超载并有少量纤维断裂时,载荷会通过基体的传递迅速重新分配到未破坏的纤维上去,这样,在短期内不至于使整个构件丧失承载能力。

(5) 耐化学腐蚀性好

常见的玻璃纤维增强热固性树脂基复合材料(俗称热固性玻璃钢)一般都耐酸、稀碱、盐、有机溶剂、海水,并耐湿。玻璃纤维增强热塑性树脂基复合材料(俗称热塑性玻璃钢)的耐化学腐蚀性一般比热固性强。一般而言,耐化学腐蚀性主要取决于基体。玻璃纤维不耐氢氟酸等氟化物,生产适应氢氟酸等氟化物的复合材料制品时,其制品中与介质接触的表面层的增强材料不能用玻璃纤维,可采用饱和聚酯或丙纶纤维(薄毡),基体亦须采用耐氢氟酸的树脂。

(6) 电性能好

树脂基复合材料是一种优良的电气绝缘材料,用其制造仪表、电机及电器中的绝缘零部件,不但可以提高电气设备的可靠性,而且能延长使用寿命,在高频作用下仍能保持良好的介电性能,不反射电磁波,微波透过性良好,目前广泛用作制造飞机、舰艇和地面雷达罩的高频透波材料。

(7) 热性能良好

树脂基复合材料热导率低、线膨胀系数小,耐烧蚀性好,在有温差时所产生的热应力比金属小得多,是一种优良的绝热材料。酚醛树脂基复合材料耐瞬时高温,可作为一种理想的热防护和耐烧蚀材料,能有效地保护火箭、导弹、宇宙飞行器在 2 000℃以上承受高温高速气流的冲刷作用。

1.4.2 复合材料的缺点

(1) 玻璃纤维复合材料的弹性模量低

玻璃纤维复合材料(玻璃钢)的弹性模量比木材大两倍,仅为一般结构钢的 1/10。因此,在玻璃钢结构中,常显得刚性不足,变形较大。为了改善这一弊病,可采用薄壳结构和夹层结构;亦可应用高模量纤维或空心纤维等来解决。

(2) 层间强度低

一般情况下,纤维增强复合材料的层间剪切强度和层间拉伸强度分别低于基体的剪切强度和拉伸强度。因此,在层间应力作用下很容易引起层合板分层破坏,从而导致复合材料结构

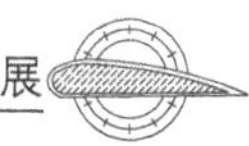

的破坏，这是影响复合材料在某些结构物上使用的重要因素。因此，在结构设计时，应尽量减小层间应力，或采取某些构造措施，以避免层间分层破坏。

（3）属脆性材料

大多数增强纤维（芳纶纤维、超高分子量聚乙烯纤维等有机纤维除外）是脆性材料，拉伸时的断裂应变很小，所以纤维增强复合材料也是脆性材料，沿纤维方向是这样，垂直于纤维方向更是如此，其断裂应变要比金属材料小得多。可改善纤维的断裂应变、基体的韧性或界面状况，以便提高复合材料的强度和抗断裂、抗疲劳及抗冲击等性能。

（4）树脂基复合材料的耐热性较低

目前高性能树脂基复合材料长期使用温度在 250℃以下，一般树脂基复合材料长期使用温度在 60～100℃以下。

（5）材料性能的分散性大

影响复合材料性能的因素很多，其中包括纤维和基体性能的高低及离散性大小，孔隙、裂纹和缺陷的多少，工艺流程和操作过程是否合理，固化工艺是否合适，生产环境和条件是否满足要求等，这些都能引起复合材料性能的较大变化。加上目前制品还缺乏完善的检测方法，因此制品质量不易控制，材料性能的分散性大，如采用玻璃纤维布手糊成型的复合材料制品，其强度的离散系数达 6%～10%。

1.5　复合材料的应用

虽然复合材料的使用历史可以追溯到远古，例如，古埃及人将木板作不同方向排列制成用于造船的多层板，中国古代人用稻草加强黏土制作泥砖等。但作为一门科学，复合材料力学与结构设计的兴起与发展还是近半个多世纪的事情。树脂基复合材料也称纤维增强塑料（Fiber reinforced plastics，FRP），是目前技术比较成熟且应用最为广泛的一类复合材料。这类材料是用纤维及其织物增强热固性（或热塑性）树脂基体，经复合而成的。以玻璃纤维作为增强相的树脂基复合材料在世界范围内已形成了产业，在我国俗称玻璃钢（Glass fiber reinforced plastics，GFRP）。树脂基复合材料于 1932 年在美国出现，1940 年以手糊成型制成了玻璃纤维增强聚酯树脂的军用飞机雷达罩，其后不久，设计制成了一架以玻璃纤维增强树脂为机身和机翼的飞机。从此纤维增强复合材料开始受到军界和工程界的注意。第二次世界大战以后这种材料迅速扩展到民用，风靡一时，发展很快。从此以后，新工艺、新技术、新材料、新产品不断出现，质量不断提高，应用领域不断扩大，并逐步实现机械化、自动化、规模化生产。过去，通常是为特定的结构物选择适当的材料；现在，可以成型适当的复合材料来满足结构物所希望的性能要求。复合材料的出现，使人们对选择材料、设计材料有了更多的自由度。

进入 20 世纪 70 年代，人们一方面不断开辟玻纤-树脂复合材料的新用途，同时开发了碳纤维、碳化硅纤维、硼纤维、芳纶纤维、超高分子量聚乙烯纤维、聚对苯撑苯并二噁唑（PBO）纤维等高性能增强材料，并使用高性能树脂、金属及陶瓷为基体，制成先进复合材料（Advanced composite materials，ACM）。先进复合材料也称高性能复合材料，具有比玻璃纤维复合材料更好的性能，是用于飞机、火箭、卫星、飞船等航空航天飞行器的理想材料，应用范围已逐渐从附属件、次承力件到主承力结构件，它代表着复合材料发展的前沿水平，年增长率达到 8%～20%。以碳纤维等为代表的新材料是 21 世纪发展最快的产业之一。碳纤维复合材料是先进复合材料的典型代表，作为结构、功能或结构/功能一体化构件材料，在军机、导弹、运载火箭、卫星飞行器以及风力发电叶片上发挥着不可替代的作用。

先进复合材料应用技术是决定新一代飞机性能（安全性、经济性、舒适性和环保性）与先进性的重要因素，是关系到飞机产业发展的关键技术。军用机是最先大量使用复合材料的一个机种。近几年来扩大使用的趋势明显，有关技术也在大规模地向纵深发展。如美国生产的具有隐身性能的 B-2 轰炸机，其机体结构几乎全用复合材料制成，这是一种结构型吸波复合材料，它对电磁波的透过性和吸收性均优于金属材料，其保密程度极高。隐身战斗轰炸机 F-117A，其机体也主要由复合材料制成，复合材料约占到结构总重的 60%以上。1997 年首飞的 F-22 战斗机，它借助 CRAY 巨型计算机，成功解决了曲面体雷达反射特性计算，使本来互相对立的隐身与气动特性完美统一。这样，它的雷达反射面积比 F-117 小得多，超音速阻力也比没有隐身的 F-15E 小得多，依靠两台新型的涡轮风扇发动机的强大推力，F-22 成为世界上第一架具有长时间超音速巡航飞行的战斗机，它是美国 21 世纪初空中优势战斗机的主力，其机翼、机身结构大量采用了韧性和加工性良好的双马来酰亚胺复合材料，还应用了先进的预成形件/树脂传递模塑（RTM）成形工艺和纤维自动铺放技术制造。军机 F-22 和 F-35 的复合材料分别达到 24%和 36%。

美国近 30 多年来实施了一系列与复合材料技术相关的研究计划，其中主要有：飞机能效计划（Aircraft Energy Efficiency Program，ACEE）；先进复合材料技术计划（Advanced Composite Technology Program，ACT）；低成本复合材料（Composite Afordability Initiative，CAI）计划等，使复合材料可以更广泛地应用于军用和民用飞机上，极大地提高了飞机的性能，并促进了材料和航空制造业的快速发展。为了加快复合材料应用技术的发展，提高欧洲大型民用飞机在航空市场中的竞争力，欧盟重点开展了技术应用的近期商业目标（Technology Application to the Near-Term Business Goals and Objectives，TANGO）研究计划以及先进和低成本机体结构（Advanced and Low Cost Airframe Structure，ALCAS）研究计划，使欧洲在民机结构研制中复合材料的应用上保持了自己的特色，在用量和技术水平上基本与美国齐头并进。欧美国家的复合材料研究计划体现了复合材料技术的发展历程。复合材料技术发展大体经历了从飞机的次承力结构到主承力结构应用，以及从仅强调提高飞机结构性能到性能和成本并重的认识和发展阶段。欧美国家注重在复合材料技术发展的每个阶段实施相应的研究计划，这些计划目标明确，针对性强，在提高复合材料基础研究水平，大力促进基础理论研究向应用研究转化的同时，更注重成果的工程化应用和演示验证，并直接服务于实际飞机结构发展，满足了飞机结构性能的不断提升和市场竞争的要求。

新一代大型民用飞机的研制，带动并促进了复合材料技术的飞速发展。如空中客车（Airbus）公司的 A380、A350 飞机和波音（Boeing）公司的 B787 等新一代大型客机，它们有别于以往同类飞机的一个重要标志就是其机体结构大量采用复合材料，从次承力构件扩展到主承力构件，其应用部位从尾翼扩展到机翼、中央翼盒，直至机身，其复合材料用量分别占机体结构重量的 25%（其中 22%的碳纤维增强树脂基复合材料，3%的预浸玻璃纤维带增强铝合金层合板 GLARE，复合材料单机用量达到 29 937 kg），52%和 50%（其中 45%的碳纤维增强树脂基复合材料，5%的玻璃纤维增强树脂基复合材料），极大地推动了复合材料用于制造整架飞机，使复合材料的成本随着用量的增加而降低。用复合材料设计的飞机结构，可以推进隐身和智能结构设计技术的发展，有效地减轻了机体结构重量，提高了飞机运载能力，降低了发动机

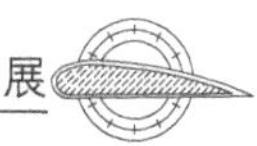

油耗，减少了污染排放，提高了经济效益；复合材料优异的抗疲劳和耐介质腐蚀性能，提高了飞机结构的使用寿命和安全性，减少了飞机的维修成本，从而提高了飞机结构的全寿命期（是指结构从论证立项开始，由设计研制、生产制造、销售服务、使用运行、维护修理，一直到报废处理的整个寿命期）经济性；复合材料结构有利于整体设计与整体制造技术的应用，可以减少结构零部件的数量，提高结构的效率与可靠性，降低制造和运营成本，并可明显改善飞机气动弹性特性，提高飞行性能。因此，机体结构复合材料化程度也已成为飞机先进性的重要标志，复合材料在飞机上应用的部位和用量的多少现已成为衡量飞机结构先进性的重要指标之一。先进复合材料在新一代大型民用飞机上的成功应用，为未来民用飞机的发展确立了新的标准和市场准入门槛。因此，从我国实际情况出发，为了提高我国大型民用飞机的市场竞争力，并借鉴波音和空客的复合材料选材经验，其选材原则必须在更高的层次上综合评估安全性、经济性、舒适性和环保性。前不久针对我国启动的大飞机攻关项目，专家明确提出，复合材料用量应至少达到 25%。飞机设计一直与采用性能优异的新材料密切相关，现在有一代飞机一代材料之说。纵观世界各种军、民机设计领域，已明显存在着飞机结构复合材料化的趋势，未来飞机结构的主体材料必将是复合材料而非金属已是不争的事实，世界上对“复合材料是航空航天结构的未来”已达成共识。当前航空复合材料发展的大方向是低成本、高损伤容限、通用化、多功能化和结构-功能一体化。

在航空发动机结构材料方面，国外先进航空发动机已系统应用了 316℃树脂基复合材料、760℃钛基复合材料、1 300℃以上的陶瓷基复合材料、1 600℃以上的抗氧化 C/C 复合材料。

先进复合材料具有满足航天技术要求的一系列优点和特点，成为当代航天技术上不可缺少的重要材料。一般来讲，在航天技术领域里使用先进复合材料，可使结构减重 30%～40%，可带来明显的效益。现在，复合材料的用量已成为衡量飞行器先进性的重要指标之一。先进复合材料可用作大型运载火箭的壳体、发动机壳体、航天飞机的机翼、火箭的喷焰口、战略导弹的末级助推器、机器人的外壳等。美国研制的 MX 导弹发射筒长达 14 m 多，筒壁 42 mm 厚，铺层数在 400 左右，总重 7 t 多，据说是世界上最大的先进复合材料制件。哥伦比亚号航天飞机中采用了大量先进复合材料。它用碳纤维/环氧树脂制作长 18.2 m、宽 4.6 m 的主货舱门，用芳纶纤维/环氧树脂制造各种压力容器，用硼铝复合材料制造主机身隔框和翼梁，用碳/碳复合材料制造发动机喷管和喉衬，发动机组的传力架全用硼纤维增强钛合金复合材料制成，被覆在整个机身上的防热瓦片是耐高温的陶瓷基复合材料。在这架代表近代最尖端技术成果的航天飞机上使用了树脂、金属和陶瓷基复合材料。美、英、法等国所有新一代战略导弹的各级固体发动机、航天飞机助推器、卫星近地点和远地点发动机的燃烧室壳体几乎都采用了高性能复合材料壳体。在“神七”飞船所用材料中，复合材料的比例已达 65%左右。人造卫星上的减重更为迫切，利用复合材料的热稳定性可制成卫星本体结构、卫星天线及其支撑结构，折叠展开式刚性太阳能电池阵基板和连接架，各种受力骨架等。太空中的太阳能发电站正在建造中，所有构件全部由碳纤维复合材料制成，零件在地面成型后用航天飞机运到太空中安装，电站上由太阳能转换的电能用微波天线发送到地面接收站。这个设在太空的太阳能电站不受地球天气阴晴的影响。

先进复合材料问世之初，由于价格昂贵，首先用在航空航天工业上。但与传统的材料相比，它具有许多独特的优点，各种各样的民用产品正是利用它的特性来获取独特的效益，逐步开拓了应用市场，开始大规模用在宇航之外的民用产品上。据估计，目前世界上 50%左右的先进复合材料用于民品，而各种运动器材和娱乐用品约占民用先进复合材料的一半。这是因为出于比赛和竞争的需要，运动器材和娱乐用品往往对材料性能要求较高，其产品包括：网球拍、羽毛球拍、高尔夫球杆、垒球棒、撑杆跳的杆、滑雪杆、滑雪板、钓鱼竿、箭和弓等。比赛用的自行车车架、摩托车、航模飞机、滑翔机、赛车和赛艇等也都属于这个范畴。

风能将超越航空航天作为先进复合材料的最大用户。为应对全球气候变暖，减少温室气体排放，开发风能是一个重要途径，并已成为全球发展最快的新能源产业。我国政府将风力发电作为改善能源结构、应对气候变化和能源安全问题的主要替代能源技术之一，给予了有力的扶持。随着国际《京都议定书》的生效和国内《可再生能源法》的颁布实施，国内一系列促进新型清洁能源发展的优惠政策使得风力发电作为最成熟的清洁能源受到各地方政府和企业的大力追捧，2006—2010 年连续五年装机和产能大幅增长，而作为风电行业重要零部件的风力机叶片（机舱罩、导流罩、整流罩）行业，也经历了高歌猛进式的快速增长。中国已成为世界上最大的风电市场。目前，中国风电设备研制能力大幅度提高。1.5MW 与 3.0MW 机组实现规模化生产，5MW 风电机组已经下线，6MW 以上机组正在研发。为此，我们要努力完成从风能大国向风能强国，从风能制造到风能创造，从国内市场向国际市场的转变。

先进复合材料在高速列车和汽车工业上的应用将有广阔的前景。随着汽车产量和保有量的增加，汽车在给人们出行带来方便的同时，也产生了油耗、环保和安全三大问题。汽车轻量化是实现节能减排的有效手段。研究表明，汽车重量每下降 10%，油耗将下降 8%，CO_2 和 NO_x 等有害气体排放量也将下降 4%。无论从战略角度、商业角度还是社会发展来看，具有高燃油经济性和环保特点的汽车顺应了社会发展的需要。树脂基复合材料是汽车轻量化和内饰件及部分外饰件的重要材料。复合材料在合理地满足刚度和强度的前提下代替钢制件，可减重 70%左右，使用中可节省大量的燃油。美国人千方百计减轻汽车重量。PNGV 项目是美国政府与美国三大汽车公司合作研发新一代轿车的著名国际前沿项目。其主要目标是要开发一种中型轿车，在保持与当今同类车型相当的实用性、成本及性能的前提下，将燃油指标由目前的 0.082 L/km 降至 0.03 L/km。为达到此目标，除了要开发出新型发动机外，还须使车重削减 40%，即比当今的同类车轻 544 kg。据材料技术组专家预测，树脂基复合材料具有最大的潜力来满足甚至超过 PNGV 的减重目标，问题是成本太高，缺乏车用环境中的耐久性测试数据和冲撞特性评价。目前汽车业为全球复合材料的最大应用领域，国外普遍采用 SMC/BMC 材料制造汽车的结构件和功能件。近年来，高性能纤维复合材料不仅大量用于高速列车车厢内装材料（如采用复合材料蜂窝夹层结构板制造车厢内壁、车门、墙板、顶板、地板、间壁、隔板、舱门、舱底板、行李仓等内部结构，制造门窗框架、坐椅、厕所间和洗手间设备等），还陆续用于汽车车体、高速列车的车体、车头前端部、转向架构架等各种结构件以及制动摩擦系统材料的制造。

一体化热成型法批量生产的热塑性树脂基复合材料（Thermoplastic matrix composites）零部件是近年来发展的又一亮点。未来的飞机和汽车为了节能环保和减少 CO_2 排放，将采用轻重量结构，碳纤维增强热塑性树脂（PPS、PEI、PEEK）基复合材料和玻璃纤维增强热塑性树脂（PP、PA、ABS、PC、PET）基复合材料将在此发挥越来越重要的作用，如空客的 A340-600 和 A380 的机翼前缘、龙骨梁或副翼等。

金属基复合材料（Metal matrix composites）是以铝、镁等金属或合金为基体，与一种（或几种）金属或非金属增强相（如硼纤维、碳化硅纤维、碳化硅晶须等）人工复合而制成。它除了具

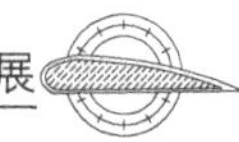

有高强度、高模量、高导热导电和低膨胀系数等特点外，还能有效提高金属基体的使用温度，同时不燃、不吸潮、不老化、抗辐射。目前研究开发较多的材料有碳纤维增强铝、碳化硅纤维增强铝、碳化硅纤维增强钛、碳化硅晶须增强铝、粉末颗粒增强铝、硼纤维增强铝、硼纤维增强钛、石墨纤维增强镁、粉末颗粒挤压(或铸造)金属基复合材料、加压或无压浸渗金属基复合材料等。不同形式的增强体，其增强效果及成本也是不同的。就增强效果而言，不同形式的增强体的效果一般顺序为：颗粒＜短纤维＜晶须＜连续纤维；增强体的成本，从低到高的顺序也大致如此。不同形式增强体的金属基复合材料的复合、加工工艺特点、制备难度及工艺成本也是各不相同的。铝基、镁基复合材料的使用温度是 450℃，钛合金基复合材料的使用温度为 650℃，镍、钴基复合材料的使用温度为 1 200℃，而金属间化合物、铌合金等金属也正在作为更高温度下使用的金属基复合材料的基体被深入研究。金属基复合材料在航天飞机、人造卫星、空间站等重要零件以及高性能航空发动机叶片、传动轴、刹车盘等构件上已有使用。我国连续纤维增强铝合金(B/Al、SiC/Al 等)接近美国水平，晶须和颗粒增强铝合金已得到实际应用。我国的层状金属复合材料(化工用钛-钢复合板、电力工业用铝-铜复合双金属等)品种已比较齐全。我国金属基复合材料同发达国家的差距主要表现在：制备工艺不成熟，材料性能不稳定，以及由此导致的成本高、不能大批量供应。

陶瓷基复合材料(Ceramic matrix composites)已有少量用作航天飞机的防热瓦和复合装甲。作为高温热结构的陶瓷基复合材料都还处在实验室研究试验阶段，预计以碳化硅和氮化硅为基体的陶瓷复合材料将在 1 370～1 540℃高温下作为涡轮发动机部件长期使用，也可能出现耐 1 540～1 630℃高温的陶瓷基复合材料热结构件。碳化硅基复合材料是一种新型防热结构材料，是继碳/碳复合材料之后的新一代高性能刹车材料，国外已进入应用阶段。我国碳化硅陶瓷基复合材料与先进国家的差距主要表现在缺少适当的陶瓷纤维增强体和更先进的陶瓷前驱体，以及与应用考核相关的材料与结构的一体化设计研究。

碳基复合材料是由碳纤维(或石墨纤维)为增强材料，以碳(或石墨)为基体而制备的复合材料，因此一般也称为碳/碳复合材料(Carbon-carbon composites，C/C)。它具有高比强度、高比模量、耐烧蚀、高热导率、低热膨胀系数、对热冲击不敏感、摩擦磨损性能优异、生物相容性好等特性。碳/碳复合材料在宇航方面主要用作烧蚀材料和热结构材料，其中最重要的用途是用作洲际导弹弹头的端头帽(鼻锥)、固体火箭发动机喷管喉衬、航天飞机的鼻锥帽、机翼前缘等。除此之外，碳/碳复合材料还用作人工髋关节和膝关节植入材料和电极板、飞机的刹车盘及发动机燃烧室、导向器、内锥体等。针对高速飞行器、下一代高能燃料固体火箭发动机等的发展要求，其方向是研制可满足热防护和高温结构要求的低烧蚀碳/碳(碳化硅基体)复合材料。

美国是复合材料产量最大的国家之一，而且其工艺水平也是一流的，约有 13 000 条复合材料生产线。2002 年美国复合材料的生产量为 190 万吨 。复合材料产品中，约 90%以上是玻璃纤维增强复合材料，约 75%用的是不饱和聚酯树脂或其他热固性树脂，25%是热塑性树脂。美国的复合材料在各种工业中应用的比例大致已经定型。交通运输业(包括汽车和火车)占美国复合材料市场的最大份额，几乎是市场总额的 1/3；其次是建筑工程业(包括桥梁建设)，占 16% ；化工防腐业占 10% ；造船业占 8% ；电力电子行业占 8%。日本是复合材料的第三生产大国。日本复合材料的最大市场是建筑业，其次为化工防腐业和造船业，这一点与美国市场分布有所不同。

中国复合材料起始于1958年，起步虽不太晚但发展速度较慢，到1981年复合材料的年产量仅为1.5万吨。30年来，中国树脂基复合材料工业呈现良好发展态势，2009年复合材料的年产量达到323万吨，成为复合材料的制造大国。在应用方面，产品种类涉及国民经济的各个领域。我国主要发展建筑材料行业，如冷却塔、盥洗室与浴缸、波形瓦楞板、活动房屋、通信基站、场馆采光顶、公用电话亭外壳、门窗框、行人立交桥、帐篷支架、冷库、烟囱、桥、建筑装饰浮雕、罗马柱、车库、组合式水箱、椅子、建筑模板等。其次为化工耐腐蚀设备，如管道、大口径玻璃钢夹砂排污管道、烟气脱硫管道、化工贮罐、容器、塔器、压缩天然气瓶、消防员用供氧器、泵、阀门、沼气池、各类拉挤型材、绝缘梯、亭台、栏杆、塔架、格栅、电缆桥架、城铁防护罩、抽油杆、电缆芯等。交通运输和能源工业中的应用有汽车引擎盖、车身壳体、冷藏车车厢、吉普车顶篷、面包车高顶、大巴车硬顶和侧围、卡车驾驶室、保险杠、传动轴、发动机冷却风扇、空滤器壳、车灯反射面、导流罩、进气歧管、电池托盘、备胎箱、储物箱、后尾门、发动机面罩、仪表台、油底壳、后围总成、制动件、防撞护栏、轨枕、赛艇、皮艇、滑艇、巡逻艇、渔船、帆船、桅杆、天然气瓶、风机、风力机叶片及机舱罩等。运动及游乐器材包括水上滑梯、动物模型、游乐车、游艇艇身、帆板、冲浪板、桨、雪橇、滑雪板、滑雪杖、冰球杆、钓鱼竿、网球拍、羽毛球拍、垒球棒、自行车车架、篮球架的篮板、跳高运动用的撑杆、射箭运动的弓和箭、轻型飞机与滑翔机等。实践证明，很多体育用品改用复合材料制造后，大大地改善了其使用性能，使运动员创造出了好成绩。环保设备有空调器、空气过滤器、净化槽、蜂窝式除尘机组、反渗透膜壳、送风器转子等。电子电气领域中的应用有各种天线反射面和支架、大型全玻璃钢蜂窝夹层结构的地面雷达罩、电路覆铜板、电器开关、电机槽楔、电工梯、各种绝缘板、管和棒、头盔、大型发电机护环等。在航空航天及国防、纺织机械、体育器材及医疗器械等领域也用了一些高性能的复合材料，但数量较小，所占比重较低。我国在航天领域发展了多种低密度烧蚀、防热、隔热、抗冲击等功能复合材料。通过液相低压浸渍/碳化、化学气相沉积、RTM成型、布带缠绕、浸渍/热压烧结等工艺，制备出碳/碳、高硅氧/酚醛、石英/酚醛等重大工程用复合材料。从生产工艺来看，我国通过对外引进装备的消化吸收和自行研制开发，计算机控制的纤维缠绕机、拉挤机、大台面高吨位压机以及喷射成型机等装备已实现了国产化，随着工艺装备水平的提高，促进了复合材料行业生产工艺向机械化、自动化成型的方向发展，使机械化成型在复合材料生产中所占比例大幅提升，如拉挤、缠绕、树脂传递模塑料(Resin transfer modeling，RTM)、片状模塑料(Sheet moulding composite，SMC)、玻璃纤维毡增强热塑料复合材料(Glass mat reinforced thermoplastics，GMT)生产技术等。目前复合材料已经渗透进各个行业，复合材料工业的生产潜力很大，复合材料在我国的发展前景是很广阔的。

1.6 复合材料的发展

如上所述，我国复合材料技术经过多年的研究发展已取得了可喜的成就，新产品、新技术不断涌现，形成了一定的基础和规模。复合材料产品的品种规格已由几百种发展到现在的一万多种，成型技术由手工操作为主逐步向机械化方向发展。我国已是名符其实的复合材料生产与消费大国，现在要努力实现从复合材料大国向复合材料强国的转变。与国外先进水平相比，我国先进复合材料技术基础及产业化水平仍然存在一定的差距，尤其是具有自主知识产权的原创性研究成果尚显不足。这需要我们立足于国内需求，开展国家急需的、有重大战略需求

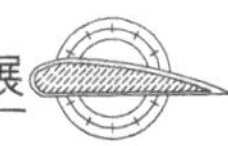

的高技术创新研究。相信在不久的将来，高性能复合材料研究领域一定能创造出更加辉煌的成果。

1. 发展高性能纤维

在特种纤维方面，关键品种大规模国产化的能力还没有形成，在某种程度上已成为我国发展先进复合材料的“瓶颈”。我国碳纤维的研究和生产近年来取得了比较明显的进展，但高性能的碳纤维还没有批量生产，芳纶和超高分子量聚乙烯纤维的产量和质量都有待进一步提高，聚对苯撑苯并二噁唑(PBO)纤维和高性能碳化硅纤维还处于研究阶段，氧化铝基连续纤维尚不能国产，高纯石英纤维的性能与国外差距很大。

当前重点发展方向是：碳纤维和芳纶纤维等特种有机纤维的相关基础问题获得较为彻底的理解，包括纤维形成和演变过程中分子结构、分子链结构、聚集态结构的变化机制和规律，不同加工处理手段对上述不同层次结构的影响，以及特种纤维的微观结构和宏观性能的关系等。尽快形成以T800级和T1000级为标志的高性能碳纤维的原丝聚合技术、多纺位快速纺丝技术、高致密度原丝的氧化碳化技术，并形成产业化的技术能力，使中国成为世界碳纤维的主要生产国。有效地掌握特种纤维的表面处理技术(包括针对树脂基复合材料的活化相容技术，以及针对金属基和陶瓷基复合材料的钝化保护技术)，有选择地控制纤维与基体间的界面效应和复合效应，建立并完善碳纤维表面处理和表面上浆剂或涂层体系，以适应不同基体(树脂、金属、陶瓷等)碳纤维复合材料体系的技术要求。

2. 发展高性能基体树脂

世界上现有的纤维增强材料基本已达到性能极限，而新的特种纤维品种开发周期十分漫长，因此提高和改进基体树脂使其与纤维相适应的工作，同样不能忽视。目前我国基体树脂品种不齐全。发展高性能树脂基体的主要方向有：开发出一系列高强、高韧、耐高温的新型热固性树脂基体和高损伤容限、可修复、可回收利用的高性能热塑性树脂基体，使用温度大于300℃的新型增韧的耐湿热树脂，复合材料的冲击后压缩强度(CAI)大于300 MPa的高韧性树脂，能满足复合材料透波和吸波功能的树脂，适用于低成本的湿法成型工艺[树脂传递模塑(Resin transfer molding，RTM)等]的树脂，能低温固化而又耐高温的树脂，适用于大型风力机叶片要求的树脂等。

近年来，在高性能酚醛树脂研究领域显示出了如下几个研究趋势：① 通过对传统苯酚-甲醛树脂合成反应条件和结构的控制，突破酚醛树脂分子量和分子量分布控制的关键技术，以制备具有目标分子量和分子量分布的高性能酚醛树脂；② 利用酚醛树脂反应原料来源广泛、可选择性强的特点，开发新型结构酚醛树脂；③ 通过对酚醛树脂结构中酚羟基或酚环结构上的活性点进行修饰，制备新型高性能的酚醛树脂。酚醛树脂的高性能化主要围绕如下两个重要研究方向进行：(1) 设计与制备兼具优良工艺性能、热性能、残炭性能及热氧稳定性能的新型加成固化型的高性能酚醛树脂。如设计并制备适合低压模压、缠绕、手糊及RTM等多种成型工艺要求，热分解温度大于500℃，高温残炭率大于75%，且热氧稳定性优良的高性能酚醛树脂。(2) 开发耐高温、高韧性的高性能酚醛树脂。酚醛树脂的多芳环结构决定了该树脂为一种脆性材料，因此在增韧的基础上进一步提高酚醛树脂的耐热性以实现结构防热一体化。

3. 发展低成本的成型技术

一方面复合材料的应用需求不断扩大，另一方面复合材料的成本仍然居高不下，这无疑极大地限制了复合材料的大量应用。如果说国防和军事上采用高成本的复合材料是出于一个国家战略地位的考验，那么对于其他民用工业部门，成本就是一个必须慎重考虑的问题。因此复合材料的发展，除了要继续研究开发高性能的材料品种之外，一个重要的问题就是降低成本，扩大应用范围。因此复合材料的低成本技术应运而生，成为当前复合材料发展的热点。低成本复合材料技术包括原材料、成型和使用保障等方面，而低成本成型是最重要的一个方面。采用高效的自动化的先进成型技术，既可降低成本，又能增加产出。低成本成型技术当前发展的主流是湿法成型技术，也称液体模塑成型技术(Liquid composite molding，LCM)，主要有RTM、真空辅助树脂传递模塑（Vacuum-assisted Resin transfer molding，VARTM)、树脂膜熔渗成型（Resin film infusion，RFI)、真空辅助树脂浸渗模塑(Vacuum-assisted Resin infusion molding，VARIM)和西曼复合材料树脂浸渗模塑成型（Seeman's Composite Resin Infusion Molding Process，SCRIMP)等，其中最重要的是RTM以及由此而发展起来的VAR-TM和VARIM。

RTM工艺过程包括树脂充模流动、热传递和固化反应。先在模腔中铺放设计好的编织的纤维增强预成型体，然后将液态热固性树脂及固化剂由计量设备分别从储料桶内抽出，经静态混合器混合均匀，所得胶液注入事先铺有增强材料的密封的闭模模腔内，树脂在流动充模的过程中完成对增强材料预成型体的浸润，然后固化成型，脱模得到两面光滑的复合材料构件。适用于制备中等规模的、大尺寸、高精度的、复杂外形、两面光滑的整体结构产品，如汽车壳体及部件、叶片、天线罩、浴盆、座椅、小型游艇等。

RTM技术可以成型带有夹芯、加筋、预埋件等的大型构件，可以按照结构要求来设计预成型体的纤维种类、含量、方向和编织程序。应用范围从次结构件发展到主结构件，包括机翼主承力正弦波梁、垂尾、襟翼整流罩等，如美国战斗机F-35垂尾及F18-E/F襟翼整流罩。F-22机上采用RTM技术制造的各种复合材料部件达400余件，占复合材料结构总量的1/4。RFI与RTM的增强纤维在成型之前都是干态，而且两者的浸渍均发生在成型过程中；RFI与RTM工艺不同的是使用树脂膜或稠状树脂块而不是液体树脂，将预催化树脂制备成的树脂膜置于模具的底部，其上层覆盖以缝合或三维编织等方法制成的纤维预成型坯，再用真空袋将模腔封装，然后抽真空加热或进热压罐加热，树脂膜受热熔融后，由下向上浸渍到纤维预成型坯内部的所有空间并固化成型，制备出复合材料制品。RFI成型是定量的非连续源的树脂对形变过程中纤维床的浸渍过程，而RTM成型是连续源树脂对无形变纤维床的浸渍过程。RFI法不要求树脂有很低的黏度，树脂的浸渗性比RTM法优越，不需要像RTM工艺那样的专用设备，所用的模具也不必像RTM模具那么复杂。RFI法能缩短复合材料的成型周期，能显著提高复合材料的抗损伤能力，尤其适合于大型复合材料构件制造。RFI法的问题是采用对模而使模具成本较高，改进这一问题的是SCRIMP和VARIM工艺，这种成型工艺只需要一个模具面来铺放纤维预成型坯，以保证结构件工作表面外观质量；另一面为软模，仅采用弹性真空袋覆盖，制作方便，适用于紫外光或电子束加速固化，可显著降低成本。该工艺是由电脑控制的树脂分配系统先使胶液迅速在长度方向充分流动渗透，然后在真空负压条件下沿厚度方向缓慢浸润和渗透，明显改善了浸渍效果，减少了缺陷发生，产品性能的均匀性、重复性以及质量都能得到有效的保证，该工艺确保了高纤维含量、优异的制品性能、质量稳定性和快速成型。SCRIMP和VARIM工艺对制品尺寸和形状限制较少，使大尺寸、几何形状复杂、整体性要求高的构件的制造成为可能。目前它可成型面积达185 m^2、厚度为3～150 mm、纤维含量达70％～80％、孔隙率低于1％的制品，树脂浪费率低于5％，节约劳动成本50％以上。与手糊

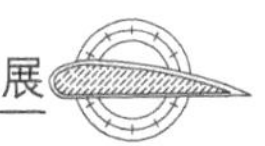

构件相比，复合材料的强度、刚度及其他的物理特性可提高30%～50%以上，加工过程具有良好的环保性，特别适合制造较大的制品，并且可以进行芯材、加筋结构件的一次成型以及厚的、大型复杂几何形状的制造，提高了产品的整体性，在航空航天、国防工程、桥梁、船艇壳体、汽车外壳和大型风力发电机叶片等方面得到广泛应用。

除液体模塑成型外，其他的低成本工艺技术还有纤维缠绕(Filament winding, FW)、拉挤成型(Pultrusion)、预浸带自动铺放(Automated tow placement，ATP)技术、非热压罐低温(60～80℃)低压固化技术(用微波、电子束、超声波、X射线等高效率能量的新固化方法)、共固化/共胶接为核心的大面积整体成型技术、CAD/CAM模拟技术等。要重视成型技术的工艺模拟和优化(虚拟制造技术)，努力开发成型工艺的数字化仿真分析软件；要提高整体的低成本成型的产业化水平，形成大型复合材料结构件规模化生产能力。

4. 发展结构-功能一体化的复合材料

对于复合材料，随着体系变得日益复杂，所获性能的提升与制造和加工成本的增加呈非线性同步关系，必须有额外的利益才能保证复合材料技术的持续发展。“结构-功能一体化”的设计思想，正是充分发挥了复合材料多组分、多相结构的特点，通过选择具有适当光、电、磁、热响应特性的敏感材料作为其中一个或多个组分，可以在不过分增加材料制造或加工成本的情况下，使复合材料在保持其所设定的力学性能参数的同时获得所需的功能特性。

目前，复合材料正朝着综合化、功能化和智能化的方向发展，成为当前复合材料研究的一个重要内容。通过将功能性不同的材料进行混杂复合，就可以制得结构-功能一体化的先进复合材料，如结构-导电复合材料，结构-磁性复合材料，结构-吸波复合材料，结构-透波复合材料，结构-智能复合材料、结构-医用复合材料等。

采用微胶囊包埋技术，可以实现复合材料的多功能化，包括对热、电、机械应力等敏感性，用以指示材料在使用过程中受损情况，甚至带有自修复、自愈合的功能。

5. 发展复合材料的设计技术

随着材料科学和计算机技术的共同发展，人们对复合材料的使用更加自信，设计更加得心应手，材料和部件的评估周期大大缩短。计算机辅助设计手段成功地应用于多组分复合材料在加工和正常使用状态下的性能预测。多学科交叉的虚拟设计可以有效地减少模型试验、模具改造以及投产后被动纠偏导致的费用增加和工期延长。这就需要尽快完成特种纤维、树脂及先进复合材料的数据库和标准化性能检测与评估技术。随着有意识的数据积累，经过长时间检验的复合材料制作的部件可靠性大大增强，因而维护成本大大下降。计算机模拟复合材料在变形和断裂过程中的破坏机理，可以较为准确地预测材料使役寿命。

复合材料结构的成本在设计阶段大半已经确定，为了与新的低成本成型方法相适应，应改变传统观念的设计模式，研究开发与新的低成本成型方法相适应的新设计观念，应把成本作为一个重要方面来考虑。

6. 扩大复合材料的应用

随着计算机技术和复合材料科学与工程的共同发展，人们对复合材料的应用不再局限于特殊领域。先进的复合材料的修补技术、循环回收技术以及环境影响检测技术，使复合材料进入“绿色材料”之列。纤维增韧的陶瓷复合材料在耐高温及耐热冲击领域开始获得广泛应用。

目前我国复合材料在汽车、船舶(渔船)和飞机中的应用量较少，存在巨大的市场潜力。在应用技术方面存在的各类问题，需要我们去关注、研究、探讨和实践。要努力实现我国复合材料在汽车、船舶(渔船)和飞机中的应用量达到世界先进水平,尽快使"全复合材料"的国产大飞机和超音速客机获得适航许可,并赢得 1/3 以上的全球市场份额。

7. 发展纳米复合材料

复合材料新的研究重点包括不同尺度(纳米到大分子)、不同形状(颗粒、纤维、薄膜、块体等)、不同方式(混合、融合、键合、接枝等)的复合。纳米复合材料(Nanocomposites)的研究开发也成为新的热点。美国科学家成功地研发出复合材料纳米化的设计模型。通过该模型,人们有望使纳米复合材料具有其组成物质所没有的、全新的材料特性。复合材料的纳米结构能使较轻的材料拥有很高的强度,已经广泛应用于机械制造业,用于生产汽车和飞机等。通过控制基体和界面纳米结构以及利用热膨胀弹性模数和系数的纳米序差异,研究出比传统性能更好的复合材料。利用纳米复合、纳米结构等新的技术手段,可以使复合材料本体具有"隐身"功能,以摆脱现有涂层技术带来的不便。

碳纳米管(Carbon nanotube,CNT)被称为终极纤维。通过组装形成的碳纳米管纤维具有轻质、高强、多功能性等特点,成为新一代特种纤维材料。碳纳米管作为一种随纳米科技发展而兴起的介观材料,越来越接近实用化阶段,其中与传统的纤维增强体在复合材料中相互配合、取长补短的混杂(Hybrid)技术在国内外方兴未艾。碳纳米管具有超强的力学性能、极高的纵横比、较高的化学和热稳定性、良好的导电性能及其独特的一维纳米结构所特有的纳米效应,使其在制备超强力学性能的复合材料以及研究开发新一代的具有导电和光电性能的聚合物基复合材料领域发挥了多方面的作用:超强的力学性能可以极大地改善复合材料的强度和韧性;独特的导电和光电性能可以改善聚合物材料的电导率和制备新型的光电聚合物复合材料;其独特的结构可以制备金属或金属氧化物填充的一维纳米复合材料。美国科学家已制造出碳纳米管增强聚氨酯风电叶片。与传统材料相比,该材料重量轻,强度大,耐久性好,有望成为制造下一代风力发电机叶片的理想材料。美国航空航天中心目前正在研究开发下一代航空航天飞机的超强碳纳米管复合材料,该项目具有重要的战略意义。

思考题与习题

1-1　何谓复合材料?何谓复合材料力学?

1-2　复合材料如何命名?

1-3　复合材料通常有哪几种分类法?根据基体的不同,可以将复合材料分为哪几类?

1-4　为什么结构复合材料中增强材料的形态主要为纤维?

1-5　从固体力学的角度来分析,通常可把复合材料分为哪几个结构层次?

1-6　与上述结构层次的概念相对应,复合材料设计可分为哪几个层次?各层次设计的任务是什么?

1-7　为什么复合材料的结构设计通常要包含材料设计?

1-8　通过对复合材料构造的分析,与传统材料相比,复合材料有哪些特点?

1-9　复合材料的制造过程、设计过程与金属材料、塑料有什么不同?

1-10　为什么复合材料产品要进行结构设计?

1-11　为什么复合材料的结构设计必须与材料设计同时进行?

1-12　简述树脂基复合材料的优点和缺点。

1-13　与传统的金属(如铝)比较,玻璃钢显示出哪些优异特性?

1-14　简述复合材料有哪些应用。影响复合材料应用的主要因素有哪些?

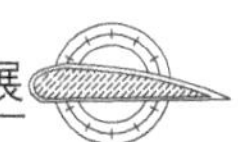

1-15　为什么新一代客机中复合材料用量会大幅提高？其复合材料零部件主要用到复合材料的哪些优点？

1-16　为什么卫星中采用了较多的复合材料？

1-17　为什么减少高速列车的自重很重要？

1-18　试解释在汽车行业中复合材料的成本效益为什么与每年生产的汽车数量密切相关。

1-19　请介绍你所见到过的复合材料产品，并说明这些产品主要利用复合材料的哪些优点。

1-20　能另外举出复合材料应用的一些例子吗？并说明这些实例主要利用复合材料的哪些优点。

1-21　先进复合材料占总复合材料用量的百分比大约是多少？试讨论复合材料用量与其重要性的关系。

1-22　与聚合物基复合材料相比，金属基复合材料的主要优点和缺点有哪些？

1-23　为什么开发应用的复合材料产品一般应具有两个以上的优点？

1-24　哪些复合材料产品具有良好的市场竞争力？为什么？

1-25　复合材料的发展方向是什么？

1-26　你对复合材料的发展前景有什么看法？

第2篇

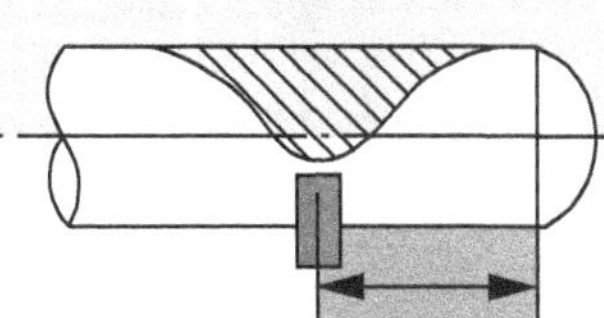

复合材料力学

复合材料是指由两种或两种以上不同性能、不同形态的组分材料通过复合工艺组合而成的一类有用的多相材料。复合材料力学就是研究这种新型的各向异性和非均质性的材料在外力作用下的变形、受力和破坏的规律，为合理设计复合材料构件提供有关强度、刚度和稳定性分析的基本理论和方法。本篇介绍的复合材料力学在叙述时从材料力学基础知识出发，主要是以连续纤维和树脂基体组成的复合材料为研究对象，先从宏观力学角度讨论正交各向异性、均匀、连续的单层板和各向异性、分层均匀、连续的层合板在线弹性、小变形情况下的刚度和强度，然后通过细观力学预测复合材料的某些性能随组分材料性能及细观结构变化的规律。

单层板的宏观力学分析

本章从宏观力学角度讨论单层板的刚度和强度。所谓"宏观力学",是在研究复合材料力学性能时,假定材料是均质的,而将组分材料的作用仅仅作为复合材料的平均表观性能来考虑。在宏观力学中,各类材料参数只能由宏观实验获得。

与均质材料所制成的结构不同,复合材料层合结构的分析必须立足于对每一单层的分析。由于存在不同的组分层,决定了层合结构的厚度方向具有宏观非均质性。为了得到层合结构的刚度特性,必须弄清楚各单层的刚度特性;为了对层合结构的强度作出判断,必须首先对各单层的强度作出判断。因此,单层的宏观力学分析是层合结构分析的基础。本章研究正交各向异性、均匀、连续的单层在线弹性、小变形情况下的刚度和强度。

2.1 单层板的正轴刚度

在工程上,一般层合板的厚度小于结构的其他尺寸,因此,在复合材料分析与设计中通常是将单层假设为平面应力状态,即只考虑面内应力分量。在单层板面内的外力作用下,用 σ_1、σ_2 表示正应力分量,用 τ_{12} 表示剪应力分量(图 2.1.1)。这里下角标 1 和 2 分别表示材料的两个弹性主方向(或称正轴向),1 向为纵向,即刚度较大的材料主方向(Principle direction of material);2 向为横向,即刚度较小的材料主方向。相应地,1 轴和 2 轴称为正轴(On - axis),所用坐标系 1 - 2 称为正轴坐标系。

正应力的符号:规定拉为正,压为负。剪应力的符号:规定正面正向或负面负向为正,否则为负。所谓正面就是指截面外法线方向与坐标轴方向一致的面,否则称为负面;所谓正向是指应力方向与坐标方向一致的方向,相反时为负向。图 2.1.1 给出的正应力与剪应力都是正的。按照这一符号规则,可见正应力的符号规则与材料力学中的规定是一致的,而剪应力的符号规则与一般材料力学中的规定(剪应力企图使单元体顺时针向转时为正,逆时针向转时为负)不同。

在单层板面内的外力作用下，用 ε_1、ε_2、γ_{12} 表示材料主方向（正轴向）相应的三个应变分量。应变符号：正应变规定伸长为正，缩短为负。剪应变规定与坐标方向一致的直角减小为正，增大为负。即应变的符号规则与应力相对应，正值的应力对应于正值的应变。

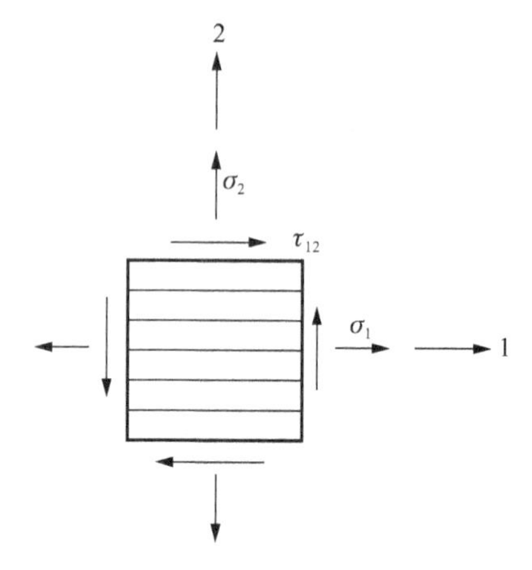

图 2.1.1　单层板的正轴坐标和相应的应力分量

单层板是正交各向异性材料（Orthotropic material），在其主方向（正轴向）上某一点处的正应变 ε_1、ε_2 只与该点处的正应力 σ_1、σ_2 有关，而与剪应力 τ_{12} 无关。同时，该点处的剪应变 γ_{12} 也仅与剪应力 τ_{12} 有关而与正应力无关。通常考虑复合材料处于线弹性、小变形情况，故叠加原理仍能适用，所以，全部应力分量引起某一方向的应变分量，等于各应力分量引起该方向应变分量的代数和。因而我们可以把组合应力看成单轴应力的简单叠加。利用两个单轴试验（Uniaxial tests）和一个纯剪试验（Pure shear test）的结果建立正轴的应力-应变关系。

1. 纵向单轴试验

单向复合材料的纤维方向称为纵向。图 2.1.2(a)表示纤维方向即材料主方向 1 承受单轴应力 σ_1，由此将引起双轴应变。在线弹性情况下试验的应力-应变曲线如图 2.1.2(b)所示。由此可建立如下的应变-应力关系

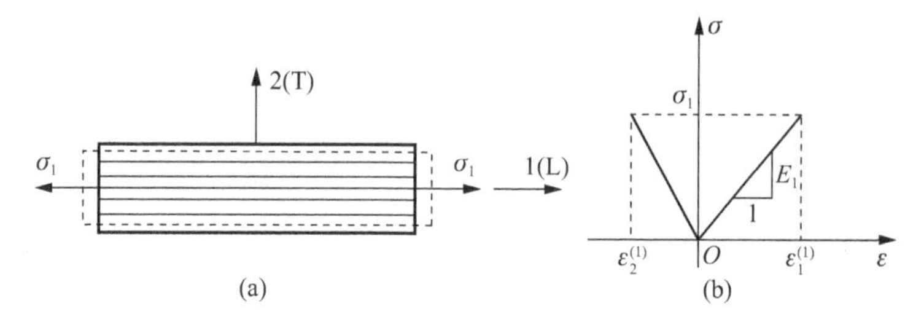

图 2.1.2　纵向单轴试验

$$\left.\begin{aligned}\varepsilon_1^{(1)} &= \frac{1}{E_1}\sigma_1 \\ \varepsilon_2^{(1)} &= -\nu_1\varepsilon_1^{(1)} = -\frac{\nu_1}{E_1}\sigma_1\end{aligned}\right\} \tag{2.1.1}$$

式中　E_1——纵向弹性模量（Longitudinal modulus of elasticity），GPa；

ν_1——纵向泊松比（Major Poisson's ratio），即 $\nu_1 \equiv \nu_{21} = -\dfrac{\varepsilon_2^{(1)}}{\varepsilon_1^{(1)}}$；

$\varepsilon_1^{(1)}$——由 σ_1 引起的纵向应变；

$\varepsilon_2^{(1)}$——由 σ_1 引起的横向应变。

由试验得到的纵向弹性模量，反映了单层板纵向的刚度特性。在相同的 σ_1 作用下，E_1 越大，$\varepsilon_1^{(1)}$ 越小。纵向泊松比 ν_1 是单层板由纵向单轴应力引起的横向线应变与纵向线应变的比值。由于纵向伸长引起横向缩短，故置以负号。

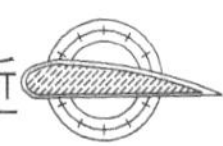

2. 横向单轴试验

垂直于纤维的方向称为横向。图 2. 1. 3(a)表示在垂直于纤维方向即材料的另一主方向 2 承受单轴应力 σ_2，则由此也将引起双轴应变。其应力-应变曲线如图 2. 1. 3(b)所示。由此即可建立如下的应变-应力关系

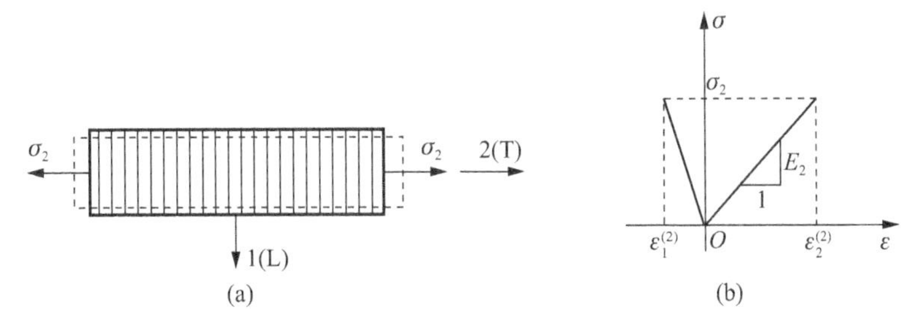

图 2. 1. 3　横向单轴试验

$$\left.\begin{aligned} \varepsilon_2^{(2)} &= \frac{1}{E_2}\sigma_2 \\ \varepsilon_1^{(2)} &= -\nu_2\varepsilon_2^{(2)} = -\frac{\nu_2}{E_2}\sigma_2 \end{aligned}\right\} \tag{2.1.2}$$

式中　$\varepsilon_1^{(2)}$——由 σ_2 引起的纵向应变；

$\varepsilon_2^{(2)}$——由 σ_2 引起的横向应变；

E_2——横向弹性模量(Transverse modulus of elasticity)，GPa；

ν_2——横向泊松比(Minor Poisson's ratio)，即 $\nu_2 \equiv \nu_{12} = -\dfrac{\varepsilon_1^{(2)}}{\varepsilon_2^{(2)}}$。

试验得到的横向弹性模量反映了单层板横向的刚度特性。在相同的 σ_2 作用下，E_2 越大，$\varepsilon_2^{(2)}$ 越小。横向泊松比 ν_2 是单层板由横向单轴应力引起的纵向线应变与横向线应变之比。由于横向伸长引起纵向缩短，故置以负号，使泊松比为正值。

3. 面内剪切实验

图 2. 1. 4(a)表示单向板在材料的两个主方向上(即两个正轴向)处于纯剪应力状态。这种纯剪应力状态可利用薄壁圆管的扭转试验等方法来实现。在纯剪应力状态下的应力-应变曲线如图 2. 1. 4(b)所示。由 τ_{12} 引起的剪应变为

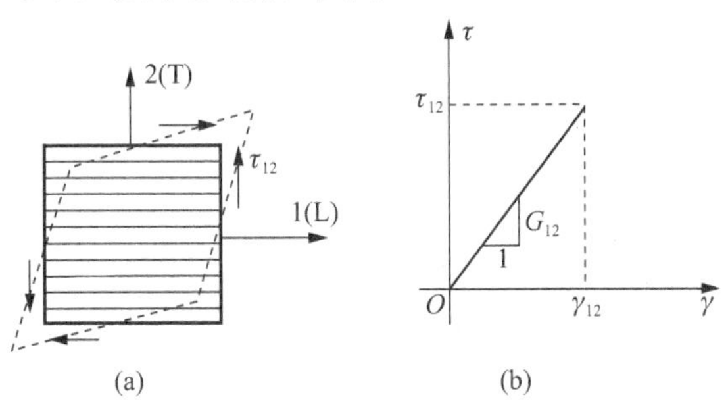

图 2. 1. 4　面内剪切试验

$$\gamma_{12} = \frac{1}{G_{12}}\tau_{12} \tag{2.1.3}$$

式中，G_{12} 为面内剪切弹性模量(Shear modulus of elasticity in plane of lamina)，亦称纵横剪切

弹性模量，GPa。

由试验测得的面内剪切弹性模量，反映了单层板在其面内的抗剪刚度特性。在相同的 τ_{12} 作用下，G_{12} 越大，γ_{12} 越小。

4. 单层板的正轴应力-应变关系

在线弹性范围内，图 2.1.1 所示单层板主方向的复杂应力状态，可以化为由图 2.1.2(a)、图 2.1.3(a)和图 2.1.4(a)所示单层板弹性主方向单向应力状态相叠加，其相应的应变状态也可以叠加。

当 σ_1、σ_2 和 τ_{12} 共同作用时

$$\left.\begin{aligned}\varepsilon_1&=\varepsilon_1^{(1)}+\varepsilon_1^{(2)}=\frac{1}{E_1}\sigma_1-\frac{\nu_2}{E_2}\sigma_2\\ \varepsilon_2&=\varepsilon_2^{(2)}+\varepsilon_2^{(1)}=\frac{1}{E_2}\sigma_2-\frac{\nu_1}{E_1}\sigma_1\\ \gamma_{12}&=\frac{1}{G_{12}}\tau_{12}\end{aligned}\right\}\tag{2.1.4}$$

式(2.1.4)是单层板在正轴向的应变-应力关系，也称为广义虎克定律。与通常金属材料的广义虎克定律相类似，只是材料的工程弹性常数不同。这里有五个工程弹性常数：E_1、E_2、ν_1、ν_2 和 G_{12}。由后面介绍的式(2.1.17)可知，其独立的工程弹性常数为四个。单层板的工程弹性常数很容易从材料的简单实验中测定。有时也可以用分析的方法估算，其估算公式见第 4 章。

单层板正轴向的应变-应力关系式(2.1.4)可以写成如下的矩阵形式

$$\begin{Bmatrix}\varepsilon_1\\ \varepsilon_2\\ \gamma_{12}\end{Bmatrix}=\begin{bmatrix}\dfrac{1}{E_1} & -\dfrac{\nu_2}{E_2} & 0\\ -\dfrac{\nu_1}{E_1} & \dfrac{1}{E_2} & 0\\ 0 & 0 & \dfrac{1}{G_{12}}\end{bmatrix}\begin{Bmatrix}\sigma_1\\ \sigma_2\\ \tau_{12}\end{Bmatrix}\tag{2.1.5}$$

式(2.1.5)中联系应变-应力关系的各个系数可以简单地记成

$$\left.\begin{aligned}&S_{11}=\frac{1}{E_1},\ S_{22}=\frac{1}{E_2},\ S_{66}=\frac{1}{G_{12}},\ S_{12}=-\frac{\nu_2}{E_2}\\ &S_{21}=-\frac{\nu_1}{E_1},\ S_{16}=S_{61}=S_{26}=S_{62}=0\end{aligned}\right\}\tag{2.1.6}$$

这些量称为柔量分量(或柔度分量，Compliance component)，则式(2.1.5)可以写成

$$\begin{Bmatrix}\varepsilon_1\\ \varepsilon_2\\ \gamma_{12}\end{Bmatrix}=\begin{bmatrix}S_{11} & S_{12} & S_{16}\\ S_{21} & S_{22} & S_{26}\\ S_{61} & S_{62} & S_{66}\end{bmatrix}\begin{Bmatrix}\sigma_1\\ \sigma_2\\ \tau_{12}\end{Bmatrix}=\begin{bmatrix}S_{11} & S_{12} & 0\\ S_{21} & S_{22} & 0\\ 0 & 0 & S_{66}\end{bmatrix}\begin{Bmatrix}\sigma_1\\ \sigma_2\\ \tau_{12}\end{Bmatrix}\tag{2.1.7}$$

缩写为
$$\{\varepsilon_1\}=[S]\{\sigma_1\}$$

柔量分量与工程弹性常数(Engineering elastic constants)的关系也可以写成如下形式

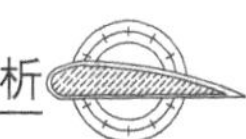

$$\left.\begin{aligned}&E_1=\frac{1}{S_{11}},\ E_2=\frac{1}{S_{22}},\ G_{12}=\frac{1}{S_{66}}\\&\nu_2=-\frac{S_{12}}{S_{22}},\ \nu_1=-\frac{S_{21}}{S_{11}}\end{aligned}\right\}\tag{2.1.8}$$

由式(2.1.4)解出 σ_1、σ_2 和 τ_{12}，可得到以应变为已知量、应力为未知量的应力-应变关系式

$$\left.\begin{aligned}&\sigma_1=ME_1\varepsilon_1+M\nu_2E_1\varepsilon_2\\&\sigma_2=M\nu_1E_2\varepsilon_1+ME_2\varepsilon_2\\&\tau_{12}=G_{12}\gamma_{12}\end{aligned}\right\}\tag{2.1.9}$$

式中

$$M=(1-\nu_1\nu_2)^{-1}\tag{2.1.10}$$

式(2.1.9)中应变项的各系数也可简单地记成

$$\left.\begin{aligned}&Q_{11}=ME_1,\ Q_{22}=ME_2,\ Q_{66}=G_{12}\\&Q_{12}=M\nu_2E_1,\ Q_{21}=M\nu_1E_2\\&Q_{16}=Q_{61}=Q_{26}=Q_{62}=0\end{aligned}\right\}\tag{2.1.11}$$

这些量称为模量分量(或刚度分量，Modulus component)。因此，式(2.1.9)也可写成以模量分量表示的应力-应变关系式

$$\begin{Bmatrix}\sigma_1\\\sigma_2\\\gamma_{12}\end{Bmatrix}=\begin{bmatrix}Q_{11}&Q_{12}&Q_{16}\\Q_{21}&Q_{22}&Q_{26}\\Q_{61}&Q_{62}&Q_{66}\end{bmatrix}\begin{Bmatrix}\varepsilon_1\\\varepsilon_2\\\gamma_{12}\end{Bmatrix}=\begin{bmatrix}Q_{11}&Q_{12}&0\\Q_{21}&Q_{22}&0\\0&0&Q_{66}\end{bmatrix}\begin{Bmatrix}\varepsilon_1\\\varepsilon_2\\\gamma_{12}\end{Bmatrix}\tag{2.1.12}$$

缩写为

$$\{\sigma_1\}=[Q]\{\varepsilon_1\}$$

模量分量与工程弹性常数的关系也可以写成下述形式

$$\left.\begin{aligned}&E_1=\frac{Q_{11}}{M},\ E_2=\frac{Q_{22}}{M},\ G_{12}=Q_{66}\\&\nu_2=\frac{Q_{12}}{Q_{11}},\ \nu_1=\frac{Q_{21}}{Q_{22}},\ M=\left(1-\frac{Q_{12}^2}{Q_{11}Q_{22}}\right)^{-1}\end{aligned}\right\}\tag{2.1.13}$$

模量分量构成的矩阵与柔量分量构成的矩阵互为逆矩阵。现证明如下

因　$\{\sigma_1\}=[Q]\{\varepsilon_1\}$

等式两端各乘 $[Q]^{-1}$，得　$[Q]^{-1}\{\sigma_1\}=[Q]^{-1}[Q]\{\varepsilon_1\}$

而　$[Q]^{-1}[Q]=[I],\ [I]\{\varepsilon_1\}=\{\varepsilon_1\}$

式中，$[I]$是单位矩阵。故　$\{\varepsilon_1\}=[Q]^{-1}\{\sigma_1\}$

与式(2.1.7)比较可得

同理可得

$$\left.\begin{aligned}&[Q]^{-1}=[S]\\&[S]^{-1}=[Q]\end{aligned}\right\}\tag{2.1.14}$$

综上所述，单层板的正轴刚度为单层材料主方向的刚度，它有三种形式：工程弹性常数、模

量分量和柔量分量。这三种形式之间是可以互换的，而这三种形式的刚度又是各有用处的。工程弹性常数是拉压弹性模量、剪切弹性模量和泊松比的统称，这些常数可以由简单试验直接测得或用细观力学方法预测(见 4.3 节)，它们在描述刚度性能的物理意义上是比较明确的，实际工程中通常都用工程弹性常数来表征材料的弹性性能。柔量分量为应变-应力关系式的系数，用于从应力计算应变，它与工程弹性常数的互换非常简单。模量分量为应力-应变关系式的系数，用于从应变求应力，它是计算层合板刚度的一组基本常数。

由上述讨论可知，用三组材料常数来描述单层板的正轴刚度都有五个量。可以证明，这五个量不是独立的，独立的只有四个，它们之间存在一个关系式，即模量或柔量都存在对称性

$$Q_{ij}=Q_{ji} \quad (i,j=1,2,6) \tag{2.1.15}$$

$$S_{ij}=S_{ji} \quad (i,j=1,2,6) \tag{2.1.16}$$

可见，模量矩阵和柔量矩阵都是对称矩阵。模量分量和柔量分量均称为弹性系数。

根据式(2.1.16)与式(2.1.6)可得工程弹性常数之间存在一个很有用的关系式，即

$$\frac{\nu_2}{E_2}=\frac{\nu_1}{E_1} \tag{2.1.17}$$

鉴于模量和柔量的对称性以及工程弹性常数之间的关系式(2.1.17)，可知独立的材料弹性常数是四个。因此，一般只需测定四个工程弹性常数：E_1、E_2、G_{12} 和 ν_1(或 ν_2)。由于 ν_2 比 ν_1 小很多，不易测准，可利用关系式(2.1.17)计算求得。

可以证明，单层的弹性模量、具有重复下标的柔量分量及模量分量均为正值，即

$$E_1,\ E_2,\ G_{12}>0 \tag{2.1.18}$$

$$S_{11},\ S_{22},\ S_{66}>0 \tag{2.1.19}$$

$$Q_{11},\ Q_{22},\ Q_{66}>0 \tag{2.1.20}$$

另外，由式(2.1.11)知，$Q_{11}=ME_1$，而 Q_{11} 和 E_1 都是正值，所以 $M>0$，即

$$1-\nu_1\nu_2>0 \tag{2.1.21}$$

利用式(2.1.17)可得

$$\nu_1^2<E_1/E_2 \quad 或 \quad \nu_2^2<E_2/E_1 \tag{2.1.22}$$

式(2.1.17)、式(2.1.18)和式(2.1.22)称为正交各向异性材料在平面应力状态下的工程弹性常数的限制条件。这些限制条件可以用来检验材料的试验数据或正交各向异性材料的模型是否正确。这与各向同性材料(Isotropic material)泊松比 ν 的取值范围($-1<\nu<1/2$)很不相同，正交各向异性材料的泊松比取决于材料的两个弹性模量之比。

工程中常用织物作增强材料。如果织物的经纬比是 1，则复合材料单层在经线和纬线方向上有相同的刚度特性，即

$$Q_{11}=Q_{22},\ S_{11}=S_{22},\ E_1=E_2 \tag{2.1.23}$$

因而这种材料的独立弹性常数只有三个。对于这种材料的两个弹性主方向刚度相同的正交各向异性单层称为正方对称(Square symmetry)单层。而对于铺层面内任意方向刚度均相同的单层称为准各向同性单层。几种典型复合材料单层的工程弹性常数列于表 2.1.1。这些常数是由简单试验测得的。而这些材料的柔量分量和模量分量是根据工程弹性常数的数据，分别由式(2.1.6)和式(2.1.11)计算而得，结果见表 2.1.2。

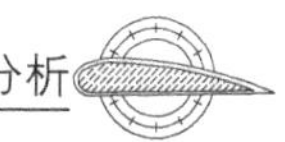

表 2.1.1　复合材料的基本力学性能

序号	复合材料	v_f	ρ /(kg/m³)	E_1 /GPa	E_2 /GPa	ν_1	G_{12} /GPa	X_t /MPa	X_c /MPa	Y_t /MPa	Y_c /MPa	S /MPa
1	T300/4211 碳纤维/酚醛环氧	0.62	1 560	126	8.0	0.33	3.7	1 415	1 232	35.0	157	63.9
2	T300/5222 碳纤维/环氧	0.65	1 610	135	9.4	0.28	5.0	1 490	1 210	40.7	197	92.3
3	T300/3231 碳纤维/E51 树脂	0.65	1 570	134	8.9	0.29	4.7	1 750	1 030	49.3	138	106
4	T300/QY8911 碳纤维/改性双马	0.60	1 614	135	8.8	0.33	4.47	1 548	1 226	55.5	218	89.9
5	T300/5208 碳纤维/环氧	0.70	1 600	181	10.3	0.28	7.17	1 500	1 500	40	246	68
6	AS/3501 碳纤维/环氧	0.66	1 600	138	8.96	0.30	7.10	1 447	1 447	52	206	93
7	IM6/环氧 碳纤维/环氧	0.66	1 600	203	11.2	0.32	8.40	3 500	1 540	56	150	98
8	B(4)/5505 硼纤维/环氧	0.50	2 000	204	18.5	0.23	5.59	1 260	2 500	61	202	67
9	Kevlar49/环氧 芳纶/环氧	0.60	1 450	76.0	5.50	0.34	2.30	1 400	235	12	53	34
10	芳纶/环氧	0.60	1 320	95	5.1	0.34	1.8	2 500	300	30	130	30
11	SiC/5506 碳化硅纤维/环氧	0.60	—	230	20.6	023	5.1	1 578	2 246	66.9	237	59.7
12	AS4/PEEK 碳纤维/聚醚醚酮	0.66	1 600	134	8.9	0.28	5.10	2 130	1 100	80	200	160
13	E-玻纤/环氧	0.45	1 800	38.6	8.27	0.26	4.14	1 062	610	31	118	72
14	玻纤/环氧	0.65	2 100	60	13	0.3	3.4	1 800	650	40	90	50
15	1∶1 玻纤布 /E42 环氧	0.38	—	17.7	17.7	0.14	3.53	294	245	294	245	68.6
16	4∶1 玻纤布 /E42 环氧	0.38	—	25.5	11.8	0.20	2.84	366	304	140	226	65.7
17	7∶1 玻纤布 /F46 环氧	0.69	—	43.2	14.7	0.21	5.88	804	—	64.7	—	—
18	1∶1 玻纤布 /306 聚酯	0.32	—	13.7	13.7	—	—	216	177	—	—	—
19	HT3/5224 碳纤维/环氧			140	8.6	0.35	5.0	1 400	1 100	50	180	99
20	T300 碳纤维布 /Fbrt934	0.60	1 500	74.0	74.0	0.05	4.55	499	352	458	352	46
21	HT3/KH304 碳纤维/聚酰亚胺			135	125	0.33	5.2	1 320	48.3	971	194	92.5
22	E-玻纤/乙烯基酯	0.30		24.4	6.87	0.32	2.89	584	803	43	187	64
23	碳纤维/碳	0.60	1 750	170	19	0.3	9	340	180	7	50	30
24	硼纤维/铝	0.5	2 650	260	140	0.3	60	1 300	2 000	140	300	90
25	Al_2O_3/Al	0.6	3 450	260	150	0.24	60	700	3 400	190	400	120

表 2.1.2 复合材料的模量分量和柔量分量

序号	复合材料	Q_{11} /GPa	Q_{22} /GPa	Q_{12} /GPa	Q_{66} /GPa	S_{11} /(TPa)$^{-1}$	S_{22} /(TPa)$^{-1}$	S_{12} /(TPa)$^{-1}$	S_{66} /(TPa)$^{-1}$
1	T300/4211	126.9	8.056	2.658	3.7	7.937	125.0	−2.619	270.3
2	T300/5222	135.7	9.447	2.645	5.0	7.407	106.4	−2.074	200.0
3	T300/3231	134.8	8.950	2.595	4.7	7.463	112.4	−2.164	212.8
4	T300/QY8911	136.0	8.863	2.925	4.47	7.407	113.6	−2.444	223.7
5	T300/5208	181.8	10.34	2.897	7.17	5.525	97.09	−1.547	139.5
6	AS/3501	138.8	9.013	2.704	7.10	7.246	111.6	−2.174	140.8
7	IM6/环氧	204.2	11.26	3.60	8.40	4.93	89.29	−1.58	119.1
8	B(4)/5505	205.0	18.58	4.275	5.59	4.902	54.05	−1.128	178.9
9	Kevlar49/环氧	76.64	5.546	1.886	2.30	13.16	181.8	−4.474	434.8
10	SiC/5506	231.1	20.70	4.761	5.1	4.348	48.54	−1.00	196.1
11	AS4/PEEK	134.7	8.95	2.51	5.10	7.46	112.4	−2.09	196.1
12	E-玻纤/环氧	39.17	8.39	2.18	4.14	25.91	120.9	−6.736	241.5
13	1∶1 玻纤布/E42 环氧	18.05	18.05	2.528	3.53	56.50	56.50	−7.910	283.3
14	4∶1 玻纤布/E42 环氧	25.98	12.02	2.405	2.84	39.22	84.75	−7.843	352.1
15	7∶1 玻纤布/F46 环氧	43.86	14.92	3.134	5.88	23.15	68.05	−4.861	170.1
16	1∶1 玻纤布/306 聚酯	—	—	—	—	72.99	72.99	—	—
17	HT3/5224 碳纤维/环氧	141.9	8.66	3.06	5.0	7.1	116	−2.5	200
18	T300 碳纤维布/Fbrt934	74.19	74.19	3.71	4.55	13.51	13.51	−0.68	219.8

[例 2.1.1] 已知 E-玻璃/环氧复合材料的 $E_1=38.6$ GPa，$E_2=8.27$ GPa，$\nu_1=0.26$，$G_{12}=4.14$ 。试求应力分量为 $\sigma_1=400$ MPa，$\sigma_2=30$ MPa，$\tau_{12}=15$ MPa 时的应变分量。

[解] (1) 求单层的柔量分量

由式(2.1.6)可得

$$S_{11}=\frac{1}{E_1}=\frac{1}{38.6}=0.025\,91\ (\text{GPa})^{-1}=25.91\ (\text{TPa})^{-1},$$

$$S_{22}=\frac{1}{E_2}=\frac{1}{8.27}=0.120\,9\ (\text{GPa})^{-1}=120.9\ (\text{TPa})^{-1},$$

$$S_{12}=S_{21}=-\frac{\nu_1}{E_1}=-\frac{0.26}{38.6}=-0.006\,736\ (\text{GPa})^{-1}=-6.736\ (\text{TPa})^{-1},$$

$$S_{66}=\frac{1}{G_{12}}=\frac{1}{4.14}=0.241\,5\ (\text{GPa})^{-1}=241.5\ (\text{TPa})^{-1}.$$

(2) 求单层的应变分量

由式(2.1.7)可得

$$\varepsilon_1=S_{11}\sigma_1+S_{12}\sigma_2=(25.91\times400-6.736\times30)\times10^{-6}=10.16\times10^{-3},$$

$$\varepsilon_2=S_{21}\sigma_1+S_{22}\sigma_2=(-6.736\times400+120.9\times30)\times10^{-6}=0.933\times10^{-3},$$

$$\gamma_{12}=S_{66}\tau_{12}=241.5\times15\times10^{-6}=3.623\times10^{-3}.$$

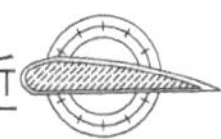

［例 2.1.2］　一块边长为 a 的正方形单层板，材料为碳纤维增强双马来酰亚胺树脂基复合材料，厚度 $h=6\ \mathrm{mm}$，紧密地夹在两块刚度无限大的刚性板之间(图 2.1.5)，在压力 $P=3\ \mathrm{kN}$ 作用下，试求(a)、(b)两种情况下，单层板在压力 P 方向的变形量 Δa，并比较哪一种情况变形小。已知复合材料柔量分量为：$S_{11}=7.407\ (\mathrm{TPa})^{-1}$，$S_{22}=113.6\ (\mathrm{TPa})^{-1}$，$S_{12}=-2.444\ (\mathrm{TPa})^{-1}$。

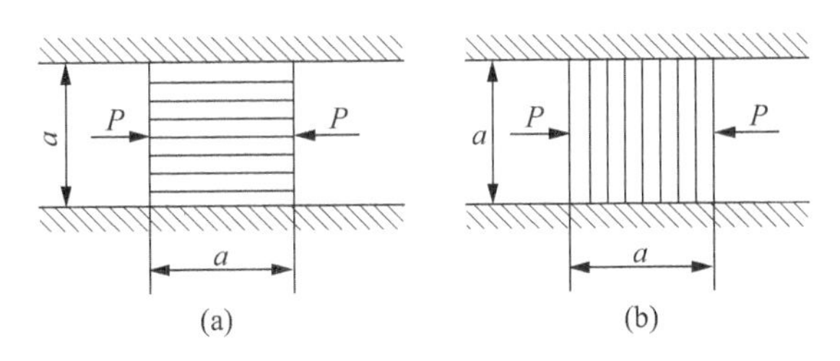

图 2.1.5　夹于刚性板之间的单向复合材料板

［解］　(a) $\Delta a=a\varepsilon_1$，　$\sigma_1=-\dfrac{P}{ah}$

$$\varepsilon_1=S_{11}\sigma_1+S_{12}\sigma_2$$

$$\varepsilon_2=S_{12}\sigma_1+S_{22}\sigma_2=0$$

$$\sigma_2=-\frac{S_{12}}{S_{22}}\sigma_1,\quad \varepsilon_1=\left(S_{11}-\frac{S_{12}^2}{S_{22}}\right)\sigma_1$$

$$\Delta a_1=a\varepsilon_1=\left(S_{11}-\frac{S_{12}^2}{S_{22}}\right)\frac{P}{h}=\left(7.407-\frac{2.444^2}{113.6}\right)\times\frac{(-3)\times10^{-9}}{6\times10^{-3}}=-3.68\times10^{-6}(\mathrm{m})$$

(b) $\varepsilon_1=S_{11}\sigma_1+S_{12}\sigma_2=0$

$$\varepsilon_2=S_{12}\sigma_1+S_{22}\sigma_2$$

$$\sigma_1=-\frac{S_{12}}{S_{11}}\sigma_2,\quad \varepsilon_2=\left(S_{22}-\frac{S_{12}^2}{S_{11}}\right)\sigma_2$$

$$\Delta a_2=a\varepsilon_2=\left(S_{22}-\frac{S_{12}^2}{S_{11}}\right)\frac{P}{h}=\left(113.6-\frac{2.444^2}{7.407}\right)\times\frac{(-3)\times10^{-9}}{6\times10^{-3}}=-56.4\times10^{-6}(\mathrm{m})$$

所以 $|\Delta a_1|<|\Delta a_2|$。

［例 2.1.3］　已知实验测得硼纤维/环氧树脂复合材料(单层板)的 $E_1=83.0\ \mathrm{GPa}$，$E_2=9.31\ \mathrm{GPa}$，$\nu_1=1.97$，$\nu_2=0.22$。试判断测试结果是否合理。

［解］　由对称性条件检查

$$\frac{\nu_1}{E_1}=\frac{1.97}{83.0}=2.37\times10^{-2}(\mathrm{GPa})^{-1}$$

$$\frac{\nu_2}{E_2}=\frac{0.22}{9.31}=2.36\times10^{-2}(\mathrm{GPa})^{-1}$$

两者接近相等。虽然 $\nu_1=1.97$ 远远大于各向同性材料泊松比的取值上限(1/2)，但满足对称性条件

$$\frac{\nu_2}{E_2}=\frac{\nu_1}{E_1}$$

另外

$$\nu_1=1.97<\left(\frac{E_1}{E_2}\right)^{1/2}=2.99$$

$$\nu_2 = 0.22 < \left(\frac{E_2}{E_1}\right)^{1/2} = 0.335$$

说明实验数据是合理的。由此可见,复合材料的泊松比与各向同性材料的泊松比有显著的区别,不受小于 1/2 的限制。

2.2 单层板的偏轴刚度

单层的偏轴刚度为单层非材料主方向的刚度。在实际应用中,有时需求得单层的偏轴应力-应变关系(Stress-strain relationships for off-axis orientation)。这是因为在复合材料设计时,所取坐标系往往不与材料的正轴坐标系重合。例如,当分析纤维缠绕的圆柱形壳体时,材料的正轴是缠绕的螺旋线方向,而材料中的应力状态(或应变状态)往往是偏轴下给出的(即计算坐标系一般设在圆柱壳的轴向和周向),因此要求在偏轴方向与正轴方向进行应力(或应变)的转换(Transformation)。

本节中将首先介绍在平面应力状态下的应力转换和应变转换公式,进而讨论偏轴应力-应变关系的物理方程。与描述单层的正轴刚度一样,偏轴刚度也有三种形式:偏轴模量、偏轴柔量和偏轴工程弹性常数。如何确定这些量及其相互关系是本节讨论的重点。

2.2.1 应力转换和应变转换

1. 转换的术语

设复合材料单层板中的单元体受面内偏轴正应力 σ_x、σ_y 和偏轴剪应力 τ_{xy} 作用[图 2.2.1(a)]。x 和 y 分别表示两个任意的坐标轴方向(称为偏轴向),x 轴和 y 轴称为偏轴(Off-axis),所用坐标系 x-y 称为偏轴坐标系。单元体外法线方向 x 与材料主方向 1 之间的夹角为 θ,θ 角称为单层的方向角(Ply orientation angle)。规定自偏轴 x 转至正轴 1 的夹角 θ 逆时针转向为正,顺时针转向为负。单层方向角是复合材料所特有的。

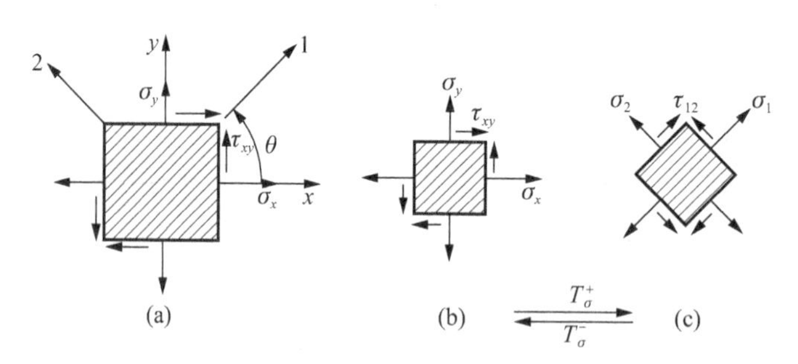

图 2.2.1 单层的偏轴应力状态及应力的转换

在以往学习材料力学的应力转换或应变转换中都引入坐标转换角 α,它表明坐标转换前后的夹角。一般规定,坐标转换角 α 由转换前的轴(旧轴)转至转换后的轴(新轴),逆时针转向为正,顺时针转向为负。偏轴至正轴的转换,由于单层方向角 θ 和坐标转换角 α 的符号规定一致,所以,坐标转换角就等于单层方向角。即 $\alpha = +\theta$。也就是说两者角度大小相等,符号一致,这种转换称为正转换。应力转换和应变转换的正转换分别用 T_σ^+ 和 T_ε^- 表示,如图 2.2.1 中(b)→(c)。

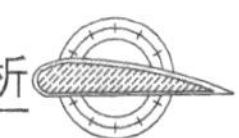

正轴至偏轴的转换，由于单层方向角与坐标转换角的符号规则正好相反，而角度大小相等，故 $\alpha=-\theta$。这种转换称为负转换。应力转换和应变转换的负转换分别用 T_σ^- 和 T_ε^+ 表示，如图 2.2.1 中(c)→(b)。

2. 应力转换公式

应力转换用于确定两个坐标系下弹性体内应力分量之间的关系。由偏轴至正轴的应力转换，也就是由单元体所给出的已知应力求任意斜截面上的应力。因此，与材料力学一样，可用截面法导出。

设单层板中单元体的应力状态如图 2.2.2(a)所示，可分别用垂直于 1 轴或垂直于 2 轴的斜截面切出三角形分离体。垂直于 1 轴的横向斜截面上有 σ_1 与 τ_{12}，垂直于 2 轴的纵向斜截面上有 σ_2 与 τ_{12}。如图 2.2.2(b)所示为横向斜截面的分离体，由静力平衡条件可导出应力转换公式。

设斜截面面积为 $\mathrm{d}A$，该面法线与 x 轴的夹角为 θ，令 $m=\cos\theta, n=\sin\theta$

由 $\sum 1=0$ 得

$$\sigma_1\mathrm{d}A-(\sigma_x m\mathrm{d}A)m-(\tau_{xy}m\mathrm{d}A)n-(\sigma_y n\mathrm{d}A)n-(\tau_{xy}n\mathrm{d}A)m=0$$

化简得
$$\sigma_1=m^2\sigma_x+n^2\sigma_y+2mn\tau_{xy} \tag{a}$$

由 $\sum 2=0$ 得

$$\tau_{12}\mathrm{d}A-(\sigma_x m\mathrm{d}A)n-(\tau_{xy}m\mathrm{d}A)m-(\sigma_y n\mathrm{d}A)m+(\tau_{xy}n\mathrm{d}A)n=0$$

化简得
$$\tau_{12}=-mn\sigma_x+mn\sigma_y+(m^2-n^2)\tau_{xy} \tag{b}$$

同理由图 2.2.2(c)所示纵向斜截面切出的分离体的平衡条件可得

$$\left.\begin{aligned}\sigma_2&=n^2\sigma_x+m^2\sigma_y-2mn\tau_{xy}\\ \tau_{12}&=-mn\sigma_x+mn\sigma_y+(m^2-n^2)\tau_{xy}\end{aligned}\right\} \tag{c}$$

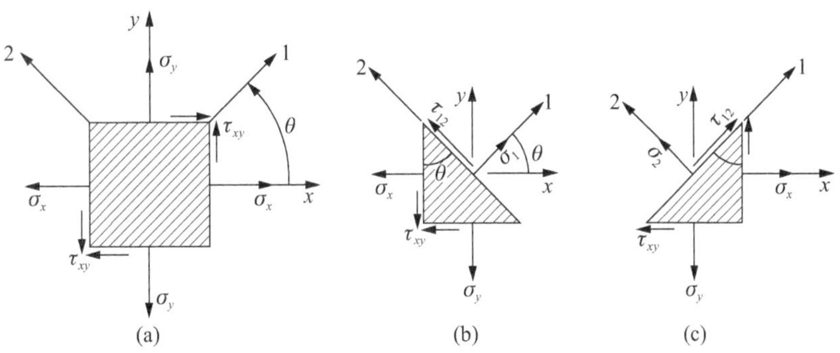

图 2.2.2　单层板单元体及其分离体

式(b)与式(c)第二式完全相同，这再次证明了剪应力互等定理，应力转换公式与材料性质无关。若将 θ 换为 α，则应力转换公式适用于从任意坐标系向另一坐标系转换，这与材料力学应力转换公式略有不同，主要是剪应力符号规则不同。把三个转换方程写成矩阵形式，有

$$\begin{Bmatrix}\sigma_1\\ \sigma_2\\ \tau_{12}\end{Bmatrix}=\begin{bmatrix}m^2 & n^2 & 2mn\\ n^2 & m^2 & -2mn\\ -mn & mn & m^2-n^2\end{bmatrix}\begin{Bmatrix}\sigma_x\\ \sigma_y\\ \tau_{xy}\end{Bmatrix} \tag{2.2.1}$$

缩写为

$$\{\sigma_1\}=[T_\sigma]\{\sigma_x\}$$

方阵$[T_\sigma]$称为应力转换矩阵,即

$$[T_\sigma]=\begin{bmatrix} m^2 & n^2 & 2mn \\ n^2 & m^2 & -2mn \\ -mn & mn & m^2-n^2 \end{bmatrix} \tag{2.2.2}$$

上述转换公式是由偏轴应力求正轴应力的公式。式(2.2.1)也可经适当变化改为由正轴应力求偏轴应力的公式

$$\begin{Bmatrix} \sigma_x \\ \sigma_y \\ \tau_{xy} \end{Bmatrix}=\begin{bmatrix} m^2 & n^2 & -2mn \\ n^2 & m^2 & 2mn \\ mn & -mn & m^2-n^2 \end{bmatrix}\begin{Bmatrix} \sigma_1 \\ \sigma_2 \\ \tau_{12} \end{Bmatrix} \tag{2.2.3}$$

缩写为

$$\{\sigma_x\}=[T_\sigma]^{-1}\{\sigma_1\}$$

方阵$[T_\sigma]^{-1}$称为应力负转换矩阵,即

$$[T_\sigma]^{-1}=\begin{bmatrix} m^2 & n^2 & -2mn \\ n^2 & m^2 & 2mn \\ mn & -mn & m^2-n^2 \end{bmatrix} \tag{2.2.4}$$

3. 应变转换公式

平面应力状态下一点的应变状态,也是用一定坐标系下的应变分量来表示的。研究应变的转换就是要研究不同坐标系下应变分量的转换。应变是一种几何量,所以应变转换也是利用几何关系得到的,它不涉及材料的性质及力的平衡。与应力转换类似,推导应变转换公式,就是由一定坐标系($x-y$)下某一点的应变分量ε_x、ε_y、γ_{xy}推导在新坐标系(1-2)下的应变分量ε_1、ε_2、γ_{12}的公式,也就是由偏轴应变分量求正轴应变分量的公式。为了便于应变定义的书写,将材料主方向轴1-2暂时标为$x'-y'$轴。

在$x-y$坐标系下,设平面应力状态下一点D在该平面的应变分量(图2.2.3),按应变的定义为

$$\varepsilon_x=\frac{\partial u}{\partial x},\quad \varepsilon_y=\frac{\partial v}{\partial y},\quad \gamma_{xy}=\frac{\partial v}{\partial x}+\frac{\partial u}{\partial y} \tag{a}$$

式中,u、v分别是D点在x和y方向的位移分量。

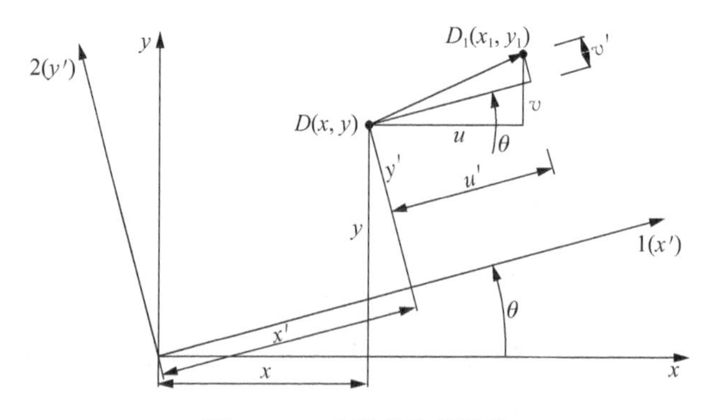

图2.2.3 应变的坐标转换

在$x'-y'$(即1-2)坐标系下,

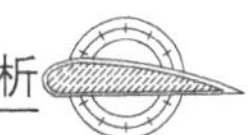

$$\varepsilon_1=\varepsilon'_x=\frac{\partial u'}{\partial x'},\quad \varepsilon_2=\varepsilon'_y=\frac{\partial v'}{\partial y'},\quad \gamma_{12}=\gamma_{x'y'}=\frac{\partial v'}{\partial x'}+\frac{\partial u'}{\partial y'} \tag{b}$$

如图 2.2.3 所示 D 点有一微小位移矢量，其在 $x-y$ 坐标系中的位移分量分别是 u、v，而在 $x'-y'$ 坐标系中位移分量为 u'、v'。它们之间有下述关系

$$u'=mu+nv,\quad v'=-nu+mv \tag{c}$$

或

$$u=mu'-nv',\quad v=nu'+mv' \tag{d}$$

$x-y$ 及 $x'-y'$ 坐标系的坐标转换也有类似的关系

$$x'=mx+ny,\quad y'=-nx+my \tag{e}$$

或

$$x=mx'-ny',\quad y=nx'+my' \tag{f}$$

显然 u 和 u' 都是 x、y 的函数，由式(f)可知，x、y 又是 x' 和 y' 的函数。由式(b)，按复合函数求导法则有

$$\varepsilon_1=\frac{\partial u'}{\partial x'}=\frac{\partial u'}{\partial x}\cdot\frac{\partial x}{\partial x'}+\frac{\partial u'}{\partial y}\cdot\frac{\partial y}{\partial y'} \tag{g}$$

由式(f)，$\dfrac{\partial x}{\partial x'}=m$，$\dfrac{\partial y}{\partial x'}=n$ 得

$$\varepsilon_1=m\frac{\partial u'}{\partial x}+n\frac{\partial u'}{\partial y} \tag{h}$$

再由式(c)得

$$\frac{\partial u'}{\partial x}=m\frac{\partial u}{\partial x}+n\frac{\partial v}{\partial x},\quad \frac{\partial u'}{\partial y}=m\frac{\partial u}{\partial y}+n\frac{\partial v}{\partial y} \tag{i}$$

将式(i)代入式(h)得

$$\varepsilon_1=m\left[m\frac{\partial u}{\partial x}+n\frac{\partial v}{\partial x}\right]+n\left[m\frac{\partial u}{\partial y}+n\frac{\partial v}{\partial y}\right]$$

展开后对比式(a)，则

$$\left.\begin{aligned}\varepsilon_1&=m^2\varepsilon_x+n^2\varepsilon_y+mn\gamma_{xy}\\ \varepsilon_2&=n^2\varepsilon_x+m^2\varepsilon_y-mn\gamma_{xy}\\ \gamma_{12}&=-2mn\varepsilon_x+2mn\varepsilon_y+(m^2-n^2)\gamma_{xy}\end{aligned}\right\} \tag{2.2.5}$$

写成矩阵形式

$$\begin{Bmatrix}\varepsilon_1\\ \varepsilon_2\\ \gamma_{12}\end{Bmatrix}=\begin{bmatrix}m^2 & n^2 & mn\\ n^2 & m^2 & -mn\\ -2mn & 2mn & m^2-n^2\end{bmatrix}\begin{Bmatrix}\varepsilon_x\\ \varepsilon_y\\ \gamma_{xy}\end{Bmatrix} \tag{2.2.6}$$

缩写为

$$\{\varepsilon_1\}=[T_\varepsilon]\{\varepsilon_x\}$$

$[T_\varepsilon]$表示应变转换矩阵，即

$$[T_\varepsilon]=\begin{bmatrix}m^2 & n^2 & mn\\ n^2 & m^2 & -mn\\ -2mn & 2mn & m^2-n^2\end{bmatrix} \tag{2.2.7}$$

式(2.2.7)与式(2.2.2)相似,仅仅是某些项的系数有些差异。这是由于采用的剪应变是工程剪应变$\left(\gamma_{xy}=\frac{\partial v}{\partial x}+\frac{\partial u}{\partial y}\right)$的缘故。若剪应变的定义改用张量剪应变$\left(\varepsilon_{xy}=\frac{1}{2}\left(\frac{\partial v}{\partial x}+\frac{\partial u}{\partial y}\right)=\frac{1}{2}\gamma_{xy}\right)$,则会得到完全相同的转换公式。

同样,式(2.2.7)经过适当变化可改为由正轴应变求偏轴应变的公式

$$\begin{Bmatrix}\varepsilon_x\\ \varepsilon_y\\ \gamma_{xy}\end{Bmatrix}=\begin{bmatrix}m^2 & n^2 & -mn\\ n^2 & m^2 & mn\\ 2mn & -2mn & m^2-n^2\end{bmatrix}\begin{Bmatrix}\varepsilon_1\\ \varepsilon_2\\ \gamma_{12}\end{Bmatrix} \tag{2.2.8}$$

缩写为

$$\{\varepsilon_x\}=[T_\varepsilon]^{-1}\{\varepsilon_1\}$$

$[T_\varepsilon]^{-1}$表示应变负转换矩阵,即

$$[T_\varepsilon]^{-1}=\begin{bmatrix}m^2 & n^2 & -mn\\ n^2 & m^2 & mn\\ 2mn & -2mn & m^2-n^2\end{bmatrix} \tag{2.2.9}$$

对比式(2.2.7)和式(2.2.4),可得 $$[T_\varepsilon]=[[T_\sigma]^{-1}]^T \tag{2.2.10}$$

对比式(2.2.9)和式(2.2.2),可得 $$[T_\sigma]^T=[T_\varepsilon]^{-1} \tag{2.2.11}$$

2.2.2 单层板的偏轴模量

像单层板正轴时由应变给出应力的应力-应变关系式(2.1.12)确定正轴模量一样,单层板偏轴时,也可由应变给出应力的应力-应变关系式确定偏轴模量。然而建立偏轴应变-应力关系式不便,也不必像正轴那样。其一,偏轴下的简单实验,由于加载不是在材料的正轴方向,所以一种外力要引起多种基本变形,从而不便由实验得到;其二,只要通过适当的应力和应变的转换,完全可以导出偏轴下的应力-应变或应变-应力关系式。

如图 2.2.4 所示,要推求(a)→(d)所对应的偏轴下应力-应变关系,可将其分解为三个步骤,即从偏轴应变(a)到正轴应变(b)作正转换 T_ε^+,再由正轴应变(b)利用正轴模量矩阵$[Q]$可得正轴应力(c),最后将正轴应力(c)通过应力的负转换 T_σ^- 得到偏轴应力(d)。完成这些转换就可得出偏轴模量。

(1) 利用应变的正转换将偏轴应变转换为正轴应变[从图 2.2.4(a)到(b)]。

这种转换写成矩阵关系为

$$\begin{Bmatrix}\varepsilon_1\\ \varepsilon_2\\ \gamma_{12}\end{Bmatrix}=[T_\varepsilon]\begin{Bmatrix}\varepsilon_x\\ \varepsilon_y\\ \gamma_{xy}\end{Bmatrix}$$

(2) 利用正轴应力-应变关系式(2.1.12)得到偏轴应变与正轴应力的关系[从图 2.2.4(b)到(c)]。

由式(2.1.12)得到

$$\begin{Bmatrix}\sigma_1\\ \sigma_2\\ \tau_{12}\end{Bmatrix}=[Q]\begin{Bmatrix}\varepsilon_1\\ \varepsilon_2\\ \gamma_{12}\end{Bmatrix}=[Q][T_\varepsilon]\begin{Bmatrix}\varepsilon_x\\ \varepsilon_y\\ \gamma_{xy}\end{Bmatrix} \tag{a}$$

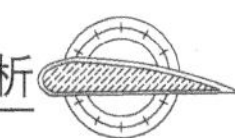

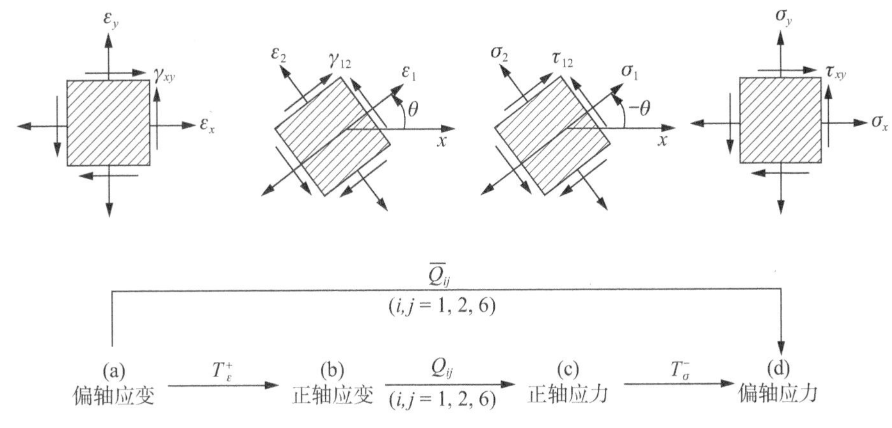

图 2.2.4　偏轴应力-应变关系的建立过程

(3) 利用应力的负转换得到偏轴应变与偏轴应力的关系[从图 2.2.4(c)到(d)]。

将式(a)代入式(2.2.3)得

$$\begin{Bmatrix}\sigma_x\\\sigma_y\\\tau_{xy}\end{Bmatrix}=[T_\sigma]^{-1}[Q][T_\varepsilon]\begin{Bmatrix}\varepsilon_x\\\varepsilon_y\\\gamma_{xy}\end{Bmatrix}\tag{b}$$

偏轴应力-应变关系可以写成

$$\begin{Bmatrix}\sigma_x\\\sigma_y\\\tau_{xy}\end{Bmatrix}=\begin{bmatrix}\bar{Q}_{11}&\bar{Q}_{12}&\bar{Q}_{16}\\\bar{Q}_{21}&\bar{Q}_{22}&\bar{Q}_{26}\\\bar{Q}_{61}&\bar{Q}_{62}&\bar{Q}_{66}\end{bmatrix}\begin{Bmatrix}\varepsilon_x\\\varepsilon_y\\\gamma_{xy}\end{Bmatrix}\tag{2.2.12}$$

缩写为

$$\{\sigma_x\}=[\bar{Q}]\{\varepsilon_x\}$$

比较式(b)与式(2.2.12)得

$$[\bar{Q}]=[T_\sigma]^{-1}[Q][T_\varepsilon]\tag{2.2.13}$$

式(2.2.12)就是偏轴下应力-应变关系的物理方程，其中$[\bar{Q}]$矩阵的元素 $\bar{Q}_{ij}(i,j=1,2,6)$ 称为偏轴模量。如果将式(2.2.13)中的矩阵作乘法运算，即可得偏轴模量与正轴模量 Q_{ij} 之间的转换关系。

$$\left.\begin{aligned}\bar{Q}_{11}&=Q_{11}m^4+2(Q_{12}+2Q_{66})m^2n^2+Q_{22}n^4\\\bar{Q}_{22}&=Q_{11}n^4+2(Q_{12}+2Q_{66})m^2n^2+Q_{22}m^4\\\bar{Q}_{12}&=Q_{12}(m^4+n^4)+(Q_{11}+Q_{22}-4Q_{66})m^2n^2\\\bar{Q}_{66}&=Q_{66}(m^4+n^4)+(Q_{11}+Q_{22}-2Q_{12}-2Q_{66})m^2n^2\\\bar{Q}_{16}&=(Q_{11}-Q_{12}-2Q_{66})m^3n-(Q_{22}-Q_{12}-2Q_{66})mn^3\\\bar{Q}_{26}&=(Q_{11}-Q_{12}-2Q_{66})mn^3-(Q_{22}-Q_{12}-2Q_{66})m^3n\end{aligned}\right\}\tag{2.2.14}$$

式中，$m=\cos\theta$，$n=\sin\theta$，θ 为单层的方向角。θ 的正负号按以前的规定取用。由于 $Q_{ij}=Q_{ji}$，故 $\bar{Q}_{ij}=\bar{Q}_{ji}$，即偏轴模量仍具有对称性。所以式(2.2.14)中 $\bar{Q}_{ij}$ 只列出六个分量，其中 $\bar{Q}_{11}$、$\bar{Q}_{12}$、$\bar{Q}_{22}$、$\bar{Q}_{66}$ 是 θ 的偶函数，$\bar{Q}_{16}$、$\bar{Q}_{26}$ 是 θ 的奇函数。

模量转换公式(2.2.14)只适用从正轴到偏轴的转换，即只能由已知的正轴模量求单层方

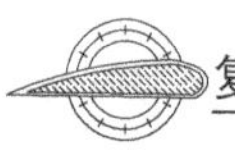

向角为 θ 的偏轴模量，不能相反，也不能用于从某一偏轴到另一偏轴的模量转换。这是由于式(2.2.14)所给出的转换公式是在正轴开始的特定条件下推导出来的，所以只有四个正轴分量 Q_{11}、Q_{22}、Q_{12} 和 Q_{66}，而任意偏轴一般有六个分量，比正轴多下标“16”和“26”的两个分量。

由式(2.2.12)可知，下标为“16”和“26”的模量分量 $\bar{Q}_{16}$ 和 $\bar{Q}_{26}$ 是联系剪应变和正应力的耦合分量，而下标为“61”和“62”的模量分量 $\bar{Q}_{61}$ 和 $\bar{Q}_{62}$ 是联系正应变和剪应力的耦合分量。这些耦合分量在正交各向异性材料的正轴向是不存在的。

附带指出，模量转换公式(2.2.14)中的各系数均为三角函数的四次方幂，而应力转换和应变转换公式中的各系数均为三角函数的二次方幂。从表面上看，偏轴模量具有六个分量，但由式(2.2.14)可知，这六个分量只与四个独立常数 Q_{11}、Q_{22}、Q_{12} 和 Q_{66} 有关，所以偏轴模量实际上仍只有四个独立的材料弹性常数。

模量转换公式也可以表达成倍角三角函数的表达形式。利用三角恒等式

$$\left.\begin{aligned}
m^4&=\cos^4\theta=\frac{1}{8}(3+4\cos 2\theta+\cos 4\theta)\\
m^3n&=\cos^3\theta\sin\theta=\frac{1}{8}(2\sin 2\theta+\sin 4\theta)\\
m^2n^2&=\cos^2\theta\sin^2\theta=\frac{1}{8}(1-\cos 4\theta)\\
mn^3&=\cos\theta\sin^3\theta=\frac{1}{8}(2\sin 2\theta-\sin 4\theta)\\
n^4&=\sin^4\theta=\frac{1}{8}(3-4\cos 2\theta+\cos 4\theta)
\end{aligned}\right\}\tag{2.2.15}$$

将式(2.2.15)代入式(2.2.14)，经整理归并，可得

$$\left.\begin{aligned}
\bar{Q}_{11}&=U_{1Q}+U_{2Q}\cos 2\theta+U_{3Q}\cos 4\theta\\
\bar{Q}_{22}&=U_{1Q}-U_{2Q}\cos 2\theta+U_{3Q}\cos 4\theta\\
\bar{Q}_{12}&=U_{4Q}-U_{3Q}\cos 4\theta\\
\bar{Q}_{66}&=0.5(U_{1Q}-U_{4Q})-U_{3Q}\cos 4\theta\\
\bar{Q}_{16}&=0.5U_{2Q}\sin 2\theta+U_{3Q}\sin 4\theta\\
\bar{Q}_{26}&=0.5U_{2Q}\sin 2\theta-U_{3Q}\sin 4\theta
\end{aligned}\right\}\tag{2.2.16}$$

式中，U_{iQ} 是与单层方向角 θ 无关的正轴模量的线性组合，所以它们也是材料常数。

$$\left.\begin{aligned}
U_{1Q}&=\frac{1}{8}(3Q_{11}+3Q_{22}+2Q_{12}+4Q_{66})\\
U_{2Q}&=\frac{1}{2}(Q_{11}-Q_{22})\\
U_{3Q}&=\frac{1}{8}(Q_{11}+Q_{22}-2Q_{12}-4Q_{66})\\
U_{4Q}&=\frac{1}{8}(Q_{11}+Q_{22}+6Q_{12}-4Q_{66})
\end{aligned}\right\}\tag{2.2.17}$$

几种典型复合材料单层正轴模量的线形组合 U_{iQ}，可由表 2.1.2 之值代入式(2.2.17)求出，见表 2.2.1。利用式(2.2.16)和式(2.2.17)来计算 $\bar{Q}_{ij}$，虽然多了一个步骤，但是因为不必计算三角函数的高次幂，故计算还是方便的。式(2.2.16)是倍角函数形式的模量转换公式。根据式(2.2.16)可以讨论偏轴模量的特性。

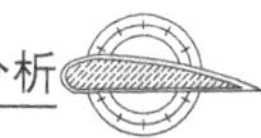

表 2.2.1　复合材料的正轴模量线性组合和正轴柔量线性组合

序号	复合材料	U_{1Q} /GPa	U_{2Q} /GPa	U_{3Q} /GPa	U_{4Q} /GPa	U_{1S} /(TPa)$^{-1}$	U_{2S} /(TPa)$^{-1}$	U_{3S} /(TPa)$^{-1}$	U_{4S} /(TPa)$^{-1}$
1	T300/4211	53.12	59.42	14.36	17.01	82.98	−58.53	−16.52	−19.13
2	T300/5222	57.59	63.13	14.98	17.63	67.16	−49.50	−10.26	−12.33
3	T300/3231	56.91	62.93	14.97	17.57	71.01	−52.47	−12.16	−13.24
4	T300/QY8911	57.29	63.57	15.14	18.07	72.73	−53.10	−12.23	−14.67
5	T300/5208	76.37	85.73	19.71	22.61	55.53	−45.78	−4.22	−5.77
6	AS/3501	59.66	64.89	14.25	16.95	61.62	−52.18	−2.20	−4.38
7	IM6/环氧	85.90	96.47	21.83	25.43	49.83	−42.18	−2.72	−4.30
8	B(4)/5505	87.80	93.21	23.98	28.26	43.42	−24.57	−13.94	−15.06
9	Kevlar49/环氧	32.44	35.55	8.65	10.54	126.3	−84.32	−28.26	−33.34
10	SiC/5506	98.17	105.2	27.73	32.50	44.10	−22.10	−18.15	−18.65
11	AS4/PEEK	57.04	62.88	14.78	17.28	68.94	−52.47	−9.01	−11.10
12	E-玻纤/环氧	20.45	15.39	3.33	5.51	83.56	−47.50	−10.15	−16.89
13	1∶1 玻纤布/E42 环氧	15.93	0	2.116	4.644	75.81	0	−19.31	−27.22
14	4∶1 玻纤布/E42 环氧	16.27	6.98	2.729	5.134	88.54	−22.77	−26.56	−34.40
15	7∶1 玻纤布/F46 环氧	25.77	14.47	3.624	6.758	54.24	−22.44	−8.65	−13.51
16	T300 纤维布/Fbrt934	58.84	0	15.34	19.05	37.44	0	−24.27	−24.61

(1) 偏轴模量分量 $\bar{Q}_{11}$、$\bar{Q}_{12}$、$\bar{Q}_{22}$ 和 $\bar{Q}_{66}$ 中的 U_{1Q} 和 U_{4Q} 是常数项，分别表示刚度的潜在能力，它们所占的项是不随铺层角 θ 变化的。例如，$\bar{Q}_{11}$ 是由常数项 U_{1Q} 加上一个 θ 的倍频变量和一个 θ 的 4 倍频变量决定的。常数项具有平均模量的含义，只有增加常数项的取值才能有效地增加 $\bar{Q}_{ij}$。而 U_{2Q} 和 U_{3Q} 为周期项的幅值，加大它们使 $\bar{Q}_{ij}$ 在某些方向提高了，在某些方向反而降低了。

(2) $\bar{Q}_{11}$ 和 $\bar{Q}_{22}$ 是偶函数，$\bar{Q}_{16}$ 和 $\bar{Q}_{26}$ 是奇函数，且有

$$\bar{Q}_{11}(\theta+90^\circ)=\bar{Q}_{22}(\theta)$$
$$\bar{Q}_{16}(\theta+90^\circ)=-\bar{Q}_{26}(\theta)$$

即 $\bar{Q}_{11}$ 与 $\bar{Q}_{22}$，$\bar{Q}_{16}$ 与 $\bar{Q}_{26}$ 间存在镜像关系。

(3) $\bar{Q}_{12}$ 和 $\bar{Q}_{66}$ 的变化频率和幅值相同，变化频率都是 4θ，幅值为 U_3；且 $\bar{Q}_{66}-\bar{Q}_{12}=0.5(U_{1Q}-3U_{4Q})$，$\bar{Q}_{11}+\bar{Q}_{22}+2\bar{Q}_{12}=2(U_{1Q}+U_{4Q})$。

(4) $\bar{Q}_{16}$ 和 $\bar{Q}_{26}$ 中无常数项，$\bar{Q}_{16}$ 和 $\bar{Q}_{26}$ 不是独立的，它们与 $\bar{Q}_{11}$ 和 $\bar{Q}_{22}$ 存在微分关系

$$\frac{\partial \bar{Q}_{11}}{\partial \theta}=-4\bar{Q}_{16},\quad \frac{\partial \bar{Q}_{22}}{\partial \theta}=4\bar{Q}_{26}$$

这表明 $\bar{Q}_{11}$ 和 $\bar{Q}_{22}$ 的极值点分别与 $\bar{Q}_{16}$ 和 $\bar{Q}_{26}$ 的零点相对应，且前者的拐点与后者的极值点对应。

(5) 从表 2.1.2 中几种复合材料单层的模量分量可见，Q_{11} 比 Q_{22}、Q_{12}、Q_{66} 大得多，计算 $\overline{Q}_{ij}$ 时，$\overline{Q}_{11}$ 起主要作用。$U_{1Q}\sim U_{4Q}$ 也可近似写成

$$U_{1Q}=\frac{3}{8}Q_{11},\quad U_{2Q}=\frac{1}{2}Q_{11},\quad U_{3Q}=U_{4Q}=\frac{1}{8}Q_{11}$$

2.2.3 单层板的偏轴柔量

偏轴柔量是由偏轴应力给出偏轴应变的应变-应力关系式确定的。确定偏轴柔量可按图 2.2.5 导出。通过应力的正转换 T_σ^+ 与应变的负转换 T_ε^-，并利用已知的用柔量表示的正轴应变-应力关系式，即可得到偏轴的应变-应力关系式。

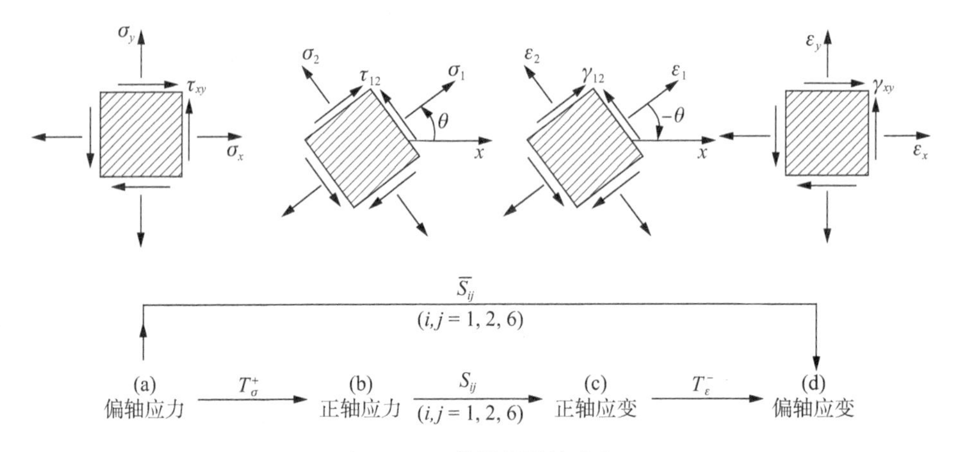

图 2.2.5 偏轴柔量的确定

(1) 从图 2.2.5(a)到(b)是从偏轴应力到正轴应力的正转换

$$\begin{Bmatrix}\sigma_1\\ \sigma_2\\ \tau_{12}\end{Bmatrix}=[T_\sigma]\begin{Bmatrix}\sigma_x\\ \sigma_y\\ \tau_{xy}\end{Bmatrix}$$

(2) 从图 2.2.5(b)到(c)是由正轴应力求正轴应变用的正轴物理方程

$$\begin{Bmatrix}\varepsilon_1\\ \varepsilon_2\\ \gamma_{12}\end{Bmatrix}=[S]\begin{Bmatrix}\sigma_1\\ \sigma_2\\ \tau_{12}\end{Bmatrix}=[S][T_\sigma]\begin{Bmatrix}\sigma_x\\ \sigma_y\\ \tau_{xy}\end{Bmatrix} \tag{2.2.18}$$

(3) 从图 2.2.5(c)到(d)是由正轴应变到偏轴应变做负的转换

$$\begin{Bmatrix}\varepsilon_x\\ \varepsilon_y\\ \gamma_{xy}\end{Bmatrix}=[T_\varepsilon]^{-1}\begin{Bmatrix}\varepsilon_1\\ \varepsilon_2\\ \gamma_{12}\end{Bmatrix}=[T_\varepsilon]^{-1}\cdot[S]\cdot[T_\sigma]\begin{Bmatrix}\sigma_x\\ \sigma_y\\ \tau_{xy}\end{Bmatrix} \tag{2.2.19}$$

偏轴应变-应力关系式可以写成

$$\begin{Bmatrix}\varepsilon_x\\ \varepsilon_y\\ \gamma_{xy}\end{Bmatrix}=\begin{bmatrix}\overline{S}_{11} & \overline{S}_{12} & \overline{S}_{16}\\ \overline{S}_{21} & \overline{S}_{22} & \overline{S}_{26}\\ \overline{S}_{61} & \overline{S}_{62} & \overline{S}_{66}\end{bmatrix}\begin{Bmatrix}\sigma_x\\ \sigma_y\\ \tau_{xy}\end{Bmatrix} \tag{2.2.20}$$

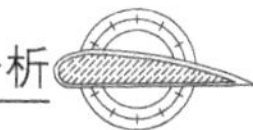

缩写为
$$\{\varepsilon_x\}=[\bar{S}]\{\sigma_x\}$$

比较式(2.2.19)与式(2.2.20)可得

$$[\bar{S}]=[T_\varepsilon]^{-1}\cdot[S]\cdot[T_\sigma] \tag{2.2.21}$$

$[\bar{S}]$称为偏轴柔量矩阵(柔度矩阵),$[\bar{S}]$矩阵的元素 $\bar{S}_{ij}(i,j=1,2,6)$称为偏轴柔量。展开式(2.2.21)便得偏轴柔量各分量

$$\left.\begin{aligned}
\bar{S}_{11}&=S_{11}m^4+(2S_{12}+S_{66})m^2n^2+S_{22}n^4\\
\bar{S}_{22}&=S_{11}n^4+(2S_{12}+S_{66})m^2n^2+S_{22}m^4\\
\bar{S}_{12}&=S_{12}(m^4+n^4)+(S_{11}+S_{22}-S_{66})m^2n^2\\
\bar{S}_{66}&=S_{66}(m^4+n^4)+2(2S_{11}+2S_{22}-4S_{12}-S_{66})m^2n^2\\
\bar{S}_{16}&=(2S_{11}-2S_{12}-S_{66})m^3n-(2S_{22}-2S_{12}-S_{66})mn^3\\
\bar{S}_{26}&=(2S_{11}-2S_{12}-S_{66})mn^3-(2S_{22}-2S_{12}-S_{66})m^3n
\end{aligned}\right\} \tag{2.2.22}$$

式中,$\bar{S}_{11}$、$\bar{S}_{12}$、$\bar{S}_{22}$、$\bar{S}_{66}$是 θ 的偶函数,$\bar{S}_{16}$和 $\bar{S}_{26}$是 θ 的奇函数。六个偏轴柔量分量只与四个独立材料常数 S_{11}、S_{22}、S_{12}和 S_{66}有关,所以偏轴柔量实际上仍只有四个独立分量。

幂函数形式的柔量变换公式在计算上是比较麻烦的,这里再利用式(2.2.15)的三角恒等式,代入式(2.2.22),则得到倍角函数形式的偏轴柔量公式

$$\left.\begin{aligned}
\bar{S}_{11}&=U_{1S}+U_{2S}\cos 2\theta+U_{3S}\cos 4\theta\\
\bar{S}_{22}&=U_{1S}-U_{2S}\cos 2\theta+U_{3S}\cos 4\theta\\
\bar{S}_{12}&=U_{4S}-U_{3S}\cos 4\theta\\
\bar{S}_{66}&=2(U_{1S}-U_{4S})-4U_{3S}\cos 4\theta\\
\bar{S}_{16}&=U_{2S}\sin 2\theta+2U_{3S}\sin 4\theta\\
\bar{S}_{26}&=U_{2S}\sin 2\theta-2U_{3S}\sin 4\theta
\end{aligned}\right\} \tag{2.2.23}$$

式中,U_{iS}是正轴柔量的线形组合,又称柔量不变量。

$$\left.\begin{aligned}
U_{1S}&=\frac{1}{8}(3S_{11}+3S_{22}+2S_{12}+S_{66})\\
U_{2S}&=\frac{1}{2}(S_{11}-S_{22})\\
U_{3S}&=\frac{1}{8}(S_{11}+S_{22}-2S_{12}-S_{66})\\
U_{4S}&=\frac{1}{8}(S_{11}+S_{22}+6S_{12}-S_{66})
\end{aligned}\right\} \tag{2.2.24}$$

上述式(2.2.22)、式(2.2.23)及式(2.2.24)与偏轴模量的相应公式极为相似,仅仅是某些项的系数有些差异。这也是由于采用工程剪应变的缘故。如果采用张量剪应变(工程剪应变的一半),模量和柔量的公式就会完全相同。

材料一定,正轴柔量也就确定,相应的线形组合 U_{iS} 就可由式(2.2.24)计算出来。表 2.2.1 列出了几种典型复合材料单层正轴柔量的线形组合。根据 2.2.2 节中对偏轴模量所作的分析,也可作出偏轴柔量分量的各项分析。偏轴模量和偏轴柔量存在互逆关系。用$\{\sigma_x\}$代表偏轴应力的三个分量,$\{\varepsilon_x\}$代表偏轴应变的三个分量,$[\bar{Q}]$和$[\bar{S}]$分别为偏轴模量和偏轴柔

量矩阵。作式(2.2.12)的逆运算可得

$$\{\varepsilon_x\}=[\bar{Q}]^{-1}\{\sigma_x\}$$

而由式(2.2.20)有

$$\{\varepsilon_x\}=[\bar{S}]\{\sigma_x\}$$

比较以上两式可知

同理可得

$$\left.\begin{aligned}[\bar{S}]=[\bar{Q}]^{-1}\\ [\bar{Q}]=[\bar{S}]^{-1}\end{aligned}\right\} \tag{2.2.25}$$

即偏轴模量矩阵与偏轴柔量矩阵互为逆矩阵。由于模量矩阵是对称的,故柔量矩阵也是对称矩阵。

2.2.4 单层板的偏轴工程弹性常数

在单轴应力或纯剪应力作用下的正轴单层,测得的材料刚度性能参数(E_1、E_2、G_{12}、ν_1)称为正轴工程弹性常数。当构件处于正轴向单轴应力或纯剪应力下,研究拉、压、扭、弯等 基本变形的刚度或强度时,实测的工程弹性常数可直接引用。处于偏轴下的单层在上述受力和变形情况下,往往要引用偏轴工程弹性常数。而实测偏轴工程弹性常数是困难的。因为偏轴的角度可以是任意的,所以实际上要测定无穷多个不同单层方向角的偏轴工程弹性常数是很难办到的。另一方面,在偏轴下进行单轴应力实验或纯剪应力实验会产生多种变形的耦合作用。因此一般由已知的偏轴应力-应变关系式来推求偏轴工程弹性常数。

1. 偏轴工程弹性常数的定义

由于偏轴工程弹性常数是单层在偏轴向受单轴应力或纯剪应力时的材料刚度性能参数,因此,只需在式(2.2.20)中分别令 $\sigma_x\neq0,\sigma_y=\tau_{xy}=0$;$\sigma_y\neq0,\sigma_x=\tau_{xy}=0$;$\tau_{xy}\neq0,\sigma_x=\sigma_y=0$ 来定义偏轴工程弹性常数。例如,设 $\sigma_x\neq0,\sigma_y=\tau_{xy}=0$。由式(2.2.20)得

$$\left.\begin{aligned}\varepsilon_x^{(x)}=\bar{S}_{11}\sigma_x\\ \varepsilon_y^{(x)}=\bar{S}_{21}\sigma_x\\ \gamma_{xy}^{(x)}=\bar{S}_{61}\sigma_x\end{aligned}\right\} \tag{2.2.26}$$

同定义单层的正轴工程弹性常数一样,也可定义 x 轴向的

拉压弹性模量 $E_x=\dfrac{\sigma_x}{\varepsilon_x^{(x)}}=\dfrac{1}{\bar{S}_{11}}$

泊松耦合系数 $\nu_x\equiv\nu_{yx}=-\dfrac{\varepsilon_y^{(x)}}{\varepsilon_x^{(x)}}=-\dfrac{\bar{S}_{21}}{\bar{S}_{11}}$

拉剪耦合系数 $\eta_{xy,x}=\dfrac{\gamma_{xy}^{(x)}}{\varepsilon_x^{(x)}}=\dfrac{\bar{S}_{61}}{\bar{S}_{11}}$ (2.2.27)

类似的可得

$$E_y=\frac{\sigma_y}{\varepsilon_y^{(y)}}=\frac{1}{\bar{S}_{22}},\quad \nu_y\equiv\nu_{xy}=-\frac{\varepsilon_x^{(y)}}{\varepsilon_y^{(y)}}=-\frac{\bar{S}_{12}}{\bar{S}_{22}},\quad \eta_{xy,y}=\frac{\gamma_{xy}^{(y)}}{\varepsilon_y^{(y)}}=\frac{\bar{S}_{62}}{\bar{S}_{22}} \tag{2.2.28}$$

$$G_{xy}=\frac{\tau_{xy}}{\gamma_{xy}^{(xy)}}=\frac{1}{\bar{S}_{66}},\quad \eta_{x,xy}=\frac{\varepsilon_x^{(xy)}}{\gamma_{xy}^{(xy)}}=\frac{\bar{S}_{16}}{\bar{S}_{66}},\quad \eta_{y,xy}=\frac{\varepsilon_y^{(xy)}}{\gamma_{xy}^{(xy)}}=\frac{\bar{S}_{26}}{\bar{S}_{66}} \tag{2.2.29}$$

式中,G_{xy} 为剪切弹性模量;$\eta_{x,xy}$ 和 $\eta_{y,xy}$ 为剪拉耦合系数;$\eta_{xy,x}$ 和 $\eta_{xy,y}$ 为拉剪耦合系数。

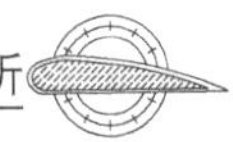

由于单层在偏轴向时呈现各向异性的性能，除了泊松耦合外，尚存在拉剪耦合或剪拉耦合。因而在偏轴向时，工程弹性常数有拉剪耦合系数和剪拉耦合系数。所有的耦合系数都是无量纲的。它们表示由一种外力引起另一种基本变形的应变与此种外力引起相应的基本变形的应变之比。

利用上述三组偏轴工程弹性常数与柔量分量之间的关系式，可以写出以偏轴工程弹性常数表示偏轴柔量分量的关系式

$$\left.\begin{aligned}
&\bar{S}_{11}=\frac{1}{E_x}, \quad \bar{S}_{12}=-\frac{\nu_y}{E_y}, \quad \bar{S}_{16}=\frac{\eta_{x,xy}}{G_{xy}}\\
&\bar{S}_{21}=-\frac{\nu_x}{E_x}, \quad \bar{S}_{22}=\frac{1}{E_y}, \quad \bar{S}_{26}=\frac{\eta_{y,xy}}{G_{xy}}\\
&\bar{S}_{61}=\frac{\eta_{xy,x}}{E_x}, \quad \bar{S}_{62}=\frac{\eta_{xy,y}}{E_y}, \quad \bar{S}_{66}=\frac{1}{G_{xy}}
\end{aligned}\right\} \tag{2.2.30}$$

2. 偏轴工程弹性常数间的关系

将式(2.2.30)代入式(2.2.20)，就得到以偏轴工程弹性常数表示的物理方程

$$\begin{Bmatrix}\varepsilon_x\\ \varepsilon_y\\ \gamma_{xy}\end{Bmatrix}=\begin{bmatrix}\dfrac{1}{E_x} & -\dfrac{\nu_y}{E_y} & \dfrac{\eta_{x,xy}}{G_{xy}}\\ -\dfrac{\nu_x}{E_x} & \dfrac{1}{E_y} & \dfrac{\eta_{y,xy}}{G_{xy}}\\ \dfrac{\eta_{xy,x}}{E_x} & \dfrac{\eta_{xy,y}}{E_y} & \dfrac{1}{G_{xy}}\end{bmatrix}\begin{Bmatrix}\sigma_x\\ \sigma_y\\ \tau_{xy}\end{Bmatrix} \tag{2.2.31}$$

由于 $\bar{S}_{ij}=\bar{S}_{ji}(i,j=1,2,6)$，可得

$$\left.\begin{aligned}
&\frac{\nu_x}{\nu_y}=\frac{E_x}{E_y}=\frac{\bar{S}_{22}}{\bar{S}_{11}}=a\\
&\frac{\eta_{xy,x}}{\eta_{x,xy}}=\frac{E_x}{G_{xy}}=\frac{\bar{S}_{66}}{\bar{S}_{11}}=b\\
&\frac{\eta_{xy,y}}{\eta_{y,xy}}=\frac{E_y}{G_{xy}}=\frac{\bar{S}_{66}}{\bar{S}_{22}}=c
\end{aligned}\right\} \tag{2.2.32}$$

式(2.2.32)中，第一式表示泊松耦合系数比值与拉压弹性模量比值之间的关系，第二、三式表示拉剪耦合系数和剪拉耦合系数比值与拉压弹性模量和面内剪切模量比值之间的关系。拉压弹性模量与抗拉压刚度和抗弯刚度相联系，剪切弹性模量与抗扭刚度相联系。由于偏轴工程弹性常数是随单层方向角 θ 变化的，所以它们的比值 a、b、c 也随 θ 而变化。因此，可通过选取不同的 θ 来调整各种刚度的比值，以适应其不同方向受力的需要。

需要引起注意的是，尽管偏轴模量和偏轴柔量都具有对称性，即 $\bar{Q}_{ij}=\bar{Q}_{ji}$，$\bar{S}_{ij}=\bar{S}_{ji}(i,j=1,2,6)$，但由式(2.2.32)可知，$a$，$b$，$c$ 一般不等于 1，故耦合系数之间一般没有对称性，即 $\nu_x\neq\nu_y$，$\eta_{xy,x}\neq\eta_{x,xy}$，$\eta_{xy,y}\neq\eta_{y,xy}$。

3. 偏轴工程弹性常数的方向性

由式(2.2.30)可知，偏轴工程弹性常数与偏轴柔量有关，因此将随单层方向角 θ 变化。由式(2.2.22)和式(2.1.6)可以推得偏轴工程弹性常数与正轴工程弹性常数存在的转换关系如式(2.2.33)所示。

$$
\left.
\begin{aligned}
E_x &= \frac{1}{\bar{S}_{11}} = \left[\frac{1}{E_1}m^4 + \left(\frac{1}{G_{12}} - \frac{2\nu_1}{E_1}\right)m^2n^2 + \frac{1}{E_2}n^4\right]^{-1} \\
E_y &= \frac{1}{\bar{S}_{22}} = \left[\frac{1}{E_1}n^4 + \left(\frac{1}{G_{12}} - \frac{2\nu_1}{E_1}\right)m^2n^2 + \frac{1}{E_2}m^4\right]^{-1} \\
G_{xy} &= \frac{1}{\bar{S}_{66}} = \left[2\left(\frac{2}{E_1} + \frac{2}{E_2} + \frac{4\nu_1}{E_1} - \frac{1}{G_{12}}\right)m^2n^2 + \frac{1}{G_{12}}(m^4+n^4)\right]^{-1} \\
\nu_x &= -E_x\bar{S}_{12} = E_x\left[\frac{\nu_1}{E_1}(m^4+n^4) - \left(\frac{1}{E_1} + \frac{1}{E_2} - \frac{1}{G_{12}}\right)m^2n^2\right] \\
\nu_y &= -E_y\bar{S}_{12} = E_y\left[\frac{\nu_1}{E_1}(m^4+n^4) - \left(\frac{1}{E_1} + \frac{1}{E_2} - \frac{1}{G_{12}}\right)m^2n^2\right] \\
\eta_{xy,x} &= E_x\bar{S}_{61} = E_x(Am^3n - Bmn^3) \\
\eta_{xy,y} &= E_y\bar{S}_{62} = E_y(Amn^3 - Bm^3n) \\
\eta_{x,xy} &= G_{xy}\bar{S}_{16} = G_{xy}(Am^3n - Bmn^3) \\
\eta_{y,xy} &= G_{xy}\bar{S}_{26} = G_{xy}(Amn^3 - Bm^3n)
\end{aligned}
\right\}
\tag{2.2.33}
$$

式中，$m=\cos\theta$，$n=\sin\theta$，$A=\dfrac{2}{E_1}+\dfrac{2\nu_1}{E_1}-\dfrac{1}{G_{12}}$，$B=\dfrac{2}{E_2}+\dfrac{2\nu_1}{E_1}-\dfrac{1}{G_{12}}$。

由式(2.2.33)可知，E_x、E_y、G_{xy}、ν_x、ν_y 是θ 的偶函数，而 $\eta_{xy,x}$、$\eta_{xy,y}$、$\eta_{x,xy}$、$\eta_{y,xy}$ 是θ 的奇函数，即前者随 θ 的符号变化不改变正负号，后者随 θ 符号变化要改变正负号。所以，只要给出$0°\leqslant\theta\leqslant90°$区域上的变化曲线即可。由于具体材料不同，材料的正轴工程弹性常数不同，从而得到不同的变化曲线。图 2.2.6 给出了碳/环氧、硼/铝和玻璃/环氧复合材料单层的无量纲偏轴工程弹性常数随 θ 的变化曲线。下面分析各个弹性常数在不同方向上的变化特点。

(1) 拉伸(或压缩)弹性模量 E_x 的方向性

单向复合材料 0°方向的拉伸(或压缩)弹性模量主要由纤维弹性模量控制，取值最高；而 90°方向主要由基体控制，取值最低。纤维弹性模量越大，纤维含量越高，两者差异就越大。对于单向玻璃纤维复合材料，两者可相差 4～5 倍；而对于单向碳纤维复合材料，两者可相差 15 倍左右。虽然 0°方向有很高的弹性模量，但随单层方向角 θ 增大而迅速下降。正交织物复合材料 0°(经向)和 90°(纬向)方向拉伸(或压缩)弹性模量随经、纬纤维量的接近而接近，最低性能不在 90°方向。对于 1∶1 平衡型织物复合材料，45°方向的拉伸(或压缩)弹性模量最低，约为经向(或纬向)的 65%左右。

(2) 剪切弹性模量 G_{xy} 的方向性

单向复合材料在 0°和 90°方向的剪切弹性模量 G_{xy}/G_{12} 为 1，取值最小，主要由基体的剪切模量控制；在 $\theta=\pm45°$时剪切模量取得最大值，主要由纤维拉压弹性模量控制，纤维拉压弹性模量越高，45°方向的剪切模量就越大。经纬比为 1∶1 的玻璃纤维复合材料在 45°方向的剪切模量约为 0°方向的 2 倍，而经纬比为 1∶1 的碳纤维复合材料在 45°方向的剪切模量约为 0°方向的 5 倍。

(3) 纵向泊松比 ν_x 的方向性

单向复合材料的纵向泊松比 ν_x 在 0°～90°有一最大值，在 90°方向取值最小。对于 1∶1 织物复合材料，45°方向泊松比取值最大。

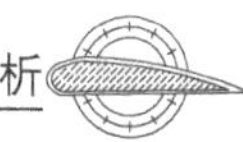

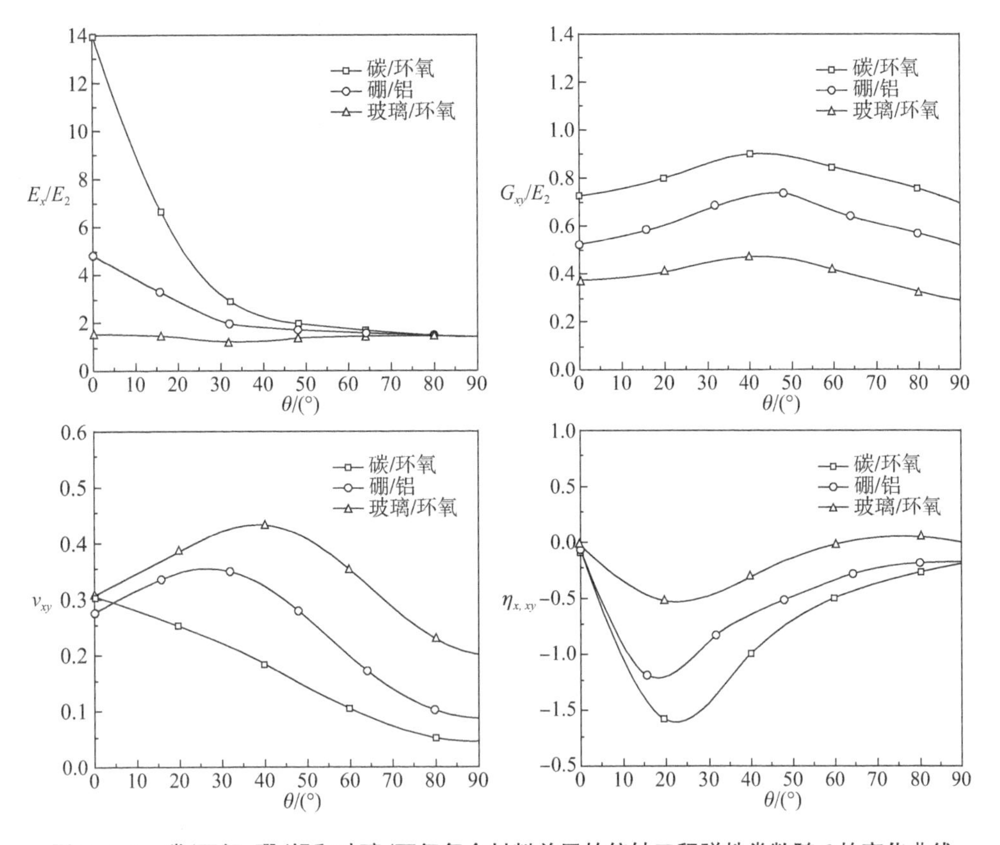

图 2.2.6　碳/环氧、硼/铝和玻璃/环氧复合材料单层的偏轴工程弹性常数随 θ 的变化曲线

(4) 拉剪耦合系数 $\eta_{xy,x}$ 的方向性

拉剪耦合系数 $\eta_{xy,x}$ 变化很大，在 0°和 90°方向不发生耦合效应，故拉剪耦合系数为零，在中间角度有较大值。单向复合材料拉伸性能的方向性越强，非材料方向的拉剪耦合效应越显著，拉剪耦合系数则越大。

由式(2.2.33)可见，单层的偏轴工程弹性常数有九个，取决于四个独立的正轴工程弹性常数，由此可以断定，独立的偏轴工程弹性常数也只有四个。除了根据偏轴柔量的对称性得到式(2.2.32)三个关系式之外，还存在如下两个关系式：

$$\left.\begin{aligned}&\frac{1}{E_x}+\frac{1}{E_y}-\frac{2\nu_y}{E_y}=\frac{1}{E_1}+\frac{1}{E_2}-\frac{2\nu_2}{E_2}\\&\frac{1}{G_{xy}}+4\,\frac{\nu_y}{E_y}=\frac{1}{G_{12}}+4\,\frac{\nu_2}{E_2}\end{aligned}\right\}\tag{2.2.34}$$

由于不同材料有不同的变化规律，经过对一些复合材料的分析可知，单层的各个偏轴工程弹性常数的最大值与最小值并不一定发生在材料主方向上，要具体材料具体分析。有时为了设计上的需要，可利用数学中的极值分析方法来确定这些工程弹性常数随 θ 变化时的极大值和极小值，以达到刚度的优化值。

4. 耦合效应与耦合系数

偏轴下的复合材料单层与正交各向异性材料和各向同性材料不同的特点在于存在耦合效应(Coupling effect)和拉剪与剪拉耦合系数。为了说明耦合系数的物理意义，先来讨论 $\overline{S}_{16}$ 和

$\bar{S}_{26}$的物理意义。由式(2.2.20)可知,$\bar{S}_{16}$表明单位剪应力($\tau_{xy}=1$)引起 x 方向的线应变ε_x,$\bar{S}_{26}$则表示单位剪应力引起 y 方向的线应变ε_y。同理$\bar{S}_{61}$表示 x 方向的单位正应力($\sigma_x=1$)引起的剪应变 γ_{xy},$\bar{S}_{62}$则表示 y 方向的单位正应力($\sigma_y=1$)引起的剪应变 γ_{xy}。

拉剪耦合系数 $\eta_{xy,x}=\dfrac{\gamma_{xy}^{(x)}}{\varepsilon_x^{(x)}}=E_x\bar{S}_{61}$的物理意义,表示只在 x 方向作用正应力σ_x 产生单位线应变$[\varepsilon_x^{(x)}=1]$时的剪应变大小。而 $\eta_{xy,y}$则表示只在 y 方向作用正应力σ_y 产生单位线应变$[\varepsilon_y^{(y)}=1]$时的剪应变值。同理,剪拉耦合系数 $\eta_{x,xy}$和$\eta_{y,xy}$分别表示只作用剪应力τ_{xy}引起单位剪应变($\gamma_{xy}=1$)时 x 和 y 方向的线应变值。以上所指仅是数值上相等,而耦合系数本身都是无量纲的量。这四个系数说明,复合材料单层在偏轴应力作用下,存在拉剪耦合效应,即受正应力(σ_x 或σ_y)作用时,不仅会产生正应变(ε_x 或ε_y),还会产生剪应变;反之在剪应力(τ_{xy})作用下,不仅会产生剪应变(γ_{xy}),还会产生正应变(ε_x 或ε_y)。这是复合材料不同于常规材料的一个重要性能特征。

根据偏轴工程弹性常数随θ的变化曲线,可以简单地判断复合材料在单轴应力或纯剪应力时的变形形状。例如,对于玻璃/环氧复合材料单层,在$0°<\theta<90°$区间内,$\nu_x>0$, $\eta_{xy,x}<0$。当单层板 x 方向受单轴拉伸时,将应力 $\sigma_x>0$、$\sigma_y=\tau_{xy}=0$ 代入式(2.2.20),并利用式(2.2.30),可得

$$\left.\begin{aligned}\varepsilon_x&=\frac{1}{E_x}\sigma_x>0\\ \varepsilon_y&=-\frac{\nu_{yx}}{E_x}\sigma_x<0\\ \gamma_{xy}&=\frac{\eta_{xy,x}}{E_x}\sigma_x<0\end{aligned}\right\}\quad(0°<\theta<90°)$$

因而其变形形状如图 2.2.7(a)中虚线所示。当单层板 x 方向受单轴压缩应力作用时,其变形形状如图 2.2.7(b)中虚线所示。

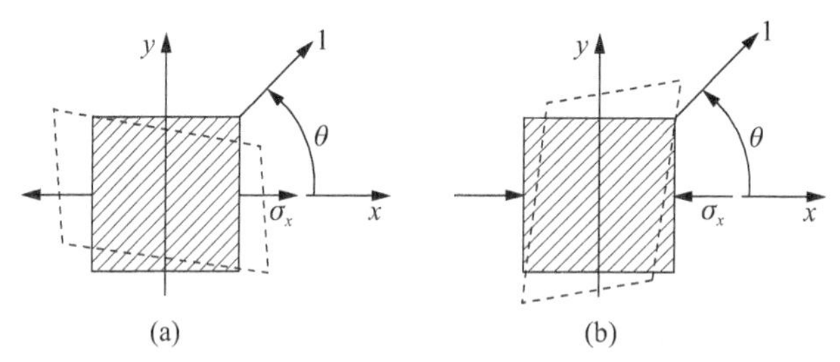

图 2.2.7　单层板偏轴应力的变形

类似可分析得到受偏轴纯剪应力τ_{xy}的变形情况。将$\tau_{xy}>0$、$\sigma_x=\sigma_y=0$ 代入式(2.2.20),有

$$\begin{Bmatrix}\varepsilon_x\\ \varepsilon_y\\ \gamma_{xy}\end{Bmatrix}=\begin{Bmatrix}\dfrac{\eta_{x,xy}}{G_{xy}}\tau_{xy}<0\\ \dfrac{\eta_{y,xy}}{G_{xy}}\tau_{xy}<0\\ \dfrac{1}{G_{xy}}\tau_{xy}>0\end{Bmatrix}\quad(0°<\theta<90°)$$

因而其变形形状如图 2.2.8(a)中虚线所示。

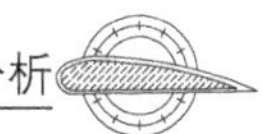

当 $\tau_{xy}<0$、$\sigma_x=\sigma_y=0$ 时，代入式(2.2.20)得

$$\begin{Bmatrix}\varepsilon_x\\ \varepsilon_y\\ \gamma_{xy}\end{Bmatrix}=\begin{Bmatrix}\dfrac{\eta_{x,xy}}{G_{xy}}\tau_{xy}>0\\ \dfrac{\eta_{y,xy}}{G_{xy}}\tau_{xy}>0\\ \dfrac{1}{G_{xy}}\tau_{xy}<0\end{Bmatrix}\quad(0^\circ<\theta<90^\circ)$$

因而其变形形状如图 2.2.8(b)中虚线所示。

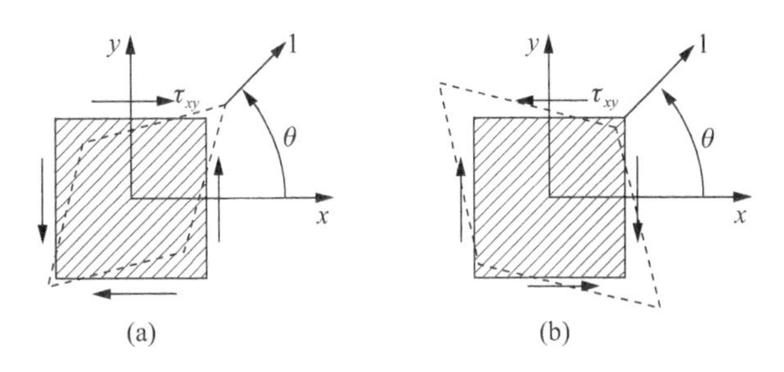

图 2.2.8　单层板偏轴纯剪应力的变形

上述变形分析时取 $0^\circ<\theta<90^\circ$，若 θ 为负值，则按拉剪和剪拉耦合系数为奇函数，而其余工程弹性常数均为偶函数的规律，仍可利用图 2.2.6 作出类似的变形形状分析。

5. 偏轴工程弹性常数的演算过程

一般地，复合材料的工程弹性常数，就是指单层板正轴时的工程弹性常数。而偏轴工程弹性常数一般是按照前述的方法演算得到的，其过程可归纳成图 2.2.9 所示的方框图。图中标明，正轴模量与正轴柔量之间，偏轴模量与偏轴柔量之间均存在互逆关系[式(2.1.14)和式(2.2.25)]。按照求逆公式，其逆矩阵的各分量，可按如下公式求得

$$\left.\begin{aligned}\bar{S}_{11}&=\frac{1}{\Delta}(\bar{Q}_{22}\bar{Q}_{66}-\bar{Q}_{26}^2)\\ \bar{S}_{22}&=\frac{1}{\Delta}(\bar{Q}_{11}\bar{Q}_{66}-\bar{Q}_{16}^2)\\ \bar{S}_{12}&=\frac{1}{\Delta}(\bar{Q}_{16}\bar{Q}_{26}-\bar{Q}_{12}\bar{Q}_{66})\\ \bar{S}_{66}&=\frac{1}{\Delta}(\bar{Q}_{11}\bar{Q}_{22}-\bar{Q}_{12}^2)\\ \bar{S}_{16}&=\frac{1}{\Delta}(\bar{Q}_{12}\bar{Q}_{26}-\bar{Q}_{22}\bar{Q}_{16})\\ \bar{S}_{26}&=\frac{1}{\Delta}(\bar{Q}_{12}\bar{Q}_{16}-\bar{Q}_{11}\bar{Q}_{26})\end{aligned}\right\}\tag{2.2.35}$$

式中，

$$\Delta=\bar{Q}_{11}\bar{Q}_{22}\bar{Q}_{66}+2\bar{Q}_{12}\bar{Q}_{16}\bar{Q}_{26}-\bar{Q}_{22}\bar{Q}_{16}^2-\bar{Q}_{66}\bar{Q}_{12}^2-\bar{Q}_{11}\bar{Q}_{26}^2\tag{2.2.36}$$

如果已知柔量分量要求模量分量，只要将以上各式中的 Q 和 S 互换即可。若为正轴情况，则公式中的“16”和“26”分量均为零。

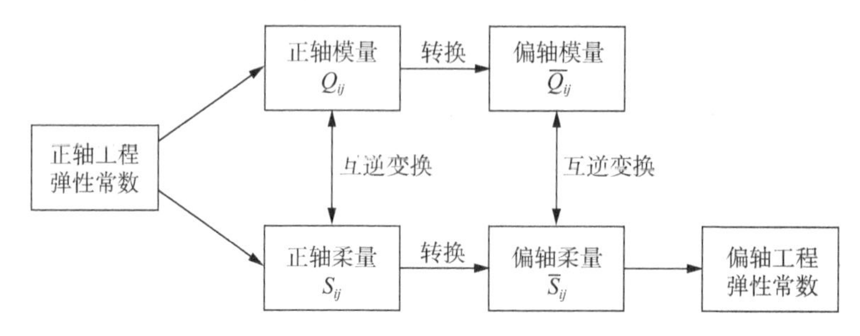

图 2.2.9　模量、柔量和工程弹性常数之间的转换关系

如需求偏轴工程弹性常数与偏轴模量的关系，可利用式(2.2.35)分别代入式(2.2.27)、式(2.2.28)及式(2.2.29)即可。所以，与偏轴工程弹性常数有直接关系的是偏轴柔量，而不是偏轴模量。偏轴工程弹性常数与正轴工程弹性常数之间没有简单的直接转换关系式，它是由柔量导引得出的。

［**例 2.2.1**］　设一单层板在 $\sigma_x \neq 0$、$\tau_{xy} \neq 0$、$\sigma_y = 0$ 的作用应力情况下，求使单层板出现表观无限大的剪切刚度应满足的条件。

［**解**］　所谓出现表观无限大的剪切刚度，即 $\gamma_{xy} = 0$。由式(2.2.20)有

$$\gamma_{xy} = \overline{S}_{61}\sigma_x + \overline{S}_{66}\tau_{xy} = 0$$

根据式(2.2.30)，上式变为

$$\frac{\eta_{xy,x}}{E_x}\sigma_x + \frac{1}{G_{xy}}\tau_{xy} = 0, \quad \text{即} \ \frac{E_x}{G_{xy}} = -\frac{\sigma_x}{\tau_{xy}}\eta_{xy,x}$$

而按照式(2.2.32)

$$\frac{E_x}{G_{xy}} = \frac{\eta_{xy,x}}{\eta_{x,xy}}$$

所以得应满足的条件为

$$\eta_{x,xy} = -\frac{\tau_{xy}}{\sigma_x}$$

2.3　单层板的强度

2.3.1　正交各向异性单层板的基本强度

在材料力学中，为了预测构件在载荷作用下能否安全可靠地工作，曾经引入了“强度”这一名词。材料的强度是一个较为复杂的概念，它同促使材料破坏的许多因素都有联系。强度不仅仅取决于材料本身的固有性质，而且与不同材料所处的载荷条件及环境因素有关。复合材料是多相的复合体，强度还与组分材料的性能、含量、取向和界面黏结状况有关，因而强度问题更为复杂。复合材料的破坏有一个复杂的变化过程。讨论其破坏机理必须从微观角度仔细研究其破坏过程。本节不讨论它的破坏机理，只是介绍单层的强度指标、强度理论(或称失效准则)和强度计算方法。

对于各向同性材料，它的强度指标只有一个。如果是塑性材料，一般用屈服极限 σ_s；如果是脆性材料，一般用强度极限 σ_b。至于剪切屈服极限 τ_s，一般与拉伸屈服极限 σ_s 存在如下关系：$\tau_s = (0.5 \sim 0.6)\sigma_s$。所以 τ_s 不是独立的强度指标。对于正交各向异性单层，其纵向强度与

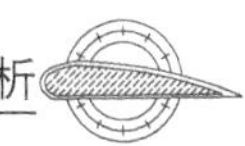

横向强度往往不一样，而且许多材料的拉伸强度与压缩强度也不相同，剪切强度与上述单轴强度之间又没有一定的关系，所以，在平面应力状态下的单层板的基本强度(Basic strength) 指标有五个，即

X_t——纵向拉伸强度(Longitudinal tensile strength)；

X_c——纵向压缩强度(Longitudinal compressive strength)；

Y_t——横向拉伸强度(Transverse tensile strength)；

Y_c——横向压缩强度(Transverse compressive strength)；

S ——面内剪切强度(Shear strength in plane of lamina)。

测定单层板五个基本强度的方法与测定工程弹性常数的方法一样，只不过需要测得相应于发生失效的极限载荷，然后求其极限应力即得基本强度。几种典型复合材料单层的基本强度数据由表 2.1.1 给出。

与各向同性材料截然不同，对于复合材料，其强度的显著特点是具有方向性。由于纤维强度大大高于基体强度，单向复合材料的纵向拉伸和压缩强度大大高于横向拉伸和压缩强度。对于单向玻璃纤维增强树脂基复合材料，纵向拉压强度可高达 1 000 MPa 以上，而横向拉伸强度仅在 50 MPa 左右，横向压缩强度在 100 MPa 左右。面内剪切强度也是由基体性能控制，一般只稍高于横向拉伸强度。如果界面黏结不好，横向拉伸强度和面内剪切强度的性能还要低。五个基本强度是沿材料坐标方向的单向应力强度，如果单向应力方向改变，单向应力就会像弹性模量一样，发生十分显著的变化。

由于单层板基本强度往往有较大区别，因此，与材料性质无关的主应力不能用来判断正交各向异性材料的强度，最大工作应力不一定对应材料的危险状态，即不一定是控制设计的应力，必须合理比较实际的应力场和许用的应力场，才能判断材料的强度状态。例如表 2.1.1 中 E-玻璃/环氧单层板，如果板中作用力 $\sigma_1=1\ 000$ MPa，$\sigma_2=650$ MPa，$\tau_{12}=0$，虽然最大主应力与主方向重合且 $\sigma_1<X_t$，但最小主应力 $\sigma_2>Y_t$，单层板仍要发生破坏。若主应力与弹性主方向不重合，更不能作为判断失效的依据。复合材料单层板强度分析，必须将应力的量值及方向一起考虑。

对于各向同性材料，强度准则旨在用单向应力状态下的实测强度指标来预测复杂应力状态下材料的强度。这是由于不可能也没有必要对各种复杂应力状态下的强度都进行试验，而且实施复杂应力状态下的实验也很困难。对于各向异性材料，强度和弹性特性都是方向的函数，问题就更加复杂。但正交各向异性的单层板，若只在主方向上承受单向应力或纯剪应力，则材料的强度可以通过实验解决。单层的强度准则是利用基本强度建立判别正交各向异性单层在各种平面应力状态下是否失效的准则。

自 20 世纪 60 年代以来，对复合材料强度准则的研究已吸引了一大批力学家和材料学家，他们曾提出了针对不同材料对象和应用对象的各种强度准则，总数达 40 多种，可以说没有一个强度准则可以应用于所有的复合材料，本节侧重介绍平面应力状态下几个应用较广的复合材料强度准则(Strength criteria of composite material)。

2.3.2　最大应力强度准则和最大应变强度准则

对于各向同性材料，最大应力准则(Maximum stress criteria)和最大应变准则(Maximum strain criteria)是两个最早创立的适用于脆性材料的经典强度准则。由于大多数单向纤维增强树脂基复合材料直至断裂都表现为线弹性，因此对于这类复合材料，最早也利用了这两个强度准则。

1. 最大应力强度准则

单层的最大应力强度准则认为：复合材料在复杂应力状态下进入破坏是由于其中某个应力分量达到了材料相应的基本强度值。换言之，若要材料不发生破坏，其正轴各应力分量必须小于相应方向上的基本强度。最大应力强度准则的判据式为

$$\left.\begin{aligned}&-X_c<\sigma_1<X_t\\&-Y_c<\sigma_2<Y_t\\&|\tau_{12}|<S\end{aligned}\right\}\tag{2.3.1}$$

式中，工作应力为代数值，基本强度为绝对值。只要式(2.3.1)中任何一个不等式不满足，就意味着单层材料已经失效。这三个不等式各自独立，未考虑各应力分量对材料强度的相互影响。应用最大应力强度准则时，当作用应力在偏轴向，必须将应力分量转换到正轴向，然后由正轴向的应力分量利用判据式(2.3.1)才能判别失效与否。

2. 最大应变强度准则

单层的最大应变强度准则认为：复合材料在复杂应力状态下进入破坏状态的主要原因，是材料正轴方向的应变值达到了各基本强度所对应的应变值。最大应变强度准则的判据式为

$$\left.\begin{aligned}&-\varepsilon_{Xc}<\varepsilon_1<\varepsilon_{Xt}\\&-\varepsilon_{Yc}<\varepsilon_2<\varepsilon_{Yt}\\&|\gamma_{12}|<\gamma_s\end{aligned}\right\}\tag{2.3.2}$$

由于式(2.3.2)中极限应变是与单轴应力或纯剪应力状态下基本强度相对应的，而材料失效前是线弹性的，故

$$\left.\begin{aligned}&\varepsilon_{Xt}=\frac{X_t}{E_1},\quad \varepsilon_{Xc}=\frac{X_c}{E_1}\\&\varepsilon_{Yt}=\frac{Y_t}{E_2},\quad \varepsilon_{Yc}=\frac{Y_c}{E_2}\\&\gamma_s=\frac{S}{G_{12}}\end{aligned}\right\}\tag{2.3.3}$$

利用式(2.3.3)及单层正轴应变-应力关系式(2.1.4)、式(2.1.17)，可将式(2.3.2)改写成用应力来表达的形式，即

$$\left.\begin{aligned}&-X_c<\sigma_1-\nu_1\sigma_2<X_t\\&-Y_c<\sigma_2-\nu_2\sigma_1<Y_t\\&|\tau_{12}|<S\end{aligned}\right\}\tag{2.3.4}$$

最大应变强度准则也是由三个互不影响、各自独立的不等式组成的。因此，只要式(2.3.2)或式(2.3.4)中的任何一个不等式不满足，就意味着单层板破坏。与最大应力强度准则一样，最大应变强度准则也是将复合材料的各应力分量与基本强度相比较，区别只是最大应变准则考虑了另外一个弹性主方向应力的影响，即泊松耦合效应。

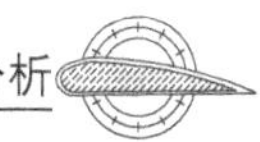

2.3.3　蔡-希尔(Tsai - Hill)强度准则

蔡-希尔(Tsai - Hill)强度准则是各向同性材料的米塞斯屈服准则(The von Mises yield criterion)在正交各向异性材料中的推广。米塞斯屈服准则为

$$(\sigma_y-\sigma_z)^2+(\sigma_z-\sigma_x)^2+(\sigma_x-\sigma_y)^2+6(\tau_{yz}^2+\tau_{zx}^2+\tau_{xy}^2)<2\sigma_s^2$$

式中,σ_s 为单轴拉伸的屈服应力。

在平面应力状态下为

$$\sigma_x^2+\sigma_y^2-\sigma_x\sigma_y+3\tau_{xy}^2<\sigma_s^2 \tag{2.3.5}$$

材料受纯剪应力作用发生屈服破坏也应满足式(2.3.5),由此得纯剪屈服应力 $\tau_s=\sigma_s/\sqrt{3}$,以此代入式(2.3.5)得

$$\frac{\sigma_x^2}{\sigma_s^2}+\frac{\sigma_y^2}{\sigma_s^2}-\frac{\sigma_x\sigma_y}{\sigma_s^2}+\frac{\tau_{xy}^2}{\tau_s^2}<1 \tag{2.3.6}$$

蔡-希尔准则认为:参照上式的形式,可假设正交各向异性复合材料单层的强度条件是

$$\frac{\sigma_1^2}{X^2}-\frac{\sigma_1\sigma_2}{X^2}+\frac{\sigma_2^2}{Y^2}+\frac{\tau_{12}^2}{S^2}<1 \tag{2.3.7}$$

式(2.3.7)即称为蔡-希尔准则。应当指出,蔡-希尔准则原则上只能用于在弹性主方向材料的拉伸强度和压缩强度相同(即 $X_c=X_t=X$,$Y_c=Y_t=Y$)的复合材料单层。若为拉、压强度不同的材料,则对应于拉应力 σ_1 时用拉伸强度 X_t、拉应力 σ_2 时用拉伸强度 Y_t;而对应于压应力 σ_1 时用压缩强度 X_c、压应力 σ_2 时用压缩强度 Y_c。蔡-希尔准则将单层材料主方向的三个应力和相应的基本强度联系在一个表达式中,考虑了它们之间的相互影响。若式(2.3.7)的不等式不满足,则材料失效;要保证材料正常工作,不等式左侧各项之和必须小于 1。该准则与实验结果吻合较好。

2.3.4　霍夫曼(Hoffman)强度准则

蔡-希尔准则没有考虑单层拉压强度不同对材料破坏的影响。霍夫曼(Hoffman)对蔡-希尔准则作了修正,增加了 σ_1 和 σ_2 的奇函数项,提出了霍夫曼强度准则

$$\frac{\sigma_1^2-\sigma_1\sigma_2}{X_tX_c}+\frac{\sigma_2^2}{Y_tY_c}+\frac{X_c-X_t}{X_tX_c}\sigma_1+\frac{Y_c-Y_t}{Y_tY_c}\sigma_2+\frac{\tau_{12}^2}{S^2}<1 \tag{2.3.8}$$

式中,σ_1 和 σ_2 的一次项体现了单层拉压强度不相等对材料破坏的影响。显然,当 $X_c=X_t$、$Y_c=Y_t$ 时,上式就成为蔡-希尔准则了。

2.3.5　蔡-吴(Tsai - Wu)张量准则

上述各强度准则均有不尽完善之处,为此蔡为伦(Stephen W. Tsai)和吴(Edward M. Wu)综合了多个强度准则的特性,以张量形式提出新的强度准则。他们假定在应力空间中的破坏表面存在下列形式

$$F_i\sigma_i+F_{ij}\sigma_i\sigma_j<1 \tag{2.3.9}$$

对于平面应力状态，式中 $i,j=1,2,6$。在工程设计中，通常仅取张量多项式的前两项。因而，对于平面应力状态，在材料的正轴方向展开式(2.3.9)得

$$F_{11}\sigma_1^2+2F_{12}\sigma_1\sigma_2+F_{22}\sigma_2^2+F_{66}\sigma_6^2+2F_{16}\sigma_1\sigma_6+2F_{26}\sigma_2\sigma_6+F_1\sigma_1+F_2\sigma_2+F_6\sigma_6<1 \tag{2.3.10}$$

式中，系数 F_i 和 F_{ij} 称为应力空间的强度参数(Strength parameter)。

式(2.3.10)与蔡-希尔准则方程不同，式中有应力分量的一次项，这对描述拉压强度不同的材料是有用的。从解析几何的基本理论中可知，这是一个球心不在坐标原点的椭球方程。此椭球在坐标轴上的截距取决于拉压基本强度数值的差别。

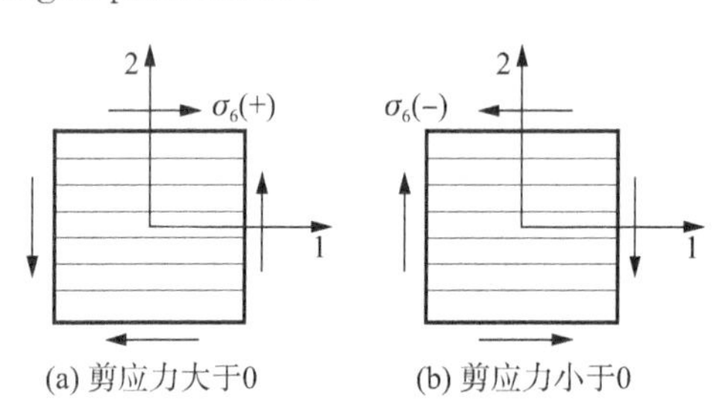

图 2.3.1　正轴向的正、负剪切

(a) 剪应力大于 0；(b) 剪应力小于 0

式(2.3.10)使用的前提，仍然是要确定出各强度参数。由于在单层板的正轴方向上，材料的剪切强度不受剪应力方向的影响，如果改变剪应力的方向，材料的力学状态不会发生变化，如图 2.3.1 所示。所以，式(2.3.10)中包含 σ_6(σ_6 为剪应力 τ_{12} 的张量符号的缩写)一次方的三项应该去掉。方程(2.3.10)简写为

$$F_{11}\sigma_1^2+2F_{12}\sigma_1\sigma_2+F_{22}\sigma_2^2+F_{66}\tau_{12}^2+F_1\sigma_1+F_2\sigma_2<1 \tag{2.3.11}$$

写成矩阵的形式

$$\begin{bmatrix}F_1 & F_2 & 0\end{bmatrix}\begin{Bmatrix}\sigma_1\\ \sigma_2\\ \tau_{12}\end{Bmatrix}+\begin{bmatrix}\sigma_1 & \sigma_2 & \tau_{12}\end{bmatrix}\begin{bmatrix}F_{11} & F_{12} & 0\\ F_{12} & F_{22} & 0\\ 0 & 0 & F_{66}\end{bmatrix}\begin{Bmatrix}\sigma_1\\ \sigma_2\\ \tau_{12}\end{Bmatrix}<1 \tag{2.3.12}$$

缩写为　$\{F_i\}^{\mathrm{T}}\{\sigma_1\}+\{\sigma_1\}^{\mathrm{T}}[F_{ij}]\{\sigma_1\}<1\quad(i,\ j=1,\ 2,\ 6)$

除 F_{12} 外的其他五个强度参数可以从正轴向单轴试验中得到。因为正轴向单轴受力也应满足失效判据式(2.3.11)，即

$$\left.\begin{array}{ll}F_{11}X_t^2+F_1X_t=1, & 仅\ \sigma_1\neq0,且\ \sigma_1>0\\ F_{11}X_c^2-F_1X_c=1, & 仅\ \sigma_1\neq0,且\ \sigma_1<0\\ F_{22}Y_t^2+F_2Y_t=1, & 仅\ \sigma_2\neq0,且\ \sigma_2>0\\ F_{22}Y_c^2-F_2Y_c=1, & 仅\ \sigma_2\neq0,且\ \sigma_2<0\\ F_{66}S^2=1, & 仅\ \tau_{12}\neq0\end{array}\right\} \tag{2.3.13}$$

从上述方程组解得

$$\left.\begin{array}{c}F_1=\dfrac{1}{X_t}-\dfrac{1}{X_c},\quad F_{11}=\dfrac{1}{X_tX_c},\quad F_2=\dfrac{1}{Y_t}-\dfrac{1}{Y_c}\\ F_{22}=\dfrac{1}{Y_tY_c},\quad F_{66}=\dfrac{1}{S^2}\end{array}\right\} \tag{2.3.14}$$

目前对于蔡-吴张量理论的研究，大多集中在如何确定联系着两个正应力的强度参数 F_{12} 上。从理论上来讲，由式(2.3.11)可以采用双向加载实验，从典型材料的试验结果求得 F_{12}

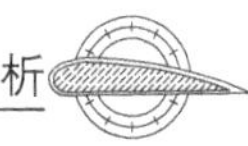

值，但事实上这种双向加载实验不仅实施困难，而且由实验结果并不能确定出 F_{12} 的合理值，故研究者放弃用实验确定 F_{12} 的方法。目前常用几何分析的方法。略去推导，分析结果为

$$F_{12}=-\frac{1}{2}\sqrt{F_{11}F_{22}}=-\frac{1}{2}\sqrt{\frac{1}{X_t X_c Y_t Y_c}} \tag{2.3.15}$$

此时可获得理论与实验值符合较好的结果。有时为了简化计算，可取蔡-吴张量多项式准则的相互作用系数 $F_{12}=0$，其误差在工程上是可以接受的。表 2.3.1 给出几种典型复合材料在应力空间中的强度参数值。表中参数值是按式(2.3.14)和式(2.3.15)计算出来的。

表 2.3.1 复合材料的强度参数值

序号	复合材料	F_{11} /(GPa)$^{-2}$	F_{22} /(GPa)$^{-2}$	F_{12} /(GPa)$^{-2}$	F_{66} /(GPa)$^{-2}$	F_1 /(GPa)$^{-1}$	F_2 /(GPa)$^{-1}$
1	T300/4211	0.574	182.0	−5.110	244.9	−0.105	22.20
2	T300/5222	0.555	124.7	−4.160	117.4	−0.155	19.49
3	T300/3231	0.555	147.0	−4.516	89.0	−0.399	13.04
4	T300/QY8911	0.527	82.65	−3.300	123.7	−0.170	13.43
5	T300/5208	0.444	101.6	−3.36	216.2	0	20.93
6	AS/3501	0.476	93.48	−3.33	115.4	0	14.50
7	IM6/环氧	0.186	119.0	−2.35	104.1	−0.364	11.19
8	B(4)/5505	0.317	81.15	−2.53	222.7	0.393	11.44
9	Kevlar49/环氧	3.040	15.72	−34.56	865.0	−3.541	64.46
10	SiC/5506	0.282	63.07	−2.109	280.6	0.188	10.73
11	AS4/PEEK	0.427	62.50	−2.58	39.06	−0.440	7.50
12	E-玻纤/环氧	1.543	273.3	−10.27	192.9	−0.697	23.78
13	1∶1 玻纤布/E42 环氧	13.86	13.86	−6.93	212.5	−0.679	−0.679
14	4∶1 玻纤布/E42 环氧	8.993	31.73	−8.45	231.7	−0.56	2.726
15	1∶1 玻纤布/306 聚酯	26.25	—	—	—	−1.032	—
16	T300 碳纤维布/Fbrt934	5.693	6.203	−2.971	472.6	−0.837	−18.90

将上述在应力空间的蔡-吴张量多项式准则方程变换成应变空间的准则方程，有时对复合材料的强度预测要简便和准确。这是由于复合材料在载荷作用下的应变要么是常数，要么仅是 z 坐标的线性函数，因此，有了对层合板强度分析的应变多项式准则方程，就不必分层计算出沿厚度分布的较为复杂的应力值了。

由于复合材料直到失效前应力与应变一直保持线性关系。因而可以将式(2.1.12) $\{\sigma_1\}=[Q]\{\varepsilon_1\}$ 代入式(2.3.11)得

$$\{F_i\}^{\mathrm{T}}[Q]\{\varepsilon_1\}+\{\varepsilon_1\}^{\mathrm{T}}[Q]^{\mathrm{T}}[F_{ij}][Q]\{\varepsilon_1\}<1 \quad (i,\ j=1,\ 2,\ 6) \tag{2.3.16}$$

令

$$\{G_i\}=[Q]^{\mathrm{T}}[F_i],\quad [G_{ij}]=[Q]^{\mathrm{T}}[F_{ij}][Q] \tag{2.3.17}$$

则得到用应变表示的张量多项式正轴准则方程

$$\{G_i\}^{\mathrm{T}}\{\varepsilon_1\}+\{\varepsilon_1\}^{\mathrm{T}}\{G_{ij}\}\{\varepsilon_1\}<1 \quad (i,\ j=1,\ 2,\ 6) \tag{2.3.18}$$

写成全式为

$$[G_1 \quad G_2 \quad 0]\begin{Bmatrix}\varepsilon_1\\ \varepsilon_2\\ \gamma_{12}\end{Bmatrix}+[\varepsilon_1 \quad \varepsilon_2 \quad \gamma_{12}]\begin{bmatrix}G_{11} & G_{12} & 0\\ G_{12} & G_{22} & 0\\ 0 & 0 & G_{66}\end{bmatrix}\begin{Bmatrix}\varepsilon_1\\ \varepsilon_2\\ \gamma_{12}\end{Bmatrix}<1 \tag{2.3.19}$$

展开后有

$$G_{11}\varepsilon_1^2+2G_{12}\varepsilon_1\varepsilon_2+G_{22}\varepsilon_2^2+G_{66}\gamma_{12}^2+G_1\varepsilon_1+G_2\varepsilon_2<1 \tag{2.3.20}$$

式中,六个系数 G 称为应变空间的强度参数。由式(2.3.17)可知

$$\left.\begin{aligned}
G_{11}&=F_{11}Q_{11}^2+2F_{12}Q_{11}Q_{12}+F_{22}Q_{12}^2\\
G_{22}&=F_{22}Q_{22}^2+2F_{12}Q_{11}Q_{12}+F_{11}Q_{12}^2\\
G_{12}&=F_{11}Q_{11}Q_{12}+F_{12}(Q_{11}Q_{22}+Q_{12}^2)+F_{22}Q_{22}Q_{12}\\
G_{66}&=F_{66}Q_{66}^2\\
G_1&=F_1Q_{11}+F_2Q_{12}\\
G_2&=F_1Q_{12}+F_2Q_{22}
\end{aligned}\right\} \tag{2.3.21}$$

应变空间中的强度参数是无因次的。

[例 2.3.1] T300/5208 复合材料单向板的应力状态如图 2.3.2 所示。已知 $\sigma_x=500$ MPa,$\sigma_y=40$ MPa,$\tau_{xy}=60$ MPa,$\theta=15°$。试分别用最大应力强度准则、最大应变强度准则、蔡-希尔强度准则和蔡-吴张量准则校核其强度。

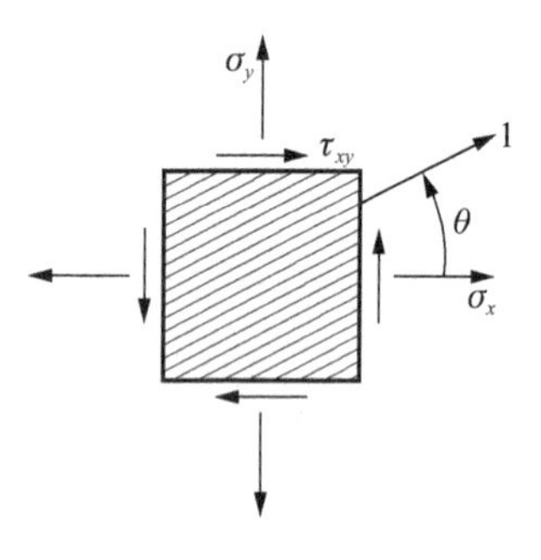

图 2.3.2 应力状态示意

[解] 由表 2.1.1 可知 T300/5208 复合材料单向板的基本强度为

$X_t=1\ 500$ MPa, $X_c=1\ 500$ MPa,
$Y_t=40$ MPa, $Y_c=246$ MPa,
$S=68$ MPa。

(1) 首先求出单向板的正轴应力

将 $m=\cos 15°=0.966$,$n=\sin 15°=0.259$ 代入式(2.2.1)得

$$\begin{Bmatrix}\sigma_1\\ \sigma_2\\ \tau_{12}\end{Bmatrix}=\begin{bmatrix}m^2 & n^2 & 2mn\\ n^2 & m^2 & -2mn\\ -mn & mn & m^2-n^2\end{bmatrix}\begin{Bmatrix}\sigma_x\\ \sigma_y\\ \tau_{xy}\end{Bmatrix}$$

$$=\begin{bmatrix}0.966^2 & 0.259^2 & 2\times0.966\times0.259\\ 0.259^2 & 0.966^2 & -2\times0.966\times0.259\\ -0.966\times0.259 & 0.966\times0.259 & 0.966^2-0.259^2\end{bmatrix}\begin{Bmatrix}500\\ 40\\ 60\end{Bmatrix}$$

$$=\begin{Bmatrix}499\\ 40.8\\ -63.1\end{Bmatrix}\ (\mathrm{MPa})$$

(2) 按最大应力准则校核

$\sigma_2=40.8$ MPa$>Y_t=40$ MPa,不安全。

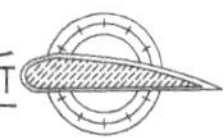

(3) 按最大应变准则校核

由表 2.1.1 可查得 $E_1=181$ GPa, $E_2=10.3$ GPa, $\nu_1=0.28$, $G_{12}=7.17$ GPa。

由式(2.1.17)求得 $\nu_2=\dfrac{E_2}{E_1}\nu_1=0.016$

$$\sigma_1-\nu_1\sigma_2=499-0.28\times40.8=488\ (\text{MPa})$$

$$\sigma_2-\nu_2\sigma_1=40.8-0.016\times499=32.8\ (\text{MPa})$$

$$|\tau_{12}|=63.1\ (\text{MPa})$$

因为

$$488\ \text{MPa}<X_t$$

$$32.8\ \text{MPa}<Y_t$$

$$63.1\ \text{MPa}<S$$

所以式(2.3.4)的三个表达式都可满足，因而按最大应变准则校核是安全的。

(4) 按蔡-希尔准则校核

代入式(2.3.7)得

$$\frac{\sigma_1^2}{X^2}-\frac{\sigma_1\sigma_2}{X^2}+\frac{\sigma_2^2}{Y^2}+\frac{\tau_{12}^2}{S^2}=\frac{(499)^2}{(1\,500)^2}-\frac{499\times40.8}{(1\,500)^2}+\frac{(40.8)^2}{(40)^2}+\frac{(63.1)^2}{(68)^2}$$

$$=2.002>1\ (\text{不安全})$$

(5) 按蔡-吴张量多项式准则校核

由表 2.3.1 查得 T300/5208 复合材料应力空间的强度参数并代入式(2.3.11)

$$F_{11}\sigma_1^2+2F_{12}\sigma_1\sigma_2+F_{22}\sigma_2^2+F_{66}\tau_{12}^2+F_1\sigma_1+F_2\sigma_2$$

$$=0.444\times10^{-6}\times499^2-2\times3.36\times10^{-6}\times499\times40.8+101.6\times10^{-6}\times40.8^2$$

$$+216.2\times10^{-6}\times63.1^2+20.93\times10^{-3}\times40.8$$

$$=1.85>1\ (\text{不安全})$$

从以上结果可以看到，采用不同准则校核强度的结果不同。

应当指出，复合材料破坏的物理现象十分复杂，关于强度准则的试验验证尚不充分，有待于进一步研究。不多的复杂应力状态下的破坏试验表明，至今没有一个强度准则总是与试验结果基本符合，各种准则都有其局限性。对于不同的复合材料或者不同的应力状态，有时这个强度准则比较符合，有时另一个强度准则比较符合。不能用特定材料上所得到的试验数据来全面肯定或否定某种强度准则。50 余年来就提出了几十种不同形式的强度准则，这一方面反映了生产发展迫切需要一个比较理想的强度准则，另一方面也反映了人们还在继续寻求更加理想的强度准则。换句话说，复合材料的强度准则问题还没有得到满意的解决。

2.3.6　单层板强度的计算方法

基本强度给出了单层正轴向单轴应力或纯剪应力作用下的单层强度。强度准则给出了单层在偏轴应力或各种平面应力状态下判断其是否失效的判据，但只能判断单层失效与否，不能定量地说明不失效时的安全裕度。这里介绍的单层强度计算方法是通过引进强度比(Strength ratio)的定义，用强度比方程(Equation of strength ratio)进行计算的方法。

1. 强度比的定义

单层在施加应力作用下，极限应力的某一分量与其对应的施加应力分量之比称为强度/应力比，简称强度比，记为 R。即

$$R=\frac{\sigma_{i(a)}}{\sigma_i} \tag{2.3.22}$$

式中　σ_i——施加的应力分量；

$\sigma_{i(a)}$——对应于 σ_i 的极限应力分量。

这里“对应”的含义是基于假设 σ_i $(i=1,2,6)$ 是比例加载的，也就是说，各应力分量是以一定的比例同步增加的。在实际结构中基本上如此。为了说明方便，假定只有 σ_1 和 σ_2 两个应力分量（即 $\sigma_6=0$）。比例加载在应力空间中的含义为应力矢量的方位不变。如图 2.3.3 所示，当 σ_1 增加 $\Delta\sigma_1$ 时，σ_2 则增加 $\Delta\sigma_2$，且总有

$$\frac{\Delta\sigma_2}{\Delta\sigma_1}=\frac{\sigma_2}{\sigma_1}=\frac{\sigma_{2(a)}}{\sigma_{1(a)}} \tag{2.3.23}$$

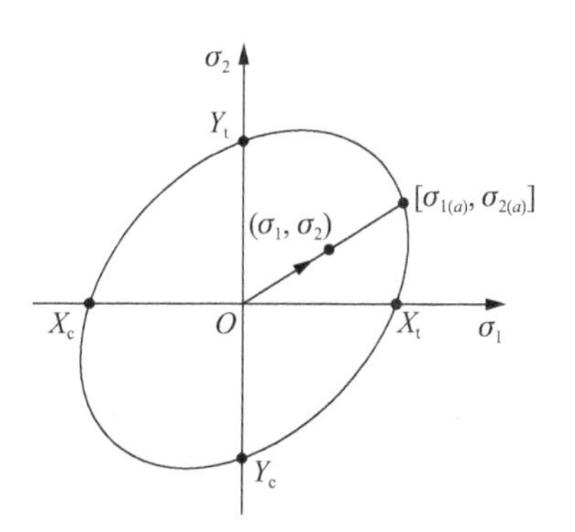

图 2.3.3　比例加载时的应力矢量

因而对应于 σ_i 的极限应力分量，是指与各 σ_i 构成的施加应力矢量相同方位的极限应力矢量的对应分量 $\sigma_{i(a)}$。

须注意的是，与 σ_i 对应的极限应力分量不仅与失效曲线有关，而且与施加应力矢量的方位有关。不要把 σ_i 对应的极限应力分量误解为是基本强度。只有在单轴应力或纯剪应力状态下，σ_i 对应的极限应力分量才是基本强度，如图 2.3.3 所示。在二维应力空间中强度包络线是一个围绕坐标原点的椭圆。对于一单向板，其实际应力场所对应的应力空间点的位置有三种可能：(1)落在椭圆线上。此时表达式(2.3.7)、式(2.3.8)、式(2.3.11) 左侧各项之和将等于 1，说明材料已进入极限状态。(2)落在椭圆线外面。此时上述表达式不等号左边的值将大于 1，说明材料已失效。(3)落在椭圆线的内部。此时上述表达式不等号左边的值将小于 1，材料没有失效，单向板的施加应力尚可继续增加。

在比例加载的前提下，对于一般的平面应力状态，式(2.3.22)对于 i 无论取 1、2、6 均成立，且

$$R=\frac{\sigma_{1(a)}}{\sigma_1}=\frac{\sigma_{2(a)}}{\sigma_2}=\frac{\sigma_{6(a)}}{\sigma_6} \tag{2.3.24}$$

又由于在失效之前，材料是线弹性的，故

$$R=\frac{\sigma_{i(a)}}{\sigma_i}=\frac{\varepsilon_{i(a)}}{\varepsilon_i}\quad(i=1,\ 2,\ 6) \tag{2.3.25}$$

式中　ε_i——施加的应变分量；

$\varepsilon_{i(a)}$——对应于 ε_i 的极限应变分量。

根据强度比取值的含义，显然：

① 施加的应力或应变为 0 时，即 $\sigma_i=\varepsilon_i=0(i=1,2,6)$，$R=\infty$。

② 施加的应力或应变为安全值时，$R>1$。R 是安全裕度的一种量度。R 的具体数值表明，施加应力或应变达到失效时尚可增加的应力或应变的倍数为 $R-1$。若 $R=2$，则尚可增加一倍的载荷才会发生破坏。

③ 施加的应力或应变恰好达到极限时，$R=1$，材料发生破坏。R 不能小于 1，小于 1 没有实际意义。但设计计算中出现 $R<1$ 仍然是有用的，它表明必须使施加的应力下降，或加大有关结构尺寸。

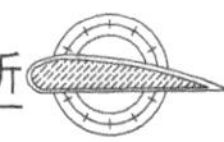

④ 当施加的应力或应变为一单位矢量时，强度比 R 的值就是应力或应变的极限值。

2. 单层的强度比方程

引入强度比 R 这一参数后，可以把复合材料的各类强度准则方程写成 R 的函数，这些变换后的方程称强度比方程。

(1) 蔡-希尔准则的强度比方程

当式(2.3.7)不等号左端等于 1 时，材料已进入极限状态，式中的实际应力分量已为极限应力分量，故式中的 σ_i 应改为 $\sigma_{i(a)}$，即

$$\left[\frac{\sigma_{1(a)}}{X}\right]^2-\frac{\sigma_{1(a)}\sigma_{2(a)}}{X^2}+\left[\frac{\sigma_{2(a)}}{Y}\right]^2+\left[\frac{\tau_{12(a)}}{S}\right]^2-1=0$$

引入式(2.3.25)的强度比 R，得

$$\left[\left(\frac{\sigma_1}{X}\right)^2-\frac{\sigma_1\sigma_2}{X^2}+\left(\frac{\sigma_2}{Y}\right)^2+\left(\frac{\tau_{12}}{S}\right)^2\right]R^2-1=0 \tag{2.3.26}$$

式中　X——当 σ_1 为拉应力时用 X_t，为压应力时用 X_c；

　　　Y——当 σ_2 为拉应力时用 Y_t，为压应力时用 Y_c。

将式(2.3.26)改写为

$$AR^2-1=0 \tag{2.3.27}$$

$$R=\pm\frac{1}{\sqrt{A}}=\pm\frac{\sqrt{A}}{A} \tag{2.3.28}$$

式中

$$A=\left(\frac{\sigma_1}{X}\right)^2-\frac{\sigma_1\sigma_2}{X^2}+\left(\frac{\sigma_2}{Y}\right)^2+\left(\frac{\tau_{12}}{S}\right)^2 \tag{2.3.29}$$

由方程式(2.3.27)可解得两个根，其中一个正根是对应于给定的应力分量的；另一个负根只是表明它的绝对值是对应于与给定应力分量大小相同而符号相反的应力分量的强度比。由此再利用强度比定义式(2.3.25)即可求得极限应力各分量，即该施加应力状态下按比例加载时的单层强度。

(2) 蔡-吴张量多项式准则的强度比方程

由式(2.3.11)可知，蔡-吴失效判据的强度比方程为

$$(F_{11}\sigma_1^2+2F_{12}\sigma_1\sigma_2+F_{22}\sigma_2^2+F_{66}\tau_{12}^2)R^2+(F_1\sigma_1+F_2\sigma_2)R-1=0 \tag{2.3.30}$$

即

$$AR^2+BR-1=0 \tag{2.3.31}$$

$$R=\frac{-B\pm\sqrt{B^2+4A}}{2A} \tag{2.3.32}$$

$$A=F_{11}\sigma_1^2+2F_{12}\sigma_1\sigma_2+F_{22}\sigma_2^2+F_{66}\tau_{12}^2 \tag{2.3.33}$$

$$B=F_1\sigma_1+F_2\sigma_2 \tag{2.3.34}$$

对于平面应力状态下应变空间中的强度比方程，同理可得出

$$(G_{11}\varepsilon_1^2+2G_{12}\varepsilon_1\varepsilon_2+G_{22}\varepsilon_2^2+G_{66}\gamma_{12}^2)R^2+(G_1\varepsilon_1+G_2\varepsilon_2)R-1=0 \tag{2.3.35}$$

[例 2.3.2]　有一用单向复合材料制成的薄壁圆管，平均半径 $R_0=20$ mm，壁厚 $t=2$ mm，在两端受一外力偶矩 $M=0.3$ kN·m 及拉力 $P=15$ kN 作用(图 2.3.4)。试问：(1)为使单向复合材料的纵向为最大主应力方向，其纵向与圆管轴向应成多大角度？(2)按蔡-吴张

量准则确定能承受的极限载荷；(3)欲使圆管不发生轴向变形，必须满足什么条件？已知圆管材料为碳/环氧，应力空间中的强度参数 $F_{11}=1.129(\text{GPa})^{-2}$，$F_{22}=370.7(\text{GPa})^{-2}$，$F_{12}=-10.23(\text{GPa})^{-2}$，$F_{66}=500.5(\text{GPa})^{-2}$，$F_1=-0.387(\text{GPa})^{-1}$，$F_2=26.17(\text{GPa})^{-1}$
正轴柔量的线性组合 $U_{1S}=69.56(\text{TPa})^{-1}$，$U_{2S}=-51.55(\text{TPa})^{-1}$，$U_{3S}=-7.81(\text{TPa})^{-1}$。

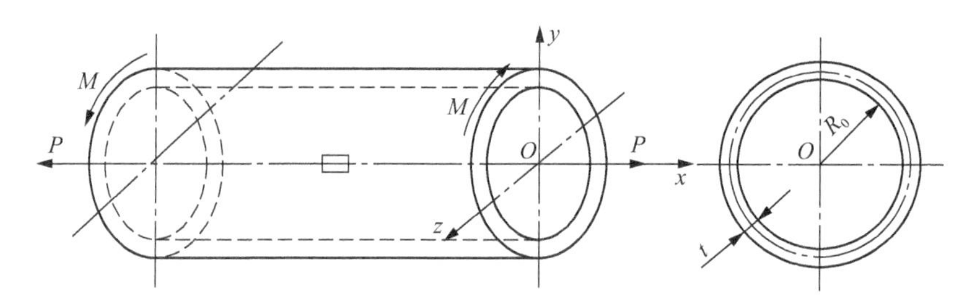

图 2.3.4　受拉及受扭的薄壁圆管

[解]　(1) 圆管的应力状态

在圆管上取出一单元体，其应力状态如图 2.3.5 所示。按照材料力学知识可知，σ_x 为由拉力 P 引起的横截面正应力，τ_{xy} 为由扭矩 M 引起的横截面剪应力，即

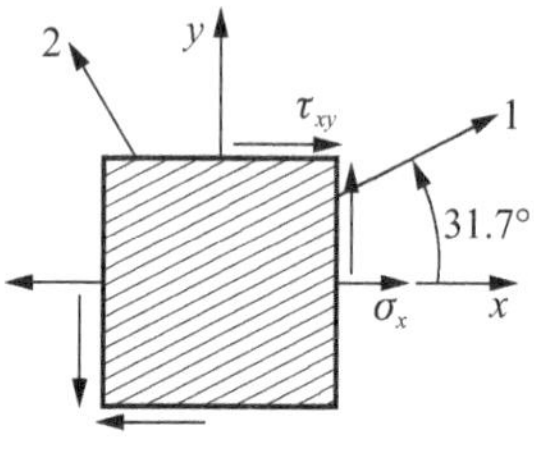

$$\sigma_x=\frac{P}{2\pi R_0 t} \tag{2.3.36}$$

$$\tau_{xy}=\frac{M}{2\pi R_0^2 t} \tag{2.3.37}$$

图 2.3.5　受拉及受扭薄壁圆管单元体的应力状态

$$\sigma_x/\tau_{xy}=PR_0/M=15\times0.020/0.3=1$$

由于无内、外压力或径向力，故 σ_y 为零。

(2) 单向复合材料纵向位置的确定

单向复合材料的纵向就是弹性模量较大的材料主方向，为使纵向为最大主应力方向，应确定图 2.3.5 所示应力状态的最大主应力方位。最大主应力所在主平面的方位角 θ_0 称为相位角，可由下式计算

$$2\theta_0=\tan^{-1}\frac{2\tau_{xy}}{\sigma_x-\sigma_y} \tag{2.3.38}$$

θ_0 的正负号表示了由 x 轴转至主平面法线的旋转方向。在单元体上，正号表示逆时针旋转，负号则表示顺时针旋转。按式(2.3.38)求 $2\theta_0$ 是反三角函数求值，它不是单值函数。为了求最大主应力的主平面，$2\theta_0$ 按下述规则取值。当式(2.3.38)的 $2\tau_{xy}/(\sigma_x-\sigma_y)$ 为 +/+ 时，$2\theta_0$ 取第一象限的值；+/－取第二象限的值；－/－取第三象限的值；－/+取第四象限的值。最小主应力对应的主平面与上述最大主应力的主平面方位相差 90°。

因此，将式(2.3.36)和式(2.3.37)代入式(2.3.38)得

$$2\theta_0=\tan^{-1}\frac{2M}{PR_0}=\tan^{-1}\frac{2\times0.3}{15\times0.020}=\tan^{-1}2$$
$$=63.4°\text{或}\ 243.4°。$$

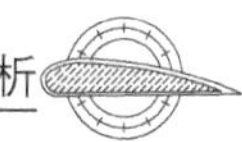

由于上式分子、分母均为正，故应取第一象限值，即取 63.4°，所以 $\theta_0=31.7°$。按 θ_0 的符号规则为，由 x 轴至应力主方向逆时针转向为正，顺时针转向为负。所以，从所取单元体的方位看，单向复合材料的纵向与圆管轴线应成 31.7°，如图 2.3.5 所示。

(3) 计算正轴应力

设在 $\theta_0=31.7°$ 偏轴下的 $\sigma_x=\tau_{xy}=1$ GPa，利用应力转换式(2.2.1)，得正轴下的应力分量为

$$\sigma_1=m^2\sigma_x+n^2\sigma_y+2mn\tau_{xy}=0.7239\times1+0.8942\times1=1.618\ (\text{GPa})$$

$$\sigma_2=n^2\sigma_x+m^2\sigma_y-2mn\tau_{xy}=0.2761\times1-0.8942\times1=-0.618\ (\text{GPa})$$

$$\tau_{12}=0$$

(4) 计算强度比

将上述应力分量及给出的强度参数代入强度比方程式(2.3.30)中，得

$$[1.129\times1.618^2+2\times(-10.23)\times1.618\times(-0.618)+370.7\times(-0.618)^2]R^2$$
$$+(-0.387\times1.618-26.17\times0.618)R-1=0$$

即得强度比方程

$$165R^2-16.8R-1=0$$

其根为

$$R=\frac{16.8\pm\sqrt{16.8^2+4\times165}}{2\times165}=\begin{cases}0.144\\-0.0427\end{cases}$$

这里，$R=0.144$ 是本题欲求的强度比。

(5) 计算极限载荷

极限应力为

$$\sigma_{x(a)}=\sigma_x\cdot R=1\times0.144=0.144\ (\text{GPa})=1.44\times10^8(\text{Pa})$$

$$\tau_{x(a)}=\tau_{xy}\cdot R=1\times0.144=0.144\ (\text{GPa})=1.44\times10^8(\text{Pa})$$

极限拉力

$$P_{\max}=\sigma_{x(a)}\cdot2\pi R_0t=1.44\times10^8\times2\pi\times0.020\times0.002=3.61\times10^4(\text{N})=36.1\ (\text{kN})$$

极限扭矩

$$M_{\max}=\tau_{x(a)}\cdot2\pi R_0^2t=1.44\times10^8\times2\pi\times0.020^2\times0.002=722\ (\text{N}\cdot\text{m})$$

(6) 圆管不发生轴向变形的条件

圆管不发生轴向变形意味着 $\Delta l=0$，即 $\Delta l=\varepsilon_x\cdot l=0$。

因为 $l\neq0$，所以 $\varepsilon_x=\bar{S}_{11}\sigma_x+\bar{S}_{12}\sigma_y+\bar{S}_{16}\tau_{xy}=0$，由于 $\sigma_y=0$，$\sigma_x/\tau_{xy}=1$，

得

$$\varepsilon_x=(\bar{S}_{11}+\bar{S}_{16})\sigma_x=0$$

又因为 $\sigma_x\neq0$，故圆管不发生轴向变形的条件归结为求 θ，使 $\bar{S}_{11}+\bar{S}_{16}=0$。

将式(2.2.23)代入方程并经整理可得

$$U_{1S}+U_{2S}(\cos2\theta+\sin2\theta)+U_{3S}(\cos4\theta+2\sin4\theta)=0$$

即

$$69.56-51.55(\cos2\theta+\sin2\theta)-7.81(\cos4\theta+2\sin4\theta)=0$$

得数值解为

$$\theta_1=3.8°,\theta_2=35.3°$$

2.4 单层板的三维应力-应变关系

前面讨论单层板的刚度与强度都是基于单层板为平面应力状态下的应力-应变关系。后面讨论层合板的刚度与强度时,在未加注明的情况下也是基于单层板为平面应力状态下的应力-应变关系作出的。对于层合板的厚度与本身结构的其他尺寸相比较小的情况下,作这种简化是合适的。一般情况下,单层板的应力-应变关系应为三维形式,因此本节将讨论单层板的三维应力一应变关系,以及它与平面应力状态下应力一应变关系之间的联系。

2.4.1 各向异性线弹性材料的应力-应变关系

在线弹性、小变形的情况下,单层板在任意符合右手螺旋规则的坐标系 xyz 下,可以仿照平面应力状态下利用叠加原理得到应变一应力关系,推广到具有三维应力状态的情况,得到各向异性线弹性材料(Anisotropic linear elastic materials)的一般三维应变一应力关系式:

$$\begin{Bmatrix} \varepsilon_x \\ \varepsilon_y \\ \varepsilon_z \\ \gamma_{yz} \\ \gamma_{zx} \\ \gamma_{xy} \end{Bmatrix} = \begin{bmatrix} \bar{S}_{11} & \bar{S}_{12} & \bar{S}_{13} & \bar{S}_{14} & \bar{S}_{15} & \bar{S}_{16} \\ \bar{S}_{21} & \bar{S}_{22} & \bar{S}_{23} & \bar{S}_{24} & \bar{S}_{25} & \bar{S}_{26} \\ \bar{S}_{31} & \bar{S}_{32} & \bar{S}_{33} & \bar{S}_{34} & \bar{S}_{35} & \bar{S}_{36} \\ \bar{S}_{41} & \bar{S}_{42} & \bar{S}_{43} & \bar{S}_{44} & \bar{S}_{45} & \bar{S}_{46} \\ \bar{S}_{51} & \bar{S}_{52} & \bar{S}_{53} & \bar{S}_{54} & \bar{S}_{55} & \bar{S}_{56} \\ \bar{S}_{61} & \bar{S}_{62} & \bar{S}_{63} & \bar{S}_{64} & \bar{S}_{65} & \bar{S}_{66} \end{bmatrix} \begin{Bmatrix} \sigma_x \\ \sigma_y \\ \sigma_z \\ \tau_{yz} \\ \tau_{zx} \\ \tau_{xy} \end{Bmatrix} \tag{2.4.1}$$

或简写成

$$\{\bar{\varepsilon}\} = [\bar{S}]\{\bar{\sigma}\}$$

式中,$\bar{S}_{ij}$ 称为三维柔量分量。

若将上述应变-应力关系式改为用应变表示应力,即得单层的一般三维应力-应变关系式

$$\begin{Bmatrix} \sigma_x \\ \sigma_y \\ \sigma_z \\ \tau_{yz} \\ \tau_{zx} \\ \tau_{xy} \end{Bmatrix} = \begin{bmatrix} \bar{C}_{11} & \bar{C}_{12} & \bar{C}_{13} & \bar{C}_{14} & \bar{C}_{15} & \bar{C}_{16} \\ \bar{C}_{21} & \bar{C}_{22} & \bar{C}_{23} & \bar{C}_{24} & \bar{C}_{25} & \bar{C}_{26} \\ \bar{C}_{31} & \bar{C}_{32} & \bar{C}_{33} & \bar{C}_{34} & \bar{C}_{35} & \bar{C}_{36} \\ \bar{C}_{41} & \bar{C}_{42} & \bar{C}_{43} & \bar{C}_{44} & \bar{C}_{45} & \bar{C}_{46} \\ \bar{C}_{51} & \bar{C}_{52} & \bar{C}_{53} & \bar{C}_{54} & \bar{C}_{55} & \bar{C}_{56} \\ \bar{C}_{61} & \bar{C}_{62} & \bar{C}_{63} & \bar{C}_{64} & \bar{C}_{65} & \bar{C}_{66} \end{bmatrix} \begin{Bmatrix} \varepsilon_x \\ \varepsilon_y \\ \varepsilon_z \\ \gamma_{yz} \\ \gamma_{zx} \\ \gamma_{xy} \end{Bmatrix} \tag{2.4.2}$$

或简写成

$$\{\bar{\sigma}\} = [\bar{C}]\{\bar{\varepsilon}\}$$

式中,$\bar{C}_{ij}$ 称为三维模量分量。

显然,三维模量分量构成的矩阵与三维柔量分量构成的矩阵是互逆的,即

$$[\bar{C}] = [\bar{S}]^{-1}, \quad [\bar{S}] = [\bar{C}]^{-1} \tag{2.4.3}$$

模量分量与柔量分量均称为弹性系数,像二维一样,在线弹性的情况下可以证明

$$\bar{C}_{ij} = \bar{C}_{ji}, \quad \bar{S}_{ij} = \bar{S}_{ji} \tag{2.4.4}$$

因此,各向异性单层的独立弹性系数为 21 个。

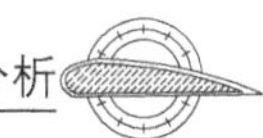

2.4.2　单对称材料的应力-应变关系

如果材料内每一点都有这样一个平面，在这个平面的对称点上弹性性能相同，这样的材料就具有一个弹性对称平面。单对称材料(Monoclinic material)是指具有一个弹性对称面(xOy平面)的各向异性材料。此时 z 轴与主方向 3 相同，可以证明，单对称材料的应变-应力关系可以表示为

$$\begin{Bmatrix} \varepsilon_x \\ \varepsilon_y \\ \varepsilon_z \\ \gamma_{yz} \\ \gamma_{zx} \\ \gamma_{xy} \end{Bmatrix} = \begin{bmatrix} \bar{S}_{11} & \bar{S}_{12} & \bar{S}_{13} & 0 & 0 & \bar{S}_{16} \\ \bar{S}_{12} & \bar{S}_{22} & \bar{S}_{23} & 0 & 0 & \bar{S}_{26} \\ \bar{S}_{13} & \bar{S}_{23} & \bar{S}_{33} & 0 & 0 & \bar{S}_{36} \\ 0 & 0 & 0 & \bar{S}_{44} & \bar{S}_{45} & 0 \\ 0 & 0 & 0 & \bar{S}_{45} & \bar{S}_{55} & 0 \\ \bar{S}_{16} & \bar{S}_{26} & \bar{S}_{36} & 0 & 0 & \bar{S}_{66} \end{bmatrix} \begin{Bmatrix} \sigma_x \\ \sigma_y \\ \sigma_z \\ \tau_{yz} \\ \tau_{zx} \\ \tau_{xy} \end{Bmatrix} \tag{2.4.5}$$

显然，式(2.4.5)与式(2.4.1)相比，由于单层对 3 轴对称，单层在偏轴下独立的弹性常数由 21 个减少到 13 个。与式(2.4.5)相对应，其应力-应变关系为

$$\begin{Bmatrix} \sigma_x \\ \sigma_y \\ \sigma_z \\ \tau_{yz} \\ \tau_{zx} \\ \tau_{xy} \end{Bmatrix} = \begin{bmatrix} \bar{C}_{11} & \bar{C}_{12} & \bar{C}_{13} & 0 & 0 & \bar{C}_{16} \\ \bar{C}_{21} & \bar{C}_{22} & \bar{C}_{23} & 0 & 0 & \bar{C}_{26} \\ \bar{C}_{31} & \bar{C}_{32} & \bar{C}_{33} & 0 & 0 & \bar{C}_{36} \\ 0 & 0 & 0 & \bar{C}_{44} & \bar{C}_{45} & 0 \\ 0 & 0 & 0 & \bar{C}_{54} & \bar{C}_{55} & 0 \\ \bar{C}_{61} & \bar{C}_{62} & \bar{C}_{63} & 0 & 0 & \bar{C}_{66} \end{bmatrix} \begin{Bmatrix} \varepsilon_x \\ \varepsilon_y \\ \varepsilon_z \\ \gamma_{yz} \\ \gamma_{zx} \\ \gamma_{xy} \end{Bmatrix} \tag{2.4.6}$$

2.4.3　正交各向异性单层的应力-应变关系

具有三个相互正交的弹性对称面的材料称为正交各向异性材料(Orthotropic material)。当 xyz 坐标系正好位于单层的主方向(称为正轴)上，将坐标轴 x、y、z 分别改为 1、2、3，且 1、2 为单层面内主方向(这里还约定 1 轴为刚度较大的主方向)，3 为垂直于单层面的轴(图 2.4.1)，这时图 2.4.1 中的 $1O2$，$1O3$ 和 $2O3$ 平面均为弹性对称面，该单层为正交各向异性材料。对于正交各向异性材料，一点处的线应变 ε_1、ε_2、ε_3 只与该点处的正应力 σ_1、σ_2、σ_3 有关，而与剪应力 τ_{23}、τ_{31}、τ_{12} 无关；同时该点处的剪应变 γ_{23}、γ_{31}、γ_{12} 分别仅与剪应力 τ_{23}、τ_{31}、τ_{12} 有关，所以正交各向异性单层的三维应变-应力关系为

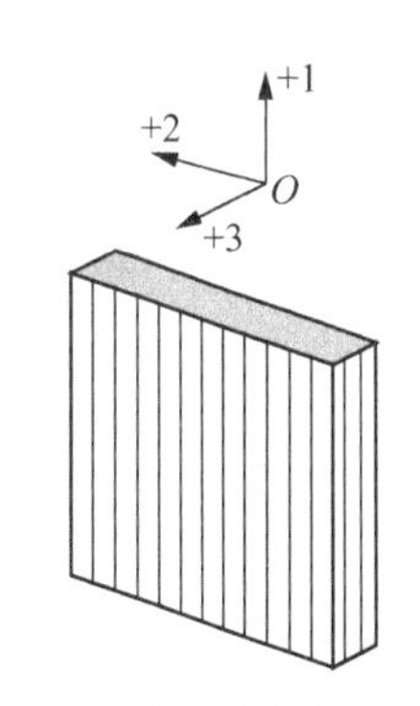

图 2.4.1　具有三个相互正交的弹性对称面的材料

$$\begin{Bmatrix} \varepsilon_1 \\ \varepsilon_2 \\ \varepsilon_3 \\ \gamma_{23} \\ \gamma_{31} \\ \gamma_{12} \end{Bmatrix} = \begin{bmatrix} S_{11} & S_{12} & S_{13} & 0 & 0 & 0 \\ S_{12} & S_{22} & S_{23} & 0 & 0 & 0 \\ S_{13} & S_{23} & S_{33} & 0 & 0 & 0 \\ 0 & 0 & 0 & S_{44} & 0 & 0 \\ 0 & 0 & 0 & 0 & S_{55} & 0 \\ 0 & 0 & 0 & 0 & 0 & S_{66} \end{bmatrix} \begin{Bmatrix} \sigma_1 \\ \sigma_2 \\ \sigma_3 \\ \tau_{23} \\ \tau_{31} \\ \tau_{12} \end{Bmatrix} \tag{2.4.7}$$

或简写成

$$\{\varepsilon\}=[S]\{\sigma\}$$

式中,S_{ij}称为三维正轴柔量分量。三维正轴柔量分量的如下各分量为零

$$S_{14}=S_{15}=S_{16}=S_{24}=S_{25}=S_{26}=S_{34}=S_{35}=S_{36}=S_{45}=S_{46}=S_{56}=0$$

若上述应变-应力关系式改为用应变表示应力,即得正交各向异性单层的三维应力-应变关系式

$$\begin{Bmatrix}\sigma_1\\\sigma_2\\\sigma_3\\\tau_{23}\\\tau_{31}\\\tau_{12}\end{Bmatrix}=\begin{bmatrix}C_{11}&C_{12}&C_{13}&0&0&0\\C_{12}&C_{22}&C_{23}&0&0&0\\C_{13}&C_{23}&C_{33}&0&0&0\\0&0&0&C_{44}&0&0\\0&0&0&0&C_{55}&0\\0&0&0&0&0&C_{66}\end{bmatrix}\begin{Bmatrix}\varepsilon_1\\\varepsilon_2\\\varepsilon_3\\\gamma_{23}\\\gamma_{31}\\\gamma_{12}\end{Bmatrix}\tag{2.4.8}$$

或简写成

$$\{\sigma\}=[C]\{\varepsilon\}$$

式中,C_{ij}称为三维正轴模量分量。正轴模量分量与正轴柔量分量均称为正轴弹性系数。

类似于式(2.4.3)与式(2.4.4),分别有

$$[C]=[S]^{-1},\quad [S]=[C]^{-1}\tag{2.4.9}$$

$$C_{ij}=C_{ji},\quad S_{ij}=S_{ji}\tag{2.4.10}$$

因此,正交各向异性材料的独立正轴弹性常数为 9 个。

2.4.4 横观各向同性单层的应力-应变关系

横观各向同性单层(Transversally isotropic lamina)是正交各向异性单层的特例,其三个相互垂直的弹性对称面中有一个是各向同性的。如单向纤维增强复合材料,垂直于纤维方向(1 方向)的 2O3 平面为各向同性面。对于这样的横观各向同性单层其正轴弹性常数可进一步减小。

设 2、3 坐标在各向同性面上,1 坐标为垂直于各向同性面的坐标。显然,1、2、3 均为材料的主方向。又由于横观各向同性,所以还存在

$$S_{13}=S_{12},\ S_{33}=S_{22},\ S_{55}=S_{66},\ S_{44}=2(S_{22}-S_{23})\tag{2.4.11}$$

因此,横观各向同性单层的正轴三维应变-应力关系式由式(2.4.7)可改写为

$$\begin{Bmatrix}\varepsilon_1\\\varepsilon_2\\\varepsilon_3\\\gamma_{23}\\\gamma_{31}\\\gamma_{12}\end{Bmatrix}=\begin{bmatrix}S_{11}&S_{12}&S_{12}&0&0&0\\S_{12}&S_{22}&S_{23}&0&0&0\\S_{12}&S_{23}&S_{22}&0&0&0\\0&0&0&2(S_{22}-S_{23})&0&0\\0&0&0&0&S_{66}&0\\0&0&0&0&0&S_{66}\end{bmatrix}\begin{Bmatrix}\sigma_1\\\sigma_2\\\sigma_3\\\tau_{23}\\\tau_{31}\\\tau_{12}\end{Bmatrix}\tag{2.4.12}$$

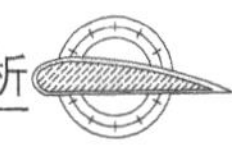

其应力-应变关系式，由于

$$C_{13}=C_{12}\,,\; C_{33}=C_{22}\,,\; C_{55}=C_{66}\,,\; C_{44}=(C_{22}-S_{23})/2 \tag{2.4.13}$$

式(2.4.8)可改写为

$$\begin{Bmatrix}\sigma_1\\ \sigma_2\\ \sigma_3\\ \tau_{23}\\ \tau_{31}\\ \tau_{12}\end{Bmatrix}=\begin{bmatrix}C_{11} & C_{12} & C_{12} & 0 & 0 & 0\\ C_{12} & C_{22} & C_{23} & 0 & 0 & 0\\ C_{12} & C_{23} & C_{22} & 0 & 0 & 0\\ 0 & 0 & 0 & (C_{22}-C_{23})/2 & 0 & 0\\ 0 & 0 & 0 & 0 & C_{66} & 0\\ 0 & 0 & 0 & 0 & 0 & C_{66}\end{bmatrix}\begin{Bmatrix}\varepsilon_1\\ \varepsilon_2\\ \varepsilon_3\\ \gamma_{23}\\ \gamma_{31}\\ \gamma_{12}\end{Bmatrix} \tag{2.4.14}$$

由于存在式(2.4.11)或式(2.4.13)的 4 个关系式，横观各向同性单层独立的正轴弹性系数减至 5 个。

2.4.5　正交各向异性单层的三维工程弹性常数

正交各向异性单层的三维工程弹性常数是单层在三维情况下，由单轴应力或纯剪应力确定的刚度性能参数。因此，只需在式(2.4.7)中分别设 6 个应力分量中的一个应力分量不为零，而其余分量均为零来定义，例如，设 $\sigma_1\neq 0$，而 $\sigma_2=\sigma_3=\tau_{23}=\tau_{31}=\tau_{12}=0$，可得

$$\varepsilon_1^{(1)}=S_{11}\sigma_1\,,\; \varepsilon_2^{(1)}=S_{21}\sigma_1\,,\; \varepsilon_3^{(1)}=S_{31}\sigma_1 \tag{2.4.15}$$

定义 1 轴向的拉压弹性模量

$$E_1=\frac{\sigma_1}{\varepsilon_1^{(1)}} \tag{2.4.16}$$

泊松耦合系数

$$\nu_{21}=-\frac{\varepsilon_2^{(1)}}{\varepsilon_1^{(1)}} \tag{2.4.17}$$

$$\nu_{31}=-\frac{\varepsilon_3^{(1)}}{\varepsilon_1^{(1)}} \tag{2.4.18}$$

依据式(2.4.15)，可得三维正轴工程弹性常数与柔量分量之间的关系

$$E_1=\frac{1}{S_{11}}\quad \nu_{21}=-\frac{S_{21}}{S_{11}}\quad \nu_{31}=-\frac{S_{31}}{S_{11}} \tag{2.4.19}$$

类似地可得

$$E_2=\frac{1}{S_{22}}\quad \nu_{12}=-\frac{S_{12}}{S_{22}}\quad \nu_{32}=-\frac{S_{32}}{S_{22}} \tag{2.4.20}$$

$$E_3=\frac{1}{S_{33}}\quad \nu_{13}=-\frac{S_{13}}{S_{33}}\quad \nu_{23}=-\frac{S_{23}}{S_{33}} \tag{2.4.21}$$

$$G_{23}=\frac{1}{S_{44}}\quad G_{31}=\frac{1}{S_{55}}\quad G_{12}=\frac{1}{S_{66}} \tag{2.4.22}$$

式中　E_1、E_2、E_3——分别为正交各向异性单层在 1、2、3 弹性主方向上的拉压弹性模量；

ν_{ij}——为单独在 j 方向作用正应力 σ_j 而无其他应力分量时，i 方向应变与 j 方向应变之比的负值，称为泊松耦合系数；

G_{23}、G_{31}、G_{12}——分别为正交各向异性单层在 2－3、3－1、1－2 平面内的剪切弹性模量。

将工程弹性常数表示的正交各向异性材料的柔量分量代入式(2.4.7),就得到工程弹性常数表示的正交各向异性材料的应变-应力关系,即

$$\begin{Bmatrix} \varepsilon_1 \\ \varepsilon_2 \\ \varepsilon_3 \\ \gamma_{23} \\ \gamma_{31} \\ \gamma_{12} \end{Bmatrix} = \begin{bmatrix} \frac{1}{E_1} & -\frac{\nu_{21}}{E_2} & -\frac{\nu_{31}}{E_3} & 0 & 0 & 0 \\ -\frac{\nu_{12}}{E_1} & \frac{1}{E_2} & -\frac{\nu_{32}}{E_3} & 0 & 0 & 0 \\ -\frac{\nu_{13}}{E_1} & -\frac{\nu_{23}}{E_2} & \frac{1}{E_3} & 0 & 0 & 0 \\ 0 & 0 & 0 & \frac{1}{G_{23}} & 0 & 0 \\ 0 & 0 & 0 & 0 & \frac{1}{G_{31}} & 0 \\ 0 & 0 & 0 & 0 & 0 & \frac{1}{G_{12}} \end{bmatrix} \begin{Bmatrix} \sigma_1 \\ \sigma_2 \\ \sigma_3 \\ \tau_{23} \\ \tau_{31} \\ \tau_{12} \end{Bmatrix} \tag{2.4.23}$$

因 $S_{ij}=S_{ji}$,根据式(2.4.23),可以得到工程弹性常数的互等关系为

$$\frac{\nu_{12}}{E_1}=\frac{\nu_{21}}{E_2}, \quad \frac{\nu_{13}}{E_1}=\frac{\nu_{31}}{E_3}, \quad \frac{\nu_{23}}{E_2}=\frac{\nu_{32}}{E_3} \tag{2.4.24}$$

式(2.4.24)的三个等式是正交各向异性材料工程弹性常数必须满足的,表示三组泊松比 ν_{12} 和 ν_{21}、ν_{13} 和 ν_{31}、ν_{23} 和 ν_{32} 不是两两相互独立的,只要测得 ν_{12}、ν_{13} 和 ν_{23} 三个主泊松比,用式(2.4.24)就可计算得到另外三个副泊松比 ν_{21}、ν_{31}、ν_{32}。所以,正交各向异性单层独立的工程弹性常数也是 9 个,即三个拉压弹性模量、三个剪切弹性模量和三个主泊松比。

2.4.6 与平面应力状态的关系

由于层合板的厚度相对于板的其他尺寸较小,因此,在复合材料分析与设计中,通常将单层按平面应力状态进行分析,即认为

$$\sigma_z=\tau_{yz}=\tau_{zx}=0 \tag{2.4.25}$$

只考虑 σ_x、σ_y、τ_{xy} 等面内应力分量。对于这种平面应力状态情况,单对称材料的三维应变-应力关系式(2.4.5)即可变成式(2.2.20),而三维应力-应变关系式(2.4.6)即可变成式(2.2.12);正交各向异性单层的三维应变-应力关系式(2.4.7)即可变成式(2.1.7),而三维应力-应变关系式(2.4.8)即可变成式(2.1.12)。以单对称材料为例,由式(2.4.6)得

$$\sigma_z=\bar{C}_{31}\varepsilon_x+\bar{C}_{32}\varepsilon_y+\bar{C}_{33}\varepsilon_z+\bar{C}_{36}\gamma_{xy}=0 \tag{2.4.26}$$

所以

$$\varepsilon_z=-\frac{1}{\bar{C}_{33}}(\bar{C}_{31}\varepsilon_x+\bar{C}_{32}\varepsilon_y+\bar{C}_{36}\gamma_{xy}) \tag{2.4.27}$$

代入式(2.4.6)的 σ_z 式中得

$$\sigma_z=\left(\bar{C}_{11}-\frac{\bar{C}_{13}^2}{\bar{C}_{33}}\right)\varepsilon_x+\left(\bar{C}_{12}-\frac{\bar{C}_{13}\bar{C}_{23}}{\bar{C}_{33}}\right)\varepsilon_y+\left(\bar{C}_{16}-\frac{\bar{C}_{13}\bar{C}_{63}}{\bar{C}_{33}}\right)\gamma_{zy} \tag{2.4.28}$$

将式(2.4.28)与(2.2.12)比较,可知

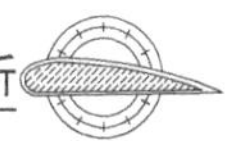

$$\bar{Q}_{11}=\bar{C}_{11}-\frac{\bar{C}_{13}^2}{\bar{C}_{33}}\quad \bar{Q}_{12}=\bar{C}_{12}-\frac{\bar{C}_{13}\bar{C}_{23}}{\bar{C}_{33}}\quad \bar{Q}_{16}=\bar{C}_{16}-\frac{\bar{C}_{13}\bar{C}_{63}}{\bar{C}_{33}} \tag{2.4.29}$$

同理，将式(2.4.27)再分别代入式(2.4.6)的 σ_y 式和 τ_{xy} 式，然后综合可得

$$\bar{Q}_{ij}=\bar{C}_{ij}-\frac{\bar{C}_{i3}\bar{C}_{j3}}{\bar{C}_{33}}\quad (i,j=1,2,6) \tag{2.4.30}$$

上式表明，单层的偏轴模量分量 $\bar{Q}_{ij}$ 与三维模量分量 $\bar{C}_{ij}$ 是不同的，存在式(2.4.30)的关系式。$\bar{Q}_{ij}$ 也称为折算模量分量，即三维时的模量分量当按平面应力状态计算时的折算模量分量。至于式(2.4.5)，在考虑式(2.4.25)后直接可得式(2.2.20)，所以平面应力状态的柔量分量仍为 $\bar{S}_{ij}$。

对于正交各向异性材料，类似于式(2.4.30)可得

$$Q_{ij}=C_{ij}-\frac{C_{i3}C_{j3}}{C_{33}}\quad (i,j=1,2,6) \tag{2.4.31}$$

而平面应力状态的柔量分量也仍为 S_{ij}。

思考题与习题

2-1　各向同性材料中每一点在任意方向上的弹性特性都相同。已知各向同性材料的工程弹性常数为 E、G、v，试求这种材料在平面应力状态下的模量分量与柔量分量表达式。

2-2　试推导单层板以正轴柔量分量表示正轴模量分量的计算关系式。

2-3　一块矩形单层板，在正轴向双轴等值压力(即 $\sigma_1=\sigma_2=-p$)作用下，欲使其两正轴向保持不变形，此单层板的模量分量应满足什么条件？

2-4　已知实验测得某复合材料的 $E_1=135$ GPa，$E_2=8.80$ GPa，$\nu_1=0.33$，$\nu_2=0.022$。试判断该测试结果是否合理？

2-5　单层板的正轴刚度可以用哪三组材料常数来描述？这三组材料常数又各有什么用处？

2-6　工程弹性常数的限制式有什么作用？

2-7　试比较各向同性材料与正交各向异性材料的工程弹性常数的异同。

2-8　试用应力转换和应变转换关系式，证明各向同性材料的工程弹性常数之间存在关系式：$G=\frac{E}{2(1+\nu)}$。

2-9　试推导单层板从一个偏轴方向到另一个偏轴方向的模量转换公式。

2-10　试比较单层板的正轴模量与偏轴模量的异同。

2-11　证明和式($\bar{S}_{11}+\bar{S}_{22}+2\bar{S}_{12}$)是不变量(即和式不随角 θ 变化而改变)，($\bar{S}_{66}-4\bar{S}_{12}$)如何？

2-12　证明和式($\bar{Q}_{11}+\bar{Q}_{22}+2\bar{Q}_{12}$)为坐标转换不变量，即 $\bar{Q}_{11}+\bar{Q}_{22}+2\bar{Q}_{12}=Q_{11}+Q_{22}+2Q_{12}$。

2-13　以 θ 为自变量，分析偏轴柔量分量的奇偶性。证明 $\bar{S}_{11}(\theta+90°)=\bar{S}_{22}(\theta)$，$\bar{S}_{16}(\theta+90°)=\bar{S}_{26}(\theta)$.

2-14　证明 $\frac{d\bar{S}_{11}}{d\theta}=-2\bar{S}_{16}$，$\frac{d\bar{S}_{22}}{d\theta}=2\bar{S}_{26}$。

2-15　已知碳纤维增强环氧树脂基复合材料的 $E_1=135$ GPa，$E_2=8.80$ GPa，$\nu_1=0.33$，$G_{12}=4.47$。求 S_{ij}、Q_{ij} 及 $\theta=60°$ 时的 $\bar{S}_{ij}$、$\bar{Q}_{ij}$。

2-16　分析复合材料单层非主方向的拉伸特性。已知应力状态为 $\sigma_x<0$、$\sigma_y=\tau_{xy}=0$，$0°<\theta<90°$。用简图表示其应力状态和变形形状。

2-17　已知玻璃纤维/环氧树脂复合材料单层的 $E_1=45$ GPa、$E_2=15$ GPa 和 $\nu_1=0.30$，并经实验测得 $\theta=45°$ 的偏轴工程弹性常数 $E_X^{(45)}=18$ GPa，试计算该材料 G_{12} 为多少。

2-18　单层板的偏轴工程弹性常数具有方向性，制作单层板试样应该注意些什么？

2-19　试推导复合材料单层的拉压弹性模量 E_x 的极值表达式。

2-20　试推导复合材料单层的剪切弹性模量 G_{xy} 的极值表达式。

2-21　说明如何通过 0°、90° 和 45°试样的拉伸实验测出四个工程弹性常数 E_1、E_2、G_{12} 和 ν_1，试推导它们的表达式。

2-22　试比较最大应变准则、蔡-希尔准则、霍夫曼准则和蔡-吴准则。

2-23　处于平面应力状态的单元体，已知 $\sigma_x=400$ MPa，$\sigma_y=30$ MPa，$\tau_{xy}=50$ MPa，$\theta=10°$ 。材料为 Kevlar49/环氧，试用最大应力准则、蔡-希尔准则、蔡-吴准则校核是否安全？

2-24　已知某复合材料单层板偏轴向 $\theta=30°$时承受应力 $\sigma_x=150$ MPa，$\sigma_y=50$ MPa，$\tau_{xy}=20$ MPa，其材料强度 $X_t=1\,500$ MPa，$X_c=1\,200$ MPa，$Y_t=56$ MPa，$Y_c=220$ MPa，$S=90$ MPa。试用最大应变准则、蔡-希尔准则、霍夫曼准则、蔡-吴准则校核是否安全？

2-25　试将最大应力准则、最大应变准则和霍夫曼准则分别变成相对应的强度比方程。

2-26　试求 T300/QY8911 复合材料在 $\theta=45°$偏轴下按蔡-吴准则计算的拉伸和压缩强度。

2-27　有一用单向纤维缠绕成型的薄壁圆管，材料为 T300/5208，平均半径 $R_0=50$ mm，壁厚 $t=5$ mm。在两端受一对外力偶矩 $M=0.3$ kN·m 及轴向拉力 $P=15$ kN 的共同作用。欲使圆管无轴向应变，必须满足什么条件？

2-28　对于上述薄壁圆管，已知纤维与圆管母线的夹角 θ(缠绕角)为 30°，载荷比 $M/P=0.04$ m，试用蔡-吴准则确定其极限载荷$\left(\text{取 } F_{12}=-\dfrac{1}{2}\sqrt{F_{11}F_{22}}\right)$。

2-29　用单层板制成的薄壁圆管，材料为碳纤维增强环氧树脂基复合材料，圆管平均半径 $R_0=20$ mm，壁厚 $t=2$ mm，铺层方向与轴线成 30°，试按蔡-吴准则分别确定轴向受拉时的极限载荷和受扭时的极限扭矩。已知 $F_{11}=1.129(\text{GPa})^{-2}$，$F_{22}=370.7(\text{GPa})^{-2}$，$F_{12}=-10.23(\text{GPa})^{-2}$，$F_{66}=500.5(\text{GPa})^{-2}$，$F_1=-0.387(\text{GPa})^{-1}$，$F_2=26.17(\text{GPa})^{-1}$。

2-30　具有无穷多个弹性对称面的材料称为各向同性材料。试给出各向同性材料的三维应力-应变关系式及应变-应力关系式。

2-31　各向异性材料、正交各向异性材料、横观各向同性材料和各向同性材料各有多少个独立的弹性常数？能否予以证明？

2-32　由碳纤维增强树脂基体制得的正交各向异性材料的工程弹性常数为 $E_1=165$ GPa，$E_2=16.0$ GPa，$E_3=8.50$ GPa，$\nu_{23}=0.32$，$\nu_{12}=\nu_{13}=0.25$，$G_{12}=G_{13}=11$ GPa，$G_{23}=6.0$ GPa。求其刚度矩阵$[C_{ij}]$和柔量矩阵$[S_{ij}]$。

2-33　试给出正交各向异性单层在平面应变状态下的折算柔量和折算模量表达式。

层合板的宏观力学分析

3.1 引言

在进行复合材料产品结构设计时，虽然有时只选用单层板，但是，由于各类产品的受力特点不同，或者工艺条件的要求，使用单层板不一定是经济合理的，特别是对于重量要求比较严格的产品更是如此。利用复合材料力学性能的可设计性特点，按照不同方向上对材料强度的不同要求，将各单层板以一定的方式叠合起来构成层合板(Laminate)，这不仅可以满足结构在各种受力状态下的刚度和强度要求，还能进一步达到使结构优化的目的。对于一些有特殊要求的结构，也可以使用层合板满足各种要求。譬如对于强度、重量和变形量都有严格要求的构件，可以使用不同刚度和不同强度的几种材料进行层合；利用各单层纤维方向的不同排列及改变各单层之间的比例，可以使材料的性能在不同方向上差别很大；利用单层组合和各种纤维的混合使用，又可以设计出能控制热变形的材料。在复合材料结构中，层合板是应用最广泛的结构之一。由于它可制成多种结构形式，并可采用多种工艺方法成型，可设计性强，在航空航天飞行器结构中应用十分普遍，飞机机身结构复合材料里最主要的结构形式是热固性树脂基复合材料层合板。由此可见，充分利用复合材料层合板的这种特性，可以得到性能优良的结构。它为结构设计者提供了新的手段，使其有可能取得使用一般材料所不能达到的效果。

层合板是由两层或两层以上按不同方向配置的单层板层合成为整体的结构单元。构成层合板的单层可以是同种材料，也可以是不同材料；每层材料铺设方向和铺设顺序按设计要求确定。各单层的材料主方向的布置应使结构元件能承受几个方向的载荷。

单层板的性能与组分材料及材料主方向有关，如将各层单层板的材料主方向按不同方向和不同顺序铺设，可得到各种不同性能的层合板，以满足工程上不同的要求。层合板不一定有确定的主方向，一般选择结构的自然轴方向为坐标系统，例如，矩形板取垂直于两边方向为坐标系统。在对层合板进行力学性能分析时，通常以离层合板的两个表面等距的平面-层合板的几何中面为基准，参考坐标系的 xOy 平面就设在中面内(图 3.1.1)。z 轴垂直于板面，取 z 轴向下为正，沿 z 轴正向将单层依次编号为 $1\sim n$。对称层合板，则由中面至下表面依次编号为 $1\sim n/2$，如图 3.1.1(c)所示。层合板的总厚度为 h，上表面和下表面的坐标值分别为 $-h/2$ 和 $h/2$。

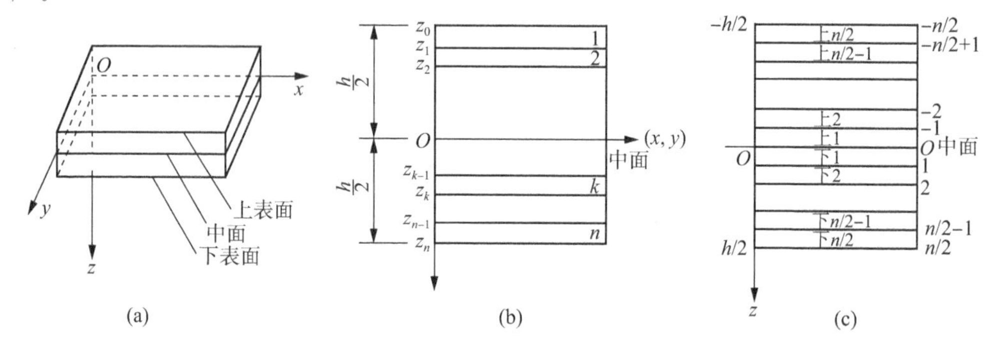

图 3.1.1 层合板的几何标志图

为了分析各种铺设顺序层合板的力学性能以及设计和制造需要，应简明地给出表征层合板中各单层铺设参数(层数、铺层材料主方向、铺层纤维种类、叠放次序)的符号，即层合板标记(Laminate code)。例如用标记$[0_3/90_2/45/-45_3]_S$表示有四个单层组的对称层合板。这个标记表明，从层合板的底面 $z=h/2$ 开始，按照由下向上的顺序依次写出各单层板相对于参考坐标轴的夹角，第一个单层组包含有 3 层相对于参考轴为 0°方向的单层，接着向上的是 2 层 90°方向的单层，再向上是 1 层 45°方向的单层，最后至中面的是 3 层−45°方向单层。方括号外的下标 S 表示该层合板对中面是对称的，即中面以上的单层顺序与几何中面以下的顺序镜像对称。因此，具有对称层合板标记 S 所给出的铺设顺序，既是从底面开始向上至中面的铺设顺序，又是从顶面开始向下至中面的铺设顺序。对于非对称层合板，必须在方括号中表明全部单层组的铺设顺序。各种层合板的标记与标记符号见表 3.1.1。表中各单层的材料性能与厚度均相同。

按照各单层板相对于中面的排列位置，层合板可分为对称层合板(Symmetric laminate)、非对称层合板(Unsymmetric laminate)和夹芯层合板(Sandwich laminate)三大类。

若各单层的材料、厚度、铺设角均对称于层合板的中面，则称为对称层合板，它是在工程中广泛采用的一类结构。因此，对称层合板满足下列条件

$$\theta(z)=\theta(-z),\ Q_{ij}(z)=Q_{ij}(-z) \tag{3.1.1}$$

凡只有相互垂直的两种铺层方向的对称层合板称为正交对称层合板，如$[0/90/0]_S$。对称均衡层合板是$-\theta$单层数和$+\theta$单层数相同的对称层合板，均衡层合板还可以包含任意量的 0°和 90°层。对称均衡斜交层合板是仅由相同数量的$-\theta$和$+\theta$单层组成的对称均衡层合板，如$[\theta/-\theta]_{2S}$。

非对称层合板各单层纤维的排列方向与中面不对称。满足如下关系

$$\theta(z)=-\theta(-z) \tag{3.1.2}$$

的非对称层合板称为反对称层合板。不满足式(3.1.2)的非对称层合板通称为一般层合板。夹芯层合板是由两层薄的高强度高弹性模量材料的面板和中间夹着一层厚而密度低的芯子所组成的结构。这种结构物可以大幅度地提高层合板结构的抗弯刚度和充分利用材料的强度，并增加了层合板的受压稳定性。

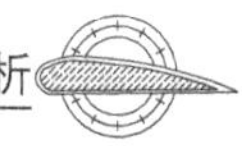

表 3.1.1　层合板表示法

<table>
<tr><th colspan="2">层合板类型</th><th>表示法</th><th>图　示</th><th>说　明</th></tr>
<tr><td colspan="2">一般层合板</td><td>$[0/45/90/-45/0]$</td><td>0
−45
90
45
0</td><td>（1）每一铺层的方向用纤维方向与坐标轴 x 之间的夹角示出，各铺层之间用“/”分开，全部铺层用“[　]”括上；
（2）铺层由下向上或由贴模面向外的顺序写出</td></tr>
<tr><td rowspan="2">对称
层合板</td><td>偶数层</td><td>$[0/90]_S$</td><td>0
90
90
0</td><td>对称铺层只写出一半，括号外加写下标“S”，表示对称</td></tr>
<tr><td>奇数层</td><td>$[0/45/\overline{90}]_S$</td><td>0
45
90
45
0</td><td>在对称中面的铺层上加顶标“－”表示</td></tr>
<tr><td colspan="2">具有连续重复铺层的层合板</td><td>$[0_2/90]$</td><td>90
0
0</td><td>连续重复铺层的层数用数字下标示出</td></tr>
<tr><td colspan="2">具有连续正负铺层的层合板</td><td>$[0/\pm45/90]$</td><td>90
−45
45
0</td><td>连续正负铺层以“±”或“∓”表示，上面的符号表示前一个铺层</td></tr>
<tr><td colspan="2">由多个子层合板构成的层合板</td><td>$[0/90]_2$</td><td>90
0
90
0</td><td>子层合板重复数用数字下标示出</td></tr>
<tr><td colspan="2">由织物铺成的层合板</td><td>$[(\pm45)/(0,90)]$</td><td>0，90
±45</td><td>织物的经纬方向用“(　)”括起</td></tr>
<tr><td colspan="2">混杂纤维层合板</td><td>$[0_C/45_K/90_G]$</td><td>90 G
45 K
0 C</td><td>纤维的种类用英文字母下标示出：
C—碳纤维；K—芳纶纤维；G—玻璃纤维；B—硼纤维</td></tr>
<tr><td colspan="2">夹层板</td><td>$[0/90/C_5]_S$</td><td>0
90
C_5
90
0</td><td>用 C 表示夹芯，其下标数字表示夹芯厚度的毫米数，面板铺层表示法同前</td></tr>
</table>

本章从宏观力学角度讨论各向异性、分层均匀、连续的层合板在线弹性、小变形情况下的刚度和强度。层合板的刚度用层合板刚度系数、柔度系数和工程弹性常数三种形式给出。刚度系数为层合板内力-应变关系的系数，柔度系数为层合板应变-内力关系的系数。

3.2 对称层合板的面内刚度

对称层合板，无论在几何上还是在材料性能上都镜像对称于中面。目前，复合材料层合板一般都设计成对称层合板。本节所讨论的对称层合板除了线弹性材料的一般假设和线性应变-位移关系的假设外，还有下面三个重要的假设。

(1) 层合板只承受面内力(即作用力的合力作用线位于层合板的几何中面内)作用(图 3.2.1)。由于层合板刚度的中面对称性，层合板将引起面内变形，不引起弯曲变形。

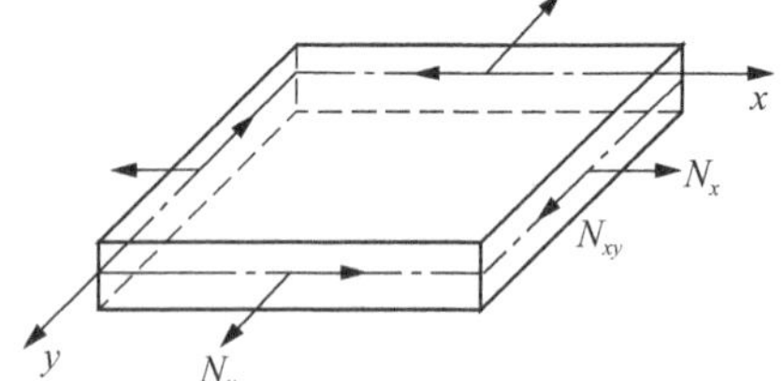

图 3.2.1 层合板的面内力

(2) 层合板为薄板，即 $h \ll a, h \ll b$。其中 h 为厚度，a 为长度，b 为宽度。

(3) 层合板各单层黏结牢固，具有相同的变形。层合板厚度方向上坐标为 z 的任一点的应变都等于中面的应变。即

$$\varepsilon_x(z)=\varepsilon_x^0,\ \varepsilon_y(z)=\varepsilon_y^0,\ \gamma_{xy}(z)=\gamma_{xy}^0 \tag{3.2.1}$$

3.2.1 面内力-面内应变的关系

为了确定层合板的面内刚度，必须建立层合板的面内力与面内应变的关系。所谓层合板的面内力就是层合板单位宽度上的力。亦即

$$\left.\begin{aligned} N_x &= \int_{-h/2}^{h/2} \sigma_x^{(k)}\,\mathrm{d}z \\ N_y &= \int_{-h/2}^{h/2} \sigma_y^{(k)}\,\mathrm{d}z \\ N_{xy} &= \int_{-h/2}^{h/2} \tau_{xy}^{(k)}\,\mathrm{d}z \end{aligned}\right\} \tag{3.2.2}$$

上角标(k) 表示第 k 单层的应力。面内力的单位是 Pa · m 或 N/m。

将各单层的应力-应变关系式(2.2.12) 代入式(3.2.2)，并考虑式(3.2.1)，得

$$\begin{aligned} N_x &= \int_{-h/2}^{h/2} [\bar{Q}_{11}^{(k)}\varepsilon_x + \bar{Q}_{12}^{(k)}\varepsilon_y + \bar{Q}_{16}^{(k)}\gamma_{xy}]\mathrm{d}z \\ &= \varepsilon_x^0\int_{-h/2}^{h/2} \bar{Q}_{11}^{(k)}\,\mathrm{d}z + \varepsilon_y^0\int_{-h/2}^{h/2} \bar{Q}_{12}^{(k)}\,\mathrm{d}z + \gamma_{xy}^0\int_{-h/2}^{h/2} \bar{Q}_{16}^{(k)}\,\mathrm{d}z \end{aligned} \tag{3.2.3}$$

同理可导出 N_y 和 N_{xy} 式，一并简写成下式

$$\left.\begin{aligned} N_x &= A_{11}\varepsilon_x^0 + A_{12}\varepsilon_y^0 + A_{16}\gamma_{xy}^0 \\ N_y &= A_{21}\varepsilon_x^0 + A_{22}\varepsilon_y^0 + A_{26}\gamma_{xy}^0 \\ N_{xy} &= A_{61}\varepsilon_x^0 + A_{62}\varepsilon_y^0 + A_{66}\gamma_{xy}^0 \end{aligned}\right\} \tag{3.2.4}$$

式中
$$A_{ij}=\int_{-h/2}^{h/2}\bar{Q}_{ij}^{(k)}\mathrm{d}z \quad (i,j=1,2,6) \tag{3.2.5}$$

由 $\bar{Q}_{ij}$ 的性质可知 $A_{ij}=A_{ji}$，于是式(3.2.4)可写成

$$\begin{Bmatrix} N_x \\ N_y \\ N_{xy} \end{Bmatrix}=\begin{bmatrix} A_{11} & A_{12} & A_{16} \\ A_{12} & A_{22} & A_{26} \\ A_{16} & A_{26} & A_{66} \end{bmatrix}\begin{Bmatrix} \varepsilon_x^0 \\ \varepsilon_y^0 \\ \gamma_{xy}^0 \end{Bmatrix} \tag{3.2.6}$$

缩写为
$$\{N\}=[A]\{\varepsilon^0\}$$

$A_{ij}(i,j=1,2,6)$称为层合板面内刚度系数。A_{ij} 的单位是 Pa·m 或 N/m。式(3.2.6)就是对称层合板面内力-面内应变的关系式。

为了将层合板的刚度系数和构成层合板的单层模量相比较，可以对面内刚度系数进行正则化处理。

由式(3.2.6)，将等式两端同除以 h，则有

$$\frac{1}{h}\{N\}=\frac{1}{h}[A]\{\varepsilon^0\}$$

可以写成
$$\{N^*\}=[A^*]\{\varepsilon^0\}$$

其全式为

$$\begin{Bmatrix} N_x^* \\ N_y^* \\ N_{xy}^* \end{Bmatrix}=\begin{bmatrix} A_{11}^* & A_{12}^* & A_{16}^* \\ A_{12}^* & A_{22}^* & A_{26}^* \\ A_{16}^* & A_{26}^* & A_{66}^* \end{bmatrix}\begin{Bmatrix} \varepsilon_x^0 \\ \varepsilon_y^0 \\ \gamma_{xy}^0 \end{Bmatrix} \tag{3.2.7}$$

式中 N_x^*, N_y^*, N_{xy}^*——层合板的正则化面内力或称为层合板的面内平均应力，单位是 Pa 或 N/m^2；

A_{ij}^*——层合板的正则化面内刚度系数，单位是 Pa 或 N/m^2。

可见，对称层合板的正则化面内力－面内应变关系式(3.2.7)实质上就是对称层合板的平均应力(称层合板应力)与面内应变的关系式。

分别对式(3.2.6)及式(3.2.7)作逆变换，可得面内力表示面内应变的关系式及其正则化形式

$$\begin{Bmatrix} \varepsilon_x^0 \\ \varepsilon_y^0 \\ \gamma_{xy}^0 \end{Bmatrix}=\begin{bmatrix} a_{11} & a_{12} & a_{16} \\ a_{12} & a_{22} & a_{26} \\ a_{16} & a_{26} & a_{66} \end{bmatrix}\begin{Bmatrix} N_x \\ N_y \\ N_{xy} \end{Bmatrix} \tag{3.2.8}$$

缩写为
$$\{\varepsilon^0\}=[a]\{N\}$$

$$\begin{Bmatrix} \varepsilon_x^0 \\ \varepsilon_y^0 \\ \gamma_{xy}^0 \end{Bmatrix}=\begin{bmatrix} a_{11}^* & a_{12}^* & a_{16}^* \\ a_{12}^* & a_{22}^* & a_{26}^* \\ a_{16}^* & a_{26}^* & a_{66}^* \end{bmatrix}\begin{Bmatrix} N_x^* \\ N_y^* \\ N_{xy}^* \end{Bmatrix} \tag{3.2.9}$$

缩写为
$$\{\varepsilon^0\}=[a^*]\{N^*\}$$

式中，$[a]=[A]^{-1}$，a_{ij} 称为层合板的面内柔度系数；a_{ij}^* 称为层合板正则化面内柔度系数；$[a^*]=[A^*]^{-1}=\left(\frac{1}{h}[A]\right)^{-1}=h[A]^{-1}=h[a]$，显然 $a_{ij}^*=h\times a_{ij}$。

3.2.2 对称层合板的面内工程弹性常数

可参照 2.2.4 节定义单层偏轴工程弹性常数的方法定义层合板的面内工程弹性常数。当对称层合板仅受 N_x^* 单向拉伸(或压缩)时，由式(3.2.9)得

$$\varepsilon_x^{0(x)}=a_{11}^*N_x^*,\ \varepsilon_y^{0(x)}=a_{12}^*N_x^*,\ \gamma_{xy}^{0(x)}=a_{16}^*N_x^* \tag{3.2.10}$$

定义

$$\left.\begin{aligned}&\text{面内拉压弹性模量} && E_x^0=\frac{N_x^*}{\varepsilon_x^{0(x)}}=\frac{1}{a_{11}^*}\\&\text{面内泊松耦合系数} && \nu_x^0\equiv\nu_{yx}^0=-\frac{\varepsilon_y^{0(x)}}{\varepsilon_x^{0(x)}}=-\frac{a_{21}^*}{a_{11}^*}\\&\text{面内拉剪耦合系数} && \eta_{xy,x}^0=\frac{\gamma_{xy}^{0(x)}}{\varepsilon_x^{0(x)}}=\frac{a_{16}^*}{a_{11}^*}\end{aligned}\right\} \tag{3.2.11}$$

类似地，在层合板的 y 方向进行单向拉伸(或压缩)时，则可得

$$\left.\begin{aligned}&\text{面内拉压弹性模量} && E_y^0=\frac{1}{a_{22}^*}\\&\text{面内泊松耦合系数} && \nu_y^0\equiv\nu_{xy}^0=-\frac{a_{12}^*}{a_{22}^*}\\&\text{面内拉剪耦合系数} && \eta_{xy,y}^0=\frac{a_{26}^*}{a_{22}^*}\end{aligned}\right\} \tag{3.2.12}$$

当层合板仅承受面内剪切载荷时，又可得到层合板的

$$\left.\begin{aligned}&\text{面内剪切弹性模量} && G_{xy}^0=\frac{1}{a_{66}^*}\\&\text{面内剪拉耦合系数} && \eta_{x,xy}^0=\frac{a_{16}^*}{a_{66}^*}\\&\text{面内剪拉耦合系数} && \eta_{y,xy}^0=\frac{a_{26}^*}{a_{66}^*}\end{aligned}\right\} \tag{3.2.13}$$

用上述工程弹性常数可以表达层合板的面内应变与面内力的关系

$$\begin{Bmatrix}\varepsilon_x^0\\\varepsilon_y^0\\\gamma_{xy}^0\end{Bmatrix}=\begin{bmatrix}\frac{1}{E_x^0} & -\frac{\nu_y^0}{E_y^0} & \frac{\eta_{x,xy}^0}{G_{xy}^0}\\-\frac{\nu_x^0}{E_x^0} & \frac{1}{E_y^0} & \frac{\eta_{y,xy}^0}{G_{xy}^0}\\\frac{\eta_{xy,x}^0}{E_x^0} & \frac{\eta_{xy,y}^0}{E_y^0} & \frac{1}{G_{xy}^0}\end{bmatrix}\begin{Bmatrix}N_x^*\\N_y^*\\N_{xy}^*\end{Bmatrix} \tag{3.2.14}$$

在进行层合板铺层设计时，使用工程弹性常数比较方便，因为工程弹性常数可以由简单的试验测量得到。式(3.2.14)是在已知层合板载荷条件时，计算面内应变较为方便的公式。

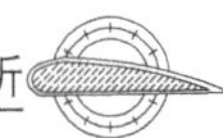

3.2.3　面内刚度系数的计算

式(3.2.5)定义了层合板的面内刚度系数，由于层合板是由有限个单层叠合而成的，而且在每一单层组内模量 $\overline{Q}_{ij}^{(k)}$ 不变，因此式(3.2.5)可写成

$$A_{ij}=\int_{-h/2}^{h/2}\overline{Q}_{ij}^{(k)}\,\mathrm{d}z=\sum_{k=1}^{n}\overline{Q}_{ij}^{(k)}(z_k-z_{k-1})=\sum_{k=1}^{n}\overline{Q}_{ij}^{(k)}t_k \tag{3.2.15}$$

式中　t_k——k 单层组的厚度；

$\overline{Q}_{ij}^{(k)}$——k 单层的偏轴模量。

所以层合板的正则化面内刚度系数为

$$A_{ij}^{*}=\frac{A_{ij}}{h}=\frac{1}{h}\sum_{k=1}^{n}\overline{Q}_{ij}^{(k)}(z_k-z_{k-1})=\frac{1}{h}\sum_{k=1}^{n}\overline{Q}_{ij}^{(k)}t_k \tag{3.2.16}$$

因为我们所讨论的层合板是对称的，故式(3.2.16)可写成

$$A_{ij}^{*}=\frac{2}{h}\sum_{k=1}^{n/2}\overline{Q}_{ij}^{(k)}t_k=\sum_{k=1}^{n/2}\overline{Q}_{ij}^{(k)}v_k \tag{3.2.17}$$

式中

$$v_k=\frac{2t_k}{h}$$

$$\sum_{k=1}^{n/2}v_k=1 \tag{3.2.18}$$

v_k 的物理意义是偏角为 θ_k 的单层组在层合板中所占的体积含量。用式(2.2.16)以不变量表示的偏轴模量代入式(3.2.17)，有

$$\begin{aligned}A_{11}^{*}&=\sum_{k=1}^{n/2}(U_{1Q}+U_{2Q}\cos 2\theta_k+U_{3Q}\cos 4\theta_k)v_k\\&=U_{1Q}+U_{2Q}\sum_{k=1}^{n/2}v_k\cos 2\theta_k+U_{3Q}\sum_{k=1}^{n/2}v_k\cos 4\theta_k\\&=U_{1Q}+U_{2Q}V_{1A}^{*}+U_{3Q}V_{2A}^{*}\end{aligned}$$

式中　$V_{1A}^{*}=\sum_{k=1}^{n/2}v_k\cos 2\theta_k$，$V_{2A}^{*}=\sum_{k=1}^{n/2}v_k\cos 4\theta_k$

同理可得其他的正则化面内刚度系数。归纳起来为

$$\left.\begin{aligned}A_{11}^{*}&=U_{1Q}+V_{1A}^{*}U_{2Q}+V_{2A}^{*}U_{3Q}\\A_{22}^{*}&=U_{1Q}-V_{1A}^{*}U_{2Q}+V_{2A}^{*}U_{3Q}\\A_{12}^{*}&=U_{4Q}-V_{2A}^{*}U_{3Q}\\A_{66}^{*}&=\frac{1}{2}(U_{1Q}-U_{4Q})-V_{2A}^{*}U_{3Q}\\A_{16}^{*}&=\frac{1}{2}V_{3A}^{*}U_{2Q}+V_{4A}^{*}U_{3Q}\\A_{26}^{*}&=\frac{1}{2}V_{3A}^{*}U_{2Q}-V_{4A}^{*}U_{3Q}\end{aligned}\right\} \tag{3.2.19}$$

$$\left.\begin{aligned} V_{1A}^{*} &= \sum_{k=1}^{n/2} v_K \cos 2\theta_k, \quad V_{2A}^{*} = \sum_{k=1}^{n/2} v_K \cos 4\theta_k \\ V_{3A}^{*} &= \sum_{k=1}^{n/2} v_K \sin 2\theta_k, \quad V_{4A}^{*} = \sum_{k=1}^{n/2} v_K \sin 4\theta_k \end{aligned}\right\} \tag{3.2.20}$$

式中,V_{iA}^{*}称为层合板面内刚度正则化的几何因子,它是单层方向角的函数。正余弦函数值在1与−1间变化,所以V_{iA}^{*}是有界的,且容易证得

$$V_{iA}^{*} \leqslant 1 \quad (i=1,\ 2,\ 3,\ 4) \tag{3.2.21}$$

由式(3.2.19)可知,下列等式成立

$$A_{11}^{*} + A_{22}^{*} + 2A_{12}^{*} = 2(U_{1Q} + U_{4Q})$$

或写成

$$A_{12}^{*} = U_{1Q} + U_{2Q} - \frac{1}{2}(A_{11}^{*} + A_{22}^{*}) \tag{3.2.22}$$

以及

$$A_{66}^{*} = A_{12}^{*} + \frac{1}{2}U_{1Q} - \frac{3}{2}U_{4Q} \tag{3.2.23}$$

由此可见,层合板正则化面内刚度系数并不完全是独立的,它们中某些量之间有一定的关系,且还受到单层不变量的约束,一旦材料选定,并按某种铺叠方案确定了正则化面内刚度系数A_{11}^{*}、A_{22}^{*}、A_{12}^{*}和A_{66}^{*}中的两个,则另两个刚度系数就可由式(3.2.22)及式(3.2.23)确定。因此,实际独立的层合板正则化面内刚度系数总共只有4个。

由式(3.2.19)及式(3.2.20)可知,层合板正则化面内刚度系数A_{ij}^{*}只与单层方向及单层比(不同方向角单层层数之间的比值)有关,而与铺叠顺序无关。当所有单层都是同一个方向时,则

$$V_{1A}^{*} = \sum_{k=1}^{n/2} v_k \cos 2\theta = \cos 2\theta \sum_{k=1}^{n/2} v_k = \cos 2\theta$$

同样,$V_{2A}^{*} = \cos 4\theta$, $V_{3A}^{*} = \sin 2\theta$, $V_{4A}^{*} = \sin 4\theta$。于是层合板面内刚度系数式(3.2.19)即为复合材料单层的偏轴模量式(2.2.16)。由于单层的偏轴特性受层合板的约束,因而层合板面内刚度系数的各向异性程度低于单层。

3.2.4 几种典型对称层合板的面内刚度

层合结构的复合材料,利用铺设方向的随意性可以得到所需要的各种层合板。然而,目前经常使用的层合板,往往是下面介绍的一些具有特殊铺叠方向和铺设顺序的层合板。

1. 正交铺设对称层合板

正交铺设对称层合板(Cross-ply symmetric laminates)是指只含有0°和90°单层的对称层合板。当将层合板的参考坐标轴置于某一单层的纤维方向上时,则各单层的偏轴角为$\theta_1 = 0°$和$\theta_2 = 90°$。利用式(3.2.20)计算层合板面内刚度系数正则化的几何因子,得

$$V_{1A}^{*} = v_0 - v_{90},\ V_{2A}^{*} = v_0 + v_{90} = 1,\ V_{3A}^{*} = V_{4A}^{*} = 0$$

代入式(3.2.19),有

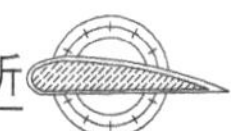

$$
\left.\begin{aligned}
A_{11}^{*} &= U_{1Q} + (v_0 - v_{90})U_{2Q} + U_{3Q} \\
A_{22}^{*} &= U_{1Q} + (v_{90} - v_0)U_{2Q} + U_{3Q} \\
A_{12}^{*} &= U_{4Q} - U_{3Q} = Q_{12} \\
A_{66}^{*} &= \frac{1}{2}(U_{1Q} - U_{4Q}) - U_{3Q} = Q_{66} \\
A_{16}^{*} &= A_{26}^{*} = 0
\end{aligned}\right\} \tag{3.2.24}
$$

式中，v_0 和 v_{90} 分别是 0°和 90°方向单层的体积含量。

由上式可以看出正交对称层合板有下述特性。

(1) 正则化面内刚度系数 A_{11}^{*}、A_{22}^{*} 随单层组体积含量 v_0 或 v_{90} 呈线性变化。A_{11}^{*} 随 v_{90} 增加呈线性地减小，A_{11}^{*} 随 v_0 增加呈线性地增大。

(2) A_{12}^{*}、A_{66}^{*} 不随单层组体积含量变化，是一个常量。由式(3.2.24)可知，面内泊松耦合刚度系数 A_{12}^{*} 和剪切刚度系数 A_{66}^{*} 是两个由原材料性质确定的常数。

(3) A_{16}^{*}、A_{26}^{*} 为零，即拉剪和剪拉耦合刚度系数均为零，故层合板呈正交异性。

(4) $A_{11}^{*} + A_{22}^{*} = 2(U_{1Q} + U_{3Q})$，两者之和为常量，与单层组体积含量无关。所以 6 个正则化面内刚度系数中只有一个独立变量。

对于正交层合板，$\overline{Q}_{ij}^{(0)} = Q_{ij}$，$\overline{Q}_{11}^{(90)} = Q_{22}$，$\overline{Q}_{22}^{(90)} = Q_{11}$

故由式(3.2.17)可知

$$
\left.\begin{aligned}
A_{11}^{*} &= v_0 Q_{11} + v_{90} Q_{22} = Q_{11} - (Q_{11} - Q_{22})v_{90} \\
A_{22}^{*} &= v_0 Q_{22} + v_{90} Q_{11} = Q_{22} + (Q_{11} - Q_{22})v_{90}
\end{aligned}\right\} \tag{3.2.25}
$$

图 3.2.2 绘出了各正则化面内刚度系数随 90°单层组体积含量的变化曲线。由图 3.2.2 可知，唯一的独立变量也不能毫无限制地变化，必须满足下列条件。

$$
Q_{22} \leqslant A_{11}^{*} \leqslant Q_{11} \tag{3.2.26}
$$

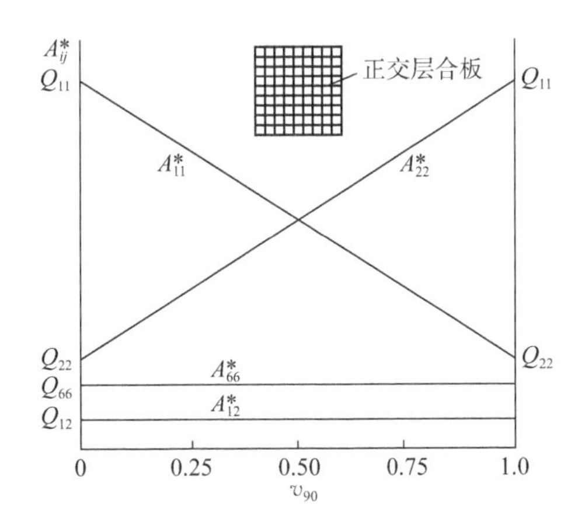

图 3.2.2　正交铺设对称层合板面内刚度系数随 v_{90} 的变化曲线

2. 斜交铺设对称层合板

斜交铺设对称层合板(Angle-ply symmetric laminates)是以方向角大小相等而符号相反(即 $\theta = \pm\phi$)，且体积含量相同的两单层组构成的，如图 3.2.3 所示。因正负两种方向的单层层数相同，确切地说，应称为均衡型斜交铺设对称层合板。此时其 $\theta_1=+\phi$，$\theta_2=-\phi$，$v_\phi=v_{-\phi}=1/2$，代入式(3.2.20)，得斜交层合板面内刚度系数的正则化几何因子

$$\left.\begin{aligned}V_{1A}^*&=\frac{1}{2}[\cos 2\phi+\cos(-2\phi)]=\cos 2\phi\\V_{2A}^*&=\cos 4\phi\\V_{3A}^*&=V_{4A}^*=0\end{aligned}\right\}\tag{3.2.27}$$

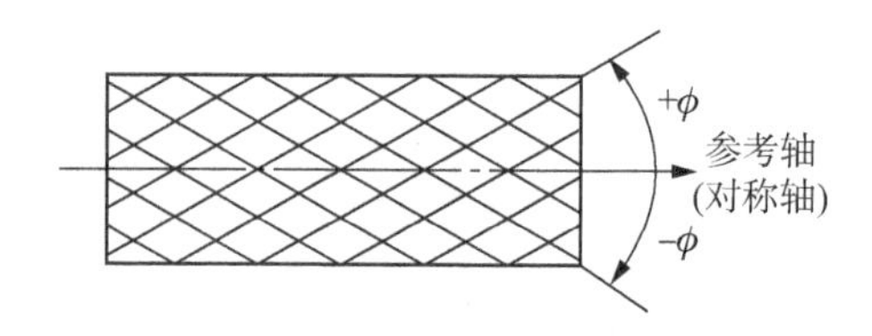

图 3.2.3 斜交层合板

将式(3.2.27)代入式(3.2.19)得均衡型斜交层合板的正则化面内刚度系数为

$$\left.\begin{aligned}A_{11}^*&=U_{1Q}+U_{2Q}\cos 2\phi+U_{3Q}\cos 4\phi\\A_{22}^*&=U_{1Q}-U_{2Q}\cos 2\phi+U_{3Q}\cos 4\phi\\A_{12}^*&=U_{4Q}-U_{3Q}\cos 4\phi\\A_{66}^*&=\frac{1}{2}(U_{1Q}-U_{4Q})-U_{3Q}\cos 4\phi\\A_{16}^*&=A_{26}^*=0\end{aligned}\right\}\tag{3.2.28}$$

由此可见，均衡型斜交层合板具有下述特性。

(1) 若把式(3.2.28)中的 ϕ 换成 θ，则前 4 个正则化面内刚度系数与单层板偏轴模量前 4 个完全相同。即

$$A_{11}^*=\bar{Q}_{11}(\phi),\quad A_{22}^*=\bar{Q}_{22}(\phi)$$
$$A_{12}^*=\bar{Q}_{12}(\phi),\quad A_{66}^*=\bar{Q}_{66}(\phi)$$

这是因为 A_{11}^*、A_{22}^*、A_{12}^* 和 A_{66}^* 与偏轴角的正负无关，不论是正偏轴角还是负偏轴角，在 x 方向(或 y 方向)所提供的刚度是相等的。因此在设计时，根据单层的偏轴模量就可直接得到均衡型斜交层合板的正则化面内刚度系数。

(2) 需要注意的是，当 $\theta=\phi$ 时的偏轴模量 $\bar{Q}_{16}(\phi)$ 和 $\bar{Q}_{26}(\phi)$ 不为零，因为此时单层呈现各向异性；然而，层合板因 $+\phi$ 和 $-\phi$ 单层的层数相等而偏轴角恰好相反，剪切耦合项抵消了，故 $A_{16}^*=A_{26}^*=0$，也即层合板呈现正交各向异性。单层方向角的参考轴是对称轴。

(3) 层合板正则化面内柔度系数可由 $[A^*]$ 求逆得到，它与单层的偏轴柔量明显不同。这是由于单层的柔量取决于包括剪切耦合项在内的 6 个参数，而层合板的剪切耦合项为零。

3. 准各向同性层合板

准各向同性层合板(Quasi-isotropy laminates)是指层合板面内各个方向的刚度相同的对称层合板。

利用铺层设计，我们可以得到满足下列条件的对称层合板

$$\left.\begin{aligned}A_{11}^*&=A_{22}^*\\A_{16}^*&=A_{26}^*=0\\A_{66}^*&=\frac{1}{2}(A_{11}^*-A_{12}^*)\end{aligned}\right\}\tag{3.2.29}$$

这类层合板独立的正则化面内刚度系数只有两个，因而其面内力学响应类似于各向同性材料，

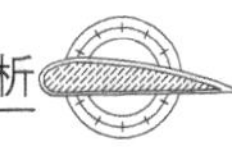

我们称其为准各向同性板。这里用“准”字，原因是它并不完全等同于各向同性板。例如，在垂直于板平面的方向上的性能就与板的面内性能不同。

满足式(3.2.29)的条件并不困难。由式(3.2.29)可知，当正则化的几何因子满足

$$V_{1A}^{*}=V_{2A}^{*}=V_{3A}^{*}=V_{4A}^{*}=0 \tag{3.2.30}$$

此时层合板的正则化面内刚度系数是

$$\left.\begin{aligned}&A_{11}^{*}=A_{22}^{*}=U_{1Q}\\&A_{12}^{*}=U_{4Q}\\&A_{16}^{*}=A_{26}^{*}=0\\&A_{66}^{*}=\frac{1}{2}(U_{1Q}-U_{4Q})\end{aligned}\right\} \tag{3.2.31}$$

$$\frac{1}{2}(A_{11}^{*}-A_{12}^{*})=\frac{1}{2}(U_{1Q}-U_{4Q})$$

所以

$$A_{66}^{*}=\frac{1}{2}(A_{11}^{*}-A_{12}^{*})$$

这就证明了只要$\{V_A^*\}=0$的层合板就是准各向同性板。即准各向同性层合板的正则化面内刚度系数与正则化几何因子无关。

要达到$\{V_A^*\}=0$，可有许多铺叠方案。可以证明，凡是具有相同单层体积含量和单层材料的m个单层组(m为层合板上半部分或下半部分的单层组总数，因为是对称层合板，故中面上、下的单层组数是相同的)，且$m\geqslant 3$，各单层组铺设方向间隔为π/m弧度的任意对称层合板，其$\{V_A^*\}$均为零，所以都是准各向同性的。如果$m=1$或$m=2$，要满足方向间隔π/m的条件，只能是单向或正交铺设层合板，但不满足$\{V_A^*\}=0$的条件，因而不是准各向同性的。

准各向同性层合板通常采用以下几种铺叠方法(设各单层组材料和厚度相同)。

(1) $[0/\pm 60]_S$，如图 3.2.4(a)所示，$m=3$，单层组方向间隔 60°即$\pi/3$，又称$\pi/3$层合板。其$v_0=v_{60}=v_{-60}=1/3$，代入式(3.2.20)得层合板面内刚度系数的正则化几何因子

$$V_{1A}^{*}=\frac{1}{3}[\cos 0^\circ+\cos 120^\circ+\cos(-120)^\circ]=\frac{1}{3}\left[1-\frac{1}{2}-\frac{1}{2}\right]=0$$

$$V_{2A}^{*}=\frac{1}{3}[\cos 0^\circ+\cos 240^\circ+\cos(-240)^\circ]=\frac{1}{3}\left[1-\frac{1}{2}-\frac{1}{2}\right]=0$$

$$V_{3A}^{*}=\frac{1}{3}[\sin 0^\circ+\sin 120^\circ+\sin(-120)^\circ]=0$$

$$V_{4A}^{*}=\frac{1}{3}[\sin 0^\circ+\sin 240^\circ+\sin(-240)^\circ]=0$$

可见，该层合板满足$\{V_A^*\}=0$的条件。

(2) $[0/\pm 45/90]_S$，见图 3.2.4(b)。$m=4$，单层组方向间隔 45°即$\pi/4$，又称$\pi/4$层合板。其$v_0=v_{90}=v_{45}=v_{-45}=1/4$。同理，可算得$\{V_A^*\}=0$。

(3) $[0/\pm 30/\pm 60/90]_S$，$m=6$，单层组方向间隔$\pi/6$，又称$\pi/6$层合板。其$v_0=v_{90}=v_{30}=v_{-30}=v_{60}=v_{-60}=1/6$，类似可得$\{V_A^*\}=0$。

准各向同性的层合板当坐标轴旋转时，对于任意方向也是各向同性的。

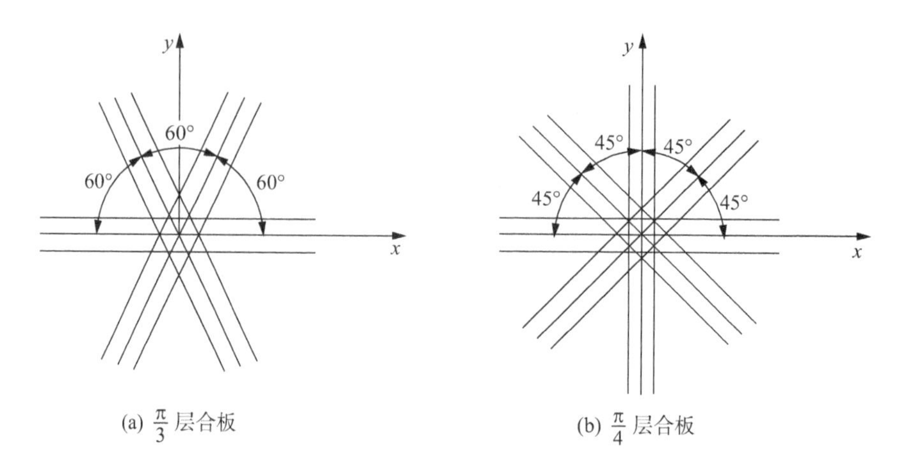

(a) $\frac{\pi}{3}$ 层合板　　(b) $\frac{\pi}{4}$ 层合板

图 3.2.4　准各向同性层合板

当$\{V_A^*\}=0$，由式(3.2.19)可知，全部正则化面内刚度系数都是常数，设计的自由度为零。即材料选定后，其面内刚度也就随之确定。换言之，无论 m 为多少，同一种材料组成的准各向同性层合板，其面内刚度性能是相同的。这种层合板的性能是复合材料能获得的最低性能(例如，材料的等效弹性模量仅为最大纵向弹性模量的 3/8 左右)，可作为铺叠方向优化的起点。如果以最轻重量作为目标函数，则准各向同性层合板将是重量的上限。

工程上有时也需要将层合板设计成面内各向同性的。譬如，层合板处于面内各向均匀受力的情况，载荷方向多变的情况，以及受力情况复杂而又不是很清楚的情况等。因此这是一种保险但又保守的材料设计方法。

4. 一般 π/4 层合板

各个单层均按 0°、90°、45°、−45°方向的一种或几种铺设的对称层合板称为一般 π/4 层合板。它是目前工程上主要应用的一类层合板，如果各个单层组的材料和厚度相同时称为标准的 π/4 层合板，由上面讨论可知它便是准各向同性板。一般 π/4 层合板放弃了每个单层或单层组厚度相等的限制条件，因而可以在更大的范围内设计材料的性能。采用 π/4 这个特殊夹角，主要是由于工艺操作容易精确掌握与控制，同时可以获得较大的面内剪切刚度与强度。鉴于单层方向过多造成的复杂化，一般单层方向优先选择 0°、90°和±45°方向(如果需要设计成准各向同性的层合板，可采用$[0/\pm60]_s$ 或$[0/\pm45/90]_s$ 层合板)。通常 0°单层用来承受轴向载荷，±45°单层用来承受剪切载荷，90°单层用来承受横向载荷和控制泊松效应。

设构成一般 π/4 层合板的各方向单层组体积含量分别为 v_0、v_{90}、v_{45} 和 v_{-45}。$v_0+v_{90}+v_{45}+v_{-45}=1$。计算正则化几何因子时所涉及的三角函数见表 3.2.1。

表 3.2.1　与 π/4 层合板正则化几何因子有关的三角函数值

$\theta_i/(°)$	$\cos 2\theta_i$	$\cos 4\theta_i$	$\sin 2\theta_i$	$\sin 4\theta_i$
0	1	1	0	0
45	0	−1	1	0
90	−1	1	0	0
−45	0	−1	−1	0

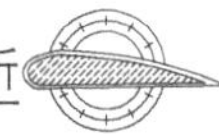

将上表中的三角函数值代入式(3.2.20),得

$$\left.\begin{aligned}&V_{1A}^{*}=v_0-v_{90}\\&V_{2A}^{*}=v_0+v_{90}-v_{45}-v_{-45}\\&V_{3A}^{*}=v_{45}-v_{-45}\\&V_{4A}^{*}=0\end{aligned}\right\}\tag{3.2.32}$$

将式(3.2.32)代入式(3.2.19)中,则得

$$\left.\begin{aligned}&A_{11}^{*}=U_{1Q}+(v_0-v_{90})U_{2Q}+(v_0+v_{90}-v_{45}-v_{-45})U_{3Q}\\&A_{22}^{*}=U_{1Q}+(v_{90}-v_0)U_{2Q}+(v_0+v_{90}-v_{45}-v_{-45})U_{3Q}\\&A_{12}^{*}=U_{4Q}-(v_0+v_{90}-v_{45}-v_{-45})U_{3Q}\\&A_{66}^{*}=\frac{1}{2}(U_{1Q}-U_{4Q})-(v_0+v_{90}-v_{45}-v_{-45})U_{3Q}\\&A_{16}^{*}=\frac{1}{2}(v_{45}-v_{-45})U_{2Q}\\&A_{26}^{*}=\frac{1}{2}(v_{45}-v_{-45})U_{2Q}\end{aligned}\right\}\tag{3.2.33}$$

将正轴模量线性组合的表达式(2.2.17)代入式(3.2.33),则得到

$$\left.\begin{aligned}&A_{11}^{*}=Q_{22}+(v_{45}+v_{-45})(\bar{Q}_{11}^{(45)}-Q_{22})+v_0(Q_{11}-Q_{22})\\&A_{22}^{*}=Q_{22}+(v_{45}+v_{-45})(\bar{Q}_{11}^{(45)}-Q_{22})+v_{90}(Q_{11}-Q_{22})\\&A_{12}^{*}=Q_{12}+(v_{45}+v_{-45})(\bar{Q}_{12}^{(45)}-Q_{12})\\&A_{66}^{*}=Q_{66}+(v_{45}+v_{-45})(\bar{Q}_{66}^{(45)}-Q_{66})\\&A_{16}^{*}=A_{26}^{*}=(v_{45}-v_{-45})\bar{Q}_{16}^{(45)}\end{aligned}\right\}\tag{3.2.34}$$

由上式可看出一般 $\pi/4$ 层合板有下述特性。

(1) 随各单层组体积含量不同而具有不同的性质。当四个单层组的体积含量都不为零,且彼此不同时,为各向异性板;当 $v_0=v_{90}=v_{45}=v_{-45}$时,为按 $\pi/4$ 铺设的准各向同性层合板;当 $v_{45}=v_{-45}=0$ 时,此时层合板是正交异性的正交铺设对称层合板;当 $v_{45}=v_{-45}$时,为$\pm45°$的对称均衡层合板,此时层合板是正交异性的;当 $v_0=v_{90}=0$, $v_{45}=v_{-45}\neq0$ 时,为$\pm45°$的对称均衡斜交层合板,也是正交异性的。可见,前面讨论过的许多层合板均属一般 $\pi/4$ 层合板的特例。

(2) 这类层合板不同铺设情况所得的正则化面内刚度系数是单层组体积含量的线性函数。即与单层组体积含量 v_0、v_{90}、$v_{45}+v_{-45}$、$v_{45}-v_{-45}$成比例。由于线性图形绘制和使用方便,为使 $\pi/4$ 层合板设计简化,可将式(3.2.34)用一组直线画出,然后用图解方法求正则化面内刚度系数。图 3.2.5 画出了各种组合的 $\pi/4$ 板的 A_{11}^{*}值。点①表明,其 $v_{45}+v_{-45}=0$, $v_0=0$, $v_{90}=1$,即该点代表方向角为 90°的单层,则 $A_{11}^{*}=Q_{22}$。点⑤表明,其 $v_{45}+v_{-45}=0$, $v_0=1$, $v_{90}=0$,即该点代表方向角为 0°的单层,则 $A_{11}^{*}=Q_{11}$。点⑮表明,其 $v_0=v_{90}=0$,而 $v_{45}+v_{-45}=1$,即为 45°的斜交层合板,则 $A_{11}^{*}=\bar{Q}_{11}^{(45)}$。点①与点⑤两点连线表明正交层合板的两种单层体积含量改变时对 A_{11}^{*}值的影响;点⑤与点⑮两点连线表明,仅有 0°单层和$\pm45°$单层构成的层合板,其 A_{11}^{*}随($v_{45}+v_{-45}$)增加而减少;而点①与点⑮两点连线表明,仅由 90°单层和$\pm45°$单层铺叠的层合板，其 A_{11}^{*} 随（$v_{45}+v_{-45}$）增加而增加。至于4种单层体积含量均不为零的层合板所对应的点，一定在图3.2.5所示三角形之内。A_{22}^{*} 的变化曲线只需将图3.2.5中的 v_0 与 v_{90} 对换一下，查图中的纵坐标即为 A_{22}^{*}。类似上述原理，可画出 π/4 层合板的其他面内刚度系数随 ±45°单层含量变化的图线，如图3.2.6和图3.2.7所示。这类设计曲线被称为覆盖曲线或毯式曲线（Carpet plot）。可见，所有这些曲线，只需用单层材料的正轴模量和45°的偏轴模量即可确定。

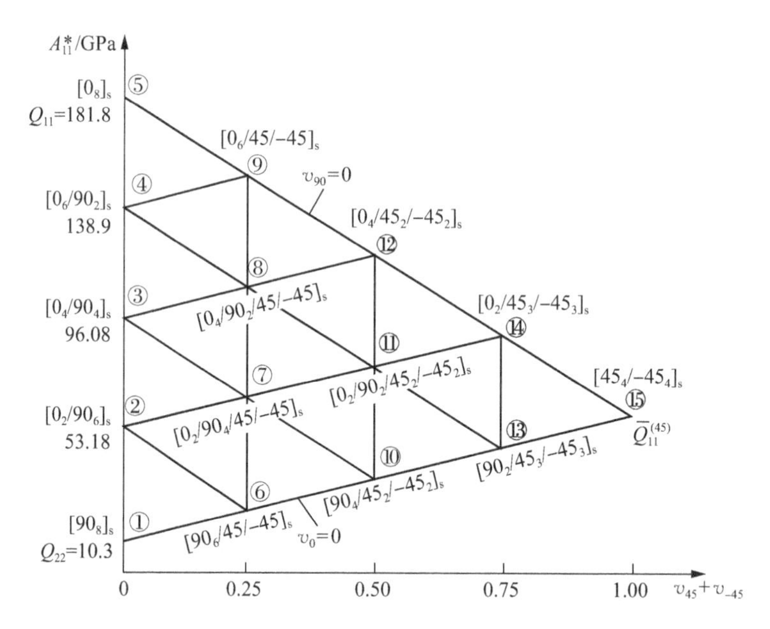

图3.2.5 T300/5208复合材料一般 π/4 层合板的正则化刚度系数 A_{11}^{*} 与各单层组体积含量的关系曲线

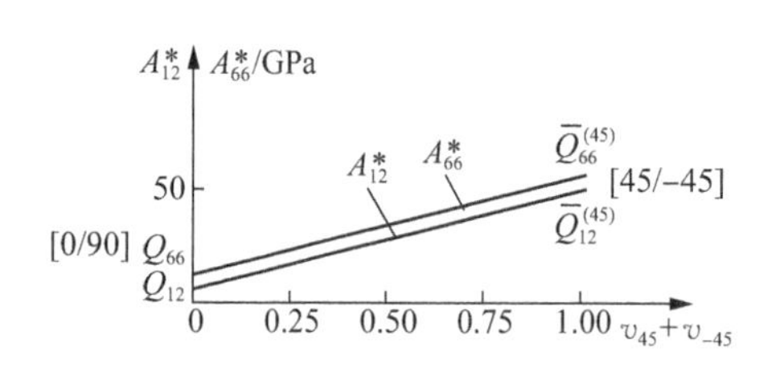

图3.2.6 T300/5208复合材料一般 π/4 层合板的 A_{12}^{*} 和 A_{66}^{*} 与各单层组体积含量的关系曲线

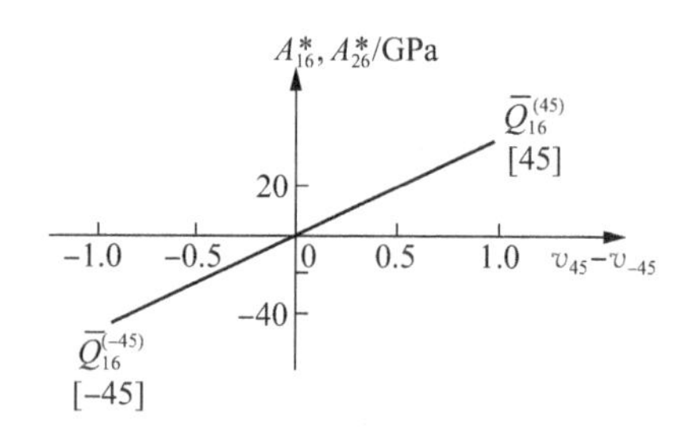

图3.2.7 T300/5208复合材料一般 π/4 层合板 A_{16}^{*} 和 A_{26}^{*} 与各单层组体积含量的关系曲线

（3）这种线性关系仅在正则化面内刚度系数中存在。正则化面内柔度系数或工程弹性常数随单层体积含量的变化是非线性的。因此，利用面内刚度系数进行层合板的力学分析将比利用面内柔度系数更方便。

下面以 A_{11}^{*} 为例介绍用图解法求值的具体作法。

当单层材料一定，由 Q_{11}、Q_{22} 和 $\overline{Q}_{11}^{(45)}$ 即可作出 $v_0=0$ 及 $v_{90}=0$ 的直线。因为 A_{11}^{*} 图线是一系列的相似三角形，所以只需知道 $v_{45}+v_{-45}$ 值和 v_0（或 v_{90}）值即可确定对应的 A_{11}^{*} 值。如图3.2.8所示，若 $v_0=a$，$v_{45}+v_{-45}=b$，因为 $\overline{BD}$ 代表 $v_{45}+v_{-45}=0$ 时 $v_0=0$ 至 $v_0=1$ 的各层合板的对应点，故自 B 点量取 $\overline{BC}=a\cdot\overline{BD}$ 得到 C 点。由 C 点作 $\overline{CG}\,/\!/\,\overline{BH}$，再由 F 点作一铅垂线与

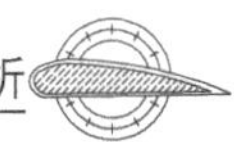

$\overline{CG}$交于G点,G点的纵坐标即为该层合板的正则化面内刚度系数。反之,在设计一般$\pi/4$层合板时,可以根据要求的结构刚度,从图上找到相应的层合板各单层含量的比例。

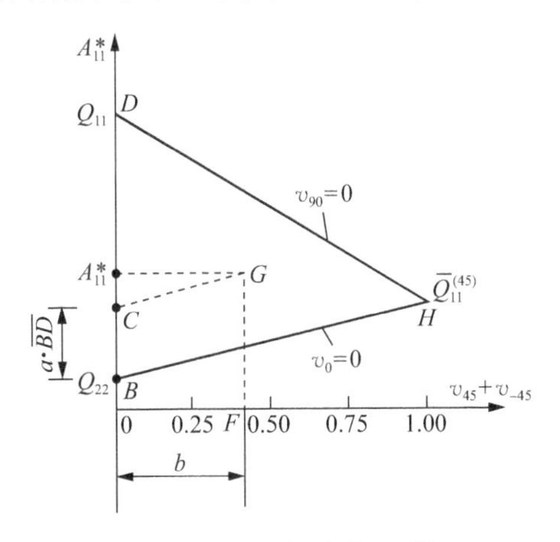

图 3.2.8　图解法求 A_{11}^* 值

[**例 3.2.1**]　试给出如下层合板的A_{ij}^*与Q_{ij}的关系式:

(1) $[0_2/90]_{2S}$;　　　　(2) $[0/\pm45/90]_{2S}$

[**解**]　(1) $[0_2/90]_{2S}$为正交铺设对称层合板,由式(3.2.24)和式(3.2.25)可知

$$A_{11}^*=Q_{11}-(Q_{11}-Q_{22})v_{90}=Q_{11}-(Q_{11}-Q_{22})\times\frac{1}{3}=\frac{2}{3}Q_{11}+\frac{1}{3}Q_{22}$$

$$A_{22}^*=Q_{22}+(Q_{11}-Q_{22})\times\frac{1}{3}=\frac{1}{3}Q_{11}+\frac{2}{3}Q_{22}$$

$$A_{12}^*=Q_{12}$$

$$A_{66}^*=Q_{66}$$

$$A_{16}^*=A_{26}^*=0$$

(2) $[0/\pm45/90]_{2S}$为准各向同性层合板,由式(3.2.31)和式(2.2.17)可知

$$A_{11}^*=A_{22}^*=U_{1Q}=\frac{1}{8}(3Q_{11}+3Q_{22}+2Q_{12}+4Q_{66})$$

$$A_{12}^*=U_{4Q}=\frac{1}{8}(Q_{11}+Q_{22}+6Q_{12}-4Q_{66})$$

$$A_{66}^*=\frac{1}{2}(U_{1Q}-U_{4Q})=\frac{1}{8}(Q_{11}+Q_{22}-2Q_{12}+4Q_{66})$$

$$A_{16}^*=A_{26}^*=0$$

[**例 3.2.2**]　试证明用$[\pm45°]_S$的斜交对称层合板作单轴拉伸实验时,测定面内剪切弹性模量的公式为

$$G_{12}=\frac{N_x^*/2}{\varepsilon_x^0-\varepsilon_y^0}$$

式中　　N_x^*——x方向的正则化面内力;

ε_x^0和ε_y^0——测得的x与y方向应变(图 3.2.9)。

[**证**]　由于$[\pm45°]_S$层合板在x'-y'坐标系中是正交铺设对称层合板,因此$A_{16}^*=A_{26}^*=0$,由式(3.2.7)得

$$N^*_{x'y'}=A^*_{66}\gamma^0_{x'y'} \tag{a}$$

对于正交层合板，由式(3.2.24)知

$$A^*_{66}=Q_{66} \tag{b}$$

再由式(2.1.11)知

$$Q_{66}=G_{12} \tag{c}$$

将式(c)代入式(b)再代入式(a)并整理得

$$G_{12}=N^*_{x'y'}/\gamma^0_{x'y'} \tag{d}$$

因为单轴拉伸实验只有 N^*_x ($N^*_y=N^*_{xy}=0$)，利用应力转换公式(2.2.1)，并注意 $m=\cos(-45°)$，$n=\sin(-45°)$，得

$$N^*_{x'y'}=-mnN^*_x=\frac{1}{2}N^*_x \tag{e}$$

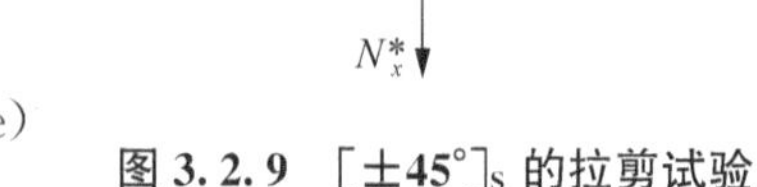

图 3.2.9 [±45°]s 的拉剪试验

斜交层合板对称轴方向亦为正交异性，故受单轴拉伸时仅产生 ε^0_x 和 ε^0_y，而 γ^0_{xy} 为零。再利用应变转换公式(2.2.5)得

$$\gamma^0_{x'y'}=-2mn\varepsilon^0_x+2mn\varepsilon^0_y=\varepsilon^0_x-\varepsilon^0_y \tag{f}$$

将式(e)、式(f)代入式(d)，得

$$G_{12}=\frac{N^*_x/2}{\varepsilon^0_x-\varepsilon^0_y} \tag{3.2.35}$$

证毕。

[±45°]s 层合板拉伸试验方法简单，操作方便，无失稳的现象，试验结果重复性好，可在高低温条件下进行试验。利用这种方法不仅能评价材料的工艺性能，而且还可作为复合材料铺层设计的基本参数。

3.3 一般层合板的刚度

一般层合板是指对单层材料、铺叠方向与铺设顺序等没有任何限制的各种层合板，层合板的刚度用层合板的刚度系数、柔度系数和工程弹性常数三种形式给出。层合板内力-应变关系式的系数称为刚度系数，而层合板应变-内力关系式的系数称为柔度系数。

3.3.1 经典层合板理论

方程的推导建立在下述假定基础上。

① 层合板的各铺层间黏结层很薄且黏结牢固，层间不产生滑移。

② 层合板是薄板，层合板的厚度不改变，忽略 σ_z，各单层按平面应力状态分析。

③ 层合板弯曲变形在小挠度范围，变形前垂直于中面的直线在变形后仍保持直线，并垂直于中面(相当于忽略了垂直于中面的平面内的剪应变，即 $\gamma_{xz}=\gamma_{yz}=0$，式中 z 是中面的法向)，且该直线的长度不变，即 $\varepsilon_z=0$(此即直线法假设)。

通常在复合材料设计中这样处理是合适的。在上述假定基础上建立的层合板理论称为经典层合板理论(Classical laminate theory)。这个理论对薄的层合平板、层合曲板或层合壳均适用。

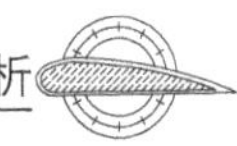

1. 层合板的应变

现取 xyz 坐标系[图 3.1.1(a)]中 $z=0$ 的 xOy 面为中面(一般用平分板厚的面作为中面),沿板厚范围内 x、y、z 方向的位移分别为 u、v、w,中面上点 x、y、z 方向的位移为 u_0、v_0、w_0,并且 u_0、v_0、w_0 只是 x 和 y 的函数。其中 w_0 称为板的挠度。

为了依据上述假设导出层合板的内力-应变关系式,给出如下的应变位移关系式:

$$\left.\begin{aligned} &\varepsilon_x=\frac{\partial u}{\partial x},\quad \varepsilon_y=\frac{\partial v}{\partial y},\quad \gamma_{xy}=\frac{\partial v}{\partial x}+\frac{\partial u}{\partial y} \\ &\varepsilon_z=\frac{\partial w}{\partial z},\quad \gamma_{xz}=\frac{\partial u}{\partial z}+\frac{\partial w}{\partial x},\quad \gamma_{yz}=\frac{\partial u}{\partial z}+\frac{\partial w}{\partial y} \end{aligned}\right\} \tag{3.3.1}$$

依据直法线假设得到

$$\varepsilon_z=\frac{\partial w}{\partial z}=0,\quad \gamma_{xz}=\frac{\partial u}{\partial z}+\frac{\partial w}{\partial x}=0,\quad \gamma_{xz}=\frac{\partial u}{\partial z}+\frac{\partial w}{\partial y}=0 \tag{3.3.2}$$

将式(3.3.2)中三式分别对 z 积分,得

$$\left.\begin{aligned} &w=w(x,y)=w_0(x,y) \\ &u=u_0(x,y)-z\,\frac{\partial w(x,y)}{\partial x} \\ &v=v_0(x,y)-z\,\frac{\partial w(x,y)}{\partial y} \end{aligned}\right\} \tag{3.3.3}$$

将式(3.3.3)代入应变 ε_x、ε_y、γ_{xy} 定义式(3.3.1),得

$$\left.\begin{aligned} \varepsilon_x&=\frac{\partial u}{\partial x}=\frac{\partial u_0}{\partial x}-z\,\frac{\partial^2 w}{\partial x^2} \\ \varepsilon_y&=\frac{\partial v}{\partial y}=\frac{\partial u_0}{\partial y}-z\,\frac{\partial^2 w}{\partial y^2} \\ \gamma_{xy}&=\frac{\partial v}{\partial x}+\frac{\partial u}{\partial y}=\left(\frac{\partial u_0}{\partial y}+\frac{\partial u_0}{\partial x}\right)-2z\,\frac{\partial^2 w}{\partial x\partial y} \end{aligned}\right\} \tag{3.3.4}$$

记中面应变为

$$\varepsilon_x^0=\frac{\partial u_0}{\partial x},\quad \varepsilon_y^0=\frac{\partial v_0}{\partial y},\quad \gamma_{xy}^0=\frac{\partial u_0}{\partial y}+\frac{\partial v_0}{\partial x} \tag{3.3.5}$$

同时由微分几何关系中知面曲率(包括扭率)与 z 向的中面位移 w_0 有如下关系

$$k_x=-\frac{\partial^2 w_0}{\partial x^2},\quad k_y=-\frac{\partial^2 w_0}{\partial y^2},\quad k_{xy}=-2\,\frac{\partial^2 w_0}{\partial x\partial y} \tag{3.3.6}$$

于是式(3.3.4)可写为

$$\begin{Bmatrix} \varepsilon_x \\ \varepsilon_y \\ \gamma_{xy} \end{Bmatrix}=\begin{Bmatrix} \varepsilon_x^0 \\ \varepsilon_y^0 \\ \gamma_{xy}^0 \end{Bmatrix}+z\begin{Bmatrix} k_x \\ k_y \\ k_{xy} \end{Bmatrix} \tag{3.3.7}$$

缩写为

$$\{\varepsilon\}=\{\varepsilon^0\}+z\{k\}$$

式中　k_x, k_y——层合板中面弯曲变形的曲率,简称弯曲率;

k_{xy}——层合板中面扭曲变形的曲率,简称扭曲率。

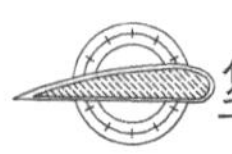

从式(3.3.7)可见,层合板中离中面任意距离 z 的应变 $\{\varepsilon\}$ 可以用中面上相应点(坐标 x, y 相同的点)的面内应变 $\{\varepsilon^0\}$ 和弯曲应变 $\{k\}$ 表示出来,且层合板的应变沿厚度是线性变化的。

2. 层合板的内力

从图 3.1.1 所示层合板中取出一个单元体(图 3.3.1),平面尺寸为单位尺寸 1×1,高为板厚 h。距中面为 z 处的 dz 微元上的应力分量均为正向。各应力分量均是坐标的函数。由图 3.3.1 和图 3.3.2 可以看出:在 x 等于常数面上,σ_xdz 合成轴力 N_x 和弯矩 M_x;τ_{xy}dz 合成剪力 N_{xy} 和扭矩 M_{xy};τ_{xz}dz 合成横向力 Q_x。同理,在 y 等于常数面上,由 σ_ydz、τ_{yx}dz 和 τ_{yz}dz 也可以合成相应的内力。作用于层合板上的合力和合力矩是由沿着层合板厚度积分各单层上的应力而得到的。将这些内力定义在单位宽度上,则得

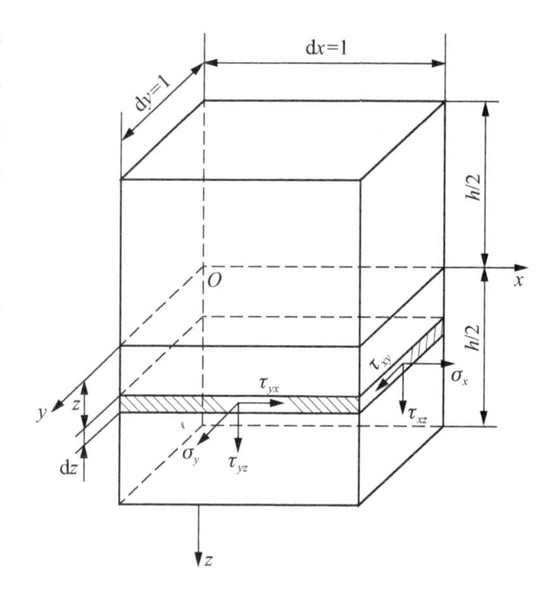

图 3.3.1 单元体上的应力

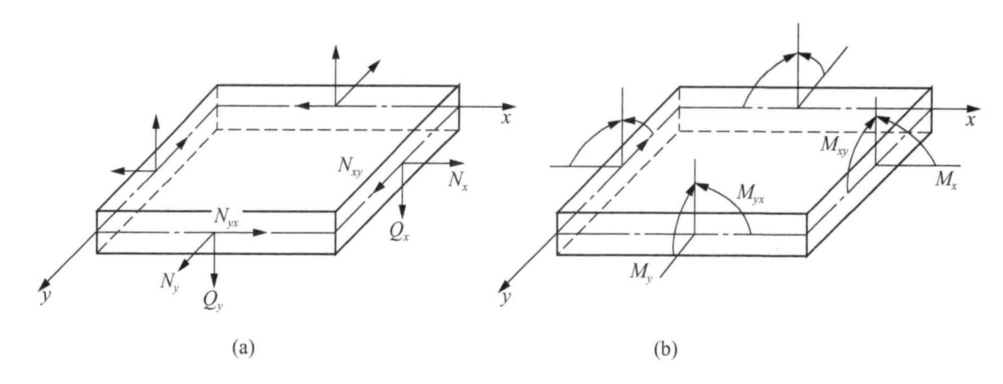

图 3.3.2 单元体上的内力

$$\left.\begin{aligned}
N_x &= \int_{-h/2}^{h/2} \sigma_x \mathrm{d}z \ (\mathrm{N/m}), & N_y &= \int_{-h/2}^{h/2} \sigma_y \mathrm{d}z \ (\mathrm{N/m}) \\
N_{xy} &= \int_{-h/2}^{h/2} \tau_{xy} \mathrm{d}z \ (\mathrm{N/m}), & N_{yx} &= \int_{-h/2}^{h/2} \tau_{yx} \mathrm{d}z \ (\mathrm{N/m}) \\
Q_x &= \int_{-h/2}^{h/2} \tau_{xz} \mathrm{d}z \ (\mathrm{N/m}), & Q_y &= \int_{-h/2}^{h/2} \tau_{yz} \mathrm{d}z \ (\mathrm{N/m}) \\
M_x &= \int_{-h/2}^{h/2} \sigma_x z \mathrm{d}z \ (\mathrm{N}), & M_y &= \int_{-h/2}^{h/2} \sigma_y z \mathrm{d}z \ (\mathrm{N}) \\
M_{xy} &= \int_{-h/2}^{h/2} \tau_{xy} z \mathrm{d}z \ (\mathrm{N}), & M_{yx} &= \int_{-h/2}^{h/2} \tau_{yx} z \mathrm{d}z \ (\mathrm{N})
\end{aligned}\right\} \tag{3.3.8}$$

根据剪应力互等定理:$\tau_{xy}=\tau_{yx}$,故剪力互等,扭矩互等。即

$$N_{xy}=N_{yx},\quad M_{xy}=M_{yx}$$

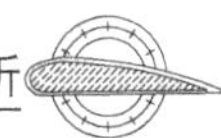

经典层合理论只考虑平面应力状态，不考虑各单层之间的层间应力。由于层合板各单层的 $\overline{Q}_{ij}$ 可以是不同的，因此层合板的应力是不连续分布的，只能分层积分。设层合板中第 k 层的应力为 $\{\sigma^{(k)}\}$，则图 3.1.1 所示层合板的内力表达式可写成下列形式

$$\left.\begin{aligned}\begin{Bmatrix}N_x\\N_y\\N_{xy}\end{Bmatrix}&=\int_{-h/2}^{h/2}\begin{Bmatrix}\sigma_x\\\sigma_y\\\tau_{xy}\end{Bmatrix}\mathrm{d}z=\sum_{k=1}^{n}\int_{z_{k-1}}^{z_k}\begin{Bmatrix}\sigma_x^{(k)}\\\sigma_y^{(k)}\\\tau_{xy}^{(k)}\end{Bmatrix}\mathrm{d}z\\\begin{Bmatrix}M_x\\M_y\\M_{xy}\end{Bmatrix}&=\int_{-h/2}^{h/2}\begin{Bmatrix}\sigma_x\\\sigma_y\\\tau_{xy}\end{Bmatrix}z\,\mathrm{d}z=\sum_{k=1}^{n}\int_{z_{k-1}}^{z_k}\begin{Bmatrix}\sigma_x^{(k)}\\\sigma_y^{(k)}\\\tau_{xy}^{(k)}\end{Bmatrix}z\,\mathrm{d}z\end{aligned}\right\}\tag{3.3.9}$$

缩写为

$$\{N\}=\sum_{k=1}^{n}\int_{z_{k-1}}^{z_k}\{\sigma^{(k)}\}\mathrm{d}z$$

$$\{M\}=\sum_{k=1}^{n}\int_{z_{k-1}}^{z_k}\{\sigma^{(k)}\}z\mathrm{d}z$$

3. 层合板的内力-应变关系式

当层合板在载荷作用下产生变形时，各单层的应力与应变关系仍满足式(2.2.12)。对于层合板中的第 k 层，在参考坐标系中的应力-应变关系为

$$\begin{Bmatrix}\sigma_x^{(k)}\\\sigma_y^{(k)}\\\tau_{xy}^{(k)}\end{Bmatrix}=\begin{bmatrix}\overline{Q}_{11}^{(k)}&\overline{Q}_{12}^{(k)}&\overline{Q}_{16}^{(k)}\\\overline{Q}_{12}^{(k)}&\overline{Q}_{22}^{(k)}&\overline{Q}_{26}^{(k)}\\\overline{Q}_{16}^{(k)}&\overline{Q}_{26}^{(k)}&\overline{Q}_{66}^{(k)}\end{bmatrix}\begin{Bmatrix}\varepsilon_x^{(k)}\\\varepsilon_y^{(k)}\\\gamma_{xy}^{(k)}\end{Bmatrix}\tag{3.3.10}$$

缩写为

$$\{\sigma^{(k)}\}=[\overline{Q}^{(k)}]\{\varepsilon^{(k)}\}$$

将式(3.3.10)代入式(3.3.9)，则得

$$\{N\}=\sum_{k=1}^{n}\int_{z_{k-1}}^{z_k}[\overline{Q}^{(k)}]\{\varepsilon^{(k)}\}\mathrm{d}z,\quad\{M\}=\sum_{k=1}^{n}\int_{z_{k-1}}^{z_k}[\overline{Q}^{(k)}]\{\varepsilon^{(k)}\}z\mathrm{d}z$$

再将沿厚度变化的应变方程(3.3.7)代入，得

$$\{N\}=\sum_{k=1}^{n}\int_{z_{k-1}}^{z_k}[\overline{Q}^{(k)}](\{\varepsilon^{(0)}\}+z\{k\})\mathrm{d}z,\quad\{M\}=\sum_{k=1}^{n}\int_{z_{k-1}}^{z_k}[\overline{Q}^{(k)}](\{\varepsilon^{(0)}\}+z\{k\})z\mathrm{d}z$$

在确定的载荷条件下，$\{\varepsilon^0\}$ 和 $\{k\}$ 是不随 z 值变化的，因而可移到积分与求和记号外；模量矩阵 $[\overline{Q}]$ 在单层内是不变的，因此可以从每一层的积分号中提出来，但必须在各层的求和号之内。故有

$$\begin{aligned}\{N\}&=\{\varepsilon^{(0)}\}\sum_{k=1}^{n}[\overline{Q}^{(k)}]\int_{z_{k-1}}^{z_k}\mathrm{d}z+\{k\}\sum_{k=1}^{n}[\overline{Q}^{(k)}]\int_{z_{k-1}}^{z_k}z\mathrm{d}z\\&=\{\varepsilon^{(0)}\}\sum_{k=1}^{n}[\overline{Q}^{(k)}](z_k-z_{k-1})+\{k\}\frac{1}{2}\sum_{k=1}^{n}[\overline{Q}^{(k)}](z_k^2-z_{k-1}^2)\\\{M\}&=\{\varepsilon^{(0)}\}\sum_{k=1}^{n}[\overline{Q}^{(k)}]\int_{z_{k-1}}^{z_k}z\mathrm{d}z+\{k\}\sum_{k=1}^{n}[\overline{Q}^{(k)}]\int_{z_{k-1}}^{z_k}z^2\mathrm{d}z\\&=\{\varepsilon^{(0)}\}\frac{1}{2}\sum_{k=1}^{n}[\overline{Q}^{(k)}](z_k^2-z_{k-1}^2)+\{k\}\frac{1}{3}\sum_{k=1}^{n}[\overline{Q}^{(k)}](z_k^3-z_{k-1}^3)\end{aligned}$$

将其合并后写成

$$\begin{Bmatrix} N \\ \cdots \\ M \end{Bmatrix} = \begin{bmatrix} \sum_{k=1}^{n}[\bar{Q}^{(k)}](z_k - z_{k-1}) & \vdots & \frac{1}{2}\sum_{k=1}^{n}[\bar{Q}^{(k)}](z_k^2 - z_{k-1}^2) \\ \cdots & \vdots & \cdots \\ \frac{1}{2}\sum_{k=1}^{n}[\bar{Q}^{(k)}](z_k^2 - z_{k-1}^2) & \vdots & \frac{1}{3}\sum_{k=1}^{n}[\bar{Q}^{(k)}](z_k^3 - z_{k-1}^3) \end{bmatrix} \begin{Bmatrix} \varepsilon^0 \\ \cdots \\ k \end{Bmatrix} \tag{3.3.11}$$

所以，一般层合板的内力-应变关系写成矩阵全式为

$$\begin{Bmatrix} N_x \\ N_y \\ N_{xy} \\ \cdots \\ M_x \\ M_y \\ M_{xy} \end{Bmatrix} = \begin{bmatrix} A_{11} & A_{12} & A_{16} & \vdots & B_{11} & B_{12} & B_{16} \\ A_{21} & A_{22} & A_{26} & \vdots & B_{21} & B_{22} & B_{26} \\ A_{61} & A_{62} & A_{66} & \vdots & B_{61} & B_{62} & B_{66} \\ \cdots & \cdots & \cdots & \cdots & \cdots & \cdots & \cdots \\ B_{11} & B_{12} & B_{16} & \vdots & D_{11} & D_{12} & D_{16} \\ B_{21} & B_{22} & B_{26} & \vdots & D_{21} & D_{22} & D_{26} \\ B_{61} & B_{62} & B_{66} & \vdots & D_{61} & D_{62} & D_{66} \end{bmatrix} \begin{Bmatrix} \varepsilon_x^0 \\ \varepsilon_y^0 \\ \gamma_{xy}^0 \\ \cdots \\ k_x \\ k_y \\ k_{xy} \end{Bmatrix} \tag{3.3.12}$$

利用矩阵简化符号，可以将式(3.3.12)简写为

$$\begin{Bmatrix} N \\ \cdots \\ M \end{Bmatrix} = \begin{bmatrix} A & \vdots & B \\ \cdots & \cdots & \cdots \\ B & \vdots & D \end{bmatrix} \begin{Bmatrix} \varepsilon^0 \\ \cdots \\ k \end{Bmatrix} \tag{3.3.13}$$

式中，$A = [A_{ij}]$，$B = [B_{ij}]$，$D = [D_{ij}]$。

$$\varepsilon^0 = \begin{Bmatrix} \varepsilon_x^0 \\ \varepsilon_y^0 \\ \gamma_{xy}^0 \end{Bmatrix},\quad k = \begin{Bmatrix} k_x \\ k_y \\ k_{xy} \end{Bmatrix},\quad N = \begin{Bmatrix} N_x \\ N_y \\ N_{xy} \end{Bmatrix},\quad M = \begin{Bmatrix} M_x \\ M_y \\ M_{xy} \end{Bmatrix}$$

式中的子矩阵$[A]$就是式(3.2.6)中联系面内力与中面应变的面内刚度矩阵；$[D]$联系弯曲率、扭曲率和弯扭内力，称其为弯曲刚度矩阵；$[B]$联系面内应变与弯扭内力(或弯扭变形与面内力)，称为耦合刚度(Coupling stiffness)矩阵。对比式(3.3.11)和式(3.3.12)，可得这些矩阵中的元素的计算公式为

$$\left.\begin{aligned} A_{ij} &= \sum_{k=1}^{n}\int_{z_{k-1}}^{z_k} \bar{Q}_{ij}^{(k)}\,\mathrm{d}z = \sum_{k=1}^{n}\bar{Q}_{ij}^{(k)}(z_k - z_{k-1}) \\ B_{ij} &= \sum_{k=1}^{n}\int_{z_{k-1}}^{z_k} \bar{Q}_{ij}^{(k)} z\,\mathrm{d}z = \frac{1}{2}\sum_{k=1}^{n}\bar{Q}_{ij}^{(k)}(z_k^2 - z_{k-1}^2) \\ D_{ij} &= \sum_{k=1}^{n}\int_{z_{k-1}}^{z_k} \bar{Q}_{ij}^{(k)} z^2\,\mathrm{d}z = \frac{1}{3}\sum_{k=1}^{n}\bar{Q}_{ij}^{(k)}(z_k^3 - z_{k-1}^3) \end{aligned}\right\}\quad (i,j = 1,2,6) \tag{3.3.14}$$

式(3.3.12)是用应变表示内力的一般层合板的物理方程。方程的刚度系数有面内刚度系数A_{ij}，弯曲刚度系数D_{ij}和耦合刚度系数B_{ij}。各刚度系数的具体物理意义为：A_{11}、A_{12}、A_{22}为拉(压)力与中面拉伸(压缩)应变间的刚度系数，A_{66}为剪切力与中面剪应变之间的刚度系数，

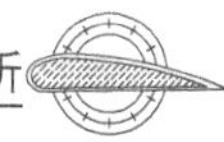

A_{16}、A_{26}为剪切与拉伸之间的耦合刚度系数；B_{11}、B_{12}、B_{22}为拉伸与弯曲之间的耦合刚度系数，B_{66}为剪切与扭转之间的耦合刚度系数，B_{16}、B_{26}为拉伸与扭转或剪切与弯曲之间的耦合刚度系数；D_{11}、D_{12}、D_{22}为弯矩与曲率之间的刚度系数，D_{66}为扭转与扭曲率之间的刚度系数，D_{16}、D_{26}为扭转与弯曲之间的耦合刚度系数。根据 A_{ij}、B_{ij} 和 D_{ij} 的定义，由于 Q_{ij} 的对称性，矩阵$[A]$、$[B]$和$[D]$都是对称矩阵。由它们构成的 6×6 的总矩阵也是对称矩阵。由此可见，一般层合板呈现各向异性，具有 18 个独立的弹性常数，不仅有拉剪、弯扭耦合，还存在拉弯耦合。

为了使同一块层合板的这些刚度系数易于比较，以及与单层板相关联，作正则化处理。即设

$$\left.\begin{aligned}&N^*=N/h\ (\mathrm{N/m^2}),\quad M^*=6M/h^2(\mathrm{N/m^2}),\quad k^*=hk/2\\&A_{ij}^*=A_{ij}/h\ (\mathrm{N/m^2}),\quad B_{ij}^*=2B^{ij}/h^2(\mathrm{N/m^2}),\quad D_{ij}^*=12D_{ij}/h^3(\mathrm{N/m^2})\end{aligned}\right\}\tag{3.3.15}$$

式中，B_{ij}^* 称为正则化耦合刚度系数，D_{ij}^* 称为正则化弯曲刚度系数。

利用式(3.3.15)引入的正则化参数，式(3.3.12)的一般层合板应力-应变关系可以写成如下正则化形式

$$\begin{Bmatrix}N_x^*\\N_y^*\\N_{xy}^*\\\cdots\\M_x^*\\M_y^*\\M_{xy}^*\end{Bmatrix}=\begin{bmatrix}A_{11}^*&A_{12}^*&A_{16}^*&\vdots&B_{11}^*&B_{12}^*&B_{16}^*\\A_{21}^*&A_{22}^*&A_{26}^*&\vdots&B_{21}^*&B_{22}^*&B_{26}^*\\A_{61}^*&A_{62}^*&A_{66}^*&\vdots&B_{61}^*&B_{62}^*&B_{66}^*\\\cdots&\cdots&\cdots&\cdots&\cdots&\cdots&\cdots\\3B_{11}^*&3B_{12}^*&3B_{16}^*&\vdots&D_{11}^*&D_{12}^*&D_{16}^*\\3B_{21}^*&3B_{22}^*&3B_{26}^*&\vdots&D_{21}^*&D_{22}^*&D_{26}^*\\3B_{61}^*&3B_{62}^*&3B_{66}^*&\vdots&D_{61}^*&D_{62}^*&D_{66}^*\end{bmatrix}\begin{Bmatrix}\varepsilon_x^0\\\varepsilon_y^0\\\gamma_{xy}^0\\\cdots\\k_x^*\\k_y^*\\k_{xy}^*\end{Bmatrix}\tag{3.3.16}$$

或简写为

$$\begin{Bmatrix}N^*\\\cdots\\M^*\end{Bmatrix}=\begin{bmatrix}A^*&\vdots&B^*\\\cdots&\cdots&\cdots\\3B^*&\vdots&D^*\end{bmatrix}\begin{Bmatrix}\varepsilon^0\\\cdots\\k^*\end{Bmatrix}$$

此时所有的刚度系数全为应力的单位，易于比较。依据 A_{ij}^*、B_{ij}^* 和 D_{ij}^* 的定义，可知它们具有对称性，即

$$A_{ij}^*=A_{ji}^*,\quad B_{ij}^*=B_{ji}^*,\quad D_{ij}^*=D_{ji}^*\tag{3.3.17}$$

正则化参数 ε^0、k^* 和 N^*、M^* 的含义示意在图 3.3.3 中，图上表明：如果假设弯曲变形引起的应力沿板厚线性分布时(实际上层合板是分层线性分布的，只有单层板才是沿层厚线性分布的)，M^* 代表底面应力，这只是一种名义应力；由本节的基本假定可知，应变是线性分布的，故 k^* 就是弯曲变形引起的底面的真实应变。

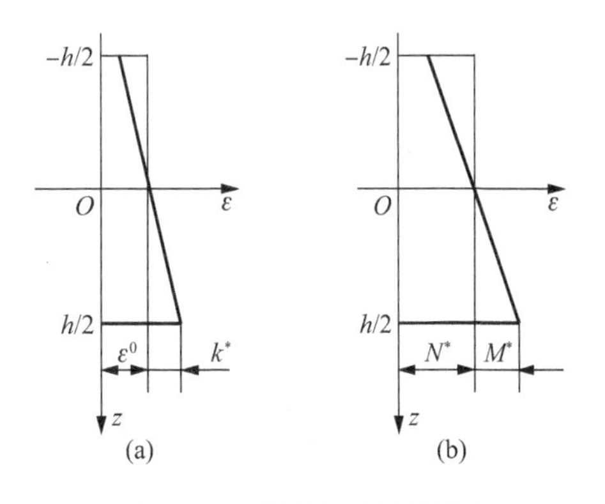

图 3.3.3　正则化参数的意义

式(3.3.16)表明，B_{ij}^* 为正则化面内力与正则化曲率之间关系式的系数，或者 $3B_{ij}^*$ 为正则化力矩与中面应变之间关系式的系数。由于 B_{ij}^* 的存在，在

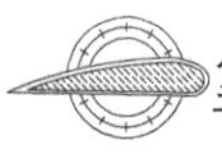

面内载荷作用下，不仅引起中面应变，同时产生层合板的弯曲和扭转变形；而在力矩作用下，层合板不仅要产生弯曲或扭转变形，而且产生面内应变。这种由面内载荷引起层合板的弯扭或由力矩引起层合板的面内应变的现象，亦称为耦合效应。系数 3 的存在，说明正则化力矩引起中面应变的刚度为正则化面内力引起正则化曲率刚度的 3 倍。

利用矩阵求逆的方式，可由式(3.3.12)和式(3.3.16)求得如下用柔度矩阵(Compliance matrix)表示的一般层合板的应变-内力关系式

$$\begin{Bmatrix} \varepsilon_x^0 \\ \varepsilon_y^0 \\ \gamma_{xy}^0 \\ \cdots \\ k_x \\ k_y \\ k_{xy} \end{Bmatrix} = \begin{bmatrix} \alpha_{11} & \alpha_{12} & \alpha_{16} & \vdots & \beta_{11} & \beta_{12} & \beta_{16} \\ \alpha_{21} & \alpha_{22} & \alpha_{26} & \vdots & \beta_{21} & \beta_{22} & \beta_{26} \\ \alpha_{61} & \alpha_{62} & \alpha_{66} & \vdots & \beta_{61} & \beta_{62} & \beta_{66} \\ \cdots & \cdots & \cdots & \cdots & \cdots & \cdots & \cdots \\ \beta_{11} & \beta_{21} & \beta_{61} & \vdots & \delta_{11} & \delta_{12} & \delta_{16} \\ \beta_{12} & \beta_{22} & \beta_{62} & \vdots & \delta_{21} & \delta_{22} & \delta_{26} \\ \beta_{16} & \beta_{26} & \beta_{66} & \vdots & \delta_{61} & \delta_{62} & \delta_{66} \end{bmatrix} \begin{Bmatrix} N_x \\ N_y \\ N_{xy} \\ \cdots \\ M_x \\ M_y \\ M_{xy} \end{Bmatrix} \tag{3.3.18}$$

$$\begin{Bmatrix} \varepsilon^0 \\ \cdots \\ k \end{Bmatrix} = \begin{bmatrix} \alpha & \vdots & \beta \\ \cdots & \cdots & \cdots \\ \beta^{\mathrm{T}} & \vdots & \delta \end{bmatrix} \begin{Bmatrix} N \\ \cdots \\ M \end{Bmatrix}$$

或正则化形式

$$\begin{Bmatrix} \varepsilon_x^0 \\ \varepsilon_y^0 \\ \gamma_{xy}^0 \\ \cdots \\ k_x^* \\ k_y^* \\ k_{xy}^* \end{Bmatrix} = \begin{bmatrix} \alpha_{11}^* & \alpha_{12}^* & \alpha_{16}^* & \vdots & \frac{1}{3}\beta_{11}^* & \frac{1}{3}\beta_{12}^* & \frac{1}{3}\beta_{16}^* \\ \alpha_{21}^* & \alpha_{22}^* & \alpha_{26}^* & \vdots & \frac{1}{3}\beta_{21}^* & \frac{1}{3}\beta_{22}^* & \frac{1}{3}\beta_{26}^* \\ \alpha_{61}^* & \alpha_{62}^* & \alpha_{66}^* & \vdots & \frac{1}{3}\beta_{61}^* & \frac{1}{3}\beta_{62}^* & \frac{1}{3}\beta_{66}^* \\ \cdots & \cdots & \cdots & \cdots & \cdots & \cdots & \cdots \\ \beta_{11}^* & \beta_{21}^* & \beta_{61}^* & \vdots & \delta_{11}^* & \delta_{12}^* & \delta_{16}^* \\ \beta_{12}^* & \beta_{22}^* & \beta_{62}^* & \vdots & \delta_{21}^* & \delta_{22}^* & \delta_{26}^* \\ \beta_{16}^* & \beta_{26}^* & \beta_{66}^* & \vdots & \delta_{61}^* & \delta_{62}^* & \delta_{66}^* \end{bmatrix} \begin{Bmatrix} N_x^* \\ N_y^* \\ N_{xy}^* \\ \cdots \\ M_x^* \\ M_y^* \\ M_{xy}^* \end{Bmatrix} \tag{3.3.19}$$

$$\begin{Bmatrix} \varepsilon^0 \\ \cdots \\ k^* \end{Bmatrix} = \begin{bmatrix} \alpha^* & \vdots & \frac{1}{3}\beta^* \\ \cdots & \cdots & \cdots \\ \beta^{*\mathrm{T}} & \vdots & \delta^* \end{bmatrix} \begin{Bmatrix} N^* \\ \cdots \\ M^* \end{Bmatrix}$$

式中　$\alpha_{ij}, \beta_{ij}, \delta_{ij}$——分别称为层合板的面内柔度系数、耦合柔度系数和弯曲柔度系数；

$\alpha_{ij}^*, \beta_{ij}^*, \delta_{ij}^*$——分别称为正则化面内柔度系数、正则化耦合柔度系数和正则化弯曲柔度系数。

这里，

$$\alpha_{ij}^* = h\alpha_{ij}\,(\mathrm{m}^2/\mathrm{N}),\quad \beta_{ij}^* = \frac{h^2}{2}\beta_{ij}\,(\mathrm{m}^2/\mathrm{N}),\quad \delta_{ij}^* = \frac{h^3}{12}\delta_{ij}\,(\mathrm{m}^2/\mathrm{N}) \tag{3.3.20}$$

可以证明 α_{ij}^* 和 δ_{ij}^* 具有对称性，即

$$\alpha_{ij}^* = \alpha_{ji}^*,\quad \delta_{ij}^* = \delta_{ji}^* \tag{3.3.21}$$

但 β_{ij}^* 未必具有对称性。

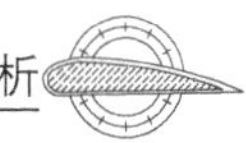

可以证明，柔度矩阵和刚度矩阵间的关系为

$$\left.\begin{aligned}[\delta^*]&=([B^*]-3[B^*][a^*][B^*])^{-1}\\ [\alpha^*]&=[a^*]+3[a^*][B^*][\delta^*][B^*][a^*]\\ [\beta^*]&=-3[a^*][B^*][\delta^*]\end{aligned}\right\}\tag{3.3.22}$$

由式(3.3.22)可见，对于一般层合板，由于$[B^*]\neq0$，因此$[\alpha^*]\neq[a^*]=[A^*]^{-1}$，$[\delta^*]\neq[D^*]^{-1}=[d^*]$；只有$[B^*]=0$的对称层合板才存在$[\alpha^*]=[a^*]$，$[\delta^*]=[d^*]$，$[\beta^*]=0$。

式(3.3.7)所反映的一般层合板的应变随板厚变化的关系，若采用正则化的中面曲率k^*和正则化坐标z^*表示，则可改写成

$$\begin{Bmatrix}\varepsilon_x\\ \varepsilon_y\\ \gamma_{xy}\end{Bmatrix}=\begin{Bmatrix}\varepsilon_x^0\\ \varepsilon_y^0\\ \gamma_{xy}^0\end{Bmatrix}+z^*\begin{Bmatrix}k_x^*\\ k_y^*\\ k_{xy}^*\end{Bmatrix}\tag{3.3.23}$$

简写为

$$\{\varepsilon\}=\{\varepsilon^0\}+z^*\{k^*\}$$

式中

$$z^*=z/(h/2)$$

本节讨论了一般层合板的刚度特性。工程中使用的层合板往往具有某些特殊性，即其中的单层铺设方向不会是任意的，常常遵循一定的规则。因此，讨论这些特殊的层合板的刚度特性具有重要的实际意义。

4. 层合板刚度的实验验证

蔡(Tsai)采用玻璃纤维/环氧单层板组成一系列正交铺设层合板和斜交铺设层合板进行实验，层合板承受轴向载荷和弯矩，通过测量层合板上、下表面应变ε_x、ε_y、γ_{xy}，由式(3.3.7)可计算层合板中面应变ε^0和曲率k，由已知的N和M及测量的ε^0和k，采用内力、内力矩表示应变和曲率的柔度关系式(3.3.18)可计算出α_{ij}、β_{ij}和δ_{ij}。另一方面，根据层合板刚度理论，由单层板E_1、E_2、ν_1、G_{12}计算层合板刚度系数A_{ij}、B_{ij}和D_{ij}，再求逆得α_{ij}、β_{ij}和δ_{ij}值。测出的实验点和层合理论计算曲线相当接近，因此可以认为正交铺设层合板和斜交铺设层合板的刚度理论计算是准确的。经典层合板理论能很好地描述层合板的刚度问题。

3.3.2　对称层合板的弯曲刚度系数计算

对于层合板的耦合刚度系数的计算式(3.3.14)可以写成

$$B_{ij}=\sum_{k=1}^{n}\int_{z_{k-1}}^{z_k}Q_{ij}^{(k)}z\,\mathrm{d}z=\int_{-h/2}^{h/2}Q_{ij}z\,\mathrm{d}z=\int_{-h/2}^{0}Q_{ij}z\,\mathrm{d}z+\int_{0}^{h/2}Q_{ij}z\,\mathrm{d}z$$

由于层合板对称，即满足条件

$$Q_{ij}(z)=Q_{ij}(-z)$$

故上式为

$$B_{ij}=\int_{-h/2}^{0}Q_{ij}z\,\mathrm{d}z+\int_{0}^{h/2}Q_{ij}z\,\mathrm{d}z=-\int_{0}^{h/2}Q_{ij}(-z)\mathrm{d}(-z)+\int_{0}^{h/2}Q_{ij}z\,\mathrm{d}z=0$$

可见对称层合板的耦合刚度系数B_{ij}为零，即此类层合板无拉-弯之间的耦合效应。所以在弯、扭内力$\{M\}$作用下，中面应变$\{\varepsilon^0\}=0$，只产生中面的曲率。这样，式(3.3.12)可以写成

$$\begin{Bmatrix} M_x \\ M_y \\ M_{xy} \end{Bmatrix} = \begin{bmatrix} D_{11} & D_{12} & D_{16} \\ D_{12} & D_{22} & D_{26} \\ D_{16} & D_{26} & D_{66} \end{bmatrix} \begin{Bmatrix} k_x \\ k_y \\ k_{xy} \end{Bmatrix} \tag{3.3.24}$$

缩写为

$$\{M\} = [D]\{k\}$$

引入下列正则化参数

$$M^* = 6M/h^2, \quad k^* = hk/2, \quad D_{ij}^* = 12D_{ij}/h^3 \tag{3.3.25}$$

则式(3.3.24)可以写成

$$\begin{Bmatrix} M_x^* \\ M_y^* \\ M_{xy}^* \end{Bmatrix} = \begin{bmatrix} D_{11}^* & D_{12}^* & D_{16}^* \\ D_{12}^* & D_{22}^* & D_{26} \\ D_{16}^* & D_{26}^* & D_{66}^* \end{bmatrix} \begin{Bmatrix} k_x^* \\ k_y^* \\ k_{xy}^* \end{Bmatrix} \tag{3.3.26}$$

缩写为

$$\{M^*\} = [D^*]\{k^*\}$$

这就是正则化弯曲力矩-曲率关系式。此式表明，D_{ij}^* 在数值上相当于由弯曲引起的应力假设为沿厚度线性分布时的底面应力-应变关系中的系数。

将式(3.3.24)和式(3.3.26)分别求逆，可以得到用弯曲力矩给出曲率的形式

$$\begin{Bmatrix} k_x \\ k_y \\ k_{xy} \end{Bmatrix} = \begin{bmatrix} d_{11} & d_{12} & d_{16} \\ d_{12} & d_{22} & d_{26} \\ d_{16} & d_{26} & d_{66} \end{bmatrix} \begin{Bmatrix} M_x \\ M_y \\ M_{xy} \end{Bmatrix} \tag{3.3.27}$$

$$\begin{Bmatrix} k_x^* \\ k_y^* \\ k_{xy}^* \end{Bmatrix} = \begin{bmatrix} d_{11}^* & d_{12}^* & d_{16}^* \\ d_{12}^* & d_{22}^* & d_{26} \\ d_{16}^* & d_{26}^* & d_{66}^* \end{bmatrix} \begin{Bmatrix} M_x^* \\ M_y^* \\ M_{xy}^* \end{Bmatrix} \tag{3.3.28}$$

式中 d^{ij}——对称层合板的弯曲柔度系数；

d_{ij}^*——对称层合板的正则化弯曲柔度系数。且

$$d_{ij}^* = h^3 d_{ij}/12 \tag{3.3.29}$$

对于对称层合板，由于 $B_{ij}=0$，所以式(3.3.19)的 $\beta_{ij}^*=0$，$\alpha_{ij}^*=a_{ij}^*$，$\delta_{ij}^*=d_{ij}^*$。

式(3.3.14)是计算层合板弯曲刚度系数的一个普遍性的公式，可用于任意单层、任何材料混杂组合的层合板。当计算对称层合板时，该式可写成

$$D_{ij}^* = \frac{2}{3}\sum_{k=1}^{n/2}\overline{Q}_{ij}^{(k)}[z_k^3 - z_{k-1}^3] \quad (i, j = 1, 2, 6) \tag{3.3.30}$$

正则化弯曲刚度系数

$$D_{ij}^* = \frac{12}{h^3}D_{ij} = \frac{8}{h^3}\sum_{k=1}^{n/2}\overline{Q}_{ij}^{(k)}[z_k^3 - z_{k-1}^3] \quad (i, j = 1, 2, 6) \tag{3.3.31}$$

当各单层厚度相同且单层总数 n 为偶数时，利用图 3.1.1(c) 单层的序号，可得

$$D_{ij}^* = \frac{8}{n^3}\sum_{k=1}^{n/2}\overline{Q}_{ij}^{(k)}[k^3 - (k-1)^3] \quad (i, j = 1, 2, 6) \tag{3.3.32}$$

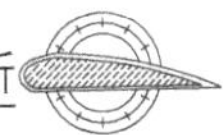

若单层总数 n 为奇数，可将半个单层算作一个单层，总单层数则应为 $2n$，所以

$$D_{ij}^{*} = \frac{8}{(2n)^3}\sum_{k=1}^{n}\overline{Q}_{ij}^{(k)}[k^3-(k-1)^3] = \frac{1}{n^3}\sum_{k=1}^{n}\overline{Q}_{ij}^{(k)}[k^3-(k-1)^3] \quad (i,\ j=1,\ 2,\ 6) \tag{3.3.33}$$

式中 k——各单层的序号。当用式(3.3.33)时，k 应按半个单层编序号。

$[k^3-(k-1)^3]$——对称层合板的加权因子。表3.3.1给出了加权因子的数值。

表3.3.1 对称层合板的加权因子表

单层序号 k	$k-1$	$k^3-(k-1)^3$	单层序号 k	$k-1$	$k^3-(k-1)^3$
1	0	1	8	7	169
2	1	7	9	8	217
3	2	19	10	9	271
4	3	37	11	10	331
5	4	61	12	11	397
6	5	91	13	12	469
7	6	127	14	13	547

由式(3.3.31)可知，层合板中各单层对弯曲刚度系数的贡献与它们到中面距离的3次方成正比，加权因子随远离中面而迅速增大。为了提高层合板的弯曲刚度系数，工程上常采用有蜂窝芯子的对称夹芯层合板(图3.3.4)。因为对称，其结构示意图只画出中面以下的部分，从中面开始依次向下编号。芯材厚为 h_c（半厚为 z_c）。

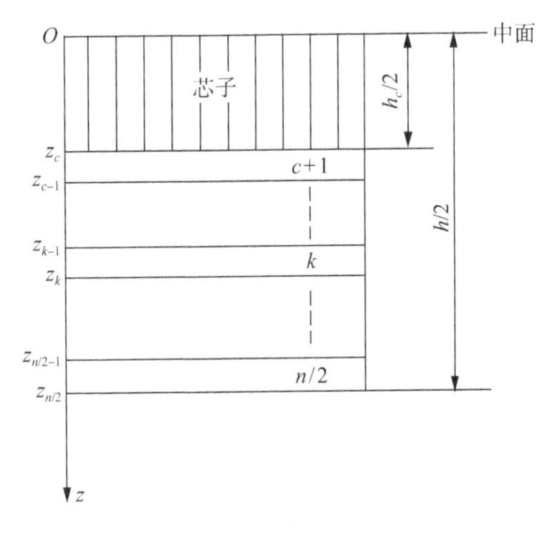

图3.3.4 夹芯层合板结构示意

如果记

$$D_{ij}^{0} = \frac{1}{h^{*}}D_{ij} \tag{3.3.34}$$

$$h^{*} = \frac{h^3}{12}(1-v_c^3) \tag{3.3.35}$$

式中，v_c 是芯材的体积含量，$v_c=2z_c/h$

可以证明

$$D_{ij}^{0} = \frac{8}{n_f^3}\sum_{k=c+1}^{n/2}\overline{Q}_{ij}^{(k)}[k^3-(k-1)^3] \quad (i,j=1,2,6) \tag{3.3.36}$$

$$n_f^3 = n^3-(2c)^3 \tag{3.3.37}$$

式中，c 为芯材一半厚按单层板厚折算后的层数。若单层板厚度为 t_0，则 $c=z_c/t_0$。

在制作夹芯层合板时，通常芯材的刚度系数与面板材料的刚度系数相比是很小的，又由于芯材靠近中面，所以计算夹芯层合板的弯曲刚度系数 D_{ij}^{0} 时，芯材的 $\overline{Q}_{ij}^{(k)}$ 视为零，但各单层序号 k 应计入芯材所对应的单层层数。当芯材厚度为零，即为实心层合板时，此时 $z_c=0,c=0$，$n_f=n,D_{ij}^{0}=D_{ij}^{*}$。

因偏轴刚度系数可以用倍角函数公式(2.2.16)表示，故层合板的正则化弯曲刚度系数的计算公式也可以写成

$$\left.\begin{aligned} D_{11}^{0} &= U_{1Q} + V_{1D}^{*}U_{2Q} + V_{2D}^{*}U_{3Q} \\ D_{22}^{0} &= U_{1Q} - V_{1D}^{*}U_{2Q} + V_{2D}^{*}U_{3Q} \\ D_{12}^{0} &= U_{4Q} - V_{2D}^{*}U_{3Q} \\ D_{66}^{0} &= U_{5Q} - V_{2D}^{*}U_{3Q} \\ D_{16}^{0} &= \frac{1}{2}V_{3D}^{*} + V_{4D}^{*}U_{3Q} \\ D_{26}^{0} &= \frac{1}{2}V_{3D}^{*} - V_{4D}^{*}U_{3Q} \end{aligned}\right\} \tag{3.3.38}$$

$$\begin{Bmatrix} V_{1D}^{*} \\ V_{2D}^{*} \\ V_{3D}^{*} \\ V_{4D}^{*} \end{Bmatrix} = \frac{8}{n_{\mathrm{f}}^{3}} \sum_{k=c+1}^{n/2} \begin{Bmatrix} \cos 2\theta_k \\ \cos 4\theta_k \\ \sin 2\theta_k \\ \sin 4\theta_k \end{Bmatrix} [k^3 - (k-1)^3] \tag{3.3.39}$$

式中，V_{iD}^{*}为层合板弯曲刚度系数的正则化几何因子。

3.3.3 一般层合板的刚度系数计算

由于一般层合板是非对称的，故A_{ij}^{*}和D_{ij}^{*}不能采用式(3.2.17)和式(3.3.32)计算。一般层合板的刚度系数可以按式(3.3.14)来进行计算，这几个公式对任何层合板都是适用的。当层合板是由相同材料的等厚单层板叠成时，也可以利用加权因子简化计算过程。与对称层合板不同的是，如果单层按图3.3.5编排序号。则求和应从$k=1-(n/2)$到$k=n/2$(单层总层数为偶数)。即

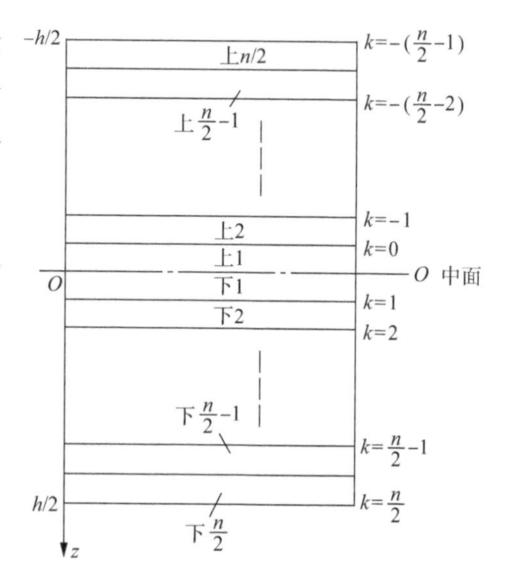

图3.3.5 一般层合板的铺层序号

$$\left.\begin{aligned} A_{ij}^{*} &= \frac{1}{n} \sum_{k=1-\frac{n}{2}}^{n/2} \overline{Q}_{ij}^{(k)} [k - (k-1)] \\ D_{ij}^{*} &= \frac{4}{n^3} \sum_{k=1-\frac{n}{2}}^{n/2} \overline{Q}_{ij}^{(k)} [k^3 - (k-1)^3] \\ B_{ij}^{*} &= \frac{1}{n^2} \sum_{k=1-\frac{n}{2}}^{n/2} \overline{Q}_{ij}^{(k)} [k^2 - (k-1)^2] \end{aligned}\right\} \tag{3.3.40}$$

用式(3.3.40)计算刚度系数的加权因子值见表3.3.2。

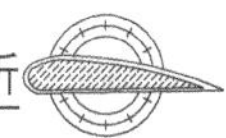

表 3.3.2　计算一般层合板刚度系数的加权因子值

单层	序号 k	$k-(k-1)$	$k^2-(k-1)^2$	$k^3-(k-1)^3$	单层	序号 k	$k-(k-1)$	$k^2-(k-1)^2$	$k^3-(k-1)^3$
上 8	−7	1	−15	169	下 1	1	1	1	1
上 7	−6	1	−13	127	下 2	2	1	3	7
上 6	−5	1	−11	91	下 3	3	1	5	19
上 5	−4	1	−9	61	下 4	4	1	7	37
上 4	−3	1	−7	37	下 5	5	1	9	61
上 3	−2	1	−5	19	下 6	6	1	11	91
上 2	−1	1	−3	7	下 7	7	1	13	127
上 1	0	1	−1	1	下 8	8	1	15	169

由表 3.3.2 可见，面内刚度系数的加权因子恒等于 1。这表明面内刚度与单层的铺叠顺序无关，与层合板是否对称也无关。A_{ij}^* 仍然是各单层模量的算术平均值。而耦合刚度系数和弯曲刚度系数的加权因子与单层的铺叠顺序有关。离中面愈远的单层影响愈大。前者对中面是反对称的，而后者是对称的。当单层厚度不同，且单层总数不为偶数时，可人为地划分成单层厚度相同和总层数为偶数的层合板，再代入式(3.3.40)计算 B_{ij}^* 与 D_{ij}^* 。

在具体计算一般层合板刚度系数时也可以采用倍角函数的形式。A_{ij}^* 和 D_{ij}^* 的公式与以前导出的结果式(3.2.19)和式(3.3.38)是相同的。由于一般层合板不存在中面对称性，所以计算正则化几何因子时必须改用如下形式的公式。现连同正则化耦合刚度系数的计算式一起，将一般层合板的正则化刚度系数写成如下形式

$$\begin{Bmatrix} [A_{11}^*,B_{11}^*,D_{11}^*] \\ [A_{22}^*,B_{22}^*,D_{22}^*] \\ [A_{12}^*,B_{12}^*,D_{12}^*] \\ [A_{66}^*,B_{66}^*,D_{66}^*] \\ [A_{16}^*,B_{16}^*,D_{16}^*] \\ [A_{26}^*,B_{26}^*,D_{26}^*] \end{Bmatrix} = \begin{bmatrix} U_{1Q} & [V_{1A}^*,V_{1B}^*,V_{1D}^*] & [V_{2A}^*,V_{2B}^*,V_{2D}^*] \\ U_{1Q} & -[V_{1A}^*,V_{1B}^*,V_{1D}^*] & [V_{2A}^*,V_{2B}^*,V_{2D}^*] \\ U_{4Q} & 0 & -[V_{2A}^*,V_{2B}^*,V_{2D}^*] \\ U_{5Q} & 0 & -[V_{2A}^*,V_{2B}^*,V_{2D}^*] \\ 0 & \frac{1}{2}[V_{3A}^*,V_{3B}^*,V_{3D}^*] & [V_{4A}^*,V_{4B}^*,V_{4D}^*] \\ 0 & \frac{1}{2}[V_{3A}^*,V_{3B}^*,V_{3D}^*] & -[V_{4A}^*,V_{4B}^*,V_{4D}^*] \end{bmatrix} \begin{Bmatrix} [1,0,1] \\ U_{2Q} \\ U_{3Q} \end{Bmatrix} \tag{3.3.41}$$

式中的 V^* 分别由下列各式给出

$$\{V_A^*\} = \begin{Bmatrix} V_{1A}^* \\ V_{2A}^* \\ V_{3A}^* \\ V_{4A}^* \end{Bmatrix} = \frac{1}{h}\sum_{k=1-\frac{n}{2}}^{n/2} \begin{Bmatrix} \cos 2\theta_k \\ \cos 4\theta_k \\ \sin 2\theta_k \\ \sin 4\theta_k \end{Bmatrix} (z_k - z_{k-1}) \tag{3.3.42}$$

$$\{V_B^*\} = \begin{Bmatrix} V_{1B}^* \\ V_{2B}^* \\ V_{3B}^* \\ V_{4B}^* \end{Bmatrix} = \frac{1}{h^2}\sum_{k=1-\frac{n}{2}}^{n/2} \begin{Bmatrix} \cos 2\theta_k \\ \cos 4\theta_k \\ \sin 2\theta_k \\ \sin 4\theta_k \end{Bmatrix} (z_k^2 - z_{k-1}^2) \tag{3.3.43}$$

$$\{V_D^*\} = \begin{Bmatrix} V_{1D}^* \\ V_{2D}^* \\ V_{3D}^* \\ V_{4D}^* \end{Bmatrix} = \frac{4}{h^3}\sum_{k=1-\frac{n}{2}}^{n/2} \begin{Bmatrix} \cos 2\theta_k \\ \cos 4\theta_k \\ \sin 2\theta_k \\ \sin 4\theta_k \end{Bmatrix} (z_k^3 - z_{k-1}^3) \tag{3.3.44}$$

若各单层厚度 t 相同，则

$$\{V_A^*\}=\begin{Bmatrix}V_{1A}^*\\V_{2A}^*\\V_{3A}^*\\V_{4A}^*\end{Bmatrix}=\frac{1}{n}\sum_{k=1-\frac{n}{2}}^{n/2}\begin{Bmatrix}\cos 2\theta_k\\\cos 4\theta_k\\\sin 2\theta_k\\\sin 4\theta_k\end{Bmatrix}[k-(k-1)] \tag{3.3.45}$$

$$\{V_B^*\}=\begin{Bmatrix}V_{1B}^*\\V_{2B}^*\\V_{3B}^*\\V_{4B}^*\end{Bmatrix}=\frac{1}{n^2}\sum_{k=1-\frac{n}{2}}^{n/2}\begin{Bmatrix}\cos 2\theta_k\\\cos 4\theta_k\\\sin 2\theta_k\\\sin 4\theta_k\end{Bmatrix}[k^2-(k-1)^2] \tag{3.3.46}$$

$$\{V_D^*\}=\begin{Bmatrix}V_{1D}^*\\V_{2D}^*\\V_{3D}^*\\V_{4D}^*\end{Bmatrix}=\frac{4}{n^3}\sum_{k=1-\frac{n}{2}}^{n/2}\begin{Bmatrix}\cos 2\theta_k\\\cos 4\theta_k\\\sin 2\theta_k\\\sin 4\theta_k\end{Bmatrix}[k^3-(k-1)^3] \tag{3.3.47}$$

3.3.4 几种典型层合板的刚度

1. 正交对称层合板的弯曲刚度

为了说明正交对称层合板弯曲刚度系数随铺叠顺序的变化规律，以一个共有 16 层单层但有 3 种铺叠方式的层合板（图 3.3.6）为例进行讨论。其中图 3.3.6(a)为$[0_4/90_4]_s$，单层组数 $m=4$；图 3.3.6(b)为$[0_2/90_2/0_2/90_2]_s$，单层组数 $m=8$；图 3.3.6(c)为$[0/90/0/90/0/90/0/90]_s$，单层组数 $m=16$。由于对称，图上只绘出一半。按式(3.3.39)和 $\theta=0°$及 90°的三角函数值计算各几何因子。

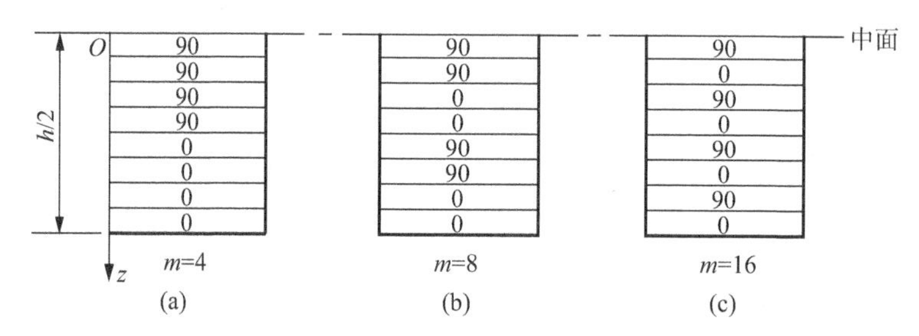

图 3.3.6 具有不同单层组数的正交对称层合板

当 $m=4$ 时：

$$\{V_D^*\}=\begin{Bmatrix}V_{1D}^*\\V_{2D}^*\\V_{3D}^*\\V_{4D}^*\end{Bmatrix}=\frac{8}{16^3}\begin{Bmatrix}-1-7-19-37+61+91+127+169\\1+7+19+37+61+91+127+169\\0\\0\end{Bmatrix}$$

$$=\frac{1}{512}\begin{Bmatrix}384\\512\\0\\0\end{Bmatrix}=\begin{Bmatrix}3/4\\1\\0\\0\end{Bmatrix}=\begin{Bmatrix}3/m\\1\\0\\0\end{Bmatrix}$$

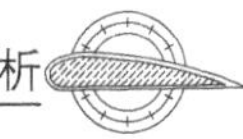

当 $m=8$ 时：

$$\{V_D^*\}=\frac{8}{16^3}\begin{Bmatrix}-1-7+19+37-61-91+127+169\\1+7+19+37+61+91+127+169\\0\\0\end{Bmatrix}=\begin{Bmatrix}3/8\\1\\0\\0\end{Bmatrix}=\begin{Bmatrix}3/m\\1\\0\\0\end{Bmatrix}$$

当 $m=16$ 时：

$$\{V_D^*\}=\frac{8}{16^3}\begin{Bmatrix}96\\512\\0\\0\end{Bmatrix}=\begin{Bmatrix}3/16\\1\\0\\0\end{Bmatrix}=\begin{Bmatrix}3/m\\1\\0\\0\end{Bmatrix}$$

由上面计算结果可见，正交对称层合板仅几何因子 V_{1D}^* 与单层组数有关，即随各层铺叠顺序而改变，其变化规律为 $V_{1D}^*=3/m$。但应注意这个规律只适用于各单层组顺序不变、仅单层组数 m 改变的正交层合板。

将 $\{V_D^*\}$ 值代入式(3.3.38)，得正则化弯曲刚度系数为

$$\left.\begin{aligned}D_{11}^*&=U_{1Q}+\frac{3}{m}U_{2Q}+U_{3Q}\\D_{22}^*&=U_{1Q}-\frac{3}{m}U_{2Q}+U_{3Q}\\D_{12}^*&=U_{4Q}-U_{3Q}\\D_{66}^*&=U_{5Q}-U_{3Q}\\D_{16}^*&=D_{26}^*=0\end{aligned}\right\}\tag{3.3.48}$$

由此可知正交对称层合板的弯曲特性如下。

(1) 因为 $D_{16}^*=D_{26}^*=0$，故正交对称层合板在弯曲时是正交异性的，仅有泊松效应而没有弯扭之间的耦合。

(2) 弯曲刚度系数只有 D_{11}^* 和 D_{22}^* 两个分量随铺叠顺序的变化而变化。V_{1D}^* 的大小影响 D_{11}^* 和 D_{22}^* 差别的大小。故几何因子 V_{1D}^* 对弯曲刚度系数的影响反映了各向异性的程度。

(3) 若 m 趋向无穷，则 $D_{11}^*=D_{22}^*$，层合板是准均匀的(如果对称层合板满足 $D_{ij}^*=A_{ij}^*$，则称此对称层合板为准均匀层合板。即准均匀层合板的正则化弯曲力矩-曲率关系式与正则化面内力-面内应变关系式是相同的)，但绝不能误解为各向同性的。

2. 斜交对称层合板的弯曲刚度

同样取 16 个单层，仍分成三种铺叠方式(图 3.3.7)，研究铺设方向角 θ_k 分别为 $+\phi$ 与 $-\phi$ 时斜交对称层合板的弯曲特性。

利用式(3.3.39)，分别按 $m=4$、8、16 计算，同理可得

$$\{V_D^*\}=\begin{Bmatrix}\cos 2\phi\\\cos 4\phi\\\dfrac{3}{m}\sin 2\phi\\\dfrac{3}{m}\sin 4\phi\end{Bmatrix}$$

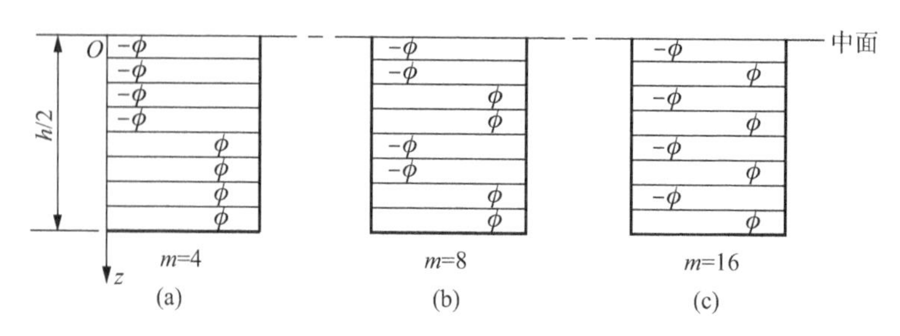

图 3.3.7　具有不同单层组数的斜交对称层合板

将$\{V_D^*\}$代入式(3.3.38)，得斜交对称层合板的各弯曲刚度系数。

$$\left.\begin{aligned}D_{11}^* &= U_{1Q}+U_{2Q}\cos 2\phi+U_{3Q}\cos 4\phi\\ D_{22}^* &= U_{1Q}-U_{2Q}\cos 2\phi+U_{3Q}\cos 4\phi\\ D_{12}^* &= U_{4Q}-U_{3Q}\cos 4\phi\\ D_{66}^* &= U_{5Q}-U_{4Q}\cos 4\phi\\ D_{16}^* &= \frac{3}{2m}U_{2Q}\sin 2\phi+\frac{3}{m}U_{3Q}\sin 4\phi\\ D_{26}^* &= \frac{3}{2m}U_{2Q}\sin 2\phi-\frac{3}{m}U_{3Q}\sin 4\phi\end{aligned}\right\} \tag{3.3.49}$$

据此可归纳斜交对称层合板的弯曲特性如下。

(1) 斜交对称层合板的前四个正则化弯曲刚度系数与面内刚度系数一样，是与铺叠顺序无关的，但弯扭的耦合项(D_{16}^*、D_{26}^*)不等于零，故斜交对称层合板的面内特性是正交异性的，而其弯曲特性是各向异性而没有正交性。

(2) 弯扭耦合项随 m 的增大而减小，若 m 趋向无穷，则 $D_{16}^*=D_{26}^*=0$，层合板是准均匀的。由此可见，若想消除弯扭耦合，在一定单层总数的情况下应尽量互相交叉铺设，即增大单层组数。

3. 规则非对称正交层合板的刚度

这种层合板是指 0°单层组与 90°单层组作间隔铺设，每一单层组中具有相同的单层数，且两种单层组材料相同、体积含量相同，但是是非对称铺叠的。例如 $[0_8/90_8]_T$，$[0_4/90_4]_{2T}$，$[0_2/90_2]_{4T}$，它们的单层组数分别为 $m=2$、4、8，见图 3.3.8。这种层合板的刚度具有如下特点。

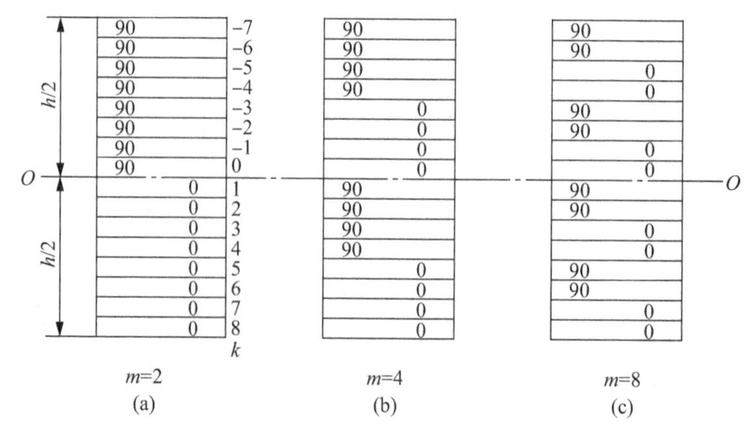

图 3.3.8　具有不同单层组数的非对称正交层合板

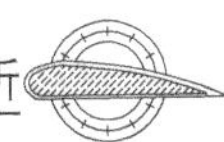

(1) 正则化面内刚度系数是各单层模量的算术平均值,与单层组数 m 和铺叠顺序无关。即

$$A_{ij}^{*}=\frac{1}{2}[\bar{Q}_{ij}^{(0)}+\bar{Q}_{ij}^{(90)}] \tag{3.3.50}$$

式中,$\bar{Q}_{ij}^{(0)}$ 和 $\bar{Q}_{ij}^{(90)}$ 分别表示 0°单层和 90°单层对应于层合板参考轴的模量分量。

由于

$$\bar{Q}_{16}^{(0)}=\bar{Q}_{26}^{(0)}=\bar{Q}_{16}^{(90)}=\bar{Q}_{26}^{(90)}=0$$

故

$$A_{16}^{*}=A_{26}^{*}=0$$

(2) 正则化弯曲模量 D_{ij}^{*} 不随 m 变化。因为弯曲模量的加权因子 $[k^3-(k-1)^3]$ 关于中面是对称的,不论 m 为多少,对应中面上、下相同位置始终包含一个 0°单层和一个 90°单层,故 D_{ij}^{*} 不随 m 而变。即

$$D_{ij}^{*}=\frac{1}{2}[\bar{Q}_{ij}^{(0)}+\bar{Q}_{ij}^{(90)}],\quad D_{16}^{*}=D_{26}^{*}=0 \tag{3.3.51}$$

比较式(3.3.50)与式(3.3.51)可得

$$D_{ij}^{*}=A_{ij}^{*}\quad (i,j=1,2,6) \tag{3.3.52}$$

(3) 由于加权因子 $[k^2-(k-1)^2]$ 是关于中面反对称的,故正则化耦合刚度系数 B_{ij}^{*} 与 m 有关。如果利用式(3.3.40)分别计算 $m=2$、4、8 的层合板,则可归结为如下公式

$$B_{ij}^{*}=\frac{1}{2m}[\bar{Q}_{ij}^{(0)}-\bar{Q}_{ij}^{(90)}]\quad (i,j=1,2,6) \tag{3.3.53}$$

由于

$$\bar{Q}_{12}^{(0)}=\bar{Q}_{12}^{(90)},\quad \bar{Q}_{66}^{(0)}=\bar{Q}_{66}^{(90)},\quad \bar{Q}_{16}^{(0)}=\bar{Q}_{26}^{(0)}=\bar{Q}_{16}^{(90)}=\bar{Q}_{26}^{(90)}=0$$

所以

$$B_{12}^{*}=B_{66}^{*}=B_{16}^{*}=B_{26}^{*}=0 \tag{3.3.54}$$

又由于 $\bar{Q}_{11}^{(90)}=\bar{Q}_{22}^{(0)}$,$\bar{Q}_{11}^{(0)}=\bar{Q}_{22}^{(90)}$,故由式(3.3.53)可得

$$B_{22}^{*}=-B_{11}^{*}=\frac{1}{2m}(Q_{22}-Q_{11}) \tag{3.3.55}$$

当 m 趋向无穷时,由式(3.3.53)可知 $B_{22}^{*}=B_{11}^{*}=0$,此时层合板是准均匀的。事实上,当 m 大到一定数值时,B_{ij}^{*} 与 A_{ij}^{*} 或 D_{ij}^{*} 相比就很小,可看成准均匀层合板。对于这种准均匀层合板,无论是面内变形或弯曲变形,或两者兼而有之,均可像均匀层合板(即单层板)那样进行计算,不过要用正则化面内刚度系数替代均匀层合板的刚度系数。

综上所述,我们可得到这一类非对称正交层合板的正则化内力-应变关系式

$$\begin{Bmatrix} N_x^{*} \\ N_y^{*} \\ N_{xy}^{*} \\ \cdots \\ M_x^{*} \\ M_y^{*} \\ M_{xy}^{*} \end{Bmatrix}=\begin{bmatrix} A_{11}^{*} & A_{12}^{*} & 0 & \vdots & B_{11}^{*} & 0 & 0 \\ A_{12}^{*} & A_{22}^{*} & 0 & \vdots & 0 & B_{22}^{*} & 0 \\ 0 & 0 & A_{66}^{*} & \vdots & 0 & 0 & 0 \\ \cdots & \cdots & \cdots & \cdots & \cdots & \cdots & \cdots \\ 3B_{11}^{*} & 0 & 0 & \vdots & D_{11}^{*} & D_{12}^{*} & 0 \\ 0 & 3B_{22}^{*} & 0 & \vdots & D_{12}^{*} & D_{22}^{*} & 0 \\ 0 & 0 & 0 & \vdots & 0 & 0 & D_{66}^{*} \end{bmatrix}\begin{Bmatrix} \varepsilon_x^{0} \\ \varepsilon_y^{0} \\ \gamma_{xy}^{0} \\ \cdots \\ k_x^{*} \\ k_y^{*} \\ k_{xy}^{*} \end{Bmatrix} \tag{3.3.56}$$

为了便于矩阵运算和求逆，可将上式作紧凑排列，得到

$$\begin{Bmatrix} N_x^* \\ N_y^* \\ M_x^* \\ M_y^* \\ \cdots \\ N_{xy}^* \\ M_{xy}^* \end{Bmatrix} = \begin{bmatrix} A_{11}^* & A_{12}^* & B_{11}^* & 0 & \vdots & 0 & 0 \\ A_{12}^* & A_{22}^* & 0 & B_{22}^* & \vdots & 0 & 0 \\ 3B_{11}^* & 0 & D_{11}^* & D_{12}^* & \vdots & 0 & 0 \\ 0 & 3B_{22}^* & D_{12}^* & D_{22}^* & \vdots & 0 & 0 \\ \cdots & \cdots & \cdots & \cdots & \cdots & \cdots & \cdots \\ 0 & 0 & 0 & 0 & \vdots & A_{66}^* & 0 \\ 0 & 0 & 0 & 0 & \vdots & 0 & D_{66}^* \end{bmatrix} \begin{Bmatrix} \varepsilon_x^0 \\ \varepsilon_y^0 \\ k_x^* \\ k_y^* \\ \cdots \\ \gamma_{xy}^0 \\ k_{xy}^* \end{Bmatrix} \tag{3.3.57}$$

由上式可以看出，面内剪切和扭转变形均不与其他变形耦合，因此面内剪切和扭转变形的行为均像单层板正轴时一样。

作式(3.3.57)的逆变换，可得如下非对称正交层合板的正则化应变-内力关系式

$$\begin{Bmatrix} \varepsilon_x^0 \\ \varepsilon_y^0 \\ k_x^* \\ k_y^* \\ \cdots \\ \gamma_{xy}^0 \\ k_{xy}^* \end{Bmatrix} = \begin{bmatrix} \alpha_{11}^* & \alpha_{12}^* & (1/3)\beta_{11}^* & 0 & \vdots & 0 & 0 \\ \alpha_{12}^* & \alpha_{22}^* & 0 & (1/3)\beta_{22}^* & \vdots & 0 & 0 \\ \beta_{11}^* & 0 & \delta_{11}^* & \delta_{12}^* & \vdots & 0 & 0 \\ 0 & \beta_{22}^* & \delta_{12}^* & \delta_{22}^* & \vdots & 0 & 0 \\ \cdots & \cdots & \cdots & \cdots & \cdots & \cdots & \cdots \\ 0 & 0 & 0 & 0 & \vdots & \alpha_{66}^* & 0 \\ 0 & 0 & 0 & 0 & \vdots & 0 & \alpha_{66}^* \end{bmatrix} \begin{Bmatrix} N_x^* \\ N_y^* \\ M_x^* \\ M_y^* \\ \cdots \\ N_{xy}^* \\ M_{xy}^* \end{Bmatrix} \tag{3.3.58}$$

4. 规则反对称层合板的刚度

规则反对称层合板(Skew symmetric laminate)包含单层材料相同和体积含量相同的两种单层方向，相对于中面其单层方向角的大小相同，符号相反，即 $\theta(z)=-\theta(-z)$，且每一单层组中具有相同单层数作间隔铺设而成的层合板，如 $[-\phi_2/\phi_2]_{4T}$、$[-\phi_4/\phi_4]_{2T}$、$[-\phi_8/\phi_8]_T$ 等。因为单层方向相对于中面反对称，而由式(2.2.16)可知偏轴模量的前四个分量是单层方向的偶函数，$\bar{Q}_{16}$ 和 $\bar{Q}_{26}$ 是单层方向的奇函数，所以有

$$\left.\begin{aligned} &\bar{Q}_{11}(z)=\bar{Q}_{11}(-z), \quad &&\bar{Q}_{22}(z)=\bar{Q}_{22}(-z) \\ &\bar{Q}_{12}(z)=\bar{Q}_{12}(-z), \quad &&\bar{Q}_{66}(z)=\bar{Q}_{66}(-z) \\ &\bar{Q}_{16}(z)=-\bar{Q}_{16}(-z), \quad &&\bar{Q}_{26}(z)=-\bar{Q}_{26}(-z) \end{aligned}\right\} \tag{3.3.59}$$

由加权因子表(表 3.3.2)知，面内刚度系数和弯曲刚度系数的加权因子是偶函数，而耦合刚度系数的加权因子是奇函数。因此，根据式(3.3.40)求各正则化刚度系数分量时，由于偶函数与奇函数相乘后的总和为零，则得

$$\left.\begin{aligned} A_{16}^*=A_{26}^*=D_{16}^*=D_{26}^*=0 \\ B_{11}^*=B_{22}^*=B_{12}^*=B_{66}^*=0 \end{aligned}\right\} \tag{3.3.60}$$

其余的正则化刚度系数分量依据式(3.3.40)亦可得到。

$$A_{ij}^*=\bar{Q}_{ij}^{(\phi)}, \quad D_{ij}^*=\bar{Q}_{ij}^{(\phi)}, \quad B_{ij}^*=\frac{-\bar{Q}_{ij}^{(\phi)}}{m} \tag{3.3.61}$$

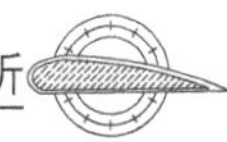

式中　$\bar{Q}_{ij}^{(\phi)}$——方向角为 ϕ 的单层偏轴模量；

m——单层组数(图 3.3.9)。

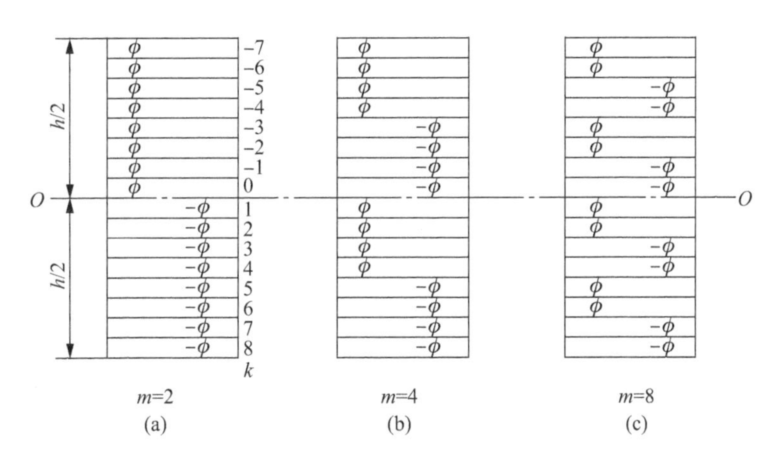

图 3.3.9　具有不同单层组数的反对称层合板

由此可以写出 ϕ 单层和 $-\phi$ 单层材料相同、体积含量相等，且每一单层组中具有相同单层数的反对称斜交层合板的正则化内力-应变关系式

$$\begin{Bmatrix} N_x^* \\ N_y^* \\ N_{xy}^* \\ \cdots \\ M_x^* \\ M_y^* \\ M_{xy}^* \end{Bmatrix} = \begin{bmatrix} A_{11}^* & A_{12}^* & 0 & \vdots & 0 & 0 & B_{16}^* \\ A_{12}^* & A_{22}^* & 0 & \vdots & 0 & 0 & B_{26}^* \\ 0 & 0 & A_{66}^* & \vdots & B_{61}^* & B_{62}^* & 0 \\ \cdots & \cdots & \cdots & \cdots & \cdots & \cdots & \cdots \\ 0 & 0 & 3B_{16}^* & \vdots & D_{11}^* & D_{12}^* & 0 \\ 0 & 0 & 3B_{26}^* & \vdots & D_{12}^* & D_{22}^* & 0 \\ 3B_{61}^* & 3B_{62}^* & 0 & \vdots & 0 & 0 & D_{66}^* \end{bmatrix} \begin{Bmatrix} \varepsilon_x^0 \\ \varepsilon_y^0 \\ \gamma_{xy}^0 \\ \cdots \\ k_x^* \\ k_y^* \\ k_{xy}^* \end{Bmatrix} \tag{3.3.62}$$

将上式作紧凑排列得

$$\begin{Bmatrix} N_x^* \\ N_y^* \\ M_{xy}^* \\ \cdots \\ M_x^* \\ M_y^* \\ N_{xy}^* \end{Bmatrix} = \begin{bmatrix} A_{11}^* & A_{12}^* & B_{16}^* & \vdots & 0 & 0 & 0 \\ A_{12}^* & A_{22}^* & B_{26}^* & \vdots & 0 & 0 & 0 \\ 3B_{61}^* & 3B_{62}^* & D_{66}^* & \vdots & 0 & 0 & 0 \\ \cdots & \cdots & \cdots & \cdots & \cdots & \cdots & \cdots \\ 0 & 0 & 0 & \vdots & D_{11}^* & D_{12}^* & 3B_{16}^* \\ 0 & 0 & 0 & \vdots & D_{12}^* & D_{22}^* & 3B_{26}^* \\ 0 & 0 & 0 & \vdots & B_{61}^* & B_{62}^* & A_{66}^* \end{bmatrix} \begin{Bmatrix} \varepsilon_x^0 \\ \varepsilon_y^0 \\ k_{xy}^* \\ \cdots \\ k_x^* \\ k_y^* \\ \gamma_{xy}^0 \end{Bmatrix} \tag{3.3.63}$$

按照式(3.3.63)求柔度系数就变成求两个 3×3 矩阵的逆矩阵问题了，这样可以大大简化运算工作。对应于式(3.3.63)，可得柔度系数构成的关系式为

$$\begin{Bmatrix} \varepsilon_x^0 \\ \varepsilon_y^0 \\ k_{xy}^* \\ \cdots \\ k_x^* \\ k_y^* \\ \gamma_{xy}^0 \end{Bmatrix} = \begin{bmatrix} \alpha_{11}^* & \alpha_{12}^* & (1/3)\beta_{16}^* & \vdots & 0 & 0 & 0 \\ \alpha_{12}^* & \alpha_{22}^* & (1/3)\beta_{26}^* & \vdots & 0 & 0 & 0 \\ \beta_{16}^* & \beta_{26}^* & \delta_{66}^* & \vdots & 0 & 0 & 0 \\ \cdots & \cdots & \cdots & \cdots & \cdots & \cdots & \cdots \\ 0 & 0 & 0 & \vdots & \delta_{11}^* & \delta_{12}^* & \beta_{61}^* \\ 0 & 0 & 0 & \vdots & \delta_{12}^* & \delta_{22}^* & \beta_{62}^* \\ 0 & 0 & 0 & \vdots & (1/3)\beta_{61}^* & (1/3)\beta_{62}^* & \alpha_{66}^* \end{bmatrix} \begin{Bmatrix} N_x^* \\ N_y^* \\ M_{xy}^* \\ \cdots \\ M_x^* \\ M_y^* \\ N_{xy}^* \end{Bmatrix} \tag{3.3.64}$$

综上所述，反对称斜交层合板的特性如下。

(1) 由式(3.3.61)可知：$D_{ij}^*=A_{ij}^*$，B_{16}^*与B_{26}^*不为零。当m趋向无穷时，$B_{ij}^*=0$，此时层合板是准均匀的。实际上当m足够大时即可看作准均匀层合板。

(2) 由式(3.3.64)可知，反对称层合板的面内拉力和扭矩是与其相应的变形联系在一起的，而面内剪力和弯矩也是与其相应的变形联系在一起的。即单轴拉伸除产生面内变形外还要产生扭曲，纯扭矩除产生扭转外还要产生面内变形；同样，纯剪力作用下会产生弯曲，而纯弯曲作用下会产生剪切变形。层合板的这种耦合作用在一定条件下是有益的，有可能利用这种特性消除构件的有害变形。例如，用反对称层合板制成的风扇、螺旋桨、风力发电机叶片等类构件，它们工作时既有面内拉伸力(主要由离心力引起)又有扭矩作用，即$N_x^*\neq 0$，$M_{xy}^*\neq 0$。在组合应力作用下，将引起叶片扭率的变化，而扭率的改变对其流体力学性能影响较大。欲使扭率不变，也就是使$k_{xy}^*=0$，由式(3.3.64)得

$$k_{xy}^*=N_x^*\beta_{16}^*+M_{xy}^*\delta_{66}^*=0$$

即

$$\delta_{66}^*/\beta_{16}^*=-N_x^*/M_{xy}^* \tag{3.3.65}$$

设计时若对载荷情况分析得比较准确，就可以通过调整铺设情况(如改变单层材料、铺设方向或铺叠顺序等)来满足上式而达到零扭率的要求。

3.3.5 平行移轴定理

上面介绍的层合板刚度系数计算，都是将坐标面$x-y$置于层合板的几何中面上，这样所计算的层合板刚度系数都是相对于层合板中面而言的，因而可称为层合板的中面刚度系数。而复合材料结构件的刚度系数分析，不一定都是就层合板中面而言的，例如，复合材料叶片的横截面都是采用机翼型，叶片刚度分析的参考坐标原点往往是在叶片截面形心处；复合材料船壳刚度分析也是如此。这就要涉及如何计算关于层合板非中面的刚度系数问题。通过平行移轴定理即可完成这个转换。

由图3.3.10可见，层合板相对于平行层合板中面的面的层合板刚度系数(带′)与中面刚度系数(不带′)之间具有如下关系

$$A'_{ij}=\int_{d-(h/2)}^{d+(h/2)}\bar{Q}_{ij}^{(k)}\,\mathrm{d}z'=\int_{-h/2}^{h/2}\bar{Q}_{ij}^{(k)}\,\mathrm{d}z=A_{ij} \tag{3.3.66}$$

$$B'_{ij}=\int_{d-(h/2)}^{d+(h/2)}\bar{Q}_{ij}^{(k)}z'\,\mathrm{d}z'=\int_{-h/2}^{h/2}\bar{Q}_{ij}^{(k)}(z+d)\,\mathrm{d}z=B_{ij}+dA_{ij} \tag{3.3.67}$$

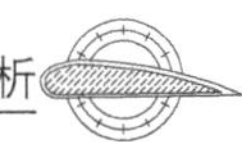

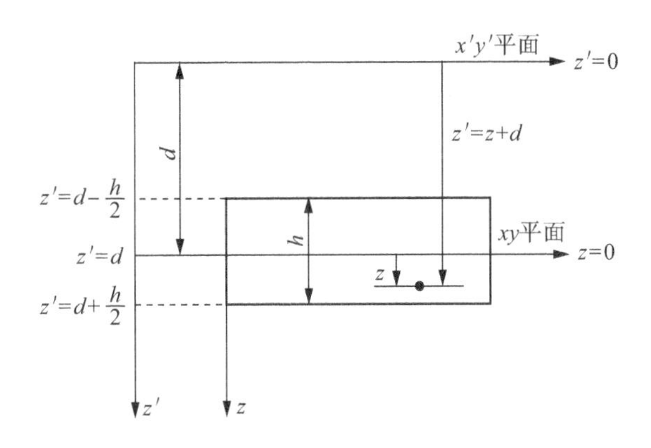

图 3.3.10　平行移轴定理的原始中面和新中面

$$
\begin{aligned}
D'_{ij} &= \int_{d-(h/2)}^{d+(h/2)} \bar{Q}_{ij}^{(k)} z'^2 \mathrm{d}z' = \int_{-h/2}^{h/2} \bar{Q}_{ij}^{(k)} (z+d)^2 \mathrm{d}z \\
&= \int_{-h/2}^{h/2} \bar{Q}_{ij}^{(k)} (z^2 + 2\mathrm{d}z + d^2) \mathrm{d}z = D_{ij} + 2dB_{ij} + d^2 A_{ij}
\end{aligned} \tag{3.3.68}
$$

利用正则化关系式，将其改写成正则化形式为

$$
\left.
\begin{aligned}
A^{*\prime}_{ij} &= A^*_{ij} \\
B^{*\prime}_{ij} &= B^*_{ij} + 2A^*_{ij}\frac{d}{h} \\
D^{*\prime}_{ij} &= D^*_{ij} + 12B^*_{ij}\frac{d}{h} + 12A^*_{ij}\left(\frac{d}{h}\right)^2
\end{aligned}
\right\} \tag{3.3.69}
$$

式中　d——层合板中面的 z' 坐标；

h——层合板的厚度；

“′”——平行于层合板中面的面的刚度系数。

3.4　层合板的强度

3.4.1　层合板各单层的应力计算与强度校核

由式(3.3.23)可见，尽管层合板在载荷作用下其应变沿厚度方向的分布形式是比较简单的，然而层合板各个单层中纤维的方向不一定相同，纤维与基体材料也不一定相同，即层合板各个单层的 $\bar{Q}_{ij}$ 可以是不同的，因此应力沿厚度的分布将要复杂得多。图 3.4.1 表示一块由 4 层单层板组成的层合板，层合板应变由中面应变和弯曲应变两部分组成，沿厚度线性分布；而

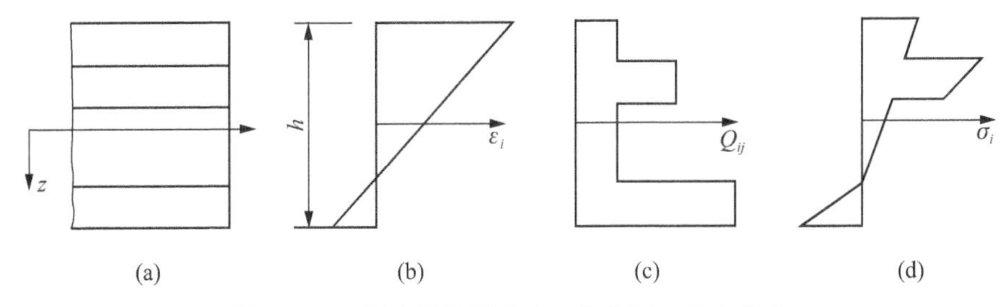

图 3.4.1　层合板沿厚度方向的应变与应力分布

(a) 层合板标志图；(b) 应变变化；(c) 层合板各单层模量；(d) 应力变化

应力除与应变有关外，还与各单层刚度特性有关，若各层刚度不相同，则各层应力不连续分布，应力会在层间处发生突变，但在每一单层内是线性分布的。

由方向角不同的单层叠合而成的多向层合板，强度校核时必须分析各单层的应力，然后按选定的强度准则对各单层的强度作出判断。由于层合板具有层合的结构形式，在外载荷作用下一般是逐层失效的，因此必须作出单层应力分析，可近似通过单层的强度来预测层合板强度。

前面已给出了层合板的内力-应变关系。如果已知层合板正则化内力（N_x^*，N_y^*，N_{xy}^*和M_x^*、M_y^*、M_{xy}^*），对于给定的层合板先求得正则化的柔度系数（α_{ij}^*，β_{ij}^*，δ_{ij}^*），再根据式（3.3.19）可求得中面应变（ε_x^0，ε_y^0，γ_{xy}^0）和中面曲率（k_x^*，k_y^*，k_{xy}^*），再由式（3.3.23）即可求得参考轴方向各单层的应变，然后按应变转换公式得到各单层正轴方向的应变值，最后利用正轴应力-应变关系得到各单层正轴应力分量。上述分析计算过程的概括如图 3.4.2 所示。显然在上述计算过程中，需求出层合板的各刚度系数和柔度系数，这就不可避免地要进行繁杂的代数运算。如果所处理的对象有某些特殊情况可以利用，就可使计算得到简化。如为对称层合板时，则有$[B^*]=0$，$[\alpha^*]=[a^*]$，$[\delta^*]=[d^*]$，$[\beta^*]=0$；如对称层合板仅承受面内力作用时，则面内应变就是各个单层在参考轴方向的应变。

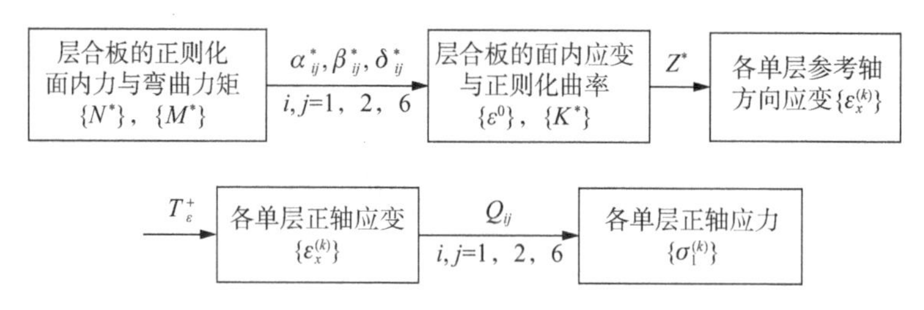

图 3.4.2　层合板单层应力分析过程

计算出各单层的应力后，如仅要求作强度校核，则只需按选定的强度准则对各单层的强度作出判断。

［例 3.4.1］　求由碳纤维/环氧树脂（T300/5208）制成的正交铺设对称层合板$[0_4/90_4]_S$在$N_x^*=50$ MPa，$N_y^*=-50$ MPa，$N_{xy}^*=M_x^*=M_y^*=M_{xy}^*=0$ 作用下各单层的应力。并按最大应力准则校核强度，已知安全系数$n=3$。

［解］　（1）计算$[0_4/90_4]_S$的A_{ij}^*

由表 2.1.2 查得 T300/5208 复合材料单层的正轴模量分量为

$$Q_{11}=181.8\ \text{GPa},\quad Q_{22}=10.34\ \text{GPa},\quad Q_{12}=2.89\ \text{GPa},\quad Q_{66}=7.17\ \text{GPa}$$

对于正交对称层合板，由式（3.2.24）和式（3.2.25）可知

$$A_{11}^*=A_{22}^*=\frac{1}{2}(Q_{11}+Q_{22})=\frac{1}{2}(181.8+10.34)=96.08(\text{GPa})$$

$$A_{12}^*=Q_{12}=2.89(\text{GPa})$$

$$A_{66}^*=Q_{66}=7.17(\text{GPa})$$

$$A_{16}^*=A_{26}^*=0$$

（2）计算$[0_4/90_4]_S$的a_{ij}^*

由于$[a_{ij}^*]=[A_{ij}^*]^{-1}$，仿照$[\bar{S}_{ij}^*]=[\bar{Q}_{ij}^*]^{-1}$，按式（2.2.35）及式（2.2.36）求$a_{ij}^*$

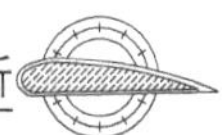

$\Delta=A_{11}^{*}A_{22}^{*}A_{66}^{*}-A_{66}^{*}A_{12}^{*2}=96.08\times96.08\times7.17-7.17\times2.89^{2}=66\ 130(\mathrm{GPa})^{3}$

$a_{11}^{*}=A_{22}^{*}A_{66}^{*}/\Delta=96.08\times7.17/66\ 130=0.010\ 41(\mathrm{GPa})^{-1}=10.41(\mathrm{TPa})^{-1}$

$a_{22}^{*}=A_{11}^{*}A_{66}^{*}/\Delta=10.41(\mathrm{TPa})^{-1}$

$a_{12}^{*}=-A_{12}^{*}A_{66}^{*}/\Delta=-2.89\times7.17/66\ 130=-0.000\ 313\ 3(\mathrm{GPa})^{-1}=-0.313\ 3(\mathrm{TPa})^{-1}$

$a_{66}^{*}=(A_{11}^{*}A_{22}^{*}-A_{12}^{*2})/\Delta=(96.08^{2}-2.89^{2})/66\ 130=0.139\ 5(\mathrm{GPa})^{-1}=139.5(\mathrm{TPa})^{-1}$

$a_{16}^{*}=a_{26}^{*}=0$

(3) 计算面内应变

由于 $B_{ij}^{*}=0$，$\alpha_{ij}^{*}=a_{ij}^{*}$，由式(3.3.19)可得

$$\varepsilon_{x}^{0}=a_{11}^{*}N_{x}^{*}+a_{12}^{*}N_{y}^{*}=(10.41+0.313\ 3)\times50\times10^{-6}=536.2\times10^{-6}$$

$$\varepsilon_{y}^{0}=a_{21}^{*}N_{x}^{*}+a_{22}^{*}N_{y}^{*}=-(0.313\ 3+10.41)\times50\times10^{-6}=-536.2\times10^{-6}$$

$$\gamma_{xy}^{0}=a_{66}^{*}N_{xy}^{*}=0$$

(4) 计算各单层的正轴应变

① 0°单层(0°单层的 1 轴为层合板 x 轴，2 轴为层合板 y 轴)

$$\varepsilon_{1}^{(0)}=\varepsilon_{x}^{0}=536.2\times10^{-6}$$

$$\varepsilon_{2}^{(0)}=\varepsilon_{y}^{0}=-536.2\times10^{-6}$$

$$\gamma_{12}^{(0)}=0$$

② 90°单层(90°单层的 1 轴为层合板 y 轴，2 轴为层合板 x 轴)

$$\varepsilon_{1}^{(90)}=\varepsilon_{y}^{0}=-536.2\times10^{-6}$$

$$\varepsilon_{2}^{(90)}=\varepsilon_{x}^{0}=536.2\times10^{-6}$$

$$\gamma_{12}^{(90)}=0$$

(5) 计算各单层的正轴应力

根据式(2.1.12)

① 0°单层

$$\begin{aligned}\sigma_{1}^{(0)}&=Q_{11}\varepsilon_{1}^{(0)}+Q_{12}\varepsilon_{2}^{(0)}=(181.8-2.89)\times536.2\times10^{-6}\\&=9.593\times10^{-2}(\mathrm{GPa})=95.93(\mathrm{MPa})\\\sigma_{2}^{(0)}&=Q_{21}\varepsilon_{1}^{(0)}+Q_{22}\varepsilon_{2}^{(0)}=(2.89-10.34)\times536.2\times10^{-6}\\&=-3.995\times10^{-3}(\mathrm{GPa})=-3.995(\mathrm{MPa})\\\tau_{12}^{(0)}&=0\end{aligned}$$

② 90°单层

$$\sigma_{1}^{(90)}=Q_{11}\varepsilon_{1}^{(90)}+Q_{12}\varepsilon_{2}^{(90)}=-95.93(\mathrm{MPa})$$

$$\sigma_{2}^{(90)}=Q_{21}\varepsilon_{1}^{(90)}+Q_{22}\varepsilon_{2}^{(90)}=3.995(\mathrm{MPa})$$

$$\tau_{12}^{(90)}=0$$

(6) 单层强度校核

由表 2.1.1 查得

$$X_{t}=X_{c}=1\ 500\ \mathrm{MPa},\quad Y_{t}=40\ \mathrm{MPa},\quad Y_{c}=246\ \mathrm{MPa}$$

许用应力为

$$[\sigma_{1}]_{t}=X_{t}/n=1\ 500/3=500(\mathrm{MPa}),\quad [\sigma_{1}]_{c}=X_{c}/n=1\ 500/3=500(\mathrm{MPa})$$

$$[\sigma_{2}]_{t}=Y_{t}/n=40/3=13.33(\mathrm{MPa}),\quad [\sigma_{2}]_{c}=Y_{c}/n=246/3=82(\mathrm{MPa})$$

① 0°单层

$$\sigma_1^{(0)} = 95.93(\text{MPa}) < [\sigma_1]_t \qquad (安全)$$

$$|\sigma_2^{(0)}| = 3.995(\text{MPa}) < [\sigma_2]_c \qquad (安全)$$

② 90°单层

$$|\sigma_1^{(90)}| = 95.93(\text{MPa}) < [\sigma_1]_c \qquad (安全)$$

$$\sigma_2^{(90)} = 3.995(\text{MPa}) < [\sigma_2]_t \qquad (安全)$$

所以层合板$[0_4/90_4]_S$是安全的。

3.4.2 层合板的强度

多向层合板的强度分析要比单层的强度分析复杂得多。根据大量试验观察,层合板的破坏不是突然发生的,破坏首先从最先达到了组合破坏应力的单层开始;由于该单层(可以是一层或几层)的失效,影响了层合板的刚度特性,各单层的应力状态要重新调整,层合板的刚度和强度重新分配,使总体刚度发生变化,在宏观上类似于“屈服”,随后当载荷继续增大时,又出现下一层破坏;如此循环,直至层合板全部单层都失效。因此,层合板的强度指标一般有两个:在外载荷作用下,层合板最先一层失效时的层合板正则化内力称为最先一层失效强度(Strength when first ply failure),其对应的载荷称为最先一层失效载荷;层合板各单层全部失效时的层合板正则化内力称为层合板的极限强度(Limit strength),其对应的载荷称为极限载荷(Limit load)。所以在具体进行强度分析时,应根据构件的重要程度或其他一些情况来决定采取哪一种强度。对于那些用于强度和变形要求比较严格的构件,为了确保构件完整无损,设计者需以最先一层失效强度作为层合板的强度指标。

1. 最先一层失效强度的确定

首先作层合板的单层应力分析,然后利用强度比方程计算层合板各个单层的强度比,强度比最小的单层最先失效,即为最先失效层(First ply failure,FPF)。最先失效单层失效时的层合板正则化内力即为层合板最先一层失效强度。

[例 3.4.2] 把例 3.4.1 改为按蔡-吴张量多项式准则计算最先一层失效强度。

[解] 由例 3.4.1 可知各单层的正轴应力。

由表 2.3.1 可查得 T300/5208 复合材料单层应力空间的强度参数

$$F_{11} = 0.444\ \text{GPa}^{-2},\quad F_{22} = 101.6\ \text{GPa}^{-2},\quad F_{12} = -3.36\ \text{GPa}^{-2}$$

$$F_{66} = 216.2\ \text{GPa}^{-2},\quad F_1 = 0,\quad F_2 = 20.93\ \text{GPa}^{-2}$$

(1) 计算强度比。根据式(2.3.30)

① 0°单层

$$[F_{11}\sigma_1^{(0)2} + 2F_{12}\sigma_1^{(0)}\sigma_2^{(0)} + F_{22}\sigma_2^{(0)2}]R^2 + [F_1\sigma_1^{(0)} + F_2\sigma_2^{(0)}]R - 1 = 0$$

即 $$(0.444\times95.93^2 + 2\times3.36\times95.93\times3.995 + 101.6\times3.995^2)\times10^{-6}R^2 - 20.93\times10^{-3}\times3.995R - 1 = 0$$

$$8\,283\times10^{-6}R^2 - 83.62\times10^{-3}R - 1 = 0$$

解得 $$R^{(0)} = 17.14,\quad R^{(0)'} = -7.043(取正根)$$

② 90°单层

$$[F_{11}\sigma_1^{(90)2} + 2F_{12}\sigma_1^{(90)}\sigma_2^{(90)} + F_{22}\sigma_2^{(90)2}]R^2 + [F_1\sigma_1^{(90)} + F_2\sigma_2^{(90)}]R - 1 = 0$$

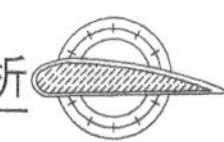

即 $(0.444\times95.93^2+2\times3.36\times95.93\times3.995+101.6\times3.995^2)\times10^{-6}R^2$

$-20.93\times10^{-3}\times3.995R-1=0$

$8\,283\times10^{-6}R^2+83.62\times10^{-3}R-1=0$

解得 $R^{(90)}=7.043,\quad R^{(0)'}=-17.14$(取正根)

(2) 最先一层失效强度的确定

比较 0°单层和 90°单层的强度比可知,在给定的 $N_x^*=50$ MPa, $N_y^*=-50$ MPa 的情况下,90°单层首先失效,最先一层失效强度为

$$N_{x\mathrm{FPF}}^*=R^{(90)}\cdot N_x^*=7.043\times50=352.2(\mathrm{MPa})$$

$$N_{y\mathrm{FPF}}^*=R^{(90)}\cdot N_y^*=7.043\times(-50)=-352.2(\mathrm{MPa})$$

2. 极限强度的确定

层合板用最先一层失效强度作为强度指标,一般来说似乎保守了些。因为多向层合板各单层具有不同的铺设方向,各单层应力状况不同,强度储备也不相同,最弱的单层失效后,只是改变了层合板的刚度特性,并不意味着整个层合板失效。当外力继续增大时,各单层应力要重新分配,整个层合板还能继续承受载荷。如此循环,直至全部单层失效。导致层合板所有单层全部失效时的层合板正则化内力称为层合板的极限强度。一般以极限强度除以安全系数作为设计的许用正则化内力。对于重要的结构件必须进行必要的强度验证试验。

层合板的失效过程极为复杂,一般对失效单层假定按如下准则降级

$$\left.\begin{array}{ll}\text{当 } \sigma_1<X, & \text{则 } Q_{12}=Q_{22}=Q_{66}=0,\ Q_{11}\text{ 不变}\\ \text{当 } \sigma_1\geqslant X, & \text{则 } Q_{11}=Q_{12}=Q_{22}=Q_{66}=0\end{array}\right\}\qquad(3.4.1)$$

即认为当失效单层的纵向应力 σ_1 尚未达到纵向强度 X 时,破坏发生于基体相,则该层横向和剪切模量分量为零,纵向模量分量不变;若纵向应力 σ_1 已达到纵向强度 X 时,破坏发生于纤维相,则该层全部模量分量都为零。失效单层降级后整个层合板仍按经典层合板理论计算刚度。

若已知单层材料的性能参数(包括工程弹性常数及基本强度)和层合板的铺设情况,则利用以前介绍过的方法即能求得给定载荷情况下各单层的强度比。强度比最小的单层最先失效。将最先失效的单层按式(3.4.1)的降级准则降级。然后计算失效单层降级后的层合板刚度(即一次降级后的层合板刚度)以及各单层的应力,再求得一次降级后各层的强度比,强度比最小的单层继之失效,层合板进行刚度的二次降级。如此重复上述过程,直至最后一个单层失效,即可得到各单层失效时的各个强度比。这些单层失效时的强度比中最大值所对应的层合板正则化内力即为层合板极限强度。确定极限强度的框图见图 3.4.3。

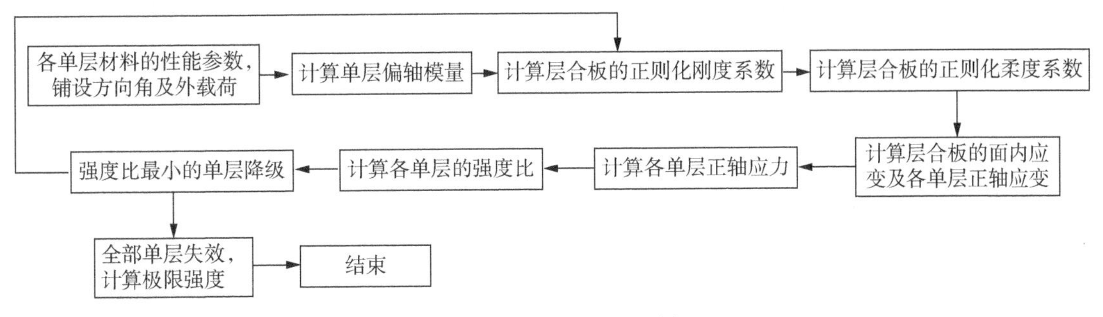

图 3.4.3　确定极限强度的框图

需要说明一下的是，层合板的极限强度像最先一层失效强度一样，即使是同一块层合板，层合板正则化内力各量之间的比例不同，其对应的层合板极限强度也不同。

[例 3.4.3] 将例 3.4.2 改为计算极限强度。

[解] 由例 3.4.2 可知，90°单层先失效。

(1) 计算一次降级后的层合板正则化刚度系数

因为 $\sigma_1^{(90)}=-95.93\ \text{MPa}$，$|\sigma_1^{(90)}|<X_c=1\ 500\ \text{MPa}$，故根据式(3.4.1)进行刚度的一次降级。

$$Q_{11}^{(90)}=181.8\ \text{GPa}$$
$$Q_{22}^{(90)}=Q_{12}^{(90)}=Q_{66}^{(90)}=0$$

在层合板参考轴(0°单层的 1 轴为层合板 x 轴，2 轴为层合板 y 轴)方向的偏轴模量为

$$\bar{Q}_{11}^{(90)}=Q_{22}^{(90)}=0$$
$$\bar{Q}_{12}^{(90)}=Q_{12}^{(90)}=0$$
$$\bar{Q}_{66}^{(90)}=Q_{66}^{(90)}=0$$
$$\bar{Q}_{22}^{(90)}=Q_{11}^{(90)}=181.8\ \text{MPa}$$

注意 0°单层的模量未发生变化，由此可计算一次降级后的层合板正则化刚度系数。但此时不能采用式(3.2.24)和式(3.2.25)。因为 90°单层刚度降级后模量发生变化，与 0°单层材料性能已经不同了，故应当采用式(3.2.17)计算。即

$$A_{11}^{*}=\frac{1}{2}(\bar{Q}_{11}^{(0)}+\bar{Q}_{11}^{(90)})=\frac{1}{2}(181.8+0)=90.9(\text{GPa})$$

$$A_{12}^{*}=\frac{1}{2}\bar{Q}_{12}^{(0)}=\frac{1}{2}\times 2.89=1.45(\text{GPa})$$

$$A_{22}^{*}=\frac{1}{2}(\bar{Q}_{22}^{(0)}+\bar{Q}_{22}^{(90)})=\frac{1}{2}(181.8+10.34)=96.1(\text{GPa})$$

$$A_{66}^{*}=\frac{1}{2}\bar{Q}_{66}^{(0)}=\frac{1}{2}\times 7.17=3.59(\text{GPa})$$

$$A_{16}^{*}=A_{26}^{*}=0$$

(2) 计算刚度一次降级后的层合板正则化柔度系数

$$\Delta=A_{11}^{*}A_{22}^{*}A_{66}^{*}-A_{66}^{*}A_{12}^{*2}=90.9\times 96.1\times 3.59-3.59\times 1.45^2=31\ 400(\text{GPa})^3$$
$$a_{11}^{*}=A_{22}^{*}A_{66}^{*}/\Delta=96.1\times 3.59/31\ 400=0.011\ 0(\text{GPa})^{-1}=11.0(\text{TPa})^{-1}$$
$$a_{22}^{*}=A_{11}^{*}A_{66}^{*}/\Delta=90.9\times 3.59/31\ 400=0.010\ 4(\text{GPa})^{-1}=10.4(\text{TPa})^{-1}$$
$$a_{12}^{*}=-A_{12}^{*}A_{66}^{*}/\Delta=-1.45\times 3.59/31\ 400=-1.66\times 10^{-4}(\text{GPa})^{-1}=-0.166(\text{TPa})^{-1}$$
$$a_{66}^{*}=(A_{11}^{*}A_{22}^{*}-A_{12}^{*2})/\Delta=(90.9\times 96.1-1.45^2)/31\ 400=0.278(\text{GPa})^{-1}=278(\text{TPa})^{-1}$$

(3) 计算刚度一次降级后的面内应变

$$\varepsilon_x^0=a_{11}^{*}N_x^{*}+a_{12}^{*}N_y^{*}=(11.0+0.166)\times 50\times 10^{-6}=558\times 10^{-6}$$
$$\varepsilon_y^0=a_{21}^{*}N_x^{*}+a_{22}^{*}N_y^{*}=-(0.166+10.4)\times 50\times 10^{-6}=-528\times 10^{-6}$$
$$\gamma_{xy}^0=a_{66}^{*}N_{xy}^{*}=0$$

(4) 计算刚度一次降级后的单层应变

0°单层

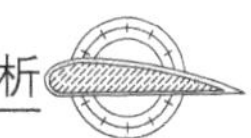

$$\varepsilon_1^{(0)}=\varepsilon_x^0=558\times10^{-6}$$
$$\varepsilon_2^{(0)}=\varepsilon_y^0=-528\times10^{-6}$$
$$\gamma_{12}^{(0)}=0$$

90°单层已降级。

(5) 计算刚度一次降级后的 0°单层应力

$$\sigma_1^{(0)}=Q_{11}\varepsilon_1^{(0)}+Q_{12}\varepsilon_2^{(0)}=(181.8\times558-2.89\times528)\times10^{-6}$$
$$=99.9\times10^{-3}(\text{GPa})=99.9(\text{MPa})$$
$$\sigma_2^{(0)}=Q_{21}\varepsilon_1^{(0)}+Q_{22}\varepsilon_2^{(0)}=(2.89\times558-10.34\times528)\times10^{-6}$$
$$=-3.85\times10^{-3}(\text{GPa})=-3.85(\text{MPa})$$
$$\tau_{12}^{(0)}=0$$

(6) 计算刚度一次降级后 0°单层强度比

$$[F_{11}\sigma_1^{(0)2}+2F_{12}\sigma_1^{(0)}\sigma_2^{(0)}+F_{22}\sigma_2^{(0)2}]R_1^2+[F_1\sigma_1^{(0)}+F_2\sigma_2^{(0)}]R_1-1=0$$

即　$(0.444\times99.9^2+2\times3.36\times99.9\times3.85+101.6\times3.85^2)\times10^{-6}R_1^2-20.93\times3.85\times10^{-3}R_1-1=0$

$$8.52\times10^{-3}R_1^2-80.6\times10^{-3}R_1-1=0$$

解得　$R_1^{(0)}=16.5$，$R_1^{(0)'}=-7.07$ (取正根)

(7) 确定极限强度

由例 3.4.2 可知，90°单层失效时的强度比为 7.043；而由本例计算得知 0°单层失效时的强度比为 16.5。两者比较，最大值为 16.5。所以，在给定的 $N_x^*=50(\text{MPa})$，$N_y^*=-50(\text{MPa})$ 的情况下，$[0_4/90_4]_s$ 碳纤维/环氧树脂层合板的极限强度为

$$N_{x\max}^*=R_1^{(0)}\times N_x^*=16.5\times50=825(\text{MPa})$$
$$N_{y\max}^*=R_1^{(0)}\times N_y^*=-16.5\times50=-825(\text{MPa})$$

3.5　层合板的湿热效应

复合材料的使用温度通常要低于固化温度，且树脂基体易于吸湿，这种温度变化和材料水分含量的变化都将引起材料性能的变化和湿热变形。这里不讨论材料性能的变化及热传导和湿扩散的动态过程，只讨论由一种平衡状态(温度与水分含量在材料各处相同)受湿、温度变化到另一平衡状态所引起的湿热变形。

由于层合板中各单层是由纤维和基体组成的，树脂基体的膨胀系数和吸湿能力均要比纤维大得多，故基体要产生较大的湿热变形。因此，在单向复合材料中，横向的湿热变形要比纵向大得多，从而表现出湿热性能的各向异性。对于由单层铺覆而成的多向层合板，各层的湿热变形不同，而各层紧密黏结在一起阻止了彼此自由的湿热变形，这就不但引起整个层合板的湿热变形，还将导致各层产生残余应变和残余应力，残余应力的存在将严重影响层合板的强度，因此要重视湿热效应的分析工作。

3.5.1　单层板的湿热变形

单层板的湿热变形是分析层合板湿热变形的基础。单层板正轴向的湿热应变一般可由如下线性关系式表示

$$\begin{Bmatrix} e_1 \\ e_2 \\ e_{12} \end{Bmatrix} = \begin{pmatrix} \alpha_1 & \beta_1 \\ \alpha_2 & \beta_2 \\ 0 & 0 \end{pmatrix} \begin{Bmatrix} \Delta T \\ c \end{Bmatrix} \tag{3.5.1}$$

式中　α_1,α_2——分别为单层纵向、横向的热膨胀系数，1/K 或 1/℃；

β_1,β_2——分别为单层纵向、横向的湿膨胀系数，1/K 或 1/℃；

ΔT——温度变化值(即使用温度与初始温度之差)，K 或℃；

c——吸水含量，定义为材料吸湿后增加质量 ΔM 与干燥状态下的质量 M 之比。

热膨胀系数 α_1、α_2 和湿膨胀系数 β_1、β_2 一般由实验测定，表 3.5.1 列出了几种单向复合材料的正轴湿热膨胀系数；也可用细观力学分析所给出的公式进行预测(见 4.8 节)，供设计时参考。

表 3.5.1　几种单向复合材料的正轴湿热膨胀系数

复合材料	T300/5208 碳/环氧	B(4)/5505 硼/环氧	AS/3501 碳/环氧	Scotch1002 玻璃/环氧	Kevlar/环氧 芳纶/环氧
$\alpha_1\times10^6/\mathrm{K}^{-1}$	0.02	6.1	−0.3	8.6	−4.0
$\alpha_2\times10^6/\mathrm{K}^{-1}$	22.5	30.3	28.1	22.1	79.0
$\beta_1\times10^6$	0	0	0	0	0
$\beta_2\times10^6$	0.6	0.6	0.44	0.6	0.6

多向层合板中的每一单层往往是处于偏轴向的，单层在偏轴向的湿热应变为

$$\begin{Bmatrix} e_x \\ e_y \\ e_{xy} \end{Bmatrix} = \begin{pmatrix} \alpha_x & \beta_x \\ \alpha_y & \beta_y \\ \alpha_{xy} & \beta_{xy} \end{pmatrix} \begin{Bmatrix} \Delta T \\ c \end{Bmatrix} \tag{3.5.2}$$

式中，α_x、α_y、α_{xy} 及 β_x、β_y、β_{xy} 可利用应变转换公式式(2.2.8)类似求得。

3.5.2　考虑湿热应变的单层板应力与应变关系

当单层板既承受外载荷作用，又有温度和水分含量变化引起小变形的情况下，应变可以利用叠加原理求得，即正轴向总应变等于外载引起的力学应变、热应变、湿应变之和，从而得到包含湿热应变的应变-应力关系式为

$$\begin{Bmatrix} \varepsilon_1 \\ \varepsilon_2 \\ \gamma_{12} \end{Bmatrix} = \begin{pmatrix} S_{11} & S_{12} & 0 \\ S_{12} & S_{22} & 0 \\ 0 & 0 & S_{66} \end{pmatrix} \begin{Bmatrix} \sigma_1 \\ \sigma_2 \\ \tau_{12} \end{Bmatrix} + \begin{Bmatrix} e_1 \\ e_2 \\ 0 \end{Bmatrix} \tag{3.5.3}$$

或改写成应力-应变关系式

$$\begin{Bmatrix} \sigma_1 \\ \sigma_2 \\ \tau_{12} \end{Bmatrix} = \begin{bmatrix} Q_{11} & Q_{12} & 0 \\ Q_{12} & Q_{22} & 0 \\ 0 & 0 & Q_{66} \end{bmatrix} \left(\begin{Bmatrix} \varepsilon_1 \\ \varepsilon_2 \\ \gamma_{12} \end{Bmatrix} - \begin{Bmatrix} e_1 \\ e_2 \\ 0 \end{Bmatrix} \right) \tag{3.5.4}$$

如果将式(3.5.3)改成偏轴的情况，只需利用应变的转换公式，可得

$$\begin{Bmatrix} \varepsilon_x \\ \varepsilon_y \\ \gamma_{xy} \end{Bmatrix} = \begin{bmatrix} \bar{S}_{11} & \bar{S}_{12} & \bar{S}_{16} \\ \bar{S}_{12} & \bar{S}_{22} & \bar{S}_{26} \\ \bar{S}_{16} & \bar{S}_{26} & \bar{S}_{66} \end{bmatrix} \begin{Bmatrix} \sigma_x \\ \sigma_y \\ \tau_{xy} \end{Bmatrix} + \begin{Bmatrix} e_x \\ e_y \\ e_{xy} \end{Bmatrix} \tag{3.5.5}$$

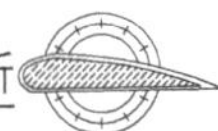

或改写成偏轴应力-应变关系式

$$\begin{Bmatrix}\sigma_x\\ \sigma_y\\ \tau_{xy}\end{Bmatrix}=\begin{bmatrix}\overline{Q}_{11} & \overline{Q}_{12} & \overline{Q}_{16}\\ \overline{Q}_{12} & \overline{Q}_{22} & \overline{Q}_{26}\\ \overline{Q}_{16} & \overline{Q}_{26} & \overline{Q}_{66}\end{bmatrix}\left(\begin{Bmatrix}\varepsilon_x\\ \varepsilon_y\\ \gamma_{xy}\end{Bmatrix}-\begin{Bmatrix}e_x\\ e_y\\ e_{xy}\end{Bmatrix}\right) \tag{3.5.6}$$

3.5.3 考虑湿热应变的层合板内力与应变关系

仿照前面推导层合板内力与应变关系的方法，利用各单层包含湿热应变的应力与应变关系，可得层合板考虑湿热影响的内力-应变关系式。结果表明，只需在以往的内力与应变关系中将 N^*、M^* 分别用等效内力 $\overline{N}^*$、$\overline{M}^*$ 代替即可。这里

$$\{\overline{N}^*\}=\{N^*\}+\{N^{N*}\} \tag{3.5.7}$$

$$\{\overline{M}^*\}=\{M^*\}+\{M^{N*}\} \tag{3.5.8}$$

即

$$\begin{Bmatrix}\overline{N}_x^*\\ \overline{N}_y^*\\ \overline{N}_{xy}^*\end{Bmatrix}=\begin{Bmatrix}N_x^*\\ N_y^*\\ N_{xy}^*\end{Bmatrix}+\begin{Bmatrix}N_x^{N*}\\ N_y^{N*}\\ N_{xy}^{N*}\end{Bmatrix} \tag{3.5.9}$$

$$\begin{Bmatrix}\overline{M}_x^*\\ \overline{M}_y^*\\ \overline{M}_{xy}^*\end{Bmatrix}=\begin{Bmatrix}M_x^*\\ M_y^*\\ M_{xy}^*\end{Bmatrix}+\begin{Bmatrix}M_x^{N*}\\ M_y^{N*}\\ M_{xy}^{N*}\end{Bmatrix} \tag{3.5.10}$$

而 $\{N^{N*}\}$、$\{M^{N*}\}$ 称为层合板正则化湿热内力，且

$$\{N^{N*}\}=\begin{Bmatrix}N_x^{N*}\\ N_y^{N*}\\ N_{xy}^{N*}\end{Bmatrix}=\frac{1}{h}\int_{-h/2}^{\frac{h}{2}}\begin{bmatrix}\overline{Q}_{11}^{(K)} & \overline{Q}_{12}^{(K)} & \overline{Q}_{16}^{(K)}\\ \overline{Q}_{12}^{(K)} & \overline{Q}_{22}^{(K)} & \overline{Q}_{26}^{(K)}\\ \overline{Q}_{16}^{(K)} & \overline{Q}_{26}^{(K)} & \overline{Q}_{66}^{(K)}\end{bmatrix}\begin{Bmatrix}e_x^{(K)}\\ e_y^{(K)}\\ e_{xy}^{(K)}\end{Bmatrix}\mathrm{d}z \tag{3.5.11}$$

$$\{M^{N*}\}=\begin{Bmatrix}M_x^{N*}\\ M_y^{N*}\\ M_{xy}^{N*}\end{Bmatrix}=\frac{6}{h^2}\int_{-h/2}^{\frac{h}{2}}\begin{bmatrix}\overline{Q}_{11}^{(K)} & \overline{Q}_{12}^{(K)} & \overline{Q}_{16}^{(K)}\\ \overline{Q}_{12}^{(K)} & \overline{Q}_{22}^{(K)} & \overline{Q}_{26}^{(K)}\\ \overline{Q}_{16}^{(K)} & \overline{Q}_{26}^{(K)} & \overline{Q}_{66}^{(K)}\end{bmatrix}\begin{Bmatrix}e_x^{(K)}\\ e_y^{(K)}\\ e_{xy}^{(K)}\end{Bmatrix}z\,\mathrm{d}z \tag{3.5.12}$$

3.5.4 层合板的湿热应变

在上述等效内力中，如果只有湿热内力而无力学内力，则其对应的应变即为湿热应变，即

$$\begin{Bmatrix}\varepsilon_x^{N0}\\ \varepsilon_y^{N0}\\ \gamma_{xy}^{N0}\\ \cdots\\ k_x^{N*}\\ k_y^{N*}\\ k_{xy}^{N*}\end{Bmatrix}=\begin{bmatrix}\alpha_{ij}^* & \vdots & \frac{1}{3}\beta_{ij}^*\\ \cdots & \cdots & \cdots\\ \beta_{ij}^{*\,T} & \vdots & \delta_{ij}^*\end{bmatrix}\begin{Bmatrix}N_x^{N*}\\ N_y^{N*}\\ N_{xy}^{N*}\\ \cdots\\ M_x^{N*}\\ M_y^{N*}\\ M_{xy}^{N*}\end{Bmatrix} \tag{3.5.13}$$

而层合板中任一点的湿热应变为

$$\begin{Bmatrix} \varepsilon_x^N \\ \varepsilon_y^N \\ \gamma_{xy}^N \end{Bmatrix} = \begin{Bmatrix} \varepsilon_x^{N0} \\ \varepsilon_y^{N0} \\ \gamma_{xy}^{N0} \end{Bmatrix} + Z^* \begin{Bmatrix} k_x^{N^*} \\ k_y^{N^*} \\ k_{xy}^{N^*} \end{Bmatrix} \tag{3.5.14}$$

层合板总应变等于力学应变与湿热应变之和。

3.5.5　层合板的残余应变和残余应力

层合板的残余应变和残余应力是由湿热变形引起的。以无外载荷作用的对称正交层合板为例(图 3.5.1)，假设在层间无约束时，由于层合板的温度变化及材料水分含量的变化，各单层能自由收缩，0°单层的湿热应变为 $e_x^{(0)}$，90°单层的湿热应变为 $e_x^{(90)}$，两者的值是不相等的。但实际上单层是黏合在一起的，层间存在相互制约，以保证层合板变形协调。两层的变形应该一致等于 ε_x^{N0}。故对任一单层实际产生的应变称为残余应变，表达为 $\varepsilon_x^R = \varepsilon_x^{N0} - e_x$。如果推广到一般层合板，湿热变形除了形成面内应变 ε^{N0} 以外，还有湿热曲率 $k_x^{N^*}$，则湿热应变为 $\varepsilon_x^N = \varepsilon_x^{N0} + z^* k_x^{N^*}$，从而得单层各点残余应变的一般表达式为

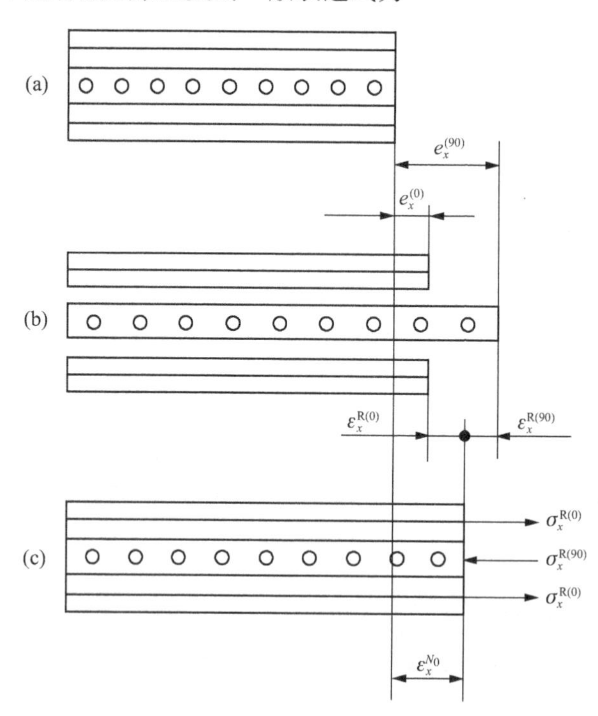

图 3.5.1　湿热引起残余应变和残余应力的机理

(a) 初始无应力状态 $T_0, c=0$；(b) 假设无约束的最终状态 T, c；(c) 实际的最终状态 T, c

$$\begin{Bmatrix} \varepsilon_x^R \\ \varepsilon_y^R \\ \gamma_{xy}^R \end{Bmatrix} = \begin{Bmatrix} \varepsilon_x^N \\ \varepsilon_y^N \\ \gamma_{xy}^N \end{Bmatrix} - \begin{Bmatrix} e_x \\ e_y \\ e_{xy} \end{Bmatrix} \tag{3.5.15}$$

与残余应变对应的应力称为残余应力，即

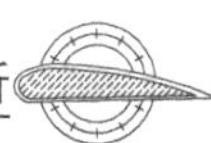

$$\begin{Bmatrix}\sigma_x^R\\ \sigma_y^R\\ \tau_{xy}^R\end{Bmatrix}=\begin{bmatrix}\bar{Q}_{11} & \bar{Q}_{12} & \bar{Q}_{16}\\ \bar{Q}_{12} & \bar{Q}_{22} & \bar{Q}_{26}\\ \bar{Q}_{16} & \bar{Q}_{26} & \bar{Q}_{66}\end{bmatrix}\begin{Bmatrix}\varepsilon_x^R\\ \varepsilon_y^R\\ \gamma_{xy}^R\end{Bmatrix} \tag{3.5.16}$$

3.5.6　考虑残余应力的层合板强度计算

层合板中残余应力的存在将直接影响层合板的强度。由于残余应力是一种初应力,因此,在外力作用下,层合板中任一点处的应力等于力学应力与残余应力之和。但强度比应以力学应力 σ_i^M 为基准,即

$$R=\frac{\sigma_{i(a)}^M}{\sigma_i^M} \tag{3.5.17}$$

这个比值表示单层失效之前力学应力尚能增加的倍数。而在单层中引起失效的应力是力学应力和残余应力之和,故考虑残余应力的强度比方程,只要在以往的强度比方程中将 R 去掉。而把 σ_i 改为 $R\sigma_i^M+\sigma_i^R$ 即可。例如,蔡-吴张量准则的强度比方程,在考虑残余应力时可改为

$$F_{11}(R\sigma_1^M+\sigma_1^R)^2+2F_{12}(R\sigma_1^M+\sigma_1^R)(R\sigma_2^M+\sigma_2^R)+F_{22}(R\sigma_2^M+\sigma_2^R)^2+F_{66}(R\tau_{12}^M+\tau_{12}^R)^2 \\ +F_1(R\sigma_1^M+\sigma_1^R)+F_2(R\sigma_2^M+\sigma_2^R)-1=0 \tag{3.5.18}$$

上式展开后仍为 R 的一元二次方程,即

$$AR^2+BR+C=0 \tag{3.5.19}$$

式中

$$\left.\begin{aligned}A&=F_{11}(\sigma_1^M)^2+2F_{12}\sigma_1^M\sigma_2^M+F_{22}(\sigma_2^M)^2+F_{66}(\tau_{12}^M)^2\\ B&=F_1\sigma_1^M+F_2\sigma_2^M+2[F_{11}\sigma_1^M\sigma_1^R+F_{12}(\sigma_1^M\sigma_2^R+\sigma_1^R\sigma_2^M)+F_{22}\sigma_2^M\sigma_2^R+F_{66}\tau_{12}^M\tau_{12}^R]\\ C&=-1+F_{11}(\sigma_1^R)^2+2F_{12}\sigma_1^R\sigma_2^R+F_{22}(\sigma_2^R)^2+F_{66}(\tau_{12}^R)^2+F_1\sigma_1^R+F_2\sigma_2^R\end{aligned}\right\} \tag{3.5.20}$$

考虑残余应力的层合板强度计算只需将单层的强度比方程改用式(3.5.18)或式(3.5.19),而方法类似于3.4.2节。由于改用式(3.5.18)或式(3.5.19),就需增加计算残余应力的诸步骤:计算层合板各层的自由膨胀湿热应变,层合板湿热面内力和弯矩,层合板湿热面内应变和曲率,层合板湿热应变,层合板各层残余应变以及层合板各层残余应力。

思考题与习题

3-1　试判断下列对称层合板是正交各向异性、正方对称,还是准各向同性的层合板。

$[0/90/0/90]_s$,　$[0_2/90/0_2/90]_s$,　$[0/60_2/-60_2]_s$,　$[0/90_2/45_2/-45_2]_s$

$[0/90/45_2/-45_2]_s$,　$[0/\pm30/\pm60/90]_s$,　$[0/90_2/0]_s$

3-2　试证明在单轴正则化面内力 N_x^* 作用下,正交铺设对称层合板的各单层 $\tau_{xy}^{(k)}=0$,斜交铺设对称层合板的各铺层 $\sigma_y^{(k)}=0$。

3-3　试问采用相同单层材料制成的层合板$[0/45/-45/90]_s$和$[0/60/-60]_s$的正则化面内刚度系数是否相同?为什么?

3-4　试求T300/QY8911层合板$[\pm45]_s$的拉伸弹性模量,并求T300/QY8911单向层合板$[45_2]_T$与$[-45_2]_T$叠合在一起(不黏结)构成的拉伸弹性模量,再比较之。

3-5　改变层合板中各单层的铺设角而不改变其铺设序列,问下述刚度的组合是否改变?

$A_{11}+A_{22}+2A_{12}$， $B_{11}+B_{22}+2A_{12}$， $D_{11}+D_{22}+2D_{12}$，

$A_{66}-A_{12}$， $B_{66}-B_{12}$， $D_{66}-D_{12}$

3-6 试计算碳纤维/环氧树脂[T300/5208]复合材料层合板$[90/0_2]$在$N_x^*=100$ MPa作用下的各单层应力和应变，并按最大应力准则校核其强度。(已知安全系数$n=2$)

3-7 由碳纤维/环氧树脂制成的对称层合板$[90_2/22.5/-22.5]_s$承受面内力$N_x=50.0$ MPa和$N_y=56.0$ MPa的共同作用，厚度$t=2$ mm。试选用蔡-希尔强度准则，校核该层合板的强度。(已知安全系数$n=3$)

3-8 圆筒形内压容器的内径$D=150$ mm，承受内压$p=1$ MPa，采用环向缠绕($\beta=90°$)加螺旋缠绕($\pm\alpha$)的组合缠绕方式成型，β向、$+\alpha$向、$-\alpha$向各缠绕10层，总缠绕厚度为6 mm。测得$E_1=450$ GPa，$E_2=15$ GPa，$G_{12}=7$ GPa，$\nu_1=0.30$。试建立容器圆筒段的广义虎克定律。

3-9 试问当层合板$[45_2/-45_2]_{2s}$变成$[45_2/-45_2/C_4]_s$时，即中间8层改成蜂窝芯子时，除D_{16}^*/A_{16}^*、D_{26}^*/A_{26}^*外，D_{ij}^*/A_{ij}^*增大多少？(设铺层的厚度t_0为1 mm)

3-10 试给出如下层合板的A_{ij}^*与$\overline{Q}_{ij}$或Q_{ij}的关系：

$[0_4/90_4]_s$，$[0_4/90_2]_s$，$[0_2/90_2/45_2/-45_2]_s$，$[0/\pm60]_s$，$[\pm45]_s$，$[45_2/-45]_s$，$[\pm30]_s$

3-11 试计算T300/QY8911复合材料层合板$[0_2/90]_s$在$N_x=100$ N/mm，$N_y=20$ N/mm载荷作用下按蔡-吴张量准则计算的最先一层失效强度(单层厚度为0.125 mm)。

3-12 试计算T300/QY8911复合材料层合板$[-60/0/60]_s$在N_x^*作用下按蔡-吴张量准则计算的最先一层失效强度和极限强度。

单层板的细观力学分析

4.1 引言

复合材料的基本力学性能是指它的弹性常数和基本强度。由第 2 章的讨论知道,处于平面应力状态下的复合材料单层有 4 个独立的(正轴)工程弹性常数(即 E_1、E_2、G_{12}、ν_1 或 ν_2)和 5 个基本强度(即 X_t、X_c、Y_t、Y_c 和 S)。这些性能又称为复合材料单层的“表观”性能,即将复合材料单层视作均质材料时的等效性能,而没有考虑它是由两种或多种组分材料构成这一事实。为了层合板设计和结构设计的需要,必须提供必要的单层力学性能参数。虽然这些性能数据可以通过实验测定,但试图通过实验测得所有材料组合的性能既不现实,也不可能。同时,为了设计出特定用途的最优的复合材料结构,需要解决以下一些问题:组分材料的性能以怎样的关系影响着复合材料单层的性能?如何根据工程需要选取合适的组分材料?为了获得所期望的基本力学性能应当怎样改变组分材料的比例?这些问题和内容属于细观力学的研究范畴。复合材料的细观力学研究复合材料单层的宏观性能与组分材料性能及细观结构之间的定量关系。它要揭示不同的材料组合具有不同宏观性能的内在机制。从复合材料设计的角度看,细观力学是宏观力学分析的助手,当细观力学预测的单层复合材料的性能符合实验测量结果,便可实现对材料性能的设计和改进。复合材料细观力学的核心任务是建立复合材料结构在一定工况下的响应规律,为复合材料的优化设计、性能评价提供必要的理论依据与手段。

具体地说,本章细观力学分析的主要目的是寻找下列函数关系

$$C_{ij}=f(E_f,\nu_f,v_f,E_m,\nu_m,v_m) \tag{4.1.1}$$

$$X_i=\varphi(X_{if},v_f,X_{im},v_m) \tag{4.1.2}$$

式中 C_{ij}——单层的工程弹性常数;

X_i——单层的强度;

E、ν、v——分别表示弹性模量、泊松比和体积含量,下标 f 和 m 分别代表纤维和基体;

X_{if}、X_{im}——分别为纤维和基体的强度。

细观力学的研究对象是复合材料的多相结构，但又不可能考虑各相材料的所有因素，因此必须以一系列假设作为出发点，归纳起来有以下几点：

(1) 复合材料单层是宏观非均匀的、线弹性的，并且无初应力；

(2) 纤维是均质的、线弹性的、各向同性(如玻璃纤维)或横观各向同性(如石墨纤维、硼纤维)的，形状和分布是规则的；

(3) 基体是均质的、线弹性的、各向同性的；

(4) 各相间黏结完好，界面无孔隙。

细观力学既然将复合材料作为结构来分析，就必须建立分析模型。具体地说，就是要在理想化的复合材料中取出代表性的体积单元。这种单元包含复合材料中的各个组分，并且有与整个复合材料相同特征的最小体积。

在分析方法上，细观力学可采用材料力学法、弹性力学法和半经验法。材料力学法要对代表性体积单元作一些简化假设，得出较为简单实用的结果；弹性力学法从组分材料的非均匀性和某些相几何的具体假设出发，运用弹性理论进行分析，导出较为繁复冗长的公式，并引入难以确定的相几何条件参数；半经验法则是在细观力学分析的基础上，以宏观实验值为依据，引入一些由实验确定的经验系数，对理论公式进行修正，以使所获得的计算结果与实验值接近。本书仅介绍材料力学法和半经验法。

不同的分析模型、不同的分析方法，将导致不同的分析结果，因此，实验验证就显得格外重要，只有经过试验才能对预测的精度作出判断。而通过试验之前的细观力学分析，可以减少试验数量和时间。实际上，在目前复合材料的结构设计中，设计者几乎全部借助实验测定来获得复合材料的性能数据，而不贸然使用把握不大的细观力学的估算。但是这并不否定细观力学研究的重要性。细观力学的意义在于阐明复合材料性能的机理，并作为复合材料设计的理论基础。正如上面所述，通过细观力学预测复合材料的某项性能随组分材料性能及细观结构变化的规律，从而为进一步改善材料性能、进行材料设计和改进制造工艺提供指导性的意见。

4.2 复合材料的密度和组分材料的含量

密度定义为单位体积的质量。复合材料的密度是一个平均性能，它取决于复合材料中各相的密度及它们之间的相对比例。这种相对比例可用质量含量(Mass fraction)或体积含量(Volume fraction)表示。质量含量在复合材料制备过程中容易得到，在材料制成后也容易用试验方法测定(测试标准：“GB/T 3855—2005 碳纤维增强塑料树脂含量试验方法”；“GB/T 2577—2005 玻璃纤维增强塑料树脂含量试验方法”)。而体积含量则不容易直接测量，但它在细观力学分析中又很重要。因此，有必要在质量含量与体积含量之间建立相互转换关系式。

取一体积为 V_c、质量为 M_c 的复合材料单元体，而 M_c 为纤维质量 M_f 与基体质量 M_m 之和，即

$$M_c = M_f + M_m \tag{4.2.1}$$

体积 V_c 包括纤维、基体和空隙(Voids，为复合材料中夹杂空气、气体或空腔所占体积的总和)3部分所占的体积，即

$$V_c = V_f + V_m + V_v \tag{4.2.2}$$

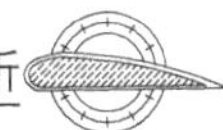

用 M_c 和 V_c 分别去除以上两式得

$$1=m_f+m_m \tag{4.2.3}$$

$$1=v_f+v_m+v_v \tag{4.2.4}$$

式中，m_i 和 v_i 分别表示质量含量和体积含量，即

$$m_i=\frac{M_i}{M_c} \tag{4.2.5}$$

$$v_i=\frac{V_i}{V_c} \tag{4.2.6}$$

按照密度的定义，可用 V_c 去除式(4.2.1)。得复合材料的密度

$$\rho_c=\frac{M_c}{V_c}=\frac{\rho_f V_f+\rho_m V_m}{V_c}=\rho_f v_f+\rho_m v_m \tag{4.2.7}$$

式(4.2.7)称为复合材料密度的混合律(Rule of mixtures)，它表示复合材料的密度为组分材料密度与其体积含量的乘积之和。用质量含量来表示，有

$$\rho_c=\frac{M_c}{V_c}=\frac{M_c}{V_f+V_m+V_v}=\frac{M_c}{\dfrac{M_f}{\rho_f}+\dfrac{M_m}{\rho_m}+V_v}=\frac{1}{\dfrac{m_f}{\rho_f}+\dfrac{m_m}{\rho_m}+\dfrac{v_v}{\rho_c}} \tag{4.2.8}$$

由于通过实验可以方便地测得 ρ_c，因此式(4.2.8)改写成

$$v_v=1-\rho_c\left(\frac{m_f}{\rho_f}+\frac{m_m}{\rho_m}\right) \tag{4.2.9}$$

式(4.2.9)可以直接用来计算复合材料中空隙的体积含量。复合材料中的空隙含量是复合材料质量控制参数之一，对某些力学性能(如疲劳强度)和耐腐蚀性能有较大的影响。空隙含量测试方法可根据标准“GB/T 3365—1982 碳纤维增强塑料孔隙含量检验方法(显微镜法)”或“JC/T 287—1981(1996)玻璃钢空隙含量试验方法”。复合材料中孔隙率应小于2%，一般为1%左右。

如近似地认为 $v_v=0$，则由式(4.2.3)、式(4.2.4)、式(4.2.7)和式(4.2.8)可得 m_i 和 v_i 的关系为

$$v_f=\frac{\rho_m/\rho_f}{\rho_m/\rho_f+m_m/m_f}=\frac{1}{1+\dfrac{m_m}{1-m_m}\cdot\dfrac{\rho_f}{\rho_m}} \tag{4.2.10}$$

$$v_m=\frac{\rho_f/\rho_m}{\rho_f/\rho_m+m_f/m_m} \tag{4.2.11}$$

或者

$$m_f=\frac{\rho_f/\rho_m}{\rho_f/\rho_m+v_m/v_f} \tag{4.2.12}$$

$$m_m=\frac{\rho_m/\rho_f}{\rho_m/\rho_f+v_f/v_m} \tag{4.2.13}$$

玻璃纤维的密度一般取为2.54 g/cm^3，热固性树脂浇铸体的密度近似地取为1.27 g/cm^3，因此计算玻璃纤维增强塑料中纤维体积含量的表达式可由式(4.2.10)简化为

$$v_f=\frac{1-m_m}{1+m_m} \tag{4.2.14}$$

假设空隙含量为 0.5%的几种复合材料的体积含量和质量含量列于表 4.2.1 中。

表 4.2.1　几种复合材料的体积含量和质量含量

复合材料类型	CFRP	BFRP	CFRP	GFRP	KFRP	BFRA
纤维	T300	B(4)	AS	E-玻璃	凯芙拉 49	硼
基体	N5208	5505	3501	环氧	环氧	铝
纤维密度 ρ_f	1.750	2.600	1.750	2.600	1.440	2.600
基体密度 ρ_m	1.200	1.200	1.200	1.200	1.200	3.500
空隙含量 v_v	0.005	0.005	0.005	0.005	0.005	0.000
纤维体积含量 v_f	0.700	0.500	0.666	0.450	0.700	0.450
基体体积含量 v_m	0.295	0.495	0.329	0.545	0.295	0.550
复合材料密度 ρ_c	1.579	1.894	1.560	1.824	1.362	3.095
纤维质量含量 m_f	0.776	0.686	0.747	0.641	0.740	0.378
基体质量含量 m_m	0.224	0.314	0.253	0.359	0.260	0.662

4.3　单向连续纤维增强复合材料弹性常数的预测

由于薄片模型的公式简单，因此我们采用薄片模型。图 4.3.1(a)所示为复合材料单向板，将它简化为薄片模型Ⅰ[图 4.3.1(b)]和薄片模型Ⅱ[图 4.3.1(c)]。模型Ⅰ的纤维薄片和基体薄片在横向呈串联形式，故称为串联模型。它意味着纤维在横向完全被基体隔开，适用于纤维所占百分比较少的情况。模型Ⅱ的纤维薄片与基体薄片在横向呈并联形式，故称为并联模型。它意味着纤维在横向完全连通，适用于纤维所占百分比较高的情况。一般来说，实际情况是介于两者之间的某个状态，本节将分别予以讨论。

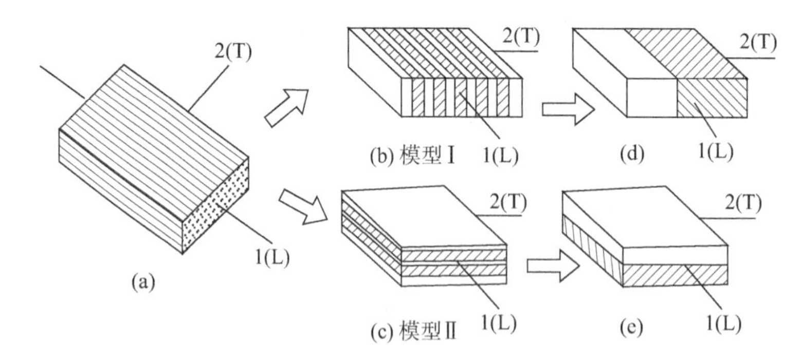

图 4.3.1　薄片模型

4.3.1　串联模型的弹性常数

1. 纵向弹性模量 E_1^{I}

由模型Ⅰ取出代表性体积单元，作用平均应力 σ_1，在平面应力状态下，如图 4.3.2 所示。这如同材料力学中由两种材料并联组成的杆受拉时的分析。由材料力学知道，已知纤维材料的弹性模量 E_f 和基体材料的弹性模量 E_m，欲求单元应变 ε_1 或纵向弹性模量 E_1 的问题是一次超静定问题。因此，只需利用静力、几何和物理作用三方面关系的材料力学基本方法来解决。

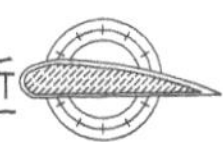

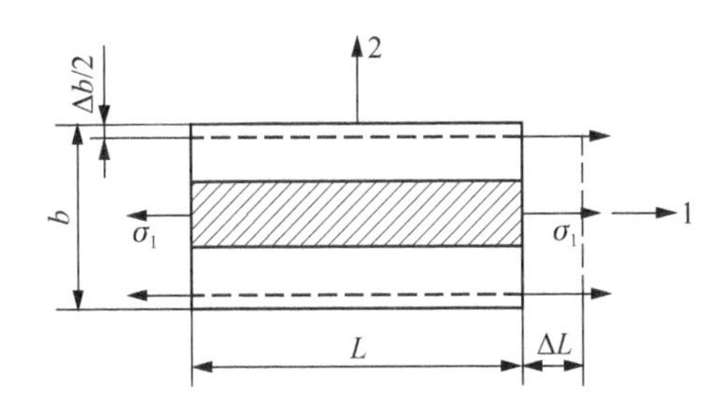

图 4.3.2　取自模型Ⅰ的体积单元在1方向受载荷

(1) 静力关系

由于平均应力 σ_1 作用在单元整个横截面 A 上，而纤维应力 σ_f 作用在纤维横截面 A_f 上，基体应力 σ_m 作用在基体横截面 A_m 上。根据静力平衡，有

$$\sigma_1 A=\sigma_{f1} A_f+\sigma_{m1} A_m \tag{4.3.1}$$

$$\sigma_1=\sigma_{f1}\frac{A_f}{A}+\sigma_{m1}\frac{A_m}{A}=\sigma_{f1} v_f+\sigma_{m1} v_m \tag{4.3.2}$$

(2) 几何关系

按照材料力学平面假设(即垂直于正轴1的平面，变形后仍为平面)，纤维和基体具有相同的线应变，且等于单元的纵向线应变。

$$\varepsilon_1=\varepsilon_{f1}=\varepsilon_{m1} \tag{4.3.3}$$

(3) 物理关系

根据基本假设，单层板、纤维和基体都是线弹性的，因而都服从虎克定律，即

$$\sigma_1=E_1^{\mathrm{I}}\varepsilon_1,\quad \sigma_{f1}=E_{f1}\varepsilon_{f1},\quad \sigma_{m1}=E_m\varepsilon_{m1} \tag{4.3.4}$$

综合式(4.3.2)、式(4.3.3)和式(4.3.4)即可得

$$E_1^{\mathrm{I}}=E_{f1} v_f+E_m v_m \tag{4.3.5}$$

这就是纵向弹性模量的混合法则公式。如果忽略空隙含量的影响，则

$$v_f+v_m=1 \tag{4.3.6}$$

因此式(4.3.5)又可写成

$$E_1^{\mathrm{I}}=E_{f1} v_f+E_m(1-v_f) \tag{4.3.7}$$

式中，E_1^{I} 为单层板的纵向弹性模量，角标Ⅰ表示由模型Ⅰ所得到。由于纤维模量远大于基体模量，因此单向复合材料的纵向模量主要由纤维模量和纤维含量决定。

2. 横向弹性模量 E_2^{I}

由模型Ⅰ取出代表性体积单元，在正轴2方向作用平均应力 σ_2，见图4.3.3。这如同材料力学中由两种不同材料串联组成的杆受拉时的分析。由材料力学得知，已知纤维材料的弹性模量 E_f 和基体材料的弹性模量 E_m，欲求单元应变或横向弹性模量 E_2 的问题完全是静定问题，利用材料力学的简单公式即可求得。

从单层板来看，单元的变形量 Δb 为

$$\Delta b=\varepsilon_2 b \tag{4.3.8}$$

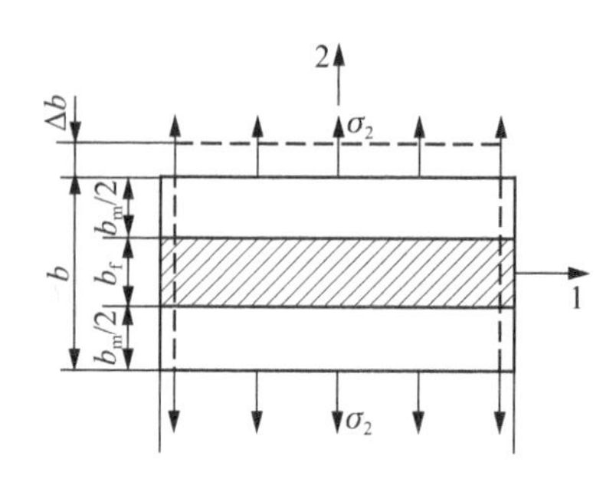

图 4.3.3　取自模型Ⅰ的代表性体积单元在 2 方向受载荷

而从细观来看

$$\Delta b=\varepsilon_{f2}b_f+\varepsilon_{m2}b_m \tag{4.3.9}$$

所以

$$\varepsilon_2=\varepsilon_{f2}v_f+\varepsilon_{m2}v_m \tag{4.3.10}$$

对于串联模型,各部分应力相同。因此,单元、纤维和基体应变分别为

$$\varepsilon_2=\frac{\sigma_2}{E_2^{\mathrm{I}}},\quad \varepsilon_{f2}=\frac{\sigma_2}{E_{f2}},\quad \varepsilon_{m2}=\frac{\sigma_2}{E_m} \tag{4.3.11}$$

故可得

$$\frac{1}{E_2^{\mathrm{I}}}=\frac{1}{E_{f2}}v_f+\frac{1}{E_m}v_m \tag{4.3.12}$$

这就是横向弹性模量的预测式,或改写成

$$E_2^{\mathrm{I}}=\frac{E_{f2}E_m}{E_mv_f+E_{f2}(1-v_f)} \tag{4.3.13}$$

3. 泊松比 ν_1^{I}、ν_2^{I}

确定纵向泊松比 ν_1 可采用类似于确定 E_1 时的方法。当正轴 1 方向受 σ_1 作用时,纵向泊松比的定义为

$$\nu_1^{\mathrm{I}}=-\frac{\varepsilon_2}{\varepsilon_1}$$

变形如图 4.3.2 所示。从单层板来看,单元的横向变形量 Δb 为

$$\Delta b=b\varepsilon_2=-b\nu_1^{\mathrm{I}}\varepsilon_1 \tag{4.3.14}$$

另一方面,从细观来看,单元的横向变形量应等于纤维与基体的横向变形量之和,即

$$\Delta b=\Delta b_{f2}+\Delta b_{m2}=b_f\varepsilon_{f2}+b_m\varepsilon_{m2}=-bv_f\cdot\nu_f\varepsilon_{f1}-bv_m\cdot\nu_m\varepsilon_{m1} \tag{4.3.15}$$

因为

$$\varepsilon_1=\varepsilon_{f1}=\varepsilon_{m1} \tag{4.3.16}$$

所以

$$\nu_1^{\mathrm{I}}=\nu_fv_f+\nu_mv_m \tag{4.3.17}$$

可见,纵向泊松比 ν_1 的预测式也服从混合律。

横向泊松比 ν_2^{I} 可由下式得到

$$\nu_2^{\mathrm{I}}=\frac{E_2^{\mathrm{I}}}{E_1^{\mathrm{I}}}\nu_1^{\mathrm{I}} \tag{4.3.18}$$

4. 面内剪切弹性模量 G_{12}^{I}

由模型Ⅰ取出代表性体积单元,作用应力 τ_{12},如图 4.3.4 所示。从单层板来看,单元的剪切变形 Δ 为

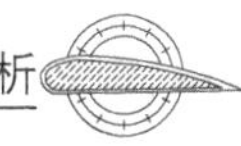

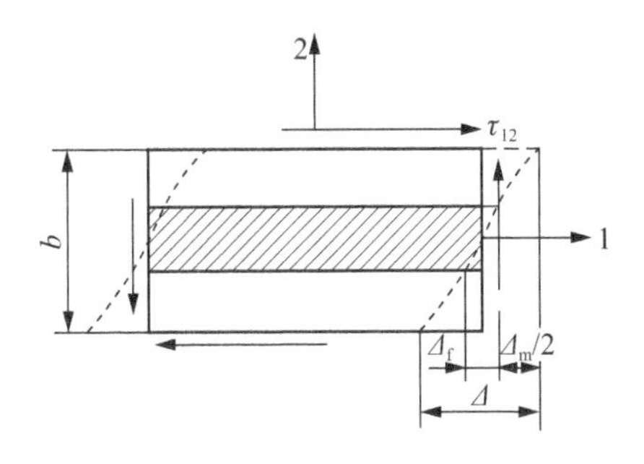

图 4.3.4　取自模型 I 的代表性体积单元受载荷 τ_{12}

$$\Delta=\gamma_{12}b=\frac{\tau_{12}}{G_{12}^{\mathrm{I}}}b \tag{4.3.19}$$

而从细观来看，单元的剪切变形就等于纤维剪切变形与基体剪切变形之和，即

$$\Delta=\Delta_f+\Delta_m=\gamma_{f12}b_f+\gamma_{m12}b_m=\frac{\tau_{f12}}{G_f}b_f+\frac{\tau_{m12}}{G_m}b_m \tag{4.3.20}$$

假设基体和纤维中剪应力相等，即

$$\tau_{12}=\tau_{f12}=\tau_{m12} \tag{4.3.21}$$

将式(4.3.19)和式(4.3.21)代入式(4.3.20)，并除以 b 得

$$\frac{1}{G_{12}^{\mathrm{I}}}=\frac{1}{G_f}v_f+\frac{1}{G_m}v_m \tag{4.3.22}$$

或

$$G_{12}^{\mathrm{I}}=\frac{G_fG_m}{G_mv_f+G_f(1-v_f)} \tag{4.3.23}$$

4.3.2　并联模型的弹性常数

(1) 纵向弹性模量 E_1^{II}

从图 4.3.1 中的模型 II 取出代表性体积单元，在正轴 1 方向作用平均应力 σ_1。容易看出，纵向弹性模量 E_1^{II} 与 E_1^{I} 相同，即

$$E_1^{\mathrm{II}}=E_1^{\mathrm{I}}=E_fv_f+E_mv_m \tag{4.3.24}$$

(2) 横向弹性模量 E_2^{II}

并联模型的横向弹性模量与纵向弹性模量相同，故

$$E_2^{\mathrm{II}}=E_1^{\mathrm{II}}=E_fv_f+E_mv_m \tag{4.3.25}$$

(3) 泊松比 ν_1^{II}，ν_2^{II}

从模型 II 取出代表性体积单元，利用静力、几何和物理三方面关系，同样可推得纵向泊松比 ν_1^{II}。略去推导，给出结果如下

$$\nu_1^{\mathrm{II}}=\frac{\nu_fE_fv_f+\nu_mE_mv_m}{E_fv_f+E_mv_m} \tag{4.3.26}$$

因为 $E_1^{\mathrm{II}}=E_2^{\mathrm{II}}$，所以

$$\nu_1^{\mathrm{II}}=\nu_2^{\mathrm{II}} \tag{4.3.27}$$

(4) 面内剪切弹性模量 G_2^{II}

由模型 II 取出代表性体积单元，作用剪应力 τ_{12}，如图 4.3.5(a)所示。纤维薄片和基体薄片的变形如图 4.3.5(b)所示。静力关系为

$$\tau_{12}=\tau_{f12}v_f+\tau_{m12}v_m \tag{4.3.28}$$

几何关系为

$$\gamma_{12}=\gamma_{f12}=\gamma_{m12} \tag{4.3.29}$$

物理关系为

$$\tau_{12}=\gamma_{12}G_{12}^{\mathrm{II}},\ \tau_{f12}=\gamma_{f12}G_f,\ \tau_{m12}=\gamma_{m12}G_m \tag{4.3.30}$$

将式(4.3.29)和式(4.3.30)代入式(4.3.28)，得

$$G_{12}^{\mathrm{II}}=G_f v_f+G_m v_m \tag{4.3.31}$$

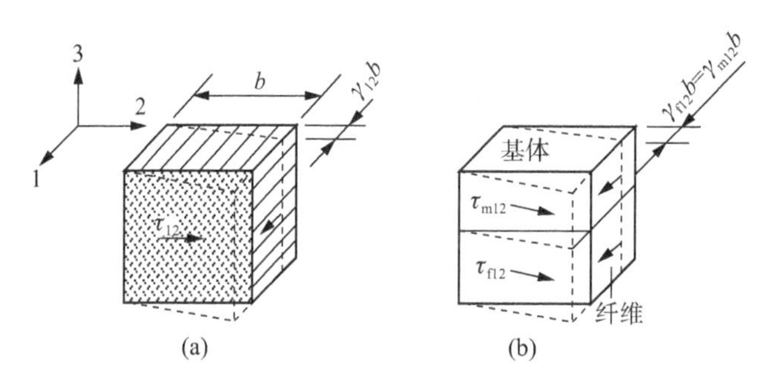

图 4.3.5　取自模型Ⅱ的代表性体积单元受载荷 τ_{12}

4.3.3　植村-山肋的经验公式

由于实际上纤维在复合材料中是随机分布的，有的纤维相互接触，有的彼此分离。考虑这一事实，就必须修正上述分析得到的结果。植村-山肋在薄片串联、并联模型的基础上，给出了下列半经验公式

$$\left.\begin{aligned}
&E_1=E_1^{\mathrm{I}}=E_1^{\mathrm{II}}\\
&E_2=(1-c)E_2^{\mathrm{I}}+cE_2^{\mathrm{II}}\\
&\nu_1=(1-c)\nu_1^{\mathrm{I}}+c\nu_1^{\mathrm{II}}\\
&\nu_2=\frac{E_2}{E_1}\nu_1\\
&G_{12}=(1-c)G_{12}^{\mathrm{I}}+cG_{12}^{\mathrm{II}}
\end{aligned}\right\} \tag{4.3.32}$$

式中，c 称为接触系数，它表示纤维横向接触的程度，且 $c=0$ 表示纤维横向完全隔开(对应模型Ⅰ)，$c=1$ 表示纤维横向完全接触(对应模型Ⅱ)，实际情况的 c 值介于 0 与 1 之间。从实用的观点来看，c 值可以通过实验得到。因此，该方法实际上是半经验的方法。植村等通过单向玻璃纤维/环氧树脂复合材料的试验给出了经验公式

$$c=0.2(v_f-v_m)+0.175=0.4v_f-0.025 \tag{4.3.33}$$

上式仅在 $0.3<v_f<0.7$ 区间内有效。

据我国工程界人士研究表明：用 $E_1=E_f v_f+E_m v_m$ 计算纤维方向的弹性模量是非常准确的，与实测值一致。用植村经验公式计算垂直于纤维方向的拉伸模量 E_2，对于玻璃纤维/环氧复合材料来说，当 $v_f=30\%\sim50\%$ 时，E_2 的计算值与实测值较接近，当 $v_f>50\%$ 时，偏离增大，取值偏高；对于碳纤维/环氧复合材料来说，计算值与实测值的偏差较大。用植村经验公式计算剪切模量 G_{12}，对于玻璃纤维/环氧复合材料来说，v_f 在 $40\%\sim60\%$，计算值与实测值的一致性较好；对于碳纤维/环氧复合材料来说，计算结果与实测值相差较大。用植村经验公式计算

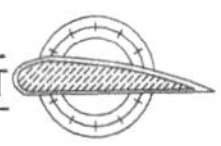

泊松比 ν_1 不如用 ν_1^{I} 计算方便和精确。因为在实际复合材料中，存在着空隙、缺陷、裂缝和界面结合不完善的情况，这些又与工艺水平、纤维的结晶构造、热膨胀系数和固化过程等有关。由于在理论推导时所采用的简化假定和计算模型不大符合实际情况，因此所导得的理论公式就和实际结果不一致了。为简单起见，对于工程设计中需要预测单向单层板的纵向泊松比时，推荐按下式进行

$$\nu_1 = K_1(\nu_f v_f + \nu_m v_m) \tag{4.3.34}$$

对于玻璃/环氧复合材料，大部分的实验结果表明，取 $K_1=0.95\sim1.0$，可以符合得相当好。

4.3.4　组合模型的弹性常数

众所周知，一种制作精良的复合材料，纤维的表面应完全处于基体树脂的包覆之中，并且在单层表面都有一层较薄的树脂，以利于层与层之间的黏合。根据复合材料成型工艺的实际情况，可把连续纤维单向增强复合材料处于平面应力状态下的一般模型看作如图 4.3.6 所示的薄片串、并联组合而成，即整个模型由中间增强层Ⅰ和表面基体层Ⅱ组成，由基体薄片和纤维薄片组成的增强层在横向呈串联形式，其弹性常数的预测式已在前面推导过，现重新引出如下

$$E_1^{\mathrm{I}} = E_{f1} v_f^{\mathrm{I}} + E_m(1 - v_f^{\mathrm{I}}) \tag{4.3.7}$$

$$E_2^{\mathrm{I}} = \frac{E_{f2} E_m}{E_m v_f^{\mathrm{I}} + E_{f2}(1 - v_f^{\mathrm{I}})} \tag{4.3.13}$$

$$\nu_1^{\mathrm{I}} = \nu_f v_f^{\mathrm{I}} + \nu_m v_m^{\mathrm{I}} \tag{4.3.17}$$

$$G_{12}^{\mathrm{I}} = \frac{G_f G_m}{G_m v_f^{\mathrm{I}} + G_f(1 - v_f^{\mathrm{I}})} \tag{4.3.23}$$

式中　$v_f^{\mathrm{I}}, v_m^{\mathrm{I}}$——分别为增强层中纤维和基体的体积含量。

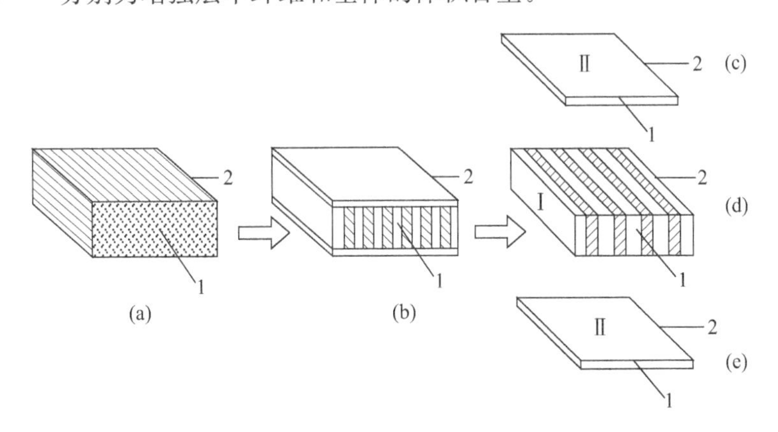

图 4.3.6　组合模型

整个复合材料单层由表面层和增强层以并联形式组合而成。如以 v_r 表示增强层的体积含量，v_f 表示整个复合材料单层的纤维体积含量，则可导得单向纤维增强复合材料弹性常数的计算式。

1. 纵向弹性模量 E_1

$$E_1 = E_1^{\mathrm{I}} v_r + E_m(1 - v_r) \tag{4.3.35}$$

将式(4.3.7)代入式(4.3.35)，得

$$E_1=[E_{f1}v_f^{\mathrm{I}}+E_m(1-v_f^{\mathrm{I}})]v_r+E_m(1-v_r)=E_{f1}v_f^{\mathrm{I}}v_r+E_m(1-v_f^{\mathrm{I}}v_r)$$

因为
$$v_f=v_f^{\mathrm{I}}v_r \tag{4.3.36}$$

所以
$$E_1=E_{f1}v_f+E_m(1-v_f) \tag{4.3.37}$$

由此可见，采用串、并联组合模型和上述简化假定计算 E_1，便得到了与各种计算模型和计算方法几乎完全相同的结果。计算 E_1 的式(4.3.37)已经经典化了。这是目前计算弹性常数中最简单、最精确和最重要的公式。如考虑到纤维不完全平直、取向也不完全平行，以及孔隙等因素的影响，应在式(4.3.37)中乘上一个修正系数 K，即

$$E_1=K(E_{f1}v_f+E_m v_m) \tag{4.3.38}$$

K 的取值在 0.9～1.0，采用式(4.3.38)预测的 E_1 与实验值符合得相当好。

2. 横向弹性模量 E_2

由于增强层和表面层在单层的横向为并联联接，因此 E_2 的预测值应为

$$E_2=E_2^{\mathrm{I}}v_r+E_m(1-v_r) \tag{4.3.39}$$

将式(4.3.13)代入式(4.3.39)，考虑到 $v_f=v_f^{\mathrm{I}}v_r$，$v_m^{\mathrm{I}}+v_f^{\mathrm{I}}=1$，可得

$$E_2=\frac{E_m(E_{f2}-E_m)v_f}{E_m v_f^{\mathrm{I}}+E_{f2}(1-v_f^{\mathrm{I}})}+E_m \tag{4.3.40}$$

如果以 a 表示表面层厚度为单位值时的增强层厚度，则

$$v_r=a/(a+2) \tag{4.3.41}$$

$$\therefore v_f^{\mathrm{I}}=v_f/v_r=v_f(a+2)/a \tag{4.3.42}$$

关于 a 的取值，作者通过研究发现可由下述关系式确定

$$a=p\left(\frac{v_f}{1-v_f}\right)^q \tag{4.3.43}$$

式中，p 和 q 是与组分材料性质有关的参数。对于常用的几类复合材料，通过回归分析可知 $q=1$，p 取值为

$$\left.\begin{array}{ll}\text{硼纤维/环氧复合材料(B/E)} & p=3.2\\ \text{碳纤维/环氧复合材料(C/E)} & p=2.8\\ \text{玻璃纤维/环氧复合材料(G/E)} & p=3.0\end{array}\right\} \tag{4.3.44}$$

3. 面内剪切弹性模量 G_{12}

由串并联组合模型给出的代表性体积单元，在正轴 1-2 方向作用剪应力 τ_{12}，如图 4.3.7 所示。

静力关系为
$$\tau_{12}=\tau_{r12}v_r+\tau_{m12}v_m \tag{4.3.45}$$

几何关系为
$$\gamma_{12}=\gamma_{r12}=\gamma_{m12} \tag{4.3.46}$$

物理关系为
$$\tau_{12}=\gamma_{12}G_{12},\ \tau_{r12}=\gamma_{r12}G_{12}^{\mathrm{I}},\ \tau_{m12}=\gamma_{m12}G_m \tag{4.3.47}$$

将式 (4.3.46)、式(4.3.47)代入式(4.3.45)得

$$G_{12}=G_{12}^{\mathrm{I}}v_r+G_m v_m=G_{12}^{\mathrm{I}}v_r+G_m(1-v_r) \tag{4.3.48}$$

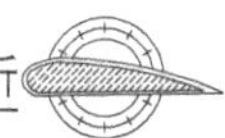

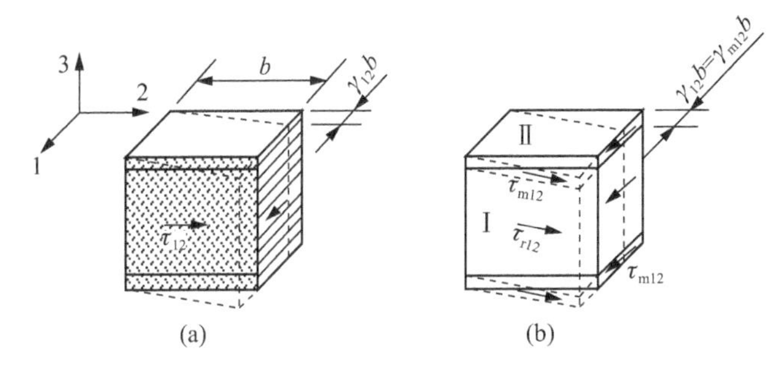

图 4.3.7　代表性体积单元受载荷 τ_{12}

将式(4.3.23)代入式(4.3.48)，整理后可得

$$G_{12}=\frac{G_m(G_f-G_m)v_f}{G_m v_f^{\mathrm{I}}+G_f(1-v_f^{\mathrm{I}})}+G_m \tag{4.3.49}$$

式(4.3.49)中的增强层纤维体积含量 v_f^{I} 仍由式(4.3.42)和式(4.3.43)进行计算，其式中的 p 和 q 按下式取值

$$\left.\begin{array}{ll} \mathrm{B/E} & p=3.8,\ q=0.7 \\ \mathrm{C/E} & p=3.8,\ q=1.0 \\ \mathrm{G/E} & p=2.7,\ q=1.0 \end{array}\right\} \tag{4.3.50}$$

4. 泊松比

确定纵向泊松比 ν_1 可采用类似于确定 E_1 时的方法。

$$\nu_1=\nu_f^{\mathrm{I}} v_r+\nu_m(1-v_r) \tag{4.3.51}$$

将式(4.3.17)代入式(4.3.51)，经整理后可得

$$\nu_1=\nu_f v_f+\nu_m(1-v_f) \tag{4.3.52}$$

考虑到实际复合材料中存在着孔隙、裂纹、损伤、缺陷、残余应力、界面结合不完善以及纤维微观屈曲等复杂因素的影响，应在式(4.3.52)中乘上一个修正系数 K_1，即

$$\nu_1=K_1[\nu_f v_f+\nu_m(1-v_f)] \tag{4.3.53}$$

当试件的质量很好时，对于玻璃纤维/环氧复合材料，大部分的实验结果表明，若在式(4.3.53)中取 $K_1=0.95\sim1.0$，可以符合得相当好。

5. 预测值与实验结果的比较

采用国内外文献上报道的 3 类有代表性的单向复合材料的实验数据检验以上各组公式及本文导出式预测 E_2 和 G_{12} 的准确性，结果表明如下。

① 本文导出式的预测值与实验结果的吻合性好，偏差基本上都在复合材料离散系数范围之内。如果采用标准差 σ 的大小来评价各公式精确度，则无论是 E_1 还是 G_{12}，本文导出式的精确度都是最高的。

② 如果本文导出式所采用的组合模型中的表面层厚度等于零，即 $a=\infty$，则 $v_r=1$，$v_f^{\mathrm{I}}=v_f$。此时组合模型变为串联模型，式(4.3.40)变为式(4.3.13)，式(4.3.49)变为式(4.3.23)。由此可见，串联薄片模型是组合模型的特例，得到的是弹性特性的下限值，与实测值相差甚远。说明本文所提出的分析模型是合理的，是符合实际情况的。

③ 本文导出式能相当精确地适用于各种纤维增强聚合物基复合材料和常用的 v_f 范围。由于实测数据包括由 3 类材料各种纤维体积含量制成的单向板，这说明本文导出式对这些材料都是适合的。由于 3 类材料构造不同，性质相差很大。为了使导出式能与各类复合材料的试验结果比较接近，我们在计算 a 的经验公式中选择不同的指数 q 和系数 p 来修正这些因素的影响。从使用的角度来说，采用既有理论背景又有试验依据的半经验公式，可足够精确地解决实际问题。

4.3.5 哈尔平-蔡(Halpin - Tsai)方程

哈尔平(Halpin)和蔡(Tsai)等根据经验对非连续纤维复合材料的弹性常数提出了一种近似地表达比较复杂的细观力学结果的内插法。其表达式为

$$\frac{M}{M_m}=\frac{1+\xi\eta v_f}{1-\eta v_f} \tag{4.3.54}$$

式中

$$\eta=\frac{(M_f/M_m)-1}{(M_f/M_m)+\xi} \tag{4.3.55}$$

M——要预测的复合材料的弹性常数(如 E_1,E_2,G_{12},ν_1)；

M_f——对应于纤维的弹性常数(如 E_f,G_f 或 ν_f)；

M_m——对应于基体的弹性常数(如 E_m,G_m 或 ν_m)。

v_f——纤维体积含量；

ξ——纤维增强作用系数，其值与纤维几何形状、排列方式及受力情况有关，ξ 的取值可以从 0 变化到∞。

从 η 的表达式可以看出 $\eta\leqslant1$，η 不仅受组分材料性能的影响，而且受增强作用系数 ξ 的影响。当 $\xi=0$ 时，则得

$$\frac{1}{M}=\frac{v_f}{M_f}+\frac{v_m}{M_m}$$

上式给出了复合材料弹性常数的下限(与由串联模型所得的弹性常数相同)；如果 $\xi=\infty$，则有

$$M=M_f v_f+M_m v_m$$

该式给出了复合材料弹性常数的上限(与由并联模型所得的弹性常数相同)。因此，ξ 是纤维对复合材料增强作用的度量。对于较小的 ξ 值，纤维作用不大；对于大的 ξ 值，纤维能很有效地增加复合材料的刚度。使用哈尔平-蔡方程的唯一困难是确定适当的 ξ 值。通常，计算纵向弹性常数模量 E_1 和泊松比 ν_1 时可取 $\xi_1=\infty$。对于圆截面纤维、方形排列、$v_f<0.8$ 时，计算横向弹性模量 E_2，建议取 $\xi_2=2$；计算面内剪切弹性模量 G_{12} 可取 $\xi_{12}=1$；如果 $v_f>0.5$，Hewitt 和 Mahelbre 建议按式(4.3.56)选取

$$\xi_{12}=1+40v_f^{10} \tag{4.3.56}$$

[例 4.3.1] 试利用哈尔平-蔡(Halpin - Tsai)方程确定玻璃纤维/环氧树脂复合材料单层板的弹性常数 E_2 和 G_{12}。测得单向玻璃纤维复合材料的 v_f 为 70%。已知玻璃纤维为圆形截面、呈方形排列，玻璃纤维和环氧树脂的性能分别为：$E_f=71.5$ GPa，$\nu_f=0.22$，$G_f=29.3$ GPa；$E_m=3.4$ GPa，$\nu_m=0.30$，$G_m=1.31$ GPa。

[解] 对于圆形纤维、方形排列、$v_f<0.8$ 时，计算横向弹性模量 E_2，可取纤维增强作用系数 $\xi_2=2$；计算面内剪切弹性模量 G_{12} 可取 $\xi_{12}=1$。

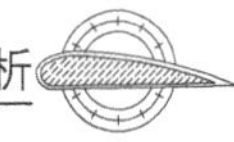

由式(4.3.55)

$$\eta=\frac{(M_f/M_m)-1}{(M_f/M_m)+\xi}=\frac{(71.5/3.4)-1}{(71.5/3.4)+2}=0.870$$

由式(4.3.54)得

$$\frac{E_2}{3.4}=\frac{1+2\times0.870\times0.7}{1-0.870\times0.7}$$

解得

$$E_2=19.3\ \text{GPa}$$

类似地可求得

$$\eta_{12}=\frac{(29.3/1.31)-1}{(29.3/1.31)+1}=0.914$$

$$\frac{G_{12}}{1.31}=\frac{1+1\times0.914\times0.70}{1-0.914\times0.70}$$

$$G_{12}=5.96\ \text{GPa}$$

因为 $v_f>0.5$，可按 Hewitt 和 Mahelbre 建议式(4.3.56)选取 ξ_{12}

$$\xi_{12}=1+40v_f^{10}=1+40\times0.70^{10}=2.13$$

因而

$$\eta_{12}=\frac{(29.3/1.31)-1}{(29.3/1.31)+2.13}=0.872$$

$$\frac{G_{12}}{1.31}=\frac{1+2.13\times0.872\times0.70}{1-0.872\times0.70}$$

$$G_{12}=7.73\ \text{GPa}$$

Nielsen 对 Halpin - Tsai 方程进行了改进，在方程中包含了增强相的最大填充体积分数 ϕ_{max}，改进的方程可表示为

$$\frac{M}{M_m}=\frac{1+\xi\eta v_f}{1-\eta\psi v_f} \tag{4.3.57}$$

其中

$$\psi\approx1+\left(\frac{1-\phi_{max}}{\phi_{max}^2}\right)v_f$$

如果基体中的纤维是有规则排列的，则整个体积由不同的复合单元组成，这时理论体积含量可以用纤维半径和复合单元的尺寸来计算(表 4.3.1)。不同的纤维排列对应不同的纤维体积分数，最大纤维体积分数可由表 4.3.1 计算得到。

表 4.3.1　简单复合单元的理论体积含量和最大填充系数

复合单元结构	理论体积含量	最大填充理论体积分数/%
普通正方形排列	$3.14\ (r_f/a)^2$	78.5
面心正方形排列	$6.28\ (r_f/a)^2$	78.5
面心六角形排列	$3.626\ (r_f/a)^2$	90.65

注：r_f——纤维的半径；a——复合单元大小。

4.3.6　蔡-韩(Tsai - Hahn)的修正公式

由薄片串联模型推导的式(4.3.13)和式(4.3.23)预测的 E_2 和 G_{12} 一般都低于试验测定值，这主要与代表性体积单元的选择有关。我们推导上述公式所选用的薄片模型是纤维和基体为完全隔开的薄片，而实际上纤维是被包围在基体之中的。一种既能修正这个不足而又不放弃混合定律的简洁性的方法，就是给这个方程附加一项试验系数。由蔡-韩提出的、且使用起来很方便的应力分配参数 η 就是其中一例。略去推导，给出结果如下

$$\frac{1}{E_2}=\frac{1}{v_f+\eta_2 v_m}\left(v_f\frac{1}{E_f}+\eta_2 v_m\frac{1}{E_m}\right) \tag{4.3.58}$$

$$\frac{1}{G_{12}}=\frac{1}{v_f+\eta_{12} v_m}\left(v_f\frac{1}{G_f}+\eta_{12} v_m\frac{1}{G_m}\right) \tag{4.3.59}$$

式中，η_2、η_{12} 为应力分配参数，它们分别是基体与纤维横向平均应力比值及与平均剪应力比值。即 $\eta_2=\bar{\sigma}_{2m}/\bar{\sigma}_{2f}$，$0<\eta_2<1$；$\eta_{12}=\bar{\tau}_{12m}/\bar{\tau}_{12f}$，$0<\eta_{12}<1$。

如记 $v^*=\eta v_m/v_f$ 为折算的基体/纤维体积比，式(4.3.58)和式(4.3.59)可相应地转变成如下形式

$$(1+v_2^*)/E_2=1/E_f+v_2^*/E_m \tag{4.3.60}$$

$$(1+v_{12}^*)/G_{12}=1/G_f+v_{12}^*/G_m \tag{4.3.61}$$

式中

$$v_2^*=\eta_2 v_m/v_f \tag{4.3.62}$$

$$v_{12}^*=\eta_{12} v_m/v_f \tag{4.3.63}$$

当 $\eta_2=1$ 时，式(4.3.60)、式(4.3.58)就变成了式(4.3.12)；当 $\eta_{12}=1$ 时，式(4.3.61)、式(4.3.59)就回到了式(4.3.22)。式(4.3.60)和式(4.3.61)保持了公式简单和便于应用的特点，问题在于如何选取 η_2 和 η_{12} 的值。

为了确定实际复合材料的应力分配参数，我们可以通过试验用反算法推出。

[例 4.3.2] 已知高强 2* 玻璃纤维和环氧树脂的性能为：$E_f=83.3$ GPa，$E_m=3.33$ GPa，$\nu_f=0.22$，$\nu_m=0.35$。测得单向纤维复合材料的 v_f 为 41.99% 时的 $E_2=9.15$ GPa，$G_{12}=3.31$ GPa。试确定应力分配系数 η_1 和 η_{12}。

[解] 因为玻璃纤维和树脂基体均为各向同性材料，所以

$$G_f=\frac{E_f}{2(1+\nu_f)}=\frac{83.3}{2(1+0.22)}=34.1(\text{GPa})$$

$$G_m=\frac{E_m}{2(1+\nu_m)}=\frac{3.33}{2(1+0.35)}=1.23(\text{GPa})$$

再由式(4.3.60)和式(4.3.61)可解出 v_2^* 及 v_{12}^* 的表达式，得

$$v_2^*=\left(\frac{1}{E_2}-\frac{1}{E_f}\right)\Big/\left(\frac{1}{E_m}-\frac{1}{E_2}\right)=\left(\frac{1}{9.15}-\frac{1}{83.3}\right)\Big/\left(\frac{1}{3.33}-\frac{1}{9.15}\right)=0.509$$

$$v_{12}^*=\left(\frac{1}{G_{12}}-\frac{1}{G_f}\right)\Big/\left(\frac{1}{G_m}-\frac{1}{G_{12}}\right)=\left(\frac{1}{3.31}-\frac{1}{34.1}\right)\Big/\left(\frac{1}{1.23}-\frac{1}{3.31}\right)=0.534$$

最后由式(4.3.62)和式(4.3.63)得到

$$\eta_2=v_2^* v_f/v_m=0.509\times0.4199/(1-0.4199)=0.368$$

$$\eta_{12}=v_{12}^* v_f/v_m=0.534\times0.4199/(1-0.4199)=0.387$$

由于 η 对于 v_f 的微小变化是不敏感的，因此，当 v_f 只有百分之几的变化时，不再做试验，仍采用已确定的 η 值并按式(4.3.58)及式(4.3.59)预测 E_2 及 G_{12}，可得到相当精确的结果。实际问题就能得到很好的解决。如无试验条件，通常可取 $\eta_2=\eta_{12}=0.5$。

王震鸣通过研究，建议应力分配参数由下列表达式算得

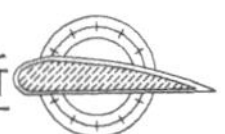

$$\eta_2=\frac{0.2}{1-v_m}\left(1.1-\sqrt{\frac{E_m}{E_{f2}}}+\frac{3.5E_m}{E_{f2}}\right)(1+0.22v_f) \tag{4.3.64}$$

$$\eta_{12}=0.28+\sqrt{\frac{E_m}{E_{f2}}} \tag{4.3.65}$$

顺便指出，蔡-韩公式(4.3.58)及式(4.3.59)是哈尔平-蔡方程的更方便和更具体的表达形式。试验证明，修正公式的计算值与实测值基本相符。

4.4　单向连续纤维增强复合材料基本强度的预测

单层的强度特性是纤维复合材料强度分析的基础。获得单层强度的直接方法主要仍依靠试验确定，但通过细观力学分析可评估各种不同性能的组分材料及增强材料的细观结构形式对复合材料强度的影响，从而为改善材料性能进行材料设计提供充分的理论依据。根据各组分材料情况，对正交各向异性单层的强度预测要比对刚度的预测复杂得多。这是因为强度和刚度的性质不同，刚度基本上是材料的一种整体特性，而强度是反映材料的一种局部特性，强度对缺陷敏感，与材料破坏的机理密切相关，而复合材料的破坏机理很复杂，不仅取决于纤维和基体的物理性质、力学性质(韧性还是脆性)、纤维形状和分布以及体积含量等，而且与工作环境和状态、制造工艺、失效模式、损伤机理、加载路径以及界面强度不均等因素有关。目前这方面研究得还很不充分，单层基本强度的预测远没有达到研究刚度那样比较成熟的程度。本节仅介绍单向复合材料纵向拉伸与压缩强度的简单预测方法，以期对这类问题的概念与研究方法有所了解。单向复合材料的横向拉伸强度、横向压缩强度和面内剪切强度都主要由基体性能所控制，但是受纤维含量的显著影响。纤维含量高，将显著减小表观变形量，因此提高了刚度性能；但是纤维含量的提高将加剧基体内部应力分布的不均匀状况，对强度产生不利影响。界面强度也将对横向拉伸强度和剪切强度产生显著影响，当界面强度弱于基体强度时，破坏将由界面控制。由于横向强度和面内剪切强度至今尚无简明实用的表达式，所以只能求助于试验测定方法来求得这些强度值。

4.4.1　纵向拉伸强度 X_t

单层在承受纵向拉伸应力时，假定：(1)纤维与基体之间没有滑移，具有相同的拉伸应变；(2)每根纤维具有相同的强度，且不计初应力。则在工程上发生下述两种破坏模式。

1. 基体延伸率小于纤维延伸率($\varepsilon_{mu}<\varepsilon_{fu}$)时

在应变达到 ε_{mu} 时，基体将先于纤维而开裂(正如玻璃纤维增强热固性树脂的情况)。但是纤维尚能继续承载，直至应变达到 ε_{fu} 时，纤维断裂，复合材料彻底破坏。对此，可偏于安全地认为纵向拉伸强度只取决于纤维，即

$$X_t=X_{ft}v_f \tag{4.4.1}$$

然而，纵向拉伸强度的试验测定值通常比式(4.4.1)的理论计算值更高。这表明基体虽已开裂，但因基体的开裂是随机分布的，不太可能都出现在同一个截面上，未开裂部分基体还能传递载荷。这样，预测单向复合材料纵向拉伸强度时可用下式

$$X_t=X_{ft}v_f+X_{mt}(1-v_f) \tag{4.4.2}$$

式中，X_{ft} 和 X_{mt} 分别表示纤维和基体的极限拉伸强度。

这样的估算与试验结果比较符合。

2. 基体延伸率大于纤维延伸率($\varepsilon_{mu}>\varepsilon_{fu}$)时

碳纤维和硼纤维增强环氧树脂基复合材料，由于基体延伸率比纤维大，故在基体或界面破坏前，带缺陷的纤维首先断裂。随着载荷的增加，纤维断裂产生的裂纹沿着基体或纤维-基体界面或邻近纤维等各种途径扩展。如果是强界面结合，裂纹在基体内生长，形成相当光滑的断口。如果是弱界面结合，裂纹将引起界面脱黏并有大量纤维拔出。

当纤维的应变达到其最大应力对应的断裂应变值时，复合材料达到极限强度，用应变表示其强度条件时，有

$$\varepsilon_{1u}=\varepsilon_{fu} \tag{4.4.3}$$

式中，ε_{1u}为复合材料的断裂应变。

式(4.4.3)表示复合材料的断裂应变等于纤维的断裂应变。此时复合材料达到纵向拉伸强度 X_t，破坏是由纤维控制的。由式(4.4.2)并考虑到纤维和基体的拉伸应力-应变曲线基本上都是线性的，因此可得

$$X_t=X_{ft}v_f+\sigma_m^* v_m=X_{ft}\left(v_f+v_m\frac{E_m}{E_{f1}}\right)\quad (v_f\geqslant v_{f\,min}) \tag{4.4.4}$$

式中，$\sigma_m^*=X_{ft}\dfrac{E_m}{E_{f1}}$为基体应变等于 ε_{fu}时对应的基体应力(图 4.4.1)。

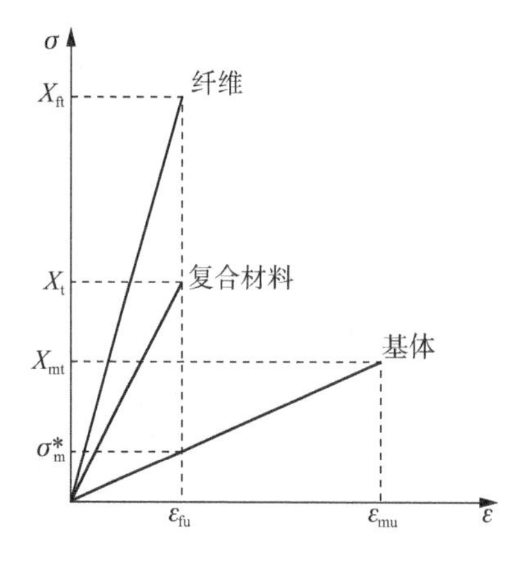

图 4.4.1　复合材料、纤维和基体的应力-应变曲线

从式(4.4.4)可以看出，纤维体积含量 v_f 越高，纵向拉伸强度 X_t 就越大。如降低 v_f，则 X_t 就减小。当 v_f 降到某一个值时，可使复合材料纵向拉伸强度 X_t 等于基体拉伸强度 X_{mt}，亦即

$$X_t=X_{mt}\quad (v_f=v_{fcr}) \tag{4.4.5}$$

此时的纤维体积含量称为临界纤维体积含量 v_{fcr}。当 $v_f\leqslant v_{fcr}$时，纤维失去增强效果。将式(4.4.4)代入式(4.4.5)，解出 v_f，即为 v_{fcr}。

$$v_{fcr}=\frac{X_{mt}-X_{ft}\dfrac{E_m}{E_{f1}}}{X_{ft}\left(1-\dfrac{E_m}{E_{f1}}\right)} \tag{4.4.6}$$

当纤维体积含量 v_f 太小时，即 $v_f<v_{f\,min}$，式(4.4.4)不适用。此时复合材料的破坏由基体控制，其纵向拉伸强度按下式计算

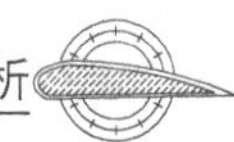

$$X_t = X_{mt}(1-v_f) \quad (v_f \leqslant v_{f\,min}) \tag{4.4.7}$$

$v_{f\,min}$称为纤维控制的最小体积含量，如图 4.4.2 所示。将式(4.4.4)代入式(4.4.7)，解出的 v_f 即为 $v_{f\,min}$。

$$v_{f\,min} = \frac{X_{mt} - X_{ft}\dfrac{E_m}{E_{f1}}}{X_{mt} + X_{ft}\left(1-\dfrac{E_m}{E_{f1}}\right)} \tag{4.4.8}$$

比较式(4.4.6)和式(4.4.8)可知，v_{fcr}总是大于 $v_{f\,min}$。工程上采用的复合材料的 v_f 通常都大于 v_{fcr}，因此复合材料强度总是由纤维控制的。

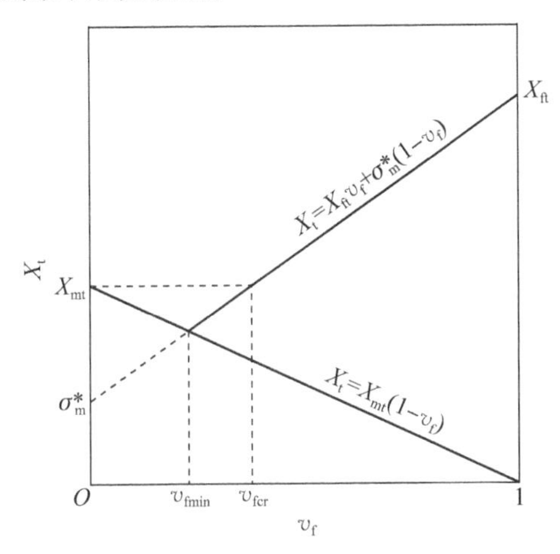

图 4.4.2　纵向拉伸强度与 v_f 关系曲线

需要指出，从理论上讲复合材料的强度随着纤维体积含量 v_f 增加而提高。但实际上当 $v_f>0.8$ 时，复合材料强度随 v_f 增加反而有下降的趋势。这是由于 v_f 太大时，工艺上不能保证基体与纤维的均匀分布，以致有的纤维周围没有基体，形成了缺陷，导致强度下降。所以，复合材料的纤维体积含量也不能太大。

碳纤维、硼纤维和玻璃纤维增强树脂基复合材料的拉伸强度都是纤维起主导作用，用式(4.4.4)计算其纵向强度时，当 $E_m/E_f \ll 1$ 时，式(4.4.4)可简化为式(4.4.1)。

单向纤维复合材料在纵向拉伸应力作用下的破坏过程可分为 3 个阶段。第一阶段是低应力下少数纤维的早期断裂阶段。由于复合材料采用的高强脆性纤维的性质，其强度的离散性决定了在较低应力作用下就有少数纤维首先断裂。第二阶段是损伤的扩展。损伤扩展形式有：(1)纤维和基体在界面上脱黏；(2)基体屈服；(3)纤维断口裂纹直接向基体内扩展；(4)相邻纤维相继发生断裂。第三阶段是最终破坏阶段。根据上述不同的损伤扩展形式，最终导致 3 种典型的破坏形式：(1)纤维束型的破坏，这种形式的破坏没有发挥纤维的最高强度；(2)断裂破坏，这种形式的破坏纤维强度发挥最低；(3)积累损伤破坏，这种破坏形式可以发挥纤维的最高强度。脆性基体的性能和高界面强度容易造成纵向应力作用下的低应力脆断，断口齐平，强度值最低；适中界面强度可造成损伤积累形式的破坏，达到最高强度值。

4.4.2　纵向压缩强度 X_c

纵向压缩强度的预测远不如纵向拉伸强度那样简单而准确。与纵向拉伸不同，基体在纵向压缩中起重要作用。基体给予纤维侧向支持使纤维承载但不屈曲。没有基体的支持，纤维就不能承受压缩载荷。纤维微屈曲(Buckling)和剪切破坏是复合材料纵向压缩破坏的两个主要原因。此外，还有纤维微屈曲后引起的界面脱黏、层间分层，横向拉伸引起的纵向开裂等破坏原因。试验结果表明，在比预计压缩强度低得多的应力下，多数复合材料出现微屈曲破坏。石墨纤维、硼纤维和S玻璃纤维复合材料剪切破坏模式的压缩强度接近其纵向拉伸强度。

根据纤维增强复合材料受压时光弹性应力图上的周期条纹显示复合材料的破坏形式，罗森(B. W. Rosen)认为，纵向压缩强度的细观力学分析模型可采用纤维在弹性基础上的屈曲模型，如图4.4.3所示。假定只有纤维承压，基体提供对纤维的横向支撑。当纵向压力达到临界值时，纤维薄片发生屈曲。纤维屈曲可能有两种形式，一种是纤维薄片彼此反向屈曲，基体薄片交替地发生横向拉伸和横向压缩变形[图4.4.3(a)]，据此建立的模型称为横向拉压模型；另一种是纤维薄片彼此同向屈曲，基体薄片主要发生剪切变形[图4.4.3(b)]，其模型简称剪切模型。无论是哪一种形式的屈曲，都将纤维看成是在弹性基础上的柱状屈曲，而垂直于图面方向的变形不予考虑。利用能量法对两种屈曲模型进行分析，可分别得到对应的屈曲临界载荷预测式。

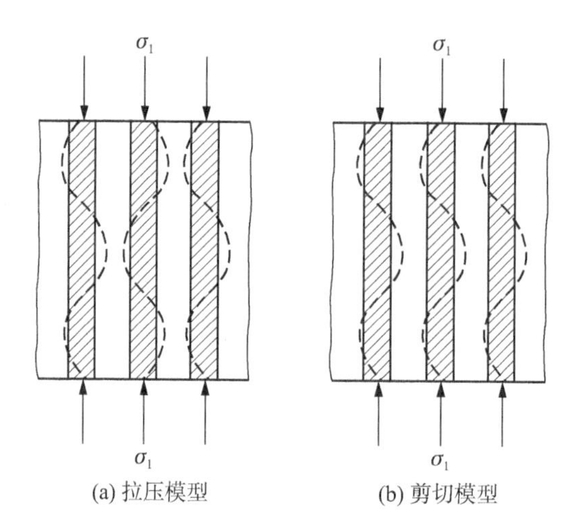

图4.4.3　纤维屈服的两种模型

拉压型微屈曲引起破坏的纵向压缩强度为

$$X_c = 2v_f\sqrt{\frac{E_f E_m v_f}{3(1-v_f)}} \tag{4.4.9}$$

当 v_f 趋于零时，由上式计算的 X_c 也趋于零；如果 v_f 趋于1时，X_c 将趋于无限大；显然这两种极端情况不符合实际。因此，式(4.4.9)只适用于 v_f 适中的复合材料纵向压缩强度的预测。

剪切型微屈曲引起破坏的纵向压缩强度为

$$X_c = \frac{G_m}{1-v_f} \tag{4.4.10}$$

如果 v_f 趋于1，X_c 将趋于无限大，显然这不符合实际情况。因此，式(4.4.10)也只适用于 v_f 适中的复合材料纵向压缩强度的预测。由式(4.4.9)和式(4.4.10)可见，基体模量是影响复合材料压缩强度的主要参数。

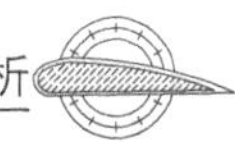

上述两公式的计算值通常比实测值高得多，这是因为计算值是在假定纤维为完全平直的理想状态下推算的，而实际上偏离理想状态的种种原因(如纤维成束、纤维排列不佳、纤维脱黏、存在空隙、基体的黏弹性变形等因素)促使纵向压缩强度有明显的降低。为了修正误差，可在上述公式的基体模量前乘以小于 1 的修正系数 β，即

$$X_{c1}=2v_f\sqrt{\frac{\beta E_f E_m v_f}{3(1-v_f)}}\quad(\text{拉压型})\tag{4.4.11}$$

$$X_{c2}=\frac{\beta G_m}{1-v_f}\quad(\text{剪切型})\tag{4.4.12}$$

$$X_c=\min[X_{c1},X_{c2}]\tag{4.4.13}$$

通常情况下，在 v_f 较小时，纵向压缩强度 X_c 由拉压型所控制；而在 v_f 较大时，X_c 则由剪切型所控制。β 值由试验确定。一般对硼/环氧复合材料可取 $\beta=0.63$，玻璃/环氧复合材料可取 $\beta=0.20$。也可以用前面已介绍的计算拉伸强度的混合律公式计算压缩强度。虽然混合律公式只能粗糙地估算复合材料纵向压缩强度，但是某些试验结果表明它估算的结果还相当令人满意。

尽管存在上述支持或基本支持 Rosen 模型的实验数据，但也有一大批实验结果对细观弹性失稳理论提出了疑问与修正。例如 De Ferran 和 Harris 对钢丝/聚酯所做的压缩实验，Greszezuk 所做的高模量碳纤维复合材料的压缩实验，Kulkami、Rice 和 Rosen 对 Kevlar49/环氧所做的压缩实验，Ewins 和 Potter 对碳纤维/塑料、碳纤维/环氧所做的压缩实验以及 Hancox对碳纤维/塑料所做的压缩实验等所得的压缩强度实验值均远低于 Rosen 的预测值。很显然，Rosen 模型不能正确预报的复合材料失稳应力往往发生在那些同 Rosen 假定不一致的失稳模式。Piggott 和 Harris 对碳纤维、玻璃纤维和 Kevlar49 纤维增强聚酯做了系统的压缩实验，以考察压缩破坏模式与纤维体积分数之间的关系。他们发现，当纤维从稀疏分布过渡到较密分布($0.05<v_f<0.3$)时，压缩强度上升，破坏模式由层间开裂型(微观失稳型)过渡到纤维破坏型。若 v_f 继续增加，则压缩强度下降，破坏模式转为屈曲型。

4.5　正交织物复合材料弹性常数和基本强度的预测

以织物(指以相互垂直的经纱和纬纱构成的正交织物，如玻璃纤维布)为增强材料制成的复合材料单层板称为织物复合材料单层板，又称双向单层板。织物复合材料在工程上广泛使用。若用 n_L 和 n_T 分别表示单位宽度正交织物中经向和纬向纤维量，实际上只需知道两者的相对比例即可。例如(1∶1)平衡型织物，则 $n_L:n_T=1:1$；(4∶1)单向织物，则 $n_L:n_T=4:1$。经向和纬向纤维量与总纤维量之比为

$$\left.\begin{aligned}f_L&=\frac{n_L}{n_L+n_T}\\f_T&=\frac{n_T}{n_L+n_T}\end{aligned}\right\}\tag{4.5.1}$$

因此，对于(1∶1)平衡型织物，$f_L=50\%$，$f_T=50\%$；(4∶1)单向织物 $f_L=80\%$，$f_T=20\%$。

4.5.1 正交织物复合材料的弹性常数

从第1章已知，双向板可以简化为基体含量相同而厚度按经纬向纤维量来分配的两层互相垂直的单向板的层合。如图4.5.1(a)所示的双向板可看成两块单向板[图4.5.1(b)与(c)]的组合，再将两单向板以纤维互相垂直的方向黏结在一起[图4.5.1(d)]，受力后具有相同的应变。则双向单层板的弹性常数可以按以下公式预测。

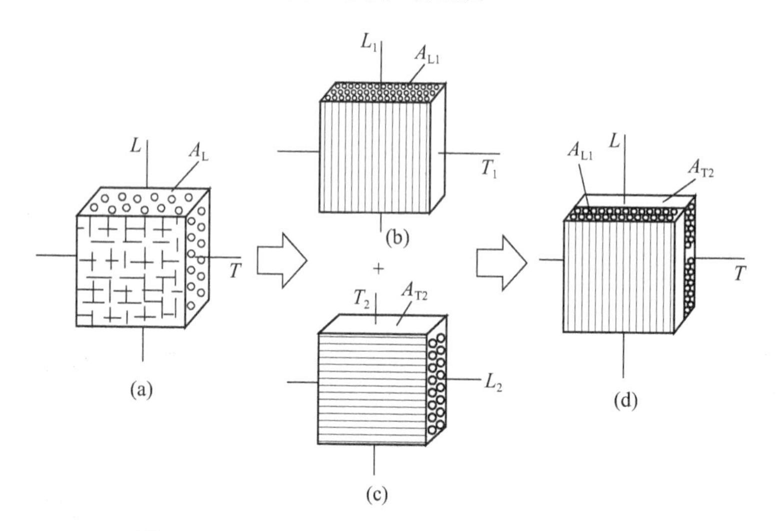

图4.5.1 双向单层板看成两层单向单层板的组合

(1) 经向弹性模量 E_L

$$E_L = K(E_1 f_L + E_2 f_T) \tag{4.5.2}$$

式中 E_1、E_2——分别表示单向板的纵向弹性模量和横向弹性模量；

f_L、f_T——分别为经向纤维含量和纬向纤维含量，f_L 和 f_T 可由式(4.5.1)分别计算；

K——织物波纹影响系数，通常取 $K=0.90\sim0.95$。

(2) 纬向弹性模量 E_T

$$E_T = K(E_1 f_T + E_2 f_L) \tag{4.5.3}$$

式中的符号与式(4.5.2)相同。

(3) 经向泊松比 ν_L 和纬向泊松比 ν_T

$$\nu_L = \nu_1 E_2 \frac{n_L + n_T}{n_L E_2 + n_T E_1} \tag{4.5.4}$$

$$\nu_T = \nu_L \frac{E_T}{E_L} \tag{4.5.5}$$

式中，ν_1 为单向板的纵向泊松比。

正交织物复合材料的泊松比很小，这是由于横向纤维阻止了泊松收缩。

(4) 经纬剪切弹性模量 G_{LT}

$$G_{LT} = K \cdot G_{12} \tag{4.5.6}$$

式中 G_{12}——单向板的面内剪切模量；

K——织物波纹影响系数。

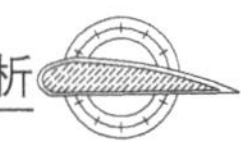

［例 4.5.1］　已知某 4∶1 玻璃纤维布/环氧树脂复合材料的 $E_f=70$ GPa，$E_m=3.5$ GPa，实验测得树脂的质量含量 $m_m=0.45$。试求复合材料弹性常数 E_L 和 E_T 的预测值。

［解］　玻璃纤维增强树脂基复合材料的纤维体积含量可由式(4.2.14)求得

$$v_f=\frac{1-m_m}{1+m_m}=\frac{1-0.45}{1+0.45}=0.379$$

采用组合模型的预测式(4.3.37)和式(4.3.40)计算单向复合材料的 E_1 和 E_2

$$E_1=E_{f1}v_f+E_m(1-v_f)=70\times0.379+3.5\times(1-0.379)=28.7\ \text{GPa}$$

$$a=p\left(\frac{v_f}{1-v_f}\right)^q=\frac{3.0\times0.379}{1-0.379}=1.83$$

$$v_f^{\mathrm{I}}=v_f/v_r=v_f(a+2)/a=0.379\times(1.83+2)/1.83=0.793$$

$$E_2=\frac{E_m(E_{f2}-E_m)v_f}{E_m v_f^{\mathrm{I}}+E_{f2}(1-v_f^{\mathrm{I}})}+E_m=\frac{3.5\times(70-3.5)\times0.379}{3.5\times0.793+70\times(1-0.793)}+3.5=8.61\ (\text{GPa})$$

$$E_L=K(E_1f_L+E_2f_T)=0.90\times\left(28.7\times\frac{4}{4+1}+8.61\times\frac{1}{4+1}\right)=22.2\ (\text{GPa})$$

$$E_T=K(E_1f_T+E_2f_L)=0.90\times\left(28.7\times\frac{1}{4+1}+8.61\times\frac{4}{4+1}\right)=11.4\ (\text{GPa})$$

4.5.2　正交织物复合材料的基本强度

许多试验结果证明平面正交织物中纤维的弯曲对复合材料的强度没有显著影响，因此可以直接采用混合律方程近似给出其经向及纬向的拉伸和压缩强度。

$$X_{Lt}=X_f v_f f_L+X_m(1-v_f f_L) \tag{4.5.7}$$

$$Y_{Tt}=X_f v_f f_T+X_m(1-v_f f_T) \tag{4.5.8}$$

$$X_{Lc}=\varepsilon_{cr}E_f v_f f_L+\sigma_{mcr}(1-v_f f_L) \tag{4.5.9}$$

$$Y_{Tc}=\varepsilon_{cr}E_f v_f f_T+\sigma_{mcr}(1-v_f f_T) \tag{4.5.10}$$

式中　X_{Lt}、Y_{Tt}——分别表示经向和纬向的拉伸强度；

X_{Lc}、Y_{Tc}——分别表示经向和纬向的压缩强度；

ε_{cr}、σ_{mcr}——分别为纤维压缩失稳破坏时的临界应变和对应的基体应力。

一般认为，平面正交织物复合材料的面内剪切强度就等于单向复合材料的面内剪切强度。

4.6　短纤维增强复合材料的细观力学分析

连续纤维单向增强复合材料的一个显著特点，是在它的纤维方向有很高的强度和弹性模量，但在垂直纤维方向却很低。如果一个结构的应力状态可以精确地确定，在设计时就可以考虑用这种铺层形式，以获得最轻质量的结构。连续纤维双向铺层（用纤维布或单向丝片作 0°、90°正交铺放）的复合材料在 0°及 90°方向上可以有相同的或一定比例的强度和弹性模量，其数值是较高的，但在 45°方向上则较低。对于一般矩形或近似矩形的平板及薄壳形构件，可以采用这种铺层。但是如果结构的应力状态无法预测，或者已知各方向的应力基本相同，或者对于强度和刚度要求不高，这时应把复合材料设计成准各向同性的。准各向同性复合材料既可以用连续纤维作增强材料，也可以采用随机取向的短切纤维作为增强材料。

短纤维被广泛用于增强热塑性树脂和热固性树脂，并且有各种各样的制备及成型工艺。将短纤维混入树脂基体中，比起没有纤维增强的基体材料在强度、刚度和热稳定性方面要好得多，比单向连续纤维增强复合材料的横向拉伸强度和剪切强度要高得多，比层合板的层间拉伸强度和剪切强度也要大得多，同时改变了热膨胀、韧性等性能。但它在纤维方向的增强效果远不如同类连续纤维显著，这是由于纤维的作用明显减弱了，且纤维体积含量也大大减少了。然而，由于短纤维复合材料(Chopped fiber composites)可制成各种形状复杂的制品，易使生产过程自动化。大批量生产的模塑技术，如模压法和注塑法，可以以很高的生产率制造出高精度的短纤维复合材料零部件。对于陶瓷基复合材料和金属基复合材料，短纤维是主要的增强材料。在树脂基复合材料中，短纤维应用也很广。如耐腐蚀产品中广泛采用的短切纤维毡，模压成型采用块状模塑料和片状模塑料，喷射成型和增强反应注射成型使用的增强材料形式都是短纤维。

为了建立确定短纤维复合材料的弹性模量和强度的细观力学公式，需要考虑应力如何从复合材料中的基体与短纤维的端头传递到纤维的过程。因此，我们首先讨论应力传递理论，它是短纤维增强复合材料细观分析的基础。

4.6.1 应力传递理论

当复合材料受载荷作用时，载荷直接作用到基体上，然后基体将载荷通过纤维与基体间界面上的剪应力传递到纤维上。当纤维长度比传递应力的界面长度大得很多时，纤维末端的传递作用可忽略不计，这时纤维可以看成是连续的。在短纤维复合材料的情况下，纤维末端的应力传递作用变得显著起来，已不能忽略不计。同时复合材料的力学性能与纤维长度密切相关。为了了解短纤维复合材料的力学特性，必须弄清楚应力传递的机理。

1. 理想刚塑性基体

有关应力沿纤维长度的变化规律，最早是由 Rosen 用剪切滞后法来研究的。该方法假定基体只传递剪应力、不承受正应力。取典型单元体如图 4.6.1(a)所示，它是在一个圆柱形基体内嵌入一根长为 l、半径为 r 的圆形截面纤维。当该单元体受纵向载荷 σ_1 作用时，由于具有不同弹性模量的纤维和基体黏结在一起，在纤维末端附近的纤维与基体间的界面上将产生剪应力 τ。图 4.6.1(b)为(a)中微分单元的放大图，利用在 x 向力的平衡条件，可列出下式

$$(\pi r^2)\sigma_f+(2\pi r\mathrm{d}x)\tau=(\pi r^2)(\sigma_f+\mathrm{d}\sigma_f)$$

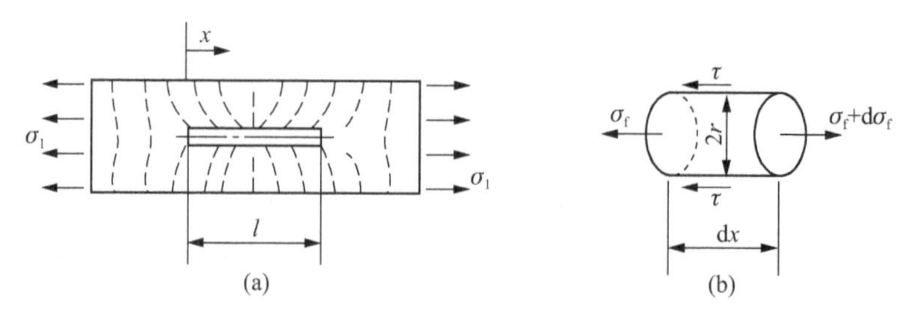

图 4.6.1 短纤维复合材料的典型单元体及其微分单元

因而

$$\mathrm{d}\sigma_f/\mathrm{d}x=2\tau/r \tag{4.6.1}$$

式中，σ_f 为纤维的纵向应力。

式(4.6.1)表示纤维应力沿 x 方向的增长率与界面上的剪应力成正比。对上式积分，可以得到离纤维末端的距离为 x 时的纤维应力，即

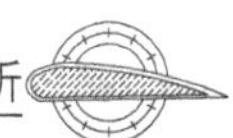

$$\sigma_{\mathrm{f}} = \sigma_{\mathrm{fo}} + \frac{2}{r}\int_{0}^{x}\tau \cdot \mathrm{d}x \tag{4.6.2}$$

式中，σ_{fo}为纤维末端的应力。

由于纤维端部附近严重的应力集中，粗略认为造成端部附近的基体屈服或纤维与基体脱黏。因此，一般认为 σ_{fo}可忽略不计。则式(4.6.2)可写成

$$\sigma_{\mathrm{f}} = \frac{2}{r}\int_{0}^{x}\tau \cdot \mathrm{d}x \tag{4.6.3}$$

如果剪应力沿着纤维长度的变化规律已知，则可由式(4.6.3)算出 σ_{f} 的数值。实际上剪应力分布事先是未知的。为了求解，必须对纤维周围的材料变形作出假设。一个常用的假设是认为纤维周围的基体是一理想刚塑性材料，其剪应力不随剪应变变化而变化。此时，界面剪应力沿纤维长度是常数，其值等于基体的剪切屈服应力 τ_{s}，于是式(4.6.3)变成

$$\sigma_{\mathrm{f}} = \frac{2\tau_{\mathrm{s}}x}{r} \tag{4.6.4}$$

对短纤维来说，最大的纤维应力 $\sigma_{\mathrm{f\,max}}$发生在纤维的长度中点，即 $x=\frac{l}{2}$处。因此有

$$\sigma_{\mathrm{f\,max}} = l\tau_{\mathrm{s}}/r \tag{4.6.5}$$

式中，l 为纤维的长度。

然而纤维应力不能超过一个极限值，这个极限值就是在同样的作用应力 σ_1 作用下，连续纤维复合材料中的纤维上所产生的应力。假设 $\varepsilon_1=\varepsilon_{\mathrm{f1}}=\varepsilon_{\mathrm{m1}}$，取单向复合材料和纤维的弹性模量分别为 E_1 和 E_{f}，则纤维的最大应力是

$$\sigma_{\mathrm{f\,max}} = E_{\mathrm{f}}\sigma_1/E_1 \tag{4.6.6}$$

能够达到这个最大纤维应力 $\sigma_{\mathrm{f\,max}}$时的最小纤维长度定义为载荷传递长度 l_{t}。它可以按下式计算

$$l_{\mathrm{t}} = \frac{d\sigma_{\mathrm{f\,max}}}{2\tau_{\mathrm{s}}} = \frac{dE_{\mathrm{f}}}{2\tau_{\mathrm{s}}E_1}\sigma_1 \tag{4.6.7}$$

式中，d 为纤维直径。

可见，载荷传递长度也是作用应力 σ_1 的函数。定义达到拉伸强度 X_{ft}时的最小纤维长度为临界纤维长度 l_{cr}。l_{cr}与作用应力无关。

$$l_{\mathrm{cr}} = \frac{dX_{\mathrm{ft}}}{2\tau_{\mathrm{s}}} \tag{4.6.8}$$

注意临界纤维长度是载荷传递长度的最大值，是短纤维复合材料的一个重要参数，它将影响到复合材料的力学性能。不同纤维长度的纤维应力和界面剪应力的分布示意见图 4.6.2。

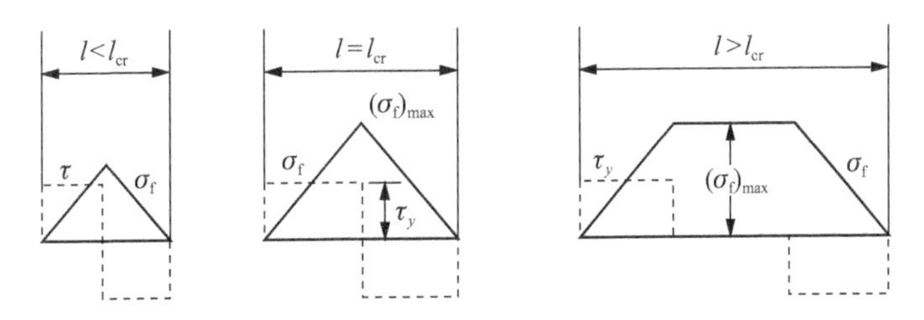

图 4.6.2　纤维应力和界面剪应力随纤维长度的变化规律

由图 4.6.2 可知，当 $l=l_{cr}$ 时，纤维沿长度的平均应力为 $X_{ft}/2$；当 $l<l_{cr}$ 时，平均应力低于 $X_{ft}/2$；当 $l>l_{cr}$ 时，平均应力为 $\left(1-\frac{l_{cr}}{2l}\right)X_{ft}$。因此，当 $l\gg l_{cr}$ 时，纤维中的平均应力才可趋近于 X_{ft}。由此可知，纤维长度越大，增强效果越好。需要指出的是，对于短纤维束，应以纤维束直径取代纤维直径来考虑。

2. 弹性基体

假设一根刚性短纤维完全埋在树脂基体中，建立半径分别为 r 和 R 的两个同心圆柱模型，见图 4.6.3。内圆柱表示纤维，外圆柱表示基体，圆柱状界面为理想结合，纤维和基体均是弹性的。根据所需的纤维体积含量调整 r/R，$v_f=(r/R)^2$。当受到沿纤维轴向的拉应力时，基体中将产生应变。由于纤维的刚度比基体大，因此在圆柱界面上存在着剪应力。Cox 采用剪滞理论进行分析，导得纤维中的拉伸应力分布和界面上的剪应力分布为

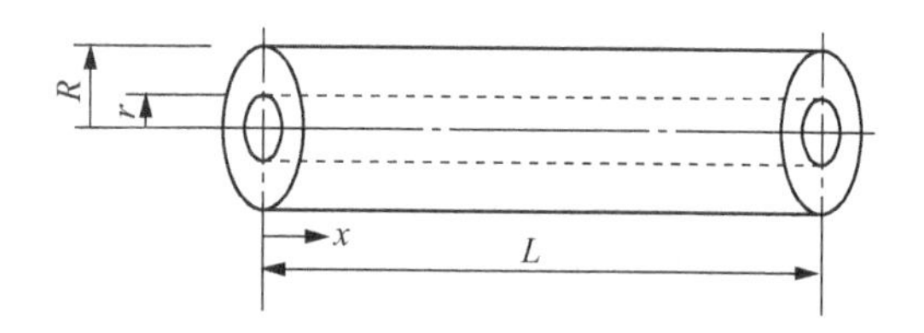

图 4.6.3　同心圆柱模型

$$\sigma_f=E_f\varepsilon_m\left\{1-\frac{\cos h[\beta(L/(2r)-x)]}{\cos h[\beta\cdot L/2r]}\right\} \tag{4.6.9}$$

$$\tau=E_f\varepsilon_m\left[\frac{G_m}{2E_fLnv_f^{-1/2}}\right]^{1/2}\frac{\sin h\{\beta[L/(2r)-x]\}}{\cos h[\beta\cdot L/(2r)]} \tag{4.6.10}$$

以上两式中的 β 为

$$\beta=\left[\frac{2G_m}{E_fr^2Lnv_f^{-1/2}}\right]^{1/2} \tag{4.6.11}$$

上述三式中，ε_m 为基体的应变；G_m 为基体的剪切模量；r 为纤维的半径；x 为离纤维端部的距离；$L/(2r)$ 为纤维长径比。

由上述表达式可知，当复合材料受力时，在纤维和基体都是弹性变形的条件下，纤维中应力从端部到中段逐渐上升，最大拉应力处在纤维长度的中段，纤维破坏也将发生在中段部分。当纤维长径比 $L/(2r)$ 较大时，在纤维中段将出现一个应力不变的区域。σ_f 和 τ 的大小不仅与 $E_f\varepsilon_m$ 有关，而且还与纤维体积含量 v_f 有关。当 v_f 减小时，纤维所受应力下降，因此其增强效果也下降。减小基体剪切模量 G_m，向纤维传递应力的效应也下降。从界面剪应力的分布可知，界面剪应力沿纤维长度分布不是一个常数，最大剪应力 τ 发生在纤维末端，即 $x=0$ 和 $x=L$ 处，而纤维中间为零。σ_f 和 τ 随纤维长度的变化以简图示于图 4.6.4 中。

Cox 分析的一个明显缺陷在于预测最大剪应力出现在纤维端部，实际上在纤维端部的剪应力为零。另一个问题是没有考虑界面“强度”，其结果是预测的界面剪应力超过了基体的屈服强度。在实际体系中，基体或界面（比基体更弱）将屈服或脱黏，从而引起应力重新分配。尽管如此，Cox 方法依然对短纤维复合材料作出了实际的估计，但不够精确。

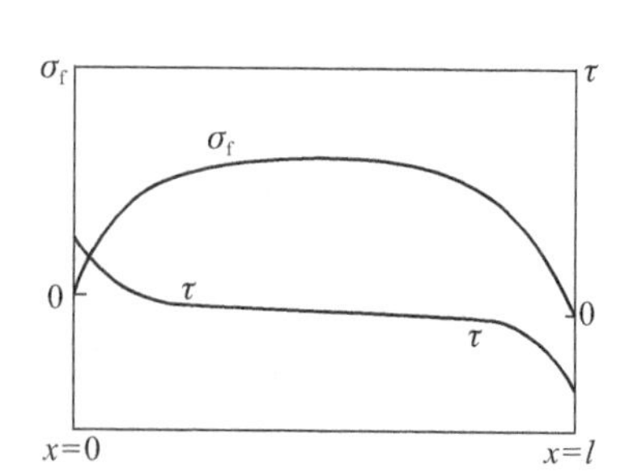

图 4.6.4　按式(4.6.9)和式(4.6.10)分别计算得到的 σ_f 和 τ 沿纤维长度的分布

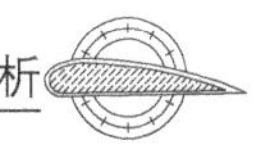

3. 弹塑性基体

弹塑性基体条件下的分析结果如图 4.6.5 所示。分析表明，界面剪应力沿纤维长度的分布不是一个常数，剪应力最大值不在纤维末端，而是在距离末端为 x 的某处。纤维中应力在末端不等于零，说明纤维末端也传递了应力。但总的说来，该分析结果与弹性基体条件下的分析结果相差不大。

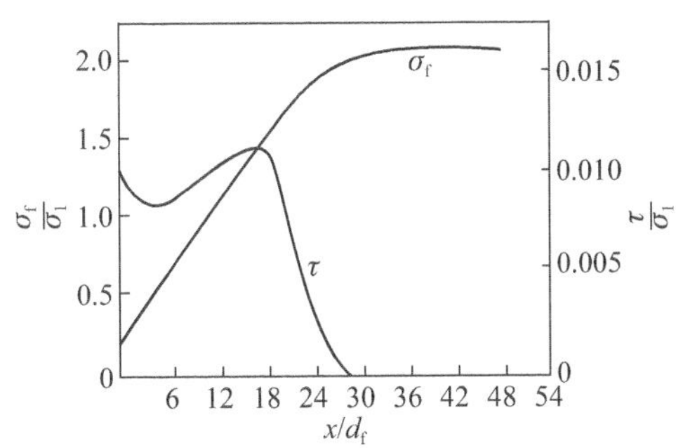

图 4.6.5　纤维正应力 σ_f 和界面剪应力 τ 沿纤维长度的分布

4.6.2　单向短纤维增强复合材料的弹性常数和强度

1. 单向短纤维增强复合材料的弹性常数

我们可以用哈尔平-蔡的半经验公式式(4.3.54)及式(4.3.55)确定单向短纤维增强复合材料的弹性常数。对于单向短纤维复合材料，一般在预测纵向弹性模量 E_1 时，取 $\xi=2l/d$；预测横向弹性模量 E_2 时，仍取 $\xi=2$。于是式(4.3.54)和式(4.3.55)可改写为

$$\frac{E_1}{E_m}=\frac{1+(2l/d)\eta_1 v_f}{1-\eta_1 v_f} \tag{4.6.12}$$

$$\frac{E_2}{E_m}=\frac{1+2\eta_2 v_f}{1-\eta_2 v_f} \tag{4.6.13}$$

$$\eta_1=\frac{(E_f/E_m)-1}{(E_f/E_m)+2l/d} \tag{4.6.14}$$

$$\eta_2=\frac{(E_f/E_m)-1}{(E_f/E_m)+2} \tag{4.6.15}$$

式(4.6.13)与 l/d 无关，可见单向短纤维复合材料与单向连续纤维复合材料的 E_2 是相同的。上述公式对于 v_f 不接近 1 时，计算值与实验结果相当接近。

2. 单向短纤维增强复合材料的强度

预测单向短纤维增强复合材料的强度可采用单向连续纤维增强复合材料纵向拉伸强度 X_t 的预测公式式(4.4.4)和式(4.4.7)，只需将式中纤维的拉伸强度 X_{ft} 用平均拉伸强度 $\overline{X}_{ft}$ 来代替，纤维轴向的弹性模量 E_{f1} 用平均弹性模量 $\overline{E}_{f1}$ 来代替即可。

如果在纤维末端附近的正应力 σ_f 是线形分布的(图 4.6.2)，则纤维的平均拉伸强度 $\overline{X}_{ft}$ 可按下列公式确定

$$\overline{X}_{ft}=\left(1-\frac{l_{cr}}{2l}\right)X_{ft}, \quad (l>l_{cr}) \tag{4.6.16}$$

式中，l 为纤维长度；l_{cr} 为临界纤维长度。

对于同样的纤维和基体材料来说，短纤维复合材料的 $v_{f\,min}$ 和 v_{fcr} 要比单向连续纤维增强复合材料的高，这是由于短纤维的增强作用不如连续纤维那样有效。

4.6.3 平面随机取向短纤维增强复合材料的弹性常数和强度

短纤维全部随机分布于相互平行的平面内而制得的复合材料称为平面随机取向短纤维复合材料。这种复合材料在平面内是准各向同性的。它们可以通过采用短切纤维毡接触成型或片状模塑料(SMC)模压成型制得。

预测平面随机取向短纤维复合材料弹性常数的经验公式为

$$E=\frac{3}{8}E_1+\frac{5}{8}E_2,\quad G=\frac{1}{8}E_1+\frac{1}{4}E_2 \tag{4.6.17}$$

式中，E_1、E_2 分别表示具有相同的纤维长度和体积含量的单向短纤维复合材料的纵向和横向模量，它们可以用试验来测定，也可以用公式(4.6.12)～式(4.6.15)估算。

平面随机取向短纤维复合材料强度的确定可以采用准各向同性层合板比拟法，也可采用下式近似计算其面内拉伸强度

$$\sigma_b^0=0.3X_t \tag{4.6.18}$$

式中，X_t 为同样纤维和基体材料的单向短纤维增强复合材料的纵向拉伸强度。

由于短纤维增强机理、破坏机理远比长纤维增强时复杂，所以各种计算模型与实际情况均有较大误差，而且它的宏观测量值的离散系数也较大。目前，短纤维复合材料的强度只能用试验测定，进行强度预测，尚需要进一步深入研究。

4.6.4 空间随机取向短纤维增强复合材料的弹性常数和强度

空间随机取向短纤维复合材料的弹性常数可近似采用下面的经验公式确定

$$E=\frac{1}{5}E_f v_f+\frac{4}{5}E_m v_m \tag{4.6.19}$$

空间随机取向短纤维复合材料的强度 σ_b，可近似按下述公式预测

$$\sigma_b=0.16X_t \tag{4.6.20}$$

式中，X_t 的含义同式(4.6.18)。

4.6.5 短切纤维毡增强复合材料的弹性常数和强度

朱颐龄将短切纤维毡增强复合材料看作是由多层单向短纤维单层平面内随机取向组合而成的层合板，因此它具有各向同性性质，并推导出其弹性常数的近似预测公式为

$$\left.\begin{aligned} E&=\frac{1}{3}[E_m(3-v_f)+E_f v_f] \\ G&=\frac{1}{8}[E_m(3-v_f)+E_f v_f] \\ \nu&=\frac{1}{3} \end{aligned}\right\} \tag{4.6.21}$$

据介绍，理论预测值与实验值相当吻合。

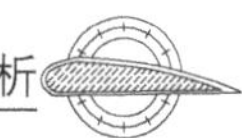

4.7　颗粒增强复合材料的弹性常数和强度

颗粒增强复合材料中主要承受载荷的是基体，而不是颗粒，这与纤维增强复合材料主要承受载荷是纤维刚好相反。从宏观上看，颗粒增强复合材料中的颗粒是随机排列的，因此可用各向同性材料力学来分析。而从细观来看，颗粒对基体材料的力学特性会有许多影响。本节主要给出颗粒增强复合材料的细观力学分析结果。

颗粒增强复合材料的弹性模量 E_c 可由最小功原理决定它们的下限，而用最小势能原理决定它们的上限。因此可得

$$\frac{E_p E_m}{E_m v_p + E_p v_m} \leqslant E_c \leqslant \frac{1+\nu_m+2\lambda(\lambda-2v_m)}{1-\nu_m-2\nu_m^2} E_m v_m + \frac{1-\nu_p+2\lambda(\lambda-2\nu_p)}{1-\nu_p-2\nu_p^2} E_p v_p \qquad (4.7.1)$$

式中

$$\lambda = \frac{\nu_m(1+\nu_p)(1-2\nu_p)v_m E_m + \nu_p(1+\nu_m)(1-2\nu_m)v_p E_p}{(1+\nu_p)(1-2\nu_p)v_m E_m + (1+\nu_m)(1-2\nu_m)v_p E_p} \qquad (4.7.2)$$

这里下标 p 和 m 分别代表颗粒和基体，E、ν、v 分别代表弹性模量、泊松比、体积含量。

同样利用最小功原理和最小势能原理还可以得到剪切弹性模量 G_c 的上下限。

$$\frac{G_p G_m}{(G_p v_m + G_m v_p)} \leqslant G_c \leqslant G_m v_m + G_p v_p \qquad (4.7.3)$$

颗粒增强复合材料的泊松比 ν_c 可用各向同性材料的公式求得

$$\nu_c = \frac{E_c}{2G_c} - 1 \qquad (4.7.4)$$

颗粒增强复合材料的拉伸强度往往不是增强，而是降低的。当基体与颗粒无偶联时，那么只需考虑颗粒最终已与基体完全脱开，颗粒占有的体积可看作孔洞，此时基体承受全部载荷，据此可求得颗粒增强复合材料的拉伸强度

$$X_{pt} = X_m(1-1.21 v_p^{2/3}) \qquad (4.7.5)$$

此式表明，X_{pt} 随颗粒体积含量 v_p 增加而下降。须注意的是，式(4.7.5)的适用范围是 $v_p \leqslant 40\%$。

当有偶联的情况时就比较复杂。此时，材料拉伸强度不再出现随颗粒 v_p 的增加而单调下降的情况，且拉伸强度能明显提高。

一般来说，颗粒增强复合材料的初始模量和抗压强度要比基体材料大，断裂韧性也可有不同程度的提高，但拉伸强度未必能增加；由于颗粒增强复合材料具有增强颗粒、基体和界面三方面的因素，尤其是界面状况和界面强度起着十分重要的作用，因此，其细观力学分析比较复杂，这有待于进一步研究。

4.8　湿热膨胀系数的细观力学分析

4.8.1　纵向热膨胀系数 $\boldsymbol{\alpha}_1$

取代表性体积单元如图 4.8.1 所示，在无外力作用下，有均匀温度变化 ΔT。因纤维和基体的热膨胀系数不同，它们自由膨胀后纵向伸长不同。但因纤维与基体黏结牢固，并不能自由

伸缩，从而在纤维和基体中产生内应力。由图 4.8.1 可得静力平衡方程

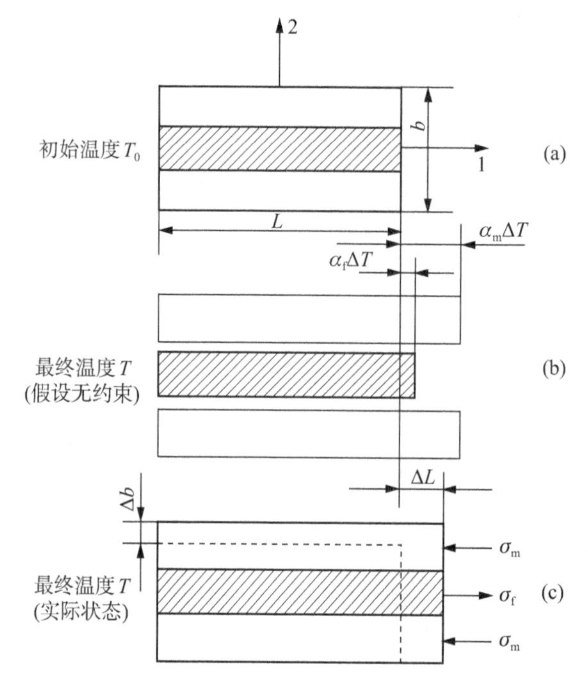

图 4.8.1　代表性体积单元的温差变形

(a) 代表性体积单元；(b) 分别自由膨胀；(c) 实际变形

$$\sigma_{f1}A_f+\sigma_{m1}A_m=0 \tag{4.8.1}$$

即

$$\sigma_{f1}v_f+\sigma_{m1}v_m=0 \tag{4.8.2}$$

变形协调条件为

$$\varepsilon_1=\varepsilon_{f1}=\varepsilon_{m1} \tag{4.8.3}$$

物理方程为

$$\varepsilon_1=\alpha_1\Delta T \tag{4.8.4}$$

$$\varepsilon_{f1}=\frac{\sigma_{f1}}{E_f}+\alpha_f\Delta T \tag{4.8.5}$$

$$\varepsilon_{m1}=\frac{\sigma_{m1}}{E_m}+\alpha_m\Delta T \tag{4.8.6}$$

上述各式中，α_1 是复合材料单层的纵向热膨胀系数；α_f 为纤维的热膨胀系数；α_m 为基体的热膨胀系数。

由式(4.8.5)和式(4.8.6)，并按式(4.8.3)得

$$\frac{\sigma_{f1}}{E_f}+\alpha_f\Delta T=\frac{\sigma_{m1}}{E_m}+\alpha_m\Delta T \tag{4.8.7}$$

再将式(4.8.7)与式(4.8.2)联立解得

$$\left.\begin{aligned}\sigma_{f1}&=E_fE_mv_m\frac{\Delta T(\alpha_m-\alpha_f)}{E_fv_f+E_mv_m}\\ \sigma_{m1}&=E_fE_mv_f\frac{\Delta T(\alpha_f-\alpha_m)}{E_fv_f+E_mv_m}\end{aligned}\right\} \tag{4.8.8}$$

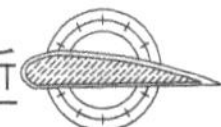

将上式代入式(4.8.5)或式(4.8.6)，得

$$\varepsilon_{f1}=\varepsilon_{m1}=\frac{\Delta T(\alpha_f E_f v_f+\alpha_m E_m v_m)}{E_f v_f+E_m v_m} \tag{4.8.9}$$

又根据式(4.8.3)和式(4.8.4)，最终可得

$$\alpha_1=\frac{\alpha_f E_f v_f+\alpha_m E_m v_m}{E_f v_f+E_m v_m} \tag{4.8.10}$$

如果纤维是横观各向同性，其热膨胀系数为 α_{f1}、α_{f2}，则纵向热膨胀系数为

$$\alpha_1=\frac{\alpha_{f1} E_{f1} v_f+\alpha_m E_m v_m}{E_{f1} v_f+E_m v_m} \tag{4.8.11}$$

一般情况下，E_f 和 E_m 是随温度变化的，所以 α_1 也是随温度变化的。通常可取 α_1 在固化温度 T_0 到工作环境温度 T 范围内的平均值。

4.8.2　横向热膨胀系数 α_2

由图 4.8.1 可知，横向热应变 ε_2 为

$$\varepsilon_2=\varepsilon_{f2} v_f+\varepsilon_{m2} v_m \tag{4.8.12}$$

式中

$$\left.\begin{aligned}\varepsilon_{f2}&=-\nu_f\frac{\sigma_{f1}}{E_f}+\alpha_f\cdot\Delta T\\ \varepsilon_{m2}&=-\nu_m\frac{\sigma_{m1}}{E_m}+\alpha_m\cdot\Delta T\end{aligned}\right\} \tag{4.8.13}$$

将式(4.8.8)代入上式，得

$$\left.\begin{aligned}\varepsilon_{f2}&=[(1+\nu_f)\alpha_f-\nu_f\alpha_1]\Delta T\\ \varepsilon_{m2}&=[(1+\nu_m)\alpha_m-\nu_m\alpha_1]\Delta T\end{aligned}\right\} \tag{4.8.14}$$

代入式(4.8.12)，并注意到 $\alpha_2=\varepsilon_2/\Delta T$，得

$$\alpha_2=v_f(1+\nu_f)\alpha_f+v_m(1+\nu_m)\alpha_m-(\nu_f v_f+\nu_m v_m)\alpha_1 \tag{4.8.15}$$

根据式(4.8.10)和式(4.8.15)预测的玻璃/环氧复合材料热膨胀系数 α_1 和 α_2 表示在图 4.8.2 中，所取组分材料性能为：$\alpha_f=5.0\times10^{-6}℃^{-1}$，$\alpha_m=54\times10^{-6}℃^{-1}$，$E_f=72\times10^3$ MPa，$E_m=2.75\times10^3$ MPa，$\nu_f=0.20$，$\nu_m=0.35$。

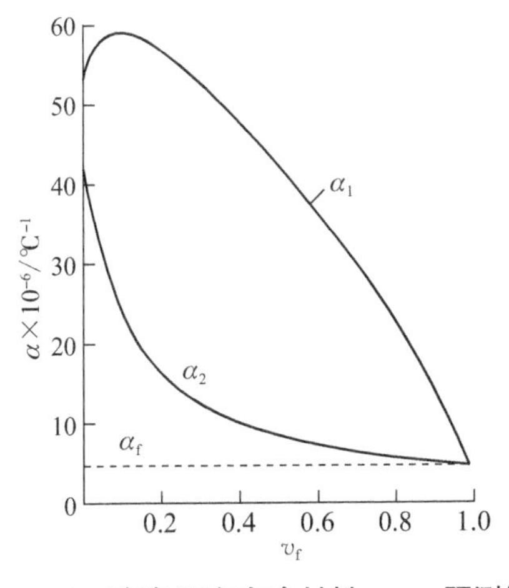

图 4.8.2　玻璃/环氧复合材料 α_1、α_2 预测值

4.8.3 纵向湿膨胀系数 $\boldsymbol{\beta}_1$

推导过程与热膨胀系数预测公式的推导相同，只是要注意组分材料的吸水含量可能是不相同的。

静力平衡方程为

$$\sigma_{f1} v_f + \sigma_{m1} v_m = 0 \tag{4.8.16}$$

几何关系为

$$\varepsilon_1 = \varepsilon_{f1} = \varepsilon_{m1} \tag{4.8.17}$$

物理关系为

$$\varepsilon_1 = \beta_1 C \tag{4.8.18}$$

$$\varepsilon_{f1} = \frac{\sigma_{f1}}{E_f} + \beta_f C_f \tag{4.8.19}$$

$$\varepsilon_{m1} = \frac{\sigma_{m1}}{E_m} + \beta_m C_m \tag{4.8.20}$$

式中 β_1，β_f，β_m——分别为复合材料单层纵向、纤维和基体的湿膨胀系数；

C，C_f，C_m——分别为复合材料单层、纤维和基体的吸湿含量。

在均匀吸湿情况下，有

$$C = \frac{\Delta M}{M} = \frac{\Delta M_f + \Delta M_m}{M_f + M_m} \tag{4.8.21}$$

$$C_f = \frac{\Delta M_f}{M_f}, \quad C_m = \frac{\Delta M_m}{M_m} \tag{4.8.22}$$

式中 M，M_f，M_m——分别为复合材料单层、纤维和基体在干燥状态下的质量；

ΔM，ΔM_f，ΔM_m——分别为复合材料单层、纤维和基体中水分的质量。

因此式(4.8.21)还可写成

$$C = \frac{C_f M_f + C_m M_m}{M_f + M_m} = \frac{C_f v_f \rho_f + C_m v_m \rho_m}{\rho} \tag{4.8.23}$$

式中，ρ、ρ_f、ρ_m 分别为复合材料单层、纤维和基体的密度。

综合式(4.8.16)～式(4.8.20)，可求得

$$\sigma_{f1} = E_f E_m v_m \frac{\beta_m C_m - \beta_f C_f}{E_f v_f + E_m v_m} \tag{4.8.24}$$

$$\sigma_{m1} = E_f E_m v_f \frac{\beta_f C_f - \beta_m C_m}{E_f v_f + E_m v_m} \tag{4.8.25}$$

$$\varepsilon_{f1} = \varepsilon_{m1} = \frac{E_f v_f \beta_f C_f + E_m v_m \beta_m C_m}{E_f v_f + E_m v_m} \tag{4.8.26}$$

由式(4.8.23)可解得

$$C_m = \frac{C\rho}{v_f \rho_f C_{fm} + v_m \rho_m} \tag{4.8.27}$$

式中，C_{fm} 为纤维吸湿含量与基体吸湿含量之比，即

$$C_{fm} = \frac{C_f}{C_m} \tag{4.8.28}$$

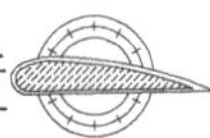

将式(4.8.27)代入式(4.8.26)，得

$$\varepsilon_{f1}=\varepsilon_{m1}=\frac{E_f v_f \beta_f C_{fm}+E_m v_m \beta_m}{(E_f v_f+E_m v_m)(v_m \rho_m+v_f \rho_f C_{fm})}\rho C \tag{4.8.29}$$

又按照式(4.8.17)和式(4.8.18)，得

$$\beta_1=\frac{E_f v_f \beta_f C_{fm}+E_m v_m \beta_m}{(E_f v_f+E_m v_m)(v_m \rho_m+v_f \rho_f C_{fm})}\cdot\rho \tag{4.8.30}$$

4.8.4　横向湿膨胀系数 β_2

横向湿应变为

$$\varepsilon_2=\varepsilon_{f2}v_f+\varepsilon_{m2}v_m \tag{4.8.31}$$

式中

$$\varepsilon_{f2}=-\nu_f\frac{\sigma_{f1}}{E_f}+\beta_f C_f \tag{4.8.32}$$

$$\varepsilon_{m2}=-\nu_m\frac{\sigma_{m1}}{E_m}+\beta_m C_m \tag{4.8.33}$$

将式(4.8.24)和式(4.8.25)代入上式，得

$$\varepsilon_{f2}=-\nu_f\frac{(E_f v_f \beta_f C_{fm}+E_m v_m \beta_m)\rho C}{(E_f v_f+E_m v_m)(v_m \rho_m+v_f \rho_f C_{fm})}+(1+\nu_f)\beta_f C_f \tag{4.8.34}$$

$$\varepsilon_{m2}=-\nu_m\frac{(E_f v_f \beta_f C_{fm}+E_m v_m \beta_m)\rho C}{(E_f v_f+E_m v_m)(v_m \rho_m+v_f \rho_f C_{fm})}+(1+\nu_m)\beta_m C_m \tag{4.8.35}$$

代入式(4.8.31)，并考虑到横向湿膨胀系数的定义式

$$\beta_2=\frac{\varepsilon_2}{C} \tag{4.8.36}$$

得

$$\beta_2=\frac{v_f(1+\nu_f)\beta_f C_{fm}+v_m(1+\nu_m)\beta_m}{v_m \rho_m+v_f \rho_f C_{fm}}\rho-(\nu_f v_f+\nu_m v_m)\beta_1 \tag{4.8.37}$$

思考题与习题

4-1　用材料力学方法证明单向纤维复合材料中纤维所承受载荷 P_f 与纵向总载荷 P 之比为

$$\frac{P_f}{P}=1\Big/\left(1+\frac{E_m}{E_f}\cdot\frac{v_m}{v_f}\right)$$

4-2　导出用已知单层板和基体有关常数(E_1、E_2、ν_1、G_{12}、E_m、G_m、ν_m 和 v_f)反算纤维弹性常数的一般性公式。

4-3　某单向玻璃纤维/环氧树脂复合材料，已知 $m_m=0.26$，$\rho_m=1.25\ \text{g/cm}^3$，$\rho_f=2.54\ \text{g/cm}^3$。试求该复合材料的 v_f 和 ρ_c。

4-4　某单向碳纤维/环氧树脂复合材料，已知 $E_f=250$ GPa，$E_m=3.5$ GPa，$m_m=0.26$，$\rho_m=1.25\ \text{g/cm}^3$，$\rho_f=1.78\ \text{g/cm}^3$。试求该复合材料的 E_1。

4-5　如果设想代表性体积单元取为如题4-5所示的模型，试确定 E_1 和 E_2。

4-6　某单向玻璃纤维/环氧树脂复合材料，已知 $\nu_f=0.20$，$\nu_m=0.30$，$v_f=0.60$，$E_1=45$ GPa，$E_2=12$ GPa。试推算纵向泊松比 ν_1 和横向泊松比 ν_2。

4-7　已知某碳纤维/环氧树脂复合材料的 $E_m=3.5$ GPa，$v_f=0.6$，试验测得 $E_1=137$ GPa。试用材料力学方法估算 E_2。

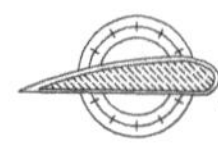

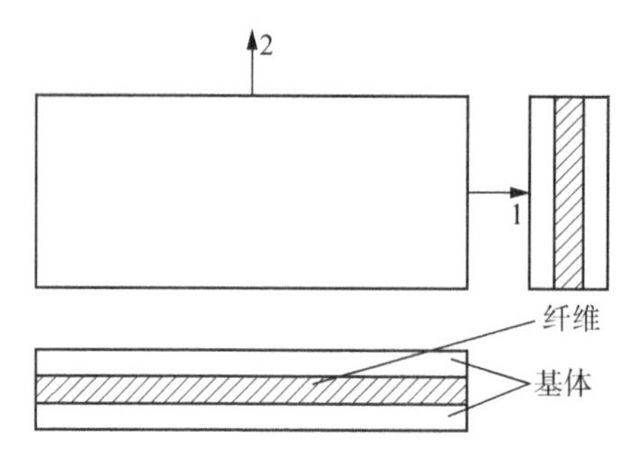

题 4-5　代表性体积单元

4-8　某单向玻璃纤维/环氧树脂复合材料，已知 $E_f=75$ GPa，$E_m=3.5$ GPa，$v_f=0.60$，$G_f=25$ GPa，$G_m=1.1$ GPa。试推算 E_2 和 G_{12}。

4-9　某 1∶1 玻璃纤维布/环氧树脂复合材料，已知 $E_f=72$ GPa，$E_m=3.4$ GPa，$v_f=0.60$。试求 E_L 的理论推算值。

4-10　某 7∶1 玻璃纤维布/环氧树脂复合材料，已知 $E_f=70$ GPa，$E_m=3.5$ GPa，$v_f=0.65$。试求 E_L 与 E_T 的理论推算值。

4-11　已知某碳纤维/环氧树脂复合材料的 $E_f=230$ GPa，$E_m=4.00$ GPa，$v_f=0.62$，$X_{ft}=3.50$ GPa，$X_{mt}=105$ MPa。试推算 E_1 和 X_t。

4-12　某单向玻璃纤维/树脂复合材料，已知 $E_f=70$ GPa，$E_m=3.0$ GPa，$v_f=0.52$，$X_{ft}=3.5$ GPa，$X_{mt}=50$ MPa。试推算 E_1 和 X_t。

4-13　已知某碳纤维的拉伸强度是 3 GPa，断裂应变为 1.5%；环氧树脂的拉伸强度是 50 MPa，断裂应变为 3.0%。试估算碳纤维/环氧树脂复合材料的拉伸强度。(已知复合材料的 $v_f=0.60$)

4-14　本章在纵向压缩强度的理论推算中，共介绍了几种简化分析模型？纵向压缩强度的理论推算值为什么常比实验测定值高很多？

4-15　某单向玻璃纤维/环氧树脂复合材料，已知 $E_f=70$ GPa，$E_m=3.5$ GPa，$v_f=0.60$，$X_{ft}=1.5$ GPa，$X_{mt}=60$ MPa，$\varepsilon_{mu}<\varepsilon_{fu}$。试推算复合材料的极限强度 X_t 和 X_c。

4-16　在纤维增强复合材料中，连续纤维增强与短纤维增强各有什么特点？

4-17　什么是纤维的临界长度？它与纤维增强复合材料的拉伸强度有什么关系？

4-18　已知 $\alpha_f=5.1\times10^{-6}℃^{-1}$，$\alpha_m=5.5\times10^{-6}℃^{-1}$，$E_f=73.6$ GPa，$E_m=3.24$ GPa，$\nu_f=0.25$，$\nu_m=0.33$，$v_f=0.70$。试预测 α_1 和 α_2。

第 3 篇

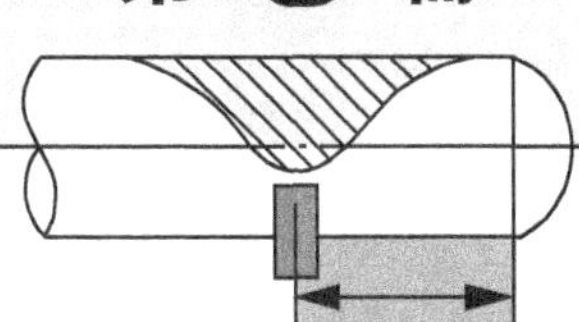

复合材料结构设计基础

复合材料最大的特点是可设计性好，这为设计者发挥其创造性提供了更多的自由和余地。复合材料结构设计与一般金属材料结构设计有显著区别。复合材料可按实际受力情况来进行铺层设计，既节约了材料，又易于满足某些需求的综合指标，这是一般各向同性材料所不能达到的；它既能保留原组分材料的主要特色，又能通过复合效应获得原组分所不具备的性能；可以通过材料设计使各组分的性能互相补充并彼此关联，从而获得新的优越性能；复合材料的连接强度问题也具有较强的可设计性。复合材料结构设计需要考虑多种因素，包括成本、重量、外载荷、环境条件、制造方法、材料特性、质量监控方法等。在满足结构使用要求的条件下，将诸多因素综合分析，形成最终设计。本篇首先介绍了在复合材料结构中必不可少的关键环节——连接设计，复合材料结构设计时要特别注意连接设计；然后讨论了复合材料结构设计过程、结构选材、结构设计时的工艺性考虑、层合板设计、结构设计和典型结构件设计。

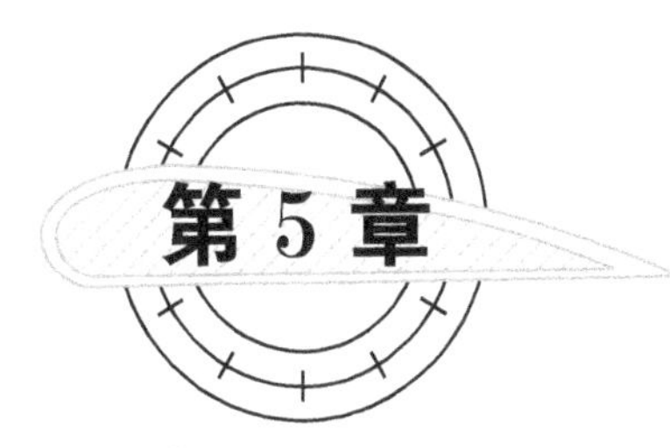

复合材料连接分析与设计

复合材料结构连接在复合材料结构设计中占有重要地位。目前，复合材料构件的发展方向是在结构设计中尽量减少连接数量，力求实现结构的整体性。相对金属结构而言，复合材料虽然具有提高结构整体性的优越条件，但是由于设计、工艺和使用维护等方面的需要，还是必须安排一定的设计和工艺分离面、维护口盖和多种外挂接口等，这些部位的载荷传递必须有相应的连接方式来解决，因此连接设计在复合材料结构设计中是必不可少的关键环节。由于复合材料本身所具有的各向异性和脆性等特点，加上层间剪切强度低，以及开孔使纤维被切断等弱点，使得复合材料连接部位的应力集中较金属严重，连接部位通常成为结构的薄弱环节。复合材料结构连接部位的设计内容及特点与金属材料不完全相同，有些方面还有着本质的区别。同时要指出的是，复合材料的连接强度问题具有较强的可设计性，因此，复合材料结构设计时要特别注意连接设计。

5.1 复合材料连接特点

复合材料结构连接主要有三种类型：胶接(Adhesive bonding)连接、机械连接(包括螺接和铆接)以及混合连接。混合连接是胶接连接和机械连接的组合，它可以提高抗剥离、抗冲击、抗疲劳和抗蠕变等性能，但也有孔应力集中带来的不利影响，并增加了重量和成本，故只在某些特定情况下才采用。混合连接须选用韧性胶黏剂，并应提高紧固件与孔的配合精度，以使胶接的变形和机械连接的变形相协调，避免剪切破坏。

胶接连接和机械连接是最常用的两种连接方法，其优缺点比较见表 5.1.1。复合材料连接设计时，应综合考虑各种使用要求，权衡利弊，选择合适的连接方式。一般来说，胶接连接的连接效率较高，通常用于传递均布载荷或承受剪切载荷的部位，适用于受力不大的薄壁复合材料结构，尤其是纤维增强树脂基复合材料结构件，如在飞机非主要承力结构上的应用日益增多；机械连接适用于连接件厚度较大、可靠性要求较高和传递较大集中载荷的情况，其中螺栓连接比铆钉连接可承受更大的载荷，一般用于主承力结构的连接。

表 5.1.1　胶接连接和机械连接的优缺点比较

特性	胶接连接	机械连接
优点	(1) 无钻孔引起的应力集中，不切断纤维，不减少承载横剖面面积； (2) 零件数目少，连接部位的质量较轻，连接效益高； (3) 可用于不同类型材料的连接，无电化学腐蚀问题； (4) 能够获得光滑的结构表面，连接元件上的裂纹不易扩展，密封性较好； (5) 加载后的永久变形较小，抗疲劳性能好	(1) 易于拆卸、装配、检查和维修； (2) 能传递大载荷，抗剥离性能好，连接的可靠性高； (3) 抗高温和抗蠕变的能力大，受环境影响较小； (4) 没有胶接固化产生的残余应力； (5) 加工简单，装配前零件表面不需进行特殊的表面处理
缺点	(1) 胶接性能受环境(湿、热、腐蚀介质)影响大，存在一定老化问题； (2) 胶接强度分散性大，剥离强度低，不能传递大的载荷； (3) 缺乏有效的质量检测方法，可靠性差； (4) 胶接表面在胶接前需作特殊的表面处理，工艺要求严格； (5) 被胶接件间配合公差要求严，一般需加温加压固化设备，修补较困难； (6) 胶接后不可拆卸	(1) 由于复合材料的脆性及各向异性，层合板开孔使连续纤维被切断，削弱了构件截面，并导致孔边出现高应力集中，导致承载能力降低，一般只能达到连接基板开孔时极限强度的 20%～50%； (2) 为了弥补层合板开孔后强度下降的影响，可能需局部加厚，使质量和成本增加； (3) 钢、铝紧固件与复合材料接触会产生电化学腐蚀，故需选用与碳纤维复合材料电位差较小的材料制成的紧固件

5.2　胶接连接设计

胶接是借助胶黏剂将零件连接成不可拆卸的整体，它具有连接效益较高的优点，是复合材料结构主要连接方法之一。与金属材料构件之间的胶接相比，复合材料结构胶接还具有如下特点：① 金属胶接接头易在胶层产生剥离破坏，而复合材料由于层间强度低，易在连接端部层合板的层间产生剥离破坏；② 由于复合材料构件与金属构件之间的热膨胀系数相差较大，所以这两者胶接在高温固化后会产生较大内应力和变形。因而应尽量避开复合材料件与金属件之间的胶接。

5.2.1　胶接连接的破坏形式

试验观测表明，复合材料胶接接头在拉伸或压缩载荷作用下，有以下三种基本破坏形式(图 5.2.1)。

(1) 被胶接件拉伸(或拉弯)破坏；

(2) 胶层剪切破坏；

(3) 剥离破坏(包括胶层剥离破坏与被胶接件剥离破坏)。

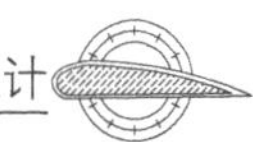

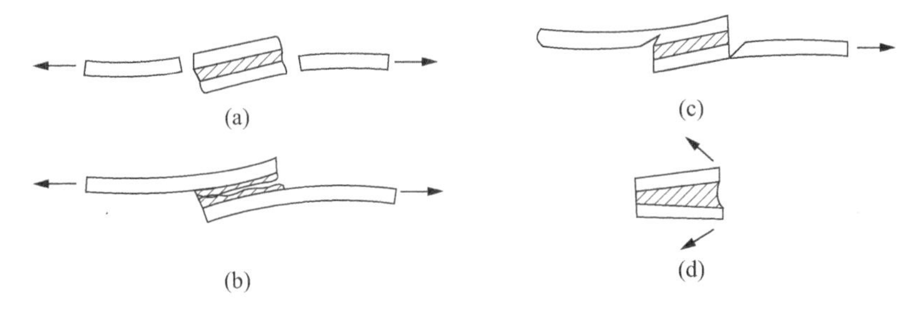

图 5.2.1　胶接连接基本破坏形式

(a) 被胶接件拉伸(或拉弯)破坏；(b) 胶层剪切破坏；(c) 被胶接件剥离破坏；(d) 胶层剥离(劈裂)破坏

除这三种基本破坏形式外，还会发生组合破坏。胶接连接发生何种形式破坏，与连接形式、连接几何参数、邻近胶层的纤维方向以及载荷性质有关。在连接几何参数中，被胶接件厚度起着很重要的作用。当被胶接件很薄、连接强度足够时，接头外边(或接头端部)的被胶接件发生拉伸(或拉弯)破坏；当被胶接件较厚，但偏心力矩较小时，容易在胶层产生剪切破坏；当被胶接件厚度达到一定程度，胶接连接长度不够大时，在偏心力矩作用下，由于复合材料层间拉伸强度低，将在接头端部发生剥离破坏(双面搭接也是如此)。剥离破坏将使胶接连接的承载能力明显下降，应尽量避免。

5.2.2　胶接连接设计基础

1. 胶接连接基本形式及其选择

对于通常使用的板类构件，胶接连接的基本形式如图 5.2.2 所示。胶接连接形式的选择是胶接连接设计的关键。设计的目标应使制造工艺简单、成本低，同时胶接强度不低于连接区外被胶接件本身的强度。胶接连接承剪能力较强，但抗剥离能力很差。因此，应根据最大载荷的作用方向，使所设计的连接以剪切的方式传递最大载荷，尽可能避免胶层受到法向力和剥离力，以防止发生剥离破坏。从强度观点考虑，当被胶接件比较薄($t<1.8$ mm)时，宜采用无支撑单搭接；对中等厚度板($l/t\approx30$)，可采用双搭接。但是对于无侧向支撑的单搭接连接，由于载荷偏心产生的附加弯矩，胶接连接的两端产生很高的剥离应力而使连接强度降低，因此需增大搭接长度与厚度之比，使 $l/t=50\sim100$，以减轻这种偏心效应。如果单搭接侧向有支撑(如梁、框、肋等)，变形受到了限制，偏心效应减轻，可将其视作双搭接来分析。当被胶接件很厚时，宜选用斜面搭接，其搭接角度在 6°～8°范围内可获得高的连接效率。但是，由于角度小，工艺上操作困难。因此，对于厚的被连接件，一般可采用阶梯形搭接。阶梯形搭接具有双搭接

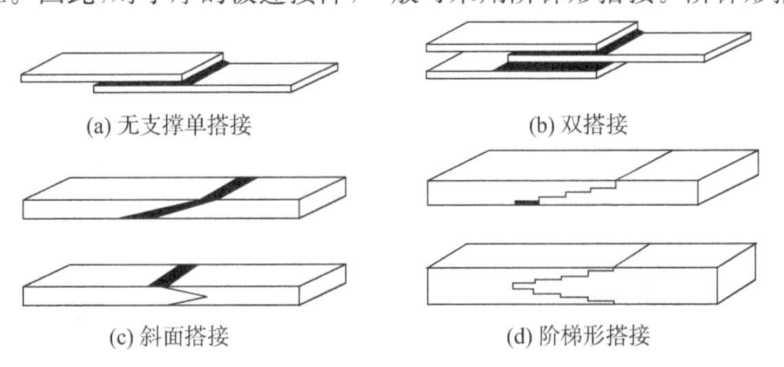

图 5.2.2　胶接连接的基本形式

和斜面搭接两种连接的特性，通过增加台阶数，使之接近于斜面搭接角，每一阶梯胶层接近纯剪状态，同样可获得较高的连接效率。

几种主要胶接连接形式的连接强度与被胶接件厚度之间的关系如图 5.2.3 所示，图 5.2.3 中每根曲线代表了一种连接形式可能达到的最大强度，并标明了破坏形式。由图 5.2.3 可知，随着被胶接件厚度的增加，欲使接头强度提高，可依次采用单面搭接、双盖板对接、斜削双盖板对接、阶梯形搭接和斜面搭接等形式。

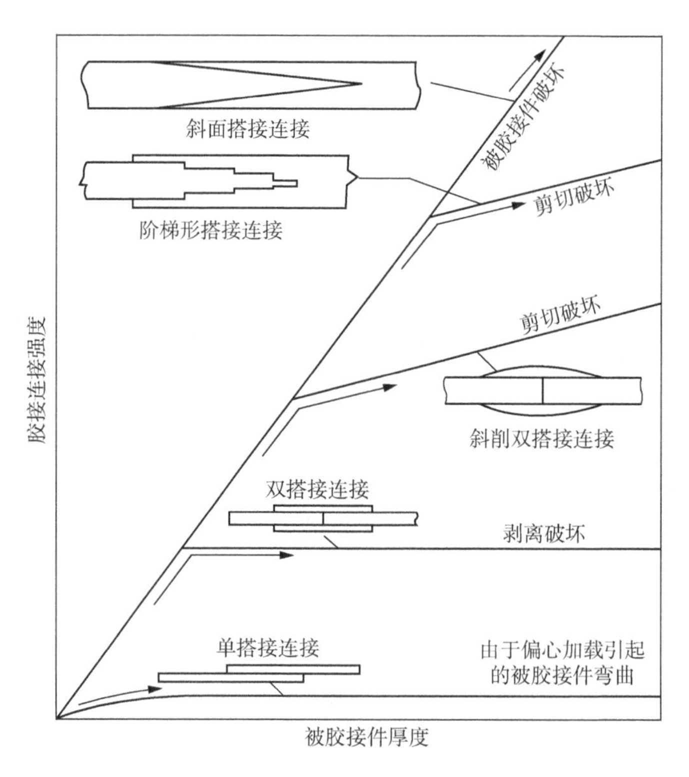

图 5.2.3 被胶接件厚度对连接形式选择的影响

2. 胶接连接几何参数选择

以承受拉伸载荷为 P 的等厚度单搭接连接为例(图 5.2.4)，其连接几何参数为：搭接长度 l，被胶接件厚度 t 以及胶层厚度 h。被胶接件厚度 t 通常由需传递的载荷 P 按照强度条件计算确定。胶层厚度 h 对连接强度有一定影响。增加胶层厚度可以减小应力集中，提高连接强度；但厚度过大易产生气泡等缺陷，反而使强度下降；胶层薄，剪切位移减小，连接强度低，并且要求被胶接件间贴合度高，因而也不宜过薄。实践表明，最佳胶层厚度是：对韧性胶黏剂为 0.10～0.15 mm，对脆性胶黏剂为 0.18～0.25 mm。搭接长度与被胶接件厚度之比 l/t 是胶接连接设计中的重要几何参数，增加 l/t，可减小附加弯矩，在一定范围内提高接头承载能力。一般较合理的设计可取 $l/t=50\sim100$。

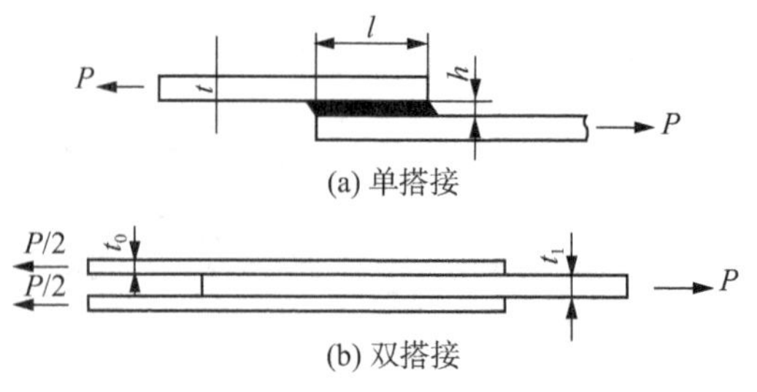

图 5.2.4 胶接连接几何参数

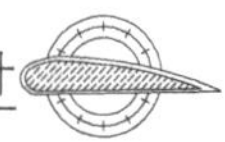

3. 胶黏剂及其选择

选择胶黏剂的原则是：①与被胶接件的相容性好，即粘接强度高，不会在胶接件界面发生破坏；②固化温度低，工艺性好，使用方便；③与被胶接件的热膨胀系数接近，以便降低热应力；④有较好的综合力学性能（剪切强度、剥离强度及湿热老化性能）和良好的韧性，不使用脆性胶黏剂；⑤适合于复合材料之间以及复合材料与其他材料之间的胶接；⑥对大面积胶接最好使用胶膜，而不是糊状胶。

根据胶黏剂的剪应力-剪应变曲线（图 5.2.5）特性，胶黏剂可分为韧性胶黏剂和脆性胶黏剂两种。通常脆性胶黏剂的剪切强度高于韧性胶黏剂。选胶时除考虑静强度外，尚需考虑疲劳及湿热老化性能，以确保胶接结构在使用期内的安全。脆性胶在拐点附近即断裂，疲劳寿命较短；韧性胶的断裂应变较大，因而降低了胶层应力峰值，即应力集中较小，可承受较高的疲劳极限应力，疲劳寿命较长。所以，当环境温度不超过 70 ℃时，应尽量选用韧性胶。

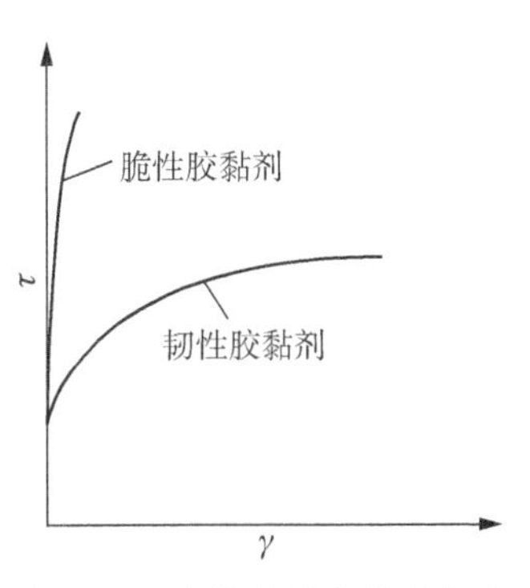

图 5.2.5　韧性和脆性胶黏剂的应力-应变特性比较

4. 减小剥离应力、提高接头强度的设计措施

(1) 对较厚的被胶接件必须采用阶梯形搭接或斜面搭接的连接形式，尽量避免采用单搭接。

(2) 修正被胶接件端部局部形状，如制成斜削端头或圆弧形端头，也可将端头局部削弱后，填充胶黏剂。

(3) 采用胶螺或胶铆混合连接，不仅可以提高抗剥离强度，还可以提高抗剪、抗冲击性能和耐久能力。

(4) 复合材料层合板待胶接表面纤维取向最好与载荷方向一致，或者纤维方向与载荷方向成 45°角，但纤维方向不得与载荷方向垂直，以免被胶接件过早产生层间剥离破坏。

(5) 被胶接件的刚度、热膨胀系数要匹配，以便降低剥离应力。

(6) 尽量减少由于偏心和不对称在结构中产生的剥离应力，如采用对称双搭接形式，在单搭接中边缘斜削或制倒角等，尽可能减少应力集中。

(7) 当蒙皮（腹板）需加强时，推荐使用“T”形件，不用角形件。因为若有拉力存在，极易在角形加强件的转角处产生剥离，在转角处加填料有助于防止过早剥离。

5.2.3　搭接接头的极限承载力分析

为了确保胶接连接安全可靠，必须正确分析胶接连接接头的内力及应力。下面以单面搭接为例来说明胶接连接接头的内力与应力分析计算。

测试结果（图 5.2.6）表明，搭接接头传递载荷很不均匀，在胶层的两个端点有较大的剪应力和剥离应力。当搭接长度较长时，中间部分的剪应力几乎可以忽略。从胶黏剂浇铸体扭转试验所得到的 $\tau\sim\gamma$ 曲线可以发现，胶黏剂存在一定塑性区，可近似将胶层视为理想弹塑性材料。假定接头端部胶层全部进入塑性，中间仍处弹性阶段。当胶接件很薄，忽略胶层正应力后，具体计算可以分为弹性和进入塑性后两个阶段来进行。

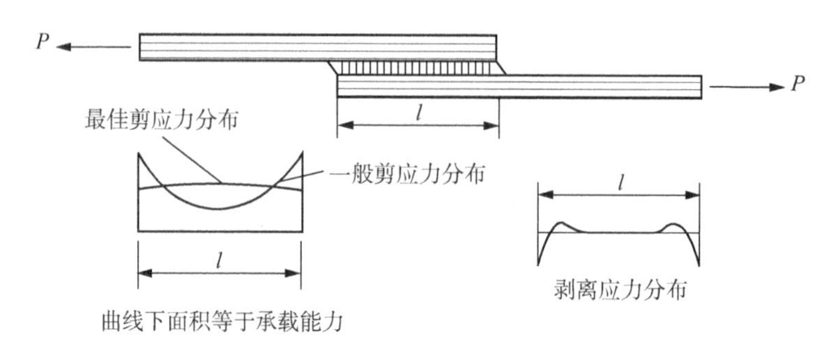

图 5.2.6 搭接接头胶层应力分布

1. 弹性阶段接头胶层应力分析

为了简便起见，这里仅讨论不考虑载荷偏心影响的弹性内力。图 5.2.7 为一在单位宽度载荷 P 作用下的单搭接胶接接头受力模型。两胶接件的厚度分别为 t_1、t_2，其载荷方向上的等效拉压弹性模量为 E_1、E_2，位移为 u_1、u_2，其单位宽度纵向内力为 N_1、N_2，胶层厚度为 h，胶黏剂剪切弹性模量为 G，搭接长度为 l。为了分析方便起见，特作如下假设：

① 忽略载荷偏心引起弯矩的影响；

② 胶层仅承受剪应力，忽略其正应力；

③ 胶层内的剪应力与两搭板的相对位移成正比。

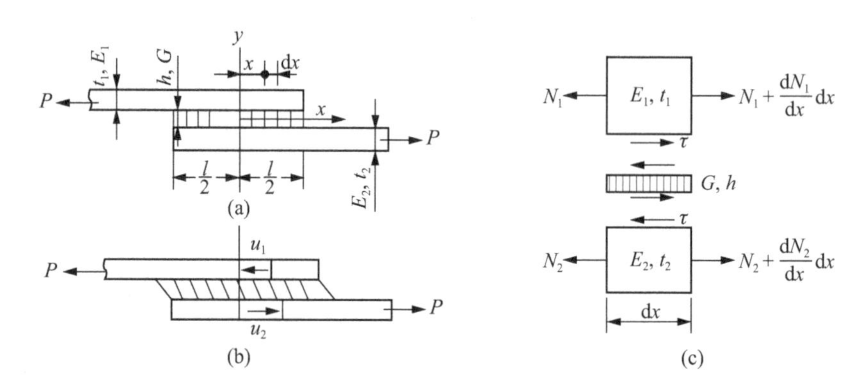

图 5.2.7 单搭接胶接接头受力模型

当胶接接头受到拉力 P 作用后，胶层变形情况如图 5.2.7(b)所示。在离 y 轴 x 处，取一微元段 $\mathrm{d}x$，并将上下搭板与胶层分离，各截面上的内力如图 5.2.7(c)所示。

对于上下板微元体，由 x 方向静力平衡条件可得

$$\frac{\mathrm{d}N_1}{\mathrm{d}x}+\tau=0,\quad \frac{\mathrm{d}N_2}{\mathrm{d}x}-\tau=0 \tag{5.2.1}$$

对式(5.2.1)微分得

$$\frac{\mathrm{d}^2N_1}{\mathrm{d}x^2}+\frac{\mathrm{d}\tau}{\mathrm{d}x}=0,\quad \frac{\mathrm{d}^2N_2}{\mathrm{d}x^2}-\frac{\mathrm{d}\tau}{\mathrm{d}x}=0 \tag{5.2.2}$$

式(5.2.1)表示两搭接板在垂直于 x 轴的截面上内力 N_1 和 N_2 的变化率与胶层上剪应力 τ 的关系。在接头任一垂直于 x 轴的截面上，内力 N_1 和 N_2 都满足如下关系

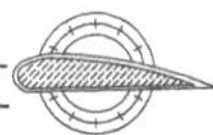

$$N_1+N_2=P \tag{5.2.3}$$

胶层的剪应变 γ 为

$$\gamma=(u_2-u_1)/h \tag{5.2.4}$$

胶层的剪应力为

$$\tau=G\gamma=G(u_2-u_1)/h \tag{5.2.5}$$

微分得

$$\mathrm{d}\tau/\mathrm{d}x=\frac{G}{h}\left(\frac{\mathrm{d}u_2}{\mathrm{d}x}-\frac{\mathrm{d}u_1}{\mathrm{d}x}\right) \tag{5.2.6}$$

若设两搭接板的线应变分别为 ε_1 和 ε_2，则由虎克定律可知

$$\frac{\mathrm{d}u_1}{\mathrm{d}x}=\varepsilon_1=\frac{N_1}{E_1t_1},\quad \frac{\mathrm{d}u_2}{\mathrm{d}x}=\varepsilon_2=\frac{N_2}{E_2t_2}=\frac{P-N_1}{E_2t_2} \tag{5.2.7}$$

将式(5.2.6)和式(5.2.7)代入式(5.2.2)，可得接头内力的基本微分方程

$$\frac{\mathrm{d}^2N_1}{\mathrm{d}x}-\lambda^2N_1+\frac{GP}{hE_2t_2}=0 \tag{5.2.8}$$

式中

$$\lambda^2=\frac{G}{h}\left(\frac{1}{E_1t_1}+\frac{1}{E_2t_2}\right) \tag{5.2.9}$$

式(5.2.8)为二阶常微分方程，其通解为

$$N_1=C_1\mathrm{sh}(\lambda x)+C_2\mathrm{ch}(\lambda x)+\frac{PE_1t_1}{E_1t_1+E_2t_2} \tag{5.2.10}$$

积分常数 C_1、C_2 可由如下边界条件确定

$$N_1\big|_{x=-\frac{l}{2}}=P,\quad N_1\big|_{x=\frac{l}{2}}=0 \tag{5.2.11}$$

将求得的 C_1 和 C_2 代入式(5.2.10)，得到 N_1 的表达式。再由式(5.2.2)和式(5.2.3)可得 N_2 和 τ 的表达式。归纳如下

$$\left.\begin{aligned}
N_1&=\frac{P}{2}\left[-\frac{\mathrm{sh}(\lambda x)}{\mathrm{sh}(\lambda l/2)}+\frac{E_2t_2-E_1t_1}{E_2t_2+E_1t_1}\cdot\frac{\mathrm{ch}(\lambda x)}{\mathrm{ch}(\lambda l/2)}+\frac{2E_1t_1}{E_2t_2+E_1t_1}\right]\\
N_2&=\frac{P}{2}\left[1+\frac{\mathrm{sh}(\lambda x)}{\mathrm{sh}(\lambda l/2)}-\frac{E_2t_2-E_1t_1}{E_2t_2+E_1t_1}\cdot\frac{\mathrm{ch}(\lambda x)}{\mathrm{ch}(\lambda l/2)}-\frac{2E_1t_1}{E_2t_2+E_1t_1}\right]\\
\tau&=\frac{\lambda P}{2}\left[\frac{\mathrm{ch}(\lambda x)}{\mathrm{sh}(\lambda l/2)}-\frac{E_2t_2-E_1t_1}{E_2t_2+E_1t_1}\cdot\frac{\mathrm{sh}(\lambda x)}{\mathrm{ch}(\lambda l/2)}\right]
\end{aligned}\right\} \tag{5.2.12}$$

当两搭接板的厚度和载荷方向上的等效弹性模量相同时，即 $t_1=t_2=t,E_1=E_2=E$ 时，式(5.2.12)可简化成

$$\left.\begin{aligned}
N_1&=\frac{P}{2}\left[1-\frac{\mathrm{sh}(\lambda x)}{\mathrm{sh}(\lambda l/2)}\right]\\
N_2&=\frac{P}{2}\left[1+\frac{\mathrm{sh}(\lambda x)}{\mathrm{sh}(\lambda l/2)}\right]\\
\tau&=\frac{P\lambda}{2}\cdot\frac{\mathrm{ch}(\lambda x)}{\mathrm{sh}(\lambda l/2)}
\end{aligned}\right\} \tag{5.2.13}$$

此时式中 λ 简化为

$$\lambda=\sqrt{\frac{2G}{hEt}} \tag{5.2.14}$$

当给定胶接接头的几何尺寸(t_1、t_2、h、l)和弹性模量(E_1、E_2、G),即可按式(5.2.12)或式(5.2.13)计算在载荷 P 作用下搭接板中的内力和胶层的剪应力。

由式(5.2.13)可知,最大剪应力发生在 $x=\pm l/2$ 处(即接头端部)

$$\tau_{\max}=\frac{P\lambda}{2}\mathrm{cth}(\lambda l/2) \tag{5.2.15}$$

引入平均剪应力 $\bar{\tau}$ 概念

$$\bar{\tau}=\frac{1}{l}\int_{-\frac{l}{2}}^{\frac{l}{2}}\tau\mathrm{d}x=P/l \tag{5.2.16}$$

则搭接接头端部的应力集中系数为

$$\eta=\frac{\tau_{\max}}{\bar{\tau}}=\frac{1}{2}\lambda l\,\mathrm{cth}\left(\frac{\lambda l}{2}\right) \tag{5.2.17}$$

无量纲的剪应力为

$$\frac{\tau}{\bar{\tau}}=\frac{\lambda l}{2}\mathrm{cth}\left(\frac{\lambda l}{2}\right) \tag{5.2.18}$$

由式(5.2.13)可知,搭接接头端部的内力和剪应力最大,故破坏首先发生在该处。由式(5.2.17)可知,接头端部应力集中系数 η 随(λl)的增加而增大,剪应力分布随(G/h)值的减小趋于均匀。因此,在搭接长度一定的条件下,为了降低 η、提高接头的剪切强度,应该选用剪切弹性模量 G 较低的韧性胶黏剂,胶层厚度 h 宜大些。但在成型工艺中如控制不当,增加胶层厚度容易产生空隙反而会降低胶层剪切强度,较好的增厚办法是在胶层内铺放薄毡。

以上分析结果对外胶接件厚为 t、端部载荷为 P,内胶接件厚为 $2t$、端部载荷为 $2P$ 的双搭接胶接接头也适用。

2. 进入塑性阶段后的接头极限载荷计算

由胶黏剂浇铸体扭转试验可知,胶层在塑性区的剪应力可以认为是一常数(τ_0)。现假定在接头端部的部分胶层进入塑性阶段,其受力模型如图 5.2.8 所示。

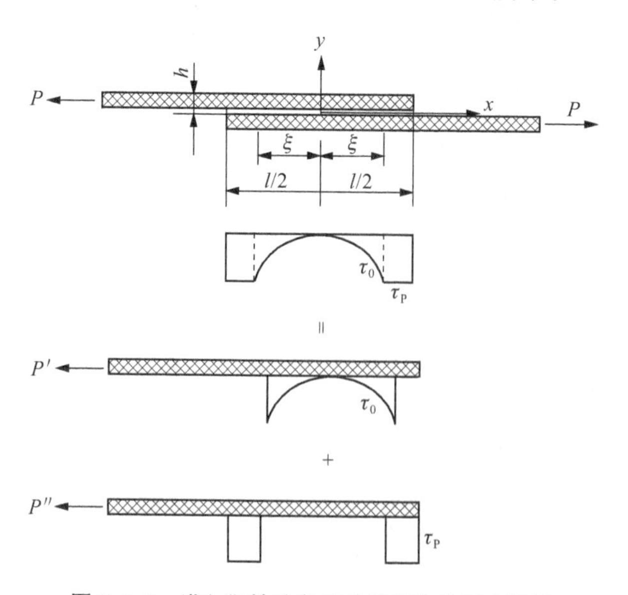

图 5.2.8 进入塑性阶段后的胶接接头受力模型

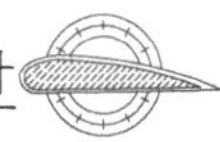

(1) 当 $x\leqslant|\xi|$ 时，即在弹性区域内，仍可利用式(5.2.15)进行计算，即

$$\tau_{\max}=\tau_0=\frac{P_\xi\lambda}{2}\mathrm{cth}(\lambda\xi) \tag{5.2.19}$$

(2) 当 $x>|\xi|$ 时，即进入塑性阶段，$\tau=\tau_0$，由静力平衡条件可得

$$P_\xi=P-2\tau_0(l/2-\xi) \tag{5.2.20}$$

(3) 当 $x=\pm l/2$ 时，胶层剪应变达到最大值 $\gamma_{\max}$。设在 $x=\xi$ 时的剪应变为 γ_P，则在塑性区(即 $|l/2-\xi|$ 范围内)的胶接件弹性变形为

$$\Delta l=\Delta l_{上}-\Delta l_{下}=\frac{P-\tau_0(l/2)-\xi}{Et}[(l/2)-\xi]=(\gamma_{\max}-\gamma_P)h$$

由此可得

$$P=\frac{Et\mathrm{h}(\gamma_{\max}-\gamma_P)}{[(l/2)-\xi]}+\tau_0[(l/2)-\xi] \tag{5.2.21}$$

由于 $\gamma_{\max}$、γ_P、τ_0 是与胶层特性有关的已知数，而 P、P_ξ 及 ξ 为未知数，利用式(5.2.19)、式(5.2.20)和式(5.2.21)三个方程联立求解，即可求得接头极限载荷 P。

5.3　机械连接设计

机械连接是复合材料结构设计中的一种主要连接形式，包括螺栓连接和铆钉连接。铆钉连接一般用在受力较小的复合材料薄板上，螺栓连接广泛用于承载能力较大和比较重要的受力构件上。

与金属材料相比，复合材料的一大优点是可以通过选择纤维的类型、纤维含量以及纤维铺设方向对其力学性能进行设计，但由于复合材料层合板的各向异性、延性差、层间强度低等特性，使复合材料的连接设计变得非常复杂，各向同性的金属结构中一般可忽略不计的问题，在复合材料接头设计中却可能成为必须考虑的重要问题，如铺层顺序和方向、垫圈的大小、螺母的拧紧力矩、孔的公差等。所以在设计概念和方法上都必须更新，在层合板设计和结构设计时必须同时进行接头设计。

5.3.1　机械连接的破坏形式

为了说明机械连接的载荷传递机理，可分析图 5.3.1 所示的单搭接接头。载荷从一块板通过螺栓传递到另一块板，螺栓承受剪切应力。由于两板的合力作用线不重合，接头在载荷作用下将产生弯曲，接头端部上翘，紧固件又承受拉应力。挤压应力是由螺栓直接压缩在孔的边缘引起的。应力集中发生在孔的周围。在被连接的复合材料层合板中，有三种重要的面内应力：加载在孔边的挤压应力，通过孔剖面的拉伸应力，剪劈面上的剪切应力，以及它们的联合作用。这些应力的典型分布如图 5.3.1 所示。

上面描述的载荷传递机理，在所有连接接头中都不同程度地存在着。很明显，接头端部是临界区，在该区内，紧固件的内力最大，承受着剪切与拉伸的联合作用，被连接的板也必须能承受这些载荷。对于复合材料层合板，沿厚度方向承受拉伸的能力较弱，破坏常常是由剥离应力引起的，这是复合材料连接的一个特殊问题，因此，复合材料设计的主要目标之一是尽量减小剥离应力。

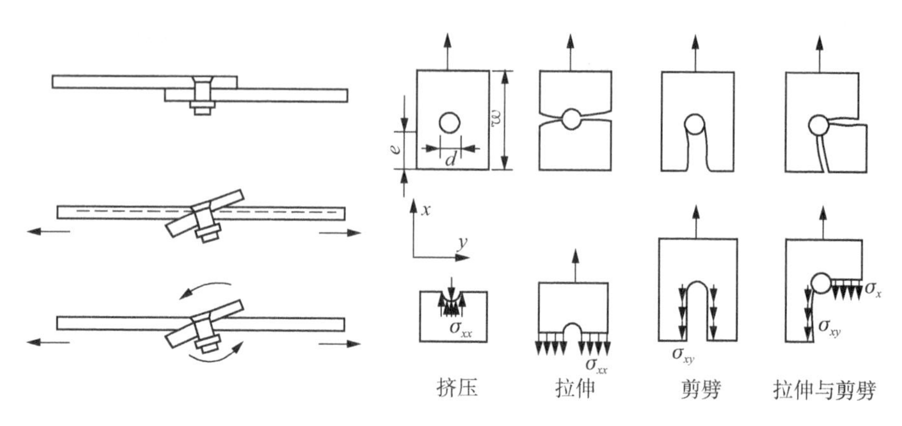

图 5.3.1 单搭接接头内力与变形分析

复合材料机械连接的基本破坏形式有：通过孔剖面拉伸破坏，螺栓对孔边的挤压破坏，沿孔边剪劈破坏，螺栓从层合板中拔出破坏，螺栓破坏，以及这些破坏的组合型破坏。机械连接的破坏形式主要与其几何参数和纤维铺叠方式有关。剪切和劈裂破坏是两种低强度破坏形式，应防止发生。等厚度等直径的多排钉连接一般为拉伸型破坏。挤压破坏是局部性质的，通常不会引起复合材料结构的灾难性破坏，是设计希望的一种破坏形式。从既要保证连接的安全性又要提高连接效率出发，对于单排钉连接，应尽可能使机械连接设计产生与挤压型破坏有关的组合破坏形式；对于多排钉连接，除了挤压载荷外还有旁路载荷的影响，一般为拉伸型破坏。

5.3.2 机械连接设计基础

1. 机械连接形式及其选择

复合材料结构常用的机械连接形式，按有无起连接作用的搭接板来分，主要有搭接和对接两类。按受力形式分为单剪和双剪两类，其中每类又有等厚度和变厚度两种情况(图 5.3.2)。

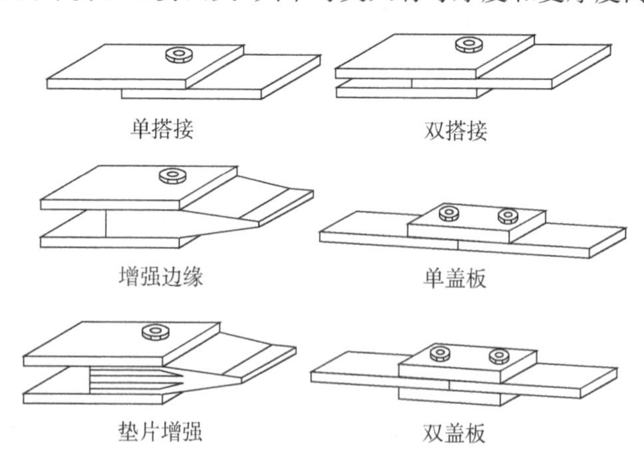

图 5.3.2 机械连接的基本形式

复合材料机械连接形式的选择原则主要有以下几方面。

(1) 搭接和单盖板对接都会产生附加弯矩而造成接头承载能力的减小和连接效率的降低，一般连接设计宜采用双剪连接形式，应尽量避免连接效率较低的不对称单剪连接。

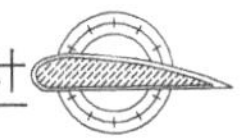

(2) 用双盖板对接能避免产生附加弯矩，带锥度的连接形式可以改善多钉连接载荷分配的不均匀性，消除边缘螺钉的过大荷载，提高连接的承载能力。

(3) 对于单剪连接形式，宜采用多排钉连接，排距应尽可能大些，使偏心加载引起的弯曲应力降低到最小。

(4) 碳纤维树脂基复合材料的塑性很差，会造成多排紧固件连接载荷分配的严重不均，因此应尽量采用不多于两排紧固件的多钉连接形式，钉孔布置应尽可能平行排列。

(5) 设计合理的斜削型连接可以改善多钉连接载荷分配的不均匀性，提高连接的承载能力，设计的关键是斜削搭接板厚度和紧固件直径的选择。

2. 机械连接几何参数的选择

机械连接中的几何参数主要有：板宽(w)、端距(e)、边距(S_w)、行距(B)、列(间)距(S)、孔径(d)及层合板厚度(t)。图5.3.3列出了机械连接中几何参数的定义。间距、行距、端距和边距主要由试验确定。为了防止复合材料机械连接出现低强度破坏模式，并具有较高的强度，被连接板的几何参数一般可由表5.3.1选取。间距与孔径之比(S/d)主要影响复合材料机械连接的净拉伸破坏强度，随着S/d值的增加，机械连接的破坏形式从净拉伸逐渐过渡到挤压，其前提条件是端距足够大。由于挤压是局部现象，进一步增加S/d值，对连接强度不再有影响，反而会降低连接效率。不同铺层层合板由拉伸型破坏向挤压型破坏过渡的S/d值是不同的。端距与孔径之比(e/d)主要影响复合材料机械连接的剪切强度。在$S/d\geqslant5$的前提下，随着e/d值的增加，接头的破坏形式由剪切过渡到挤压，e/d值一般不应小于3 。当S/d、e/d和d/t为常数时，随孔径增大，机械连接的破坏载荷增加，但挤压强度随之减少。当$d/t=1.0\sim2.0$时，连接强度最佳。如果紧固件直径小于板厚，一般为紧固件破坏。需要采用沉头紧固件时，建议采用100°沉头紧固件，此时被连接板孔径d与板厚t的关系应满足$t\geqslant0.6d$。

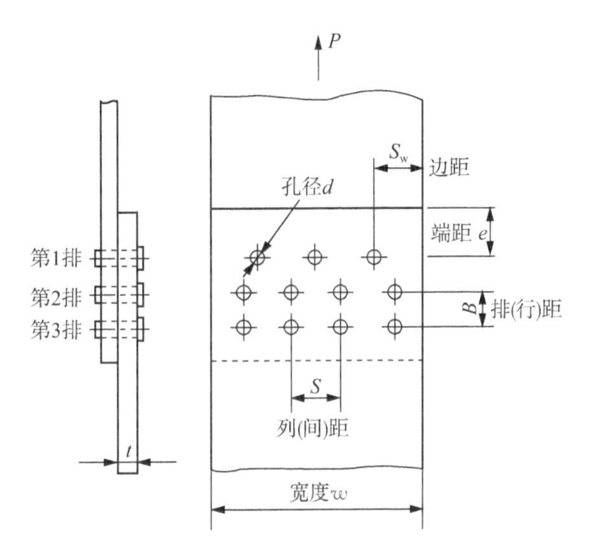

图5.3.3　机械连接中几何参数的定义

表5.3.1　复合材料机械连接几何参数的选择

复合材料类型	孔径/板厚 (d/t)	边距/孔径 (S_w/d)	端距/孔径 (e/d)	间距/孔距 (S/d)	行距/孔径 (B/d)
碳/环氧	$1\leqslant(d/t)\leqslant3$	≥2.5	≥3	≥5	≥4
玻璃/聚酯	=1	2.5	2.5	≥4	≥5
	<3	2	3	5	≥4
	3～5	1.5	2.5	≥4	≥4
	>5	1.25	2	4	≥4

3. 连接区的铺层设计

铺层设计是复合材料设计的核心。采用机械连接时，连接区的孔周有较大的应力集中，这将明显降低层合板承载能力。铺层的方向和顺序则明显地影响着孔周围的应力分布、螺栓对孔边的挤压强度、通过孔截面的拉伸强度和孔边的剪劈强度。为提高复合材料机械连接的强度和柔性，连接区的铺层设计一般应遵循以下原则。

（1）*铺层比例*　铺层比例是影响层合板挤压强度的重要因素。在连接区铺层范围内，铺层比例应控制为：±45°铺层≥40％，0°铺层≥30％，90°铺层＝10％～25％。±45°层所占比例对层合板的挤压强度具有重要的影响，±45°铺层可以改变孔边挤压应力的分布，随着±45°铺层含量的增加，挤压强度相应增大；当±45°铺层含量较少，层合板主要由 0°铺层组成时，极易引起剪切或劈裂破坏。

（2）*铺层顺序*　铺层顺序影响层合板的层间剪切强度。试验表明，复合材料层合板机械连接接头的挤压强度随 0°单层组的层数增加而明显地呈线性减少。因此，层合板中相同方向的铺层应沿厚度方向尽可能均匀地分开，使相邻层纤维间夹角最小，以提高层间剪切强度。如将±45°铺层置于层合板外表面，可改善层合板的抗压和抗冲击性能。

（3）*局部加厚*　连接区局部加厚，特别是对非常薄的层合板（如 $t\leqslant 0.76$ mm），为避免出现 $D/t>4$，局部加厚十分必要。为降低应力集中，应在连接区孔周附近增加局部软化条带，即铺设±45°层，铺设高强玻璃纤维或芳纶纤维铺层。加厚时还应遵循一般规则 $D/t\geqslant 1$，以避免紧固件破坏。

（4）*均衡对称铺层*　在载荷过渡区，中面两侧应有等量的＋45°层和－45°层。采用均衡对称铺层可以消除加热固化时因复合材料沿纤维方向和垂直纤维方向的热膨胀系数不同所产生的内应力及由此而产生的翘曲。

4. 紧固件的选用及对拧紧力矩的要求

为了防止电偶腐蚀，复合材料结构应选用与其电位接近的钛、钛合金、不锈钢、镍基高温合金等金属材料制成的紧固件。钛合金既有高的比强度，又有低的电位差，是复合材料结构连接的最佳选择材料。

（1）*紧固件直径的选择*　紧固件直径的初步选择应使其本身的剪切破坏与被连接复合材料层合板的挤压破坏同时发生，即两者都达到极限载荷，则

$$\frac{\pi d^2}{4}[\tau_{\mathrm{b}}]=dt[\sigma_{\mathrm{br}}]$$

由此得

$$\frac{d}{t}=\frac{4[\sigma_{\mathrm{br}}]}{\pi[\tau_{\mathrm{b}}]} \tag{5.3.1}$$

式中　d——紧固件直径，mm；

t——被连接层合板的厚度，mm；

$[\sigma_{\mathrm{br}}]$——层合板的许用挤压强度，MPa；

$[\tau_{\mathrm{b}}]$——紧固件的许用剪切强度，MPa。

紧固件应承受剪切，避免受拉和弯曲。为防止紧固件弯曲严重，紧固件直径宜稍大于上述计算值。

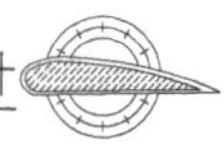

(2) 紧固件种类的选用　紧固件主要有螺栓和铆钉两大类，螺栓用于传载较大的结构连接部位，且可拆卸；而铆钉则用于不可拆卸的结构处。铆钉可用于复合材料层合板的厚度范围为1～3 mm，且强度较低。由于复合材料层间强度低，抗冲击能力差，安装时不宜用锤铆，须用压铆。在铆钉墩头下放置一个垫圈可改善接头的性能。一般部位，推荐采用的螺栓与孔的配合精度不低于 $H9/h9$，重要接头采用精密铰制孔。尽可能采用拉伸头紧固件，因为剪切头紧固件端头较小，容易转动，可能引起孔的损伤。

在复合材料结构中，应避免碳纤维层合板与铝合金(无涂层)、镀铝或镀镉的钢件等直接接触，以防止在金属中产生电偶腐蚀。必须使用时，需加绝缘层，采用钛合金或不锈钢紧固件，并进行湿装配。碳纤维复合材料与不锈钢同时使用时，需采取防腐措施；钛合金可直接使用而不需任何防护。

(3) 螺母拧紧力矩的要求　施加拧紧力矩可产生垂直于层合板平面的压力，将使连接接头的挤压强度有明显提高。但对在给定板厚的情况下，当拧紧力矩达到某一数值后，挤压强度趋于定值。用加垫圈的办法可增加侧向夹紧的面积。螺栓直径与垫圈内径的间隙对挤压强度有影响，随着间隙的减小，挤压强度增加。为了得到较大的挤压强度，对不同直径的螺栓，建议采用的拧紧力矩范围见表5.3.2。

表5.3.2　螺母拧紧力矩　　单位：N•m

螺母形式 / 螺纹直径	厚型	薄型	所有各型
	沉头拉伸型六方头型	所有各型	沉头剪切型
$M5$	3～5	2.3～3.2	2.3～2.9
$M6$	5～8	2.9～4.9	3.1～3.9
$M8$	10～15	6.4～10.8	10.2～11.3
$M10$	18～25	12.3～19.1	10.8～11.9
$M12$	25～30		

5. 许用应力和安全系数的确定

为充分发挥复合材料的承载能力，连接设计中几何参数的选择一般均要求产生挤压型破坏或与挤压相关的组合型破坏。因此，许用挤压应力的确定是连接设计的基础。一般可按下式确定许用挤压强度

$$[\sigma_{br}]=\sigma_d/n \tag{5.3.2}$$

式中　σ_d——挤压设计应力，MPa；

n——安全系数。

确定复合材料接头设计应力的方法尚不统一，目前的方法有：①取接头能承受的极限应力；②取层合板接点载荷-变形曲线第一拐点处对应的应力；③取钉孔直径扩大4%时所对应的应力值。表5.3.3给出了当 $d/t=1$ 时复合材料的挤压设计应力值。复合材料挤压设计应力随 d/t 值的增加而减小。这是因为钉的直径越大，挤压应力的分布越不均匀。如果接头中存在高的应力集中，则应适当减小表5.3.3中的挤压设计应力值。连接板宽(孔间距)、端距、载荷方向和环境条件都对挤压设计应力值有明显影响。最可靠的办法是通过试验确定挤压设计应力值。

表 5.3.3 复合材料的挤压设计应力值($d/t=1$ 时)

复合材料	极限应力/MPa	设计应力值/MPa	复合材料	极限应力/MPa	设计应力值/MPa
玻璃/聚酯(编织)	298	141	碳/环氧(0°/90°/±45°)	334	310
玻璃/环氧(编织)	320	255	硼/环氧(0°/90°)	1 378	1 033
Kevlar/环氧(编织)	379	310	硼/环氧(0°/90°/±45°)	1 033	827
碳/环氧(0°/90°)	448	379			

在复合材料机械连接设计中,应使实际工作应力不超过材料的许用应力。安全系数的取用是一项十分重要而又非常复杂的工作,要求在确保安全的条件下尽可能降低安全系数。安全系数的选取通常应考虑载荷的稳定性,材料性质的离散性,计算公式的近似性,工艺质量的可靠性,检测的准确性,构件的重要性和环境的恶劣性。对于玻璃纤维增强复合材料接头,通常可保守地取安全系数 $n=3$;当对工艺质量要求严格而对重量又有限制时,可取 $n=2$。对于碳/环氧、芳纶/环氧和硼/环氧复合材料接头,可取 $n=1.5$;对重要接头,应取 $n=2$。

6. 机械连接防腐要求

机械连接设计应杜绝产生电化学腐蚀的三个条件:电位差、电解质和导电连接。应采取以下防腐措施。

(1) 选用材料匹配,可从根本上防止电偶腐蚀的产生。与碳/环氧复合材料匹配的金属是钛合金和不锈钢等。

(2) 从设计上采取措施,防止电解质溶液积聚;从工艺上对连接接头进行全密封,防止电解质溶液渗入,避免腐蚀电池的形成。

(3) 对不宜直接接触又必须相连的材料,必须采取垫玻璃纤维或芳纶布、涂胶或涂漆等防腐措施;重要或易腐蚀部位,应该采取接头全密封的方法来防腐。

(4) 连接中可采用湿装配,即连接时在紧固件上或连接孔中涂胶进行装配,除隔离外还会起到密封作用,在铆接中更应该重视湿装配的作用,因为湿装配不仅可以防腐,而且对铆接中难以完全避免的工艺损伤有弥补作用。

7. 填隙要求

对非结构填隙垫片,相接触零件的间隙不应超过 0.8 mm。过大的间隙引起过大的螺栓弯曲、非均匀挤压应力和加载偏心任何超过 0.13 mm 的间隙都应加垫片,以便使夹紧引起的层间应力最小。

5.3.3 机械连接强度校核

在复合材料结构中,通常采用多钉连接。对于金属材料,由于塑性区的存在,破坏时可认为各钉均匀受力。然而对于复合材料,由于具有各向异性、延性差、层间强度低的特性,在多排连接钉中每个连接钉所受的荷载是不相等的,位于接头两端的紧固件受载最大。部分试验结果表明,对于碳纤维增强树脂基复合材料连接板,当采用双排钉连接时,内排钉和外排钉分别承受 57%和 43%的载荷。因此,必须通过可靠的试验或计算确定各钉的载荷分配比例。对于均匀板厚的连接接头,如果已知各钉的承载比例,可取其载荷方向上承载比例最大的钉孔按单钉连接进行设计和强度校核。

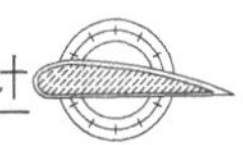

由于单钉连接强度也是多钉连接强度的基础，本节给出单钉连接的强度校核方法，包括连接板和紧固件。

1. 连接板的强度校核

(1) 挤压强度　为充分发挥复合材料的承载能力，连接设计中几何参数的选择一般均要求仅产生挤压破坏或与挤压有关的组合型破坏。因此，发生挤压型破坏的挤压强度是连接设计的基础。当 S/d 、e/d 均较大时，往往连接板孔边被挤压而发生分层破坏，或者使孔的变形量过大，均称为挤压破坏。挤压强度按下式校核

$$\sigma_{br}=\frac{P}{dt}\leqslant[\sigma_{br}] \tag{5.3.3}$$

式中 P——外载，N；

d——孔径，mm；

t——钉孔处的板的有效厚度，mm；

$[\sigma_{br}]$——许用挤压强度，MPa。

(2) 拉伸强度　当连接板宽度(间距)与孔直径之比较小时，连接板有可能被拉断。拉伸强度按下式校核

$$\sigma_t=\frac{P}{(w-d)t}\leqslant[\sigma_{jt}] \tag{5.3.4}$$

式中 w——板宽钉间距，mm；

$[\sigma_{jt}]$——许用拉伸应力，MPa。

(3) 剪切强度　当连接板端距 e 与孔直径 d 之比较小时，紧固件有可能使连接板发生剪切拉脱破坏。剪切强度按下式校核

$$\tau_j=\frac{P}{2et}\leqslant[\tau_j] \tag{5.3.5}$$

式中 e——端距，mm；

$[\tau_j]$——许用剪切应力，MPa。

2. 紧固件的强度校核

复合材料结构的连接接头仍使用一般金属紧固件。因此，在复合材料连接中，紧固件的强度校核仍采用通常金属连接中紧固件的校核方法。紧固件的剪切强度按下式校核

$$\tau=\frac{4P}{\pi d^2}\leqslant[\tau] \tag{5.3.6}$$

式中 $[\tau]$——紧固件的许用剪切强度值，MPa。

5.3.4 机械连接设计和强度校核举例

[例 5.3.1]　图 5.3.4 为双排紧固件承受拉伸载荷的连接接头。试根据下述已知参数校核接头强度，确定连接区复合材料层合板的厚度 t。已知紧固件为 100°沉头窝 Ti－22 高锁螺栓，公称直径 d＝6 mm，单面破坏剪力$[Q]$＝21.4 kN，内排螺栓和外排螺栓分别承受 57%和 43%的载荷；基本层合板材料为 T300/5222(碳/环氧)，最大挤压破坏应力 σ_{brmax}＝700 MPa，层合板中各单层的材料性能和厚度均相同，固化后单层厚度 t_1＝0.12 mm，层合板基本板厚为 2.40 mm，铺层方案为$[45/0/-45/0/90/0/45/0/-45/90]_s$，载荷方向与 0°层纤维方向一致。

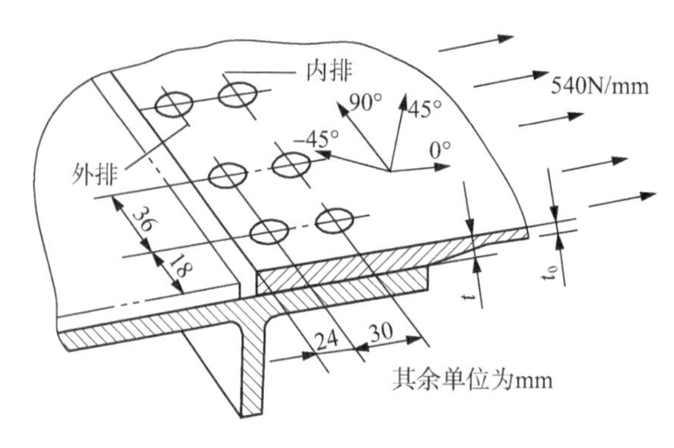

图 5.3.4　承受拉伸载荷连接接头

[解]　(1) 确定许用挤压强度值　取各影响因素的修正系数 $k=0.55$

$$[\sigma_{br}]=k\sigma_{brmax}=0.55\times700=385\ \text{MPa}$$

(2) 计算连接区加厚部位的层合板厚度 t　每列螺钉承受的总载荷为

$$540\times36=19\ 440\ \text{N}$$

内排螺钉承受的载荷为

$$P_{br}=19\ 440\times0.57=11\ 080\ \text{N}$$

按照挤压承载计算连接区所需的层合板厚度

$$t=\frac{P_{br}}{d[\sigma_{br}]}=\frac{11\ 080}{6\times385}=4.8\ \text{mm}$$

取连接区加厚部位层合板的厚度 $t=4.80$ mm。

铺层总数　$n=t/t_1=4.80/0.12=40$ 层

各方向的铺层数为

$$n_0=n\times40\%=16\ 层,\ n_{\pm45}=n\times40\%=16\ 层,\ n_{90}=n\times20\%=8\ 层$$

加厚部位的具体铺层方案为$[45/0/-45/0/90/0/45/0/-45/90]_{2s}$,与基本层合板铺层百分比一样。

加厚部位层合板厚度 $t=4.8>0.6\times d=0.6\times6=3.6$,沉头窝满足要求。

(3) 加厚部位层合板挤压强度校核

$$挤压应力\quad \sigma_{br}=\frac{P}{dt}=\frac{11\ 080}{6\times4.8}=384.7\ \text{MPa}\leqslant[\sigma_{br}]=385\ \text{MPa}(安全)$$

外排钉孔挤压载荷比内排小,因而不必校核。

(4) 紧固件剪切强度校核 内排螺钉承受的剪力

$$Q=11.08\ \text{kN}<[Q]=21.4\ \text{kN}\ (安全)$$

[例 5.3.2]　图 5.3.5 所示为沿双排紧固件排列方向承受剪切载荷的连接接头,根据下述已知参数校核接头强度,并确定连接区层合板的厚度。已知紧固件为 115 s、100 ℃ 沉头钛合金高锁螺栓,公称直径 $d=6$ mm ,单剪强度为 15 kN;基本层合板材料为 T300/5222(碳/环氧),层合板厚度 $t_0=4.08$ mm,固化后单层厚度为 0.12 mm,共 34 层,铺层方案为$[\pm45/0/\mp45/\pm45/0/45_2/-45_2/0/90/0/\mp45]_s$,承受剪切载荷 $q=700$ N/mm,方向与 0°层纤维方向

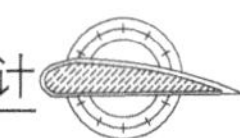

一致。该层合板受载孔处的许用面内剪切强度值$[\tau]=120$ MPa，许用挤压强度值$[\sigma_{br}]=385$ MPa。内排螺栓孔与外排螺栓孔承载按 57∶43 分配。

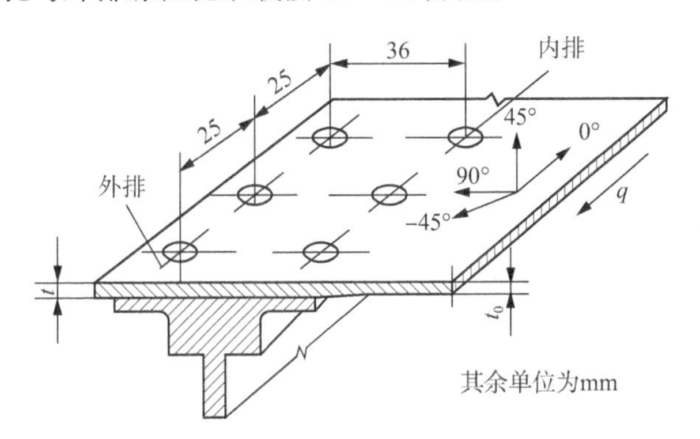

图 5.3.5　承受剪切载荷连接接头

［解］（1）计算连接区加厚部位的层合板厚度

① 按面内剪切承载计算

$$q=t[\tau]$$

$$t=q/[\tau]=700/120=5.83\text{ mm}$$

② 按螺栓孔挤压承载计算

$$25\times0.57\times q=dt[\sigma_{br}]$$

$$t=\frac{25\times0.57\times700}{6\times385}=4.32\text{ mm}$$

③ 确定连接区加厚部位的层合板厚度　按面内剪切承载需 5.83 mm，选定 $t=6$ mm 。铺层层数 $n=6/0.12=50$ 层，即加厚板铺层层数比原基本板增加 16 层。考虑到有益于面内剪切承载，应适当增加±45°铺层比例，确定加厚部位铺层方案为$[\pm45/0/90/\mp45/\pm45/0/45_2/-45_2/45/0/\pm45/90/\pm45/-45/0_2/\mp45]_s$。基本板在 0°、±45°、90°的铺层层数分别为 8、24、2，相应铺层百分比为 23.5%、70.6%、5.9%；而加厚部位在 0°、±45°、90°的铺层层数分别为 10、36、4，相应铺层百分比为 20%、72%、8%。

（2）校核接头强度

由于基本层合板与加厚部位层合板的铺层百分比相近，所以两者的$[\tau]$、$[\sigma_{br}]$差别可以忽略。

① 加厚部位层合板剪切强度校核

$$\tau=q/t=700/6=117\text{ MPa}<[\tau]=120\text{ MPa(安全)}$$

② 加厚部位层合板挤压强度校核

$$\sigma_{br}=\frac{25\times0.57\times q}{dt}=\frac{25\times0.57\times700}{6\times6}=277\text{ MPa}<[\sigma_{br}]=385\text{ MPa(安全)}$$

③ 紧固件剪切强度校核　内排每个紧固件承受的载荷为

$$P=25\times0.57q=9.98\text{ kN}<15\text{ kN(安全)}$$

思考题与习题

5-1　试比较胶接连接和机械连接的优缺点。

5-2　胶接连接基本形式有哪几种？如何选择胶接连接形式？

5-3　简述减小剥离应力、提高接头强度的设计措施。

5-4　复合材料机械连接形式的选择原则是什么？

5-5　如何选择机械连接的几何参数？

5-6　如何进行连接区的铺层设计？

5-7　如何选用紧固件？

5-8　机械连接应采取什么防腐措施？

5-9　如何进行连接板和紧固件的强度校核？

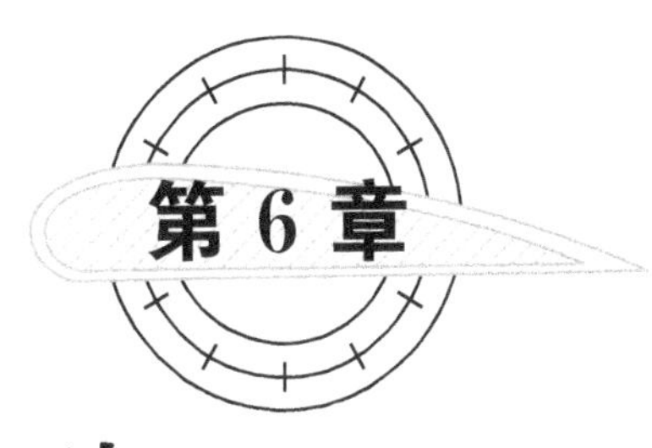

复合材料结构设计基础

6.1　复合材料结构设计过程

复合材料产品设计是一个很复杂的系统工程，需要考虑的因素很多。由于复合材料具有许多不同于各向同性材料的特点，因此其产品设计也有许多不同于各向同性材料产品设计的特点。复合材料产品设计通常包括三项设计：①性能设计，又称功能设计；②结构设计，包括强度、刚度和稳定性计算；③工艺设计。这三项设计相互关联，不能截然分开。性能设计必须充分考虑最终产品的使用目的和使用条件，使设计出的复合材料产品具有与设计要求相符合的性能，如风机叶片的气动性能、冷却塔的热工性能、天线罩的介电性能等。结构设计是根据所承受的载荷及使用环境，设计出不使材料产生破坏及有害变形的结构尺寸，确保安全、可靠。特别是复合材料结构设计(Structure design of composite materials)包含了材料设计的所有内容，成为复合材料能否在结构上科学合理应用和降低成本的关键。在结构设计中，对结构效率、性能、功能与成本进行综合优化十分重要。工艺设计应该尽可能使成型方便、成本低廉。

复合材料产品设计过程如图6.1.1所示。在复合材料产品设计中，首先应明确性能要求和设计条件，即根据使用目的提出性能要求(气动性能、热工性能、介电性能、耐腐蚀性、结构质量、使用寿命等)，弄清楚实际使用中的载荷情况(静载荷、瞬时作用载荷、冲击载荷、交变载荷等)，环境条件(包括加速度、冲击、振动等力学条件，压力、温度、湿度等物理条件，风雨、日光、冰雪等气象条件，放射线、霉菌、盐雾、风沙等大气条件)以及受几何形状和尺寸大小的限制等，这些往往是设计任务书的内容。设计条件有时也可能不太明确，尤其是结构所受载荷的性质和大小在许多情况下是变化的。因此，明确设计条件有时也有反复的过程。

一旦确定所要求的性能、规格、大致形状和载荷条件后，就必须考虑复合材料的原材料及由规定的试验方法测得的材料性能，选出认为大致适用的材料，确定结构形式、成型方法和模具方案。然后在规定的外力情况下，根据材料特性，用结构计算方法求出所产生的应力及应变，在考虑了设计准则中所规定的安全系数及许用应力后，确定结构尺寸，并完成整个结构和

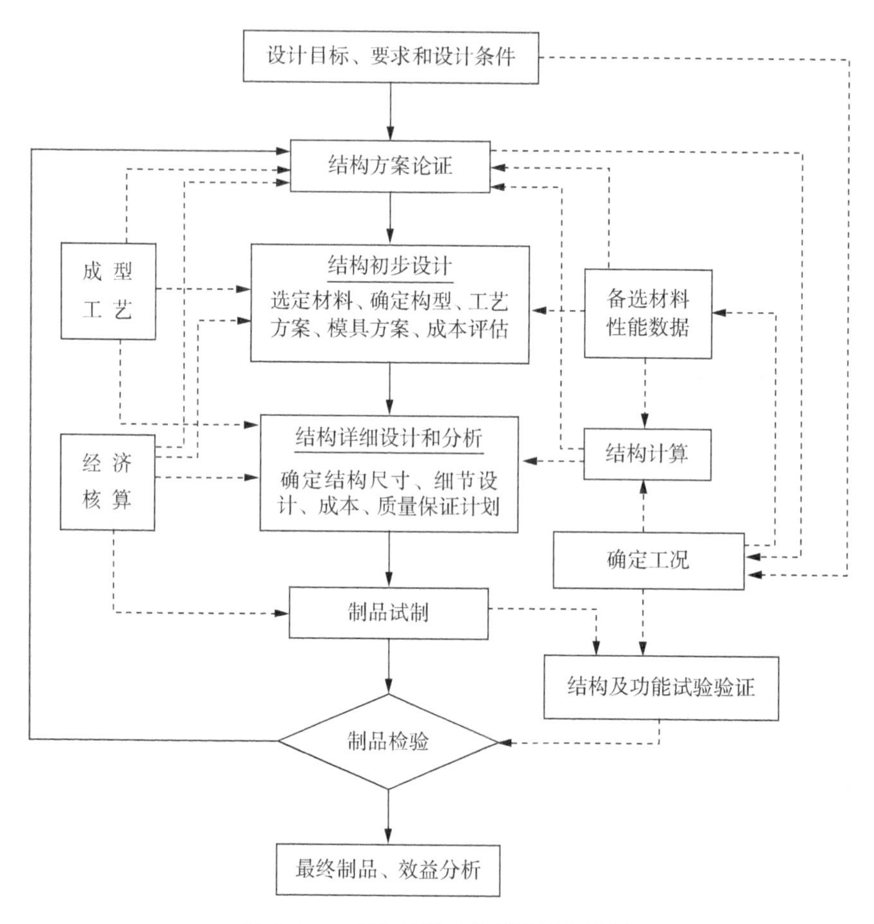

图 6.1.1　复合材料产品设计过程简图

局部细节的设计与分析。必要时,需要进行结构选型试验,以确定最佳的结构形式。典型结构件和含结构关键特性的组合件验证试验由简单到复杂,通过试样(单层和层合板)、元件(含典型结构件)、组合件、全尺寸部件等多个层次的积木式方法(Building block approach, BBA)逐级进行设计验证试验,分阶段早期验证证实所选择的关键部位结构形式能满足规定的设计要求,来保证其结构完整性。多层次试验验证有助于使技术难点在低层次上通过试验研究得到解决,可以避免全尺寸试验的复杂性和实施困难,降低研制成本,确保全尺寸试验验证顺利地一次通过。积木式方法的依据是假设由低级试件所得到的结构/材料对外载荷的响应,可以直接转换到上一级较高的试件。如试样级得到的复合材料性能数据可以直接推广应用到元件级、组合件和部件级结构。当然,在选择产品原材料、确定产品形状与尺寸时,要考虑其工艺性,必须制造容易、价格便宜。试生产出产品后,就要对全尺寸产品在与使用环境相似的条件下进行结构、功能验证试验,来确定是否合乎设计要求,假如存在缺点,必须对所选形状及材料加以修正,直至完全满足要求,并在考虑经济性之后,再投放市场。

在上述过程中,即使是对指定的外力进行强度和刚度计算,在某种程度上也并非那么容易。正如之前所述,复合材料是各向异性材料,结构形状又多为带加强筋的曲面薄壳结构,其结构计算很复杂。通常是把结构件进行简化之后,再用通用计算法进行计算,待制出产品后,再进行决定取舍的结构试验,以确定产生的应力、破坏值及破坏形式等。

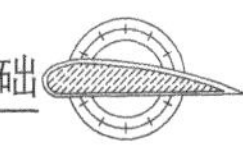

复合材料结构设计比金属结构更加强调材料性能、结构设计与分析、制造工艺三个主要方面的综合协调。在产品设计时，必须进行材料设计，并选择合适的工艺方法，材料/工艺/设计三者必须形成一个有机的整体。在产品的设计阶段尽早考虑产品结构生命周期内所有的影响因素，建立完整统一的产品结构信息模型，将工艺、制造、材料、质量、维修等要求体现在早期设计中，使性能、可靠性、修复性、工艺性及经济性等多项指标都达到最佳效果。通过设计中各个环节的密切配合，避免在制造和使用过程中出现问题而引起不必要的返工。这样可以在较短的时间内，以较少的投资获得高质量的产品。概括地说，复合材料产品设计应当以安全为前提，综合考虑复合材料的特点和质量保证的各个环节，并尽可能做到经济合理。

选用几种组分材料复合制成具有所要求性能的材料的过程，通常就称为材料设计(Material design)。这里所指的组分材料主要是指增强材料和基体材料。不同原材料构成的复合材料将会有不同的性能。对于层合复合材料，由纤维和基体构成复合材料的基本单元是单层，而作为结构的基本单元即结构材料，是由单层构成的复合材料层合板。因此，材料设计包括原材料选择、单层性能的确定和复合材料层合板设计。在初步设计阶段，单层的性能参数通常是利用细观力学分析方法推得的预测公式(见第4章)确定的；而在最终设计阶段，单层性能的确定需用试验的方法直接测定。

6.2　原材料的性能及其选择

6.2.1　选材的基本原则

选材错误往往是产品不佳的重要原因。实际上选材不仅关系到产品的质量，还与产品的成本密切相关。由此可见，正确选材是何等重要。正确选材要考虑的因素很多，但一般须遵循以下基本原则。

(1) 材料性价比(性能与价格之比)高，在满足结构使用性能要求的条件下，尽量减少材料品种和规格，尽可能地降低成本，能用大丝束纤维的不用小丝束纤维，能用中低温固化体系的不用高温固化体系，能用热压罐外固化成型工艺的不用罐内固化成型工艺。

(2) 材料的力学性能要满足结构的强度、刚度和稳定性要求，尤其要考虑材料体系的韧性性能(如损伤阻抗特性和冲击后压缩强度等)。

(3) 材料的耐环境性能(耐湿热、耐介质、耐冲击、耐老化等)可使结构在使用环境条件下正常工作，并满足结构的寿命要求；材料的长期使用温度一般由树脂基复合材料湿态玻璃化转变温度减去30℃确定。

(4) 材料体系应具有良好的工艺性(预浸料制备和贮存期、固化温度、固化时间、后处理条件、制造成型工艺可行性等)，机械加工性(易于进行切割、修整、制孔)，装配性，可修补性，对固化温度、时间、压力等参数的容差要求较为宽松，可适用各种施压方法。工艺性要求的目的在于使材料能适宜大型构件与复杂型面构件的制造，并有利于确保成型的复合材料结构达到高的成品率和降低使用维修费用。

(5) 对所选材料体系有深入了解，尽可能地选用已定型的、批量生产的、质量稳定的、供应有保证、并有完整的工程数据和丰富的使用经验的材料体系。

(6) 材料应满足结构的使用功能和某些特殊性能要求，如雷达罩要求有透波性，一些隐形飞机要求材料有吸波或透波性，民机的内装饰材料应满足阻燃、烟雾、毒性等要求。与碳纤维复合材料接触的主要加强件宜采用钛合金制造;铝合金与复合材料中的碳纤维之间存在显著的电位差,易导致电偶腐蚀的发生。

(7) 货源充足,容易运输、贮存,安全性好。

6.2.2 增强材料的种类

在复合材料中,增强材料(Reinforcement)是分散相,主要起承载作用。增强材料不仅能提高复合材料的强度和弹性模量,而且能降低收缩率,提高耐热性。增强材料的种类很多,从物理形态来看有纤维状、片状和颗粒状,其中纤维状增强材料是作用最明显、应用最广泛的增强材料,主要品种有玻璃纤维、碳纤维、芳纶纤维、超高分子量聚乙烯纤维、硼纤维等。目前高模量高强度纤维的发展途径主要有三个:采用特殊的聚丙烯腈(PAN)纤维,经氧化、碳化及石墨化等步骤,达到高模高强的目的;利用超高分子量聚乙烯在凝胶溶液状态下施行凝胶纺丝和高倍率的延伸;对合成液晶高分子材料实施溶液或熔融纺丝,然后做热处理,使分子热重合而达到高强力纤维的特性。

1. 玻璃纤维

1) 玻璃纤维的分类

玻璃纤维(Glass Fiber,GF)是复合材料中使用量最大的一类增强纤维。我国已是全球最大的玻璃纤维生产国和最大的电子布生产国。玻璃纤维的分类方法很多,按纤维特性可分为:普通玻璃纤维(指无碱及中碱玻璃纤维),高强(S)玻璃纤维,高模量(M)玻璃纤维,耐高温玻璃纤维,耐碱(AR)玻璃纤维,耐酸玻璃纤维,光学纤维,低介电(D)玻璃纤维,导电纤维等。按玻璃纤维原料成分可分为:无碱(E)玻璃纤维,中碱(C)玻璃纤维,E-CR 玻璃纤维,高碱(A)玻璃纤维,高硅氧玻璃纤维(High silica fiberglass)。以下介绍我国复合材料中通常使用的几种玻璃纤维。

(1) 无碱玻璃纤维

无碱成分是指碱金属氧化物含量不大于 0.8%的铝硼硅酸盐玻璃成分,国际上通常叫做"E"玻璃。最初 E 玻璃是为电气应用研制的,但今天成为一种通用配方。国际上连续玻璃纤维有 90%以上用的是 E 玻璃成分。无碱玻璃纤维(E glass fiber)的力学性能、电绝缘性能、耐热性和耐候性等都比较好,其不足之处是易被稀的无机酸所腐蚀,故适用于要求电绝缘、耐水、强度较高的场合,不适于用在酸性环境中。常用的无碱玻璃纤维的一般性能数据如表 6.2.1 所示。

表 6.2.1 无碱玻璃纤维的一般性能

性能	数值	性能	数值	性能	数值
密度/(g/cm^3)	2.54	泊松比(块玻璃)	0.22	折射率(25℃)	1.547
拉伸强度/MPa	2 100	热膨胀系数/$℃^{-1}$	4.8×10^{-8}	软化点	846
拉伸弹性模量/GPa	73	介电常数(1 MHz)	7.16	导热系数/[W/(m·K)]	0.034
延伸率/%	3.0	损耗角正切(1 MHz)	0.001 7		

(2) 中碱玻璃纤维

中碱玻璃纤维(Medium-alkali glass fiber)是我国研究成功的特色纤维,其碱金属氧化物含量在 12%左右,采用的是中碱 5 号玻璃成分(质量分数):SiO_2 67.3,CaO 9.5,Na_2O 12.0,

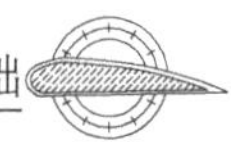

MgO 4.2，Al_2O_3 7.0，Fe_2O_3<0.5。国外的所谓 C 玻璃纤维，其化学组成与我国的中碱成分接近，但中碱纤维不含硼。生产中碱 5 号玻璃，不需要用目前国内比较短缺而较贵的硼酸，熔制温度低，对耐火材料的要求不像无碱玻璃那么苛刻。目前我国的中碱玻纤产量大。一般来讲，中碱纤维的耐化学性稳定，耐水性一般，耐酸性好，电绝缘性较差，拉伸强度约为无碱玻纤的 80%，价格低于无碱玻纤。中碱玻璃纤维除了不适合作电气绝缘材料外，许多其他性能要求一般的民用产品品种都可以用。

(3) E－CR 玻璃纤维

E－CR 玻璃是不含硼和氟的玻璃，其碱金属氧化物含量不大于 0.8%，于 1980 年由美国欧文斯科宁公司在 E 玻璃基础上研制而成。它的软化点和表面电阻率高于 E 玻璃，具有比 E 玻璃更好的耐酸性(盐酸、硫酸、硝酸)，同时兼具 E 玻璃的良好的电绝缘性能和力学性能。E－CR 玻璃纤维无捻粗纱与聚酯、乙烯基酯、环氧和酚醛树脂相容，可制成船艇、汽车和飞机部件、水管和污水管、化学品和石油贮罐、风力机叶片、电线杆、输电杆塔、光缆加强件、门窗构件、盒子卫生间、建筑板材、体育器械等。E－CR 玻璃纤维优异的耐酸性和耐应变腐蚀性是其在排水管应用中胜过 E 玻璃纤维的主要原因。

(4) 高强高模玻璃纤维

高强玻璃纤维(High strength glass fiber)亦称 S 玻璃纤维，系用硅-铝-镁系统的玻璃拉制的玻璃纤维，主要成分是 SiO_2(64.3%)、Al_2O_3(24.8%)和 MgO(10.3%)。从其成分可以看出这种玻璃熔点高，拉丝作业也较困难。高强玻璃纤维的特点是抗拉强度比无碱玻纤高 25%左右，弹性模量比无碱玻纤高 14%左右。用高强玻璃纤维生产的复合材料多用于军工、空间、防弹盔甲及运动器械。但是，由于价格贵，目前在民用方面尚不能得到推广，全世界产量也只有几千吨。

泰山玻璃纤维有限公司生产的 S－1 HM 玻璃纤维(表 6.2.2)是目前已知模量最高的玻璃纤维，与 E 玻璃纤维比较，其拉伸模量提高 23%，拉伸强度提高 47%，抗疲劳能力提高 10 倍。

2) 玻璃纤维产品

一般人们所说的玻璃纤维是广义的，它包括玻璃纤维单丝到通过各种纺织加工而制成的纤维产品(表 6.2.3)。玻璃纤维及其产品品种很多，在复合材料成型中常用的有下列品种。

(1) 无捻粗纱

无捻粗纱(Roving)是由平行原丝(Strand)或平行单丝(Filament)集束而成的。前者是指由多股玻璃原丝络制成的无捻粗纱，亦称合股无捻粗纱；后者是指由从拉丝漏板拉下来的单丝平行集束而成的无捻粗纱，又称直接无捻粗纱、单股无捻粗纱或精密无捻粗纱。生产粗纱所用玻纤直径为 11～27 μm，无捻粗纱的号数(通称线密度 tex，是指 1 000 m 长原纱的克质量。例如，1 200 tex 就是指 1 000 m 原纱质量为 1 200 g)从 150 号到 9600 号(即从 150 tex 到 9 600 tex)。无捻粗纱产品标记通常包括：所用的玻璃种类；表示连续玻璃纤维纱的字母 C；单丝的公称直径，以微米(μm)表示，后接连接号“-”；无捻粗纱的总的线密度，以 tex 为单位；表示增强型浸润剂类型的字母，W 代表适合缠绕、织造、拉挤等工艺，C 代表适合喷射、预塑成型、连续层压、离心浇铸、粒料、模塑料等工艺；标准号(玻璃纤维无捻粗纱的国家标准号为 GB/T 18369—2008)。例如：CC13－2400 GB/T 18369—2008，此产品标记表明该无捻粗纱由中碱玻璃连续纤维制成，单丝公称直径为 13 μm，总的线密度为 2 400 tex。

表 6.2.2　各类纤维增强材料的性能比较

纤维增强材料	密度/(g/cm³)	拉伸强度/GPa	拉伸模量/GPa	比强度/(MPa·m³/kg)	比模量/(GPa·m³/kg)	延伸率/%	最高使用温度/℃
玻璃纤维							
E 玻璃纤维	2.58	2.10	73	0.814	0.028 3	4.8	500
E-CR 玻璃纤维	2.57	2.70	83	1.05	0.032 3		500
S-1 HM 玻纤	2.55	3.09	90	1.21	0.035 3		500
PAN 基碳纤维							
AS4	1.79	4.278	228	2.390	0.127	1.87	300
IM7	1.78	5.175	276	2.907	0.155	1.78	300
IM9	1.8	6.072	290	3.373	0.161	1.8	300
T-300	1.76	3.750	231	2.131	0.131	1.4	300
T-650/35	1.77	4.280	255	2.418	0.144	1.7	300
T700S	1.80	4.900	230	2.722	0.128	2.1	300
T-800H	1.81	5.590	294	3.088	0.162	1.9	300
T-1000G	1.80	6.370	294	3.539	0.163	2.2	300
M40J	1.77	4.41	377	2.491	0.213	1.2	300
M60J	1.94	3.80	588	1.959	0.303	0.7	300
M65J	1.94	3.63	640	1.871	0.330	0.7	300
沥青基碳纤维							
P-55S	1.9	1.90	379	1.000	0.200	0.50	300
P-100S	2.16	2.41	758	1.116	0.351	0.30	300
P-120S	2.17	2.41	827	1.111	0.381	0.30	300
K139	2.14	2.75	735	1.285	0.343	0.37	300
XN-70	2.16	3.33	690	1.542	0.319	0.49	300
HM-70	2.18	2.94	689	1.349	0.316	0.43	300
聚合物纤维芳纶							
Apmoc-Ⅱ	1.45	4.4～4.9	142～147	3.03～3.38	0.097 9～0.101	3.0～3.5	177
Kevlar 49	1.44	3.700	124	2.569	0.086 1	2.8	177
Twaron HM	1.44	3.00	125	2.083	0.086 8	2.3	177
Technora	1.39	3.430	73	2.468	0.0525	4.6	177
UHMWPE 纤维							
Spectra900/650	0.97	2.400	66	2.274	0.068	3.8	110
Spectra2000/100	0.97	3.340	124	3.443	0.128	3.0	110
SK75	0.97	3.400	100	3.51	0.103	3.8	110
PBO 纤维							
Zylon-AS	1.54	5.800	180	3.766	0.117	3.5	330
其他纤维							
硼纤维	2.57	3.516	400	1.368	0.156	0.80	350
碳化硅纤维	3	3.450	380	1.150	0.127	0.13	1 000
氧化铝纤维	3.1	1.400	200	0.451	0.064 5	0.3	1 000
玄武岩连续纤维	2.65～3.00	3.00～4.84	79.3～93.1	1.06～1.71	0.028～0.033	3.15	700
碳纳米管	1.9	30.000	1000	15.79	0.526		

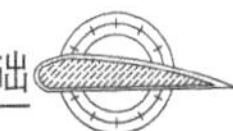

表 6.2.3　玻璃纤维及其织物的规格和主要性能

名称	主要牌号	规格	适用工艺	适用树脂	主要应用
无碱无捻粗纱	T910/T940H	线密度(tex):140～9 600	缠绕	UP、VE、EP	管、罐
	T912	线密度(tex):300～4 800	拉挤	VE、UP	型材、光缆芯
	T920W/T910W/T931	线密度(tex):300～2 400	编织	EP、UP、沥青	风电叶片/土工布
	T835/T838 系列	线密度(tex):600～2 400	GMT、LFT	PA/PP	汽车、建材
	T132 系列	线密度(tex):2 400、3 100	喷射	UP	造船、卫浴
	T949 系列	线密度(tex):2 400、4 800	SMC	UP	建材、汽车、车辆
	T984 系列	线密度(tex):2 400、4 800	毡、透明板材	UP	建材、汽车
	T982A	线密度(tex):2 400	管道短切	UP	夹砂管道
	T635 系列/T735、T736、T737、T738、T739	线密度(tex):2 000	长纤维改性造粒	通用热塑、专用热塑	汽车、电子电气
无碱短切纤维	T435 系列	纤维直径(μm): 10、13	螺杆造粒	PA	汽车、电子
	T436 系列	纤维直径(μm): 10、13		PBT、PET	电子
	T438 系列/T538 系列	纤维直径(μm): 10、13		PP	汽车、家电
	T442 系列	纤维直径(μm): 10、13		PC	电子电气、汽车
	T443 系列	纤维直径(μm): 10、13		PPS、LCP	电子电气、汽车
	T445 系列	纤维直径(μm): 10、13		POM	电子电气、汽车
	T437 系列	纤维直径(μm): 10、13	BMC	UP	零部件、电子电气
无碱纤维方格布	EWR	单重(g/m²):150～1 500	缠绕、手糊	UP、EP	建材、管道、船艇
	机织单向布 ECW(0)或(90)	单重(g/m²):200～1500		UP、EP	管道
表面毡	AEMS	单重(g/m²):25～50	缠绕、拉挤、手糊	UP、EP	建材、管、罐
短切原丝毡	粉剂毡 EMC 系列	单重(g/m²):100～900	手糊	UP、VE	建材、船艇、汽车
	乳剂毡 EMCL 系列	单重(g/m²):100～900	手糊	UP、VE	船艇、汽车
缝编毡	EMK	单重(g/m²):300～450	缠绕、拉挤、RTM、手糊、真空导入	UP、EP	建材、船艇
	毡/布复合 ECW	单重(g/m²):600～1 250		UP、EP	机舱罩
多轴向织物	单向布 EUL	单重(g/m²):400～2 000	手糊、预浸料、真空导入	EP、UP、VE	风电叶片
	双轴向布 EBX/EBLT	单重(g/m²):400～2 000		EP、UP、VE	风电叶片、船艇
	三轴向布 ETL/ETT	单重(g/m²):400～2 000		EP、UP、VE	风电叶片
	四轴向布 EQL/EQT/EQLT	单重(g/m²):400～2 000		EP、UP、VE	风电叶片、模具
无碱玻纤细纱	EC 系列	线密度(tex):5～408	编织		电子基布、工业织物
电子级玻纤布	7628	单重(g/m²):207～213	层压	EP、PI、BT	印刷电路板
	2116	单重(g/m²):103～107			
	1080	单重(g/m²):46～50			

注：表内所列玻璃纤维及其织物均为泰山玻璃纤维有限公司的产品。(所列数据仅供参考)

无捻粗纱可以直接用于某些复合材料工艺成型，也可织成无捻粗纱织物，在某些用途中还将无捻粗纱进一步短切。根据无捻粗纱的用途不同可分成以下几类：喷射纱、拉挤纱、缠绕纱、短切纱、模塑料纱、织造纱。对于缠绕、拉挤等复合材料成型工艺，因其张力均匀多采用直接无捻粗纱。多股原丝并合的无捻粗纱的张力均匀性逊于直接无捻粗纱，适合于进一步短切使用。

无捻粗纱的表面被覆有各种不同的浸润剂，这些浸润剂系统都是为适合不同的复合材料工艺方法、产品性能及树脂系统而设计和选定的。用户必须了解所选用的无捻粗纱与自己所用树脂系统是否相容。

(2) 无捻粗纱布(方格布)

无捻粗纱布(Woven roving)俗称方格布，是由无捻粗纱织成的一种平纹织物，是手糊成型中最常用的玻纤产品，国外目前多用直接无捻粗纱织造。方格布的强度主要在织物的经纬方向上。对于要求经向或纬向强度高的场合，也可以织成单向方格布，它可以在经向或纬向布置较多的无捻粗纱。普通方格布的单位面积质量在 200～1 000 g/m^2。方格布的特点是成型方便，易脱泡，能有效地增加产品的厚度，变形性好，价格比细纱薄布便宜。但其复合材料层间强度低，因此不宜单独使用，最好是夹入短切毡层合。对方格布的质量要求为：织物均匀，布边平直，布面平整呈席状，无污渍、起毛、折痕、皱纹等；经、纬密度，单位面积质量，布幅及卷长均符合标准；对树脂具有良好的浸润性；制成的复合材料的干、湿态机械强度均应达到要求。用方格布铺敷成型的复合材料的缺点是层间剪切强度低、耐压和疲劳强度差。

无捻粗纱布的产品标记包括：产品名称；玻璃种类；表示无捻粗纱布的符号 WR；布的单位面积质量，以 g/m^2 为单位，后接连字号“-”；布的宽度，以 cm 为单位；标准号(玻璃纤维无捻粗纱布的国家标准号为 GB/T 18370—2001)。例如，公称单位面积质量为 800 g/m^2，宽度为 100 cm 的无碱玻璃纤维无捻粗纱布，其产品标记为：无碱玻璃纤维无捻粗纱布 EWR 800 - 100 GB/T 18370—2001。

(3) 表面毡

复合材料产品通常需要形成富树脂层，这通常可用表面毡(Surfacing mat)来实现。这类毡由于采用中碱(或无碱)玻璃纤维单丝(定长或连续的)黏结而成，故赋予复合材料耐化学性，尤其是耐酸性；同时，由于毡薄、玻纤直径细，还可吸收较多树脂形成富树脂层(一般树脂质量含量可达 90%左右)，遮住了玻璃纤维增强材料(如方格布)的纹路，起到表面修饰作用。表面毡单位面积质量小，常用规格为 30 g/m^2、40 g/m^2、50 g/m^2、60 g/m^2。对表面毡的质量要求为：纤维分布均匀，手感好，树脂浸润速度快，铺覆性好。

(4) 短切原丝毡

短切原丝毡(Chopped strand mat)是将连续玻璃纤维原丝(有时也用无捻粗纱)切割成 50 mm 长，将其随机但均匀地铺覆在网带上，随后施以乳液黏结剂或粉末黏结剂经加热固化后黏结而成的平面结构材料。所用玻璃原丝单丝直径为 10～12 μm，原丝集束根数为 50 根或 100 根。短切毡中黏结剂含量为 3%～6%。短切毡的供货宽度可按客户要求。短切毡的单位面积质量范围为 150～900 g/m^2，但用户通常需求较多的是 300 g/m^2、450 g/m^2、600 g/m^2。薄的纤维毡比厚的纤维毡在浸润树脂、脱气泡和树脂含量控制等方面要容易些。由于单独使用短切毡强度较低，一般大型复合材料产品都是毡布并用。对短切原丝毡的质量要求为：厚度均匀；树脂易于渗透；易于敷层和脱泡；与模具贴覆性好；层合板透光性好且表面光滑；具有适中的干毡强度，操作工根据生产需要可以较容易地将其撕开；潮湿状态强度损失小。

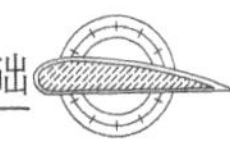

短切原丝毡的代号顺序包括：玻璃种类；表示短切原丝毡的符号 MC；毡的单位面积质量，以 g/m^2 为单位；用英文字母表示苯乙烯溶解度，H 表示高溶解度，M 表示中溶解度，L 表示低溶解度，后接连字号“-”；毡的宽度，以 mm 为单位；黏结剂类型和/或制造商标记，放在括号内，以 E 表示乳液黏结剂，P 表示粉末黏结剂。示例：CMC300H－2080(E)。

(5) 连续原丝毡

连续原丝毡(Continuous strand mat)是用黏结剂将未经切断的连续纤维原丝黏合在一起而制成的平面结构材料，通常是将拉丝过程中形成的玻璃原丝或从原丝筒中退解出来的连续原丝呈 8 字形铺敷在连续移动的网带上，经粉末胶黏剂黏结而成。单丝直径为 11～20 μm，原丝集束根数以 50 根或 100 根为佳，单位面积质量范围为 150～650 g/m^2。短切原丝毡和连续原丝毡的国家标准见“GB/T 17470—2007”。

连续玻纤原丝毡中纤维是连续的，故其对复合材料的增强效果较短切毡好。主要用于拉挤法、RTM 法、压力袋法及玻璃毡增强热塑性塑料(GMT)等工艺中。

连续原丝毡的代号顺序包括：玻璃种类；表示连续原丝毡的符号 MS；毡的单位面积质量，以 g/m^2 为单位，后接连字号“-”；毡的宽度，以 mm 为单位；黏结剂类型和/或制造商标记，放在括号内。示例：EMS450－1040(P)。

(6) 针织复合织物

无皱折玻璃纤维针织复合织物系玻璃纤维多层复合织物，各层由玻璃纤维无捻粗纱股纱单向平行排列而成，其单向角度可分别为 0°、90°、±45°，最外层可复合一层短切纤维，然后通过缝合线的针织组织编连而成。按上述结构可分为：针织毡、双向织物、多向织物、复合织物。

该产品可根据复合材料产品的受力状况，调整织物的层数及股纱方向，使其具有最佳的力学性能。该织物无经、纬交结，无皱折，无胶黏剂，所以用其作复合材料的增强材料，树脂浸透性好，操作工艺简便，提高了性能，降低了成本。该产品适合制作船体、车壳、管道、化工贮罐、型材和板材等玻璃钢产品，特别适宜 RTM 及拉挤等机械成型工艺。

(7) 玻璃纤维细布

以无捻粗纱为基础的玻纤纺织物(方格布)，前面已作过介绍。这里所介绍的是用加捻玻璃纤维纱织成的细布。用玻纤细布制成的复合材料产品表面平整，气密性好，但价格比无捻粗纱布的贵。为了便于织造，要求玻璃纤维纱光洁、致密、不起毛。为此，需将玻璃纤维原纱加捻并股成玻璃纤维纱。捻度是以每米长度内纤维的捻转数计算。织造捻度按需要确定，高捻捻度为 110 捻/米，低捻捻度为 40 捻/米左右。用作增强材料时，为了使纤维易于浸渍树脂，捻度应小些，但捻度太小又会给织造工艺带来麻烦，因此，有时将高捻平衡并股纱作经纱，以利整经和织造，而将单向低捻纱作纬纱使用。玻璃纤维布按照织法不同，可分为平纹、斜纹、缎纹、罗纹和席纹。平纹织是最老和最普通的织纹。平纹结构最稳定，布面最密实，适于作平面的复合材料产品。由于平纹布中的纤维弯曲最多，平纹结构的强度在各种织纹中最低。斜纹布比平纹布有更好的变形性，铺覆性良好，适合于手糊成型复合材料产品中型面曲率较复杂的产品。缎纹布比斜纹布更柔软，具有良好的铺覆性，适合于手糊成型各种曲率型面的复合材料产品。罗纹织物的特点是稳定性很好，用于需要变形最小的地方，例如作为表面织物。席纹虽不如平纹稳定，但它比较柔顺，更能贴合简单的形状。

一般连续玻璃纤维布代号中各要素及顺序与上述方格布基本相同，只是将无捻粗纱布字母 WR 改为布的字母 W。例如：CW140－90，它表明该玻璃纤维布由中碱玻璃制成，厚度为

0.14 mm,宽度为 90 cm。

通常玻璃纤维布要进行表面处理,以增强与树脂间的黏结能力,进而提高复合材料的力学性能、耐候性能和耐水性能。

(8) 单向织物

单向织物(Unidirectional fabric)是一种单位宽度内的经纱量远大于纬纱量的织物,如4∶1布和7∶1布,即经向纱的含量是纬向纱的4倍和7倍,其特点是经纱方向上具有高强度。复合材料的拉伸强度和弹性模量主要是由纤维提供的,对复合材料结构物来说,各个方向上有不同的强度、刚度要求,宜采用单向织物。使用单向布对降低复合材料原料消耗、提高经济效益是非常显著的。

(9) 印制板用E玻璃纤维布

印制板用E玻璃纤维布(E-glass fabric woven for printed boards)是以E玻璃连续纤维纱为原料,经织造和表面化学处理而制成的平纹织物,主要用作印制板用层压塑料中的增强材料。印制板用E玻璃纤维布的国家标准见GB/T 18373—2001。印制板用E玻璃纤维布的产品标记包括:玻璃种类E;表示印制板用布的符号WPC;布的厚度,以公称厚度(mm)乘1 000之值表示,后接连字号"-";布的宽度,以cm为单位;商业代号,放在括号内。例如:商业代号为7628,公称厚度为0.173 mm,宽度为130 cm的印制板用E玻璃纤维布,表示为:EWPC 173-130(7628)。

2. 碳纤维

碳纤维(Carbon Fiber,CF)是由有机物经固相反应转化为三维碳化合物。转化过程中,原料不同、碳化历程不同,形成的产物结构不同,性能也各异。具体制备碳纤维的原材料主要是聚丙烯腈(PAN)纤维、黏胶纤维和沥青纤维。黏胶基碳纤维(Viscose-based carbon fiber)的耐烧蚀性好,可用作战略武器的隔热材料,目前为满足某种特殊需要只维持小批量的生产。聚丙烯腈基碳纤维(PAN-based carbon fiber)在当今世界占主导地位,其产量约占全球碳纤维总产量的90%,由于其综合力学性能好,易于规模化生产,已进入发展旺盛的成熟期,其生产工艺、设备和技术不断改进,生产规格和品种不断增加,碳纤维性能和产量不断提高,生产规模不断扩大,应用领域不断拓展,预计未来这种情况将继续下去。除按力学性能将碳纤维分为通用级、高性能、高强、高模等规格外,目前国际上又根据性能及丝束大小分为宇航级(Aerospace-grade)和工业级(Commercial-grade)两类,亦称为小丝束(Small-strand tow或Small tow)和大丝束(Large-strand tow或Large tow)。通常把48 K(K代表1 000根单丝)以上称为大丝束的工业级,而小丝束宇航级最初是以1 K、3 K和6 K为主,逐渐发展为12 K和24 K。目前日本东丽、东邦和三菱三家公司的高性能小丝束碳纤维生产能力占世界高性能小丝束碳纤维总能力的75%。宇航级碳纤维主要用于国防军工、高科技及文体休闲用品,如飞机、导弹、火箭、卫星和钓鱼竿、高尔夫球杆、网球拍等,航空航天领域应用的碳纤维约占总消耗量的20%,并且近年来呈现出快速增长之势;而工业级碳纤维主要用于能源、交通运输、土木建筑、机电、纺织等不同的民用工业,福塔菲尔(Fort-afil)、卓尔泰克(Zohek)、阿尔迪拉(Aldila)、爱斯奇爱尔(SGL)四家公司垄断了世界聚丙烯腈基大丝束碳纤维的生产。纤维的根数仅表示每个丝束的粗细,其力学性能一般不受丝束大小的影响。丝束越粗,价格越低。大丝束碳纤维是今后碳纤维发展的方向和主流。聚丙烯腈基碳纤维(Carbon fibers made from PAN)的生产是高新技术密集型产业,其设备、工艺操作、管理等都必须十分精细严格。今后除进一步提高力

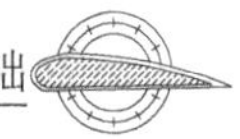

学性能、扩大其功能化(如振动衰减性、导电性、X线透过性等)外，为了扩大市场，其成本应进一步降低。表6.2.2列出了聚丙烯腈基碳纤维的部分品种与性能。目前碳纤维的性能主要向两个方向发展：一是不断提高纤维的强度，如T1000G，另一是不断提高纤维的模量如M65J。此外，碳纤维除了向超高强度及超高模量发展外，还综合了上述两者的优点，制造出同时具有高强度和高模量的碳纤维。聚丙烯腈基碳纤维的国家标准见"GB/T 26752—2011"。

沥青基碳纤维(Pitch-based carbon fibers)是以燃料系或合成系沥青原料为前驱体，经调制、成纤、烧成处理而制成的纤维状碳材料。根据工艺条件的差异，由沥青制造的碳纤维可呈现不同的物化特性。从力学性能上比较，可以分成普通级(GP)、高性能(HP)，以及介于GP与HP之间的中等性能级几类。普通沥青基碳纤维(GP-PCF)为光学上各向同性的碳纤维，力学性能较低；高性能沥青基碳纤维(HP-PCF)则为光学各向异性的碳纤维，拉伸强度和模量等力学性能很高。这种物性上的差异，主要在于后者纺丝用的调制沥青为中间相或潜在中间相型沥青。高性能级沥青碳纤维，其性能可与聚丙烯腈基碳纤维媲美，用于航天、航空和高级运动器材；普通级沥青碳纤维则在民用工业中具有广泛用途，如用作隔热材料、磨耗制动材料、耐腐蚀材料、导电和屏蔽材料、音响材料等，尤其在建筑方面作为水泥增强材料，用量很大，令人瞩目。尽管沥青基碳纤维具有原料便宜、碳收率高、易制得超高模型碳纤维等优点，然而，要得到高性能碳纤维，其加工过程复杂、难以获得高拉伸强度和压缩强度。因此，虽在20世纪80年代有较快发展，但至今仍不能取代聚丙烯腈碳纤维的主导地位，只是由于其具有某些其他种类碳纤维无法比拟的特性而进行一定量的生产。

3. 芳纶纤维

凡聚合物大分子的主链由芳香环和酰胺键构成，且其中至少85%的酰氨基直接键合在芳香环上，每个重复单元的酰氨基中的氮原子和羰基均直接与芳香环中的碳原子相连接并置换其中的1个氢原子的聚合物称为芳香族聚酰胺树脂。由它纺成的纤维总称为芳香族聚酰胺纤维(Aromatic Polyamide Fiber)，简称聚芳酰胺(PA)纤维，我国定名为芳纶纤维。

芳纶纤维具有拉伸强度高、拉伸模量高、密度低(1.45 g/cm^3)、断裂伸长率大、吸能性好及减震、耐磨蚀、耐冲击、抗疲劳、耐应力开裂、尺寸稳定等优异力学性能，良好的耐化学腐蚀性(除强酸与强碱以外，芳纶几乎不受有机溶剂、油类的影响)，优异的热稳定性(在高达180℃的温度下，仍能很好地保持它的性能)，不易收缩和燃烧，低膨胀、低导热等突出的热性能以及优良的介电性能。芳纶对紫外线是较敏感的，若长期裸露在阳光下，其强度损失很大，因此应加保护层。芳纶纤维的横向强度较低，抗压和抗剪性能都比较差。芳纶商品于1972年首次问世，定名为Kevlar。1974年，美国贸易联合会命名为"Aramid fibers"。芳纶是以芳香族化合物为原料经缩聚纺丝制得的一类新型的特种用途合成纤维。芳纶目前是有机耐高温增强纤维中的最主要品种，也是在先进复合材料中用量仅次于碳纤维的另一种高性能纤维。从某种意义上讲，芳纶体现了一个国家的科技力量。

芳纶的分子链是由苯环和酰氨基按一定规律有序排列构成的，且酰氨基直接键合在苯环上，因而这种聚合物呈现出良好的规整性，致使芳纶纤维具有高度的结晶性。这种刚性的集聚状分子链，在纤维轴向是高度定向的，分子链上的氢能够与其他分子链上的酰氨基团中可供电子的羰基结合成氢键，成为高聚物分子间的横向联结。芳纶纤维这种苯环结构，使它的分子链难于旋转，高聚物分子不能折叠，又是伸展状态，形成体状结构，从而使纤维具有很高的模量。聚合物线性结构的分子间排列十分紧密，在单位体积内可容纳很多聚合物分子，这种高的密实性使纤维具有较高的强度。此外,这种苯环结构由于环内电子的共轭作用,使纤维具有化学稳定性,又由于苯环结构的刚性,使高聚物具有晶体的本质,使纤维具有高温状态下的尺寸稳定性(热分解温度约为 500℃)。

在芳纶纤维生产领域,对位芳纶发展最快。2010 年,全球主要对位芳纶纤维生产商的产能超过 6 万吨。聚对苯二甲酰对苯二胺(Poly-*p*-phenylene terephthalamide, PPTA)实际上是由刚性长分子构成的液晶态聚合物,链结构具有高度的规整性,分子链沿长度方向高度取向,并且具有极强的链间结合力,是芳纶在复合材料中应用最为普遍的 1 个品种。国内于 20 世纪 80 年代中期试生产此纤维,定名为芳纶 1414(芳纶Ⅱ)。PPTA 纤维产品主要有美国杜邦的 Kevlar 纤维,日本帝人公司的 Twaron 和 Technora 纤维,俄罗斯的 Terlon 纤维等。芳纶Ⅲ纤维是国内近年来成功研制的一种三元共聚芳香族聚酰胺纤维,与俄罗斯的 APMOC 纤维的力学性能相当。但环氧树脂对芳纶纤维的浸润性差。

为了改善芳纶纤维复合材料的界面黏结性能,我们合成了一种新型树脂(AFR)作为基体,以未经任何表面处理的芳纶纤维作增强材料,制备了芳纶纤维/AFR 复合材料。采用测定表面能、接触角、层间剪切强度、横向拉伸性能和扫描电镜观察形貌等方法,从宏观和微观等方面研究了芳纶纤维/AFR 复合材料的界面黏结性能。结果表明:AFR 树脂与芳纶纤维有相近的表面能,AFR 树脂溶液与芳纶纤维的接触角为 42.8°,而环氧树脂(EP)与芳纶纤维的接触角为 68°,说明 AFR 树脂对芳纶纤维的润湿性优于 EP 树脂;芳纶/AFR 复合材料的层间剪切强度、横向拉伸强度和纵向拉伸强度分别为 74.64 MPa、25.34 MPa、2256 MPa,比芳纶/EP 复合材料的相应强度分别提高了 28.7%、32.5%和 13.4%,其复合材料破坏面的形貌也说明芳纶纤维与 AFR 树脂之间的界面黏结性能较好。

芳纶纤维增强树脂基复合材料是一种高比强度、高比模量、低密度、抗冲击、耐疲劳、耐烧蚀、力学性能可设计性好等优点的结构材料,是轻质高效结构设计的理想材料之一。芳纶和碳纤维都是重要的战略材料。大体来说,用于树脂基复合材料的芳纶纤维,约占芳纶纤维总产量的三分之一。推动芳纶纤维复合材料工业发展的最初动力是固体火箭发动机壳体、航空气瓶、航空结构、防弹材料、运动器材及其他军用产品的需求。到目前为止,这些领域的应用仍然是开发的重点。无论是战略和战术导弹、防声呐深海水雷和鱼雷、地面和军舰的防弹指挥舱、重要军事设施的安全掩体、轻量超防弹装甲车和坦克车、各种石棉代用品的应用、对混凝土结构物的加固和修复,还是反恐斗争中所必需的各种装备,都离不开该材料。芳纶复合材料用作宇航和火箭的结构材料,可减轻重量,增加有效荷载和节省大量动力燃料。提高复合材料用量对促进武器装备的轻量化、小型化和高性能化起到了至关重要的作用。芳纶复合材料最早在航天领域的应用实例是美国以芳纶浸渍环氧树脂缠绕核潜艇“三叉戟Ⅰ”(C_4)潜地导弹的固体火箭发动机壳体,使固体火箭发动机的关键指标质量比突破 0.92,大幅度增加了导弹的射程。此后,芳纶复合材料被国内外宇航事业用于第二代固体火箭发动机壳体材料,如美国的 MX 陆基机动洲际导弹的三级发动机和新型潜地“三叉戟Ⅱ”(D_5)导弹的第三级发动机、法国的 M4 导弹的 402 K 发动机、“潘兴Ⅰ”战术导弹以及西欧的“MAGE-Ⅰ”等洲际导弹都采用了芳纶复合材料作固体火箭发动机壳体。俄罗斯已将 Apmoc 芳纶复合材料用于其战略导弹领域,如俄罗斯的 SS-24、SS-25 及当前技术最先进的“白杨-M”(即 SS-27)等洲际导弹Ⅰ、Ⅱ、Ⅲ级发动机壳体上。另外,航天顶级发动机和卫星变轨固体发动机壳体也都采用了芳纶复合材料。碳纤维复合材料压力容器的脆性较大,抗冲击性能差,在这一点上芳纶复合材料正好弥补了其

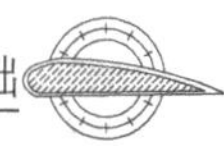

不足。另外,俄罗斯的暴风雪号航天飞机上的构件,宇宙飞船的驾驶舱和通风管道,RCA 通信卫星整体及单壳反射器、支架等承力结构,国际通信卫星 V 的天线、馈源、整流罩、波导天线支架多路调制器和太阳能电池阵基板等均采用了芳纶复合材料。在飞机复合材料结构件中,一般芳纶与碳纤维配合使用,在实现减轻结构重量的前提下,对易磨损和易碰撞复合材料部件实施外表面的防护,同时可提供较高的拉伸强度和优良的抗冲击性能。

芳纶纤维的主要缺点是吸湿性较强(Kevlar 29 的吸水率为 7%,Kevlar 49 的吸水率为 3.5%),在湿热状态下性能有明显下降;与树脂结合的界面黏结性差,复合材料的压缩强度低。

4. 聚对苯撑苯并二噁唑(PBO)纤维

PBO 纤维是聚对苯撑苯并二噁唑[Poly(*p*-phenylene benzobisoxazole)]纤维的简称,是含有杂环芳香族的聚酰胺纤维家族中最有发展前途的一员。PBO 的分子结构为

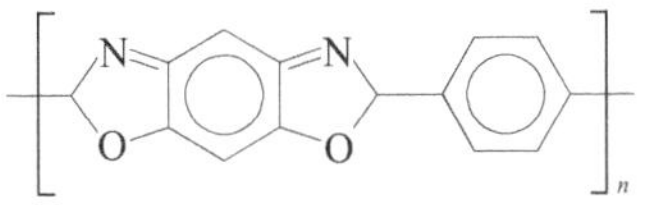

完善的分子结构重复单元中只存在对苯基处的两个环外单键,不能内旋转,分子链几乎呈完全的线形和刚性,因此可以形成溶致液晶。成膜和纺纤之后,材料中保持了液晶状态良好的分子取向。PBO 纤维最显著的特征是大分子链、晶体和微原纤均沿纤维轴向呈现几乎完全取向的排列,具有极高的取向度,因此具有其他高性能纤维所无法比拟的综合性能,被视为航空、航天领域中先进结构复合材料的新一代纤维,是一种在 21 世纪有望与高性能碳纤维竞争的有机纤维品种。

PBO 纤维是 20 世纪 80 年代初由美国空军材料实验室研制开发出的一种含杂环的苯氮聚合物,随后美国 DOW 公司进行了工业性开发,1995 年日本东洋纺公司购买了美国 DOW 公司的专利权并开始中试生产,其商品名称为 Zylon,分为通用型 AS 和高模型 HM。PBO 高聚物具有直链型钢棒状分子结构,这种分子具有伸直链构向和高度的取向有序性,分子链间可以实现非常紧密的堆积,由该刚性链聚合物通过液晶纺丝成型的 PBO 纤维具有优异的力学性能、耐热性能和阻燃性能。PBO 纤维的拉伸强度为 4.8～6.2 GPa,断裂伸长率为 2.4%,拉伸模量为 280～380 GPa,其强度、模量大体比 Kevlar 纤维高一倍,而密度约为 1.56 g/cm^3,直径为 12 μm 左右。极限氧指数(LOI)为 68%,最高使用温度和热分解温度分别为 330℃ 和 650℃,热分解温度(高达 650℃)比对位芳纶高约 100℃。PBO 耐化学腐蚀性好,除强酸外几乎不溶于任何有机溶剂,具有良好的环境稳定性。PBO 纤维对次氯酸有很好的稳定性,在漂白剂中 300 h 后仍保持 90%以上的强度,因此洗涤时即使采用漂白剂也不会损伤 PBO 纤维的特性。PBO 纤维的吸湿性比芳纶好,Zylon - AS 的吸湿率为 2.0%,Zylon - HM 的吸湿率为 0.6%,对位和间位芳纶的吸湿率都为 4.5%。PBO 纤维在受冲击时纤维可原纤化而吸收大量的冲击能,是十分优异的耐冲击材料,PBO 纤维复合材料的最大冲击载荷可达到 3.5 kN,能量吸收为 20 J。PBO 纤维的耐磨性也很优良,并且质轻而柔软,是极其理想的纺织原料。但 PBO 分子规则有序的取向结构在赋予 PBO 纤维上述优异性能之外又使得纤维表面非常光滑并且缺少活性基团,且分子链上的极性杂原子绝大部分包裹在纤维内部,纤维表面极性很小,这种表面化学和结构特性决定了其与几乎所有树脂基体都不能良好地浸润,致使纤维与基体树脂间界面粘接性能差,复合材料层间剪切强度低,不能较好地进行应力传递,影响了复合材料综合性能的发挥,限制了 PBO 纤维在复合材料中的应用。因此,研究 PBO 纤维与树脂基体

的界面性能，改善其与树脂基体的浸润性，提高其复合材料的层间剪切强度成为复合材料领域的一个前沿课题。

在PBO纤维的各种表面改性方法中，化学处理法工艺简单，改性效果好，但会导致纤维力学强度降低。等离子处理法反应易控制于纤维的表面，对本体的损伤不大，尤其对表面惰性的高聚物有明显的改性效果，但存在退化效应。偶联剂处理法的优点在于不损伤纤维本身的力学性能，且有较好的界面改性效果，但由于PBO纤维主要是用在航空航天的高温条件下，对偶联剂的耐热性能也就提出了更高的要求。共聚改性法通过引入可与树脂基体有相互作用的基团，大幅提高复合材料的界面强度，但随着共聚比例的上升，纤维的强度会明显下降。辐射处理的优点在于可实现批量处理，但却对纤维本身的物化性能造成较大的影响。电晕处理对改善PBO纤维与树脂基体间的界面性能效果不明显。生物酶处理法处理PBO纤维表面，粘接性能提高有限，但由于其反应条件温和，不损伤纤维原有的热学和力学性能，具有一定的发展前景。各种改性方法均有其优缺点，需要综合使用才能达到最佳的处理效果。PBO纤维界面粘接性能的改性研究近几年来发展非常迅速。发展一种既不过分降低纤维力学性能而又能充分提高纤维表界面粘接性能的技术，仍是进一步的研究重点。目前，表面改性技术逐渐由间断性的化学改性向连续的、多角度的在线处理方向发展，具有批量、连续处理和易于实现工业化特点的处理方法是今后表面改性研究和发展的主要趋势。

PBO纤维被誉为航空航天领域先进复合材料的新一代超级纤维。由于PBO纤维压缩性能差，PBO纤维增强树脂基复合材料主要应用于承受拉伸载荷的航空航天结构、特种压力容器、防弹抗冲击材料和高级体育运动器材等。PBO分子结构中的极性基团含量低于聚酰亚胺(PI)，因此其介电常数和吸水率较PI为低，这使其在集成电路领域中寻求到了新的应用。

5. 超高分子量聚乙烯纤维

超高分子量聚乙烯(Ultra－high molecular weight polyethylene)纤维简称UHMWPE纤维，也称超高强度聚乙烯(UHSPE)纤维或超高模量聚乙烯(UHMPE)纤维，它是继碳纤维、芳纶纤维之后出现的一种高性能纤维，它是以线性高密度超高分子量聚乙烯(分子量大于100万)为原料，用适当的混合溶剂溶胀后进行凝胶纺丝，再高倍拉伸而成。芳纶纤维的高模量是由于其刚性大分子结构，这些大分子在溶液中或熔融时呈液晶态，在固态时是伸直链的结构。而聚乙烯是一种常规化学结构的柔性大分子链，在结晶区是折叠式的片晶，非晶区则呈无规缠结的线团状，经特种工艺纺丝和多级拉伸，使大分子几乎完全定向成为伸直链的结构，得到高性能的纤维。荷兰DSM公司进行了10多年的研究，肯定了凝胶纺丝是具有工业化前途制备高性能聚乙烯纤维的方法，并于1979年申请了专利，此后引起各国的关注与兴趣。目前，市场上超高分子量聚乙烯纤维的主要牌号有：Allied(美)公司的Spectra纤维，DSM (荷)- Toyobo (日)联合生产的Dyneema纤维，Mitsui (日)公司的Tekmilon纤维等。我国自行研制的高强高模聚乙烯纤维也已投入工业生产。UHMWPE纤维具有独特的综合性能，其相对密度为0.97，为芳纶纤维的2/3和碳纤维的1/2，而轴向拉伸性能很高。Spectra 1 000 (以下简称S 1 000)纤维的比拉伸强度是现有高性能纤维中最高的，比拉伸模量除碳纤维外也是最高的，较芳纶纤维高得多。由于复合材料的拉伸强度是由纤维决定的，因此UHMWPE纤维单向增强复合材料的纵向性能很好。

UHMWPE纤维是玻璃化转变温度低的热塑性纤维，韧性很好，在塑性变形过程中吸收能量，其复合材料的抗冲击能力比碳纤维、芳纶纤维及玻璃纤维复合材料高，其防弹能力比芳

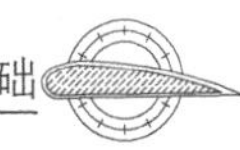

纶的装甲结构高 2.5 倍。UHMWPE 纤维具有高度的分子取向和结晶，结构紧密，大分子中不含极性基团，因此具有优良的介电性能，吸水率很小，化学稳定性高，耐大多数酸、碱甚至氢氟酸的腐蚀，对于一般溶剂稳定。UHMWPE 纤维还具有优良的耐磨性能。UHMWPE 纤维及其复合材料的不足之处是：压缩强度低，纤维复合材料的轴向压缩强度只有拉伸强度的 1/12～1/6；耐热性差，由于纤维的玻璃化温度低，熔点也低(≤150℃)，存在蠕变倾向，影响在高温环境中使用；与环氧树脂的界面黏结强度低。由于 UHMWPE 纤维的表面惰性，使得纤维与树脂之间的浸润性较差，影响了纤维复合材料的力学性能，尤其是层间剪切、横向拉伸和断裂韧性等性能，限制了它作为结构材料方面的广泛应用。因此，如何提高 UHMWPE 纤维增强复合材料的界面黏结性能成为材料界研究的热点。目前改善 UHMWPE 纤维增强复合材料界面黏结性的途径均是从纤维入手，对纤维进行表面处理，在纤维表面引入活性官能团。纤维经表面处理后，层间剪切强度虽然有所提高，但拉伸强度往往有所下降，并且连续、有效的在线配套处理方法很少。作者从基体树脂入手，采用一种结构与 UHMWPE 纤维相似且与纤维表面具有良好浸润性的碳氢树脂(PCH)作为基体，以未经表面处理的纤维作增强材料，采用热压成型法制备了 UHMWPE 纤维/PCH 复合材料，并通过测定接触角、层间剪切强度(ILSS)、单丝拔出强度、横向拉伸强度等方法研究了复合材料的界面黏结性能。结果表明：UHMWPE 纤维和 PCH 树脂浇注体的溶度参数[$\delta_s=17.04(J/cm^3)^{1/2}$]相近，这表明 UHMWPE 纤维与 PCH 树脂具有相似的结构和极性，从而能够导致 UHMWPE 纤维与 PCH 树脂具有较强的相互作用；PCH 树脂溶液在 UHMWPE 纤维表面具有较小的接触角($\theta=15.6°$)，这表明 PCH 树脂溶液和 UHMWPE 纤维之间存在良好的浸润性。表 6.2.4 显示 UHMWPE 纤维/PCH 复合材料的 ILSS、单丝拔出强度和横向拉伸强度分别能达到 42.6 MPa、21.8 MPa 和 13.2 MPa，均明显高于 UHMWPE 纤维/环氧树脂(EP)复合材料的相应强度。UHMWPE/PCH 复合材料湿热前后层间剪切强度变化较小，强度保留率高，扫描电镜分析也表明 UHMWPE 纤维增强 PCH 树脂基复合材料具有优异的界面黏结性能。这表明 UHMWPE/PCH 复合材料不仅具有优良的界面粘接性能，还具有优良的耐湿热性能。

表 6.2.4　UHMWPE 纤维增强不同基体复合材料的界面黏结强度比较

复合材料类型	层间剪切强度/MPa			单丝拔出强度/MPa	横向拉伸强度/MPa	纵向拉伸强度/MPa
	湿热前	湿热后	保留率/%			
UHMWPE/PCH	42.6	38.4	91.2	21.8	13.2	1 204
UHMWPE/EP	7.81	6.01	78.7	5.90	7.0	997

UHMWPE 纤维/PCH 复合材料的冲击强度为 141 kJ/m²，复合材料优异的抗冲击性能源于其界面性能和基体韧性的综合作用。图 6.2.1 显示 UHMWPE 纤维/PCH 复合材料具有很低的介电常数值($2.20<\varepsilon'<2.53$)和介电损耗角正切值($1.50\times10^{-3}<\tan\delta<1.81\times10^{-2}$)，并且在较大的温度和频率范围内表现出稳定性。室温下，当频率为 1 MHz 时，复合材料的介电常数 ε 为 2.32，介电损耗 $\tan\delta$ 为 1.05×10^{-3}。优良的介电性能使得 UHMWPE 纤维/PCH 复合材料成为天线罩等高性能透微波材料的极好选择。

如上所述，UHMWPE 纤维具有许多优异的性能，可以肯定，从性能和价格上来说，UHMWPE 纤维是一种很有发展前途的高性能纤维材料，用其增强的高性能复合材料从航空航天到一般工业上得到了广泛的应用。它的织物用于防弹衣，正交铺层的复合材料制作防弹

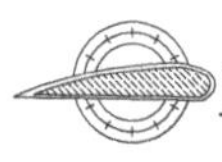

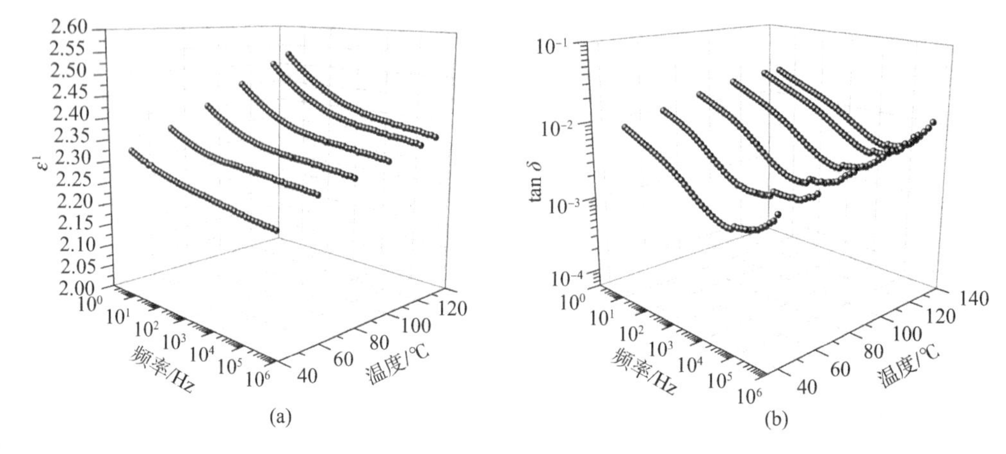

图 6.2.1 UHMWPE 纤维/PCH 复合材料的介电常数(ε′)和介电损耗角正切(tan δ)随频率和温度的变化

头盔,它是最强最轻的装甲材料;其复合材料制成的压力容器适用于贮存各种气体或液体介质,其压力容器的性能系数比芳纶大 45%;它被推荐用作雷达的透射和吸收材料,其复合材料制成各种雷达罩;它可用作各类球拍、滑雪板、冲浪板和自行车,用作水上结构,用于航空航天结构,用于牙托材料、医用移植物和整形等。由此可见,UHMWPE 纤维是一种很有希望和发展前途的高性能纤维材料。

6. 连续玄武岩纤维

连续玄武岩纤维(Continuous basalt fiber, CBF)是以单组分天然玄武岩矿石为原料,将矿石破碎后放进池窑中,经 1 450~1 500℃的高温熔融后,通过拉丝漏板制成连续纤维。连续玄武岩纤维外表呈光滑圆柱状,其截面呈完整的圆形,这是由于熔融玄武岩受牵伸并冷却成固态纤维的成型过程中,在表面张力作用下收缩成表面积最小的圆形所致。连续玄武岩纤维的结构类似于玻璃纤维,但耐高温、耐水汽、耐腐蚀性和绝热隔音等性能方面都优于玻璃纤维。

连续玄武岩纤维的密度约为 2.6~3.05 g/cm³。因产地的不同,成分含量存在差异。SiO_2(51.6%~59.3%)和 Al_2O_3(14.6%~18.3%)可提高纤维的化学稳定性和熔体的黏度。CaO(5.9%~9.4%)和 MgO(3.0%~5.3%)有利于原料的熔化和制取细的纤维。FeO 和 Fe_2O_3(9.0%~14.0%)使纤维呈古铜色,同时提高纤维的耐高温性。TiO_2(0.80%~2.25%)可提高纤维熔体的表面张力。另外,玄武岩纤维中还含有少量 Na_2O 和 K_2O(3.6%~5.2%),对提高纤维的防水性和耐腐蚀性有重要作用。由于玄武岩熔化过程中没有硼和其他碱金属氧化物等有害气体排出,使连续玄武岩纤维的制造过程对环境无害,无工业垃圾;而且连续玄武岩纤维能自动降解,成为土壤的母质,可持续和循环利用,是 21 世纪又一种新型的环保型无机纤维。

玄武岩连续纤维具有较高的拉伸强度(3 000~4 800 MPa),弹性模量为 80~93 GPa,断裂伸长率为 3.1%。在 25℃下玄武岩连续纤维板的导热系数仅为 0.04 W/(m·K)。玄武岩连续纤维为非晶态物质,可以在 650℃高温下使用,而玻璃纤维在相同条件下的使用温度不能超过 400℃。玄武岩连续纤维具有良好的介电性能,具有比玻璃纤维高的电绝缘性和对电磁波的高透过性,其体积电阻率和表面电阻率比 E 玻纤还要高一个数量级,含有的导电氧化物质量分数小于 20%,经过专门浸润剂处理的玄武岩连续纤维的介质损失角正切值比玻璃纤维低 50%,可广泛用于电子工业制作新型耐热介电材料(如印刷电路板等)。由玄武岩连续纤维制

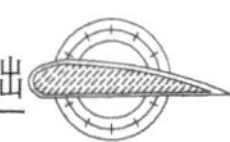

造高压电绝缘材料、低压电器装置、天线整流罩以及雷达无线电装置的前景十分广阔。玄武岩连续纤维在酸、碱性溶液中具有很好的化学稳定性，且耐酸性和耐碱性均比铝硼硅酸盐纤维好。玄武岩连续纤维的吸湿率只有 0.2%～0.3%，且吸湿率不随时间变化，其耐水性远远优于玻璃纤维，还具有优良的隔音、吸声性能。

玄武岩连续纤维由于表面光滑，纤维之间抱合力非常小，并影响到与树脂的复合效果。因此对玄武岩连续纤维的表面修饰十分必要，纤维的表面处理可采用等离子法、机械处理、阴极氧化法、电晕放电法、辐射处理、活化热处理等方法。经处理后的玄武岩连续纤维表面粗糙度增加，几何形态发生变化，大大增加了纤维与树脂的接触面，增强了与树脂的抱合力，从而赋予复合材料更为优异的拉伸强度和弹性模量。

玄武岩连续纤维是用于复合材料的一种低成本、高性能的新型增强材料。用连续玄武岩纤维增强的复合材料的强度、弹性模量、热稳定性、介电性能均优于玻璃钢，可在很大程度上替代 S 玻纤、芳纶纤维、碳纤维和石棉纤维，可广泛用于航空航天、石油化工、建筑、汽车等领域。利用玄武岩纤维良好的耐温碱性能，可代替钢筋用作混凝土建筑结构的增强材料，或用于腐蚀性液体或气体的过滤；利用玄武岩纤维良好的介电性能，可用来制作印刷电路板；利用玄武岩纤维的高模量和冲击性能，可用于硬质装甲和各种增强塑料领域，如增强高压橡胶管、汽车及拖拉机的耐磨损部件等。

玄武岩连续纤维产品有平纹布、斜纹布、缎纹布、单向布、多轴向织物等。

7. 硼纤维

硼纤维(Boron filament)具有其他连续陶瓷纤维难以比拟的强度、模量和密度，是最早用于制备复合材料的纤维品种之一，美国是其最主要的研究国家。硼纤维是由三氯化硼蒸气进入连续移动的钨丝或碳纤维的载体上，经高温还原作用而获得的。与其他增强材料相比，硼纤维具有很高的压缩强度、弹性模量和熔化温度，以及良好的高温强度保留率。硼纤维直径粗(20～100 μm)，成型工艺复杂，它是以单根纤维平行铺放，需热压罐或用高压成型，制成的复合材料只有用金刚石刀具才能进行加工。目前以硼纤维增强的树脂基和金属基复合材料结构件主要用作航空航天等领域里的耐热和受压构件。

8. 碳化硅纤维和氧化铝纤维

碳化硅纤维和氧化铝纤维属于陶瓷纤维(Ceramic fibers)。由于硼纤维价格昂贵，生产和使用逐渐减少，取而代之的是碳化硅 (Silicon carbide，SiC) 纤维。碳化硅纤维有两种形式。一种是采用化学气相沉积(CVD)法生产，在芯材(钨丝或碳丝)上沉积碳化硅，形成直径 100～150 μm 的复相纤维，其拉伸强度为 3.4 GPa，弹性模量为 400 GPa，密度为 3.1 g/cm^3。另一种碳化硅纤维是用二甲基二氯硅烷经聚合纺丝成有机硅纤维，再高温处理转化成单相碳化硅纤维，纤维直径仅为 10～15 μm，其拉伸强度为 2.5～2.9 GPa，弹性模量为 190 GPa，密度为 2.55 g/cm^3。碳化硅纤维具有抗氧化、耐腐蚀和耐高温等优点，它与金属相容性好，可制成金属基复合材料。用碳化硅纤维增强的陶瓷基复合材料制成的发动机，工作温度可达到 1 200℃ 以上。

氧化铝纤维(Alumina-based fibers)的制法有多种，其一是采用三乙基铝、三丙基铝、三丁基铝等原料制造聚铝氧烷，加入添加剂调成黏液喷丝，形成 ϕ100 μm 的纤维，再经 1 200℃加热制成氧化铝纤维。

9. 混杂纤维复合材料

除了选用单一纤维外,复合材料还可由多种纤维混合构成混杂复合材料(Hybrid composites)。这种混杂复合材料既可以是由两种或两种以上的纤维混合铺层构成(层内混杂),也可以是由不同纤维构成的铺层混合构成(层间混杂),或者由一种纤维复合材料的芯层和另一种纤维复合材料的表层组成(夹芯结构)。混杂纤维复合材料的特点在于能以一种纤维的优点来弥补另一种纤维的缺点,使复合材料具备更优异的综合性能。例如,用碳纤维来克服芳纶纤维压缩强度低的弱点,用芳纶纤维单层和碳纤维单层混合可克服碳纤维抗冲击性能差的弱点;用芳纶纤维或玻璃纤维混合在碳纤维中可以起到止裂的作用。采用混杂复合材料的设计方案,把最好的材料安排在最合理和最适当的部位,可以在材料价格和材料性能(强度、刚度、疲劳寿命、热膨胀系数、延伸率、冲击韧性和密度等)诸多方面增加设计的自由度,优化材料和结构设计。混杂复合材料目前主要有下列体系:碳纤维-玻璃纤维/环氧树脂;碳纤维-芳纶纤维/环氧树脂;玻璃纤维-芳纶纤维/环氧树脂;纤维复合材料-金属超混杂体系。混杂纤维复合材料的力学性能具有综合效果,它同原来两种单一纤维复合材料的性能有关,有些性能在一定条件下符合混合律,而有些性能与混合律出现正的(偏高)或负的(偏低)偏差,这种偏离混合律关系的现象称为混杂效应。混杂复合材料可能在强度、模量、疲劳特性、断裂功和延伸率等力学性能方面具有正的混杂效应,也可能在其他物理、化学性能方面有混杂效应,研究和应用混杂复合材料主要追求正的混杂效应。

10. 三维纺织预成形件

在许多工程应用场合,尤其是在承受交变或冲击载荷下,树脂基纤维增强复合材料结构件的通常失效形式为脱层。这是因为迄今为止许多复合材料构件都是由平面材料经层合加工而成,在构件的厚度方向上缺乏有效的增强。以纤维集合体三维编织为基础的纤维结构预成型技术,从根本上改变了复合材料构件的脱层失效问题,并且还具有仿形加工整体结构的特点。由于纺织增强结构具有柔性、纤维取向可控制性和几何形状可实现性的特征,因此可根据构件承受载荷的情况,给出符合要求的纤维取向、分布以及几何形状的纺织预成形件,使纤维增强形式不仅能满足所要求的细观结构,而且有可能实现纺织复合材料净型加工的可能性。三维编织结构的基本单元是一个立方体,复合材料中的纤维沿着立方体的对角线方向互相交织形成三维四向织物。另外,在编织过程中还可以沿着某个方向增加纤维,使材料在该方向上得到增强,发挥复合材料的各向异性特性,使结构更加合理,这给总体力学设计和部件设计都带来了最优化设计的方便。三维编织技术的另一个突出的特点是能编织异形整体织物,即按零件的形状和尺寸大小直接编织出零件织物,使用三维整体纺织预制件作为增强相,然后用液体模塑成形工艺(如 RTM 或 RFI 工艺)完成基体浸渍,再经过固化后就制得最终的纺织复合材料构件。从编织、复合到成品无机械加工,从而避免了纤维损伤。实验表明,三维编织结构的整体性显著提高了复合材料的强度和刚度以及抗冲击损坏性能和耐烧蚀性能。

目前用于复合材料领域的三维纺织预成形件主要有:正交织物、多层机织物、多层针织物、编织物和缝合织物。上述五种三维织物的技术各有特点,应用场合也各不相同。纺织预成形件可以整体编织空间多向型等复杂形状构件,如蜂窝型、薄壁管、T 字形、工字形、U 字形、十字形、盒形梁等型材;编织使用的纤维有碳纤维、石墨纤维、芳纶纤维、玻璃纤维、高硅氧纤维、石英纤维、金属纤维等。可根据织物的不同使用要求设计、调整、改变织物内部纤维在空间的位置及织物的纤维体积含量,增强纤维的分布与复合材料在使用中的受力方向和大小相匹配。

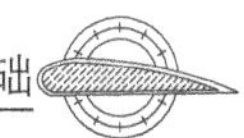

随着纤维加工、纺织科学与复合材料成形技术的不断进步，纺织预成形件在航空航天、军事及工业等领域都得到了广泛应用。目前弹道导弹的弹头锥体、固体火箭发动机上的喷管、喷管延伸锥、燃料舱、发动机定子、涡轮及叶片等已普遍采用三维整体编织碳/碳复合材料制作。飞机上的雷达罩、电子设备舱、加筋机身侧壁板、舱门、舱窗加筋板组件、机翼、尾锥、升降舵、整流罩、发动机叶片、发动机外壳等构件都可用纺织预成形件制作。全碳纤维编织三脚架、全碳纤维编织前叉、全碳纤维编织自行车容易实现车结构的优化设计以及生产工艺的自动化，提高了产品附加值及高科技含量，增强了产品的市场竞争力。纺织预成形件还可以在人造生物组织方面发挥作用，制作人造骨、人造韧带、接骨板等，不仅可以显著提高这些制件的力学性能，还可以大大减轻重量。

6.2.3　增强材料的选择

选择具体纤维增强材料时，首先要确定纤维的类别，其次要确定纤维的品种规格。选择纤维类别时，应按比强度、比刚度、延伸率、热稳定性、性能价格比等指标并结合结构的使用要求综合权衡后择优选定。各类纤维增强材料的性能比较见表 6.2.2，几类纤维增强树脂基复合材料的特性比较见表 6.2.5。

表 6.2.5　几类纤维增强树脂基复合材料的特性比较

特性	玻璃纤维/树脂	聚乙烯纤维/树脂	芳纶纤维/树脂	碳纤维/树脂
强度价格比	0.22①		0.11	0.153②
模量价格比	6.67①		4.96	8.51②
密度	较大	最小	小	中等
成型加工性	容易	较难	困难	较容易
强度	较高	比拉伸强度最高 比压缩强度低	比拉伸强度高 比压缩强度低	比拉伸强度高 比压缩强度最高
刚度	低	中等	中等	高
延伸率	大	大	中等	小
抗冲击性	中等	很好	好	差
透波性	良好	最佳	好	不透电波 半导体性质
耐湿性	较好	最好	差	好
热膨胀系数	适中		沿纤维方向接近零	沿纤维方向接近零
可选用形式	多	较少	厚度规格较少	厚度规格较少
使用经验	丰富	少	不多	较多
防弹能力	较好	最好	好	差
应用情况	广泛应用	防弹击和抗冲击应用 透波和吸收材料 体育用品，生物材料 航空航天结构应用	航空航天结构材料 防弹材料 运动器材	结构材料 功能材料

注：① 高强玻璃纤维增强树脂基复合材料的数据。

② 普通碳纤维(如 T300)增强树脂基复合材料的数据。

(1) 若结构要求有高的抗冲击性能,可选用超高分子量聚乙烯纤维、芳纶纤维、玻璃纤维等作为增强材料。

(2) 若结构要求有良好的透波、吸波性能,则可选用超高分子量聚乙烯纤维、无碱玻璃纤维、芳纶纤维、氧化铝纤维作为增强材料。

(3) 若结构要求有高的刚度,则可选用高模量碳纤维或硼纤维。比刚度最低的是玻璃纤维。

(4) 若结构要求既有较大刚度又有较大强度时,则可选用比刚度和比强度均较高的碳纤维、硼纤维、超高分子量聚乙烯纤维。

(5) 若结构要求有高的压缩强度,则可选用碳纤维、硼纤维或玻璃纤维。

(6) 若结构要求产品的尺寸稳定性好,则可选用芳纶纤维或碳纤维,它们的热膨胀系数可以为负值,可设计成零膨胀系数的复合材料。

(7) 若结构要求热稳定性好,则可选用碳纤维、硼纤维、玻璃纤维。硼纤维具有好的高温强度保留率;在没有空气和氧气的条件下,碳纤维具有非常好的耐高温性能,也有很好的低温工作性能;当温度高于 250℃时,玻璃纤维的强度和弹性模量就开始迅速下降;芳纶纤维的热稳定性不如玻璃纤维,在受到太阳光照射时,产生严重的光致劣化,纤维变色,力学性能下降;超高分子量聚乙烯纤维的玻璃化温度低,熔点也低(<150℃),存在蠕变倾向,作为结构材料,其长期使用温度不能超过 100℃。

(8) 飞机结构中应用的纤维类型有碳纤维、芳纶和玻璃纤维等。碳纤维由于比刚度和比强度均较高,纤维品种和规格多,成本适中等因素,在飞机结构中应用最广;芳纶性能较好,但在湿热状态下性能有明显下降,一般不用作飞机主承力结构,目前多与碳纤维一起混杂使用;玻璃纤维由于刚度低只用于一些次要结构,如整流罩、雷达罩、舱内装饰结构等。

选择纤维品种规格主要根据复合材料成型工艺、产品的形状尺寸、受力情况和使用性能要求决定。缠绕成型、喷射成型、拉挤成型均选用相应工艺专用的无捻粗纱;产品表面层的纤维品种为表面毡;手糊成型可选用方格布、短切毡、针织复合织物;单向织物构成的复合材料的比强度、比刚度大,可使纤维方向与载荷方向一致,易于实现铺层优化设计;树脂传递模塑成型(RTM)常用的增强材料有连续原丝毡、复合毡及方格布;拉挤工艺除了使用无捻粗纱外,为了提高产品的横向强度,还需要采用连续原丝毡加强,也可选用针织复合织物。

6.2.4 树脂基体

树脂基复合材料通常又被称为增强塑料,是目前结构复合材料中发展最早、研究最多、应用最广、规模最大的一类。树脂是增强塑料的一个必需组分。在复合材料成型过程中,树脂经过复杂的物理、化学变化过程,与增强材料复合成一定形状的整体。树脂性能直接影响复合材料性能。树脂作用主要有:将纤维黏合成整体并使纤维位置固定,在纤维间传递载荷,并使载荷均衡;决定复合材料的一些性能,如复合材料的耐热性、横向力学性质、剪切性能、介电性能、湿热性能和耐化学性等;决定复合材料成型工艺方法及工艺参数选择;保护纤维免受各种损伤。此外对复合材料的压缩性能、疲劳性能和断裂韧性等也有重要影响。

基体(Matrix)材料对聚合物基复合材料的制备技术和性能都有很大影响。不饱和聚酯树脂、乙烯基酯树脂和环氧树脂等热固性树脂因具有良好的力学性能、工艺性能、纤维/树脂间黏结力和较低的价格,直到现在仍然是复合材料的主要基体材料。这些树脂以低黏度的液体形

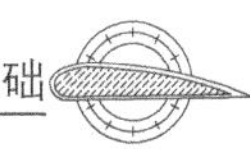

式供给，容易浸润纤维，并可进行改性和调整，以满足各种使用要求。它们能在室温(或较低温度)和常压(或较低压力)下通过聚合反应较快地固化，且不生成挥发性的副产物。这些树脂品种规格多，生产供应的公司多，能够较好地满足各种成型工艺及各种性能要求。目前不饱和聚酯树脂和乙烯基酯树脂的使用量约占增强塑料所用树脂总量的 80%以上，环氧树脂在民品中使用得很有限。在航空航天工业使用的高性能复合材料产品中，其应用情况正好相反，主要使用环氧树脂和双马来酰亚胺树脂，而聚酯及乙烯基酯树脂则用得很少。其他热固性树脂，如酚醛树脂、氰酸酯树脂、聚酰亚胺树脂和有机硅树脂等，只限于在特殊耐高温和有电性能要求的产品中应用。热塑性树脂基体较热固性树脂基体具有施工快、周期短、可以重复加工成形、贮存期长、容易修补、有好的耐腐蚀性、高的断裂韧性和抗冲击性、可回收利用等特性，近年来发展很快，正不断取得突破，已在航空航天工业、汽车工业、电子电器、化工、建筑、医疗和体育等领域获得了广泛的应用。迄今，几乎所有的热塑性树脂皆可用玻璃纤维或其他纤维增强。但相比之下，热塑性树脂有较高的分子量和较大的熔解黏滞度，所以当其应用于制备相应的复合材料时，制备温度远远高于其玻璃化温度。由于成本、纤维浸渍、加工温度较高等因素，同时考虑到其力学性能、使用温度和老化性能等方面不及热固性复合材料，目前热塑性复合材料实际应用的比例还相对较小。

1. 不饱和聚酯树脂

不饱和聚酯树脂(Unsaturated polyester resins, UP)是不饱和二元羧酸(或酸酐)或它与饱和二元羧酸(或酸酐)组成的混合酸与多元醇缩聚而成的具有酯键和不饱和双键的线型聚合物溶解在交联单体中的溶液。其质量指标有颜色(包括外观和色度)、黏度、酸值、胶凝时间(25℃或 82℃)、贮存期等几项。不饱和聚酯在引发剂和促进剂的作用下可以与交联单体共聚，形成体型结构。其最主要的特点是交联时无副产物生成，可以在室温下固化，室温下黏度比较低，易浸润玻璃纤维，使用比较方便，可采用多种加工成型方法，如手糊成型、喷射成型、拉挤成型、注射成型、缠绕成型等。由于不饱和聚酯树脂具有优良的力学性能、电学性能和耐化学腐蚀性能，原料易得，加工工艺简单，实用价值高，已被广泛用作复合材料基体，在建筑、化工防腐、交通运输、造船工业、电气工业材料、娱乐工具、工艺雕塑、文体用品等行业中发挥了应有的效用。我国是全球不饱和聚酯树脂产量和用量最大的国家。

不饱和聚酯树脂品种牌号甚多，从产品性能上可以分为 11 个类型：①通用型；②柔韧型；③耐化学药品型；④阻燃型；⑤耐热型；⑥低收缩、低放热型；⑦光稳定型和耐气候型；⑧空气干燥型；⑨胶衣树脂；⑩弹性树脂；⑪特殊用途树脂(介电性树脂、光敏树脂、食品级树脂等)。根据复合材料成型工艺要求不同，还有若干种工艺专用树脂，如：缠绕用树脂、拉挤用树脂、树脂传递模塑(RTM)用树脂、SMC/BMC 树脂、浇铸树脂、真空灌注树脂等。纤维增强塑料用液体不饱和聚酯树脂的国家标准见“GB/T 8237—2005”。

不饱和聚酯的技术开发动向主要是通过树脂改性和渗混等向着降低树脂收缩率、提高产品表面质量、提高与添加剂的相容性、增加对纤维的浸润性、改善加工性能和力学性能等方向发展。

2. 环氧树脂

环氧树脂(Epoxy resin, EP)是泛指分子中含有两个或两个以上环氧基团的高分子化合物，除个别外，它们的分子量都不高。环氧树脂的分子结构是以分子链中含有活泼的环氧基团为其特征，环氧基团可以位于分子链的末端、中间或成环状结构。由于分子结构中含有活泼的环氧基团，使它们可与多种类型的固化剂发生交联反应而形成不溶、不熔的具有三向网状结构的高聚物。

根据分子结构，环氧树脂可分为 5 大类，即缩水甘油醚类、缩水甘油酯类、缩水甘油胺类、线形脂肪族类、脂环族类。复合材料工业上使用量最大的环氧树脂品种是缩水甘油醚类，其中又以二酚基丙烷型(E 型)环氧树脂(简称双酚 A 型环氧树脂)为主。目前，应用于复合材料的 E 型环氧树脂主要有 E-51 、E-44 及 E-42。其次是缩水甘油胺类环氧树脂。环氧树脂的质量控制指标有：环氧值，无机氯含量，总氯含量，挥发分，分子量。双酚 A 型环氧树脂的国家标准见“GB/T 13657—2011”。

环氧树脂形式多样、品种多，黏附力强，收缩性低，固化方便，不同固化剂和促进剂可获得从室温到 180℃的固化温度范围，适合大构件整体共固化成型，固化后的环氧树脂具有优良的力学性能、电性能、尺寸稳定性和化学稳定性。环氧树脂作为复合材料基体，已广泛应用于机械、电气、电子、航空、航天、化工、交通运输和建材等领域，在先进复合材料的树脂基体中占有重要地位。我国是世界上最大的环氧树脂生产国和消费国。通用环氧树脂及其改性树脂使用普通固化剂固化后，存在韧性不足、耐湿热性差、尺寸稳定性和介电性能差、预浸料贮存期短等缺点，不能满足近年来高性能复合材料对环氧树脂基体的使用特性提出的要求，因此，环氧树脂改性(增韧、提高湿热性能)和不同结构的新型环氧树脂得到快速发展，利用新型环氧树脂固化剂也成为环氧树脂高性能化的另一途径。

3. 双马来酰亚胺树脂

双马来酰亚胺(Bismale imide，BMI)是以马来酰亚胺(Maleimide，MI)为活性端基的双官能团化合物。由 BMI 单体制备的 BMI 树脂具有与典型的热固性树脂相似的流动性和可模塑性，可用与环氧树脂类同的一般方法进行加工成型；同时，BMI 树脂具有良好的耐高温、耐辐射、耐湿热、阻燃、低烟毒、吸湿率低和热膨胀系数小等优点，克服了环氧树脂耐热性相对较低和耐高温聚酰亚胺树脂成型温度高、压力大的缺点，因此，近 20 年来，BMI 树脂得到了迅速发展和广泛的应用。

双马来酰亚胺的化学结构表明它具有良好的耐热性，但高的交联密度使它呈现出不可忽视的脆性。此外，未经改性的 BMI 树脂还存在熔点高、溶解性差、成型温度高(固化及后固化温度高达 25℃)等缺点，严重影响了 BMI 树脂的应用和发展，为此，必须对双马来酰亚胺进行改性，以使它适应于高性能复合材料基体树脂的基本条件。现今对双马来酰亚胺树脂的改性目标是尽可能在保持其耐热性前提下，改进其韧性与工艺性，同时不增加材料成本。BMI 树脂增韧改性的主要途径有：① 与烯丙基化合物共聚；② 芳香二胺等扩链；③ 环氧改性；④ 热塑性树脂增韧；⑤ 芳香氰酸酯树脂改性；⑥ 合成新型单体等。目前 BMI 树脂基复合材料在航空航天领域内得到了广泛的应用。如美国 F-22 的机翼、机身、尾翼、各种肋、梁及水平安定面等均采用高韧性 BMI 树脂复合材料制造。

4. 酚醛树脂

酚类与醛类间的缩合反应产物通称为酚醛树脂(Phenolic resin)，一般常指由苯酚与甲醛经缩聚反应而得的合成树脂。作为人类最早合成的一类热固性树脂，酚醛树脂的发展已历经了一个多世纪。尽管近年来涌现出许多新型的树脂体系，但酚醛树脂凭借其诸多独特而优异的性能和特点(如低成本、低烟毒、耐高温、高残炭率、高阻燃等)，以酚醛树脂为基体制备的复合材料用作绝缘材料、制动材料、装饰材料、烧蚀材料等，在电气、建筑、交通、运输、航空航天等

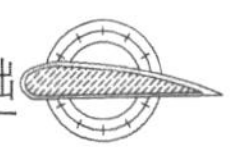

领域仍具有不可替代的地位。酚醛树脂的原料易得，价格低廉；同时它具有良好的黏结性能，固化后的酚醛树脂具有较高的耐热性和良好的介电性能。但是酚醛树脂本身也存在一些性能上的缺陷，包括：①树脂分子结构中苯环含量高，且苯环之间以亚甲基相邻，因此树脂的脆性较大；②树脂的酚羟基含量很高，导致树脂的吸湿率高，热氧稳定性较低；③酚醛树脂固化为缩合反应，释放小分子，制造致密的复合材料需要较高的成型压力。这些缺陷也限制了其在更加广泛的领域获得应用。尽管酚醛树脂具有上述缺点，但是该树脂的分子结构具有很强的可修饰性，为新型酚醛树脂的设计及结构改性提供了广阔的空间。工业上一般应用的均是改性酚醛树脂。改性途径为引进其他组分、对酚醛树脂结构中酚羟基或酚环结构上的活性点进行修饰。目前，改性的树脂品种有：①聚乙烯醇缩醛改性酚醛树脂；②环氧改性酚醛树脂；③有机硅改性酚醛树脂；④硼酸改性酚醛树脂；⑤二甲苯甲醛树脂改性酚醛树脂；⑥聚酰胺改性酚醛树脂；⑦二苯醚甲醛树脂；⑧高纯酚醛树脂；⑨适用于低压成型的钡酚醛树脂。设计与制备兼具优良工艺性能(适合低压模压、缠绕、手糊及 RTM 等成型工艺要求)、热性能、残炭性能(高温残炭率大于 75%)及热氧稳定性能(热分解温度大于 500℃)的新型的高性能酚醛树脂是另一个重要而有实际意义的研究方向，在这方面报道的新颖结构的高性能酚醛树脂有：①具有高残炭率的苯基苯酚型酚醛树脂；②具有高残炭率的苯乙炔基苯酚型酚醛树脂；③苯基马来酰亚胺型酚醛树脂；④烯丙基和炔丙基型酚醛树脂；⑤聚苯并噁嗪型酚醛树脂(PBZ)；⑥乙炔基苯基偶氮酚醛树脂(EPAN)；⑦邻苯二甲腈基偶氮高邻位酚醛树脂(ADAN)。20 世纪 80 年代，随着对阻燃材料的迫切需求，许多大型化学公司先后研究开发出新一代酚醛树脂。与传统酚醛树脂相比，新一代酚醛树脂最大的特点是成型温度低、压力小、时间短，能适用于现有的复合材料成型工艺，包括 SMC、BMC、RTM、缠绕、拉挤、喷射和手糊成型。新一代酚醛复合材料具有优异的阻燃、低发烟、低毒雾性能和杰出的热机械物理性能。

5. 氰酸酯树脂

氰酸酯树脂(Cyanate resin, CE)通常定义为含有两个或两个以上的氰酸酯官能团的二元酚衍生物。它在热和催化剂作用下，发生三环化反应，生成含有三嗪环的高交联密度网络结构的大分子。这种结构的固化氰酸酯树脂具有低介电常数($\varepsilon=2.8\sim3.2$)和极小的介电损耗角正切值($\tan\delta=0.002\sim0.008$)，高玻璃化温度($T_g=240\sim290$℃)，低收缩率，低吸湿率(<1.5%)，优良的力学性能和黏结性能等，而且它具有与环氧树脂相似的成型工艺性，可溶解在普通溶剂中，可在 177℃ 下固化，并在固化过程中无挥发性小分子产生。虽然氰酸酯树脂的韧性优于环氧树脂和双马来酰亚胺树脂，但作为结构材料使用，尤其是主受力结构材料，氰酸酯树脂的韧性仍不够，制得的复合材料预浸料的铺覆性差，不能满足高性能航空航天结构材料的要求。为此，需要对其进行增韧改性。针对氰酸酯的增韧改性方法主要有：与橡胶弹性体共混改性；与单官能度氰酸酯共聚，以降低网络的交联密度；与热塑性塑料共混共固化形成半互穿网络；用热固性树脂(环氧树脂、双马来酰亚胺树脂)改性。由于氰酸酯树脂优异的性能，其复合材料主要应用于高速数字和高频印刷电路板、高性能透波结构材料和航空航天结构材料(高性能飞机雷达罩、机敏结构蒙皮、隐身飞行器等)。

6. 改性 BT 树脂

由双马来酰亚胺(BMI)与氰酸酯(CE)为主要成分共聚所形成的热固性树脂，称为双马来酰亚胺三嗪(Bismalimides triazine resin, BT)树脂。BT 树脂综合了 BMI 与 CE 两者的优点，具有玻璃化转变温度(T_g)高、吸湿率低、介电常数(ε)和介电损耗因数($\tan\delta$)小、力学性能优良、成型加工性好等特性，是高性能复合材料基体树脂，是高频基板材料中极具发展前景的一类基材，在国外占据着高性能印刷电路板（PCB）用树脂基体的最大市场份额。除了印制电路板行业外，BT 树脂还广泛用于制作飞机的雷达天线、飞机结构材料、刹车衬里、高性能涂料和黏合剂等领域。

BT 树脂的分子中存在大量的三嗪环、酰亚胺环等氮杂环结构，具有很好的反应活性，可以很容易地通过改性的方法，来进一步提高它的性能，以满足某些特定领域对高性能树脂基体的要求。对于烯丙基化合物改性 BT 树脂体系，二烯丙基双酚 A（DBA）是优良的改性剂，具有改善双马组分韧性和催化氰酸酯组分固化的双重作用，制得的改性 BT 树脂体系具有优异的耐热性能以及介电性能；而对于环氧改性 BT 树脂体系，环氧树脂的加入能显著改善 BT 树脂的韧性和加工性能，并能明显降低成本，但 ε、tan δ 变大，耐热性下降；聚苯醚树脂的加入能明显改善 BT 树脂的介电性能。经 DBA 和间苯二甲酸二烯丙酯树脂（DAIP）改性后的 BT 树脂黏度降低，工艺性更佳，浇铸体的弯曲强度和玻璃化转变温度（T_g）均有所提高，介电常数（ε）也稍有减小，且 ε 有良好的热稳定性；另外，动态热机械分析（DMA）曲线仅显示单个损耗峰，表明 DBA、DAIP 与 BT 树脂体系有良好的相容性。经 DBA、DBA 和 DAIP 改性 BT 树脂浇铸体的介电常数-频率-温度三维图见图 6.2.2 和图 6.2.3。

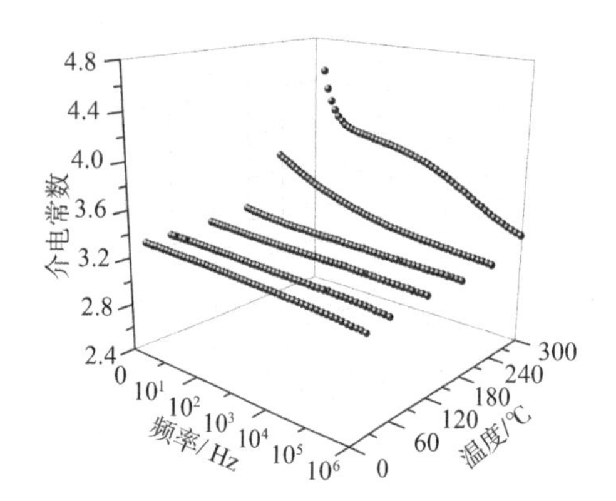

图 6.2.2 DBA 改性 BT 树脂浇铸体的介电常数-频率-温度三维图

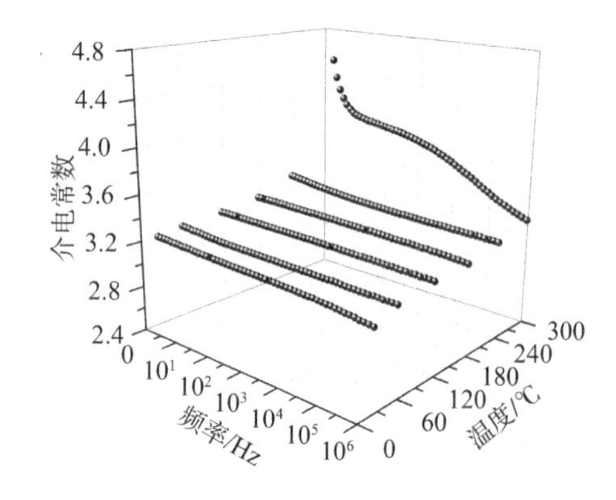

图 6.2.3 DBA 和 DAIP 改性 BT 树脂浇铸体的介电常数-频率-温度三维图

6.2.5 耐腐蚀复合材料的树脂基体

耐腐蚀材料是复合材料主要应用领域之一。以树脂为基体的复合材料作为耐腐蚀材料已有 60 余年的历史，由于这类复合材料比强度高、无电化学腐蚀现象、导热系数低、电绝缘性好、产品内壁光滑、流体阻力小、维修方便、重量轻等特点，已广泛用于石油、化工、化肥、制盐、制药、造纸、生物工程、环境工程及冶金等工业中。

基体对水、酸、碱溶液的侵蚀，其抵抗能力一般要比玻璃纤维好，而对有机溶剂的侵蚀，则其抵抗能力要比玻璃纤维差。但树脂的耐化学腐蚀性能随着它的化学结构的不同可以有很大的差异。同时，复合材料中的树脂含量，尤其是表面层树脂的含量与其耐化学腐蚀性能有密切关系。

树脂和介质之间作用引起的腐蚀主要有物理作用和化学作用两种。物理作用是指树脂吸附介质引起溶胀或溶解导致树脂结构破坏，性能下降；化学作用是指树脂分子在介质作用下引

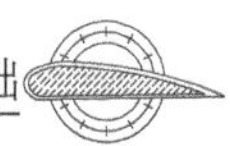

起化学键的破坏，或生成新的化学键而导致结构破坏，性能下降。所以树脂耐溶剂介质能力主要由组成体系的化学结构决定，它们之间极性大小以及电负性和相互间的溶剂化能力都影响耐化学腐蚀性能。

固化树脂耐水、酸、碱等介质的能力，主要与其水解基团在相应的酸碱介质中的水解活化能有关。表 6.2.6 列出了一些基团的水解反应活化能。活化能高，耐水解性就好。在双酚 A 基团中引入卤素，既可保留其耐水解能力，又可因卤素的引入而大大提高树脂的耐氧化性。高聚物耐介质腐蚀与所含官能团之间的关系见表 6.2.7。

表 6.2.6　一些基团的水解反应活化能

基团类型		酰胺键	酰亚胺键	酯键	醚键	硅氧键
活化能 /(kJ/mol)	酸性介质	～83.6	～83.6	～75.2	～100.3	～50.2
	碱性介质	66.8	66.9	58.5	—	—

表 6.2.7　高聚物耐介质腐蚀与所含官能团之间的关系

特性	有利的基团	不利的基团
耐酸性	$-C_6H_3(OH)-$，呋喃环，—Cl，$-CH_2-$，$-C_6H_5$	$-NH_2$，$-O-C(=O)-$，$-NH-C(=O)-$，$-Si-O-$
耐碱性	呋喃环，—Cl，$-CH_2-$，$-C_6H_5$	$-C_6H_3(OH)-$，$-O-C(=O)-$，$-NH-C(=O)-$，$-C(=O)-OH$
耐水性	$-CH_2-$，$-C_6H_5$，$-C(=O)-OR$	—OH，$-NH_2$，$-SO_3H$，$-C(=O)-OH$(及其盐)
耐油性	—OH，$-NH_2$，—Cl，$-COCH_3$ (C=O)	$-C(=O)-R$，$-C_6H_5$，$-CH_3$，$-OCH_3$
耐氧化性	$-C-C-$，—Cl，—F，—O—	$-C=C-$，$-C(H)-$

树脂在复合材料中，一方面将玻璃纤维黏结成一个整体，起着传递载荷的作用，另一方面又赋予复合材料各种优异的性能，其中包括耐腐蚀性能。复合材料的耐腐蚀性取决于树脂含量高的产品内表层和防渗层，换句话说，也就是取决于内衬层纯树脂的种类及其耐腐蚀性，亦与复合材料加工成型工艺有关。耐腐蚀复合材料与介质接触的一侧，为富树脂的耐腐蚀内衬层(包括内表层和防渗层)，一般选用耐腐蚀性优良的树脂，这种树脂必须具有以下性能：黏度低，有良好的施工性能；优良的固化性能，可在室温常压下固化成型；对纤维有良好的浸润性和黏结性；优良的力学性能，韧性好；耐腐蚀性好。耐腐蚀热固性树脂主要有 4 类，即乙烯基酯树脂、不饱和聚酯树脂、环氧树脂、呋喃树脂。不饱和聚酯树脂用于耐腐蚀复合材料的主要品种

有4种，即双酚A型不饱和聚酯树脂、间苯型不饱和聚酯树脂、二甲苯型不饱和聚酯树脂和氯化不饱和聚酯树脂。现扼要介绍一下耐腐蚀复合材料的树脂基体，供选择时参考。

1. 乙烯基酯树脂

乙烯基酯(Vinyl ester)的一个端基是乙烯酯基，中间的聚合物主链是环氧树脂的残基。乙烯基酯是由不饱和一元酸(如丙烯酸、甲基丙烯酸等)与环氧树脂反应而成，树脂的活性点在端基位置，聚合物主链上不存在重复的醚基，仅仅在端基有酯基。因此，当酯基受到化学破坏后，主链分子结构不会受到损失。换句话说，乙烯基酯的端基不饱和度改进了物理和化学的性能，该不饱和活性点比较活泼，易受自由基引发，而且当与某一种单体共聚合时，有利于生成均一的分子结构。将乙烯基酯与普通的聚酯链作比较，普通聚酯的分子链中活性点是有限的，只生成部分非均一的分子结构，即某些活性点不会与交联单体共聚合，未反应的活性点易遭受化学攻击，因此，不饱和聚酯树脂在链的中间存在薄弱环节；其次，乙烯基酯是能够利用它们的整个分子链当作一个能量吸收体，归因于它们的端基活性点。例如，显示出增加了回弹力或抗裂纹和银纹。而具有分子链内活性点的聚酯树脂，则没有这个优势，聚合物呈脆性。

乙烯基酯的化学结构虽然不同于聚酯，但它们可用同样的引发剂和促进剂系统进行固化，并都以溶于交联单体中的溶液形式提供给用户。两种类型树脂的力学性能也相当。乙烯基酯树脂综合了环氧树脂与不饱和聚酯的优点，它具有环氧树脂优良的黏结性，工艺性能和固化性能类似于聚酯树脂。双酚型乙烯基酯树脂具有好的耐酸性和耐弱碱性；而酚醛型乙烯基酯树脂具有优良的耐溶剂性和耐温性。当需要耐溶剂时，则耐热、耐腐蚀、具有高交联密度的酚醛型乙烯基酯树脂是最佳选择。最近，已开发了高度耐碱的乙烯基酯、耐更高温度的酚醛型乙烯基酯，以及不用环氧树脂为骨架的乙烯基酯树脂(Vinyl ester based resins)。

乙烯基酯树脂的突出优点是耐腐蚀性好，耐热性较好，有较大的延伸率。因此，采用乙烯基酯树脂作复合材料基体，成型的产品具有较好的韧性而不易产生微裂纹，有利于充分发挥纤维的强度。所以，该树脂尤其适用于制作要求耐温、耐腐蚀、承受应力作用的大型容器、贮罐、管道、烟囱及塔类等化工设备。国外耐腐蚀树脂主要采用乙烯基酯树脂，也广泛用于电气、交通运输和结构件等领域。我国乙烯基酯树脂的典型牌号有MFE-2、W_2-1等。

2. 双酚A型不饱和聚酯树脂

双酚A型不饱和聚酯是用D-33二元醇部分代替常用二元醇而合成的。与邻苯型和间苯型聚酯的分子链结构相比，双酚A型聚酯主链结构中，含有大量芳香烃苯环，故链的刚性较大；分子链中易被水解破坏的酯键间的间距增大，降低了酯键含量；酯键的近邻处有反丁烯二酸酯的双键存在，而由于交联剂苯乙烯与聚酯发生共聚加成反应产生的空间效应，对酯基有屏蔽保护作用，阻碍了酯键的水解；在双酚基结构中的新戊基连接着两个苯环，决定了化学反应的稳定性。

双酚A型聚酯树脂的耐化学性优于间苯型，不但耐酸，而且耐多种有机溶剂和某些弱碱。其耐温性(80℃)也较好。20世纪70年代曾以其作为耐腐蚀树脂的代表，广泛使用。80年代以来，在许多领域已逐渐被乙烯基酯树脂所代替，但仍作为耐腐蚀聚酯树脂的主要品种。双酚A型聚酯树脂不耐浓硫酸、浓硝酸和铬酸等氧化性介质，即使在室温下也不能使用。低浓度的氧化性介质，也只能在温度较低的情况下使用。由于聚酯分子结构内存在极性基，因此，极性化合物(如丙酮等)可使聚酯溶解，芳香烃(如苯)和氯代烃(如二氯乙烷)对其溶解作用也很显著，应该避免使用。双酚A型不饱和聚酯树脂的典型牌号有3301号和197号。

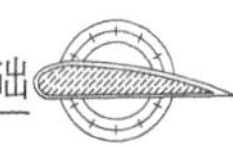

3. 间苯型不饱和聚酯树脂

从结构上看，间苯二甲酸代替邻苯二甲酸后，耐蚀性的提高归因于间苯型不饱和聚酯的分子结构对称性比邻苯型的好。间苯二甲酸聚酯分于链上的酯基，受到间苯二甲酸立体位阻效应的保护。同时，间苯二甲酸聚酯的纯度高。因为在聚酯化过程中，邻苯二甲酸酯会发生升华，这种升华倾向，不仅直接影响到在聚酯化过程中邻苯二甲酸聚酯分子量的提高，而且会间接影响固化后的性能。而间苯二甲酸在聚酯化过程中不会升华，所以在反应完成之后的树脂中，不会残留有间苯二甲酸和低分子量间苯二甲酸酯杂质。邻苯型聚酯一般不宜作耐腐蚀树脂用，而间苯型聚酯比邻苯型有较好的耐酸性、耐温性和力学性能，适用于中等耐酸及耐溶剂环境，不适于碱性环境，其性能依配方而异。目前，国内尚未重视间苯型聚酯在耐腐蚀领域的应用，而国外这个品种的用量，已占不饱和聚酯总量的 30%以上，这反映了国外玻璃钢用材质量要求的提高。从所报道的数据来看，间苯型聚酯具有相当好的耐水性和耐腐蚀性，成型工艺性好，价格比乙烯基酯树脂和双酚 A 型聚酯树脂便宜，应该可以部分取代乙烯基酯树脂和双酚 A 型聚酯，而应用于一些耐腐蚀产品中。

4. 二甲苯型不饱和聚酯树脂

二甲苯型不饱和聚酯树脂是以二甲苯-甲醛树脂、二元或多元醇与顺丁烯二酸酐反应，制成含二甲苯环的不饱和聚酯，再溶解于交联剂苯乙烯中而得。与一般不饱和聚酯树脂相比，二甲苯聚酯含苯环多，酯键含量少。因此，该树脂的耐热性、耐化学腐蚀性、力学性能以及高频绝缘性，均比一般聚酯好，且价格比较低，因而非常适合于我国国情，可作为 100℃ 以下使用的耐腐蚀材料。目前在酸洗、电解、电镀、化纤等腐蚀严重的工厂，广泛用作管道、内衬、耐腐蚀复合材料产品及胶泥沟缝材料。二甲苯型不饱和聚酯树脂的典型牌号有 X41 、X42 和 902 - A3。

5. 氯化不饱和聚酯树脂

以六氯桥内亚甲基邻苯二甲酸(简称 HET 酸)为饱和二元酸，可制得含氯不饱和聚酯树脂。由于 HET 酸含氯量高达 55%，使树脂具有良好的自熄性，同时还耐各种强氧化性介质。长期以来，该树脂被作为阻燃树脂使用，很少被要求用于耐腐蚀的场合。事实上，氯化聚酯具有良好的耐腐蚀性，并且在高温湿氯气中的耐腐蚀性明显优于双酚 A 型聚酯和乙烯基酯树脂。这是因为热湿氯与聚酯树脂接触后，产生的“氯奶油”层坚硬，可以阻止湿氯的渗透。树脂合成时，原料种类和用量对产物的耐蚀性、阻燃性和力学性能均有影响，可根据应用环境和要求，选择适当的原料配比。

6. 环氧树脂

环氧树脂结构中含有稳定的苯环和醚键，其结构紧密。环氧树脂的耐腐蚀性因所用的固化剂不同而不同。用酸酐固化形成的酯键就不耐碱，但具有相当好的耐酸性。用胺类固化环氧树脂，其交联键中的—O—键和 C—N 键可为强酸、弱酸和有机酸所水解，而且用不同的胺类固化剂，交联键类型不同，固化树脂的耐腐蚀性也不同。用芳香族二胺固化的树脂，由于体积屏蔽效应，因此其耐酸、耐碱性均优于脂肪族胺类固化剂。国内开发的几种无毒或低毒的合成胺固化剂(如 T31 等)，在耐腐蚀环氧复合材料的施工上得到了较为广泛的应用。环氧树脂的缺点是价格较贵，黏度较大。

7. 呋喃树脂

由糠醛或糠醇本身进行均缩聚，或者与其他单体进行共缩聚所得产物称为呋喃树脂。这类树脂中主要有糠醛苯酚树脂、糠醇树脂和糠醛一丙酮树脂。呋喃树脂原料来源广泛，生产工艺简单。由于分子中有较高含量的呋喃环,固化树脂具有较好的耐蚀性和阻燃性,能耐强酸、强碱和大多数有机溶剂的腐蚀,耐温高(可达 140～180℃),但不耐强氧化性酸,不耐氧化性的盐,不耐游离的卤素腐蚀。呋喃树脂尤其适用于制作承受混有有机溶剂的酸、碱或高温作用的耐腐蚀复合材料产品,这是其他耐腐蚀树脂所不能比拟的。国内的呋喃树脂长期以来以糠醛为主要原料,固化工艺较差,产品呈现较大的脆性和较差的黏结性,限制了其在防腐蚀领域的应用。近年来,采用糠醇为主要原料合成呋喃树脂,并配以专用催化剂和偶联剂,使得上述两个问题得到了一定的改善。

6.2.6 树脂基体的选择

树脂基体的选择原则如下。

(1) 树脂的热性能应满足结构的使用要求。不同类型的树脂其工作温度范围相差很大。确定树脂工作温度的方法是测定树脂浇注体的玻璃化转变温度(T_g)或热变形温度(HDT)。一般可以认为,结构复合材料的工作温度应低于玻璃化温度 30℃ 或低于热变形温度 20℃。与此同时,还应作层合板的高温力学性能测试,在工作温度时的模量下降率不应超过 8%;对于短期高温使用环境,层合板的模量下降率也不应超过 15%。环氧树脂一般在 80℃以下或 120℃以下使用,双马来酰亚胺树脂一般在 130～180℃以下使用。

(2) 树脂的力学性能应满足结构的使用要求。树脂的力学性能通过测试树脂浇注体和单向复合材料板试样得到。要求树脂的延伸率应当与纤维的延伸率相匹配,以利于纤维强度的充分发挥。一般来说,韧性高的基体可有效地提高复合材料的层间断裂韧性,从而可抑制分层、减小冲击后损伤面积,同时提高冲击后剩余压缩强度。

(3) 树脂的物理、化学性能应满足结构的使用要求。物理性能主要指吸湿性,目前纯树脂的吸水率要求在 1.5%～4.5%,复合材料的吸水率要求在 1.5%以下。化学性能主要指耐介质、耐候性能要好。对于内部装饰件要求有阻燃性、低烟性和低毒性等。对于透波材料要求具有低的介电常数和介电损耗。

(4) 满足工艺性要求,如挥发物含量、黏度、凝胶时间、固化温度、固化时间、固化后的尺寸收缩率、预浸料的使用期等。可按工艺要求选择专用的树脂体系,如 RTM 树脂、拉挤用树脂、缠绕用树脂、自动纤维铺放(AFP) 工艺用树脂、树脂膜熔浸(RFI) 工艺用树脂等。

(5) 低毒性、低刺激性,价格合理,供应渠道稳定可靠。目前树脂基复合材料中用得较多的基体是热固性树脂。玻璃纤维复合材料的基体一般采用不饱和聚酯树脂、乙烯基酯树脂和环氧树脂;芳纶和碳纤维复合材料的基体主要是粘接性好、易于加工的环氧树脂;大型民机和运输机承力结构复合材料的基体主要是 180℃或 120℃固化的增韧改性环氧树脂,其断裂伸长率一般大于 2%,以便与中模量高强度碳纤维有较好的复合效果;对于需耐高温的复合材料,目前主要是用耐热性好的双马来酰亚胺树脂或聚酰亚胺树脂;内部装饰件、瞬时耐高温烧蚀材料、绝缘材料常采用酚醛树脂。各种热固性树脂浇注体的性能比较见表 6.2.8。

复合材料的耐腐蚀特性,主要取决于所选树脂的类型,因此,应把选用合适的树脂放在选材首位。合理选材的关键,在于选材前必须弄清产品的工作条件,包括使用温度,使用压力,介质性质(酸、碱、盐、溶剂,是否为氧化性介质),介质浓度,介质相态(固态、液态、气态),环境条件(室内或室外),使用要求,同时要了解期望寿命及预定造价等,只有掌握第一手资料,才能做到心中有数。

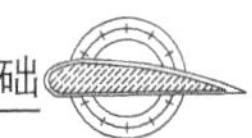

表 6.2.8　各种热固性树脂浇注体的性能比较

树脂性能	聚酯	环氧	酚醛	双马来酰亚胺	有机硅	乙烯基酯
密度/(g/cm^3)	1.11～1.20	1.11～1.23	1.30～1.32	1.24～1.25	1.70～1.90	
拉伸强度/MPa	42～71	55～130	42～64	65～94	21～49	60～90
拉伸弹性模量/GPa	2.1～4.5	2.75～4.1	3.2	3.0～4.5	1	2.4～3.8
断裂伸长率/%	1.0～3.0	1.0～5.0	1.5～2.0	2.1～3.4	1	2.1～11
24 h 吸水率/%	0.15～0.60	0.08～0.15	0.12～0.36		不好	
热变形温度/℃	60～100	100～200	78～82	199～295	—	80～175
热膨胀系数×10^5/$℃^{-1}$	5.5～10	4.6～6.5	6～8		30.8	
固化收缩率/%	4～6	1～2	8～10		4～8	
体积电阻率/(Ω•cm)	10^{14}	10^{16}～10^{17}	10^{12}～10^{13}		10^{11}～10^{13}	10^{16}
介电强度/(kV/mm)	15～20	16～20	14～16		7.3	17～23
介电常数/(60 Hz)	3.0～4.4	3.8	6.5～7.5		4.0～5.0	3.4～3.9
介电损耗/(60 Hz)	0.003	0.001	0.10～0.15		0.006	0.017～0.023
耐电弧性/s	125	50～180	100～125		—	

如前所述,每种耐腐蚀树脂都有其特点(见表 6.2.9)。选用时须遵循树脂基体的选择原则。初选一般是借助于图书资料和经验,从工艺性、化学稳定性、使用温度和价格等 4 个方面考虑。耐腐蚀化工产品一般尺寸较大,难以具备加温固化条件,多采用室温固化成型工艺。一般情况下,耐酸的产品采用双酚 A 型不饱和聚酯树脂和乙烯基酯树脂,耐碱的产品选用胺固化环氧树脂或呋喃树脂。值得注意的是,目前国内树脂生产厂家多,树脂牌号多,又无统一的原材料标准和质量标准,因而在选材时应予以特别重视,不能满足于图书、资料、样本上的介绍。比较可靠的方法是根据介质浓度、温度和性质,选择相应的树脂和纤维制成复合材料,按照国家标准"GB/T 3857—2005 玻璃纤维增强热固性塑料耐化学介质性能试验方法"进行静态浸泡试验。试验结果应以拉伸模量和拉伸强度保留率为主要指标,以巴柯尔硬度保留率、重量变化率、试样和介质外观的变化为参考指标,评价材料的耐腐蚀性能。评价标准主要应考虑材料的降解趋势,以变化曲线趋于平缓为准。对于重要的应用场合,最好能进行现场挂片试验或动态模拟实验,以得到材料在有应力载荷、流动液体及存在温度梯度下的耐腐蚀性能。值得一提的是,有些资料报道材料的耐腐蚀性能时,仅用浸泡试样腐蚀前后的重量变化率来评定,这样的评定往往带有片面性,不能准确说明材料的耐腐蚀性能。因为重量变化实质上是介质向材料内部渗透扩散引起的增重与材料组成物质、腐蚀产物逆向溶出引起失重的总和。在使用耐腐蚀树脂时必须注意,任何耐腐蚀树脂在使用环境中,要获得良好效果,都必须做到充分固化。其固化温度至少高于使用环境温度 20℃。任何优良的耐腐蚀树脂如果得不到充分固化,耐腐蚀性能都不能充分发挥。因此,热固性树脂固化时必须要达到一定的固化度,固化度太低会严重影响它的耐腐蚀性能。

表 6.2.9　复合材料所用各种耐腐蚀树脂产品的主要技术指标和性能

产品名称	牌号	25℃黏度/(Pa·s)	25℃凝胶时间/min	拉伸强度/MPa	延伸率%	热变形温度/℃	性能特点
双酚A环氧型乙烯基酯树脂	MFE-2	0.40±0.10	12.0±4.0	85	4.5	110	耐温、耐蚀,用于管、罐、地坪等
	MFE-3	0.40±0.10	12.0±4.0	85	5.0	102	韧性好、防渗漏,抗疲劳
	MFE-4	0.40±0.10	18.0±5.0	70	3.2	98	HET酸改性,适于含Cl介质
	MFE-5	0.45±0.10	14.5±4.5	75	5.3	100	异氰酸酯改性,韧性好,低收缩
	MFE 707	0.37±0.07	20.0±5.0	80	5.0	108	反应型溴化阻燃,耐蚀
	MFE 710	0.40±0.05	15.0±5.0	75	3.5	130	低苯乙烯含量,耐热,适于拉挤
	MFE 711	0.35±0.10	20.0±5.0	85	5.0	105	低收缩,浸润性好,韧性好,耐碱突出
	MFE 722	0.34±0.12	14.0±7.0	72	5.0	130	耐温、耐蚀,FRP贮罐、槽车、管道
	30-200P	0.15～0.20	180±60	90	5.0	95	工艺性优,适于真空导入制风机叶片
	MFE 751	2.60±0.50	26.0±6.0	75	4.0	110	耐蚀,适于SMC、BMC及HSMC
	MFE 760	0.35±0.08	20.0±5.0	85	4.0	120	浸润性,适于拉挤、热固化成型工艺
	MFE 763	0.42±0.10	20.0±5.0	63	2.5	90	浸润性好,适于船体表面、模具
	MFE 765	50～100	13.0±5.0	60	5.0	85	与碳纤维浸润良好
	MFE 790	0.47±0.12	20.0±5.0	65	12.0	85	聚氨酯改性,高柔韧性、冲击强度
	MFE 791	0.37±0.07	20.0±5.0	70	11.0	80	与基材粘接强度高,耐冲击性
	MFE 792	0.47±0.12	20.0±5.0	45	9.5	68	高韧性和断裂延伸率
酚醛环氧型乙烯基酯树脂	MFE 770	0.28±0.08	20.0±5.0	78	3.0	140	耐温、耐蚀,适于耐温玻璃钢制品
	MFE 780	0.30±0.08	12.0±4.0	80	3.5	150	耐温、尤其耐有机溶剂和氧化性介质
	MFE 780HS	0.40±0.05	16.0±5.0	80	3.4	175	玻璃钢HDT可达235℃
双酚A型不饱和聚酯树脂	3301	0.40±0.10	10.0±3.0	65	3.2	105	耐温、耐蚀,耐蚀玻璃钢制品、衬里
	197	0.40±0.10	9.0±3.0	72	3.2	105	耐温、耐蚀,耐蚀玻璃钢制品、衬里
二甲苯型不饱和聚酯树脂	X41	0.33±0.09	8.0±3.0	55	2.7	75	耐蚀玻璃钢设备衬里
	X42	0.35±0.10	20.0±6.0	—	—	60	低收缩,用于化工车间地坪
	902-A3	0.35±0.10	15.0±5.0	55	2.8	70	电性能优良,耐蚀FRP衬里、胶泥
间苯型不饱和聚酯树脂	9406	0.40±0.10	13.0±4.0	73	3.2	105	拉挤成型树脂,船用
	9409	0.40±0.10	13.0±4.0	73	3.2	110	耐温,适于拉挤、缠绕、手糊
邻苯型不饱和聚酯树脂	9709	0.40±0.10	6.0±2.0	64	3.0	75	适于管道、贮罐、船体
	9190P	150～200	180±60	76	3.8	90	适于真空导入成型制作大型风机叶片
	9016	0.26±0.03	15.0±5.0	52	2.0	88	无卤阻燃,低黏度,低烟密度,透光
环氧树脂	3311A/B	0.15～0.30	540±60	75	6.0	80	低黏度,适于真空灌注成型

注:表内所列树脂均为华东理工大学华昌聚合物有限公司生产。(所列数据仅供参考,不应视作产品规格)

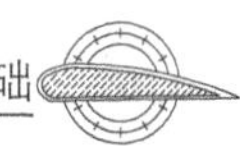

6.3　复合材料成型工艺选择

复合材料产品之所以能够获得比较广泛的应用，其原因就在于它具有良好的材料特性和方便的成型加工性能。尤其在成型加工方面，复合材料产品成型比较简便，且材料形成和产品成型同时完成，表现了与其他工业材料的不同，显示出复合材料技术中材料、设计和制造三者间的密切关系。复合材料的性能、产品的质量在很大程度上依赖于制造技术。例如，复合材料的层间剪切强度除了与纤维表面质量有关外，还与产品的空隙率(Porosity)密切相关。试验表明，当空隙率低于4%时，空隙率每增加1%，层间剪切强度就降低7%。而空隙率与纤维表面处理工艺、浸胶工艺、固化工艺和纤维铺覆工艺有关。因此，在设计阶段，就应将成型工艺的选择作为设计的一部分加以整体的考虑。目前，复合材料成型方法有十几种。随着复合材料工业的迅速发展，新的成型方法还在不断涌现。表6.3.1列出了复合材料主要成型方法比较。

复合材料结构成形与材料形成同时完成。在复合材料产品设计中，确定产品的结构形状、尺寸以及选择原材料时，就要充分考虑可行的成型工艺方法，以便确定结构的工艺性要求，包括预浸料工艺性、固化成形工艺性、机械加工与装配的工艺性、维修工艺性等多方面要求。原材料的选择是否合理决定了成型工艺是否可行；反过来，成型工艺也对材料有所限制。因此，在复合材料产品设计的初始阶段就应考虑选择成型工艺，成型方法的选择必须同时满足材料性能、产品质量和经济效益等基本要求，具体来讲，应考虑如下几个方面。

(1) 复合材料结构要强调设计与制造工艺一体化，提高结构整体化。复合材料的特点是形状无限制性、材料与结构同时形成，在设备(热压罐尺寸)和工艺许可且不增加工装复杂程度的情况下，应尽量考虑设计成整体件，蒙皮、梁、墙、桁条、肋、框等结构元素的连接可以在材料(同时也是结构)形成的同时，采用共固化(Co-curing)、共胶接(Co-bonding)、缝合、预成型织物和Z-pin等工艺来实现，从而可一次设计与制造出比较复杂的大型整体结构件，这样可以保证受力纤维的连续性，减少连接点，大大减少零件与紧固件的数量，减少机械加工和装配工作量，减轻构件质量和孔引起的应力集中，提高构件性能和降低制造成本。

(2) 应考虑产品外形构造及尺寸大小。在很多情况下，设计构形参数往往可以确定适当的成型方法，或至少对可能采用的方法加以限制。一般来讲，产品尺寸精度和外观质量要求高的大批量、中小型产品，应选择模压成型工艺；小批量的大型产品，则宜采用手糊成型工艺；贮罐、压力容器、管道及飞机整体机身段等具有回转截面形状的产品可采用纤维缠绕成型工艺；各式各样的几何形状规整、大小尺寸不变的型材应采用拉挤成型工艺(目前已出现曲面型材的拉挤技术)；夹层结构件以真空袋、压力袋法为主。

(3) 选择成型工艺应考虑复合材料产品结构的受力情况。例如，单向受力杆件和梁应采用拉挤成型工艺，因为拉挤成型可保证产品在顺着纤维方向上具有最大的强度和刚度；板壳构件可采用连续纤维缠绕或手糊成型工艺，以实现各个方向具有不同强度和刚度的要求；对于载荷情况不是很清楚或承受随机分布载荷的产品，选用短切纤维模压或喷射成型工艺可获得近似各向同性性能。

(4) 采用高效的自动化的先进成型技术，既可降低成本，又能增加产出。飞机蒙皮、机翼壁板及尾翼壁板采用纤维自动铺放机进行复合材料预浸料铺层，机翼及机身的长桁与蒙皮之间均采用共胶接工艺；壁板类结构件目前主要采用成熟的热压罐固化成型工艺，正在积极开发

表 6.3.1　复合材料

成型方法		树脂类型	增强材料形式	纤维含量/%	产品尺寸	产品厚度/mm	固化温度/℃	成型周期	成型压力/MPa
接触成型	手糊成型(Hand lay-up)	聚酯、环氧、乙烯基酯	无捻粗纱、方格布、短切毡、表面毡	方格布层 50 短切毡层 30 表面毡层 10	无限制	0.5～25	室温～40	0.5～24h	接触压力
	喷射成型(Spray-up)	聚酯、环氧、乙烯基酯	无捻粗纱	25～35	无限制	2～25	室温～40	0.5～24h	接触压力
袋压成型	真空袋(Vacuum bag molding)	聚酯、环氧	预浸料(无纺布、布带)，SMC	25～60	中～大	＜2(板材)，蜂窝夹层结构	室温～50(预浸料和 SMC 60～160)	0.5～24h	0.1
	压力袋(Pressure bag molding)	聚酯、环氧							0.2～0.3
	热压罐(Autoclave molding)	环氧、双马来酰亚胺				2～6	80～300	生产周期短	0.20～2.0
树脂传递模塑成型(Resin Transfer Molding，RTM)		聚酯、环氧、乙烯基酯	预成型坯、短切纤维毡、无捻粗纱布、表面毡、三维编织物	25～50	由模具尺寸决定	2～6	室温～40	4～30 min	0.1～0.5
模压成型(Compression molding)		聚酯、环氧、酚醛、乙烯基酯、聚酰亚胺	纤维预浸料、预浸胶布、SMC、BMC、DMC、HMC	25～60	受模具尺寸及压机吨位限制	1～10	热压 100～170 冷压 40～50	5～60 min	10～40
纤维缠绕成型(Filament winding)		聚酯、环氧、乙烯基酯、双马来酰亚胺	无捻粗纱(或布带)	60～80	最大直径 4 m(现场缠绕可达 15 m)，长度 15 m	2～25	80～130	由产品大小决定	由缠绕张力决定
离心成型(Centrifugal molding)		聚酯、环氧、乙烯基酯	粗纱、连续纤维毡、网格布、单向布	25～40	最大直径 5 m，最长 15 m	4～25	80～100	10～80 min	0.15～0.28
拉挤成型(Pultrusion)		聚酯、环氧、乙烯基酯	无捻粗纱、连续纤维毡、织物	40～80	断面尺寸取决于机组模具，长度不限	型材厚度 1～12，棒材直径 40	100～160	连续生产	最大牵引力 40t
连续制板(Continuous lamination)		聚酯	无捻粗纱、短切毡	25～35	长度不限，宽度由机组决定，最宽为 3 m	0.8～2.0	80～130	连续生产	0.02～0.2
浇注成型(Casting molding)		聚酯	粉状填料或短切纤维	0～3	最大产品为浴盆	2～10	室温～60	0.5～24h	离心力或振动力

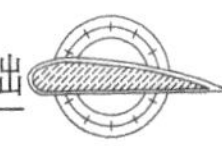

主要成型方法比较

模具形式与材料	需要设备	适用产量/件	优　　点	缺　　点
单件阳模或阴模；木材、石膏、水泥、玻璃钢	模具、工具（手辊、刮板、刷子）	1～500	① 产品尺寸不受限制； ② 设备简单、投资少、成本低； ③ 能合理使用增强材料，易于满足产品设计要求，可在任意部位增厚补强，工艺简单	① 产品力学性能较低； ② 产品质量不易控制，性能稳定性较差； ③ 生产周期长，效率低，劳动强度大
单模；玻璃钢	喷射成型机、模具、手辊	10～1000	① 生产效率较手糊高 2～4 倍； ② 适合于大尺寸产品生产； ③ 产品整体性好； ④ 设备简单、可现场施工	① 因树脂含量高，且为短纤维增强，故强度低； ② 产品只能做到单面光滑； ③ 现场污染大； ④ 操作技术要求高
单模；玻璃钢及金属材料	真空泵、压力袋	20～200	① 产品两面光滑； ② 气泡少，产品质量比手糊高； ③ 模具费用低，投资少； ④ 尤其适用于非金属蜂窝成型	① 技术操作要求高； ② 生产效率低，压力较低； ③ 不适用于大型产品
	空气压缩机、压力袋	20～200		
	热压罐及辅助设备、模具	较大批量	① 生产周期短，产品质量高； ② 提供均匀的温度、压力场	① 投资大，要求辅助设备较多，模具费用高； ② 能源利用效率较低
对模；玻璃钢及铝合金材料	RTM 成型机、对模	10～2 000	① 产品两面光洁，尺寸稳定； ② 产品质量好，后加工量少； ③ 设备及模具费用低； ④ 能生产形状复杂的产品	① 模具质量要求高，寿命短； ② 纤维含量低； ③ 生产大尺寸产品困难
对模、钢模，冷模可用玻璃钢材料	液压机、加热模具冷模	100～20 000	① 产品质量稳定，重复性好； ② 表面光滑，尺寸精度高； ③ 可成型形状复杂的产品	① 设备投资大； ② 模具质量要求高，费用大； ③ 仅适合大批量生产中小型产品； ④ 需提供足够的压力与温度
金属芯模、石膏芯模	缠绕机、辅助设备、模具	适用于大批量生产	① 产品强度高； ② 易实现机械化和自动化生产； ③ 产品质量稳定，重复性好	① 缠绕设备投资大； ② 仅限于生产回转体形状产品，如管、罐等
旋转钢模	离心浇铸机组及配套设备	大批量	① 机械化水平高，生产效率高； ② 产品质量稳定，内外表面光滑； ③ 产品刚度大，成本低	① 模具要求高，设备投资大； ② 仅限于生产回转体形产品，如地下管材等
拉挤机组模具	拉挤成型机组	连续生产	① 易实现自动化生产，生产效率高； ② 产品轴向强度大； ③ 产品性能稳定、可靠	① 设备投资大； ② 只能生产线材、型材
连续制板机；聚酯薄膜	连续制板机组	连续生产	① 生产效率高，产量大； ② 质量稳定，重复性好； ③ 易实现自动化生产	① 设备投资大； ② 仅限于生产不同断面形状的板材
玻璃钢模、金属模	振动或离心设备、专用浇铸模	批量生产	① 工艺简单，不需大型设备； ② 产品外观质量好； ③ 成本低	① 产品强度低； ② 技术操作要求高； ③ 仅限于生产纽扣、人造大理石、卫生洁具及工艺品

树脂传递模塑（RTM）、真空辅助树脂传递模塑（VARTM）、树脂膜熔渗成型（RFI）和西曼复合材料树脂浸渗模塑成型（SCRIMP）等低成本成型工艺制造。RTM技术可以成型带有夹芯、加筋、预埋件等的大型构件，可以按照结构要求来设计预成形坯的纤维种类、含量、方向和编织程序。

(5) 满足材料性能和产品质量要求，如材料的物理化学性能要求，产品强度、刚度及表面质量要求。

(6) 产品生产批量大小，供货时间长短。

(7) 工艺设备条件、流动资金及技术水平等。所选成形工艺方法应能保证结构性能满足结构设计指标，配合精度满足装配要求。

(8) 经济效益。复合材料产品的成本可分为生产性成本和非生产性成本。生产性成本包括材料、设备、工装模具、人力、能源消耗等，非生产性成本指行政管理和市场营销等。国外曾对复合材料产品的成本进行过综合分析，大致情况是：①材料占30%；②设备占28%；③模具占10%；④人力占22%；⑤其他占10%。由此可见，除材料外，其他项都关系到制造成本（约60%～70%）。上述各种成本的比例关系会随着产量的变化而发生变化，提高产量，使设备和模具得以充分利用，因而降低了成本。对于同一种产品，可以有多种成型方法供选择，不同的成型方法会产生不同的成本。例如复合材料管道，可以采用纤维缠绕成型、卷管成型、拉挤成型、热压罐成型或RTM等不同方法制造。因此，在整个结构设计过程中应对各种设计和制造方案进行比较，始终坚持低成本设计原则，选择成本-效率最好的成型工艺方法，实现产品性能与成本的最佳平衡。制造方面的低成本技术，首先就是提高自动化程度，当前最受关注的是降低固化技术成本问题，发展的主流是湿法成型技术，也称液体模塑成型技术，主要有RTM、VARTM、RFI和SCRIMP等。除湿法成型外，其他的低成本制造技术还有纤维缠绕、拉挤成型、复合材料自动铺放成型技术、非热压罐固化成型技术等。

(9) 优先选用有使用经验的成形工艺方法，应充分考虑结构在制造和使用时易于检测，并应同时考虑可能采用的维修方法，为实施维修提供足够的可达性和开敞性。

6.4 复合材料层合板的力学性能

复合材料的性能数据是复合材料设计应用的基础。表2.1.1已列出单向复合材料单层的基本力学性能。复合材料各种铺层层合板的力学性能可以通过试验测定，也可以将固化单层的性能代入经典层合板理论计算公式求得，具体计算办法及步骤详见3.4节所述。层合板的力学性能受铺层材料（种类、规格、纤维含量、界面等），铺层形式（铺层角、铺层比例、铺设顺序等）和成型工艺影响，数据是千变万化的。计算结果只给出评估值，供设计参考，具体数据还需要由试验测定。表6.4.1列出了T 300/648复合材料层合板的力学性能。

6.5 层合板设计

层合板是复合材料结构的最基本结构元件。复合材料层合板设计（Laminate design），或称为铺层设计，是结构设计的基础，也是复合材料结构设计特有的工作内容。层合板设计的优劣在很大程度上影响着结构设计的成败。层合板设计是根据由纤维和基体组成的单层的性能

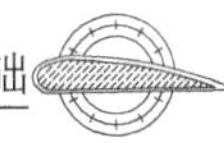

表 6.4.1 T 300/648 复合材料层合板的力学性能

层合板代号	0°拉伸强度/MPa	0°拉伸模量/GPa	延伸率/%	90°拉伸强度/MPa	90°拉伸模量/GPa	泊松比	0°压缩强度/MPa	0°压缩模量/GPa	90°压缩强度/MPa	90°压缩模量/GPa
1	135	15.6	1.80	135	15.6	0.760	160	14.3	160	14.3
2	531	49.9	1.01	151	22.6	0.749	449	45.8	192	25.1
3	896	84.9	0.97	141	20.0	0.710	642	74.5	228	21.6
4	1082	109	0.94	76.0	16.1	0.590	807	107	131	18.0
5	1427	135	0.93	45.6	8.76	0.318	1124	132	186	10.4
6	151	22.6	0.76	531	49.9	0.345	192	25.1	449	45.8
7	511	52.4	0.98	511	52.4	0.330	516	54.7	516	54.7
8	696	72.4	0.94	437	48.3	0.220	690	74.4	411	46.0
9	1024	110	0.85	356	42.8	0.075	919	89.6	463	45.8
10	141	20.0	0.77	896	84.9	0.197	228	21.6	642	74.5
11	437	48.3	0.84	696	72.4	0.126	411	46.0	690	74.4
12	801	76.3	0.97	801	76.3	0.038	738	66.3	738	66.3
13	76.0	16.1	0.54	1080	109	0.101	131	18.0	807	107
14	356	42.8	0.79	1024	110	0.022	463	45.8	919	89.6
15	45.6	8.78	0.51	1427	135	0.018	186	10.4	1124	132

注:层合板代号表示如下:

1 $[-45/+45_2/-45_2/+45_2/-45]_s$

2 $[+45/-45/0_2/-45/+45_2/-45]_s$

3 $[+45/-45/0_2/-45/+45/0_2]_s$

4 $[0_2/+45/-45/0_4]_s$

5 $[0]_{16}$

6 $[-45/+45/90_2/+45/-45_2/+45]_s$

7 $[+45/-45/0/90/-45/+45/0/90]_s$

8 $[0_2/45/-45/90/0/90/0]_s$

9 $[0_2/90/0_2/90/0_2]_s$

10 $[-45/+45/90_2/+45/-45/90_2]_s$

11 $[90_2/-45/+45/0/90/0/90]_s$

12 $[0/90_2/0_2/90_2/0]_s$

13 $[90_2/45/-45/90_4]_s$

14 $[90_2/0/90_2/0/90_2]_s$

15 $[90]_{16}$

来决定层合板中各单层的纤维取向(铺设角,Ply orientation angle)、铺层顺序(Ply stacking sequence)、各定向层相对于总层数的比例和总层数(或总厚度),扬长避短,发挥复合材料沿纤维方向的优良性能,避免使用其弱的横向、剪切和层间性能,以求以最小质量达到满意的结构性能要求。此外,还有局部的铺层设计工作,如在连接区、局部冲击载荷区和开口边缘等处的铺层局部调整,以及在结构尺寸和结构外形突变区的铺层过渡问题。铺层设计是最具复合材料特色的主要设计内容之一,设计合理与否直接影响到复合材料结构的强度、刚度、稳定性等重要性能和分层、损伤、破坏、尺寸稳定性、工艺性等重要特性。

6.5.1 层合板设计的一般原则

(1) 均衡对称的铺设原则。除了特殊需要(如气动剪裁要求等)外,层合板一般应设计成均衡对称层合板(Balanced symmetric laminate)形式,使 $B_{ij}=0$ 和 $D_{16}\approx 0$ 及 $D_{26}\approx 0$,以避免拉-弯和弯-扭耦合而引起层合板固化后的翘曲变形。均衡对称层合板的特征是:①铺层对中面对称；②若有－45℃单层，则应有＋45℃单层与其平衡。无法满足时，非均衡或非对称的铺层应尽量放在层合板的中面附近。

(2) 铺层定向原则。在满足受力的情况下，铺层方向数应尽量少，以简化设计和施工的工作量。应尽可能避免使复合材料结构承受面外载荷，特别要注意由于偏心或结构变形引起二次应力而产生的面外载荷。对于承受面内载荷的层合板一般多选择 0°、90°和±45°等 4 种铺层方向。如果需要设计成准各向同性层合板，可采用$[0/45/90-45]_s$，或$[60/0/-60]_s$层合板。对于采用缠绕成型工艺制造的产品，铺层角(缠绕角)不受上述 $\pi/4$ 角度的限制，但一般采用$\pm\theta$缠绕角。$\pm\theta$铺层应尽量靠近，可有效降低弯扭耦合，以免影响有效刚度和稳定性，但$\pm\theta$铺层分开有利于减少层间剪切应力，两者是有矛盾的。

(3) 铺层取向按承载选取原则。铺层的纤维轴线应与内力的拉压方向一致，以最大限度利用纤维轴向具有高的强度和刚度的特性，如图 6.5.1 所示。具体地说就是：①如果承受单轴向拉伸或压缩载荷，纤维铺设方向应与载荷方向一致；②如果承受双轴向拉伸或压缩载荷，纤维方向按受载方向 0°、90°正交铺设；③如果承受剪切载荷，纤维方向按＋45°、－45°成对铺设；④如果承受拉伸(或压缩)和剪切的复合载荷情况，则纤维方向应按 0°、90°、＋45°、－45°多向铺设，0°铺层用来承受轴向载荷，45°铺层承受剪切载荷，90°铺层承受横向载荷和控制泊松比。

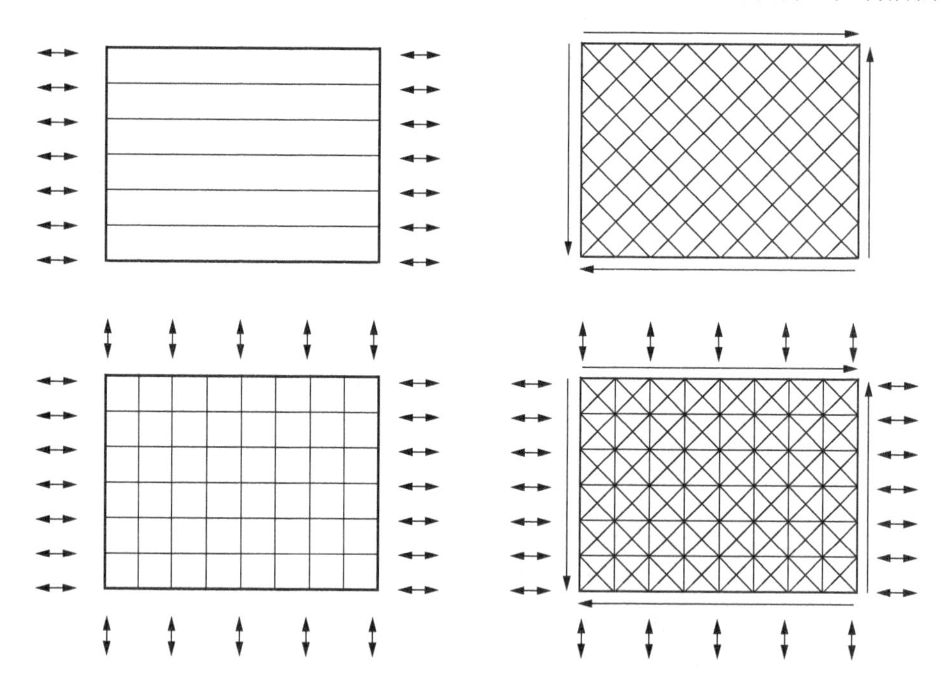

图 6.5.1　铺层取向按承载选取

(4) 铺设顺序原则。主要从以下三方面考虑：①应使各定向单层尽量沿层合板厚度均匀分布，也就是说，应使层合板的单层组数尽量地多，避免将同一铺层角的铺层集中放置。如果不得不使用时，一般不超过 4 层(即限制单层组厚度小于 0.8 mm)，以减少两种定向层之间层内开裂和边缘分层。②如果层合板中含有±45°层、0°层和 90°层，应尽量在＋45°层和－45°层之间用 0°或 90°层把它们隔开；尽量在 0°层和 90°层之间用 45°层或－45°层隔开；尽量避免将 90°层成组铺放以降低层间剪切应力。③对于暴露在外的层合板，在表面铺设±45°层，将具有较好的使用维护性，也可以改善层合板的抗压缩和抗冲击性能。

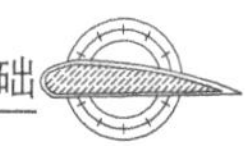

(5) 铺层最小比例原则。为使复合材料的薄弱环节——基体沿各个方向均不受载,对于由方向为0°、90°、±45°铺层组成的层合板,其任一方向的最小铺层比例应大于等于10%。

(6) 冲击载荷区设计原则。对于承受集中力冲击的层合板部位,应进行局部加强。应有足够多的纤维铺设在层合板的冲击载荷方向,以承受局部冲击载荷。还要配置一定数量与载荷方向成±45°单层,以便将集中载荷扩散。另外,还需要采取局部增强措施,以确保足够的强度。对于使用中容易受到外来冲击的结构,其表面几层纤维应均布于各个方向。使相邻层的夹角尽可能小,目的是防止基体受载和减少层间分层。对于仍不能满足抗冲击要求的部位。应局部采用混杂复合材料铺层,如芳纶与玻璃纤维等铺层。

(7) 连接区的设计原则。应使与钉载方向成±45°的铺层比例大于等于40%,与钉载方向一致的铺层比例大于25%,以保证连接区有足够的剪切强度和挤压强度,同时也有利于扩散载荷和减少孔的应力集中。

(8) 变厚度设计原则。在结构变厚度区域,铺层数递增或递减应形成台阶逐渐变化,因为厚度的突变会引起应力集中。要求每个台阶宽度相近且大于等于2.5 mm,台阶高度不超过宽度的1/10。然后在表面铺设连续覆盖层,以防止台阶处发生剥离破坏。

(9) 开口区铺层原则。在结构开口区应使相邻铺层的夹角小于等于60°,以此提高层间强度。开口形状应尽可能采用圆孔,因为它引起的应力集中较小。若必须采用矩形孔,则拐角处要采用半径较大的圆角。另外,在开口时,切断的纤维应尽可能少。

(10) 铺层拼接原则。允许在平行于载荷方向拼接,不允许在垂直于载荷方向拼接。拼接间隙应小于2 mm,不允许搭接。拼接层至少应由4个其他层隔开,没有4层时,至少要交错15 mm进行拼接,以减少薄弱环节。

(11) 加筋条剖面形状选择原则。加筋条剖面形状分为开剖面的L形、T形(含球头T形)、J形、I形、p形等,闭剖面的帽形、泡形、Ⅱ形等,如图6.5.2所示。"T"形筋条[图6.5.2(a)]结构最简单,重量轻,容易与肋、框连接,容易成形,固化后便于脱模;缺点是惯性矩低,筋条容易总体失稳,多用于载荷比较小的壁板上。在"T"形筋条端头增加一球形头[图6.5.2(b)],可提高稳定性,且筋条下端不易分层。"J"形筋条是在"T"形筋条的基础上增加了半边缘板,较大地提高了筋条的总体稳定性;但由于结构不对称,剖面扭心不在腹板平面上,较易扭转,一般

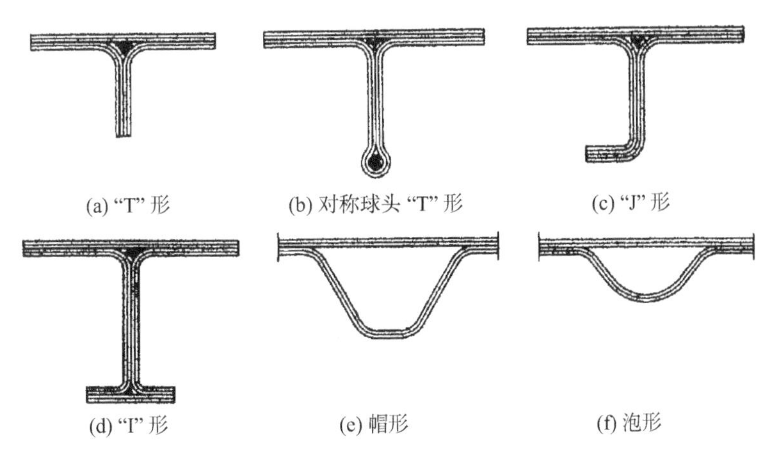

图6.5.2 复合材料加筋条剖面形状

用于中等载荷水平的壁板上。“I”形筋条[图 6.5.2(d)]有一水平缘板，惯性矩较大，且结构对称，扭转刚度也较大，适用于中等承载水平的壁板。帽形、泡形筋条[图 6.5.2(e)(f)]的剖面尺寸较大，其两边与蒙皮相连形成一个闭合剖面，具有很高的受压稳定性，可以承受重载；但闭合剖面内部缺陷不易检查，与肋、框的连接也较困难。

层合板单层的总层数及各定向单层比例的确定，也即各定向单层层数的确定，通常是根据对层合板设计的要求综合考虑确定的。合理的设计应具有尽量少的总层数。一般来讲，根据具体的设计要求，层合板可采用以下设计方法进行设计。

6.5.2 等代设计法

等代设计法(Replacement design)是工程复合材料中较常采用的一种设计方法。特别是对于原金属结构进行改进、改型，增加了减重及耐腐蚀等要求的，改用复合材料结构，可采用等代设计法。所谓等代设计法，一般是指在载荷和使用环境基本不变的情况下，稍为考虑一些复合材料的特点，采用相同形状(或适当地改变形状和尺寸)的复合材料构件代替其他材料，并用原来材料的设计方法进行设计。根据复合材料的受力特点，用复合材料代替金属材料时，在保持结构件外形不变的条件下，结构内部构件的形状会发生变化。结构件的厚度也会作相应变化。根据结构中各部分的受力性质，可采用不同的层合板结构形式代换。进行等代设计时，一般采用等刚度设计后，再作强度校核。等代设计的方法和步骤如下。

(1) 计算原结构的刚度和强度。

(2) 拟定复合材料替代结构的具体结构细节和组成各元件的剖面形式。对于梁形构件，主要使结构剖面形式的弯曲刚度和扭转刚度尽可能地大。

(3) 计算复合材料构件各组成元件的拉伸刚度、弯曲刚度和扭转刚度，应仔细对各组成元件作铺层设计，并确定各元件厚度。

(4) 计算复合材料结构的总体拉伸刚度、弯曲刚度和扭转刚度。

(5) 将复合材料的刚度参数与原结构作比较，若已满足刚度要求，则转入下一步强度校核；若不满足，则应重新作刚度设计。

(6) 对已满足刚度要求的复合材料代换结构作强度校核，若不满足要求，则仍需重新设计。一般情况下。在刚度已经满足要求时，强度是可以满足要求的。

6.5.3 准网络设计法

准网络设计法，是指不考虑基体的刚度和强度，仅考虑纤维方向刚度和强度的情况下，按应力方向和应力大小确定各定向层比例和总层数的层合板设计方法，又称应力比设计法，适用于面内变形下的层合板设计。设计步骤如下。

(1) 计算应力

首先按准各向同性层合板的刚度参数计算出层合板应力 N_x^*、N_y^*、N_{xy}^*，得应力比如下

$$N_x^* : N_y^* : N_{xy}^* = 1 : K_1 : K_2 \tag{6.5.1}$$

故 $K_1 = N_y^* / N_x^*$，$K_2 = N_{xy}^* / N_x^*$。

(2) 确定定向层比

根据应力比确定各定向层比，即 N_x^* 对应于 0°方向铺设的单层，N_y^* 对应于 90°方向铺设

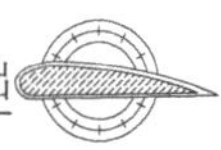

的单层，N_{xy}^{*} 对应于±45°方向铺设的单层，并使各对应方向的纤维量之比为 $1:K_1:2K_2$，这里 $2K_2$ 是因为±45°为成对铺设。若各个单层选用的增强材料类型和规格品种相同，则各对应方向的层数 n_x、n_y、n_{xy} 之比为

$$n_x:n_y:n_{xy}=1:K_1:2K_2 \tag{6.5.2}$$

(3) 重新计算应力

根据上述方法确定的铺层比所构成的层合板，重新计算刚度参数，并计算出相应的层合板应力 N_{x1}^{*}、N_{y1}^{*}、N_{xy1}^{*}。

(4) 判别比值误差

$$\frac{K_1-N_{y1}^{*}/N_{x1}^{*}}{K_1}\times100\%\leqslant10\%,\quad \frac{K_2-N_{xy1}^{*}/N_{x1}^{*}}{K_2}\times100\%\leqslant10\% \tag{6.5.3}$$

如果不满足上式条件，则需调整定向层比，直至计算的应力比与前一次应力比的比值误差在规定误差范围内为止。

(5) 确定各定向层层数

先确定各定向层的总厚度 h_x、h_y、h_{xy}

$$h_x:h_y:h_{xy}=1:K_1:2K_2 \tag{6.5.4}$$

这里

$$h=h_x+h_y+h_{xy} \tag{6.5.5}$$

层合板的总厚度 h 可根据在外载作用下由此各定向层比构成层合板的许用应力确定。

若单层厚度为 h_0，则各定向层层数为

$$n_x=h_x/h_0,\ n_y=h_y/h_0,\ n_{xy}=h_{xy}/h_0 \tag{6.5.6}$$

总层数为

$$n=n_x+n_y+n_{xy} \tag{6.5.7}$$

(6) 构成层合板

根据各定向铺层方向及层数，按镜面对称方式叠合成层合板。

[例 6.5.1]　已知复合材料层合板承受应力之比为 $N_x^{*}:N_y^{*}:N_{xy}^{*}=1:0.5:0.2$，现拟采用 4∶1 单向纤维布和 1∶1 平衡型织物作增强材料，试确定层合板各单层的厚度比例。

[解]　为了避免附加应力或附加变形，常采用单向复合材料和 1∶1 平衡型复合材料组合承受正应力 N_x^{*} 及 N_y^{*}，另加 1∶1 平衡型复合材料作±45°铺层以承受剪应力 N_{xy}^{*}。

(1) 三方向的纤维分配量为

$$1:K_1:2K_2=1/1.9:0.5/1.9:0.4/1.9=0.526:0.263:0.210$$

(2) 铺层设计：铺层取向按承载选取

设层合板厚度为 t，1∶1 平衡型织物作±45°铺层，厚度 $0.25t$；4∶1 单向布经纬向与 $x-y$ 重合铺，厚度 $0.40t$；1∶1 平衡织物经纬向与 $x-y$ 重合铺，厚度 $0.35t$。

(3) 按准网络理论校核

x 方向　$0.4t\times4/5+0.35t\times1/2=0.495t$

y 方向　$0.4t\times1/5+0.35t\times1/2=0.255t$

实际纤维量为

$$0.495t : 0.255t : 0.25t = 0.526 : 0.271 : 0.266$$

(4) 按层合板理论校核

若采用玻璃纤维复合材料,已知这两种复合材料单层的基本弹性常数和强度为

1∶1 复合材料　$E_1 = E_2 = 16$ GPa,$G_{12} = 3.5$ GPa,$\nu_1 = 0.14$,$X_t = Y_t = 300$ MPa,$S = 50$ MPa;

4∶1 复合材料　$E_1 = 22$ GPa,$E_2 = 8$ GPa,$G_{12} = 3.0$ GPa,$\nu_1 = 0.20$,$X_t = 450$ MPa,$Y_t = 150$ MPa,$S = 40$ MPa。

按层合板理论校核,算得这种层合板在该应力比值下的极限强度为 236 MPa;如单用4∶1 单层,在该应力比值下的极限强度为 176 MPa;如单用 1∶1 单层,在该应力比值下的极限强度为 206 MPa;如果单用 1∶1 单层(± 45°铺放),在该应力比值下的极限强度为 173 MPa;所以使用层合板是能提高承载能力的。

6.5.4 层合板排序设计法

层合板排序设计法(Ranking),是基于某一类(即选定某几种铺层角)或某几类层合板,选取几种不同的定向层比所排成的层合板系列,以表格形式列出各种层合板在各组内力作用下的强度值或刚度值,以及所需的铺层数,供设计层合板时选择。其设计步骤归纳如下。

(1) 对设计的层合板提出某些性能指标,如强度、刚度、稳定性要求。

(2) 根据经典层合板的理论公式编制程序后,由计算机计算出一系列层合板的性能值。

(3) 按性能指标的优劣和总层数从少到多的顺序,依次用表格形式排列出来。

(4) 选取满足设计要求的层合板。

层合板排序设计法主要用于合理选择子层合板,它使设计者一目了然,查阅与应用方便。由于设计计算是建立在合理的层合板理论基础之上,结果可靠。这种设计法的优点是按复杂应力状态来求得其强度,摒弃了认为单轴强度可叠加为复杂应力状态下强度的假设。图 6.5.3 给出了 T300/5208(碳纤维/环氧)复合材料层合板面内刚度的一种排序法结果。排序结果采用了平面应力状态的层合板理论,对 97 种可能出现的不同铺层的 $\pi/4$ 子层合板进行了刚度计算。这些子层合板的铺设方案用 4 位数码标记,依次表示 0°、90°、45°、−45°的铺层层数,如[4211]表示$[0_4/90_2/45/-45]_S$ 子层合板。如果用两种或三种角度代换四种角度,则至少有 1 个或 2 个数字分别为零,例如,$[0/90]_S$ 层合板用标记[1100]表示。由图 6.5.3 可见,具有最大E_x^0的层合板,其对应的 E_y^0最小,单向板取得面内拉压弹性模量的最大值和最小值;有 3 种三向层合板出现在前 7 项中,而四向层合板则没有出现在前、后的 7 项中。由于各向异性层合板的刚度和强度一般要优于用同种复合材料构成的准各向同性层合板的刚度和强度,所以刚度或强度值均可用与准各向同性层合板的相应比值(如 E_x^0/E^{iso},$G_{xy}^0/G^{\mathrm{iso}}$)给出,这些比值不仅显示了各向异性的效益还提供了复合材料与各向同性材料之间的比较,这样在设计选择时较为方便。与图 6.5.3 类似,还可以给出层合板面内刚度和强度的其他一些排序法结果,如可分别给出 G_{xy}^0、E_x^0/E_y^0、E_x^0/G_{xy}^0 最大 7 种和最小 7 种情况弹性模量的绝对值和相对值。这些排序结果,对于其他牌号的碳纤维/环氧树脂复合材料层合板的刚度设计具有重要参考价值。

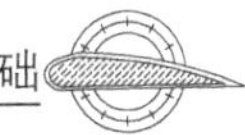

	序列号	层合板标记	E_x^0/GPa	E_x^0/E^{iso}	G_{xy}^0/GPa	G_{xy}^0/G^{iso}	E_x^0/E_y^0	E_x^0/G_{xy}^0
最大→	94	1000	181.0	2.60	7.17	0.27	17.6	25.2
	79	3010	141.0	2.03	11.6	0.43	9.48	12.1
	82	3001	141.4	2.03	11.6	0.43	9.48	12.1
	76	3100	138.8	1.99	7.17	0.27	2.61	19.4
↑1	56	4011	130.1	1.87	20.3	0.76	5.43	6.41
	36	4110	127.9	1.84	12.4	0.46	3.00	10.3
	46	4101	127.9	1.84	12.4	0.46	3.00	10.3
	87	130	16.63	0.24	12.6	0.47	0.28	1.32
	90	103	16.63	0.24	12.6	0.47	0.28	1.32
	86	220	16.11	0.23	12.7	0.47	0.16	1.27
	89	202	16.11	0.23	12.7	0.47	0.16	1.27
	85	310	14.92	0.21	11.6	0.43	0.11	1.28
	88	301	14.92	0.21	11.6	0.43	0.11	1.28
最小→	95	100	10.29	0.15	7.17	0.27	0.06	1.44

图 6.5.3　E_x^0最大 7 种和最小 7 种情况弹性模量的绝对值和相对值

6.5.5　毯式曲线设计法

毯式曲线是指复合材料层合板的工程弹性常数或强度随层合板各定向层比例的变化所构成的列线图，又称卡彼特曲线(Carpet plot)。毯式曲线设计法，是指对于设计给定刚度或强度要求的层合板，利用毯式曲线确定它的各定向单层的比例和层数。毯式曲线设计法的基本步骤如下。

(1) 画出毯式曲线

以选定的单层材料的工程弹性常数或强度为基本数据，利用经典层合板理论，计算出不同铺设情况层合板的面内工程弹性常数和强度，并画出毯式曲线。图 6.5.4 给出了 T300/QY8911 (碳纤维/双马来酰亚胺)的毯式曲线。

(2) 确定定向层比和定向层层数

依据设计要求和层合板一般设计原则，选定合理的定向层比；再利用已确定的各定向层比，即可仿照式(6.5.4)～式(6.5.7)来确定各定向单层数和总层数。

[例 6.5.2]　现需一 T300/QY8911 层合板，要求层合板面内拉伸弹性模量 $E_y^0=60$ GPa，拉伸强度 $\sigma_{xt}>600$ MPa，试确定各定向单层比例。

[解]　解决这个问题的工程设计具体步骤如下。

(1) 确定采用 $\pi/4$ 层合板，并先任选一铺层比例，如 0°层 60%，±45°层 20%，则 90°层为 1−60%−20%=20% 。一旦选定铺层方式，就能确定相应的性能。该层合板在图 6.5.4[(a)(b)]中为 A 点，即 $\sigma_{xt}=968$ MPa，$E_x^0=90$ GPa。

(2) 为了得到层合板面内拉伸弹性模量 E_y^0，把图中 x 和 y 坐标互换，即 0°层和 90°层含量比例互换，则变成这两张图中的 B 点，该点的 $\sigma_{yt}=353$ MPa，$E_y^0=40$ GPa。

(3) 由于 σ_{xt} 大于所需值，而 E_y^0 小于所需值，故需对铺层比例进行调整。调整的思路是适当减少 0°层含量而增加 90°层含量。如改 0°层为 40%，90°层 40%，±45°层 20%，该铺层比例

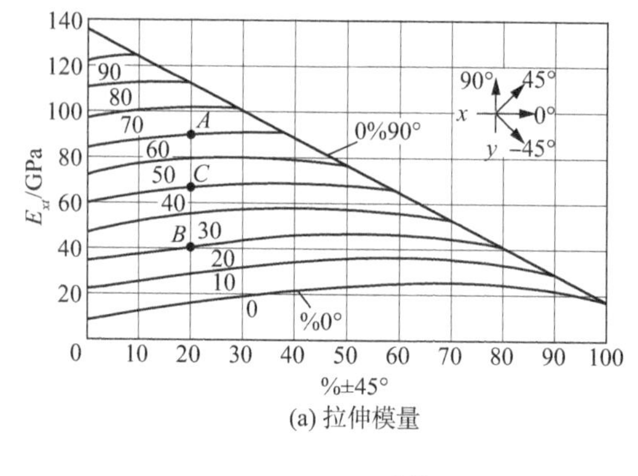

(a) 拉伸模量

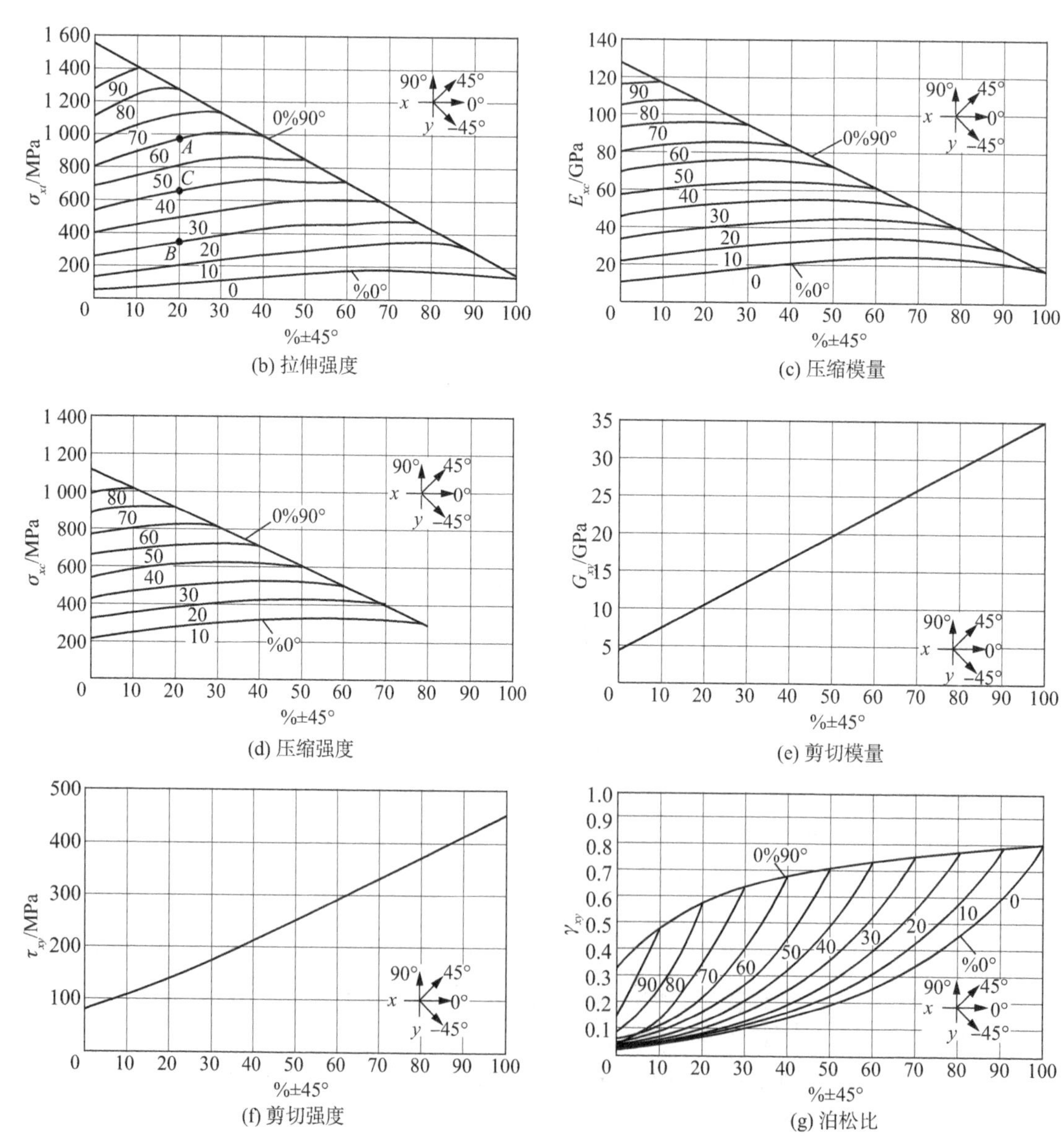

(b) 拉伸强度

(c) 压缩模量

(d) 压缩强度

(e) 剪切模量

(f) 剪切强度

(g) 泊松比

图 6.5.4　T300/QY8911 复合材料层合板的毯式曲线

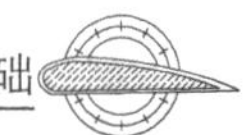

在图中对应为 C 点，其 $\sigma_{xt}=647$ MPa，$E_y^0=65.5$ GPa。x 轴和 y 轴互换后仍为 C 点，所以 $E_y^0=65.5$ GPa。因此，σ_{xt} 和 E_y^0 均满足要求。进一步调节是从安全系数上获得益处。

当然如采用非 $\pi/4$ 层合板也能满足上述要求，但是在计算上和工程上均较麻烦。

除了确定铺层方式、模量或拉伸强度外，也可用同样的方法确定其他特性，如剪切模量、压缩强度、泊松比和热膨胀系数等。

6.5.6　层合板优化设计法

层合板的优化设计是在某种(或某些)约束条件下，使层合板某个或某些目标特性最优的设计方法。约束目标可以是强度、刚度、稳定性、振动、气动弹性等，目标特性通常为重量最轻。目前已有 Nastran 等分析程序可用。下面以强度约束条件为例，说明层合板优化设计法的步骤。这里所说的强度约束条件，是层合板在设计内力(最大工作内力)作用下，按某一强度准则确定的层合板安全裕度为零。在约束条件下求层合板质量最轻的问题就是数学上求条件极值的问题。

(1) 层合板极限强度的估算

假设层合板在某一方向的极限强度可由各个定向单层(x 方向为 0°层，y 方向为 90°层，s 方向为±45°层) 在该方向的极限强度的加权平均求得，即

$$\left.\begin{aligned}
F_x&=[N_{x(a)}^*]_{\max}=\frac{1}{h}(F_{xx}h_x+F_{xy}h_y+F_{xs}h_s)\\
&=(a_{xx}L_x+a_{xy}L_y+a_{xs}L_s)X_t\\
F_y&=[N_{y(a)}^*]_{\max}=\frac{1}{h}(F_{yx}h_x+F_{yy}h_y+F_{ys}h_s)\\
&=(a_{yx}L_x+a_{yy}L_y+a_{ys}L_s)X_t\\
F_s&=[N_{xy(a)}^*]_{\max}=\frac{1}{h}(F_{sx}h_x+F_{sy}h_y+F_{ss}h_s)\\
&=(a_{sx}L_x+a_{sy}L_y+a_{ss}L_s)X_t
\end{aligned}\right\}\tag{6.5.8}$$

改写成矩阵形式为

$$\begin{Bmatrix}F_x\\F_y\\F_s\end{Bmatrix}=\begin{bmatrix}a_{xx}&a_{xy}&a_{xs}\\a_{yx}&a_{yy}&a_{ys}\\a_{sx}&a_{sy}&a_{ss}\end{bmatrix}\begin{Bmatrix}L_x\\L_y\\L_s\end{Bmatrix}X_t=[a]\begin{Bmatrix}L_x\\L_y\\L_s\end{Bmatrix}X_t\tag{6.5.9}$$

式中　F_x,F_y,F_s——分别为层合板沿 x、y 方向的单轴极限强度和 $x-y$ 面内剪切极限强度；

F_{xx},F_{xy},F_{xs}——分别为层合板中各定向单层沿 x 方向的单轴极限强度；

F_{yx},F_{yy},F_{ys}——分别为层合板中各定向单层沿 y 方向的单轴极限强度；

F_{sx},F_{sy},F_{ss}——分别为层合板中各定向单层沿 $x-y$ 面内的纯剪切极限强度；

h_x,h_y,h_s——分别为层合板中 0°、90°、±45°各定向单层的厚度；

h——层合板厚度；

L_x,L_y,L_s——分别为层合板中 0°、90°、±45°各定向单层厚度与层合板厚度的比值，即 $L_i=h_i/h$，$(i=x,y,s)$；

X_t——单向复合材料的纵向拉伸强度；

a_{ij}——强度比值参数，$a_{ij}=F_{ij}/X_t$，$(i,j=x,y,s)$。

(2) 建立目标函数

质量函数为

$$f(h_x,h_y,h_s)=(h_x+h_y+h_s)A\rho \tag{6.5.10}$$

式中 A——层合板板面($x-y$ 平面)面积;

ρ——层合板材料密度。

强度约束条件用诺里斯判据可表示为

$$\varphi(h_x,h_y,h_s)=\left[\frac{N_x}{D_x}\right]^2+\left[\frac{N_y}{D_y}\right]^2-\left[\frac{N_xN_y}{D_xD_y}\right]^2+\left[\frac{N_s}{D_s}\right]^2-1=0 \tag{6.5.11}$$

式中 N_x,N_y,N_s——分别为层合板 x 方向、y 方向、$x-y$ 剪切面内单位长度上的作用内力;

D_x,D_y,D_s——分别为层合板 x 方向、y 方向、$x-y$ 剪切面内单位长度上的极限内力,并且有

$$\begin{Bmatrix}D_x\\D_y\\D_s\end{Bmatrix}=h\begin{Bmatrix}F_x\\F_y\\F_s\end{Bmatrix} \tag{6.5.12}$$

目标函数用拉格朗日乘子法表示为

$$\begin{aligned}W&=f(h_x,h_y,h_s)+\lambda\varphi(h_x,h_y,h_s)\\&=(h_x+h_y+h_s)A\rho+\lambda\left[\left(\frac{N_x}{D_x}\right)^2+\left(\frac{N_y}{D_y}\right)^2-\left(\frac{N_xN_y}{D_xD_y}\right)+\left(\frac{N_s}{D_s}\right)^2-1\right]\end{aligned} \tag{6.5.13}$$

式中 λ——拉格朗日乘子。

(3) 求条件极值

由式(6.5.13)分别对 h_x、h_y、h_{xy} 及 λ 求偏导数,并使其均等于零,经推导整理为

$$\begin{Bmatrix}h_x\\h_y\\h_s\end{Bmatrix}=\frac{D_x}{X_t}[a]^{-1}\begin{Bmatrix}1\\\dfrac{D_y}{D_x}\\\dfrac{D_s}{D_x}\end{Bmatrix} \tag{6.5.14}$$

式中,D_x/D_y、D_x/D_s 由以下两方程解出一实根

$$\left.\begin{aligned}&(a_{xx}-a_{xy})N_x^2+(a_{yx}-a_{xy})N_y^2\left(\frac{D_x}{D_y}\right)^2-\\&\frac{1}{2}N_xN_y\left[(a_{xx}-a_{xy})\left(\frac{D_x}{D_y}\right)+(a_{yx}-a_{xy})\left(\frac{D_x}{D_y}\right)^2\right]=0\\&(a_{xx}-a_{sx})N_x^2+(a_{yx}-a_{ys})N_y^2\left(\frac{D_x}{D_y}\right)^2-\\&\frac{1}{2}N_xN_y\left[(a_{xx}-a_{xs})\left(\frac{D_x}{D_y}\right)+(a_{yx}-a_{ys})\left(\frac{D_x}{D_y}\right)^2\right]+(a_{sx}-a_{ss})N_s^2\left(\frac{D_x}{D_s}\right)^2=0\end{aligned}\right\} \tag{6.5.15}$$

根据所求得的 D_x/D_y、D_x/D_s 值,利用失效准则式

$$D_x^2=N_x^2+N_y^2\left(\frac{D_x}{D_y}\right)^2-N_xN_y\left(\frac{D_x}{D_y}\right)+N_s^2\left(\frac{D_x}{D_s}\right)^2 \tag{6.5.16}$$

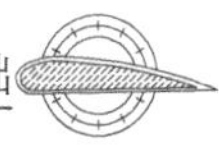

可得 D_x 的 1 个正值和 1 个负值。根据 N_x 的正负号来相应确定 D_x 的正负号。有了 D_x、D_x/D_y、D_x/D_s 值，即可由式(6.5.14)求得 h_x，h_y，h_s 值。

(4) 各定向单层层数的选定

由上面求得的 h_x、h_y、h_s，可得出总层数 n 和各定向单层的层数为

$$n=\frac{h_x+h_y+h_s}{h_0}=\frac{h}{h_0} \tag{6.5.17}$$

$$n_x=\frac{h_x}{h_0},\ n_y=\frac{h_y}{h_0},\ n_s=n-n_x-n_y \tag{6.5.18}$$

式中　h_0——单层厚度。

由于 n、n_x、n_y、n_s 不一定为整数值，实际均应取整数值，为此可取最邻近的整数值作为可行方案值，但应保持总层数不变。这样便有几种可行方案，需对每种方案计算如下的安全裕度

$$\text{M. S.}=\frac{1}{\left(\frac{N_x}{D_x}\right)^2+\left(\frac{N_y}{D_y}\right)^2-\frac{N_xN_y}{D_xD_y}+\left(\frac{N_s}{D_s}\right)^2}-1 \tag{6.5.19}$$

选择安全裕度值为最大正值的可行方案，即为所求的优化方案。

6.6 结构设计

复合材料结构设计除了具有包含材料设计内容的特点外，就结构设计本身而言，无论在设计原则、工艺性要求、许用值与安全系数确定、设计方法等方面都有其自身的特点，一般不完全沿用金属结构的设计方法。

6.6.1 结构设计的一般原则

复合材料结构设计的一般原则，除了已经介绍过的层合板设计原则外，还需要满足结构的强度和刚度的基本原则，其目的是为了满足结构的使用要求。所以无论是金属结构还是复合材料结构，它们的强度、刚度设计的总原则是相同的，但由于复合材料结构的材料特性和结构特性与金属结构有很大差别，所以复合材料结构在满足强度、刚度的原则上还有别于金属结构。

(1) 复合材料结构一般采用按使用载荷设计，按设计载荷校核的方法。使用载荷是指正常使用中可能出现的最大载荷，在该载荷作用下结构不会产生残余变形。设计载荷是指设计中用来进行强度计算的载荷，在该载荷下结构刚开始或接近破坏。设计载荷与使用载荷的比值即为安全系数。

(2) 结构强度计算用的许用值(Allowables)，分为使用许用值和设计许用值，它们分别对应于最大使用载荷和设计载荷。许用值的数值基准分 A 基准值和 B 基准值两种。复合材料使用许用值的数值基准一般取 B 基准，设计许用值的数值基准可为 B 基准或 A 基准。对主承力结构或单传力结构往往采用 A 基准值，对多传力结构或破损安全结构往往采用 B 基准值。A 基准值是指一个性能极限值，在 95%置信度下，至少有 99%的数值群的性能值高于此值；B 基准值是指一个性能极限值，在 95%置信度下，至少有 90%的数值群的性能值高于此值。

许用值的概念与材料力学中许用应力的概念是不同的。传统的许用应力是指极限应力与安全系数的比值。极限应力就是设计载荷对应的构件应力，所以许用应力就是使用载荷对应

的构件应力。本书仍沿用传统的许用应力称呼，但不要与许用值相混淆。

(3) 复合材料强度准则只适用于复合材料单层。在未规定使用某一强度准则时，一般采用蔡-吴(Tsai-Wu)张量准则，且取 $F_{12}=-\frac{\sqrt{F_{11}F_{22}}}{2}$。

(4) 当结构使用温度范围很宽或在不同温度下复合材料性能变化较大时，则应力分析所用材料的力学性能数据应按温度区间（如−55～80℃、80～120℃、120～150℃等）选取，材料弹性常数选取试样在相应温度区间测定的平均值，强度计算采用材料在相应温度区间的许用值，而应力分析所用的外载荷选取相应温度区间各工况情况中的最大使用载荷。

(5) 复合材料结构在使用载荷作用下，不允许结构有永久变形。

(6) 有刚度要求的一般部位，材料弹性常数的数值可选取对应温度区间的平均值；对于刚度有严格要求的重要部位，需要选取对应温度区间的 B 基准值。

6.6.2 结构设计应考虑的工艺性要求

复合材料结构工艺性包括构件的制造工艺性和部件的装配工艺性两方面。复合材料结构设计时结构方案的选取和结构细节的设计对工艺性有决定性影响，在结构设计的全过程均应考虑结构工艺性问题。

(1) 铺层设计要考虑工艺性问题。由于不同铺层角的单层之间，在给定方向上存在刚度特性和膨胀特性的差别，当铺层不对称、装配不对称、同一铺层角的单层集中过多时，会引起翘曲甚至分层。

(2) 结构零件的拐角应具有较大的圆角半径，避免在拐角处出现纤维断裂、富胶、纤维架桥等缺陷。

(3) 对于外形复杂的结构，在外形变化区采用光滑过渡，用织物代替无纬布，以减少外形变化区的纤维分离。

(4) 构件的表面质量要求较高时，应使该表面为贴模面，或在可加均压板的表面加均压板，或分解结构件使该表面为贴模面。

(5) 复合材料构件的壁厚一般应控制在 7.5 mm 以下。对于壁厚大于 7.5 mm 的构件，除必须采取相应的工艺措施以保证质量外，设计时要适当降低力学性能参数。

(6) 为保证连接区的钻孔质量，在孔的钻出一侧，应铺一层玻璃纤维布。

(7) 复合材料的成型工艺性好，能够比较容易地制造出大型复杂的任意曲面形状的产品。因此，在设计复合材料产品时，能够设计成整体的应尽可能设计成整体，或将可能合并的零件尽可能合并成一个构件，并采用共固化工艺。这样做不仅可以保证受力纤维的连续性，减少连接点，减少零件设计，减少模具数量，减少装配工作量，而且有利于保证质量，减轻重量，降低成本。

6.6.3 许用值的确定

许用值是判断结构强度的标准，也是保证一个工程结构既安全可靠又能使重量较轻的重要设计数据。因此，许用值的确定是结构设计的一项重要任务。

由于复合材料的构成复杂，其材料特性和破坏机理与金属材料有明显区别。因此，在确定复合材料的许用值时也必须采用与确定金属材料许用值不同的方法和原则。

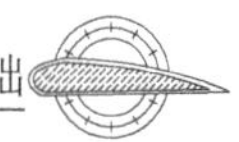

金属结构设计是按设计载荷进行设计和强度校核的，其许用值只有设计许用值，一般塑性材料用屈服极限 σ_s 的许用值，脆性材料用强度极限 σ_b 的许用值。因为金属材料性能的离散系数小，所以金属材料许用值只用 A 基准值即可。

在复合材料结构设计中，层合板的许用值应适用于在确定含义下的整个层合板系列，即可能的铺层角、定向层比和铺层顺序的任一组合，所以层合板的许用值以应变方式给出比较合适。对于同一材料体系，在确定的铺层方向（例如 0°、90°、+45°、−45°）下，由于各定向层比的变化，在某种载荷作用下，破坏应力变化较大，而破坏应变却变化不大。因此，采用应变比采用应力更能给出比较稳定的数值。

在确定许用值时还必须考虑环境条件（例如温度、湿度等）的影响。当温度变化范围较大时，应按温度区间给出许用值。因此，特定的许用值不但只适用于确定的材料体系或结构状况，而且只适用于一定的环境条件。

使用许用值和设计许用值的具体确定方法如下。

1. 使用许用值的确定方法

（1）拉伸使用许用值的确定方法。拉伸使用许用值取由下述三种情况得到的较小值：①开孔试样在环境条件下进行单轴拉伸试验，测定其断裂应变，并除以安全系数，经统计分析得出使用许用值(开孔试样见有关标准)。②非缺口试样在环境条件下进行单轴拉伸试验，其基体不出现明显微裂纹时所能达到的最大应变值，经统计分析得出使用许用值。③开孔试样在环境条件下进行拉伸两倍疲劳寿命试验，经统计分析给出由缺口疲劳控制的拉伸使用许用值。

（2）压缩使用许用值的确定方法。压缩使用许用值取由下述三种情况得到的较小值：①低速冲击后的试样在环境条件下进行单轴压缩试验，测定其破坏应变，并除以安全系数，经统计分析得出使用应变值(有关低速冲击的试样尺寸和冲击能量见有关标准)。②测定带销钉的开孔试样在环境条件下的压缩破坏应变值，除以安全系数，经统计分析得出使用许用值（试样要求见有关标准)。③低速冲击后的试样，在环境条件下进行压缩两倍疲劳寿命试验，测定其能达到的最大应变值，经统计分析得出使用许用值。

（3）剪切使用许用值的确定方法。复合材料剪切应力-应变曲线由直线段和曲线段组合。剪切使用许用值取由下述两种情况得到的较小值：①用±45°层合板在环境条件下反复进行加载-卸载的拉伸(或压缩)疲劳试验，并逐渐加大峰值载荷的量值，测定无残余变形下的最大剪应变值，经统计分析得出使用许用值。②用±45°层合板试样在环境条件下经小载荷加载-卸载数次后，将其单调地拉伸至破坏，测定其在各级小载荷下的应力-应变曲线，并确定线性段的最大剪应变值，经统计分析得出使用许用值。

2. 设计许用值的确定方法

设计许用值是在环境条件下层合板的单一载荷破坏试验数据经数理统计得出的。环境条件包括使用温度上限和 2%水分含量(对于环氧类基体为 1%)的联合情况。对于破坏实验结果应进行数据分布检验(韦伯分布或正态分布)，并按一定的可靠性要求(A 基准值或 B 基准值)给出设计许用值。

3. 许用值在结构设计中的应用

对于给定的材料体系，它们的使用许用值、设计许用值已由试验分析得出。应力的使用许用值和设计许用值可由对应的许用应变乘以弹性常数求得。与许用值配合使用的弹性常数，一般是以单向单层板的测试结果为基础，对各类多向层合板的弹性常数进行理论计算和试验测定，以理论值与实测值的偏差小于5%为标准，修正单向单层板的弹性常数后给出。

在对复合材料结构进行设计和强度计算时，应该校核：复合材料结构在使用载荷下的应变不高于材料的使用许用值；在设计载荷下的应变不高于材料的设计许用值。

以上所述的许用值的确定方法在普通玻璃钢结构设计中并未得到广泛应用。通常在玻璃钢结构设计中，许用应力值的确定基本按下式进行

$$许用应力=强度极限/安全系数\geqslant 工作应力 \tag{6.6.1}$$

对于复合材料(包括玻璃钢)，强度极限的确定比金属材料复杂得多。复合材料的强度极限和传统材料一样，也以材料的破坏强度为主。但是复合材料的“破坏”没有明确的定义，通常是指结构材料不能使用或不允许使用的状态。显然，破坏的定义应该根据具体使用要求加以确定。不同的结构、材料、使用要求和环境，都决定了不能用整齐划一的破坏定义，必须对具体问题进行具体分析。目前可以参照以下两种标准来定义强度极限。

(1) 以材料的破坏强度为标准。复合材料没有像金属材料那样的延性，纤维方向的应力-应变曲线接近于直线，即使在与纤维成角度的方向上，也没有明显的屈服点。所以，一般可取复合材料的破坏强度作为强度极限值。

(2) 以结构的刚度为标准。复合材料结构常以薄壁结构居多。对于薄壁结构，往往材料在未发生任何破坏的情况下，会出现下述三种现象：①结构的变化过大，以致不能使用；②结构发生局部屈曲或整体失稳；③结构的固有频率接近外力频率，发生共振。这三种现象都与结构的刚度有直接关系。发生这三种现象时即认为结构失效或破坏。这时需要增加材料的弹性模量和结构刚度，或者改变结构的尺寸和形状。

在确定强度极限时，应考虑载荷类型和环境条件，并需通过环境条件下的试验。在初步设计时，如果缺乏试验数据，可参照有关手册中的数据，并适当放大安全系数。

6.6.4 安全系数的确定

在结构设计中，既要确保结构安全可靠地工作，又应考虑结构的经济性，要求质量轻、成本低。因此，在保证安全的条件下，应尽可能降低安全系数。复合材料结构的安全系数应符合现行强度规范的一般规定或者产品型号规范的特殊规定。目前复合材料结构的安全系数还缺乏详细的相应规范，因此给安全系数的选取造成了不少困难。复合材料结构强度和变形按照各向异性理论进行分析计算时，在材料性能试验较充分的条件下。安全系数可取1.5～2.0，也可以采用下式确定安全系数

$$K=K_0\cdot K_1\cdot K_2\cdots K_n \tag{6.6.2}$$

式中，K_0 为基本安全系数。根据不同的设计对象，K_0 可选取不同的数值。以材料的破坏强度为强度极限时，$K_0=1.3$；以结构的刚度为依据时，$K_0=1.2$。式(6.6.2)中的 $K_i(i=1,2,\cdots,n)$代表各种因素的影响系数。现就各种因素的影响情况分别讨论如下。

(1) 材料特性值的可靠性系数 K_1

作为材料强度极限的破坏强度或弹性模量等参数，最理想的是在使用环境和载荷相同的情况下，使用与结构物在同一条件下成型的复合材料进行试验测定，这时取 $K_1=1.0$。若没有试验数据，可取用如下参考值。

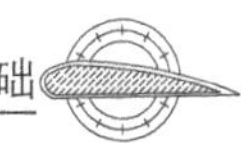

① 只做常温静态测试，参照现有数据，以推算疲劳、蠕变和在各种环境下的破坏强度的下降率时，取 $K_1=1.1$；

② 不进行测试，直接参照现有数据，推算实际使用环境下的材料特性时，$K_1=1.2$。

(2) 用途及重要性系数 K_2

在外力标准中不含用途及重要性系数时，按结构破坏所产生的影响，可取下列数值。

可能伤害多人的情况　$K_2=1.2$；

公共场所及社会影响大的情况　$K_2=1.1$；

一般情况　$K_2=1.0$；

临时设置时　$K_2=0.9$。

上述前两项，至少应进行静态测试。

(3) 载荷计算偏差系数 K_3

载荷计算不够准确是经常发生的，通常，偏差的取值可与用户协商决定，一般 $K_3>1.0$。

(4) 结构计算的精确度系数 K_4

由于结构分析计算所采用的理论方法包括多种简化假设，与实际情况有偏差，为此需要加以修正。

① 采用精确理论或有限元计算，并经结构试验验证的，可取 $K_4=1.0$；

② 采用简化模型，并用结构力学或材料力学中的简化公式计算，若没有考虑材料的各向异性特性时，取 $K_4=1.15\sim1.30$，若考虑了各向异性时，取值可小些。

(5) 冲击载荷系数 K_5

冲击载荷对复合材料特性影响较大，因为复合材料缺乏延性，冲击会产生层间剥离等损伤，尤其是低速冲击会产生不可见的分层损伤，存在潜在危险。通常可取 $K_5=1.2$。但应注意分析在实际使用中冲击可能造成的结构损伤的程度，最终决定 K_5 值。

(6) 材料特性分散系数 K_6

复合材料的材料特性受多种因素影响，有较大的分散性。根据是否进行材料特性测试，有以下两种确定 K_6 的方法。

① 在与实际结构条件相同的情况下，制作足够多(至少 10 个)的试样进行材料性能试验，测定其某个特性值。若平均值用 $\overline{X}$ 表示，标准差用 σ 表示，则分散性系数 K_6 可由下式确定

$$K_6=\frac{1}{1-K_p-\dfrac{\sigma}{\overline{X}}} \tag{6.6.3}$$

式中　$\sigma/\overline{X}$——离散系数；

K_p——系数，取值见表 6.6.1。p 为置信度，当 $p=0.001$(即置信度为 99.99%)时，$K_p=3.09$。

表 6.6.1　K_p 与 p 的关系

p	0.10	0.05	0.01	0.005	0.001	0.000 5
K_p	1.28	1.64	2.38	2.57	3.09	3.29

② 没有作上述材料特性测试，也没有确定分散特性，材料特性的分散系数应主要考虑成型工艺方法、操作人员经验和成型环境等因素的综合效果，其取值范围通常为 $K_6=1.2\sim1.5$。

在玻璃钢结构设计中，当按各向同性理论用简单的结构力学方法分析，并且只考虑静态特性时，强度计算用的安全系数 K 值建议参考下列数据：

正常情况 $K=2$；

短期静载荷 $K=2\sim3$；

长期静载荷 $K=4$；

交变载荷 $K=4\sim6$（随循环特征、频率和振幅而异）；

重复冲击载荷 $K=10$。

由于玻璃钢的弹性模量较小，刚度安全系数应当尽可能小些，以免构件过分笨重。

6.7 典型结构件设计

复合材料结构物与其他材料结构物一样，常常包含一些典型结构件。为了实施结构计算及设计，首先要了解典型结构件的设计。典型结构件主要指一维的杆、二维的板、三维的壳。由于复合材料性能特征与常规材料相比有较大差异，在设计这些构件时不能直接参照常规材料的形式，要特别注意其差异性，主要是弱的横向强度、弱的剪切强度、低的弹性模量和存在层间剪切应力等问题。

6.7.1 承拉杆件

复合材料有相当高的拉伸强度，它的比强度更好，用复合材料作为受拉的结构物是合适的，承拉杆件的铺层设计，应将大部分纤维沿杆件轴向，即沿载荷作用方向（0°）铺设，还应有约10%的90°铺层。承拉杆件的强度条件为

$$\sigma=\frac{N}{F}\leqslant[\sigma] \tag{6.7.1}$$

式中 N——承拉杆件的轴力；

F——承拉杆件的横截面面积；

$[\sigma]$——许用拉应力，为极限拉应力除以安全系数。极限拉应力即为设计拉伸强度。

6.7.2 承压杆件

压杆受轴向压缩载荷作用。增强纤维主要沿载荷作用方向（0°）铺设（也可以使用单向布），以得到较高的总体临界屈曲应力。在设计中还应考虑杆件的局部屈曲性能。因此沿杆件周向也应铺设90°层和±45°层，以提高局部承压刚度和承扭刚度。一般来说，±45°层除提供扭转刚度外，在提高临界屈曲应力方面比90°层更有效。

当计算承压杆件时，不论杆件是承受轴向压力还是偏心压力，都必须考虑两种情况：一是从强度条件出发计算它的截面尺寸，使它的应力不超过许用应力，但这只适用于粗短杆件，对它只须注意端部的加固，以避免局部破坏；二是对于比较细长的杆件，就必须考虑它的稳定性。对于玻璃钢来说，由于它的弹性模量较低，而强度却较高，因此对第二种情况更具有重要的意义。

1. 粗短承压杆件

对于粗短的承压杆件，往往是由于其强度不够而导致破坏的。可按以下强度条件设计

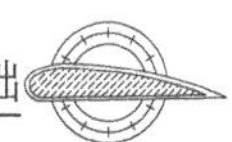

$$\sigma=\frac{|N|}{F}\leqslant[\sigma] \tag{6.7.2}$$

式中　N——承压杆件的轴力；

F——承压杆件的横截面面积；

$[\sigma]$——许用压应力，为极限压应力除以安全系数。极限压应力即为设计压缩强度，它由压杆的材料决定。

2. 细长承压杆件

细长承压杆件的破坏形式通常是失稳破坏，应按稳定性条件设计。对于理想无偏心压缩，其稳定性条件为

$$P\leqslant[P] \tag{6.7.3}$$

式中　P——使用载荷；

$[P]$——许用载荷，为细长压杆临界压力 P_{cr} 除以安全系数 n，即 $[P]=P_{cr}/n$，这里

$$P_{cr}=\frac{\pi^2 EJ}{(\mu l)^2} \tag{6.7.4}$$

式中　E——杆轴方向的弹性模量；

J——横截面的最小惯性矩；

l——压杆长度；

μ——长度系数，其值与压杆端部的约束条件有关，见表 6.7.1。

表 6.7.1　压杆的长度系数 μ

压杆的约束条件	长度系数 μ	
	理论值	建议值
两端铰支	1.0	1.0
一端固定另一端自由	2.0	2.1
两端固定	0.5	0.65
一端固定另一端铰支	0.7	0.8

若引入临界应力 σ_{cr} 的概念，则

$$\sigma_{cr}=\frac{P_{cr}}{F}=\frac{\pi^2 EJ}{(\mu l)^2 F} \tag{6.7.5}$$

若把压杆横截面的最小惯性矩 J 写成

$$J=i^2 F$$

式中　i——压杆截面的最小惯性半径。

这样，式(6.7.5)可以写成

$$\sigma_{cr}=\frac{\pi^2 E}{\left(\frac{\mu l}{i}\right)^2}=\frac{\pi^2 E}{(\lambda)^2} \tag{6.7.6}$$

式中　λ——柔度或长细比，是一个没有量纲的量，$\lambda=\mu l/i$。柔度 λ 集中地反映了压杆的长度、约束条件、截面尺寸和形状等因素对临界应力 σ_{cr} 的影响。

从式(6.7.6)可知,临界应力 σ_{cr} 与材料强度极限 σ_B 无关,它随压杆柔度 λ 的减小而增大。当 λ 小到一定值时,σ_{cr} 将大于 σ_B,这时杆件的计算就应由材料的强度控制。即式(6.7.6)的适用范围为

$$\sigma_{cr}=\frac{\pi^2E}{\lambda^2}\leqslant\sigma_B \tag{6.7.7}$$

故

$$\lambda\geqslant\sqrt{\frac{\pi^2E}{\sigma_B}} \tag{6.7.8}$$

对于通常采用的 1∶1 方格布、树脂质量含量为 50% 的手糊成型玻璃钢而言,其 $\sigma_B\approx 200$ MPa,$E=1.5\times10^4$ MPa,此时

$$\lambda\geqslant\sqrt{\frac{\pi^2\times1.5\times10^4}{200}}\approx27$$

因此,对于常用的手糊玻璃钢,当 $\lambda\geqslant27$ 时,式(6.7.6)就能适用,这已为多种截面的玻璃钢压杆的稳定试验所证实。只有 $\lambda<27$ 的压杆才由强度条件来控制。由于玻璃钢的弹性模量低,其压杆的稳定问题远较金属突出(对于普通 3 号钢,其 $\lambda\geqslant100$)。解决的途径只能设法增大截面惯性矩(通常采用管状材比较合理)或使用高模量纤维复合材料。

6.7.3 承扭杆件

通常把承受扭转变形的杆件称为轴,一般做成圆管状,可采用铺叠或缠绕的方法制成与轴线成 ±45° 铺层的圆管,以求得最大的抗扭刚度和强度。对于由 1∶1 编织布按 ±45° 铺设的圆管。其强度条件为

$$\tau_{max}=\frac{M_{n\,max}}{W_n}\leqslant[\tau] \tag{6.7.9}$$

式中 τ_{max}——圆管承受的最大扭矩;

$[\tau]$——许用剪应力;

W_n——抗扭截面模量。

$$W_n=\frac{\pi D^3}{16}(1-\alpha^4) \tag{6.7.10}$$

式中 D——圆管外径;

α——圆管内径 d 与外径 D 的比值。

6.7.4 承弯杆件

受弯杆件在工程上是经常遇到的,它是一些承受横向力作用的杆件的总称。以弯曲变形为主的杆件习惯上称为梁。复合材料梁是复合材料板中的一类特殊结构,几何特征是长度尺寸远大于宽度和高度尺寸。梁是工程结构中最常见的受力构件。常用的复合材料梁主要有三种类型:层合梁、夹层梁和薄壁梁,其截面形式如图 6.7.1 所示。复合材料梁虽然属于一维结构,但由于边界效应等原因,其理论还不够成熟。目前多采用简化计算的办法,以求得问题的近似解。本节着重讨论载荷作用在梁的纵向对称面内,而且 x、y 轴都是弹性主轴的薄壁梁和夹层梁的平面弯曲问题。

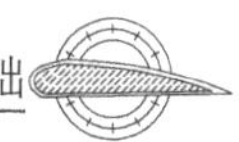

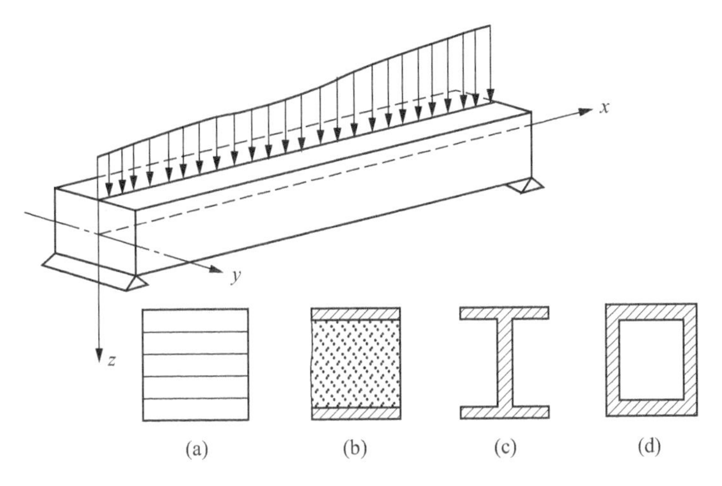

图 6.7.1　复合材料梁截面形式

(a) 层合梁；(b) 夹层梁；(c) 开口薄壁梁；(d) 闭口薄壁梁

1. 薄壁梁

在承受弯曲载荷的复合材料构件中，薄壁梁可减轻结构重量，能充分发挥材料的作用，是比较合理的结构形式，其截面形状主要有圆管形、箱形、帽形、T 形和工字形等。薄壁结构截面中心线是不封闭的，称为开口薄壁结构，如图 6.7.1(c)所示；而如图 6.7.1(d)所示截面中心线封闭的薄壁结构，称为闭口薄壁结构。开口薄壁结构的抗剪切和扭转的能力差，在弯曲载荷作用下还容易发生失稳；而闭口薄壁结构的抗扭刚度比开口薄壁结构的高得多。玻璃纤维复合材料的弹性模量较低，特别是剪切模量更低，设计时应尽量选用闭口形式，如在板架梁中的截面经常采用封闭的帽形结构(图 6.7.2)以提高其抗扭刚度。

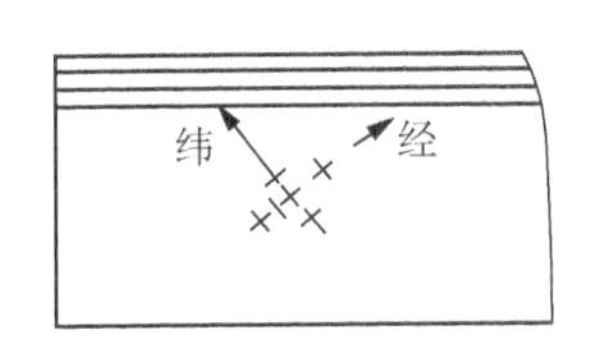

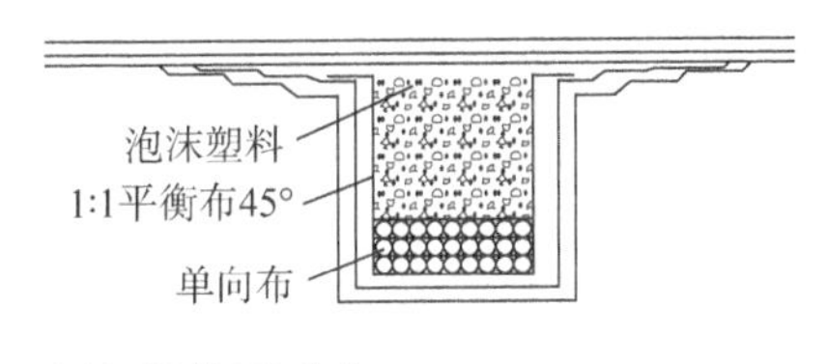

图 6.7.2　板架梁截面形式

现以工字形梁为例说明薄壁梁的设计。工字形梁承受弯曲载荷作用时，上、下翼缘主要分别受压缩和拉伸应力，腹板主要受剪切应力。单向纤维增强复合材料具有很高的拉压性能(单向玻璃纤维复合材料的纵向拉压强度可高达 800 MPa 以上，模量可高达 40 GPa 以上)，但剪切性能很差(一般剪切强度仅在 50 MPa 左右)；短切纤维毡增强复合材料则刚好相反，它具有较好的剪切性能(剪切强度可达 150 MPa 左右，模量约为 8 GPa)，但拉压性能较差(一般强度仅在 100 MPa 左右)。因此，复合材料工字形梁的合理材料设计应该是：上、下翼缘采用以单向纤维为主的铺设，而腹板则采用以连续纤维毡为主的铺设。另外，考虑到薄壁翼缘可能出现局部失稳问题，因此还需要在冀缘表层布置沿梁轴呈 ±45°铺层。工字梁受弯时上、下翼缘除分别承受压缩应力和拉伸应力以外，还要承受横向应力和平面剪切应力，而复合材料的剪切性能和横向性能远弱于纤维方向性能，上述横向应力和平面剪切应力就可能足以使复合材料型材破坏。解决途径是可以考虑选择最优的型材截面形状和尺寸。相对常规材料工字钢型材来讲，复合材料型材应该有更窄而厚的翼缘和更高的型材高度，但考虑到复合材料的剪切模量较低,为避免梁的扭转失稳,最好能考虑采用双腹板的"Ⅱ"形型材。

复合材料梁材与传统材料梁材在强度计算时的主要区别是由于结构或工艺上的原因。复合材料梁材的不同部位,常常采用不同类型、不同规格的增强材料以及不同的铺设方式,因此,在计算时要应用不同材料的组合梁理论。组合梁可采用宽度折算法处理,即选定某一参照层的弹性模量为标准弹性模量,记作 E_0,而将其他层的宽度乘上该层弹性模量和标准弹性模量的比值 α_i(即 $\alpha_i=E_i/E_0$,i 为该层序号),就可以把整个截面看做都具有标准弹性模量(图6.7.3)。经折算,组合梁的中性轴位置(图6.7.4)为

$$e=\frac{\sum\alpha_iF_iZ_i}{\sum\alpha_iF_i}=\frac{\sum E_iF_iZ_i}{\sum E_iZ_i} \tag{6.7.11}$$

式中 Z_i—— 第 i 层中面到参考轴的距离;

E_i—— 第 i 层材料的纵向弹性模量;

F_i—— 折算前第 i 层的面积。

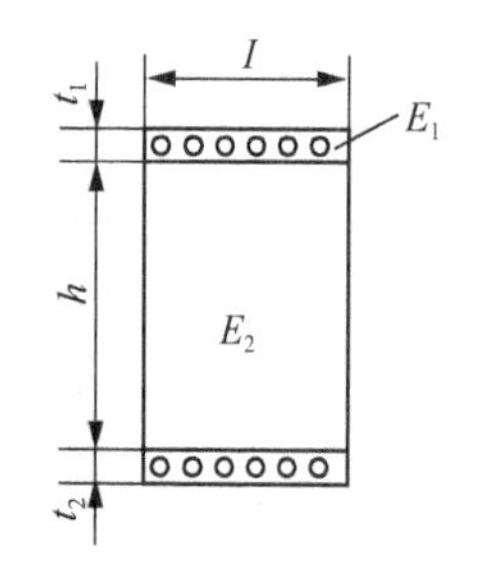

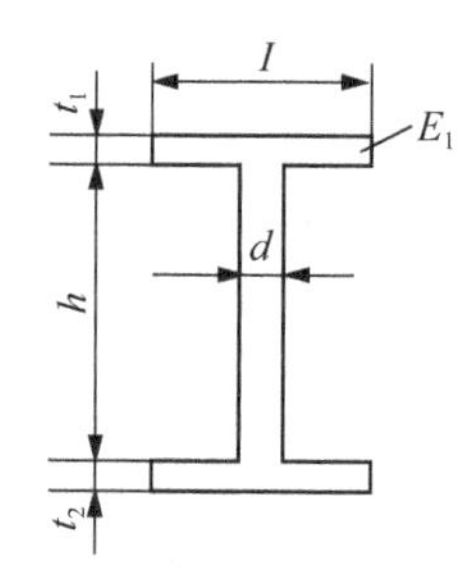

图 6.7.3 组合梁折算 ($d=E_2\cdot I/E_1=\alpha$)

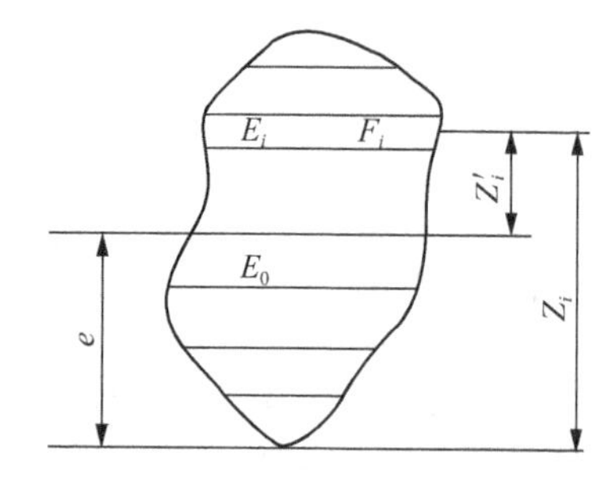

图 6.7.4 组合梁中性轴计算

折算梁的截面惯性矩 J_0 为

$$J_0=\sum\alpha_iF_i(Z_i')^2 \tag{6.7.12}$$

式中 Z_i'—— 第 i 层中面到中性轴的距离。

折算梁的弯曲刚度为

$$E_0J_0=\sum E_0\alpha_iF_i(Z_i')^2=\sum E_iF_i(Z_i')^2 \tag{6.7.13}$$

由式(6.7.11)和式(6.7.13)可知,采用折算梁计算的中性轴位置和弯曲刚度分别等于组合梁的中性轴位置和弯曲刚度,它们不随参照层的选择而变化。

折算梁各层处的截面模量为

$$W_i=\frac{J_0}{Z_i'} \tag{6.7.14}$$

组合梁各层正应力

$$\sigma_i=\frac{M}{E_0J_0}\cdot Z_i'\cdot E_i=\frac{M}{W_i}\cdot\alpha_i \tag{6.7.15}$$

式中 M—— 该截面处的弯矩。

梁内剪应力可采用同样的方法处理。在 r 处的剪应力 τ_r 为

$$\tau_r=\frac{QS_0}{b_rJ_0} \tag{6.7.16}$$

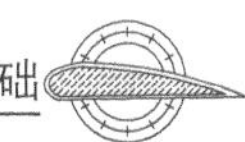

式中　Q—— 该截面处的剪力；

b_r——r 处梁的宽度；

S_0—— 折算成参照材料以后的 $r-r$ 线以上(或以下) 部分截面积对中性轴的静矩

$$S_0=\sum \alpha_i F_i Z'_i$$

根据小变形假设,组合梁的挠度等于弯矩和剪切力分别作用产生的挠度之和,即

$$f=f_1+f_2=\iint \frac{M}{E_0 J_0}\mathrm{d}x\mathrm{d}x+\iint \frac{q}{F_0 G_0}\mathrm{d}x\mathrm{d}x \tag{6.7.17}$$

式中　f_1—— 弯矩力产生的挠度；

f_2—— 剪切力产生的挠度；

q—— 组合梁承受的分布载荷；

G_0—— 参照材料的剪切模量；

F_0—— 折算梁的截面面积,$F_0=\frac{1}{G_0}\sum_{i=1}^{n}G_i F_i$；

式中,由积分引出的积分常数,根据组合梁的边界条件确定。

2. 夹层梁

为了提高复合材料梁的抗弯刚度,可以通过选用不同材料和截面形状,组成合理的结构形式。例如,把弹性模量较大、强度较高的材料作为面层远离中性轴布置;把质量轻、具有一定抗剪切变形能力的材料,作为面板的支撑,连续地布置在面层中间。这样组成的结构称为夹层结构。夹层结构设计的力学原理与工字型材相似。采用夹层结构是提高结构刚度的重要途径,已成为复合材料的基本结构形式之一,得到广泛应用。

通常所说的夹层梁是由上、下两层薄的面板(蒙皮)、中间较厚的芯材以及黏结面板和芯材成为整体的胶合层组成。面板主要承受由弯曲变形引起的正应力,厚度通常为 1～3 mm。芯材主要承受剪应力,对面板起着支撑的作用,它能提高结构刚度,保证面板不发生屈曲和翘曲。对芯材的要求是,质量小,有一定的抗剪和抗压能力。从形态上分,芯材有微孔芯材和大孔芯材两种。微孔芯材主要由泡沫塑料制成,大孔芯材主要有蜂窝芯材和波纹芯材(图 6.7.5)。泡沫芯材的导热系数低,热绝缘性能好。应用较多的是聚苯乙烯泡沫和聚氨酯泡沫。对于有严格力学性能要求和质轻要求的结构件,一般采用蜂窝芯材或波纹芯材。目前有用玻璃纤维复合材料制作蜂窝芯子的,也有采用铝箔、纸板或其他材料的。

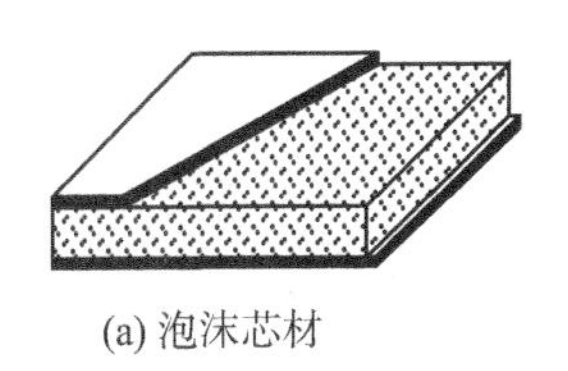

(a) 泡沫芯材

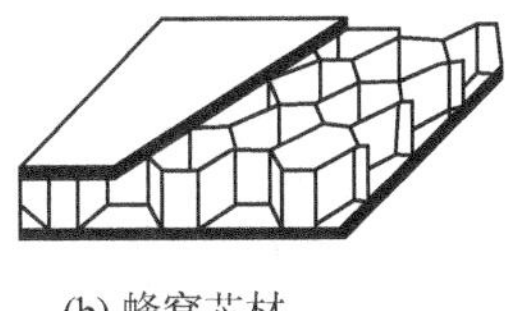

(b) 蜂窝芯材

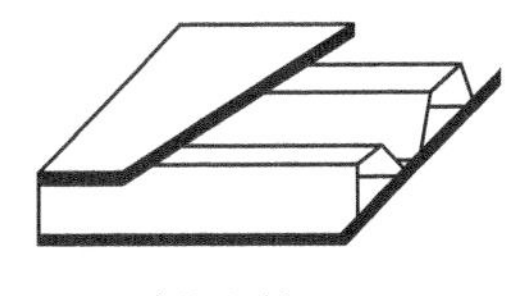

(c) 波纹芯材

图 6.7.5　夹层梁芯材

进行结构计算时,一般认为蒙皮承担弯曲应力,芯材承担剪切应力。若上、下蒙皮弹性模量和厚度不相等(图 6.7.6),用下角标 1 和 2 分别表示上蒙皮和下蒙皮,那么中性轴离底板中面距离为

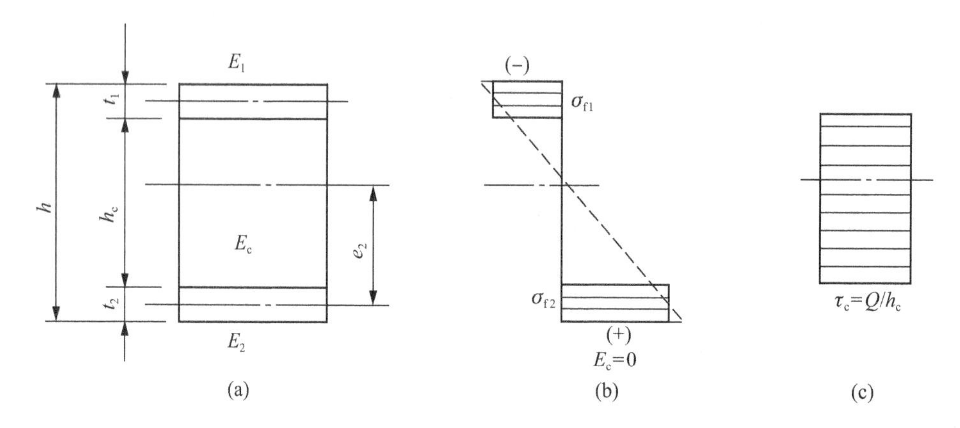

图 6.7.6　夹层梁参数和应力分布

$$e_2=\frac{t_1\dfrac{(h_c+h)}{2}}{t_1+t_2\left(\dfrac{E_2}{E_1}\right)} \tag{6.7.18}$$

夹层结构的弯曲刚度为

$$EJ=\frac{E_1t_1E_2t_2}{E_1t_1+E_2t_2}\left(\frac{h_c+h}{2}\right)^2+\frac{1}{h}(E_1t_1^3+E_2t_2^3) \tag{6.7.19}$$

一般情况下，$t_1\approx t_2\ll h_c$，故式(6.7.19)可简化为

$$EJ=\frac{E_1t_1E_2t_2}{E_1t_1+E_2t_2}\left(\frac{h_c+h}{2}\right)^2 \tag{6.7.20}$$

若上、下面板的材料和厚度都相同，式(6.7.20)又可简化为

$$EJ=\frac{1}{2}E_ft_f(h_c+t_f)^2\approx\frac{1}{2}E_ft_fh_c^2 \tag{6.7.21}$$

式中　E_f——面板材料的拉伸弹性模量；

t_f——面板的厚度；

h_c——芯子的厚度。

若单位宽度梁上的弯矩为 M，假定上、下面板上的正应力均匀分布，且上、下面板材料相同、厚度相等，则面板的正应力为

$$\sigma_t=\pm\frac{M}{t_f(h_c+t_f)}\approx\pm\frac{M}{t_fh_c} \tag{6.7.22}$$

若单位宽度截面上的剪力用 Q 表示，该剪力全部由芯材承担且均匀分布，则芯材剪应力为

$$\tau_c=\frac{Q}{h_c} \tag{6.7.23}$$

6.7.5　板状构件

板状构件可以主要承受面内力，也可以主要承受弯矩，或两者兼而有之。对于主要承受面内力的板，可以设计成层合板。由于层合板是层合构造，因此，铺层方向多种多样，在宏观上具

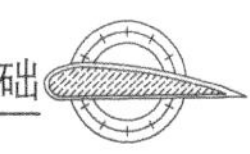

有非均质性，而且具有各向异性。建立在小挠度理论基础上的层合平板的计算也较为复杂，特别值得注意的是会发生耦合效应。实际上，工程中遇到的层合板总有某种特殊性，这些特殊层合板能使方程式变得较为简单。例如，对称层合板取中面为参考面，耦合效应会消失，可以作为正交异性板处理。在层数较多时，可以使板厚方向的非均质程度减弱，也可以使耦合刚度大为减弱，这样就可以近似地作为正交异性板处理。对于主要承受弯曲力矩的板通常采用夹层板。夹层板的设计与夹层梁的设计有许多相似之处。蜂窝夹层结构设计的基本原则如下。

(1) 面板的厚度要能够承受设计载荷下的拉、压载荷和面内剪切载荷。

(2) 夹芯应能承受设计载荷下的横向剪力；应有足够的厚度和剪切模量，以防止设计载荷作用下产生过度的挠曲变形；应有足够的压缩强度，以防止法向载荷或挠曲变形所产生的压塌破坏；夹芯为蜂窝时，蜂格应足够小，以防止在设计载荷作用下面板出现凹陷。

(3) 夹芯的压缩弹性模量和面板的压缩强度足以防止面板在设计载荷下的起皱。

具体设计时，即使夹层板承受弯曲载荷，仍可假设面板只承受拉伸或压缩内力，而由夹芯承受剪切内力。因此，面板在面内力作用下，应有足够的强度和刚度，这就相当于6.5节所述的层合板设计。至于夹芯的设计，由于其承受非面内剪切力，可简化为分别受横向剪力 Q_x 和 Q_y 作用下的强度与刚度问题。

6.7.6　壳状构件

壳状构件通常承受内、外压力，通常遇到的是薄壳。与各向同性壳相同，复合材料壳也分无矩理论和有矩理论，但它的无矩理论要求的条件更苛刻些。工程中经常遇到一些壳体，它们的中曲面曲率和扭率的变化很小，以至于可以忽略弯曲内力，只需计算薄膜内力，其计算理论称为无矩理论；而涉及弯曲内力的理论称为有矩理论或弯曲理论。应当注意，对于非均质的壳（层合壳等），只有耦合效应很小，以至于可以忽略耦合效应时，才有可能实现无矩状态。一般来说，参考轴方向与弹性主轴重合，或者是对称铺层，或者是多层铺层，才可以按均质壳来考虑，并且可以不计耦合效应的影响。在小变形情况下，壳体主要承受面内力作用。受内压力作用的筒形、球形壳体通常采用缠绕结构，而在外压力作用下的壳体一般采用夹层结构或加肋结构。对于这一类壳状构件，壳体在内压力作用下处于承拉状态，在外压力作用下处于承压状态，可以近似按板状构件进行满足强度和刚度条件的设计。

6.8　复合材料结构形式的分类及其选择

复合材料的结构形式与金属一样，主要分为骨架式结构、硬壳式结构和薄膜结构(图6.8.1)。

(1) 骨架式结构

骨架式结构又可以分为桁架结构和刚架结构。

桁架结构是一种由直线杆件通过铰链连接而成的结构。集中载荷通常作用在接点上。此类结构杆件之间有间隙、易于装配，但连接接头多，装配时间长。

刚架结构是一种由直线形杆件或曲线形杆件组成的结构，杆件之间采用固定连接方式。复合材料刚架结构通常采用一次性整体成型工艺制作，这样就不需要用连接接头，可大大减少构件数目，且载荷可作用在杆件上。

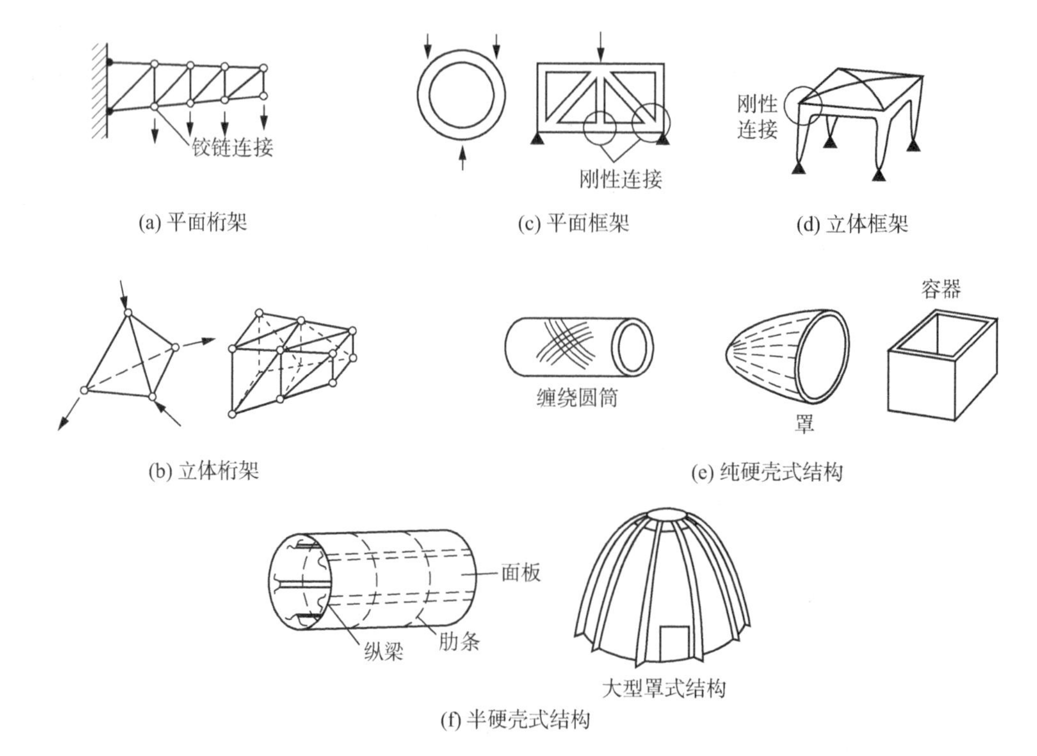

图 6.8.1　复合材料的主要结构形式

(2) 硬壳式结构

硬壳式结构又可以分为纯硬壳式结构与半硬壳式结构。

纯硬壳式结构是由层合板或夹层板组成的结构，适合于整体成型。可采用的成型方法包括：手糊、喷射、模压、纤维缠绕等。这种结构适合于承受分布载荷，而对于受集中载荷的部位，必须增加壁厚或局部加强。这种结构形式应用的实例较多，如贮罐、机罩、导管、整流罩、车身、机身等。

半硬壳式结构是由面板和加强材料组成的结构。加强材料相当于骨架结构。由于纯硬壳制成大型结构物重量过大，因此多采用将面板改薄的措施，同时设置加强材料，一则传递载荷，二则防止薄壁面板发生屈曲。通常，结构件长度方向上的加强材料称为纵梁，与它垂直方向的加强材料称为肋材或者肋条。面板只能承受分布载荷，集中载荷必须加在纵梁与肋条的连接部位上。半硬壳式结构一般不能一次成型，它需要由许多构件组合起来，因此成型工艺较复杂。但半硬壳式结构强度和刚度好，比纯硬壳式结构轻得多。飞机、船舶、车辆几乎都是半硬壳式结构。

(3) 薄膜结构

薄膜结构是由层合板组成的薄壳结构。通常它只能承受面内力，又称薄膜内力，而不能承受弯曲内力。由于这种薄壳结构只有薄面板，没有加强肋，所以它只能承拉，而不能承压或承剪。因此，薄膜结构只能用作低压容器类的结构物。

(4) 结构形式的选择

复合材料结构形式的选择，需要根据使用目的，分析比较各种结构形式的特点，选用具有能发挥复合材料优越性能的结构形式。由于结构的特性在很大程度上受复合材料原材料性能

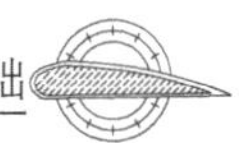

和成型工艺的支配，因此结构的选择要与材料设计及成型工艺设计等综合起来考虑，要考虑材料和成型工艺对结构性能的影响，从各种方案比较中选择最优越的材料和结构形式。

在遇到设计新结构时，应广泛调查现有类似的结构，抓住要点，改进不完善的地方，或提出新的构思，以求更加合理的设计。

思考题与习题

6-1　复合材料的材料设计包括哪些内容？

6-2　为什么玻璃纤维与块状玻璃的性能不同？纤维的直径对其强度有什么影响？为什么？

6-3　最常用的玻璃纤维的种类有哪些？对比其他纤维，其优势主要体现在哪些方面？

6-4　试比较玻璃纤维与碳纤维、芳纶纤维的拉伸模量。

6-5　表征纤维性能的力学指标有哪些？为什么说纤维的断裂伸长率是一个重要指标？

6-6　简述碳纤维的结构对其性能的影响。

6-7　试说明为什么碳纤维是一种非常重要的增强材料。

6-8　碳纤维增强复合材料若用于制作航空航天飞行器结构零部件时，主要利用了这种纤维的哪些优异性能？

6-9　碳纤维作为复合材料的增强材料使用为什么会受到限制？试阐明将如何克服这些问题。

6-10　目前最广泛使用的纤维增强材料和基体材料是什么？

6-11　试解释为什么玻璃纤维的拉伸强度比块状玻璃高得多但两者的拉伸模量相似。

6-12　为什么芳纶纤维常常用于改善复合材料结构的耐冲击性？

6-13　为什么芳纶纤维适合与碳纤维混杂使用？

6-14　PBO 纤维的分子结构与芳纶有什么不同？

6-15　发展高模量高强度纤维的途径主要有哪几个？

6-16　试比较各种纤维增强材料的主要性能特点。

6-17　简述树脂基体在复合材料中的作用。

6-18　在选择复合材料用树脂基体时，主要应考虑哪些方面的问题？

6-19　在航天领域的应用中，为什么说基体的选择是重要的？

6-20　为什么高性能复合材料的基体通常选用环氧树脂而很少采用不饱和聚酯树脂？

6-21　制备耐腐蚀复合材料时，选材应注意什么问题？

6-22　试比较几种耐腐蚀树脂的结构及性能特点。

6-23　简述各种复合材料成型工艺方法的特点及适用范围。

6-24　选择复合材料成型工艺方法时，主要应考虑哪些方面的问题？

6-25　简述复合材料层合板设计时一般应遵循的设计原则。

6-26　叙述各种层合板设计法的特点、步骤和适用范围。

6-27　简述复合材料结构设计的一般原则。

6-28　简述复合材料结构设计应考虑的工艺性要求。

6-29　复合材料结构的安全系数如何确定？

6-30　简述各类复合材料结构形式的特点。

第 4 篇

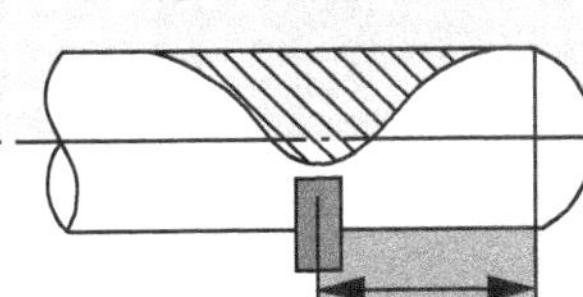

复合材料典型产品设计

复合材料产品设计是一个很复杂的系统工程，需要考虑的因素很多。由于复合材料是各向异性和非均质性的材料，具有许多不同于均质的各向同性材料的特点，因此其产品设计也有许多不同于各向同性材料产品设计的特点。复合材料产品设计通常包括功能设计、结构设计（包括强度、刚度和稳定性计算）以及工艺设计，这三项设计相互有关。复合材料产品设计以固体力学和层合理论为基础，根据产品的形状和使用条件，合理选择原材料，确定相应的工艺方法和工艺参数，确定合理的结构形式及尺寸，有效地降低材料用量和生产成本，满足产品的使用要求。本篇较详细地介绍了几种既通用又典型的复合材料产品的设计和制造，包括纤维缠绕压力容器设计、复合材料贮罐设计、复合材料管道设计、复合材料叶片设计以及复合材料冷却塔设计。

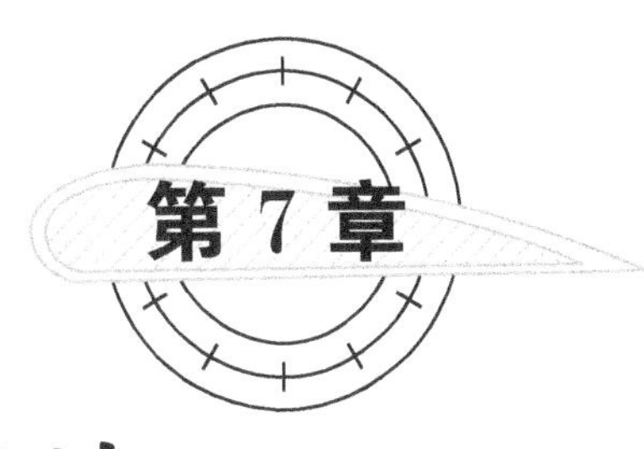

纤维缠绕压力容器设计

7.1 引言

纤维缠绕压力容器(Filament - wound pressure vessels)是指采用连续纤维缠绕工艺成型的承受压力载荷的薄壁壳体。纤维缠绕结构能充分发挥纤维的强度和刚度,满足部件减轻重量的要求,是复合材料实际应用的一个重要方面,其主要产品有固体火箭发动机壳体、各种用途的中高压气瓶(呼吸用供氧器、公共汽车用压缩天然气瓶、飞机用贮氧系统等)、压力贮罐、管道及机车车辆壳体等。我国已颁布的纤维缠绕压力容器国家标准有:"GB/T 6058—2005 纤维缠绕压力容器制备和内压试验方法","GB 24160—2009 车用压缩天然气钢质内胆环向缠绕气瓶","GB 24162—2009 汽车用压缩天然气金属内胆纤维环缠绕气瓶定期检验与评定";建材行业标准:"JC 717—90(96)地面用玻璃钢压力容器"。国际标准化组织(ISO)于 2002 年批准了一套纤维缠绕复合材料气瓶标准:"ISO 1119 复合结构气瓶——规范和试验方法"。

内压容器的结构形状通常为球形和圆筒形,最近环形气瓶也获得应用。球形容器在内压作用下,经、纬向应力相等,且仅为筒形容器周向应力的一半。金属材料在各方向的强度也相等,因此,金属制球形容器为等强度设计,在容积、压力一定时具有最小质量,结构效率最高。筒形容器由圆柱形筒体和两个封头组成。筒身的周向应力比轴向应力大 1 倍,金属压力容器做成筒形,其轴向有多余的强度储备,因此,从结构上来看,不是合理的结构设计选形。

对于纤维缠绕压力容器,由于缠绕线型的可设计性,筒形容器很容易实现等强度,承压能力较好,且成型工艺简单,容易实现缠绕设备的计算机操作,对容器的尺寸几乎没有限制,搬运、运输、存放方便,使用广泛,是纤维缠绕内压容器的主要结构形式。而球形容器为实现等强度,则必须具有实现面内各向同性的铺层,但实现这种铺层的缠绕线型与设备都较复杂。纵观目前情况,采用具有封头的筒形容器是合适的。

纤维缠绕内压容器用于充装各种流体,要求质量轻、强度高,因此,在结构上应设计成薄壁壳体。壳体厚度方向通常包含内衬层和缠绕层。内衬层主要起防渗漏、耐腐蚀作用,同时还作为缠绕芯模使用，由气密性好并能耐充装介质腐蚀的材料（钢、铝合金、塑料）制成。压力容器的内衬应保证在缠绕层破坏之前具有良好的密封性，因此要求内衬材料有较高的延伸率，并在工作压力下一直处于弹性工作状态，以提高容器的疲劳寿命。目前用得最多的是铝内衬，特殊用途时也可用不锈钢内衬。金属内衬的结构形式，可以是整体式的，也可以是焊接式的，但必须满足交变应力下的疲劳技术条件。尼龙-11和高密度聚乙烯是制造塑料内衬的两种常用材料。

纤维缠绕层是内压容器的承力层，主要提供强度和刚度。作为增强材料的纤维是容器的主要承载材料。常用的缠绕纤维种类有：玻璃纤维、碳纤维、芳纶纤维。用玻璃纤维和芳纶作增强材料制成的复合材料内压容器，15年使用寿命条件下的工作应力为极限应力的30%，而碳纤维则为85%，这是由纤维特性决定的。换言之，对碳纤维复合材料容器取1.5的安全系数要比玻璃纤维复合材料容器取3的安全系数还要安全。加之玻璃纤维的密度要比碳纤维高30%，因此，碳纤维复合材料气瓶在重量上要比玻璃纤维轻得多。但是，碳纤维复合材料容器的损伤容限比玻璃纤维或芳纶复合材料容器低。为了充分发挥不同类型纤维的特长，常用混杂纤维（层间混杂、层内混杂）制造复合材料容器。

合理设计缠绕纤维的方向和用量，可以达到等强度的要求。该层的厚度是压力容器强度指标和变形指标计算的主要依据。由于纤维缠绕内压容器的结构和材料承载状态的特殊性，工程上通常采用基于网络理论的方法进行分析和设计，该方法应当作为复合材料力学中的特殊问题来讨论。大量的试验结果表明，在评价小容量高压容器承载能力方面，网络理论是一种简便的计算方法，与实验结果吻合较好。在评价大型压力容器（如火箭发动机壳体）时，筒身段网络理论能够给出满意的结果；但是在封头部位，由于容器处在复杂的应力状态，与网络理论的基本假设有很大出入，其应力、变形无法给出满意的解释，必须采用非线性有限元分析解决。对于容量较大的低压容器（如大型卧式贮罐），采用网络理论就可能导致较大的误差。

本章以承受内压的圆筒形容器为例，介绍纤维缠绕内压容器的网络理论，给出网络理论筒身段设计公式和封头段的控制方程，对工程上常用的封头进行分析，最后介绍容器设计的一般性原则和方法。

7.2 网络理论

力学分析表明，压力容器无论做成球形或圆筒形，在均匀内压作用下，除局部区域有弯曲和剪切应力外，容器主要承受薄膜内力。在纤维缠绕内压容器中，该薄膜内力由纤维缠绕层来承担。缠绕层主要由纤维和树脂组成。玻璃纤维的拉伸模量比树脂的拉伸模量约大20倍，碳纤维的拉伸模量比树脂的拉伸模量约大60倍。因此，在内压作用下，纤维承担着绝大部分的周向应力和轴向应力。随着压力的增加，树脂逐渐开裂，缠绕纤维就像一张张紧的网套，均匀承担着内压产生的全部张力。这种既不考虑树脂的刚性，又认为壳体的薄膜内力全部由连续纤维构成的网状结构来承担的理论称为网络理论。

纤维缠绕压力容器的内压破坏试验表明，容器通常在较低压力下就出现由于横向开裂而产生的破裂声，但直到相当高压力时容器才爆破，发生纤维断裂。因此，容器承载时，材料是在带横向裂纹的状态下工作的。对于这样的内压容器，若认为各单层仍保持未降级前的4个独立模量分量而用层合板理论进行设计，未必是合理的，这是因为已经发生了刚度降级。若用层

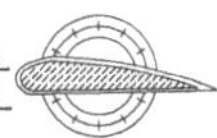

合板理论，就必须考虑刚度降级。可以这样来评价降级后的刚度，各单层板只保留了纵向模量 Q_{11}，其余 Q_{12}、Q_{22}、Q_{66} 为零。考虑到基体弹性模量远小于纤维弹性模量，而认为单层纵向模量全部由纤维提供，则有刚度降级准则

$$Q_{11}=E_f v_f,\quad Q_{12}=Q_{22}=Q_{66}=0 \tag{7.2.1}$$

式中　E_f—— 纤维的弹性模量；

　　v_f—— 纤维的体积含量。

立足于刚度降级准则的设计思想，与网络分析(Netting analysis)是一致的。网络分析是将层合结构设想为由纤维组成的网络，这在本质上是假定基体刚度为零，即

$$E_m=0 \tag{7.2.2}$$

由此可见，假定基体刚度为零与刚度降级准则等价。网络分析是经典层合理论的一种刚度降级准则。

考虑到刚度降级准则，单层板的偏轴模量 $\bar{Q}_{ij}$ 的表达式(2.2.14)变得很简单

$$\left.\begin{aligned}\bar{Q}_{11}&=E_f v_f\cos^4\theta\\ \bar{Q}_{22}&=E_f v_f\sin^4\theta\\ \bar{Q}_{12}&=E_f v_f\sin^2\theta\cdot\cos^2\theta\\ \bar{Q}_{66}&=E_f v_f\sin^2\theta\cdot\cos^2\theta\\ \bar{Q}_{16}&=E_f v_f\cos^3\theta\cdot\sin\theta\\ \bar{Q}_{26}&=E_f v_f\cos\theta\cdot\sin^3\theta\end{aligned}\right\} \tag{7.2.3}$$

7.3　纤维缠绕内压容器筒身段的网络理论

通常筒身段有螺旋缠绕(Helical winding)、环向缠绕(Hoop winding)和纵向缠绕(又称纵向铺放，Polar winding)等三种缠绕方式，由此可以构成 4 种主要的组合线型：① 螺旋缠绕[图 7.3.1(a)]；②螺旋缠绕加环向缠绕[图 7.3.1(b)]；③螺旋缠绕加纵向缠绕[图 7.3.1(c)]；④环向缠绕加纵向缠绕[图 7.3.1(d)]。

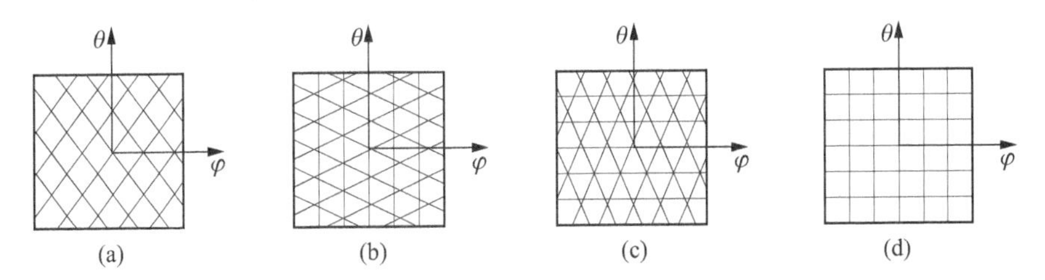

图 7.3.1　筒身段基本线型

7.3.1　单螺旋缠绕筒身段

纤维缠绕圆筒形内压薄壁容器受力分析如图 7.3.2 所示。采用截面法和静力平衡条件，可以导得筒身截面内的轴向单位内力 N_φ 和周向单位内力 N_θ 为

$$N_\varphi=\frac{1}{2}Rp,\quad N_\theta=Rp \tag{7.3.1}$$

式中　R——筒体中面半径,m;

　　　p——容器承受的内压强,Pa。

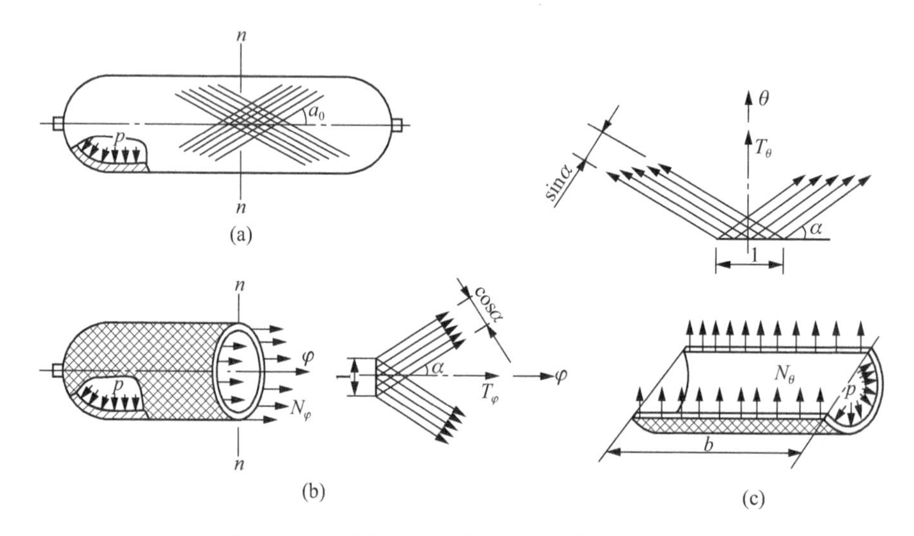

图 7.3.2　单螺旋缠绕内压薄壁容器受力分析

设纤维应力为 σ_f,纤维厚度为 t_f,则 φ 方向和 θ 方向的纤维张力 T_φ、T_θ 分别为

$$T_\varphi=\sigma_f t_f \cos^2\alpha,\quad T_\theta=\sigma_f t_f \sin^2\alpha \tag{7.3.2}$$

根据网络理论的基本假设,容器内力完全由纤维承担,则可使纤维的张力与薄膜内力静力相等,即 $T_\varphi=N_\varphi$, $T_\theta=N_\theta$,于是

$$N_\varphi=\sigma_f t_f \cos^2\alpha,\quad N_\theta=\sigma_f t_f \sin^2\alpha \tag{7.3.3}$$

两式相除,并引入内力比,$\eta=N_\theta/N_\varphi$,得

$$\eta=\frac{N_\theta}{N_\varphi}=\tan^2\alpha \tag{7.3.4}$$

式(7.3.4)是单螺旋缠绕的缠绕角 α 在给定 N_θ、N_φ 时所必须满足的条件。它表示单螺旋缠绕时,只要知道筒体的内力比 η,缠绕纤维的走向就应是确定的。例如,图 7.3.2 所示在均匀内压作用下筒体的内力比 $\eta=2$,需要的缠绕角 $\alpha=54.75°$。又如火箭发动机壳体尚承受轴向推力,内力比小一些,所需缠绕角也要比 54.7°小一些。满足平衡条件式(7.3.4)的设计,称为平衡式设计,式(7.3.4)称为平衡型条件式。当筒体是平衡型设计时,由式(7.3.2)可知,筒体上各点处的纤维张力是常量。因此,平衡型筒体是等张力结构。

从式(7.3.3)的任一式均可解出纤维应力

$$\sigma_f=\frac{N_\varphi}{t_f\cos^2\alpha}=\frac{N_\theta}{t_f\sin^2\alpha} \tag{7.3.5}$$

再由物理关系 $\varepsilon_f=\sigma_f/E_f$ 可求得纤维应变

$$\varepsilon_f=\frac{N_\varphi}{E_f t_f\cos^2\alpha}=\frac{N_\theta}{E_f t_f\sin^2\alpha} \tag{7.3.6}$$

单螺旋缠绕的应变状态在任意方向上正应变均相等,而剪应变 $\gamma_{\varphi\theta}=0$,在这种应变状态下

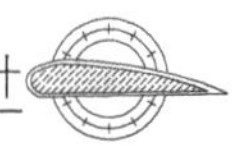

纤维不受剪应变作用。这种特殊的应变状态通常称为均衡应变状态，对应的缠绕网络称为应变均衡型网络。

若已知纤维的许用应力$[\sigma_f]$和许用应变$[\varepsilon_f]$，则筒身纤维厚度 t_f 可由下式确定

$$t_f=\frac{N_\varphi}{[\sigma_f]\cos^2\alpha},\quad t_f=\frac{N_\varphi}{E_f[\varepsilon_f]\cos^2\alpha} \tag{7.3.7}$$

式(7.3.5)、式(7.3.6)和式(7.3.7)中的 α 必须用式(7.3.4)决定的均衡缠绕角。

对于受均匀内压的筒体，$\eta=2$，$\tan\alpha=\sqrt{2}$，则纤维的应力、应变和筒身纤维厚度可分别由下列各式计算

$$\sigma_f=\frac{3Rp}{2t_f},\quad \varepsilon_f=\frac{3Rp}{2E_f t_f} \tag{7.3.8}$$

$$t_f=\frac{3Rp}{2[\sigma_f]},\quad t_f=\frac{3Rp}{2E_f[\varepsilon_f]} \tag{7.3.9}$$

由式(7.3.9)可见，筒身缠绕纤维总厚度与筒体中面半径 R 及承受压强 p 成正比，与纤维的许用应力(或许用应变)成反比，而与缠绕角无关。

7.3.2　双螺旋缠绕筒身段

由于结构设计或工艺设计要求，圆筒形内压容器常采用两组或多组缠绕角来缠绕。对于双螺旋缠绕，设计变量为两个缠绕角及各缠绕层的厚度。缠绕角一般由缠绕工艺确定，所以需要设计的是两个缠绕层组的厚度。设缠绕角分别为$\pm\alpha$ 和$\pm\beta$。利用式(7.3.2)，将两向纤维层的张力叠加，使张力与筒体薄膜力静力相等，得

$$\left.\begin{aligned}N_\varphi&=\sigma_{f\alpha}t_{f\alpha}\cos^2\alpha+\sigma_{f\beta}t_{f\beta}\cos^2\beta\\N_\theta&=\sigma_{f\alpha}t_{f\alpha}\sin^2\alpha+\sigma_{f\beta}t_{f\beta}\sin^2\beta\end{aligned}\right\} \tag{7.3.10}$$

设均衡应变为 ε，则有几何方程

$$\varepsilon_{f\alpha}=\varepsilon_{f\beta}=\varepsilon \tag{7.3.11}$$

物理方程为

$$\sigma_{f\alpha}=\varepsilon_{f\alpha}E_f,\quad \sigma_{f\beta}=\varepsilon_{f\beta}E_f \tag{7.3.12}$$

将式(7.3.12)代入式(7.3.10)，并考虑到式(7.3.11)，得

$$\left.\begin{aligned}N_\varphi&=\varepsilon E_f(t_{f\alpha}\cos^2\alpha+t_{f\beta}\cos^2\beta)\\N_\theta&=\varepsilon E_f(t_{f\alpha}\sin^2\alpha+t_{f\beta}\sin^2\beta)\end{aligned}\right\} \tag{7.3.13}$$

两式相除，得该种情形的均衡型条件

$$\eta=\frac{N_\theta}{N_\varphi}=\frac{t_{f\alpha}\sin^2\alpha+t_{f\beta}\sin^2\beta}{t_{f\alpha}\cos^2\alpha+t_{f\beta}\cos^2\beta} \tag{7.3.14}$$

令 $\lambda_{\beta,\alpha}=t_{f\beta}/t_{f\alpha}$ 为纤维厚度比，将式(7.3.1)代入式(7.3.14)，可以得到受均匀内压圆筒体满足应变均衡条件的厚度比

$$\lambda_{\beta,\alpha}=\frac{t_{f\beta}}{t_{f\alpha}}=\frac{3\cos^2\alpha-1}{1-3\cos^2\beta} \tag{7.3.15}$$

分析式(7.3.15),可以得出以下结论。① 当 $3\cos^2\alpha-1=0$,即 $\alpha=54.7°$时,$t_{f\beta}=0$,这时只有一组缠绕层,为单螺旋缠绕。② 当 $\cos\alpha>l/\sqrt{3}$($\alpha<54.7°$)时,式中分子为正值,只有分母也为正值时才有意义。因此,必须保证 $\cos\beta<1/\sqrt{3}$,即 $\beta>54.7°$。由此可知:当采用双螺旋角缠绕时,若其中一组的缠绕角大于 54.7°,另一组缠绕角必然小于 54.7°。③ 当两组缠绕角均给定后,满足平衡型设计条件的纤维厚度比 $\lambda_{\beta,\alpha}$ 为一固定值;反之,当 $t_{f\beta}/t_{f\alpha}$ 给定后,缠绕角 α 和 β 必须满足上式要求。

根据应变均衡型网络应变状态的特殊性,可以证明纤维应力和应变仍可按式(7.3.8)计算,此时 t_f 为双螺旋缠绕纤维总厚度,满足强度(或刚度)要求的纤维总厚度仍可按式(7.3.9)计算。双螺旋缠绕纤维总厚度为

$$t_f=t_{f\alpha}+t_{f\beta} \tag{7.3.16}$$

将式(7.3.9)和式(7.3.15)代入式(7.3.16),可以得到用纤维许用应力表示的各缠绕层厚度

$$\left.\begin{aligned} t_{f\alpha}&=\frac{1-3\cos^2\beta}{2(\cos^2\alpha-\cos^2\beta)}\cdot\frac{Rp}{[\sigma_f]}\\ t_{f\beta}&=\frac{3\cos^2\alpha-1}{2(\cos^2\alpha-\cos^2\beta)}\cdot\frac{Rp}{[\sigma_f]}\end{aligned}\right\} \tag{7.3.17}$$

双螺旋缠绕的三种特殊情况为:(1) 双螺旋缠绕中一组为螺旋缠绕(α),另一组为环向缠绕($\beta=90°$);(2) 双螺旋缠绕中一组为螺旋缠绕(α),另一组为纵向铺放($\beta=0°$);(3) 双螺旋缠绕中一组为纵向铺放($\alpha=0°$),另一组为环向缠绕($\beta=90°$)。将各种情况下的缠绕角代入式(7.3.15)和式(7.3.17),可分别得到相应的厚度比和各层厚度。为了便于应用,有关计算公式列入表 7.3.1。后两种线型多见于纤维连续缠绕成型的压力管道。

表 7.3.1 双螺旋缠绕内压容器筒身段计算公式

序号	缠绕线型	缠绕角	厚度比 $\lambda_{\alpha,\theta}$	各层厚度
1	螺旋缠绕 加环向缠绕	α $\beta=90°$	$\lambda_{90,\alpha}=3\cos^2\alpha-1$	$t_{f\alpha}=\frac{1}{2\cos^2\alpha}\cdot\frac{Rp}{[\sigma_f]}$ $t_{f90}=\frac{2-\tan^2\alpha}{2}\cdot\frac{Rp}{[\sigma_f]}$
2	螺旋缠绕 加纵向铺放	α $\beta=0°$	$\lambda_{0,\alpha}=\frac{1-3\cos^2\alpha}{2}$	$t_{f\alpha}=\frac{1}{2\sin^2\alpha}\cdot\frac{Rp}{[\sigma_f]}$ $t_{f0}=\frac{1-2\cot^2\alpha}{2}\cdot\frac{Rp}{[\sigma_f]}$
3	纵向铺放 加环向缠绕	$\alpha=0°$ $\beta=90°$	$\lambda_{90,0}=2$	$t_{f0}=\frac{1}{2}\frac{Rp}{[\sigma_f]}$ $t_{f90}=\frac{Rp}{[\sigma_f]}$

目前,螺旋缠绕加环向缠绕是内压容器筒身段最常见的缠绕线型。为了与工艺配合,便于计算,通常将层数计算公式改变形式。引入如下参数。

f——每束合股纱的平均断裂强力,$f=\sigma_f A_0$,牛/束;

σ_f——纤维应力,Pa;

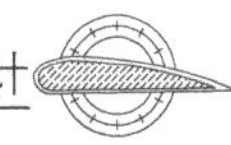

A_0——每束合股纱的横截面积，m^2；

N——缠绕时每条浸胶纱带片包含的合股纱束数，束/条；

M——螺旋缠绕一个循环包含的纱带片总条数，条；

J——螺旋缠绕循环的个数，个；

K——环向缠绕的层数，层；

m_α——螺旋缠绕时的纱带片密度，$m_\alpha = M/(4\pi R\cos\alpha)$，条/米；

m_0——环向缠绕时的纱带片密度，条/米；

α——纤维与筒体母线的夹角(即缠绕角)；

p_B——容器设计强度，Pa。

采用螺旋缠绕加环向缠绕组合线型时，φ 方向和 θ 方向的纤维张力 T_φ、T_θ 分别为

$$
\begin{aligned}
T_\varphi &= 2fNm_\alpha J\cos^2\alpha \\
T_\theta &= 2fNm_\alpha J\sin^2\alpha + fNm_0K
\end{aligned}
\tag{7.3.18}
$$

根据网络理论的基本假设，式(7.3.1)筒身截面内的内力 N_φ、N_θ 应完全由纤维的张力 T_φ、T_θ 来承担，即 $T_\varphi = N_\varphi$，$T_\theta = N_\theta$，于是

$$
\begin{aligned}
\frac{1}{2}p_BR &= 2fNm_\alpha J\cos^2\alpha \\
p_BR &= 2fNm_\alpha J\sin^2\alpha + fNm_0K
\end{aligned}
\tag{7.3.19}
$$

所以

$$
\begin{aligned}
J &= \frac{\pi R^2 p_B}{fNM\cos\alpha} \\
K &= \frac{p_BR(2-\tan^2\alpha)}{2fNm_0}
\end{aligned}
\tag{7.3.20}
$$

式(7.3.20)即为纤维缠绕筒形内压容器筒身段的强度设计式。由式(7.3.20)可知，螺旋缠绕循环次数(J)和环向缠绕的层数(K)与筒体中面半径(R)及容器设计强度有关，而且与缠绕角(α)大小相关连。可以证明，对于某一容器来讲，缠绕纤维的总层数($W=K+2J$)与 α 无关。

7.4　纤维缠绕内压容器封头段的网络理论

7.4.1　封头段的基本方程

封头是容器的薄弱部位。纤维缠绕压力容器的封头曲面通常为回转曲面(图 7.4.1)，其主曲率坐标为经线(φ 线)和平行圆线(θ 线)。根据平面曲线的曲率半径和法线长公式，其回转曲面的主曲率半径 R_φ 和 R_θ 可表示为

$$
R_\varphi = -\frac{\left[1+\left(\dfrac{dr}{dz}\right)^2\right]^{3/2}}{\dfrac{d^2r}{dz^2}},\quad R_\theta = r\left[1+\left(\dfrac{dr}{dz}\right)^2\right]^{1/2}
\tag{7.4.1}
$$

式中，$r=r(z)$为经线方程，它决定了封头曲面的形状。

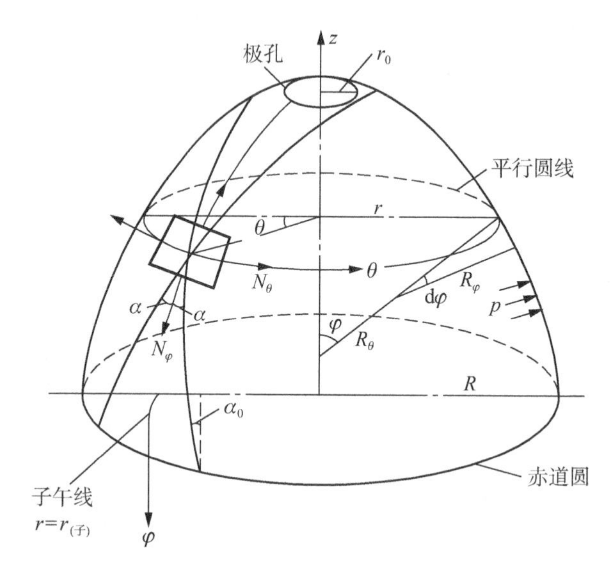

图 7.4.1　纤维缠绕内压容器封头

承受均匀内压 p 作用的薄壁壳体，其经向内力 N_φ、平行圆向内力 N_θ 与容器曲率半径之间存在下述关系式

$$\frac{N_\varphi}{R_\varphi}+\frac{N_\theta}{R_\theta}=p \tag{7.4.2}$$

而经向内力 N_φ 可以通过平行圆线以上部分壳体的整体平衡条件得到，即

$$\pi r^2 p=2\pi r N_\varphi \sin\varphi$$

考虑到 $r=R_\theta\sin\varphi$，从上式可得 N_φ。然后代入式(7.4.2)，可得 N_θ，即

$$\left.\begin{aligned}N_\varphi&=\frac{1}{2}R_\theta p\\N_\theta&=\frac{1}{2}R_\theta p\left(2-\frac{R_\theta}{R_\varphi}\right)\end{aligned}\right\} \tag{7.4.3}$$

根据纤维缠绕的工艺特性，在封头上只能进行螺旋缠绕和平面缠绕，不能进行环向缠绕，其纤维分布具有以下三个特征。

(1) 螺旋缠绕每一循环是两层，通过封头上任一点的纤维总是以缠绕角为$\pm\alpha$成对地分布在经线的对称位置上，形成螺线型网络；

(2) 缠绕角是平行圆半径的函数，即 $\alpha=\alpha(r)$。在赤道圆上的缠绕角等于筒身段螺旋缠绕角 α_0，在极孔处为 90°；

(3)由于纤维连续缠绕，通过各平行圆的纤维总量均相等，且等于通过筒身圆周线的螺旋缠绕纤维总量。

根据纤维分布特征(1)，封头上每一点处的静力相当条件可以沿用式(7.3.3)得到

$$\left.\begin{aligned}N_\varphi&=\sigma_f t_f\cos^2\alpha\\N_\theta&=\sigma_f t_f\sin^2\alpha\end{aligned}\right\} \tag{7.4.4}$$

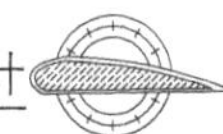

则内力比

$$\eta=N_\theta/N_\varphi=\tan^2\alpha \tag{7.4.5}$$

将式(7.4.3)代入上式，然后再将式(7.4.1)代入，可得封头上的缠绕角微分方程

$$\tan^2\alpha=2+\frac{r\dfrac{\mathrm{d}^2r}{\mathrm{d}z^2}}{1+\left(\dfrac{\mathrm{d}r}{\mathrm{d}z}\right)^2} \tag{7.4.6}$$

上式给出了特征(2)的具体函数表达式。

由式(7.4.6)、式(7.4.4)和式(7.4.3)，可解得纤维应力

$$\sigma_\mathrm{f}=\frac{pr}{2t_\mathrm{f}\cos^2\alpha}\left[1+\left(\frac{\mathrm{d}r}{\mathrm{d}z}\right)^2\right]^{1/2} \tag{7.4.7}$$

根据上述分布特征(3)，若令 A 为螺旋绕组纤维的总横截面积，则有

$$A=2\pi Rt_{\mathrm{f}\alpha}\cos\alpha_0=2\pi rt_\mathrm{f}\cos\alpha$$

于是得封头上任一平行圆处纤维厚度为

$$t_\mathrm{f}=\frac{R\cos\alpha_0}{r\cos\alpha}\cdot t_{\mathrm{f}\alpha} \tag{7.4.8}$$

根据网络理论，式(7.4.6)、式(7.4.7)和式(7.4.8)构成了封头段的三个基本方程。为解上述三个方程，由纤维分布特征(2)，其相应的边界条件如下。

(1) 由于纤维缠绕压力容器结构上要求封头与筒身平滑过渡(数学上称一阶连续)，故

$$r|_{z=0}=R,\quad \left.\frac{\mathrm{d}r}{\mathrm{d}z}\right|_{z=0}=0 \tag{7.4.9}$$

(2) 在极孔边缘处，工艺上要求纤维轨迹与极孔相切，故有

$$\alpha|_{r=r_0}=\pi/2 \tag{7.4.10}$$

为了将这些基本方程进一步简化，以赤道圆处的参数对方程进行正则化，引入无量纲化的量

$$\left.\begin{aligned}&\rho=\frac{r}{R},\quad \xi=\frac{z}{R},\quad (\cdot)=\frac{\mathrm{d}}{\mathrm{d}\xi}\\&\bar{t}=\frac{t_\mathrm{f}}{t_{\mathrm{f}\alpha}\cdot\cos\alpha_0},\quad \bar{\sigma}=\frac{\sigma_\mathrm{f}}{\dfrac{Rp}{2t_{\mathrm{f}\alpha}\cos\alpha_0}}\end{aligned}\right\} \tag{7.4.11}$$

正则化后的三个基本方程及其边界条件变为

$$\tan^2\alpha=2+\frac{\rho\ddot{\rho}}{1+\dot{\rho}^2} \tag{7.4.12}$$

$$\bar{\sigma}=\frac{\rho(1+\dot{\rho}^2)^{1/2}}{\bar{t}\cos^2\alpha} \tag{7.4.13}$$

$$\bar{t}=\frac{1}{\rho\cos\alpha} \tag{7.4.14}$$

$$\dot{\rho}|_{\xi=0}=0 \tag{7.4.15}$$

$$\alpha|_{\rho=\rho_0}=90^\circ \tag{7.4.16}$$

以上建立的三个基本方程中含有 4 个未知量：α、ρ、$\bar{\sigma}$、$\bar{t}$，因此需要再补充一个方程才能得到定解，即允许某一函数事先提出某种要求，只要所提出的要求合理，而且在工艺上是可实现的。例如，从结构上提出等应力条件，就构成了求解均衡型等应力封头问题；从工艺上规定平面缠绕线型，就构成了均衡型平面缠绕封头问题。

7.4.2 等应力封头

等应力封头（或称等张力封头）是指壳体在均匀内压下使封头各点纤维应力都相等，且等于筒身螺旋缠绕纤维应力的一种封头形式。显然，这种等应力封头的纤维强度可以得到最充分的利用。研究等应力封头的核心就是寻找满足等应力条件的封头几何形状，以及纤维在封头上的缠绕角方程。等应力条件可表示为

$$\sigma_f = \text{常数} \tag{7.4.17}$$

或者表示为正则化形式

$$\bar{\sigma} = 1 \tag{7.4.18}$$

上式实质上是在基本方程的基础上补充了一个方程，由于此条件是从结构角度提出的，因此又称为结构限制条件。

将等应力条件代入基本方程，考虑到边界条件，经整理得

$$\sin\alpha = \rho_0/\rho \tag{7.4.19}$$

或者

$$\sin\alpha = r_0/r \tag{7.4.20}$$

此即封头缠绕角方程，在微分几何学上，该方程是回转曲面的测地线方程。这说明，既满足均衡型条件又满足等应力条件，必须在封头上按测地线缠绕。从工艺上讲，按测地线缠绕，封头上两点距离最短，纤维是稳定的。

在赤道圆处（$r=R$），有

$$\sin\alpha_0 = r_0/R \tag{7.4.21}$$

这就是确定筒身螺旋绕组缠绕角的公式。

缠绕角方程确定之后，不难求出封头上的纤维应力

$$\sigma_f = \frac{Rp}{2t_{f\alpha}\cos^2\alpha_0} \tag{7.4.22}$$

将上式与单螺旋缠绕时的纤维应力表达式相比较，可知封头上的纤维应力与筒身上的纤维应力相同。由此得出结论：若均匀内压容器全部按均衡型设计，且在封头上按等应力条件设计，则理论上容器是等强度的。

封头上缠绕角方程和等应力方程确定之后，封头曲面形状便可唯一地确定。换言之，只有在特定的封头曲面上并按测地线缠绕才能实现均衡型等应力。将上述条件代入相关方程，整理后得一椭圆积分方程，该方程不能表达为有限形式，可化为标准椭圆积分的组合

$$\xi = \frac{1}{\sqrt{1-\lambda^2}}[\lambda_2 F(\psi,K) + (1-\lambda_2)E(\psi,K)] \tag{7.4.23}$$

式中

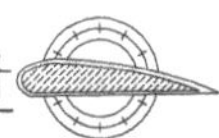

$$\left.\begin{aligned}F(\psi,K)&=\int_0^{\psi}\frac{\mathrm{d}\psi}{\sqrt{1-K^2\sin\psi}}\\E(\psi,K)&=\int_0^{\psi}\sqrt{1-K^2\sin\psi}\mathrm{d}\psi\end{aligned}\right\}\tag{7.4.24}$$

分别为勒让德第一类椭圆积分和第二类椭圆积分，且

$$\sin\psi=\sqrt{\frac{1-\lambda}{1-\lambda_1}},\quad K^2=\frac{1-\lambda_1}{1-\lambda_2},\quad \lambda=\rho^2$$

$$\left.\begin{aligned}\lambda_1&=\frac{1}{2}\left[\sqrt{1+\frac{4\rho_0^2}{1-\rho_0^2}}-1\right]\\\lambda_2&=-\frac{1}{2}\left[\sqrt{1+\frac{4\rho_0^2}{1-\rho_0^2}}+1\right]\end{aligned}\right\}\quad(\lambda_2<\lambda_1<\lambda<1)$$

不同 ψ、K 值的 $F(\psi,K)$ 和 $E(\psi,K)$ 值可由椭圆积分表查得，式(7.4.23)即为封头经线方程，该方程用于确定等应力封头曲面形状。对于不同 ρ_0 值的 $\rho-\xi$ 关系由表 7.4.1 给出，设计时只要查表即可。

表 7.4.1　等应力封头曲线的 ρ-ξ 值

ρ	ρ_0									
	0.00	0.05	0.10	0.15	0.20	0.25	0.30	0.35	0.40	0.45
	ξ									
1.00	0.000 0	0.000 0	0.000 0	0.000 0	0.000 0	0.000 0	0.000 0	0.000 0	0.000 0	0.000 0
0.98	0.140 0	0.140 1	0.140 4	0.140 8	0.141 5	0.142 5	0.143 7	0.145 3	0.147 4	0.150 2
0.96	0.196 4	0.196 6	0.196 9	0.197 6	0.198 6	0,199 9	0.201 7	0.204 0	0.207 0	0.211 0
0.94	0.238 6	0.238 7	0.239 2	0.240 0	0.241 3	0.242 9	0.245 1	0.247 9	0.251 7	0.256 6
0.92	0.273 1	0.273 3	0.273 9	0.274 9	0.276 3	0.278 2	0.280 8	0.284 2	0.288 5	0.294 3
0.90	0.302 7	0.302 9	0.303 6	0.304 7	0.306 3	0.308 5	0.311 4	0.315 2	0.320 1	0.326 7
0.84	0.372 8	0.373 1	0.373 9	0.375 7	0.377 5	0.380 4	0.384 2	0.389 3	0.395 9	0.404 6
0.80	0.409 2	0.409 5	0.410 5	0.412 2	0.414 6	0.418 0	0.422 4	0.428 2	0.435 8	0.446 0
0.74	0.453 6	0.453 9	0.455 1	0.457 0	0.459 9	0.463 9	0.469 2	0.476 2	0.485 4	0.497 8
0.70	0.477 8	0.478 2	0.479 5	0.481 7	0.484 9	0.489 3	0.495 2	0.503 0	0.513 3	0.527 3
0.60	0.524 7	0.525 2	0.526 8	0.529 5	0.533 5	0.539 0	0.546 5	0.556 5	0.570 0	0.589 1
0.50	0.556 6	0.557 2	0.559 1	0.562 3	0.567 2	0.574 0	0.583 3	0.596 2	0.614 6	0.643 6
0.40	0.577 4	0.578 1	0.580 3	0.584 2	0.590 0	0.598 0	0.610 4	0.628 4	0.650 7	
0.30	0.589 8	0.590 7	0.593 2	0.597 8	0.604 9	0.615 9	0.629 5			
0.20	0.596 2	0.597 1	0.6001	0.605 7	0.613 6					
0.10	0.598 5	0.599 6	0.602 5							
0.00	0.599 0									

注：$\rho_0=r_0/R$，$\rho=r/R$，$\xi=z/R$。

表中对应 $\rho_0=0$ 的数据是封头无极孔的特殊情形的 ξ 值。由式(7.4.19)可知，$\alpha=0$，即沿经线缠绕。从式(7.4.4)可知，在这种曲面上沿经线缠绕必有平行圆向内力 N_θ 为零，因此这种封头也称为“零周向应力封头”。根据式(7.4.3)可知，零周向应力曲面的两个主曲率半径满足 $R_\theta=2R_\varphi$。

4个未知数中，已经确定3个函数的表达式，最后一个函数为纤维厚度。利用式(7.4.19)、式(7.4.14)、式(7.4.11)，可解得纤维厚度

$$t_f=\sqrt{\frac{R^2-r_0^2}{r^2-r_0^2}}\cdot t_{f\alpha} \tag{7.4.25}$$

可以看出，封头纤维厚度在赤道圆处等于筒身螺旋缠绕层纤维厚度 $t_{f\alpha}$。随着平行圆半径 r 的减小，纤维厚度增加，在极孔边缘($r=r_0$)，纤维厚度理论上趋于无穷大，说明在极孔边缘发生纤维严重堆积。工艺上通常采用扩极孔等方法来减小纤维堆积。

考虑封头主曲率半径和曲面特征，可解得曲率半径表达式

$$R_\varphi=\frac{R^3}{r^2}\frac{(r^2-r_0^2)}{(2r^2-3r_0^2)}\sqrt{\frac{r^2-r_0^2}{R^2-r_0^2}} \tag{7.4.26}$$

该表达式在 $r=\sqrt{3/2}r_0$ 处，$R_\varphi\to\infty$，且由 $+\infty$ 变为 $-\infty$，故该处为经线拐点。经线在拐点处由外凸变成外凹，工艺上无法实现缠绕，经线必须在此中断。此处的缠绕角为 54.7°。$R_\varphi=R_\theta$ 的点称为等曲率点，等曲率点的位置为：$r=\sqrt{2}r_0$，等曲率点处的缠绕角为 45°，该点处 R_θ 有最大值

$$R_{\theta\max}=\frac{R^3}{2r_0\sqrt{R^2-r_0^2}}=\frac{R}{\sin 2\alpha_0} \tag{7.4.27}$$

通常在该点将经线中断。图 7.4.2 为曲面示意。在工程实际中，当用等张力曲面作为封头时，通常将等曲率点到极孔边缘的封头曲面段($r_0\leqslant r\leqslant\sqrt{2}r_0$)用半径为 $R_{\theta\max}$ 的球面代替。

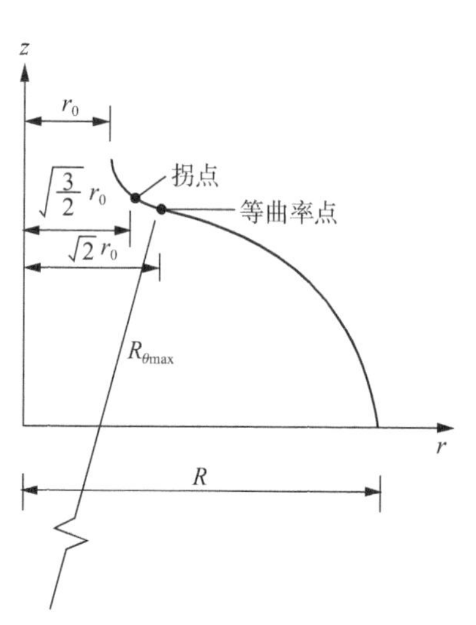

图 7.4.2　曲面示意

7.4.3　平面缠绕封头

等应力封头是基于结构上的等强度而设计的，而平面缠绕封头(或称平面封头)是出于工艺上的规定而设计的。对于短而粗的壳体，常采用平面缠绕成型。平面缠绕时，绕丝嘴在固定平面内围绕芯模作匀速圆周运动，芯模绕自轴慢速旋转，各纱片均与极孔相切，纤维缠绕轨迹近似为一个平面单圆封闭曲线。筒身段的缠绕角 α_0 在平面上的投影可视为一常数。与等应力封头不同，α_0 不是由筒身半径与极孔半径之比决定的，而是由结构的几何尺寸确定的。由图 7.4.3 可知，筒身缠绕角可用下式计算

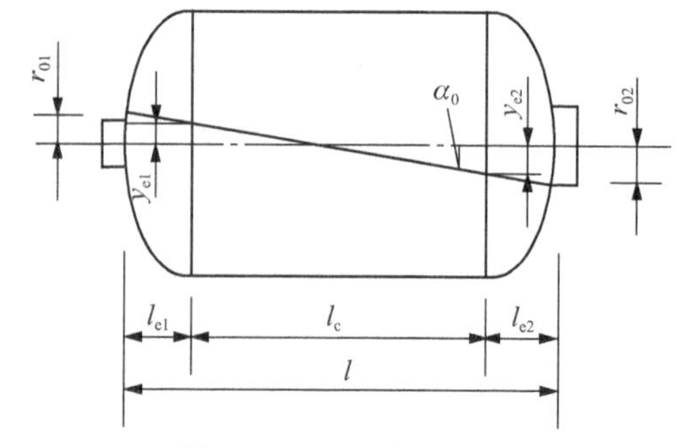

图 7.4.3　平面缠绕线型

$$\tan\alpha_0=\frac{y_{e1}+y_{e2}}{l_c}=\frac{r_{01}+r_{02}}{l_{e1}+l_c+l_{e2}} \tag{7.4.28}$$

这样赤道圆处的缠绕角 α_0 已经确定，同时纤维轨迹被丝嘴运动平面限定，与等应力封头相比

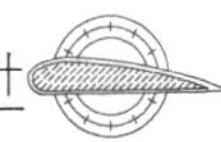

实际上是附加了一个工艺限制条件，即要求封头经线与容器的几何尺寸需满足一个固定关系。

图 7.4.4 所示为用正则化参数表示的 1/4 平面缠绕封头，图中 ρ_e 为 y_e（即图 7.4.3 中的 y_{e1} 或 y_{e2}）的正则化值，即 $\rho_e=y_e/R$。由图 7.4.4 可见：$\overline{OA}=\rho$，$\overline{AP}=\xi$，$\overline{OC}=\rho_e$，$\overline{OB}=\rho\sin\theta$，$\overline{CB}=\xi\tan\alpha_0$。根据几何关系$\overline{OB}=\overline{OC}+\overline{CB}$，故有

$$\rho\sin\theta=\rho_e+\xi\tan\alpha_0 \tag{7.4.29}$$

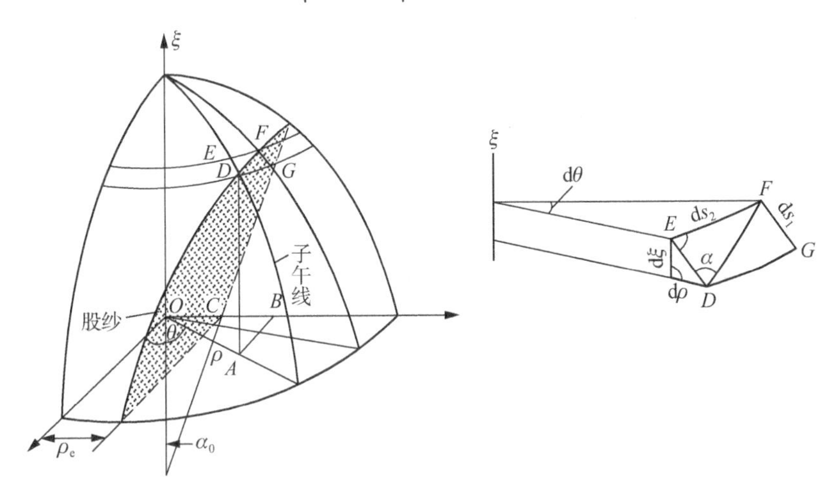

图 7.4.4　平面缠绕封头

在壳体微元面上有

$$\tan\alpha=\frac{ds_2}{ds_1}=\frac{\rho d\theta}{\sqrt{(d\xi)^2+(d\rho)^2}}=\frac{\rho\dot{\theta}}{\sqrt{1+\dot{\rho}^2}} \tag{7.4.30}$$

利用几何关系式(7.4.29)，从式 (7.4.30)中消去 θ，得平面缠绕工艺决定的封头缠绕角方程

$$\tan^2\alpha=\frac{[\rho\tan\alpha_0-\dot{\rho}(\rho_e+\xi\tan\alpha_0)]^2}{(1+\dot{\rho}^2)[\rho^2-(\rho_e+\xi\tan\alpha_0)^2]} \tag{7.4.31}$$

此式即为工艺限制条件，并以此为补充方程代入基本方程即构成平面缠绕封头的定解问题。

在平面缠绕中，既要满足工艺决定的缠绕角方程式(7.4.31)，又要满足均衡型缠绕角方程(7.4.12)，因此，这两式的右端应当相等。经整理得

$$[2(1+\dot{\rho}^2)+\rho\ddot{\rho}][\rho^2-(\rho_e+\xi\tan\alpha_0)^2]-[\rho\tan\alpha_0-\dot{\rho}(\rho_e+\xi\tan\alpha_0)]^2=0 \tag{7.4.32}$$

这是一个二阶非线性变系数微分方程，直接求解比较困难。引入代换，令 $\xi=\dot{\rho}$，可将式(7.4.32)及有关边界条件化为求 ξ、ρ 的一阶微分方程组的初值问题

$$\left.\begin{aligned}&\xi=\dot{\rho}=\frac{1}{\rho}\left\{\frac{[\rho\tan\alpha_0-\xi(\rho_e+\xi\tan\alpha_0)]^2}{\rho^2-(\rho_e+\xi\tan\alpha_0)^2}-2(1+\xi_2)\right\}\\&\dot{\rho}=\xi,\ \rho(0)=1,\ \xi(0)=\dot{\rho}(0)=0\end{aligned}\right\} \tag{7.4.33}$$

可以用作图法或数值方法求出经线 $\rho(\xi)$ 及其二阶以下的导数 $\dot{\rho}$、$\ddot{\rho}$。将这些值代入基本方程可以求出各正则化物理量的数值解。

将式(7.4.14)代入式(7.4.13)，然后再利用式(7.4.31)，消去缠绕角 α，得纤维应力微分方程

$$\bar{\sigma}=\rho^2\left\{(1+\dot{\rho}^2)+\frac{[\rho\tan\alpha_0-\dot{\rho}(\rho_e+\xi\tan\alpha_0)]^2}{\rho^2-(\rho_e+\xi\tan\alpha_0)^2}\right\}^{\frac{1}{2}} \tag{7.4.34}$$

由式(7.4.34)可以看出，封头上的纤维应力是变量，是坐标 z 的函数。也就是说，均衡型平面封头不是等张力的。

利用式(7.4.31)，在式(7.4.14)中消去 α，得纤维厚度微分方程

$$\bar{t}=\frac{1}{\rho}\left\{1+\frac{[\rho\tan\alpha_0-\dot{\rho}(\rho_e+\xi\tan\alpha_0)]^2}{(1+\dot{\rho}^2)[\rho^2-(\rho_e+\xi\tan\alpha_0)^2]}\right\}^{1/2} \tag{7.4.35}$$

至此，缠绕角 α、正则化的纤维应力 $\bar{\sigma}$ 和纤维厚度 $\bar{t}$ 都用经线方程 $\rho=\rho(\xi)$ 表达了。

7.4.4 封头形式的选择与封头补强

可供选择的封头形式有等应力封头、平面缠绕封头和扁椭球封头。前两种封头已经介绍，扁椭球封头经线方程为

$$z=K_L\sqrt{R^2-r^2} \tag{7.4.36}$$

式中，K_L 为封头形式系数，通常 $1/2\leqslant K_L\leqslant 1/\sqrt{2}$，其正则化曲面经线形状与平面缠绕封头经线及等应力封头经线的比较见图 7.4.5。

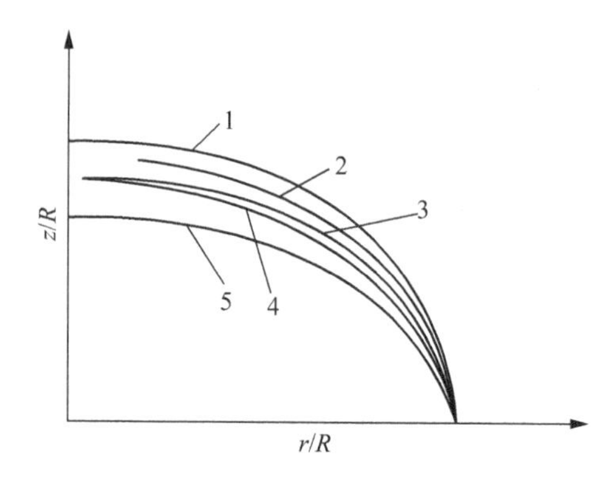

图 7.4.5 几种封头经线的比较

1—扁椭球($K=\sqrt{2}/2$)；2—平面封头；3—等应力封头；
4—与等应力封头同矢高的扁椭球；5—扁椭球($K_L=l/2$)

等应力封头在理论上是比较合理的，其强度特性和纤维稳定性最好，可使纤维受到相同的拉应力，最能充分发挥缠绕纤维的单向强度，且适用于任何长度的容器。但等应力封头仅适用于两个极孔相等的容器。由于螺旋缠绕时纤维在筒身和封头上有交叉，极孔处也常为多切点，这些因素会导致纤维局部架空、弯曲而影响其强度的发挥。由理论计算得到的封头经线回转曲面应该是壳体的中面，但从实际的纤维缠绕工艺可知，在缠绕过程中，头部的缠绕厚度随着半径的减小而增加。纤维在绕过头部时，在极孔附近逐渐堆积，使得第二个循环缠绕时头部外形曲线已经完全改变，从而失去原来等应力曲线上纤维承受相同应力的理想状态。另一方面，由于缠绕机的设计和绕丝头的控制还不太理想，在工艺上要完全实施等应力曲线所要求的测地线缠绕也是有困难的。目前，国内定型生产的各种规格的筒形容器中，封头曲面多采用零环向应力封头曲面，也有采用矢高为半径之半的扁椭球作为封头形式的。

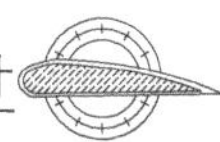

平面缠绕封头的理论强度和纤维稳定性低于等应力封头。平面缠绕封头适合于长径比小于4的矮粗形容器，但不要求两端极孔半径一定相等，纤维排列没有交叉，极孔处为单切点，且缠绕时纤维张力稳定，可以按平面缠绕封头条件严格实现设计。计算结果也表明：平面缠绕封头的纤维应力波动也不太严重。由于平面缠绕封头为非测地线缠绕，极孔半径不宜过大（$r_0<0.4R$）。

扁椭球曲线较等张力曲线的应力分布均衡性差，特别是平行圆向内力 N_θ 的变化较大，有不连续应力存在。但从实际使用效果看，这种封头曲线亦能满足缠绕工艺的要求。用等张力曲线和扁椭圆曲线作封头曲线制成内压容器的爆破试验结果表明：矢高为 $R/2\sim\sqrt{2}R/2$ 的扁椭圆曲线封头，其头部强度与等张力封头强度没有明显的差别。

大量的工程实践表明，仅按网络理论设计的压力容器，无论采用哪一种封头形式，通常封头总是容器的薄弱部位，容器封头的强度只有筒体强度的70%～80%。除了前面讨论的原因外，封头强度低还有以下原因：① 封头与筒身连接处存在不连续应力；② 缠绕张力不稳定；③ 纤维轨迹偏离理论位置；④ 封头曲面不准确。因此，除了要采取工艺措施改善封头纤维的均匀分布状态、降低纤维堆积高度、合理选择缠绕线型、逐步扩大缠绕包络圈、环向加固容器的肩部等途径提高封头强度外，还必须对封头补强，以使压力容器整体同步失效。目前采用最多的一种补强方法是增加螺旋缠绕纤维用量。这种方法简便易行，不必对缠绕线型和封头曲面进行修正。引入螺旋缠绕纤维强度利用系数 k，则实际螺旋缠绕纤维厚度应当增大。

$$t_{f\alpha实}=t_{f\alpha}/k \tag{7.4.37}$$

通常 $k=0.70\sim0.95$。k 的取值大小与封头形式、工艺制度及设备条件有关。如封头形式接近等应力封头，则 k 值可取大些；若缠绕线型的切点数和交叉点数多，则 k 值应小些；因缠绕设备所限，线型位置的准确性差，则 k 应取较小值；缠绕时纤维缠绕张力控制不稳，则 k 也应取较小值。

考虑到封头补强，引入螺旋缠绕纤维强度利用系数 k，修正后的纤维缠绕筒形内压容器的强度设计公式为

$$J=\frac{\pi R^2 p_B}{kfNM\cos\alpha}$$

$$K=\frac{p_B R}{2fNm_0}(2-\tan^2\alpha) \tag{7.4.38}$$

式中，$k=0.70\sim0.95$。

为了改善缠绕纤维在极孔周围的堆积，需采用扩极孔形式，即多种缠绕角的工艺方法。当用扩极孔缠绕后，必须求出各层的承载能力，再校验它是否能满足设计要求。校验方法可由式(7.4.38)推出：

轴向承载能力
$$p_\varphi=\frac{kfNM}{\pi R^2}\sum_{i=1}^{n}J_i\cos\alpha_i \tag{7.4.39}$$

周向承载能力
$$p_\theta=\frac{kfNM}{2\pi R^2}\sum_{i=1}^{n}J_i\tan\alpha_i\sin\alpha_i+\frac{fNm_0K}{R} \tag{7.4.40}$$

按上述两式校验结果，其中最小的承载压强必须大于容器设计压强 p_B。如果不能满足要求，必须进行调整。

实验结果表明，采用网络理论对纤维缠绕压力容器筒身和管道等产品进行强度设计很实用，实验结果与理论计算值基本一致。但在容器封头部位，由于处于复杂的应力状态，缠绕线型也比较复杂，与网络理论的基本假设有较大区别，必须采用非线性有限元分析方法进行校核。

7.5 纤维缠绕内压容器设计实例

40 L气瓶是国内已定型生产的玻璃纤维缠绕内压容器。本节以该气瓶主要技术指标为依据，扼要介绍纤维缠绕内压容器的设计方法和设计步骤。

1. 设计条件

(1) 技术指标

工作压强 $p_w=12.5$ MPa；

2 000次疲劳后的爆破压强 $p_B \geqslant 60.0$ MPa；

水压试验压强 $p_y=19.0$ MPa；

试验压强下的体积变形率 $\eta \leqslant 1.5\%$。

(2) 内衬几何尺寸(图7.5.1)

筒体长度 $l=1\ 266$ mm；

筒体半径 $R=100$ mm；

两端接嘴外半径 $r_{01}=25$ mm，$r_{02}=15$ mm。

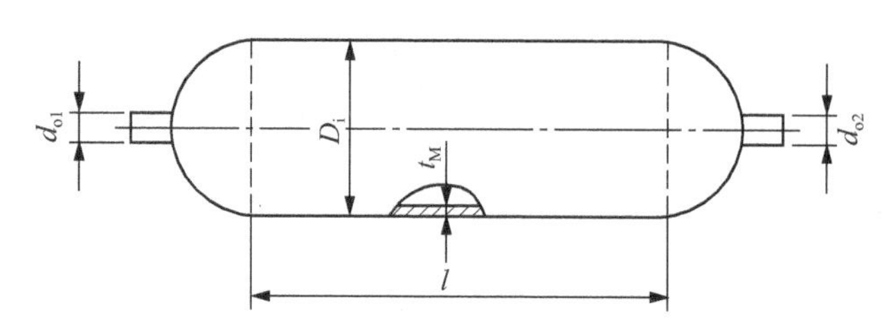

图7.5.1 容器内衬形状及尺寸

(3) 原材料

① 铝内衬 筒体选用L1M纯铝；接嘴选用LF6M铝合金，其拉伸强度 $\sigma_B=265$ MPa，剪切强度 $\tau_B=132$ MPa，疲劳强度降低系数 $K_r=2$。

② 增强材料 选用无碱无捻玻璃纤维缠绕纱ECl1－600，密度 $\rho_f=2.54$ g/cm^3，弹性模量 $E_f=7.0\times10^4$ MPa，纤维的许用应力$[\sigma_f]=1\ 290$ MPa。

③ 基体树脂 E－42环氧树脂与616酚醛树脂配用，重量比7∶3；树脂密度 $\rho_m=1.17$ g/cm^3。

(4) 工艺参数

复合材料中树脂基体质量含量 $m_m=(21\pm3)\%$；

固化度≥85%；

缠绕时每条纱带由5束合股纱并合，即 $N=5$ 束/条；

螺旋缠绕一个循环有2层纤维，每一个螺旋缠绕循环包含的纱带片条数 $M=400$ 条/个；

环向缠绕时的纱带片密度 $m_0=2.27$ 条/厘米。

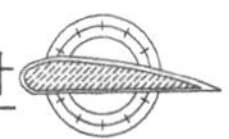

2. 设计步骤

(1) 封头形式及封头经线坐标

首先,确定封头形式。选择封头形式的依据主要是容器的结构尺寸、强度性能和工艺性等因素。等应力封头是理想的封头形式,这种封头的纤维强度可以得到最充分的利用。考虑到本产品外形尺寸的长径比($l/d>6$)大,爆破压强高,封头厚,随着缠绕层数增加,封头实际曲面远偏离理论曲面,为使封头中面接近等张力曲面,故选用"零周向应力"曲面,这样也便于设计和加工。封头经线坐标由表 7.5.1 可得。其中 $r=R\rho$, $z=R\xi$。

表 7.5.1 封头经线坐标

r/mm	100	98	96	94	92	90	84	80	74	70	60	50	40	30	20	10	0
z/mm	0.00	14.0	19.6	23.9	27.3	30.3	37.3	40.9	45.4	47.8	52.5	55.7	57.7	59.0	59.6	59.8	59.9

(2) 容器结构强度设计

① 计算纤维体积含量 v_f 已知 $\rho_f=2.54\ \mathrm{g/cm^3}$, $\rho_m=1.17\ \mathrm{g/cm^3}$, $m_m=21\%$,由式(4.2.10)可算得纤维体积含量为

$$v_f=\frac{1}{1+\frac{m_m}{1-m_m}\cdot\frac{\rho_f}{\rho_m}}=\frac{1}{1+\frac{0.21}{1-0.21}\cdot\frac{2.54}{1.17}}=63.4\%$$

② 缠绕角的确定 按测地线方程式(7.4.21)及工艺设计要求确定的缠绕线型是:筒体圆周等分数 $n=4$,基准线间纤维所绕过的筒体圆周的等分数 $k=3$,速比 $i=5/2$。由此确定的封头赤道圆处的平均缠绕角 $\alpha_0=21°$。

③ 计算环向缠绕层纤维厚度 t_{f90}。

$$t_{f90}=\frac{Rp}{2[\sigma_f]}(2-\tan^2\alpha)=\frac{10\times60}{2\times1\ 290}(2-\tan^2 21°)=0.431\ \mathrm{cm}$$

④ 计算螺旋缠绕层纤维厚度 $t_{f\alpha}$ 由表 7.3.1 知

$$t_{f\alpha}=\frac{Rp}{2[\sigma_f]\cos^2\alpha}=\frac{10\times60}{2\times1\ 290\times\cos^2 21°}=0.267\ \mathrm{cm}$$

⑤ 计算螺旋缠绕层纤维实际厚度 $t_{f\alpha实}$ 由于封头部位只能进行螺旋缠绕,不能进行环向缠绕,而螺旋缠绕纤维相互交叉,纤维强度发挥达不到环向纤维水平。取螺旋缠绕纤维强度利用系数$k=0.70$,则

$$t_{f\alpha实}=t_{f\alpha}/k=0.267/0.7=0.381\ \mathrm{cm}$$

⑥ 计算筒体纤维总厚度

$$t_f=t_{f\alpha实}+t_{f90}=0.381+0.431=0.812\ \mathrm{cm}$$

⑦ 求纱片厚度 t

一团纱的截面积 A_0 为

$$A_0=\frac{\rho_{tex}}{\rho_f}\times10^{-5}(\mathrm{cm^2})$$

式中 ρ_{tex}—— 纤维的线密度(粗纱号数),g/km;

ρ_f—— 纤维的密度,$\mathrm{g/cm^3}$。

将有关纤维数据代入上式得

$$A_0=\frac{600\times10^{-5}}{2.54}=236\times10^{-5}\ \text{cm}^2$$

一条纱带的截面积 A 为

$$A=NA_0$$

式中　N——一条纱带的纱团数。

$$A=5\times236\times10^{-5}=1.18\times10^{-2}\ \text{cm}^2=1.18\ \text{mm}^2$$

环向缠绕时的纱条宽度　$b_{90}=1/m_0=1/2.27=0.44\ \text{cm}=4.40\ \text{mm}$

螺旋缠绕时的纱条宽度　$b_\alpha=\dfrac{4\pi R\cos\alpha}{M}=\dfrac{4\pi\times10\times\cos21^\circ}{400}=0.293\ \text{cm}=2.93\ \text{mm}$

环向纱条厚度　$t_{90}^0=A/b_{90}=1.18/4.40=0.268\ \text{mm}$

螺旋纱条厚度　$t_\alpha^0=A/b_\alpha=1.18/2.93=0.403\ \text{mm}$

⑧ 计算所需的缠绕层数

环向缠绕层数　$n_{90}=t_{f90}/t_{90}^0=4.31/0.268=16$ 层，取 $n_{90}=16$ 层

螺旋缠绕层数　$n_\alpha=t_{f\alpha实}/t_\alpha^0=3.81/0.403=9.45$ 层，取 $n_\alpha=10$ 层，即 $J=5$ 个循环。

在缠绕规律设计中，为了减少纤维在极孔附近的堆积和架空，采用扩极孔缠绕措施。此产品在第 3 和第 4 个螺旋缠绕时扩极孔，故缠绕角 $\alpha_{1,2,5}=20^\circ34'$，$\alpha_3=21^\circ29'$，$\alpha_4=22^\circ2'$，平均缠绕角 $\alpha=21^\circ5'$。

⑨ 强度校核

由于平均缠绕角采用后的误差以及缠绕层数必须取整数带来的出入，因此需要按实际缠绕条件进行强度校核。

一束合股纱的许用强力　$f=[\sigma_f]A_0=1290\times10^6\times236\times10^{-9}=304$(牛/束)

纵向承载能力校核

$$\begin{aligned}p_\varphi&=\frac{kfNM}{\pi R^2}\sum_{i=1}^{n}J_i\cos\alpha_i\\&=\frac{0.70\times304\times5\times400}{\pi\times0.100^2}(3\times\cos20^\circ34'+\cos21^\circ29'+\cos22^\circ2')\\&=63.3\times10^6\ (\text{Pa})\end{aligned}$$

环向承载能力校核

$$\begin{aligned}p_\theta&=\frac{kfNM}{2\pi R^2}\sum_{i=1}^{n}J_i\tan\alpha_i\sin\alpha_i+\frac{fNm_0K}{R}\\&=\frac{0.70\times304\times5\times400}{2\times\pi\times0.100^2}(3\times\tan20^\circ34'\sin20^\circ34'+\tan21^\circ29'\sin21^\circ29'\\&\quad+\tan22^\circ2'\sin22^\circ2')+\frac{304\times5\times2.27\times10^2\times16}{0.100}\\&=60\times10^6\ (\text{Pa})\end{aligned}$$

由以上校核可知，纵向承载能力和环向承载能力均达到要求爆破压强 $p_B=60.0$ MPa，故可满足强度条件。

⑩ 容器各缠绕层最终设计厚度

环向层纤维总厚度　$t_{90}=0.268\times16=4.29\ \text{mm}$

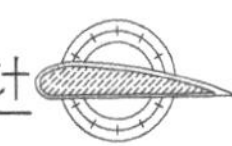

螺旋层纤维总厚度　$t_{\alpha}=0.403\times10=4.03$ mm

总缠绕层纤维厚度　$t_{f}=t_{90}+t_{\alpha}=4.29+4.03=8.32$ mm

复合材料容器总厚度　$t_{c}=t_{f}/v_{f}=8.32/0.634=13.1$ mm

3. 金属接嘴的强度设计

接嘴壁厚　$t\geqslant\dfrac{r_{01}p_{B}}{\sigma_{B}+p_{B}}=\dfrac{25\times60}{265+60}=4.6$ mm

接嘴肩部厚度　$\delta\geqslant\dfrac{r_{01}p_{B}}{2\tau_{B}}=\dfrac{25\times60}{2\times132}=5.7$ mm

考虑疲劳时　$t\geqslant\dfrac{r_{01}p_{y}}{\dfrac{\sigma_{B}}{K}+p_{y}}=\dfrac{25\times19}{\dfrac{265}{2}+19}=3.1$ mm

$$\delta\geqslant\frac{r_{01}p_{y}}{\dfrac{2\tau_{B}}{K}}=\frac{25\times19}{2\times\dfrac{132}{2}}=3.6\text{ mm}$$

接嘴设计如图 7.5.2 所示。设计中取 $t=7$ mm，$\delta=9$ mm。

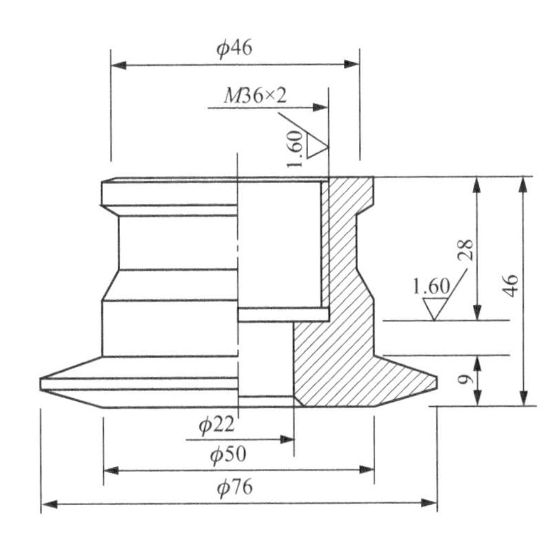

图 7.5.2　金属接嘴

思考题与习题

7-1　三个单螺旋缠绕圆筒，缠绕角分别为 $\alpha_{1}=52.75°$、$\alpha_{2}=54.75°$、$\alpha_{3}=56.75°$，试分析在内压作用下的筒体变形。

7-2　为什么设计纤维缠绕内压容器时要力争满足平衡型设计条件？

7-3　试设计一纤维缠绕压力容器。圆筒段直径 $D=770$ mm，圆筒段长度 $l=2\ 930$ mm；封头极孔直径 $d=385$ mm，封头高度 $h=285$ mm，纱片宽 $b=5$ mm。已知工作压强 $p_{w}=10.0$ MPa，要求爆破压强 $p_{B}\geqslant40.0$ MPa。试确定容器各缠绕层最终设计厚度。

7-4　试设计一芳纶纤维缠绕压力容器。容器筒身直径 $D=350$ mm，筒身长度 $l=2\ 800$ mm；封头极孔直径 $d=200$ mm，封头高度 $h=250$ mm，纱片宽 $b=5$ mm。已知工作压强 $p_{w}=16.0$ MPa，要求爆破压强 $p_{B}\geqslant40.0$ MPa。试确定容器各缠绕层最终设计厚度。

7-5　试设计 100 L 碳纤维缠绕铝内衬天然气瓶，已知工作压强 $p_w=20.0$ MPa，要求爆破压强 $p_B\geqslant 50.0$ MPa，使用寿命大于 15 年。铝内衬材质为 A6061 T6，水压爆破压强 $p_B\geqslant 3.0$ MPa。纵向缠绕一个循环的纱片条数 $M=400$ 条，环向缠绕纤维纱片密度 $m=4.0$ 条/厘米。试确定气瓶各缠绕层最终设计厚度。

7-6　试设计玻璃纤维缠绕铝内衬天然气瓶。已知工作压强 $p_w=15$ MPa，要求 2 000 次疲劳爆破压强 $p_B\geqslant 30$ MPa，使用寿命大于 15 年；圆筒段内径 $D=300$ mm，圆筒段长度 $l=1\ 400$ mm；两端封头接嘴外径 $d=50$ mm，接嘴材料选用 LF6M 铝合金，LF6M 许用应力$[\sigma]=160$ MPa，$[\tau]=80$ MPa。铝内衬材质为 L1M 纯铝。水压试验压强 $p_B=19$ MPa。纵向缠绕一个循环的纱片条数 $M=400$ 条，环向缠绕纤维纱片密度 $m=2.27$ 条/厘米。试确定气瓶各缠绕层最终设计厚度，并进行金属接嘴的强度设计。

7-7　试设计玻璃纤维缠绕内压容器。圆筒段直径 $D=400$ mm，圆筒段长度 $l=1\ 200$ mm；封头接嘴外径 $d=120$ mm。已知工作压强 $p_w=5.0$ MPa，工作压力下的纤维应变 $\varepsilon\leqslant 0.2\%$，纤维弹性模量 $E_f=7\times 10^4$ MPa。试确定容器各缠绕层最终设计厚度。

7-8　试证明，对于某一容器来讲，缠绕纤维的总层数($W=K+2J$)与缠绕角 α 无关。

7-9　应该从哪些方面保证圆筒形内压容器是等张力结构？

7-10　试设计一高压气瓶，工作环境为常温短期使用，要求爆破压强 $p_B\geqslant 30.0$ MPa，容积大于 2.5 L，重量小于 750 g，外形总尺寸不得超过 $\phi 170$ mm×250 mm；由于连接需要，两个接嘴外径分别为 $\phi 30$ mm 和 $\phi 38$ mm，高度均为 20 mm。试选择封头形式和气瓶零部件材料，设计气瓶总体尺寸、零部件尺寸和纤维厚度。

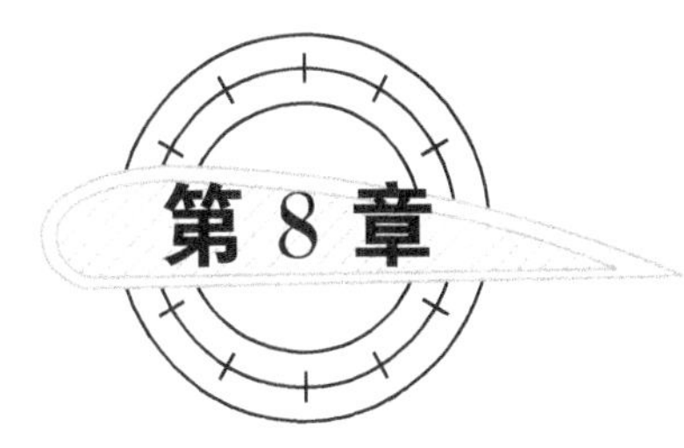

复合材料贮罐设计

8.1 引言

贮罐是用于贮存和运输物料的容器。复合材料贮罐是复合材料制品中应用最广泛的一种产品结构形式。根据承压情况，可将复合材料贮罐分为常压贮罐和受压贮罐两类；按照安装使用方式不同，有地上贮罐、地下贮罐和运输罐之分；根据外形不同，贮罐主要有圆筒形贮罐、矩形贮罐和球形贮罐三种。圆筒形贮罐由圆柱形筒体与各种形状封头所组成。根据回转轴线相对于安装基面的位置不同，又可分为卧式贮罐和立式贮罐两类。作为贮罐主体的圆筒，制造容易，安装附件方便，比较经济，而且承压能力较好，因此这类贮罐应用最广。矩形贮罐受力状态不如圆筒形，承压能力差，需要对棱角进行结构处理，并且常常设有水平和垂直加强肋，因此比制造圆筒形贮罐要复杂一些，造价也要高一些，设计时应尽量少用。一般在有限的矩形空间里，要求有最大容积时，采用矩形贮罐。楼房上的水箱多采用矩形，小型常压贮罐也有做成矩形的。至于复合材料球形贮罐，由于实现等强度设计的缠绕线型和成型设备都较复杂，因而实际应用很少。世界上许多工业发达国家已制定了复合材料贮罐的标准，以规范复合材料贮罐的设计与生产，推广复合材料贮罐的应用。我国已颁布了有关复合材料贮罐的国家标准"GB/T 14354—2008 玻璃纤维增强不饱和聚酯树脂食品容器"和建材行业标准"JC/T 587—1995 纤维缠绕增强塑料贮罐"、"JC/T 717—1990(1996) 地面用玻璃纤维增强塑料压力容器"(原 ZB Q23 004—1990)、"JC/T 718—1990(1996) 玻璃纤维增强聚酯树脂耐腐蚀卧式容器"(原 ZB Q23 005—1990)，这对提高复合材料贮罐产品质量起到了促进作用。

1. 复合材料贮罐的特点

(1) 可设计性好。复合材料贮罐的可设计性好体现在两个方面：① 从化学性能上，可以根据各种存放介质的性质和使用环境选用相应的树脂、纤维和罐壁复合结构，以满足贮罐中存放介质的使用要求；② 从力学性能上，可按照应力的大小和方向确定纤维的用量和铺设方向，从而实现等强度设计。

(2) 轻质高强。这是复合材料突出的优点。如果不需要利用复合材料强度的话,则许多热塑性塑料都是制造耐腐蚀化工贮罐的好材料。对于运输槽车,自重轻还可以提高运输效率。

(3) 工艺性好,易成型,易维修,安装、运输方便。

2. 复合材料贮罐的制作工艺方法

复合材料具有良好的工艺性,制作贮罐非常容易,安装和运输方便,维护费用低。目前制作复合材料贮罐的工艺方法主要有如下几种。

(1) 纤维缠绕法。采用纤维缠绕法制作贮罐可以充分利用和发挥复合材料各向异性和可设计性的特点,在国内外已获得了广泛应用。缠绕的方式通常采用螺旋缠绕加环向缠绕。当罐体尺寸较大(直径超过 4 m),在车间施工或运输有困难时,一般都进行现场缠绕制作,这样既可以整体成型大型贮罐,又可以减少运输和吊装的麻烦。20 世纪 80 年代以来,我国陆续引进纤维缠绕设备,同时国内也研制和生产了多种纤维缠绕设备用于工业化生产,使复合材料贮罐的生产水平上了一个新台阶。目前工厂内缠绕成型的复合材料贮罐容积可达 150 m^3;现场缠绕成型的复合材料贮罐最大直径达 15 m,最大容积达 2 500 m^3。

(2) 手糊成型法。由于手糊成型的制品树脂含量高,能获得较好的耐腐蚀性能,而且在简单的模具上可以方便地成型尺寸形状要求很严的制品,因而手糊法较早就用于成型贮罐,尤其是对于数量少的大型产品更为适合。用手糊法成型立式贮罐,可以很容易地使罐壁厚度随应力的变化而变化。对于大型贮罐,变壁厚的经济效益就很明显。

(3) 组合成型法。组合成型的形式很多,其中比较典型的是内衬采用喷射成型,封头采用手糊成型,筒身段强度层采用缠绕成型。这样既可较好地满足使用要求,又可较大幅度节约缠绕成型设备投资。如要求缠绕贮罐的封头,缠绕机必须具备绕丝头翻转和伸臂的程序控制等功能。

3. 复合材料在贮罐中的应用形式

复合材料在贮罐中的应用形式主要有三种。① 作耐腐蚀内衬。② 全复合材料结构,这是本章主要讨论的内容。③ 热塑性塑料/玻璃钢(GFRP)复合结构,即贮罐内衬采用聚氯乙烯(PVC)、聚丙烯(PP)等热塑性塑料,外面强度层用玻璃钢增强。

热塑性塑料具有优良的耐腐蚀性、延伸性和致密性,可塑性和可焊性也很好,其制作的内衬又可以用作玻璃钢成型的模具。PVC/GFRP 和 PP/GFRP 复合贮罐,不仅强度高,耐腐蚀抗渗漏性也很好。制作复合贮罐的关键是使两种材料的界面具有好的粘接性。复合贮罐也可采用热压法直接成型的复合板材(有单面增强板和中间夹芯增强板)经二次成型加工制作。

如上所述,复合材料贮罐具有一系列优点,目前已在化工、石油、冶金、医药、造纸、食品等各工业领域得到广泛应用。例如,玻璃钢地下油罐耐腐蚀性好,有效地解决了贮存汽油的渗漏问题,目前美国大约 90%以上的地下油罐采用了玻璃钢地下油罐,最大容积达 190 m^3。玻璃钢化工贮罐广泛用于贮存酸、碱、盐、溶剂等各种化学介质,是应用历史最长、应用量最大的一类贮罐。汽车和火车运输用玻璃钢贮罐应用也很广,国内定型生产的汽车运输贮罐规格有 2~12 m^3,火车运输贮罐有 30~50 m^3。复合材料贮罐正朝着多功能化、多品种、复合化、大型化、低成本的方向发展。复合材料贮罐设计要适应这一发展方向,不断拓展复合材料贮罐的应用领域,根据使用条件和结构要求,合理选用材料、确定产品结构形式和制造工艺方法,达到降低成本、满足使用要求的目的。

本章的任务是阐述复合材料贮罐的设计方法,重在掌握基本原理与设计的思路。具体的

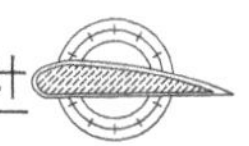

设计方法，包括材料选择、结构设计和计算方法是层出不穷的，而且同一设计任务可以有不同的设计方案，好的设计方案总是建立在丰富的实践经验基础之上。

8.2　层合结构设计

对于常压及低压下使用的复合材料贮罐，贮罐罐壁中的应力并不大，因强度不够而造成突然破坏的可能性很小(只有对于使用压力较高的大型贮罐，强度问题才比较突出)。然而，由于低应力的长时间作用以及贮罐内液体不断装卸造成的冲击和应力交变，使得一般为脆性的树脂出现应力开裂，或者使得纤维与树脂之间脱黏。这种开裂和脱黏一旦发生在内表面，具有腐蚀性的液体就会向外扩散、渗透，以致造成贮罐的渗漏和破坏。所以在设计低压贮罐时，不仅要考虑强度、刚度和稳定性问题，而且要考虑抗渗漏和耐腐蚀性。实践证明，解决渗漏和腐蚀问题的有效措施是：①采用热塑性塑料作内衬；②贮罐罐壁采用层合结构。

层合结构设计的任务就是要合理地确定最必要的抵挡介质的内衬层和起承载作用的强度层的铺叠顺序、各定向单层的层数和总厚度。

8.2.1　贮罐罐壁的层合结构

贮罐罐壁的典型层合结构包括内衬层、强度层和外表层。内衬层的作用是防腐蚀、抗渗漏。内衬层的类型与结构为

- 内衬层
  - 热塑性塑料(聚氯乙烯、聚丙烯、高密度聚乙烯等)
  - 短纤维增强热固性树脂
    - 内表层
    - 次内层

即内衬层有两类，一类采用热塑性塑料作内衬，另一类为短纤维增强热固性树脂。后者由内表层和次内层组成。

内表层又称为耐腐蚀层，该层直接与化学介质接触，主要功能是抵抗介质腐蚀，故一般制成厚度约为 0.50 mm、表面光滑、没有纤维裸露的富树脂层，它是保证贮罐长期安全工作的关键之一。内衬层的增强材料为玻璃纤维表面毡或有机纤维表面毡。表面毡的规格有30 g/m^2、40 g/m^2、50 g/m^2 等，由于毡薄，玻璃纤维直径较细，故可吸收较多树脂形成富树脂层，树脂含量可达 90%左右，遮住了纤维增强材料的纹路，起到了表面修饰作用。

次内层又称防渗漏层，它紧接内表层，主要功能是防介质渗漏。次内层既可以采用喷射成型，也可以采用 300 g/m^{2}或 450 g/m^2 短切纤维毡手糊成型，树脂含量为 70%左右。用短纤维或短切毡成型的次内层，其层间强度、刚度和抗冲击能力较高，可有效提高抗渗漏性能。当内表层局部出现裂纹时，次内层可对介质起到一定的阻挡作用，以避免承受载荷的强度层受到损伤。次内层的厚度一般不小于 2 mm。根据介质的性质、浓度和温度，内衬层的基体应选用延伸率高、满足耐热性和耐腐蚀要求的韧性树脂。

强度层又称结构层，贮罐的所有载荷靠该层次来承受。它既可以采用玻璃纤维无捻粗纱缠绕成型，也可采用短切纤维毡与无捻粗纱方格布交替铺叠结构，其厚度由设计计算确定。

外表层也称防老化层。其作用是美化外观，保护结构层免受外界机械损伤和外界环境引起的老化。外表层既可采用表面毡制成含胶量较高的富树脂层，也可用树脂腻子修饰后喷漆处理。

层合结构各单层的最低力学性能见表 8.2.1。贮罐设计图上应详细标明层合结构。

表 8.2.1 层合板各单层的最低力学特性①

增强材料类型	树脂类型	极限单位拉伸强度 u_t /(N/mm·kg·m^{-2}玻璃纤维)	单位弹性模量 E_{ui} /(N/mm·kg·m^{-2}玻璃纤维)	搭接剪切强度 /(N/mm^2)
短切原丝毡	非呋喃树脂	200	14 000	7.0
短切原丝毡	呋喃树脂	140	14 000	5.0
无捻粗纱方格布(经向和纬向)	非呋喃树脂	250	16 000	6.0
无捻粗纱方格布(经向和纬向)	呋喃树脂	160	16 000	4.0
连续无捻粗纱		500	28 000	6.0

① 表中给出的数值仅仅适用于 E 玻璃纤维增强的层合板，且对于短切原丝毡的玻璃质量含量范围为 28%～45%，对粗纱织物为 45%～55%，对纤维缠绕为 65%～75%。对于其他类型增强材料或其他玻璃含量的单层的性能将根据实验结果而定。

层合结构设计已在本书第 3 章和 6.5 节中作过详细叙述。根据复合材料贮罐受力和铺层的实际情况，本节介绍单位载荷设计法和强度与铺层设计同时进行法，可供复合材料贮罐设计时使用。

8.2.2 单位载荷设计法

在金属容器和贮罐设计中，由于金属材料是均匀的、各向同性的，一般采用许用应力进行设计计算。对于复合材料贮罐，由于其材料是非均匀的、各向异性的，故采用以贮罐罐壁层合结构中单位宽度上的许用载荷和弹性模量为设计基础，层合结构的许用应变作为限制树脂开裂和界面脱黏为设计依据的单位载荷(单位宽度上的力)设计法，可使计算简便，所得结果能很方便地应用于实际生产中，特别适合层合结构的设计。

层合结构设计中，单层结构的确定是使组成该层合结构各单层的许用单位载荷之和大于该结构承受的最大单位外载荷，即

$$\sum_{i=1}^{m} u_{ai} M_i n_i \geqslant N \tag{8.2.1}$$

式中 u_{ai}——i 单层的许用单位载荷，N/(mm·kg·m^{-2}玻璃纤维)；

M_i——i 单层增强材料的单位面积质量，kg/m^2；

n_i——层合结构中 i 单层组的单层数；

m——层合结构中的单层组数；

N——层合结构承受的最大单位外载荷，N/mm。

如果上式各单层许用单位载荷之和小于最大单位外载荷，则需增加单层数，或者调整层合结构中增强材料的种类，使得上式左边各项之和大于 N。根据具体情况，层合结构可以采用不同的铺叠形式。

(1) 安全系数 K 的确定

安全系数是一个经验性的系数，它包括了许多影响因素，而这些因素则是强度计算的基本公式中所没有考虑的。安全系数建立在长期积累的实践经验基础上，一般难以作定量的评定。

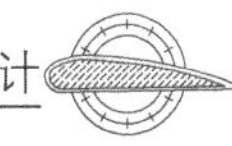

复合材料贮罐设计的安全系数可按下式确定。

$$K=3\times K_1\times K_2\times K_3\times K_4\times K_5 \tag{8.2.2}$$

式中　3——系数，为考虑长期静载荷作用而引起材料强度减少的基本安全系数；

$K_1\sim K_5$——表示由成型方法和工作条件确定的系数。

现分述如下：

K_1——成型工艺影响系数，手糊成型时取1.5，纤维缠绕时取1.5，机械控制喷射成型时取1.5，手动喷射成型时取3.0。

K_2——化学环境（以及相关联的强度损失）影响系数，对于采用热塑性塑料衬里的贮罐取1.2；未采用热塑性衬里的贮罐，将视长期工作强度损失而定。如果长期工作强度损失小于或等于原始拉伸极限强度的20%，K_2 取1.2；如果强度损失为原始拉伸极限强度的50%，K_2 取2.0；当强度损失介于20%～50%，则 K_2 由内插法在1.2～2.0取值；如果强度损失大于原始拉伸极限强度的50%，则所采用的材料是不合适的。

K_3——温度影响系数，根据树脂的热变形温度（HDT）及工作温度，K_3 可由图8.2.1确定。一般要求所选用树脂的热变形温度至少应高于设计温度20 ℃。

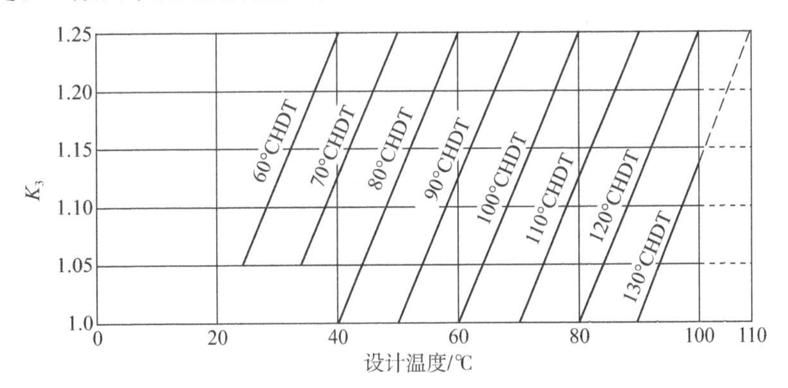

图8.2.1　温度影响系数 K_3

K_4——循环应力影响系数，视循环次数的多少，K_4 可由图8.2.2查得。

K_5——固化工艺影响系数，如果贮罐在提高温度的情况下进行过充分的后固化处理，K_5 取1.1；如果贮罐未经升温后固化处理，且工作温度低于或等于45 ℃时，K_5 取1.3，当工作温度高于45 ℃时，K_5 取1.5。

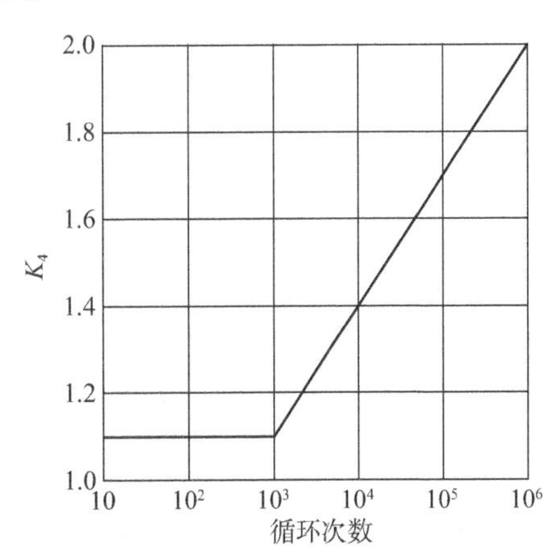

图8.2.2　循环应力影响系数 K_4

综上所述，安全系数是设计的先进性和可靠性相结合的保证。安全系数的考虑是一个比较复杂的问题，它涉及产品原材料、工艺及应用等诸多方面因素，而且安全与成本又是一对矛盾，应不断从实验研究及实践中得到解决。一般情况下，复合材料贮罐的安全系数 K 不应小于8。在强度计算中，内衬层和外表层的强度忽略不计。

(2) 设计许用单位载荷 u_a 的确定

① 由强度限定的许用单位载荷 u_L 的确定

其表达式为

$$u_{Li}=u_{ti}/K \tag{8.2.3}$$

式中 u_{ti}—— i 单层的极限拉伸强度,其值可由表 8.2.1 查得或通过试验测定;

K—— 安全系数。

② 单层限定应变 ε_s 的确定

树脂的许用应变

$$[\varepsilon_m]=0.1\times\varepsilon_m \tag{8.2.4}$$

式中 ε_m——树脂拉伸破坏应变。

最大许用应变

$$[\varepsilon_m]_{max}=0.2\% \tag{8.2.5}$$

限定应变 ε_s 取$[\varepsilon_m]$与$[\varepsilon_m]_{max}$中的小值,即

$$\varepsilon_s=\min(0.1\varepsilon_m,0.2\%) \tag{8.2.6}$$

对于采用热塑性塑料作内衬的贮罐,可取 $\varepsilon_s=0.2\%$。

③ 由应变限定的许用单位载荷 u_s 的确定

$$u_{si}=E_{ui}\varepsilon_s \tag{8.2.7}$$

式中 E_{ui}——i 单层的单位弹性模量,其值可由表 8.2.1 查得或通过试验测定。

④ 确定各单层的设计许用单位载荷 u_{ai}

如果对于各类单层均存在 $u_{si}<u_{Li}$,则 u_{si} 的相应值取作为各类单层的设计许用单位载荷 u_{ai},即

$$u_{ai}=u_{si} \tag{8.2.8}$$

这时层合结构的设计是限定应变。由以上分析可见,限定应变设计适用于树脂的延伸率小和安全系数 K 小的场合。

如果某些单层或所有的单层存在 $u_{Li}<u_{si}$,则取 u_{Li} 值用于设计,即设计是限定载荷。这时各类单层的应变由下式确定

$$\varepsilon_{Li}=u_{Li}/E_{ui} \tag{8.2.9}$$

由于层合结构是由各个单层组合而成的,为了保证层合结构的整体不发生破坏,层合结构的许用应变 ε_a 应取 ε_{Li} 中的最小值,即

$$\varepsilon_a=\min(\varepsilon_{L1},\varepsilon_{L2},\varepsilon_{L3},\cdots) \tag{8.2.10}$$

因此,每个单层的设计许用单位载荷为

$$u_{ai}=E_{ui}\varepsilon_a \tag{8.2.11}$$

将由式(8.2.8)或式(8.2.11)确定的每类单层的设计许用单位载荷 u_{ai} 代入式(8.2.1),根据层合结构所承受的最大单位外载荷,即可确定各单层组的单层数。

⑤ 层合结构采用连续无捻粗纱以缠绕角 $\theta/(°)$ 缠绕成型时,单层的周向单位弹性模量 $E_{u\varphi}$ 和轴向单位弹性模量 E_{ux} 的值可通过参考图 8.2.3 确定。周向许用单位载荷 u_φ 和轴向许用单

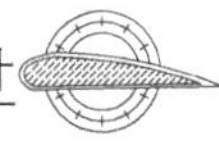

位载荷 u_x 按下式计算

$$u_\varphi = F_\varphi E_{u\varphi}\varepsilon_a; \quad u_x = F_x E_{ux}\varepsilon_a \tag{8.2.12}$$

式中，周向系数 F_φ 和轴向系数 F_x 可根据纤维缠绕角由表 8.2.2 查得。

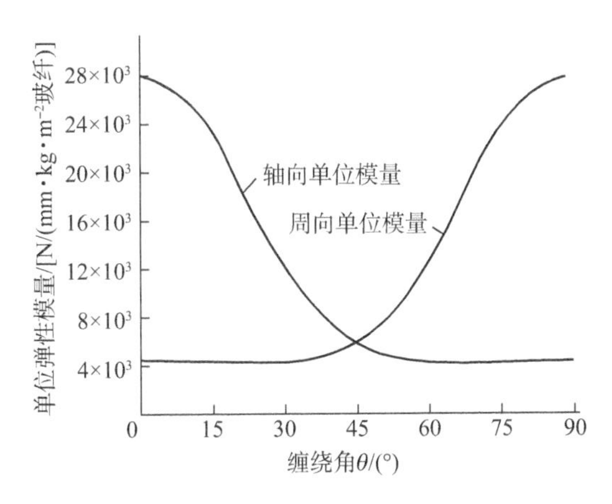

图 8.2.3　单位弹性模量与缠绕角的关系

表 8.2.2　不同缠绕角的连续无捻粗纱单层的许用单位载荷所采用的系数

对轴线的纤维缠绕角 θ/(°)	周向系数 F_φ	轴向系数 F_x
$0<\theta\leqslant 15$	0	1
$15<\theta\leqslant 75$	0.5	0.5
$75<\theta\leqslant 90$	1	0

8.2.3　强度设计与铺层设计同时进行法

采用缠绕法制造复合材料贮罐，根据贮罐的受力情况，缠绕的方式通常为螺旋缠绕加环向缠绕。如要使贮罐外表平整光滑，最外层应采用环向缠绕。由于在贮罐的强度设计和刚度校核时要用到筒体的力学性能（如强度和弹性模量）与筒体制造时螺旋缠绕和环向缠绕层数的比例有关，但并不是预先已知的，只有各缠绕层数求出之后才能确定；而在计算环向与螺旋缠绕层数时又要用到这些力学性能参数，如何解决这对矛盾？怎样选择螺旋与环向缠绕层数的比例，使之既能满足贮罐周向与轴向应力的不同要求，又能充分发挥材料强度以降低成本？解决的途径就是使强度设计与材料铺层设计同时进行。

（1）贮罐筒体性能与各缠绕层性能之间的关系

参照第 4 章中的混合律公式，可假设

$$\begin{Bmatrix} E_x \\ E_\varphi \\ G_{x\varphi} \\ \nu_x \end{Bmatrix} = \frac{1}{t}\begin{bmatrix} E_{x1} & E_{xh} & E_s \\ E_{\varphi 1} & E_{\varphi h} & E_s \\ G_{x\varphi 1} & E_{x\varphi h} & G_s \\ \nu_{x1} & \nu_{xh} & \nu_s \end{bmatrix}\begin{Bmatrix} n_1 \cdot t_1 \\ n_h \cdot t_h \\ t_s \end{Bmatrix} \tag{8.2.13}$$

式中　E_x、E_φ、$G_{x\varphi}$、ν_x——分别为贮罐筒体的轴向、周向、剪切弹性模量和轴向泊松比；

E_s、G_s、ν_s——分别为内衬的拉伸、剪切弹性模量和泊松比；

E_{x1}、$E_{\varphi 1}$、$G_{x\varphi 1}$、ν_{x1}——分别为螺旋层的轴向、周向、剪切弹性模量和轴向泊松比；
E_{xh}、$E_{\varphi h}$、$G_{x\varphi h}$、ν_{xh}——分别为环向层的轴向、周向、剪切弹性模量和轴向泊松比；
t_1、t_h、t_s——分别为螺旋、环向单层厚度及内衬的厚度；
n_1、n_h——分别为螺旋和环向缠绕层数；

t——筒体总壁厚，$t=n_1\cdot t_1+n_h\cdot t_h+t_s$ (8.2.14)

筒体周向泊松比 $\nu_\varphi=\nu_x E_\varphi/E_x$

如果假设贮罐失效时各铺层都同时达到其强度极限，则贮罐筒体的许用应力与各缠绕层的强度也可以近似地认为满足如下关系

$$\begin{Bmatrix}[\sigma_x]\\ [\sigma_\varphi]\\ [\tau_{x\varphi}]\end{Bmatrix}=\frac{1}{t\cdot K_b}\begin{bmatrix}\sigma_{x1} & \sigma_{xh} & \sigma_s\\ \sigma_{\varphi 1} & \sigma_{\varphi h} & \sigma_s\\ \tau_{x\varphi 1} & \tau_{x\varphi h} & \tau_s\end{bmatrix}\begin{Bmatrix}n_1\cdot t_1\\ n_h\cdot t_h\\ t_s\end{Bmatrix} \tag{8.2.15}$$

式中 $[\sigma_x]$、$[\sigma_\varphi]$、$[\tau_{x\varphi}]$——分别为筒体的轴向、周向和面内剪切许用应力，MPa；
σ_{x1}、$\sigma_{\varphi 1}$、$\tau_{x\varphi 1}$——分别为螺旋层的轴向、周向和面内剪切强度，MPa；
σ_{xh}、$\sigma_{\varphi h}$、$\tau_{x\varphi h}$——分别为环向层的轴向、周向和面内剪切强度，MPa；
σ_s、τ_s——分别为内衬的拉伸强度和剪切强度，MPa；
K_b——安全系数。

圆筒体承受轴向弯曲时的屈服许用应力可按下式计算

$$[\sigma_{xcr}]=\frac{2\sqrt{2}}{9K_b}\cdot\frac{\sqrt{E_x\cdot E_\varphi}}{1-\nu_x\cdot\nu_\varphi}\cdot\frac{t}{R} \tag{8.2.16}$$

式中 R——筒体内半径。

(2) 缠绕层数计算及壁厚确定

按照上述分析思路，可编制计算机程序，计算出各缠绕层的层数及总壁厚，程序设计框图见图 8.2.4。筒体轴向应力、周向应力、切向剪应力的计算与校核及刚度校核的介绍见 8.3.3 节。将已知参数及测得的各单层性能数据输入计算程序，可以对任意容积的贮罐进行设计，计算出螺旋缠绕和环向缠绕的层数及总壁厚。

8.2.4 层合结构的厚度计算

层合结构的厚度等于组成该结构的各单层厚度之和。而单层的厚度则主要由其所采用纤维的重量和纤维含量控制，生产过程对其影响很小。一定纤维含量和纤维质量的单层或单层组的厚度可由实验测定，亦可根据下式算得

$$t_i=\left(\frac{1}{2.56}+\frac{1-m_f}{m_f\gamma_m}\right)m_{of} \tag{8.2.17}$$

式中 m_f——纤维的质量含量；
γ_m——树脂的相对密度；
m_{of}——层合结构中的单层或单层组在单位面积上的纤维质量，kg/m^2；
t_i——i 单层或单层组的厚度，mm。

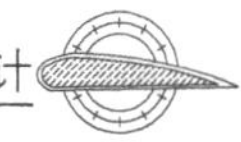

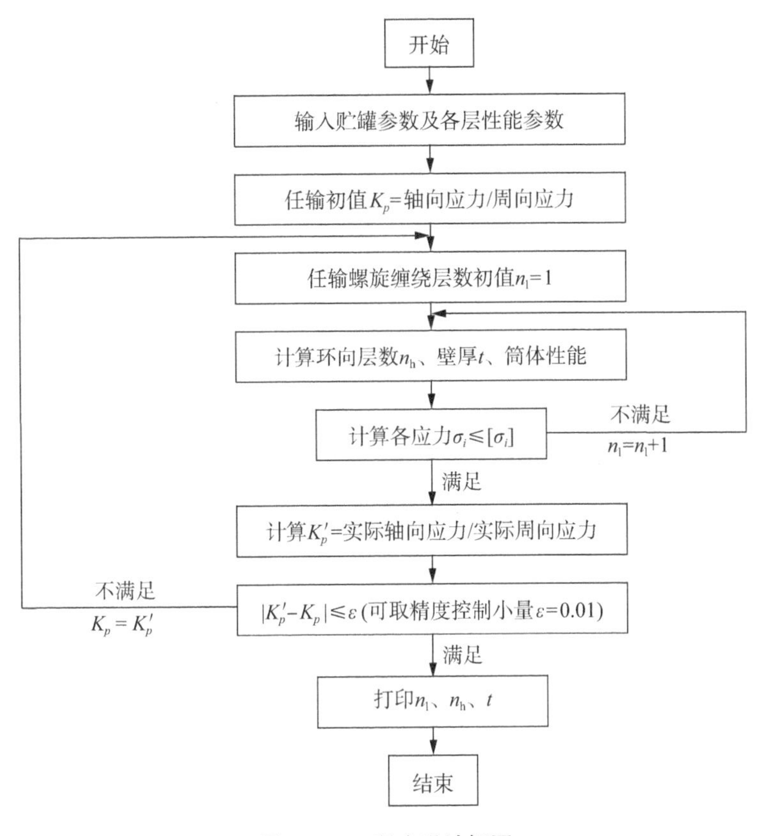

图 8.2.4　程序设计框图

因此，在贮罐的设计图上，不仅需标明层合结构，而且还要标明应控制的纤维含量。

对于在低压和常压下工作的贮罐，如按上述计算公式求得的罐壁很薄，贮罐很容易变形，因而不能满足制造、运输、安装和使用时的刚度要求。为了保证贮罐有一定的刚度，所以规定了贮罐的最小壁厚：对仅仅承受液体静压头作用的贮罐，层合结构的厚度（不包括内衬层）不得小于 3 mm；对承受内压或真空的贮罐，其厚度不得小于 5 mm。

为了防止局部应力集中，应避免层合结构厚度的不连续变化，不同厚度部位之间应连续均匀地过渡，最大斜度为 1∶6。

8.3　卧式复合材料贮罐的结构设计与计算

8.3.1　鞍座设计

卧式贮罐一般均水平地安置在支座上。支座形式主要有鞍座和纵向双边连续支座（图 8.3.1），其中以鞍座应用最广。受鞍座支承的卧式贮罐，与受均布载荷的外伸梁相似。采用多支座比采用双支座好，因为多支座时梁内产生的应力小。但是由于壳体的直度和局部不圆度，以及贮罐各部分受力挠曲时相对变形的差异等原因，在制造和安装上都不容易做到使各支承点保持在同一平面内。而且，常由于支座基础沉陷不均匀，影响支座反力的均匀分布，在局部位置反而会增加贮罐应力，体现不出多支座的优越性，故一般卧式贮罐多采用双支座。

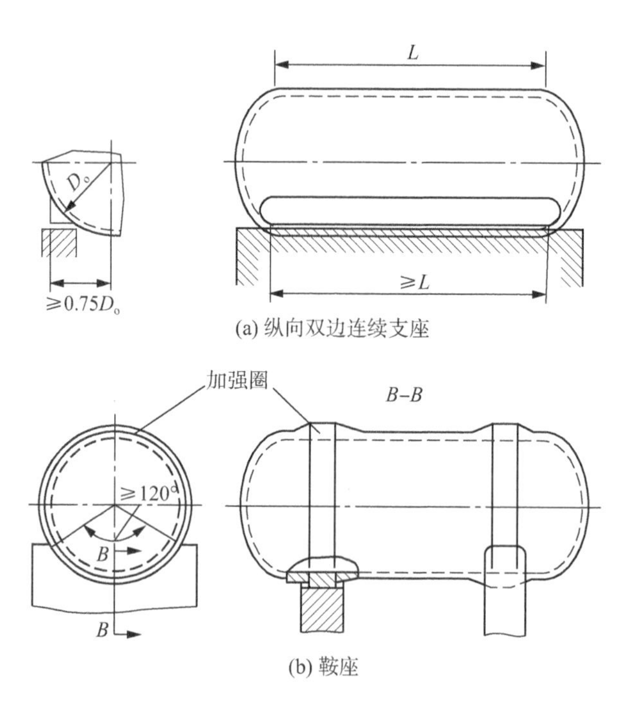

(a) 纵向双边连续支座

(b) 鞍座

图 8.3.1　卧式贮罐支座

卧式贮罐的设计除按一般压力容器和贮罐的设计方法进行外，还需考虑支座反力和支座包角的作用，确定其实际壁厚。而支座的受力又与所支承贮罐的重量有密切关系，所以卧式支座的设计应与贮罐设计同时进行。

(1) 鞍座最佳位置

卧式贮罐可看做是受均布载荷的一端固支、一端铰支的双支点外伸梁(图 8.3.2)。由材料力学可知，支座反力 $F=q(l+2A)/2$。从弯矩图上可以看出，梁的危险截面位置在支座上和梁的跨中处，与尺寸 A 和 l 的比例有关。为使贮罐受力最佳，令两危险截面处的弯矩相等，便可确定尺寸 A、l 的合适比例，即

$$qA^2/2=q(l^2-4A^2)/8$$

将 $l=L-2A$ 代入，经整理化简，得

$$A=\frac{L}{2(1+\sqrt{2})}=0.207L \qquad (8.3.1)$$

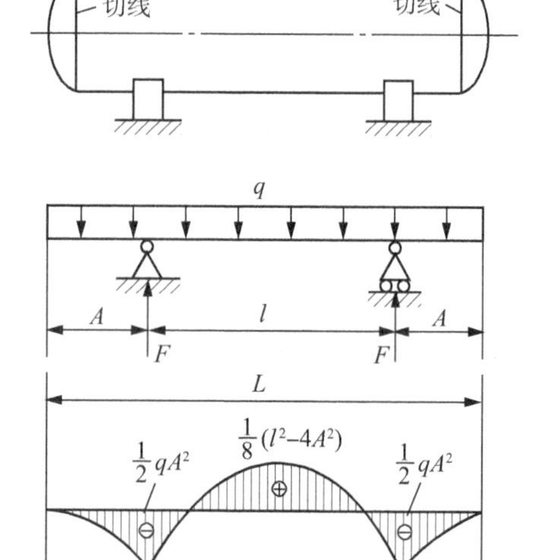

图 8.3.2　外伸梁的载荷

所以，为使贮罐外伸端作用在支座截面上的应力不致过大，通常取 A 不超过 $0.2L$。此外，两端封头刚性比筒体大，封头对筒体有局部加强作用。若使支座靠近封头则可充分利用封头的加强效应。一般认为，当 $A\leqslant 0.5R_i$（R_i 为贮罐内半径）时，封头对支座部分的壳体能起到加强作用。因此，在满足 $A\leqslant 0.2L$ 时，还应尽量使 $A\leqslant 0.5R_i$。在实际设计中，A 取为贮罐封头切线至支座

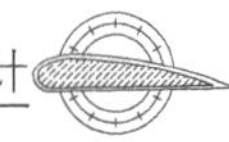

中心线的距离。

(2) 鞍座包角

增大鞍座包角(θ)可以使筒体中的应力降低，但鞍座将变得笨重，材料消耗增多，同时也增加了鞍座所承受的水平推力；而过分减小包角，将使设备容易从鞍座上倾倒。在正常情况下，鞍座包角一般取 120°或 150°。

(3) 鞍座宽度

鞍座宽度(b) 不仅取决于设备施加于支座上的载荷大小，而且也要使支座处筒壁内的周向应力不超过许用值。一般规定钢制鞍座的宽度 b 不小于筒体计算壁厚 t 的 10 倍。当按式(8.3.22)算出筒体周向压应力不满足强度条件时，可考虑适当增加宽度 b，但其值不大于$8\sqrt{R_i}$。

(4) 鞍座的选择

鞍座设计一般根据贮罐的公称直径和支座的负荷从鞍式支座标准(JB/T 4721—92) 中选取支座。标准鞍式支座分为 A 型(轻型)和 B 型(重型)两种形式，每种形式的支座又分为固定式(S)和滑动式(F)两种。固定式和滑动式的区别在于底板上地脚螺栓孔的形状不同，前者为圆形孔，后者为长圆形孔。在同一贮罐上，固定式和滑动式应配对使用。鞍座通常采用钢制，由垫板、腹板、肋板和底板焊接制成。垫板的作用是增加罐体与支座的接触面积，改善壳体局部受力状态。实际工程中在鞍座垫板与贮罐接触面之间衬垫橡胶板，协调罐体不圆或鞍座尺寸偏差，使受力均匀。腹板和肋板起支承作用，并承担鞍座的轴向载荷。

8.3.2 卧式贮罐受力分析

如前所述，将双鞍座卧式贮罐简化为一端固支、一端铰支的外伸梁，并使两支座对称布置(图 8.3.3)。

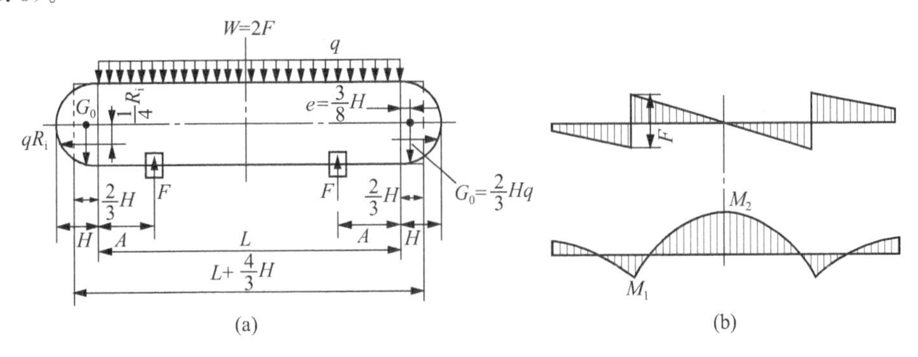

图 8.3.3　双鞍座卧式贮罐的受载与剪力弯矩

1. 作用在贮罐上的载荷

(1) 均布载荷

为简化计算，根据容积相等原则，将凸形封头(椭圆形、碟形、半球形等)容积近似地折算为直径相同、长度为$\frac{2}{3}H$ 圆筒体容积，则外伸梁的当量长度为 $L+2\times\frac{2}{3}H$。设贮罐总重量(包括贮罐自重、介质重量和附件重量等)为 W ($W=2F$)，则单位长度上的均布载荷为

$$q=\frac{W}{L+\frac{4}{3}H}=\frac{2F}{L\left(1+\frac{4H}{3L}\right)} \tag{8.3.2}$$

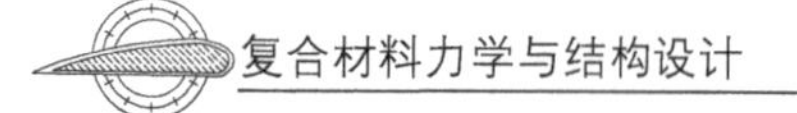

双鞍座卧式贮罐每个支座的反力为

$$F=\frac{1}{2}qL\left(1+\frac{4H}{3L}\right) \quad 或 \quad F=\frac{W}{2} \tag{8.3.3}$$

式中 L——筒体长度(两封头切线间的距离)；

H——封头内壁曲面高度。

(2) 凸形封头重量

将该重量看做是作用于其重心(重心位置 $e=\frac{3}{8}H$)的集中力 G_0，则

$$G_0=\frac{2}{3}Hq$$

(3) 介质静压力作用于封头上产生的力矩 M_0

由图 8.3.4 可知

$$\begin{aligned}M_0 &= -\int_0^{\pi}p\mathrm{d}f\cdot h = -\int_0^{\pi}\gamma R_i(1+\cos\varphi)\cdot 2R_i\sin\varphi(-R_i\sin\varphi\mathrm{d}\varphi)\cdot R_i\cos\varphi \\ &= 2\gamma R_i^4\int_0^{\pi}\sin^2\varphi\cos\varphi(1+\cos\varphi)\mathrm{d}\varphi \\ &= 2\gamma R_i^4\left[\int_0^{\pi}\sin^2\varphi\cos\varphi\mathrm{d}\varphi+\int_0^{\pi}\sin^2\varphi\cos^2\varphi\mathrm{d}\varphi\right] \\ &= 2\gamma R_i^4\left(\frac{\pi}{8}\right)=\frac{R_i^2}{4}\cdot\pi R_i^2\gamma\approx\frac{R_i^2}{4}q\end{aligned}$$

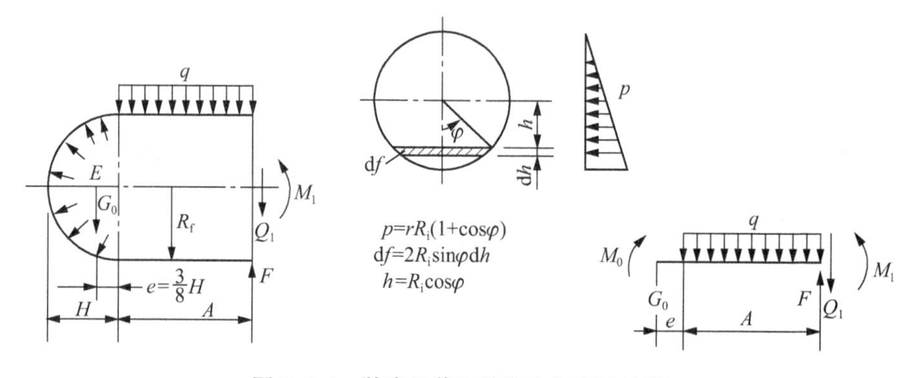

图 8.3.4 鞍座处截面的剪力与弯矩计算

2. 筒体内力

(1) 鞍座截面处筒体内竖剪力 Q_1 与轴向弯矩 M_1

由图 8.3.4，分别取力与力矩平衡，得

$$Q_1=F-qA-G_0=F\frac{L-2A}{L+\frac{4}{3}H} \tag{8.3.4}$$

$$M_1=M_0-\frac{1}{2}qA^2-G_0\left(\frac{3}{8}H+A\right)=-FA\left[1-\frac{1-\frac{A}{L}+\frac{R_i^2-H^2}{2AL}}{1+\frac{4H}{3L}}\right] \tag{8.3.5}$$

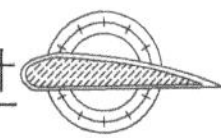

鞍座截面处筒体内弯矩 M_1 一般为负值，这时上半部筒体受拉，下半部筒体受压；如 M_1 为正值时，则筒体上半部受压，下半部受拉。这可从图 8.3.5 梁的轴向变形中得到理解。图中(＋)、(－)分别表示弯矩为正、负。

(2) 跨距中部筒体截面上的竖剪力 Q_2 和轴向弯矩 M_2

由图 8.3.3 可知，跨距中部筒体截面上竖剪力为零，即

$$Q_2=0$$

按图 8.3.6 受力分析，对鞍座截面取力矩平衡，得跨距中部筒体截面轴向弯矩

$$M_2=q\left(\frac{L}{2}-A\right)\cdot\frac{1}{2}\left(\frac{L}{2}-A\right)+M_1=\frac{FL}{4}\left[\frac{1+\frac{2(R_i^2-H^2)}{L^2}}{1+\frac{4H}{3L}}-\frac{4A}{L}\right] \tag{8.3.6}$$

轴向弯矩 M_2 一般为正值，即筒体上半部受压，下半部受拉。

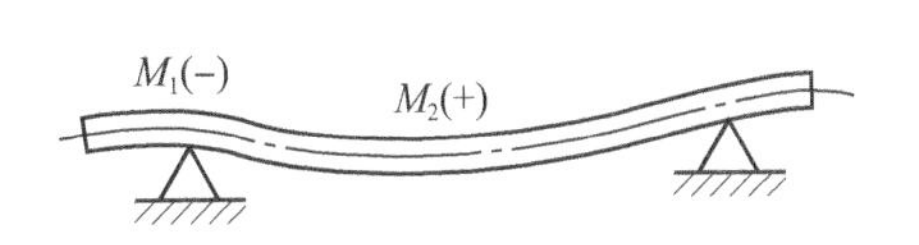

图 8.3.5　梁的轴向变形

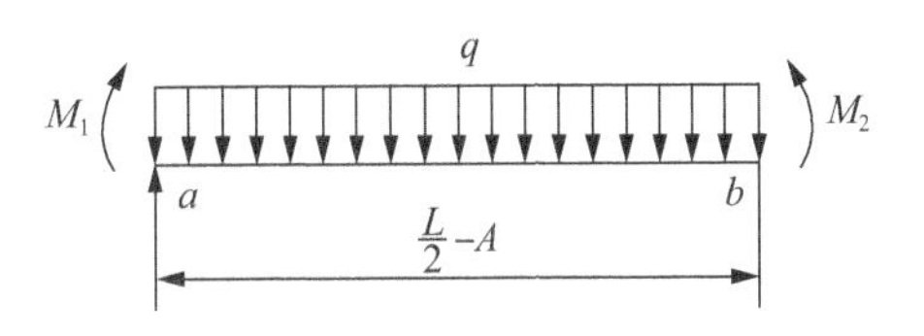

图 8.3.6　跨中截面的弯矩计算

(3) 鞍座截面处筒体周向弯矩

双支座卧式贮罐任意环向截面上分布有由贮罐总重量所形成的切向剪应力。该切向剪应力在竖直方向上的分力总和在支座处达最大值。设鞍座截面处筒体上的竖直剪力为 Q_1，则环形截面薄壁梁单位弧长上切向剪力为

$$N_{x\varphi}=\frac{Q_1}{\pi R}\sin\varphi \tag{8.3.7}$$

此切向剪力对称于 y 轴，且方向与圆周相切(图 8.3.7)。其值随截面位置 φ 的变化而变化，在 $\varphi=0$ 和 $\varphi=\pi$ 处，$N_{x\varphi}=0$；在 $\varphi=\frac{\pi}{2}$ 处有最大值[图 8.3.9(b)]。

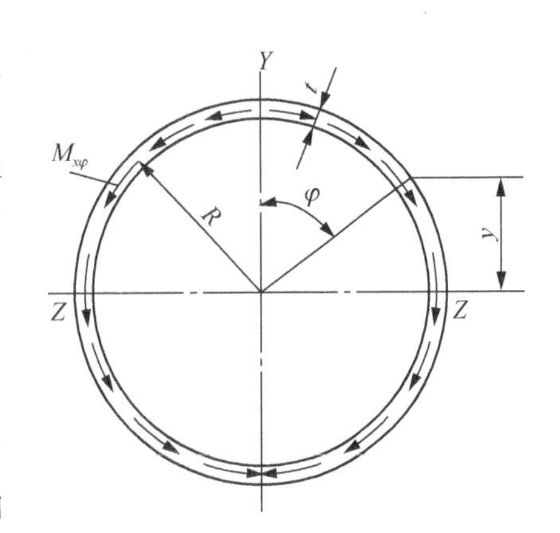

图 8.3.7　筒体截面切向剪力

$$N_{x\varphi\max}=\frac{Q_1}{\pi R} \tag{8.3.8}$$

切向剪力为 $N_{x\varphi}$、均布载荷 q 以及鞍座反力 F 的作用，使得鞍座截面上筒体产生周向弯矩。假设鞍座截面上筒体有足够刚性(例如壁厚很大或有加强圈时)，横截面能保持圆环形状。由图 8.3.8，为求任意角度 φ 处的周向弯矩，对 B 点取矩得

$$M_t=M_A-p_AR(1-\cos\varphi)+M_{Nx\varphi} \tag{8.3.9}$$

式中，$M_{Nx\varphi}$ 为切向剪力 $N_{x\varphi}$ 对 B 点之矩，经推导可得

$$M_{Nx\varphi}=\frac{FR}{\pi}\left(1-\cos\varphi-\frac{\varphi}{2}\sin\varphi\right) \tag{8.3.10}$$

根据筒体对称性，A 点（$\varphi=0$）水平位移与转角为零的边界条件，可解得 M_A 和 p_A，然后将 M_A、p_A 及式(8.3.10)一同代入式(8.3.9)，便可得到圆筒上任意角度 φ 处的周向弯矩 M_t[图 8.3.9(a)]。

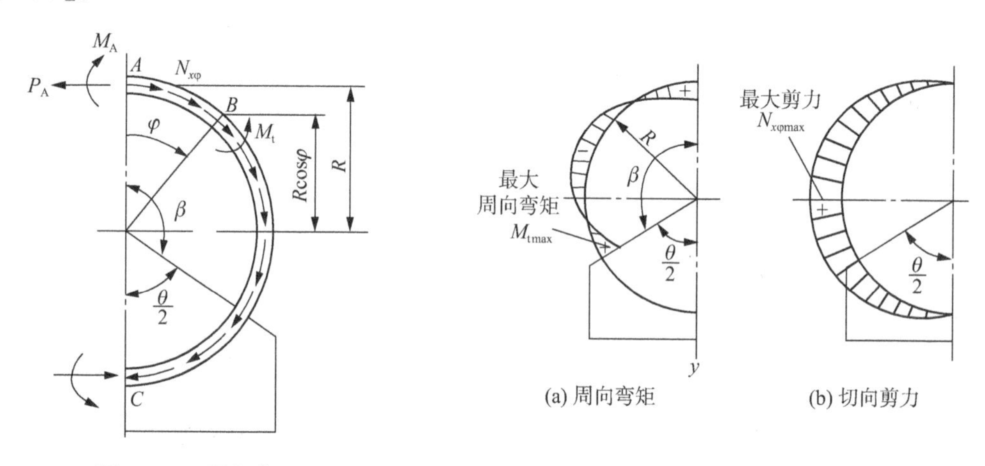

图 8.3.8　周向弯矩

图 8.3.9　周向弯矩和切向剪力分布

周向弯矩 M_t 是 β 及 φ 的函数。对给定的鞍座（包角为 θ），$\beta=\pi-\frac{\theta}{2}$ 为定值，M_t 仅与 φ 有关。最大周向弯矩 $M_{t\max}$ 在 $\varphi=\beta$ 处，即鞍座边角处有最大值，并对称于 y 轴[图 8.3.9 (a)]。

$$M_{t\max}=K_1FR \tag{8.3.11}$$

式中，K_1 为系数，与鞍座包角及 A/R 有关（表 8.3.1）。

周向弯矩在 $\varphi=0$ 处，即鞍座处筒体最高点取得极值[图 8.3.9(a)]

$$M_{t0}=K_2FR \tag{8.3.12}$$

式中，K_2 为系数，其值与鞍座包角及 A/R 有关（表 8.3.1）。

以上各式中，对于薄壁贮罐，为计算方便，可取 $R_i\approx R$。

表 8.3.1　与鞍座包角有关的系数 ($A/R_i\leqslant 0.5$)

包角 θ/(°)	系　数			
	K_1	K_2	K_3	K_4
120	0.013 2	0.005 3	0.760 3	0.880
150	0.007 9	0.003 3	0.673 3	0.485
180	0.004 5	0.001 6	0.624 6	0.260

(4) 鞍座截面处筒体周向压缩力

筒体作用于鞍座上的力是随包角 θ 而异的径向力，此力的反作用力使筒体在局部区域内受到径向压缩（图 8.3.10）。

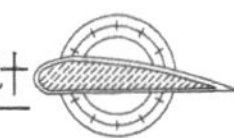

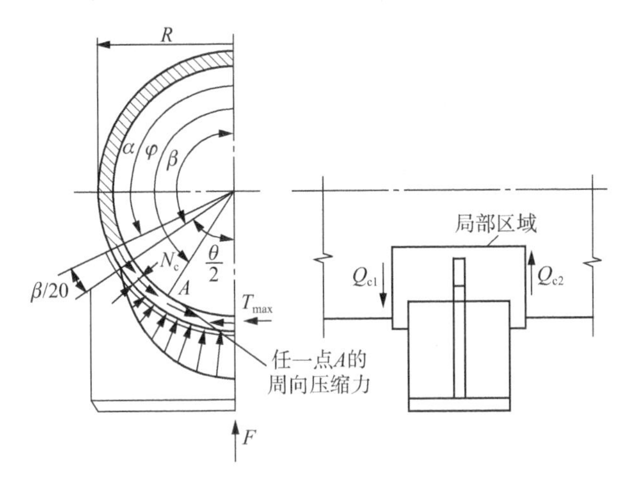

图 8.3.10　筒体周向压缩力

周向压缩力 T 的大小约等于所在局部区域(α 和 φ 之间)的切向剪力之和($Q_{c1}+Q_{c2}$)。在筒体底部($\varphi=\pi$)有最大周向压缩力

$$T_{max}=K_3F \tag{8.3.13}$$

式中,K_3 为系数,其值与鞍座包角有关(表 8.3.1)。

综上所述,由于设备总重量的作用及鞍式支座的影响,在鞍座截面处的筒壁中产生竖直剪力(Q_t)、轴向弯矩(M_1)、周向弯矩(M_t)和周向压缩力(T);在跨中截面处,筒壁只受轴向弯矩(M_2)作用。

8.3.3　贮罐筒体强度设计与校核

1. 筒体强度设计

筒体强度设计主要是根据已知操作条件计算筒体强度层的厚度。

(1) 筒体轴向力 N_x 的计算

要计算筒体内的轴向力 N_x(N_x 表示单位纬线长度上的内力,单位为 N/m),还需先计算筒体的抗弯截面模量。计算鞍座处筒体抗弯截面模量时,应考虑筒体的"扁塌"现象(图 8.3.11)。当筒壁较薄,又未得到封头加强($A>0.5R_i$)或加强圈加强时,其刚性不足,在支承反力的作用下,鞍座处的筒体上部会发生变形,使筒体截面不再保持圆形。这种变形将使截面上部变成抗弯"无效"区。处于抗弯"无效"区的这部分筒体,对承受轴向弯曲将不起作用。这种现象使鞍座处筒体的抗弯有效截面减少,抗弯截面模量相应下降,而该截面的有效部分的轴向力则相应地增大。当筒体被封头加强(即 $A\leqslant0.5R_i$)或在鞍座平面上设有加强圈时,整个截面都能有效地承受弯矩作用,"扁塌"现象就可以不考虑。此时鞍座处筒体截面及跨中处筒体截面的抗弯截面模量均相同,即 $W_1=\pi R_i^2t$(R_i 和 t 分别为筒体内半径和计算壁厚)。

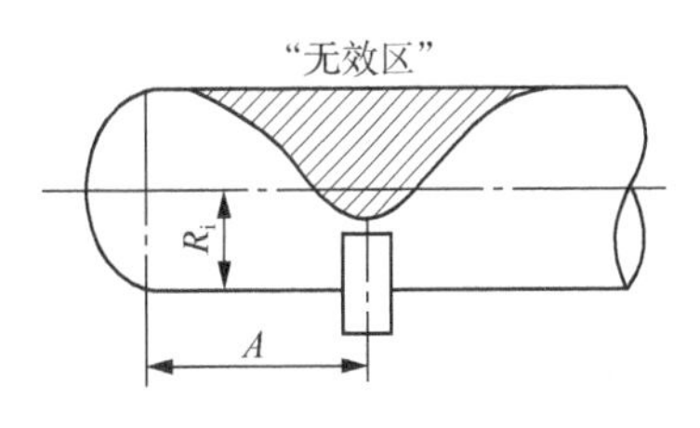

图 8.3.11　"扁塌"现象

计算筒体的轴向力时,可将由水压试验压力或正常操作压力引起的轴向力及由轴向弯矩产生的轴向力进行叠加(代数和)。筒体中可能出现最大轴向力的位置如图 8.3.12 所示:当筒

体得到加强时，最大轴向拉力在 1、4 点处，最大轴向压力在 2、3 点处。

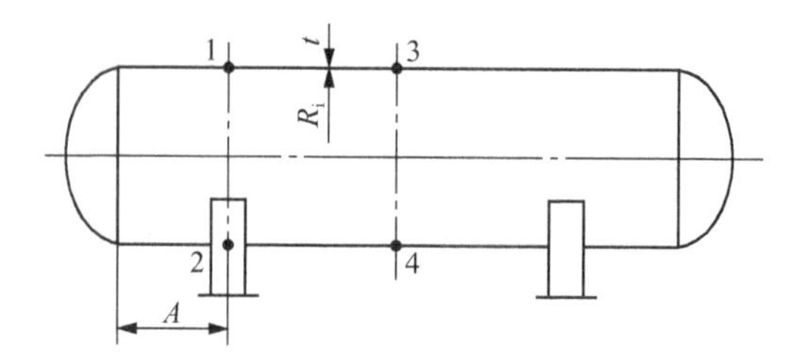

图 8.3.12 筒体中最大轴向单位力的位置

对于内压贮罐，在支座截面或跨中截面处，可能出现的最大轴向拉力为

$$N_{xt}=\frac{PR_i}{2}+\frac{M_{max}^x}{\pi R_i^2} \tag{8.3.14}$$

式中，$M_{max}^x=\max(|M_1|,|M_2|)$；$P$ 为贮罐承受的内压力

(2) 筒体周向力 N_φ 的计算

在贮罐内压力 P 作用下，筒体周向力 N_φ(即单位经线长度上的内力，单位为 N/m)为

$$N_\varphi=PR_i \tag{8.3.15}$$

取 $N=\max(N_{xt},\ N_\varphi)$，将 N_φ 值和式(8.2.8)或式(8.2.11)确定的 u_{ai} 代入式(8.2.1)，即可求出各单层组的单层数，然后由式(8.2.17)求出各单层组的厚度。各单层组的厚度之和即为层合结构强度层的厚度。

2. 筒体强度校核

(1) 筒体轴向单位压力的校核

当设计内压 $P=0$ 时，可能存在最大轴向单位压缩载荷

$$N_{xc}=\frac{|M_{max}^x|}{\pi R_i^2}\leqslant[N_{xc}] \tag{8.3.16}$$

式中 $[N_{xc}]$——筒体轴向许用单位压缩载荷，N/mm。

$$[N_{xc}]=\frac{0.3tE_u}{fR_i} \tag{8.3.17}$$

$$E_u=\sum_{i=1}^{Z}E_{ui}M_in_i \tag{8.3.18}$$

式中 E_u——层合结构的单位弹性模量，N/mm；

E_{ui}——各单层组的单位弹性模量，N/(mm·kg·m^{-2}玻璃纤维)，见表 8.2.1；

f——安全系数，通常取 $f=4$；

t——层合结构强度层的厚度，mm；

R_i——筒体内半径，mm；

n_i——i 单层组的单层数；

M_i——i 单层增强材料的单位面积质量，kg/m^2。

(2) 筒体周向应力的计算与校核

在鞍座处筒体截面承受周向弯矩及周向压缩力，最大周向弯矩出现在鞍座边角处，最大周

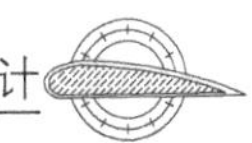

向压缩力在筒体截面最低点,周向弯矩在鞍座处筒体最高点取得极值。计算筒体周向应力时,可将由水压试验压力或正常操作压力引起的周向应力与由周向弯矩及周向压缩力产生的周向应力进行叠加。

① 鞍座处筒体最低点的周向压应力　在筒体未被加强的情况下,筒体下部承受周向压应力的局部范围为一带状区域(图 8.3.13)。此区域的轴向宽度为 $b_1=b+10t$,弧度范围为 $2\left(\frac{\theta}{2}+\frac{\beta}{6}\right)$。由式(8.3.13),可得筒体最低点的最大周向压应力

$$\sigma_{\varphi c1}=-\frac{T_{\max}}{tb_1}=-\frac{K_3F}{t(b+10t)} \tag{8.3.19}$$

式中　b——鞍座宽度,不应小于 $10t$;

t——当筒体与鞍座间未设置加强圈时,筒体的计算壁厚。

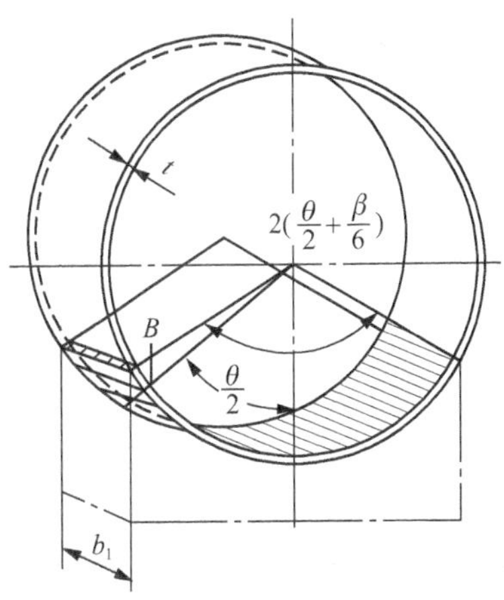

图 8.3.13　鞍座处筒体承受周向压应力的区域

② 鞍座处筒体最高点的周向拉应力　由式(8.3.12)和式(8.3.15),可得筒体最高点的最大周向拉应力

$$\sigma_{\varphi t1}=\frac{M_{t0}}{W_t}+\frac{pR_i}{t}=\frac{6K_2FR_i}{L_1t^2}+\frac{pR_i}{t} \tag{8.3.20}$$

式中,L_1 为承受周向弯矩的筒体有效长度,当 $L\geqslant 8R_i$ 时,$L_1=4R_i$;当 $L<8R_i$ 时,取 $L_1=L/2$。

③ 鞍座边角处筒体的周向应力　由图 8.3.10 可知,周向压缩力随 φ 角而变化。对于无加强圈筒体,边角处周向压缩力取为鞍座反力的 1/4,即 $T=0.25F$。承受这一载荷的筒体有效宽度仍为 $b_1=b+10t$。至于周向弯矩,仍按式(8.3.11)计算,筒体有效长度仍按以前所述确定。

鞍座边角处筒体的周向拉应力

$$\sigma_{\varphi t2}=\frac{pR_i}{t}+\frac{6K_1FR_i}{L_1t^2}-\frac{0.25F}{t(b+10t)} \tag{8.3.21}$$

鞍座边角处筒体周向最大压应力

$$\sigma_{\varphi c2}=-\frac{6K_1FR_i}{L_1t^2}-\frac{0.25F}{t(b+10t)} \tag{8.3.22}$$

由于玻璃钢的弹性模量比钢材的弹性模量低,在鞍座边角处的周向应力较大,往往控制着罐体的结构厚度。为了降低玻璃钢贮罐在鞍座边角处的周向应力,在满足安装的前提条件下,设计时适当选用较大的鞍座包角。

④ 校核

$$\left.\begin{array}{l}\max(\sigma_{\varphi t1},\sigma_{\varphi t2})\leqslant[\sigma_{\varphi t(a)}]\\ \max(|\sigma_{\varphi c1}|,|\sigma_{\varphi c2}|)\leqslant[\sigma_{\varphi c(a)}]\end{array}\right\} \tag{8.3.23}$$

式中,$[\sigma_{\varphi t(a)}]$、$[\sigma_{\varphi c(a)}]$分别为筒体周向许用拉伸应力及许用压缩应力。

如果校核不满足强度条件,则应加大原来确定的筒体壁厚,或采取加强措施。例如调节鞍座位置,或改变包角大小,或在鞍座平面处设置加强圈(图 8.3.1),直至满足强度条件为止。

当在鞍座平面处设置加强圈时，其宽度应不小于$(b+10t)$。如加强圈的厚度为t_1，则在应用式(8.3.19)～式(8.3.22)时，以(t_1+t)代替t，并以$(t_1+t)^2$代替t^2。

(3) 筒体切向剪应力的计算与校核

在鞍座截面处竖直剪力为最大(图7.3.3)，该竖直剪力产生的切向剪应力大小视鞍座包角及筒体刚性而异。如鞍座靠近封头($A \leqslant 0.5R_i$)，由于封头对鞍座截面筒体的加强作用，使鞍座截面的切向剪应力相应减小，这时鞍座边角处筒壁内的切向剪应力可按下式计算

$$\tau=\frac{K_4 F}{R_i t} \leqslant [\tau_{x\varphi}] \tag{8.3.24}$$

式中，K_4为系数，其值与鞍座包角有关(表8.3.1)。

求得的切向剪应力不得超过筒体许用面内剪应力$[\tau_{x\varphi}]$。如超过允许值，一般可在鞍座处设置加强圈或改变加强圈的尺寸。

3. 刚度校核

(1) 应变校核

目前复合材料贮罐主要是采用玻璃钢制造的。而玻璃钢的弹性模量较低，因此对变形要进行限制。由于内压贮罐所受拉应力明显大于局部受压应力，所以只对拉伸应变进行校核。

$$\left.\begin{aligned}
\varepsilon_{x\max} &= \frac{\sigma_{xt\max}}{E_x} - \nu_{\varphi}\frac{\sigma_{\varphi}}{E_{\varphi}} \leqslant [\varepsilon_x] \\
\varepsilon_{\varphi\max} &= \frac{\sigma_{\varphi t\max}}{E_{\varphi}} - \nu_x\frac{\sigma_x}{E_x} \leqslant [\varepsilon_{\varphi}] \\
\gamma_{\max} &= \frac{\tau_{\max}}{G_{x\varphi}} \leqslant [\gamma_{x\varphi}]
\end{aligned}\right\} \tag{8.3.25}$$

式中 $\varepsilon_{x\max}$、$\varepsilon_{\varphi\max}$、$\gamma_{\max}$——分别为筒体最大轴向、周向和剪切应变；

$[\varepsilon_x]$、$[\varepsilon_{\varphi}]$、$[\gamma_{x\varphi}]$——分别为筒体轴向、周向和剪切应变的许用值，取0.15%；

$\sigma_{xt\max}$、σ_{φ}——筒体最大轴向拉应力及相应点处的周向应力，MPa；

$\sigma_{\varphi t\max}$、σ_x——筒体最大周向拉应力及相应点处的轴向应力，MPa；

$\tau_{\max}$——筒体最大面内剪切应力，MPa；

E_x、E_{φ}、$G_{x\varphi}$——分别为筒体轴向、周向和面内剪切弹性模量，MPa。

(2) 径向挠度的控制

$$\delta_{\mathrm{D}}=\frac{\Delta D}{D}\times 100\% \leqslant [\delta_D] \tag{8.3.26}$$

式中 δ_{D}——径向挠度百分数，%；

$[\delta_{\mathrm{D}}]$——许用径向挠度百分数，%，一般取2%；

D——贮罐直径，mm；

ΔD——在最大载荷作用下贮罐直径的变形量，mm。

8.3.4 封头设计

卧式圆筒形贮罐一般采用凸形封头，常用的凸形封头形式有半球形、半椭圆形或碟形(图8.3.14)。

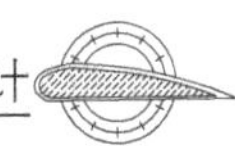

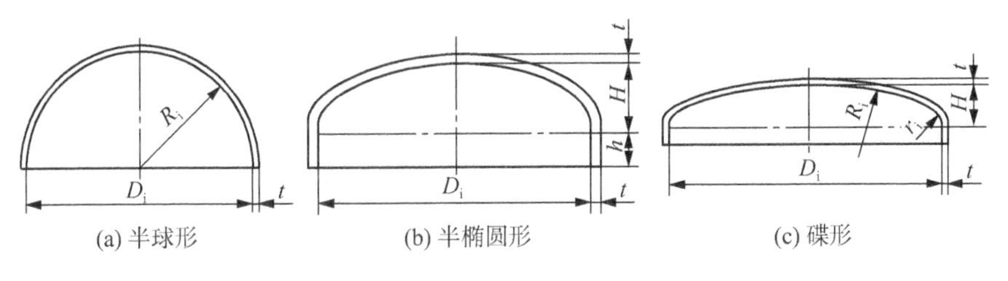

图 8.3.14　凸形封头

(1) 半球形封头

半球形封头受力状况最佳，与筒体的连接平滑过渡，局部附加应力小，所以钢质贮罐或容器适于采用这种形式的封头。但这种封头深度大，手糊成型不便，脱模也比较困难，因而复合材料贮罐很少采用这种形式的封头。

(2) 半椭圆形封头

半椭圆形封头是由半个椭球壳和一段高度为 h 的圆筒形部分所组成的。由于半椭球曲线的曲率半径变化是连续的，所以封头中的应力分布也比较均匀，其受力情况仅次于半球形封头，且制造方便，是目前国内外复合材料贮罐和容器采用得最多的封头形式。$H/D_i = 0.25$（H 为封头内壁曲面高度，D_i 为封头的内直径）的椭圆形封头称为标准椭圆形封头。一般要求 $H/D_i \geq 0.2$。标准椭圆形封头的尺寸（摘录 JB/T4737—95）如表 8.3.2 所示。贮罐的公称直径 DN 系指筒体的内径。

表 8.3.2　标准椭圆形封头的尺寸

公称直径 DN/mm	曲面高度 H/mm	直边高度 h/mm	内表面积 A/m²	封头容积 V/m³
600	150	25	0.437 4	0.035 3
		40	0.465 6	0.039 6
		50	0.484 5	0.042 4
700	175	25	0.586 1	0.054 5
		40	0.619 1	0.060 3
800	200	25	0.756 6	0.079 6
		40	0.794 3	0.087 1
900	225	25	0.948 7	0.111 3
		40	0.991 1	0.120 9
1 000	250	25	1.162 5	0.150 5
		40	1.209 6	0.162 3
1 100	275	25	1.398 0	0.198 0
		40	1.449 9	0.212 2
1 200	300	25	1.665 2	0.254 5
		40	1.711 7	0.271 4
1 300	325	25	1.934 0	0.320 8
		40	1.995 3	0.340 7
1 400	350	25	2.234 6	0.397 7
		40	2.300 5	0.420 2
1 500	375	25	2.556 8	0.486 0
		40	2.627 5	0.512 5
1 600	400	25	2.900 7	0.586 4
		40	2.976 1	0.616 6
		50	3.026 3	0.636 7
1 700	425	25	3.266 2	0.699 9
		40	3.346 3	0.733 9
		50	3.399 8	0.756 6

(3) 碟形封头

碟形封头即为有折边的球形封头，它由以 R_i 为半径的部分球面、高度为 h 的圆筒形部分和以 r_i 为半径的过渡部分组成。在连接处，经线曲率半径有突变，因此，碟形封头的应力分布不如椭圆形封头均匀、缓和，在工程使用中并不理想。碟形封头的结构尺寸应符合以下要求：

$R_i \leqslant D_i$，$r_i \geqslant 0.1D_i$，且 $r_i \geqslant 3t$（t 为封头的计算壁厚，不包括内衬层厚度）。对于 $R_i = 0.9D_i$，且 $r_i = 0.17D_i$ 的封头称为标准型碟形封头。封头内壁曲面高度

$$H = R_i - \left[\left(R_i - \frac{D_i}{2}\right)\left(R_i + \frac{D_i}{2} - 2r_i\right)\right]^{0.5}$$

对凸形封头的理论分析及实验的测定表明，在椭圆形封头的赤道区附近和碟形封头的过渡区都存在着较高的周向压缩应力，特别是在封头非常薄的情况下，往往会由于此压应力的作用使封头在周边上不能保持圆形，或因此而导致失稳破坏。因此封头厚度不宜太小。

对于承受内压的凸形封头，代入式(8.2.1)中的单位载荷由下式确定

$$N = 0.5pD_iK_s \tag{8.3.27}$$

式中　K_s——与封头厚度有关的形状系数(表 8.3.3)。

表 8.3.3　凸形封头的形状系数

H/D_i	t/D_i	形状系数 K_s		
		碟形封头		椭圆形封头
		$0.1 \leqslant r_i/D_i \leqslant 0.15$	$r_i/D_i > 0.15$	
0.20	0.005	2.95	不允许 $R_i > D_i$	2.00
	0.01	2.85		2.10
	0.02	2.65		2.20
	0.04	2.35		2.25
	0.05	2.25		2.35
0.25	0.005	2.35	1.90	1.30
	0.01	2.25	1.80	1.35
	0.02	2.10	1.75	1.45
	0.04	1.85	1.70	1.45
	0.05	1.75	1.70	1.45
0.32			$0.15 < r_i/D_i \leqslant 0.25$	
	0.005	1.95	1.45	0.85
	0.01	1.85	1.45	0.95
	0.02	1.60	1.40	1.0
	0.04	1.40	1.35	1.05
	0.05	1.30	1.30	1.10
0.50（半球形封头）	全部值	0.6	0.6	0.6

由于 K_s 值与凸形封头厚度 t 有关，而 t 只有在各单层组的层数求出之后才能确定。因此，为了选取计算各单层组层数所需要的 K_s 值，可采用试算法。即先假定一个 t/D_i 值，这样确定的 K_s 值代入式(8.3.27)就可以算得式(8.2.1)为决定相适应的层合结构所采用的理论单位载荷 N。然后求出如此确定的层合结构厚度 t_1，并将 t_1 与原来假定的 t 进行比较。如果误差比较大，则采用新的 K_s 值重复上述计算，直至最终层合结构的厚度与之大致相符为止。

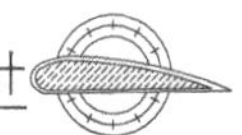

由表 8.3.3 可知，如增大封头的内壁面高度 H 和过渡区半径 r_i，则封头的形状系数 K_s 减小。

8.3.5　设计实例

[例 8.3.1]　今需设计一台容积为 6 m^3 的卧式圆筒形玻璃纤维增强塑料贮罐，贮存介质为 30% H_2SO_4，介质密度 $\rho=1\ 220\ kg/m^3$，工作温度为 40 ℃，所受内压为 0.2 MPa。试确定该贮罐的壁厚。

[解]　(1) 贮罐尺寸的确定　取贮罐内径 $D=1\ 600$ mm。贮罐容积 V 计算公式为

$$V=\frac{\pi}{4}D^2L+\frac{\pi}{3}D^2H$$

式中　L——贮罐两封头切线间筒体长度；

　H——封头内壁面高度。

选用标准椭圆形封头，则 $H=0.25D=400$ mm，故

$$L=4\left(\frac{V}{\pi D^2}-\frac{H}{3}\right)=4\times\left(\frac{6}{\pi\times 1.6^2}-\frac{0.4}{3}\right)=2.45(\mathrm{m})$$

取 $L=2\ 500$ mm。

(2) 鞍座位置确定　为充分利用封头的加强作用，使 $A\leqslant 0.5R$，取 $A=360$ mm。取鞍座包角 $\theta=150°$，采用双鞍座。

(3) 支座反力计算　在工程中贮罐自重所占的比例仅为介质的 5%～10%，贮罐容积越大，其比例越小。取贮罐自重为介质质量的 8%，于是总载荷为

$$\begin{aligned}W&=1.08\pi D^2\rho g(L/4+H/3)\\&=1.08\pi\times 1.6^2\times 1\ 220\times 9.8(2.50/4+0.400/3)\\&=7.88\times 10^4(\mathrm{N})\end{aligned}$$

支座反力为

$$F=W/2=7.88\times 10^4/2=3.94\times 10^4(\mathrm{N})$$

(4) 求筒体最大轴向弯矩　鞍座截面处，按式(8.3.5)

$$M_1=-FA\left[1-\frac{1-\dfrac{A}{L}+\dfrac{R_1^2-H^2}{2AL}}{1+\dfrac{4H}{3L}}\right]$$

$$=-3.94\times 10^4\times 0.360\left[1-\frac{1-\dfrac{0.360}{2.50}+\dfrac{0.800^2-0.400^2}{2\times 0.360\times 2.50}}{1+\dfrac{4\times 0.400}{3\times 2.50}}\right]=1\ 060(\mathrm{N\cdot m})$$

跨中截面处，按式(8.3.6)

$$M_2=\frac{FL}{4}\left[\frac{1+\dfrac{2(R^2-H^2)}{L^2}}{1+\dfrac{4H}{3L}}-\frac{4A}{L}\right]$$

$$=\frac{3.94\times 10^4\times 2.50}{4}\left[\frac{1+\dfrac{2(0.800^2-0.400^2)}{2.50^2}}{1+\dfrac{4\times 0.400}{3\times 2.50}}-\frac{4\times 0.360}{2.50}\right]=9.23\times 10^3(\mathrm{N\cdot m})$$

可知最大弯矩在跨中处。

(5) 计算筒体承受的最大单位载荷 N　由式(8.3.14)计算筒体轴向单位载荷

$$N_{xt}=\frac{pR}{2}+\frac{|M_{max}^{x}|}{\pi R^2}=\frac{0.2\times10^6\times0.800}{2}+\frac{9.23\times10^3}{\pi\times0.800^2}$$
$$=8.00\times10^4+4.59\times10^3=8.46\times10^4(\text{N/m})$$

由式(8.3.15)计算筒体周向单位载荷

$$N_{\varphi}=pR=0.2\times10^6\times0.800=1.6\times10^5(\text{N/m})$$

所以
$$N=\max(N_{xt},N_{\varphi})=1.6\times10^5(\text{N/m})=160(\text{N/mm})$$

(6) 手糊成型筒体的厚度计算　筒体采用如图 8.3.15 所示的毡布交替铺设的层合结构，即在内衬层外铺放 1.20 kg/m^2 短切原丝毡，然后用方格布(0.800 kg/m^2)与短切毡交替铺放。布的经向和纬向分别沿贮罐周向和轴向铺放。选用延伸率较大的乙烯基酯树脂作基体。

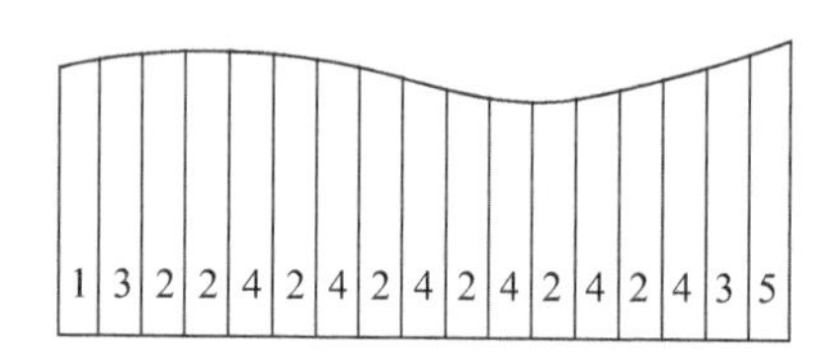

图 8.3.15　典型的层合结构

1—内衬层；2—短切原丝毡(0.45 kg/m^2)；3—短切原丝毡(0.30 kg/m^2)；
4—无捻粗纱方格布(0.8 kg/m^2)；5—表面薄毡

① 确定安全系数　按式(8.2.2)

$$K=3\times K_1\times K_2\times K_3\times K_4\times K_5$$

采用手糊成型工艺，取 $K_1=1.5$。
考虑长期工作强度损失为 50%，则 $K_2=2.0$。
选取树脂的热变形温度为 80 ℃，则由图 8.2.1 查得 $K_3=1.0$。
假设介质很少排放，由图 8.2.2 查得 $K_4=1.1$。
考虑采用后固化工艺，因此 $K_5=1.1$。

所以
$$K=3\times1.5\times2.0\times1.0\times1.1\times1.1=10.89$$

② 确定设计许用单位载荷 u_a　由式 (8.2.6)，限定应变为

$$\varepsilon_s=\min(0.1\times3\%,\ 0.2\%)=0.2\%$$

短切毡单层的许用应变

$$\varepsilon_{Lm}=\frac{u_{tm}}{E_{um}\cdot K}=\frac{200}{14\ 000\times10.89}\times100\%=0.13\%$$

方格布单层的许用应变

$$\varepsilon_{Lc}=\frac{u_{tc}}{E_{uc}\cdot K}=\frac{250}{16\ 000\times10.89}\times100\%=0.14\%$$

由式 (8.2.10)可知，层合结构的许用应变

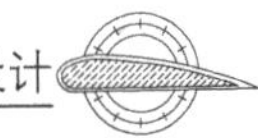

$$\varepsilon_a = \min(\varepsilon_{Lm},\ \varepsilon_{Lc}) = \min(0.13\%,\ 0.14\%) = 0.13\%$$

短切毡单层的设计许用单位载荷为

$$u_{am} = E_{um}\varepsilon_a = 14\ 000 \times 0.13\% = 18.2\ \text{N/(mm·kg·m}^{-2}\text{玻璃纤维)}$$

方格布单层的设计许用单位载荷为

$$u_{Lm} = E_{uc}\varepsilon_a = 16\ 000 \times 0.13\% = 20.8\ \text{N/(mm·kg·m}^{-2}\text{玻璃纤维)}$$

③ 铺叠单层数的计算　按照图 8.3.15，设层合结构中方格布的层数为 n，则该层合结构中除紧靠内衬层有 1.2 kg/m² 短切毡层和外表面有 0.3 kg/m² 短切毡层外，还应有 $(n-1)$ 层 0.45 kg/m² 的短切毡层。由式(8.2.1)得

$$20.8 \times 0.8n + 18.2 \times 0.45(n-1) + 18.2 \times (1.2 + 0.3) \geqslant 160$$

解得　$n \geqslant 5.67$，取 $n = 6$

因此，整个筒体层合结构组成如下：内衬层(内表面)、1.2 kg/m² 短切毡、0.8 kg/m² 方格布与 0.8 kg/m² 短切毡各铺设 5 层、0.8 kg/m² 方格布、0.3 kg/m² 短切毡，以及防老化层(外表面)。

④ 筒体强度层厚度计算　设短切毡单层的纤维质量含量为 30%，方格布单层的纤维质量含量为 55%，树脂的密度为 1.27 g/cm³。按照式(8.2.17)可得短切毡单层组的厚度为

$$t_m = \left(\frac{1}{2.56} + \frac{1-m_f}{m_f\gamma_m}\right)m_{of} = \left(\frac{1}{2.56} + \frac{1-0.30}{0.30 \times 1.27}\right) \times (1.2 + 0.45 \times 5 + 0.3) = 8.35(\text{mm})$$

方格布单层组的厚度为

$$t_c = \left(\frac{1}{2.56} + \frac{1-0.55}{0.55 \times 1.27}\right) \times 0.8 \times 6 = 4.97(\text{mm})$$

所以，手糊成型筒体强度层的总厚度为

$$t = t_m + t_c = 8.35 + 4.97 = 13.3(\text{mm})$$

(7) 缠绕成型筒体的厚度计算　筒体内衬层外成型 2 层短切毡(规格为 0.6 kg/m²)，然后采用单螺旋缠绕成型，缠绕角为 ±55°。在进行强度计算时，不考虑内衬层的强度。取总安全系数为 10。

① 确定许用应变　短切毡单层的许用应变为

$$\varepsilon_{Lm} = \frac{u_{tm}}{E_{um} \cdot K} = \frac{200}{14\ 000 \times 10} \times 100\% = 0.143\%$$

连续纤维缠绕单层的许用应变为

$$\varepsilon_{Lw} = \frac{u_{tw}}{E_{uw} \cdot K} = \frac{500}{28\ 000 \times 10} \times 100\% = 0.179\%$$

所以，层合结构的许用应变为

$$\varepsilon_a = \min(\varepsilon_{Lm}, \varepsilon_{Lw}) = \min(0.143\%, 0.179\%) = 0.143\%$$

② 确定单层的设计许用单位载荷　每层短切毡(0.6 kg/m²)单层

$$u_{am} = 0.6E_{um}\varepsilon_a = 14\ 000 \times 0.001\ 43 \times 0.6 = 12.0(\text{N/mm})$$

每层纤维(1 kg/m²)螺旋缠绕单层，由式(8.2.12)得

周向许用单位载荷为

$$u_{\varphi}=F_{\varphi}E_{u\varphi}\varepsilon_{a}=0.5\times9\ 500\times0.001\ 43=6.79(\mathrm{N/m})$$

轴向许用单位载荷为

$$u_{x}=F_{x}E_{ux}\varepsilon_{a}=0.5\times4\ 500\times0.001\ 43=3.22(\mathrm{N/m})$$

③ 确定螺旋缠绕的纤维量　设单螺旋缠绕($\theta=\pm55°$)的纤维用量为 n kg/m²,由式(8.2.1)得

周向　$2\times12.0+n_1\times6.79\geqslant160$ N/mm,$n_1=20.0$ kg/m²

轴向　$2\times12.0+n_2\times3.22\geqslant84.6$ N/mm,$n_2=18.8$ kg/m²

所以,应取单螺旋缠绕纤维用量为 20.0 kg/m²。然后可以由式(8.2.17)计算单层组的厚度。

对于纤维缠绕成型的贮罐,也可以按 8.2.3 节介绍的强度设计和铺层设计同时进行法计算缠绕层数和壁厚。

(8) 封头强度层　封头采用手糊成型,因此可以采用图 8.3.15 类似的铺层结构。$H/D=400/1\ 600=0.25$,设封头厚度为 13.3 mm,$t/D=0.008\ 31$,由表 8.3.3 查得 $K_s=1.33$。按照式(8.3.27),得封头所承受的单位载荷为

$$N=0.5pDK_s=0.5\times0.2\times1\ 600\times1.33=212.8(\mathrm{N/mm})$$

代入式(8.2.1)得

$$20.8\times0.8n+18.2\times0.45(n-1)+18.2\times(1.2+0.3)\geqslant212.8$$

解得

$$n\geqslant7.8$$

取 $n=8$,即手糊成型封头时需比筒体多铺 2 层方格布(0.80 kg/m²)和 2 层短切毡(0.45 kg/m²)。

强度校核略。

8.4 立式复合材料贮罐的结构设计与计算

立式贮罐是指竖立放置的贮罐。立式复合材料贮罐是一种广泛应用的贮罐形式。对于盛装液体、容积大于 100 m³ 的大型贮罐多采用立式。与卧式贮罐相比,立式贮罐容积大,占地面积小,制造成本低,但不容易搬动和运输。立式贮罐主要承受液体静压力、罐内压力、风载、地震载荷及活动载荷的作用。立式贮罐的一般构造为圆筒形。除平底立式贮罐有时可直接放置在地面的基础上外,其余均在贮罐上附有支座。罐底除平底外,还有采用锥形底和椭球形底的;罐顶盖可采用碟形、锥形或拱形。

8.4.1 立式贮罐内力分析

立式贮罐因为容积较大,故罐体多设计成圆筒形。本小节介绍圆筒形立式贮罐罐体的内力分析。

(1) 周向力 N_{φ}

对于圆筒形立式贮罐,周向力

$$N_{\varphi}=[P+(H-x)\gamma]R_i \tag{8.4.1}$$

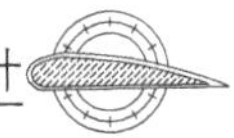

式中　P——设计压力，N/mm²；

　　H——液体高度，mm；

　　x——所研究的任意 x 处离罐底的高度，mm；

　　γ——贮液容重，N/mm³；

　　R_i——贮罐内半径，mm。

由式(8.4.1)可知，最大周向力 N_φ 位于贮罐底部($x=0$ 处)。设计立式贮罐时主要考虑周向力。当贮罐的高度尺寸较大时，可按周向力的大小把贮罐设计成变厚度壳体(工程上一般将贮罐分成几个结构段，各段按不同的周向力确定贮罐壁厚)，从而可以降低造价。据实际应用表明，一个 100 m³ 的立式贮罐，当采用变厚度设计时，可降低成本 30%左右。

(2) 轴向力 N_x

最大轴向单位载荷 N_x 由下列几种因素引起：① 设计压力 P；② 由风载荷或其他原因引起的弯矩 M；③ 贮罐的总重量(包括贮罐自重、介质重量和附件重量)。因此，轴向力 N_x 可以根据以下两式计算。

对于支承平面以上的点

$$N_x=\frac{pR_i}{2}\pm\frac{M}{\pi R_i^2}-\frac{W_1}{2\pi R_i} \tag{8.4.2}$$

式中　W_1——所考虑点以上部分的贮罐、附件及介质的总重力。

对于支承平面以下的点

$$N_x=\frac{pR_i}{2}\pm\frac{M}{\pi R_i^2}+\frac{W_2}{2\pi R_i} \tag{8.4.3}$$

式中　W_2——所考虑点以下部分的贮罐、附件及介质的总重力。

如果算得的 N_x 为负值，则表示为压缩载荷。

求出周向力和轴向力后，取 $N=\max(N_\varphi,\ N_x)$，选定层合结构中的增强材料和树脂基体类型，由式(8.2.1)即可确定各单层组中的单层数，然后按式(8.2.17)可算得贮罐的厚度。根据构造要求复合材料贮罐的最小壁厚不得小于 4.8 mm。罐体按强度条件确定壁厚之后，还需进行刚度校核。

8.4.2　立式贮罐的顶盖和罐底设计

(1) 贮罐顶盖

对于复合材料而言，由于拱顶顶盖在缠绕工艺中能够一次成型，制造方便，且拱顶结构简单，刚性好，在内压作用下受力状态较好。立式复合材料贮罐大都采用拱顶顶盖。拱顶是一种自支承式结构，一般由三心圆回转曲面构成。通常复合材料立式贮罐的顶盖可按承受 1 kPa 的载荷进行设计，设计允许挠度为直径的 1%。从提高顶盖刚度、降低成本方面考虑，顶盖最好增设加强肋，以减少顶盖壁厚。顶盖最小厚度不小于 4.8 mm。对于尺寸较大的玻璃钢贮罐，考虑到玻璃钢的弹性模量低于钢材的弹性模量，在设计时最小厚度可参照钢罐顶厚度适当加厚。

(2) 贮罐罐底

罐底承受上方的液体压力及下方基础的支承力，在靠近罐壁处，受到边缘弯矩和边缘横力的作用，使罐底受力分析变得较为复杂。在基础连续均匀支承的情况下，罐底的大部分区域受力较小，但对于玻璃钢贮罐而言，由于弹性模量较低，不允许基础出现较大的不均匀沉降，罐底不平时应用沙子填平，否则会因罐底变形过大引起树脂开裂而渗漏。

罐壳与罐底的拐角处理对复合材料贮罐设计来说非常重要。因为立式贮罐底部附近的受力较为复杂。一般在拐角处都应设计成一定的圆弧过渡区，圆弧半径不应小于 30 mm。罐底与直壳部分最好整体成型，同时在拐角处增设补强层（图 8.4.1）。补强应当逐层递减，避免截面的突变，以免产生应力集中。如果罐壳和罐底分开制造，则应注意在罐壳和罐底的结合处内外进行有效的补强。拐角区域的最小厚度应等于壳壁和底部的厚度之和。当贮罐直径小于 1.22 m 时，补强高度尺寸不小于 100 mm；当贮罐直径大于 1.22 m 时，补强高度尺寸应为300 mm。补强区应逐渐递减至侧壁厚度，避免截面的突变引起应力集中。

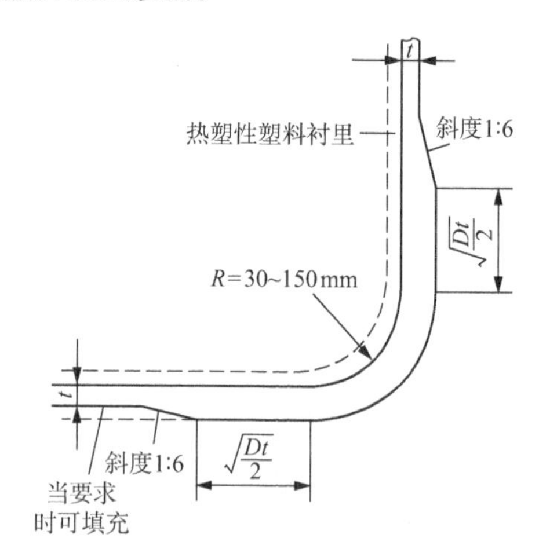

图 8.4.1　带衬里或不带衬里贮罐的圆弧形拐角

在完全支承的底部封头的拐角处，层合结构轴向的承载能力取决于结构形式。就圆弧形拐角（图 8.4.1）而言，应采用不小于 1.5 的系数；对于方形拐角（图 8.4.2），应采用不小于 2 的系数，以满足圆筒形层合结构的周向对承受内压的要求。

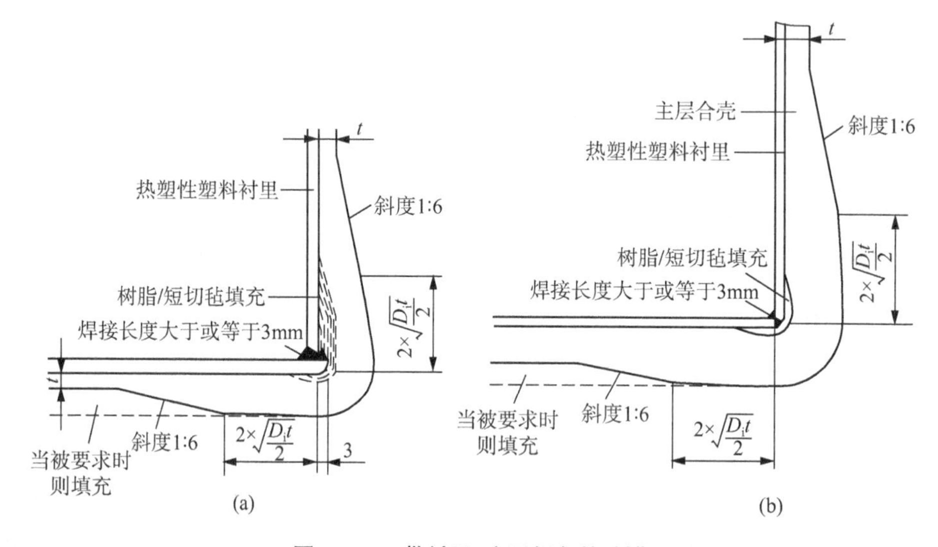

图 8.4.2　带衬里、方形拐角的贮罐

8.4.3　立式贮罐支座设计

常用立式贮罐支座有床式、悬挂式、角环支承式和裙式支座 4 种形式。

(1) *床式支座*

这种支座是将贮罐直接置于贮罐基础上，属于直接支承形式。因为支承面积大，贮罐底部的应力状态均匀，应力集中的现象较少，所以这种支承方式可以不再采取其他固定措施，一般

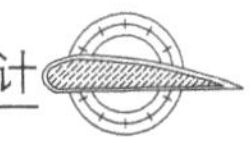

用于不太高的平底设备。对于室外的大型设备，大多要另加地脚螺栓固定(图 8.4.3)。

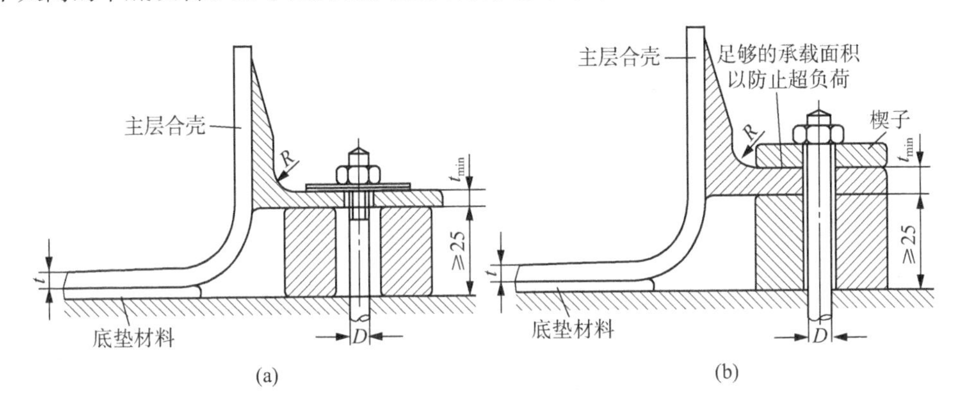

图 8.4.3　平底贮罐的典型固定结构

(2) 悬挂式支座

悬挂式支座又称耳式支座或耳架，是立式贮罐中用得极为广泛的一种，尤其对中小型贮罐更是如此。每台贮罐一般配置 2 个或 4 个支座，必要时还可以多一些，但在安装时不容易保证各支座在同一平面上，也不能保证各支座受力均匀。对于较大的薄壁贮罐或支座上载荷较大时，可将各支座连成一体组成环梁式(图 8.4.4)，既改善了贮罐局部受载过大，又可避免各支座受力不均。

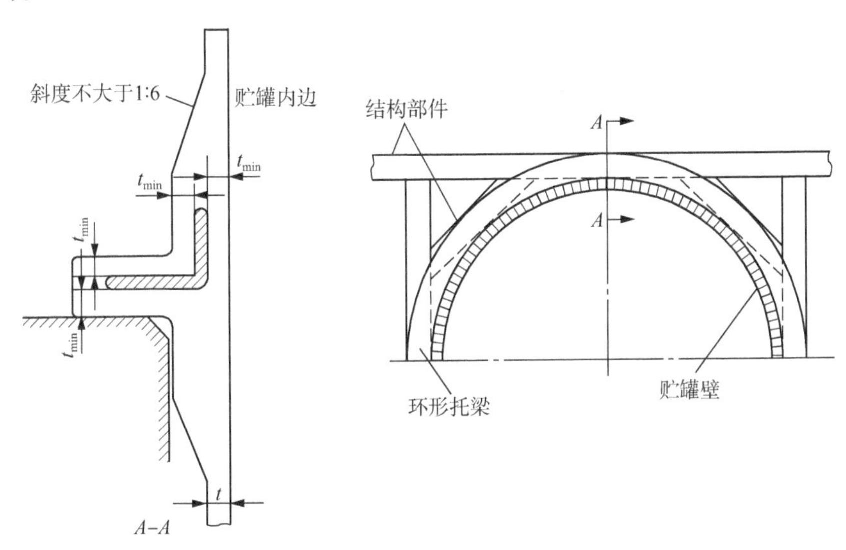

图 8.4.4　悬挂式贮罐的支座

悬挂式支座的主要特点是结构简单轻便，支座设置灵活，常放置在操作钢平台上或楼板上，也可支承在钢支柱或钢环梁上，或支承在砖砌的混凝土基础上。

(3) 角环支承式支座

对于高度不大的贮罐，而且离地面又较近的情况下，可采用角环支承式支座，即通过角环与设备本体连接，再由数根支柱直接支承在楼板或基础地面上(图 8.4.5)；支柱可以是工字钢、槽钢、等边角钢或钢管。

角环支承式支座结构简单轻便，不需要专门的框架或钢梁来支承设备，可直接把设备载荷传到较低的基础上。此外，它能比其他形式的支座提供较大的操作、安装和维修空间，在立式贮罐中应用较为广泛。

(4) 裙式支座

裙式支座简称为裙座，其高度由生产工艺过程和维修要求确定。裙座大多采用圆筒形(图8.4.6)形式。裙座体一般搭接在罐底封头外侧，因此，在贮罐与裙座的连接处会产生很大的剪切应力 τ。当剪切应力小于复合材料的许用剪切强度时，设备才能安全使用，所以承剪连接面必须要有足够的长度，以满足条件

$$\tau_{\max} \leqslant [\tau] \tag{8.4.4}$$

在承剪处，一般都要局部加强。这种支座仅适用于小型贮罐。

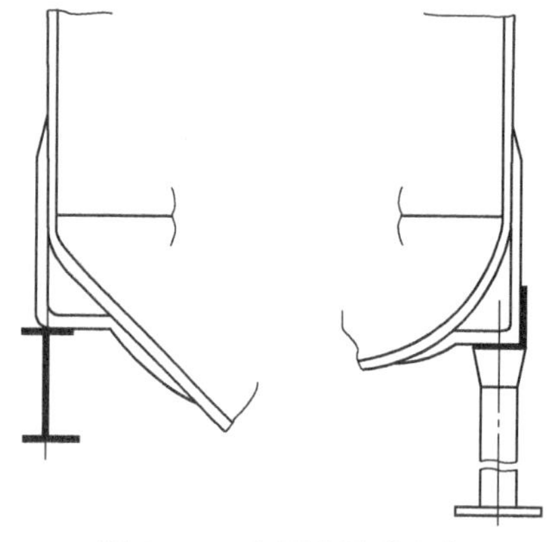

图 8.4.5 角环支承式支座

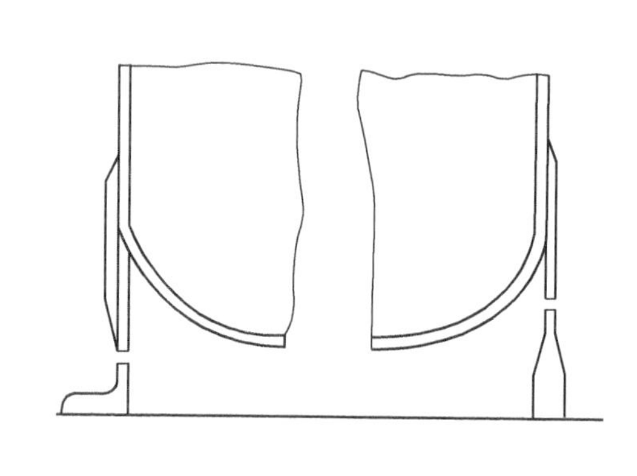

图 8.4.6 裙式支座

8.5 拼装式复合材料贮罐

拼装式(或称装配式)复合材料贮罐是一类结构形式新颖的大型立式贮罐(图 8.5.1)。该类贮罐为组装成型，罐顶是自支承拼装式锥顶，罐底用拼装式平底，视贮罐高矮分成若干段，视直径大小每段分成若干片。单块“瓦片”为层复合结构，先在车间预制好，然后运抵现场进行组装。组装时将各片边缘的法兰互相结合，在其间隙中嵌填树脂胶泥，然后在贮罐内衬接缝处按普通手糊法用耐腐蚀树脂和玻璃纤维毡覆盖。为了提高段与段之间的连接可靠性，在其环向法兰边上安放不锈钢弓形法兰压片，并用均匀分布的不锈钢螺栓固定。罐壳装配好以后，在法兰上开槽，在罐体外按螺旋形式样缠绕钢缆。为防腐蚀，钢缆需外包聚乙烯塑料。法兰上的槽可以用作导槽，使钢缆按一定间隔绕围在复合材料罐体上。由于罐内的液体静压头由罐顶至罐底逐渐增大，钢缆的间距也由上至下逐渐变小。钢缆承受液体静压，复合材料薄壳抵御介质的浸蚀作用和可能产生的负压。在贮罐未装液体时，给钢缆施加一定的预张力。当贮罐充满液体介质后，复合材料薄壳就处于负荷状态，薄壳稍微外张就使钢缆张紧，而钢缆又约束薄壳的进一步变形，因而主要载荷将由薄壳传递给钢缆，钢缆承受了贮罐的大部分周向应力。由于钢缆是一根连续的长绳，所以应力将均匀分布在钢缆的全长内。可以看出，这个设计的原理是基于这两种材料的弹性模量和膨胀系数的差异，这种承载原理与悬索桥颇为相似。钢缆缠绕张力控制非常重要，最佳的张力大小是使贮罐装满液体介质后，罐体的环向应力等于零，即应

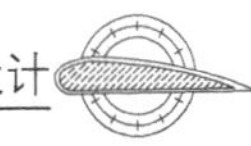

力完全由钢缆承担。

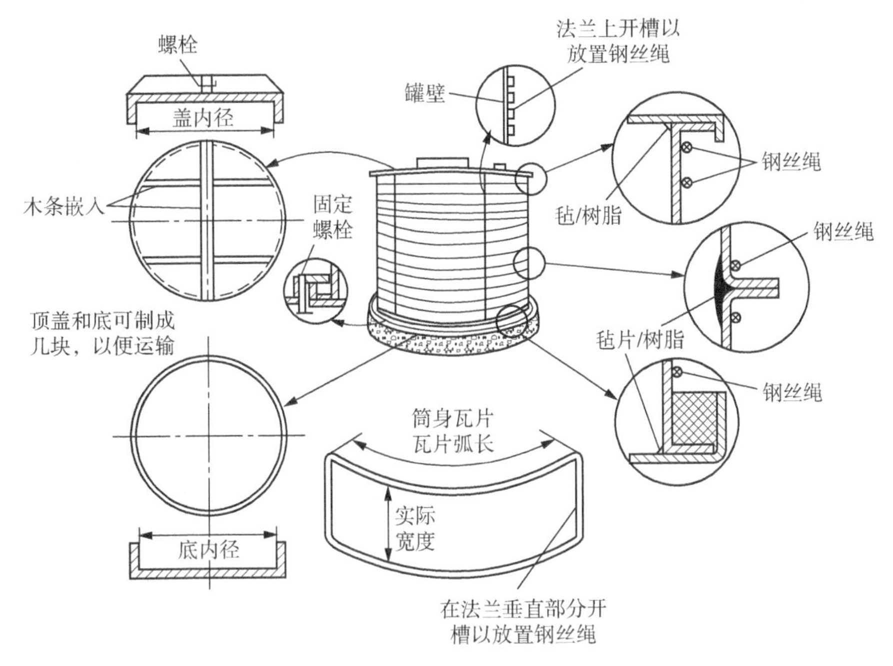

图 8.5.1　拼装式纤维增强塑料贮罐结构

拼装式贮罐的组装先从罐顶开始，即由上至下的顺序，最后是罐底与基础的固定。

拼装式复合材料贮罐又称为 KABE－O－RAP 贮罐，它具有许多突出的优点。

(1) 设计先进，结构新颖。复合材料和钢缆两种材质各尽其材，复合材料起防止介质腐蚀和渗透的作用，钢缆承担了主要载荷。因此，这一设计不仅安全系数高，而且使壁厚减薄，成本降低，具有明显的经济效益。例如，100 m^3 的立式玻璃钢贮罐，现场整体成型时，贮罐上部壁厚约为 8～10 mm，下部需 10～20 mm，但拼装式贮罐仅采用 5 mm 的壁厚就够了。

(2) 组装瓦片模具简单，模具费用较省，成型操作容易，尺寸和形状精确，两面光滑，固化完全，质量稳定，便于运输；贮罐容积不受限制，适于向大型化方向发展，因而是一类很有发展前途的产品。

(3) 由于罐壁薄，呈半透明状，能够看清罐内物料的液位，故不需要液位计。

值得注意的是这类拼装式贮罐不能在负压情况下使用。拼装式玻璃钢贮罐尺寸规格见表 8.5.1。

表 8.5.1　拼装式复合材料贮罐尺寸规格

公称容积/m^3	50	100	150	200	300	400	500
罐体内径/mm	4 100	5 400	5 900	6 600	7 500	8 000	8 900
罐体高度/mm	3 900	4 500	5 600	6 000	7 000	8 000	8 100
罐体段数	3	3	4	4	5	5	5
每段片数	8	8	8	12	12	12	12
锥顶高度/mm	510	670	720	860	1 000	1 080	1 180
预估质量/kg	1 400	2 200	3 100	4 200	5 900	7 500	9 500

8.6 复合材料贮罐的零部件设计

零部件是贮罐必不可少的组成部分。它涉及面广、种类多,本节仅讨论贮罐的开孔与补强、人孔和进出口管的一些基本考虑原则和设计方法。

8.6.1 贮罐的开孔与补强

复合材料虽然具有直接制成某些整体结构的特点,但由于工艺或结构上的需要,复合材料贮罐要有各种开孔,供工艺接管或零部件(如物料进、出口管,人孔,液位计,压力计接管等)安装时使用。这些开孔要么是在主体结构成型时预留的,要么就是在主体结构整体成型后再用机械方法切割形成的。开孔的大小取决于开孔的用途,开孔的形状应是圆形的或长短轴之比不超过 2 的椭圆形的。用连续纤维制成的贮罐,在用机械方法切孔后,无疑会破坏纤维的连续性,纤维被切断,不但会削弱贮罐强度,而且由于结构连续性受破坏,壳体和接管变形不一致,在开孔和接管处将产生较大的附加内力分量,其中影响最大的是附加弯曲应力,局部地区的应力可达壳壁基本应力的 3 倍以上(有时甚至高达 5～6 倍)。这种局部的应力增长现象,称为应力集中。应力集中虽然只发生在开孔边缘附近,具有局部性,但很大的局部应力加上外载荷产生的应力的综合作用,在开孔和接管附近就成为贮罐的薄弱部位。所以,只要有可能,就不要在贮罐成型后再切孔,而应在贮罐成型的同时作出需预留的孔口。

应力集中的程度常用应力集中系数来表征。所谓应力集中系数,是指开孔边缘的最大应力值与壳体上不考虑开孔时的基本应力之比。

大量试验表明,如果将连接处的接管或壳体壁厚适当加厚(或两者同时加厚),上述局部区域的应力集中现象将在很大程度上得到缓和,应力集中系数也就可以控制在所允许的范围内。所谓“开孔补强设计”,就是指采取适当加厚接管或壳体壁厚的方法,使之达到提高壳壁(或罐壁)强度,并把应力集中系数降低到某一允许数值的目的。

在实际工作中较多的是采用局部补强形式,即在壳体开孔处的一定范围内增加壳体的壁厚(图 8.6.1)。补强设计方法可采用等面积补强法,即局部补强的复合材料截面积必须等于或大于开孔所挖去的壳壁截面面积,即用与开孔相等截面的外加复合材料来补偿被削弱的壳壁强度。

在图 8.6.1 中,符号 d_b表示接管内直径,d_c 表示主壳体开孔直径,d_r 表示切口补强直径。一般情况下,$d_r \geqslant 2d_b$;当 $d_b < 150$ mm 时,取 $d_r = d_b + 150$ (mm)。S_2 表示切口补强复合材料的厚度,S_1 表示外侧装配复合材料的厚度。圆角半径 r 最小为 10 mm。

8.6.2 贮罐进出口管和人孔

(1) 进出口管

进出口管一般采用带法兰的短接管,其规格与管子相同,接管长度一般不小于 80～100 mm。壳体与进出口管的连接部位,要求坚固耐用,不渗漏。建议在管口处设置 3 个或 4 个角撑板(图 8.6.2),以提高接管强度。管口与壳体的连接可采用图 8.6.1 所示的结构。手糊成型的法兰接管尺寸如图 8.6.3 和表 8.6.1 所示。进口管插入壳体内 50～80 mm,除了起到增强作用外,还能避免腐蚀液体进入壳内时沿壳壁流淌、冲刷壳壁。罐的进出管一般应按0.6 MPa 的压力管道进行设计,而对于有压力要求的贮罐,应按设计压力进行设计。

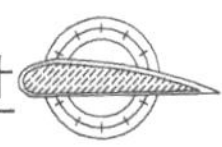

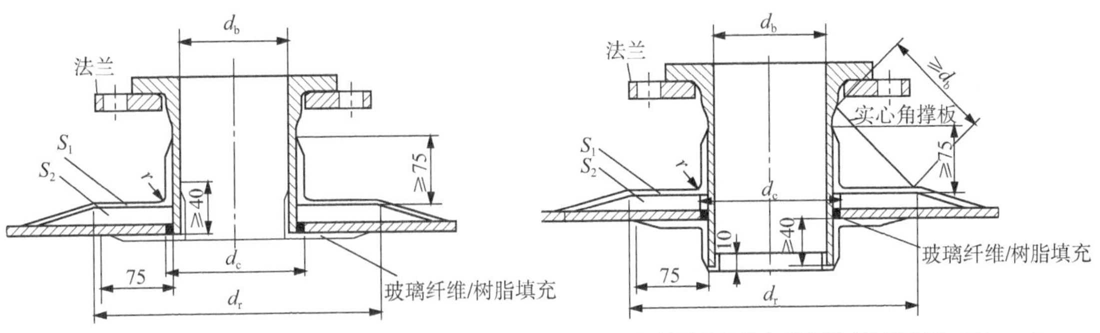

(a) 无塑料衬里的平接支管（孔径大于100 mm）　　(b) 无塑料衬里的伸入式支管（孔径为50 ~100 mm）

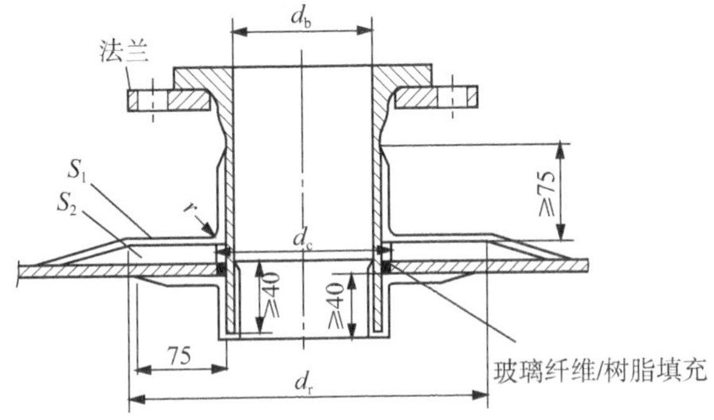

(c) 无塑料衬里的伸入式支管（孔径大于100 mm）

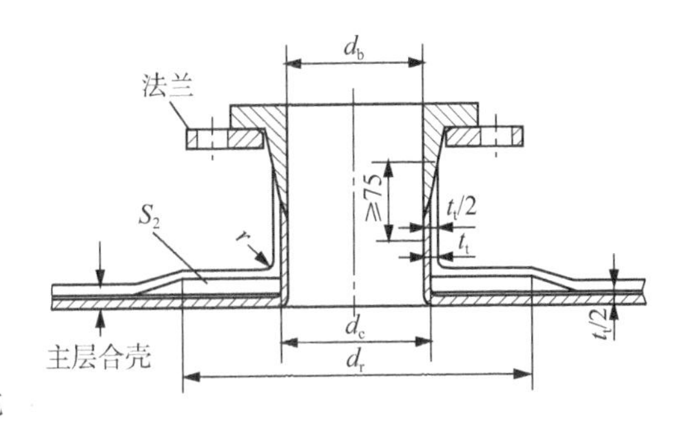

(d) 无塑料衬里或带塑料衬里（未表示）的平接预留孔口支管

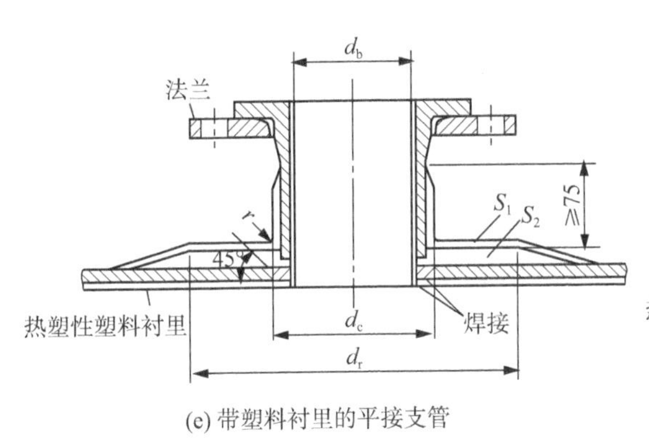

(e) 带塑料衬里的平接支管

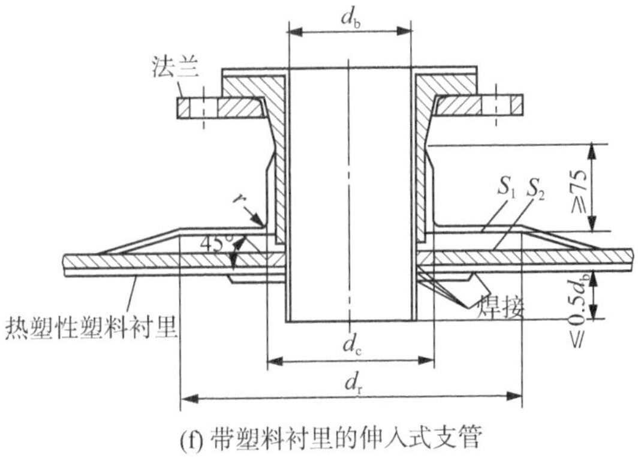

(f) 带塑料衬里的伸入式支管

图 8.6.1　典型支管的简图

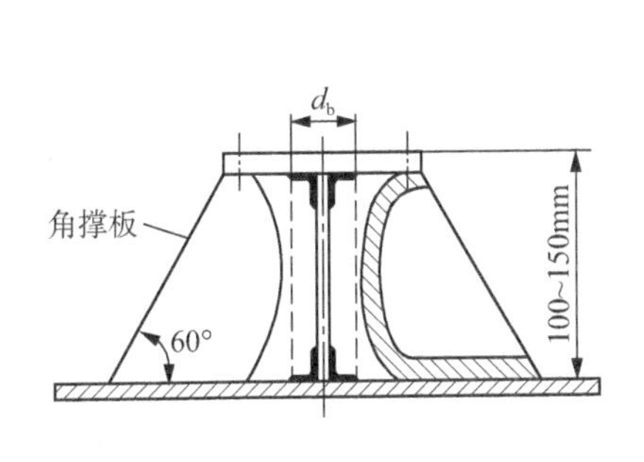

图 8.6.2　板形角撑板

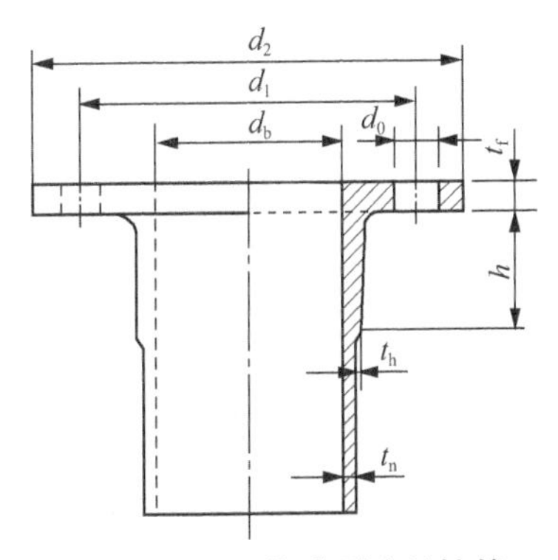

图 8.6.3　手糊成型法兰接管

(2) 手孔和人孔

手孔和人孔是为了检查贮罐的内部空间,对贮罐内部进行清洗、安装及拆卸内部结构而安设的。手孔通常是在短接管上加一盲板而构成。手孔的直径应使工人戴上手套并握有工具的手能方便地通过,故手孔直径不宜小于 150 mm。常用的手孔公称直径有 D_g150 和 D_g250 两种,颈高 160～190 mm。手孔尺寸可根据公称直径由表 8.6.1 选取。

表 8.6.1 手糊成型法兰接管尺寸

接管内径 d_b/mm	最小壁厚 t_n/mm	法兰最小厚度 t_f/mm	轮毂最小厚度 t_h/mm	轮毂最小长度 h/mm	法兰外径 d_2/mm	螺栓孔中心圆直径 d_1/mm	螺栓孔直径 d_0/mm	螺栓的螺纹 TH	螺栓数 n
25	5	13	6	50	100	75	11	M10	4
40	5	13	6	50	130	100	13.5	M12	4
50	5	13	6	50	140	110	13.5	M12	4
80	5	13	6	50	190	150	17.5	M16	4
100	5	13	6	50	210	170	17.5	M16	4
150	5	13	6	50	265	225	17.5	M16	8
200	5	14	8	60	320	280	17.5	M16	8
250	5	17	10	70	375	335	17.5	M16	12
300	5	19	10	75	440	395	22	M20	12
350	6	21	11	85	490	445	22	M20	12
400	6	22	11	90	540	495	22	M20	16
450	6	24	13	95	595	550	22	M20	16
500	6	25	13	100	645	600	22	M20	20
600	6	29	14	110	755	705	26	M24	20

直径大于 900 mm 的贮罐应开设人孔,以便检修时工作人员能进入设备内部,及时发现内表面的腐蚀、磨损或裂纹,并进行修补。常用的人孔形式为圆形。人孔处的构造处理应按大型接管一样处理,其具体结构参见图 8.6.1。要充分注意连接处的加固。人孔的大小及位置应以工作人员进出贮罐方便为原则。人孔公称直径一般为 500 mm 或 600 mm,最小为 450 mm,颈高 150～250 mm。人孔其他尺寸可由表 8.6.1 选取。深度大于 3 m 的立式贮罐,应考虑设置两个人孔,一个在顶部,一个在紧靠罐基上部,以利于进出。人孔盖可以是平的,带有手柄;但也可以是盘形的。人孔一般应设置角撑板。

(3) 排液管

贮罐的排液管通常设置在罐底和罐壁底部,典型的 4 种排液管结构如图 8.6.4 所示。图 8.6.4(a)为用于手糊成型贮罐的一种普通设计,图 8.6.4[(b)(c)]两种形式可将液体完全排净,图 8.6.4 (d)是利用虹吸原理排液。

8.7 复合材料贮罐的制造

复合材料贮罐的制造工艺有多种,本节介绍的是目前应用较多的典型制造工艺,即筒体为纤维缠绕,封头采用喷射及手糊成型。

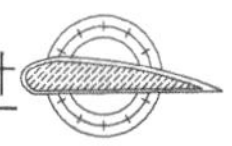

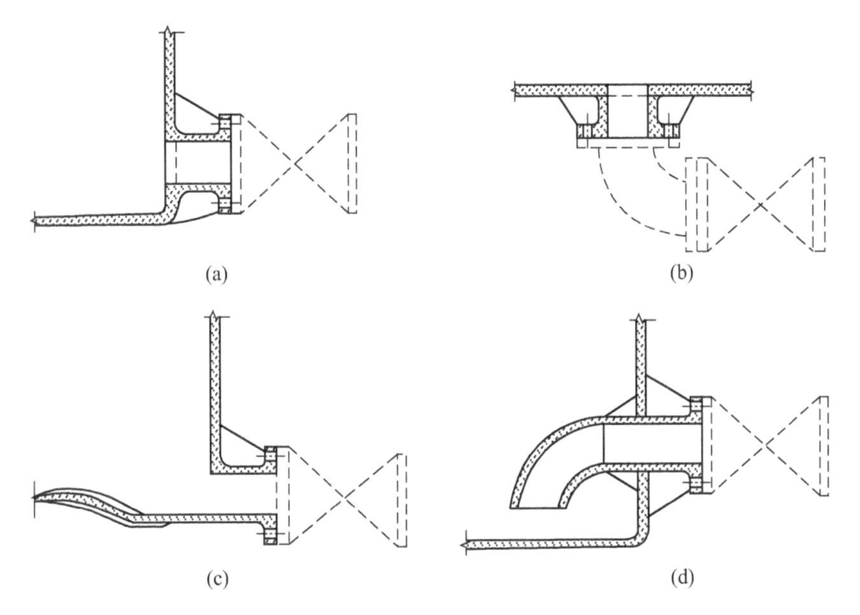

图 8.6.4　贮罐排液管的不同设计

8.7.1　原材料的选择

玻璃钢贮罐所用的原材料，主要有玻璃纤维及其织物和树脂系统两大类。原材料优劣及工艺性能的好坏，将会直接影响制品的质量。因此必须根据制品的使用要求，选择相应的原材料。

(1) 玻璃纤维及其制品的选择

玻璃钢贮罐所使用的玻璃纤维及其制品主要品种如下。

① 缠绕无捻粗纱。主要用于缠绕贮罐筒体的强度层，号数为 1200tex、2400tex、4800tex。纤维在使用时以内抽纱方式抽出。要求缠绕用无捻粗纱的浸透性好、张力均匀、退解性好、成带性好。

② 喷射无捻粗纱。主要用作贮罐次内层的增强材料，号数为 2400tex，内抽纱。要求喷射无捻粗纱的切割性好，分束率高、退解性好、覆模性优良、树脂浸透快。

③ 表面毡。用于贮罐的内表层以形成富树脂层，规格为 40 g/m^2、50 g/m^2。要求纤维分布均匀、手感好、浸润性好。

④ 短切毡。主要用作手糊成型贮罐封头及异形件的增强材料，规格为 300 g/m^2 和 450 g/m^2。要求纤维分布均匀、树脂浸透性好。

⑤ 方格布。用作手糊成型贮罐封头及异形件的增强材料，规格为 400 g/m^2，厚度为 0.4 mm。要求织物均匀、浸润性好，强度高。

(2) 树脂的选择

① 内衬层用树脂。要求具有一定的耐温性，良好的耐腐蚀性，延伸率应比玻璃纤维略高，工艺性好。目前内衬层使用的主要树脂品种有：乙烯基酯树脂(MFE-2、MFE-770)、双酚 A 型不饱和聚酯树脂(3301 号、197 号)、间苯型不饱和聚酯树脂(9406 号)。用于盛放食品的玻璃钢贮罐的内衬树脂的卫生指标应符合 GB 13115 的规定。

② 强度层用树脂。要求树脂对玻璃纤维具有良好的黏结力和浸润性，具有较高的机械强度和弹性模量，工艺性好，来源广泛，价格便宜，延伸率较高。目前强度层主要使用邻苯型的通用不饱和聚酯树脂(196 号、9709 号)。

8.7.2 贮罐的制造

复合材料贮罐由“钟罩”(筒体段加一个封头)和封头组成，将这两部分组装在一起就构成了贮罐的外形结构。复合材料贮罐的制造工艺流程简图见图 8.7.1。

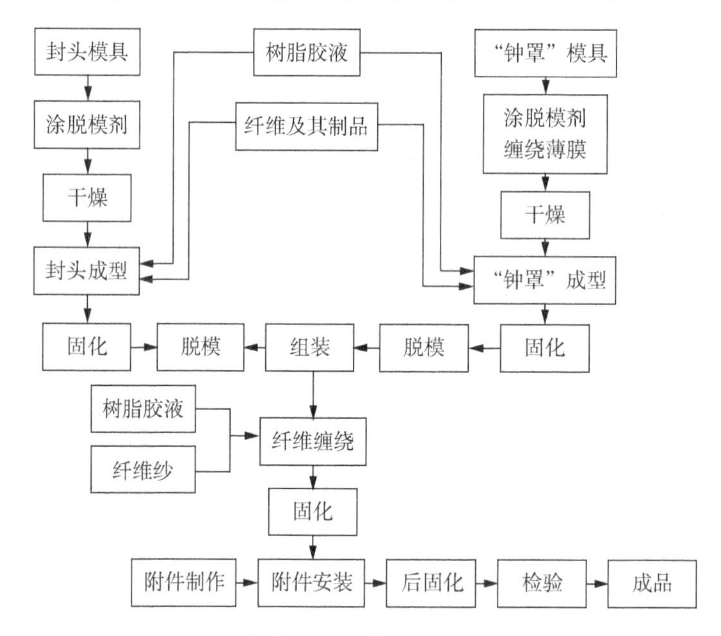

图 8.7.1 复合材料贮罐的制造工艺流程简图

(1)“钟罩”成型

① 清理模具。用扁铲小心铲除上次脱模时粘在模具上的残胶，用水清洗遗留在模具表面的聚乙烯醇(PVA)脱模剂，然后擦干待用，确保模具表面干净。再用胶带封住模具上的脱模气孔。

② 在筒体部分缠绕聚酯薄膜脱模剂。用胶带把聚酯薄膜端部粘在模具上，按动按钮让模具缓慢旋转，调节节距，控制薄膜搭接宽度大约为 3 cm。

③ 在封头上涂刷石蜡型脱模剂和聚乙烯醇(PVA)脱模剂。用软的编织物沾蜡后在模具表面均匀划圈涂抹，并用纱布均匀地擦干，然后以干净的纱布用力打光，再用浸渍 PVA 的毛刷在模具表面均匀涂刷，不能漏涂。涂刷 PVA 的目的是为了防止石蜡被树脂中的苯乙烯溶解。

④ 制作内衬层。内衬层的制作是在制衬机上进行的。内衬层一般包括内表层和次内层，它们的厚度、结构及原材料型号根据贮罐使用温度、压力、介质性质和浓度等条件而定。制作内表层时，先用喷枪往涂有脱模剂的模具上喷射树脂，然后立即缠绕表面毡，应控制好表面毡的张力，不要太大。在缠绕表面毡的同时，须用压辊滚压。采用喷射成型法制作次内层。为防止短切纤维铺层过厚、滚压不匀，一般应控制铺层单重不大于 600 g/m^2。当喷射树脂和纤维达到设计厚度后，缠绕网格布压实短切纤维并驱赶气泡。内衬制作完毕后继续让芯模旋转固化，以防流胶。

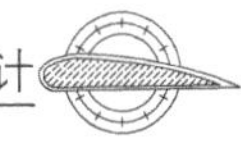

⑤ 铺设“钟罩”上的封头强度层。封头的加强办法一般是采用喷射成型和铺设方格布。在喷射操作时，同时进行滚压，以使纤维充分被树脂浸润，消除夹杂在树脂中的气泡，并起到提高产品致密性的作用。

⑥ 脱模。旋转模具，让制品充分固化。当制品达到可以移动的硬度时，就可以脱模。将压缩空气引入封头顶端的圆孔，使其进入模具和制品之间形成一层空气垫，通过空气的压力将制品从模具上推出。当制品全部脱下，放在专用的支撑小车上，立即安装膨胀支撑环，以增加其刚性。

(2) 封头成型

封头也是在自动成型机上进行的，主要操作步骤如下。

① 清理模具，用胶带封住脱模气孔，涂刷石蜡脱模剂和聚乙烯醇脱模剂。

② 按照设计要求成型内衬层和强度层。如果喷射层超过 4 层，为防止产品过厚而导致大量固化热产生，一般应分两次成型。如果改变喷射树脂种类，应等前一铺层略微凝胶后再喷射第二种树脂。在成型操作过程中，应不断进行手动滚压。

③ 模具不停地旋转，直至树脂固化。待完全固化后，用压缩空气脱模。

(3) 组装

将“钟罩”和另一个封头对接成一体称为组装。这两部分的对接边缘应事先切齐并磨好坡口，使用可以调节直径的金属膨胀支撑环可以使封头和圆筒部分的连接变得很容易。用与筒体部分同样的材料制作接缝处的内衬层，外边用短切毡增强，并保证组装区域平整。

(4) 纤维缠绕成型

对于要承受周向和轴向复合应力作用的贮罐，一般要采用螺旋缠绕和环向缠绕的组合绕型。组合缠绕在全自动缠绕机上进行。

① 缠绕机的组成及工作原理。缠绕机主要由机械传动系统、自动控制系统、操作系统、树脂供应系统和导纱系统组成。机械传动系统包括两条传动链，一条是由主轴电机通过传动轴驱动芯模(或组装好的贮罐内衬)匀速旋转，另一条是由小车电机通过链条、齿轮装置带动小车平行芯模轴线方向作往复直线运动。为了实现设计的线型缠绕，芯模旋转与小车往复直线运动之间须保持一定的速比，为此，在芯模主轴上连接一个脉冲发生器，自动控制系统的微机通过脉冲发生器来控制主轴电机与小车电机，实际上是控制主轴(芯模)转速与小车速度之比。操作系统包括工作床和装有导丝头、浸胶槽及操作盘的小车。树脂供应系统包括通过电热油将树脂加热至 35～40℃的恒温槽、按比例加入树脂及固化剂的双计量泵和喷枪。导纱系统是将缠绕粗纱导入浸胶槽，浸胶后通过导丝头再缠绕到贮罐内衬上。

② 缠绕前的准备。将已在两个封头上安装好旋转支撑架的贮罐放在支撑小车上，并将其中一端与主轴连在一起。考虑到贮罐内衬的刚度很低，由导丝辊施加张力可能会导致局部失稳，因此应往罐内充入 0.01～0.03 MPa 的压缩空气来增强，具体压强数值大小取决于贮罐直径。根据贮罐的几何尺寸和设计要求，进行缠绕规律及速比的设计，并编制微机控制程序，然后将各设计参数和其他控制参数输入微机。

③ 全自动缠绕。启动缠绕机，按预先设定的程序，自动进行螺旋缠绕和环向缠绕。当整个缠绕结束时，即可停机，只让贮罐旋转，直至树脂完全凝胶。固化后喷涂外保护层。

(5) 附件制作及安装

① 制作人孔。将两块半圆形的人孔模具拼装好，在拼接缝处贴上胶纸，并均匀涂上石蜡

脱模剂和聚乙烯醇脱模剂，然后根据要求制作内衬层和强度层，强度层采用短切毡和方格布交替铺设，每一铺层均用压辊滚平，铺放接头应尽量错开。固化后即可脱模，并按照尺寸要求进行加工处理。

② 附件安装。按照图纸要求，在需要安装附件的部位用专门的工具开孔并修整，然后安装预先做好的人孔、进料口接管、出料口接管及其他附件。

(6) 后固化

用于盛放食品的玻璃钢贮罐，要求苯乙烯的残余量不得超过 0.5%。因此，食品贮罐需要在 95～110℃ 的条件下加热后固化处理 6～8 h，以提高固化度，把苯乙烯的残余量控制在 0.2%以下。经过后固化处理的贮罐，与食品接触的表面必须用水蒸气或 80℃水冲洗两次以上。对于其他用途的玻璃钢贮罐可不进行加热后固化。

(7) 制品检验

出厂前应对每个玻璃钢贮罐进行外观质量、渗漏和巴氏硬度的检验。贮罐内表面应光滑平整，无明显气泡，无对使用性能有影响的龟裂、分层、针孔、裂纹、凹陷、沙眼、外来夹杂物、贫胶区和纤维浸润不良等现象；贮罐外表面应无龟裂、分层、气泡、裂纹、外来夹杂物和贫胶区。罐壁平均厚度应不小于规定的设计厚度，其中最小罐壁厚度应不小于设计厚度的 90%。贮罐表面层的巴氏硬度不小于 40，固化度不小于 90，承载层弯曲强度不小于 150 MPa，沸水浸泡承载层弯曲强度保留率不小于 80%，应按国家标准进行水压渗漏检测。

思考题与习题

8-1 简述复合材料贮罐的特点。

8-2 为什么说复合材料贮罐的设计思想充分体现了复合材料的可设计性？

8-3 复合材料贮罐是否可用网络理论进行设计？为什么？

8-4 比较复合材料贮罐与纤维缠绕内压容器的特性和设计理论的异同之处。

8-5 简述复合材料化工贮罐的罐壁应如何进行结构设计。为什么？

8-6 卧式复合材料贮罐的鞍座设计包括哪几部分？应如何进行设计？

8-7 为什么半椭球封头是目前复合材料贮罐和容器采用得最多的封头形式？

8-8 今需设计一台容积为 10 m^3 的卧式圆筒形玻璃纤维增强塑料贮罐，贮存介质为 35% HCl，介质密度 ρ=1 190 kg/m^3，使用温度为常温，所受内压为 0.15 MPa。试确定该贮罐的壁厚。

8-9 今需设计一台容积为 8 m^3 的卧式圆筒形玻璃纤维增强塑料贮罐，贮存介质为 30% H_2SO_4，介质密度 ρ=1 220 kg/m^3，工作温度为 60℃，所受内压为 0.15 MPa。试采用强度设计和铺层设计同时进行法计算确定该贮罐的缠绕层数和壁厚。

8-10 如何进行复合材料立式贮罐的罐底设计？

8-11 拼装式复合材料贮罐的优点是什么？

8-12 复合材料贮罐可用哪些成型工艺方法制作？简述纤维缠绕圆筒形复合材料贮罐成型工艺过程。

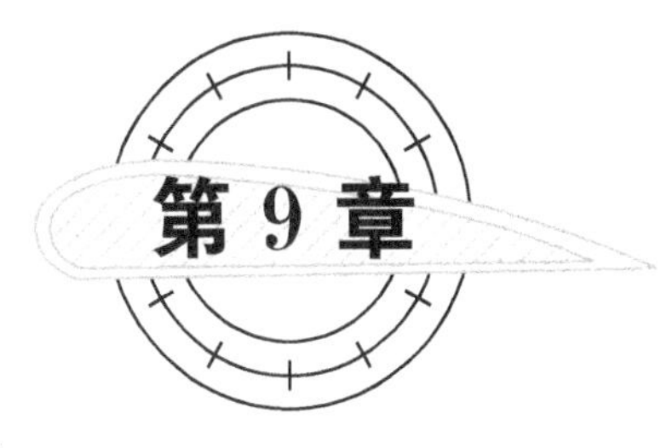

复合材料管道设计

9.1 引言

复合材料管道已有60多年的发展历史。离心浇铸的玻璃钢管道于1950年进入石油工业市场,随后纤维缠绕玻璃钢管和离心浇铸夹砂玻璃钢管(Hobas管)相继应用。关于玻璃钢管产品和测试方面的标准已比较齐全(见附录B)。我国已颁布了国家标准"GB/T 21238—2007玻璃纤维增强塑料夹砂管"、"GB/T 21492—2008 玻璃纤维增强塑料顶管"、"GB/T 23100—2008 电气用热固性树脂工业硬质玻璃纤维缠绕管"、"GB/T 24721.3—2009 公路用玻璃纤维增强塑料产品 第3部分:管道"、"GB/T 26735—2011 玻璃纤维增强热固性树脂喷淋管"和建材行业标准"JC 552—1994 纤维缠绕增强热固性树脂压力管"。目前已有不少国家在大规模生产和应用玻璃钢管。我国已有玻璃钢管罐生产线数百条,应用领域遍及石油、化工、矿山、军工、城市供水、食品加工、灌溉、消防、污水处理及排放等行业和部门。

复合材料管按所采用树脂基体不同分为环氧管(环氧树脂基体)、聚酯管(不饱和聚酯树脂基体)、复合管(玻璃钢/热塑性塑料管)等;按使用压力不同分为高压管(内压在5～30 MPa,管径一般为50～200 mm)、中压管和低压管。复合材料管公称直径DN(mm)系列为:25,32,40,50,65,80,100,125,150,200,250,300,350,400,450,500,600,700,800,900,1 000,1 200,1 400,1 600,1 800,2 000,2 200,2 400,2 600,2 800,3 000,3 200,3 400,3 600,3 800,4 000。管长(m)规格有3,4,5,6,9,10,12。压力等级pN(MPa)为0.1,0.25,0.4,0.6,0.8,1.0,1.2,1.4,1.6,2.0,2.5,4.0等。最高使用压力达28 MPa。使用温度一般不超过110℃。

根据使用要求和铺设方式不同,复合材料管分为地上用管(包括架空管)和地下埋设管。两者的设计方法和控制条件不同,但在管壁结构上都设有内衬层、强度层和外表面层等三个结构层次。内衬层的功能主要有两个,一是满足管道内流通介质所需达到的要求,例如,内表面应光滑、无缺陷、耐磨性好;对于输送化学介质管,所选原材料必须具有相应的耐腐蚀性和耐热性;对于供水管,所选原材料和工艺必须满足食品卫生标准的要求。另一功能是抗渗漏,这就要求材料韧性好、不易开裂。内衬层是复合材料管的重要组成部分,内衬层中存在的任何微裂纹都可能造成管子的破坏。为防止开裂,应该用韧性好的树脂作为内衬基体,刚性树脂制作的内衬在管道搬运、安装过程及埋设后发生挠曲时容易开裂。内衬层的类型主要有两种:一种是用表面毡(内表层)和短切毡(次内层)增强热固性树脂;另一种就是热塑性塑料管。

复合材料管道管壁结构主要有 4 种形式,见图 9.1.1。图 9.1.1[(a)和(b)]均为连续纤维缠绕复合材料管,其中(a)的内衬为热塑料塑料,(b)为表面毡和短切毡(或喷射短纤维)增强的富树脂内衬层;(c)为缠绕夹砂玻璃钢管(Glass fiber reinforced plastics mortar pipes),结构内、外两层为承担管内产生压力的连续纤维缠绕复合材料层,中间夹芯层为增加管子刚性以承受外压力的树脂砂浆层,这种管道是采用连续纤维缠绕工艺生产的;(d)表示内、外两层为短切纤维增强复合材料层,中间为树脂砂浆层,这种管子是采用离心浇铸法生产的,管壁中含砂量可达 60%~65%,管道的内外表面都很光滑,具有刚度高、成本低的优点,特别适用于在承受较大外压的大口径给排水工程中使用。(c)和(d)两种管道适合于作地下埋设中、低压力管道,因为地下管道在承受内压作用的同时,都要承受较大的外压,因而对管刚度有较高的要求。显然,在承受相同的外压时,(a)和(b)的纤维增强复合材料用量要明显地多于(c)和(d)。实际上,管道在静土压和车辆载荷引起的动土压作用下要发生弯曲变形,管壁中间区域附近的正应力很小,虽然剪应力相对高于其他区域,但整个管壁中剪应力都较低,故这一区域的材料处于低应力状态,因而用树脂砂浆代替纤维增强复合材料既可以满足管道刚度性能要求,又可以降低成本。在管道刚度保持不变的前提下,采用(c)的管壁结构代替(a)和(b),当(c)的厚度增加 20%时,其纤维复合材料用量可减少 70%,所以可以较大幅度地降低成本。对(c)和(d)的管壁结构进行比较,显然,(c)比(d)更为合理。因为短切纤维复合材料的强度及弹性模量分别为连续纤维复合材料的 1/4~1/2 及 1/3~1/2。因此,当管道的纤维复合材料用量相同时,(c)的抗内、外压能力要比(d)强。由此可见,缠绕夹砂玻璃钢管的管壁结构(c)用于承受内、外压的地下埋设管道设计是合理的。但对于承受较高内压的地上管,其结构层宜采用(a)或(b)所示的全连续纤维缠绕结构。

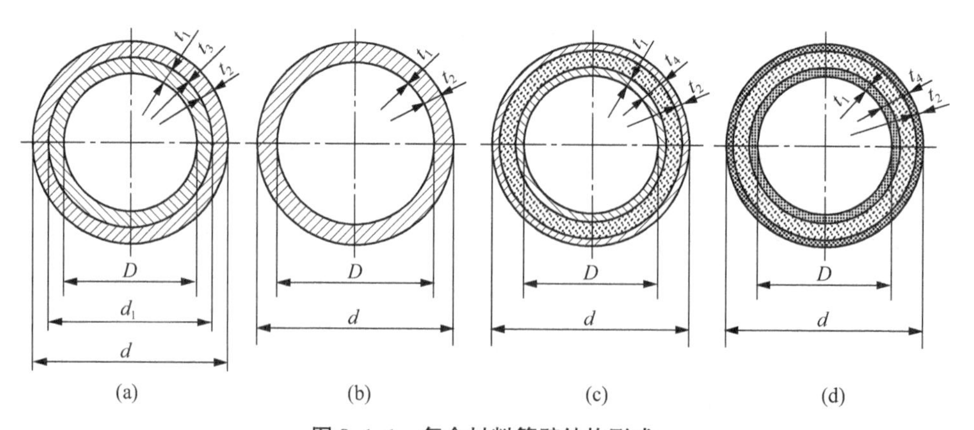

图 9.1.1　复合材料管壁结构形式

D—管内径;d—管外径;d_1—内衬层外径;

t_1—内衬层厚度;t_2—结构层厚度;t_3—黏结层厚度,最大为 1 mm;t_4—树脂砂浆层厚度

复合材料管之所以能够得到广泛应用是因为其具有以下几个方面的优点。

(1) 耐腐蚀性好,使用寿命长。耐腐蚀是复合材料管道的突出优点,根据所输送化学介质

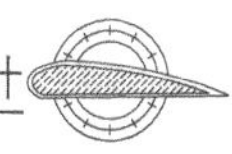

的性质、浓度和温度，可以通过选用不同的纤维和树脂基体制作成满足使用要求的具有复合结构的耐腐蚀管道。复合材料化工管道的使用寿命一般可达 20 年以上，输水管的使用寿命可达 50 年。复合材料管内、外表面不必采用涂层，也不需要进行周期性维护，从而可减少管道因维护停产带来的经济损失。国内外实践表明，为输送温度低于 100～150℃、压力在 1～2 MPa 的液态和气态的化学腐蚀性介质，从技术和经济的观点看，采用复合材料管是合理的。

(2) 性能可设计，产品适用性强。缠绕复合材料管是将浸有树脂的纤维按照要求的缠绕规律逐层缠到芯模上，并进行适当固化而制成的。因此可以通过改变原材料来调整管道的各项物化性能，以适应不同介质和工作条件的需要；通过结构层厚度、缠绕角和管壁构造设计来调整管道的承载能力和特性，以制成不同压力等级或具有某种特殊性能的复合材料管。

(3) 轻质高强，安装方便。纤维缠绕复合材料强度高，且相对密度低。玻璃钢管自重只有钢管的 25%、混凝土管的 10%。单根复合材料管的长度较长，整个管线接头数量少，连接方式灵活多样，既提高了管线的可靠性，安装也非常方便。

(4) 内壁光滑，介质输送阻力小。复合材料管具有非常光滑的内表面，几乎可以认为是“水力学光滑管”，其绝对粗糙度只有 0.005 3 mm，比钢管的 0.08～0.39 mm 小得多，因此比相同直径的传统材料管有更高的介质流通能力。

(5) 导热系数小，保温性能好，不导电。玻璃钢管的导热系数约为 0.84～1.25 kJ/(m•h•℃)，在国外大量用于热能远距离输送管线。玻璃钢管电绝缘性能好，可将其埋在腐蚀性土壤中而不怕电化锈蚀，因而被广泛用作地下管道。

(6) 复合材料管能够满足 ISO、ASTM、AWWA、API 和 ASME 等标准协会提出的严格的产品标准要求(见附录 B)。

管道是个工程，不是部件，它的设计远比贮罐、容器复杂，不能简单从事，否则将造成浪费甚至失败。复合材料管的用途不同，载荷条件差异很大，设计计算方法也不相同。根据不同的使用条件进行制品设计计算，是用好复合材料管的基本前提。如前所述，复合材料管作管线使用时，可分为地上用管(包括架空管)和地下埋设管两大类，下面将分别予以介绍。

9.2　架空管的设计

架空管道是指地面上架设的管道。管道架设高度在跨越公路处应大于 4.5 m，跨越铁路处应大于 6.5 m，在不通汽车地段一般为 2～3 m，在无人通行地段可取 0.2～0.3 m。

地上复合材料管道在使用过程中，主要承受输送介质内压载荷、管道自重和介质重量等。此外，还承受由于温度变化而引起的温度应力。地上复合材料管道设计就是根据上述载荷确定管道壁厚和支承跨距，确保管线安全工作。

9.2.1　管道壁厚的计算

管道壁厚一般是根据管内工作压力所引起的周向应力来决定的，并由轴向应力和应变、周向应变来进行校核。

在均匀内压作用下，管道周向应力应小于许用应力$[\sigma_\theta]$，即

$$\sigma_\theta=\frac{p(D+t+2t_L)}{2t}\leqslant[\sigma_\theta] \tag{9.2.1}$$

式中 p——管内最大工作压力，MPa；

D——管道内径，mm；

t——管道结构层的壁厚，mm；

t_L——管道内衬层的厚度，mm；

σ_θ——管道周向应力，MPa；

$[\sigma_\theta]$——周向许用应力，MPa。

关于式(9.2.1)中周向许用应力的确定，国内尚无标准。一般是由实验测定周向的静态破坏强度 $\sigma_{j\theta}$，然后考虑适当的安全系数，即

$$[\sigma_\theta]=\sigma_{j\theta}/K \tag{9.2.2}$$

式中 K——安全系数，一般取 $K=6\sim10$。

若采用 ASTM 标准所定义的长期静压应力基准 σ_{HDB}，则许用应力为

$$[\sigma_\theta]=\sigma_{HDB}/n \tag{9.2.3}$$

式中 n——安全系数，建议取 $n=2\sim2.5$。

由式(9.2.1)可得到管道结构层壁厚计算公式

$$t=\frac{p(D+2t_L)}{2[\sigma_\theta]-p} \tag{9.2.4}$$

根据周向应力决定管道壁厚后，还应根据轴向应力、轴向应变和周向应变进行校核。

$$\sigma_x=\frac{p(D+t+2t_L)}{4t}\leqslant[\sigma_x] \tag{9.2.5}$$

式中 σ_x——管道轴向应力，MPa；

$[\sigma_x]$——轴向许用应力，MPa。

$$\left.\begin{aligned}\varepsilon_x=\frac{\sigma_x}{E_x}-\nu_\theta\frac{\sigma_\theta}{E_\theta}\leqslant[\varepsilon_x]\\ \varepsilon_\theta=\frac{\sigma_\theta}{E_\theta}-\nu_x\frac{\sigma_x}{E_x}\leqslant[\varepsilon_\theta]\end{aligned}\right\} \tag{9.2.6}$$

式中 ε_x，ε_θ——分别为管道轴向应变和周向应变；

$[\varepsilon_x]$，$[\varepsilon_\theta]$——分别为管道轴向许用应变和周向许用应变，其值与树脂的延伸率有关，一般取0.1%；

ν_x，ν_θ——分别为管道轴向泊松比和周向泊松比；

E_x，E_θ——分别为管道轴向拉伸弹性模量和周向拉伸弹性模量，MPa。

9.2.2 管道跨度计算

地上管道是用管架、吊架或托架来支承的，两支承点之间的距离称为管道跨度。跨度计算是地上管道设计中的一个重要组成部分。在确保管道安全的前提下，应尽可能地扩大管道的跨度。现介绍按强度条件确定管道跨度的计算公式。

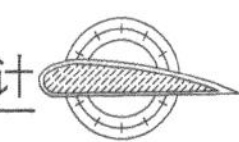

在管子自重和介质重量作用下，用管架支承的复合材料管道可视为承受均布载荷作用下的等跨连续梁，对于5跨以上的管道，由三弯矩方程可求得在中间支座处有最大弯矩，其值为

$$M=ql^2/12$$

相应的最大轴向弯曲应力为

$$\sigma_w=\pm\frac{M}{W}=\pm\frac{ql^2}{12W} \tag{9.2.7}$$

式中　q——管道单位长度的载荷，包括管道自重、介质重量和保温层重，N/mm；

l——支座间跨距，mm；

σ_w——最大轴向弯曲应力，MPa；

W——管道抗弯截面模量，mm^3，$W=\frac{\pi}{32d}(d^4-D^4)$；

D——管子外直径，mm；

d——管子内直径，mm。

设复合材料管的轴向许用应力为$[\sigma_x]$，考虑到内压作用引起的轴向应力，得组合轴向应力作用下的强度条件为

$$\sigma_x=\frac{ql^2}{12W}+\frac{p(D+t+2t_L)}{4t}\leqslant[\sigma_x] \tag{9.2.8}$$

则可解得管道支承间最大跨距l_m为

$$l_m=\sqrt{\frac{3W}{qt}[4t[\sigma_x]-p(D+t+2t_L)]} \tag{9.2.9}$$

如果地上管道用于输送介质，管道直而长，这时内压引起的轴向应力只是周向应力泊松效应的作用，即

$$\sigma_x=\frac{\nu_\theta(D+t+2t_L)}{2t} \tag{9.2.10}$$

则由总的轴向应力作用下的强度条件可解得管道最大跨度为

$$l_m=\sqrt{\frac{6W}{qt}[2t[\sigma_x]-\nu_\theta p(D+t+2t_L)]} \tag{9.2.11}$$

连续梁边跨支座处的弯矩大于中跨支座处的弯矩，其值为

$$M=\frac{ql^2}{8}$$

则弯曲应力为

$$\sigma_w=\frac{M}{W}=\frac{ql^2}{8W} \tag{9.2.12}$$

按照类似于求 l_m 的方法，得最大边跨距离 l_e 为

$$l_e = 0.816 l_m \tag{9.2.13}$$

在管线铺设中，除管道末端的一跨为边跨外，凡是因管线上安装了设备而破坏了管道连续性的地方，均应视为边跨。

9.3 地下埋设管的设计

地下复合材料管道是在土壤中铺设的，是复合材料管道应用中常见的一种铺设形式。它在受到管内液体内压作用的同时，还受到回填土重量引起的外压力，车辆的轮压力或地面堆积物重量等活动载荷、管内流速变化而产生的瞬时压力急剧升高或降低所引起的冲击压力(又称水锤压力)、管内出现真空时的负压等。地下埋设管道设计就是在初步确定其厚度及埋设深度后，要求应力、应变和挠度在许用值以下，并校核外压屈曲，力求合理利用材料、降低成本，使管道安全工作。本节介绍的地下复合材料管设计方法主要参照标准“ANSI/AWWA C950—2001 玻璃纤维增强塑料压力管”规定进行。

9.3.1 地下管载荷计算

(1) 管顶垂直静土压

管周静土压力是一种很复杂的载荷，包括管顶垂直静土压、管侧水平静土压及管基底部基础反力，它与埋设地基、回填土质、施工方案以及管的刚性等因素有关。复合材料管顶垂直静土压可按下式进行计算。

$$W_c = \rho g H (D_1 + t) \times 10^{-6} \tag{9.3.1}$$

式中 W_c——管顶垂直静土压，N/mm；

H——管顶至回填土表面的高度，m；

ρ——回填土密度，kg/m^3，在缺少具体土壤数据时可取 $\rho = 1\,900$ (kg/m^3)；

g——重力加速度，m/s^2，$g = 9.8$ (m/s^2)；

D_1——管的平均直径，m；

t——管壁厚度，m。

(2) 地面动载荷引起的动土压

地面动载荷一般是由汽车行驶时产生的，并同时引起管周动土压。动土压随管道埋设深度的增加而减弱。管周动土压的计算公式为

$$W_L = C_L p (1 + I_f) \tag{9.3.2}$$

式中 W_L——管线上单位长度的动土压，N/m；

C_L——管线上单位长度的动载荷系数，m^{-1}，C_L 是管的半径 R 和回填土高度 H 的函数；

I_f——无量纲冲击系数($0 \leqslant I_f \leqslant 0.50$)，且有 $I_f = 0.766 - 0.436H$；

H——管顶至回填土表面的高度，m；

p——单个车轮的载荷，N。

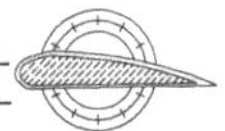

单轮载荷时动载荷系数 C_L 为

$$C_L=1-\frac{2}{\pi}\cdot\arcsin\left[H\sqrt{\frac{R^2+H^2+0.5^2}{(R^2+H^2)(H^2+0.5^2)}}+\frac{RH\left(\frac{1}{R^2+H^2}+\frac{1}{H^2+0.5^2}\right)}{\pi\sqrt{R^2+H^2+0.5^2}}\right] \tag{9.3.3}$$

式中　R——管子的平均半径，m。

双轮载荷时动载荷系数为

$$C_L=\frac{3D}{\pi H^2}\left\{\left[\cos\left(\tan^{-1}\frac{0.5}{H}\right)\right]^5+\left[\cos\left(\tan^{-1}\frac{2.3}{H}\right)\right]^5\right\} \tag{9.3.4}$$

式中　D——管子直径，m。

表 9.3.1 和表 9.3.2 分别给出了单轮和双轮的动载荷系数 C_L。

表 9.3.1　单轮动载荷系数 C_L

管直径/mm	管顶覆土高度 H/m									
	0.5	1.0	1.5	2.0	2.5	3.0	3.5	4.0	4.5	5.0
200	0.218 9	0.079 1	0.038 8	0.022 7	0.014 8	0.010 4	0.007 7	0.005 9	0.004 7	0.003 8
250	0.269 4	0.098 4	0.048 4	0.028 3	0.018 4	0.012 9	0.009 6	0.007 4	0.005 8	0.004 7
300	0.317 5	0.117 5	0.057 9	0.033 9	0.022 1	0.015 5	0.011 5	0.008 8	0.007 0	0.005 7
350	0.362 8	0.136 3	0.067 4	0.039 5	0.025 8	0.018 1	0.013 4	0.010 3	0.008 2	0.006 6
400	0.405 2	0.154 6	0.076 7	0.045 0	0.029 4	0.020 7	0.015 3	0.011 8	0.009 3	0.007 6
450	0.444 5	0.172 6	0.086 0	0.050 6	0.033 1	0.023 2	0.017 2	0.013 2	0.010 5	0.008 5
500	0.480 7	0.190 1	0.095 2	0.056 1	0.036 7	0.025 8	0.019 1	0.014 7	0.011 6	0.009 4
600	0.544 2	0.223 7	0.113 1	0.066 9	0.043 9	0.030 9	0.022 9	0.017 6	0.013 9	0.011 3
750	0.619 0	0.270 1	0.139 0	0.082 8	0.054 5	0.038 4	0.028 5	0.021 9	0.017 4	0.014 1
900	0.673 4	0.311 4	0.163 5	0.098 2	0.064 8	0.045 8	0.034 0	0.026 2	0.020 8	0.016 9
1 050	0.712 5	0.347 6	0.186 4	0.112 9	0.075 0	0.053 1	0.039 5	0.030 5	0.024 2	0.019 7
1 200	0.740 3	0.378 9	0.207 6	0.127 1	0.084 8	0.060 3	0.044 9	0.034 7	0.027 6	0.022 5
1 350	0.760 3	0.405 6	0.227 1	0.140 5	0.094 3	0.067 2	0.050 2	0.038 9	0.030 9	0.025 2
1 500	0.774 6	0.428 3	0.244 9	0.153 2	0.103 4	0.074 0	0.055 4	0.042 9	0.034 2	0.027 9
1 650	0.785 0	0.447 4	0.261 1	0.165 2	0.112 2	0.080 6	0.060 5	0.047 0	0.037 5	0.030 6
1 800	0.792 6	0.463 4	0.275 7	0.176 4	0.120 6	0.087 0	0.065 5	0.050 9	0.040 7	0.033 2
1 950	0.798 2	0.476 8	0.288 8	0.186 8	0.128 6	0.093 2	0.070 3	0.054 8	0.043 8	0.035 8
2 100	0.802 4	0.487 9	0.300 5	0.196 3	0.136 2	0.099 1	0.075 0	0.058 6	0.046 9	0.038 4
2 250	0.805 7	0.497 2	0.311 0	0.205 5	0.143 5	0.104 9	0.079 6	0.062 3	0.050 0	0.040 9
2 400	0.808 1	0.505 0	0.320 3	0.213 9	0.150 3	0.110 4	0.084 0	0.065 9	0.052 9	0.043 4
2 550	0.810 0	0.511 5	0.328 5	0.221 6	0.156 8	0.115 6	0.088 3	0.069 4	0.055 9	0.045 9
2 700	0.811 5	0.517 0	0.335 8	0.228 6	0.162 8	0.120 7	0.092 4	0.072 8	0.058 7	0.048 3

表 9.3.2　双轮动载荷系数 C_L

管直径/mm	管顶覆土高度 H/m									
	0.5	1.0	1.5	2.0	2.5	3.0	3.5	4.0	4.5	5.0
200	0.135 4	0.111 3	0.069 4	0.046 8	0.034 3	0.026 5	0.021 2	0.017 3	0.014 4	0.012 2
250	0.169 2	0.139 1	0.086 7	0.058 5	0.042 9	0.033 1	0.026 5	0.021 7	0.018 0	0.015 2
300	0.203 1	0.166 9	0.104 0	0.070 3	0.051 5	0.039 7	0.031 8	0.026 0	0.021 6	0.018 3
350	0.236 9	0.194 7	0.121 4	0.082 0	0.060 0	0.046 4	0.037 1	0.030 3	0.025 2	0.021 3
400	0.270 8	0.222 5	0.138 7	0.093 7	0.068 6	0.053 0	0.042 4	0.034 7	0.028 9	0.024 4
450	0.304 6	0.250 3	0.156 1	0.105 4	0.077 2	0.059 6	0.047 7	0.039 0	0.032 5	0.027 4
500	0.338 4	0.278 1	0.173 4	0.117 1	0.085 8	0.066 2	0.052 9	0.043 3	0.036 1	0.030 4
600	0.406 1	0.333 8	0.208 1	0.140 5	0.102 9	0.079 5	0.063 5	0.052 0	0.043 3	0.036 5
750	0.507 7	0.417 2	0.260 1	0.175 6	0.128 6	0.099 4	0.079 4	0.065 0	0.054 1	0.045 7
900	0.609 2	0.500 6	0.312 1	0.210 8	0.154 4	0.119 2	0.095 3	0.078 0	0.064 9	0.054 8
1 050	0.710 7	0.584 1	0.364 1	0.245 9	0.180 1	0.139 1	0.111 2	0.091 0	0.075 7	0.063 9
1 200	0.812 3	0.667 5	0.416 1	0.281 0	0.205 8	0.159 0	0.127 1	0.104 0	0.086 6	0.073 1
1 350	0.913 8	0.750 9	0.468 2	0.316 2	0.231 5	0.178 8	0.143 0	0.117 0	0.097 4	0.082 2
1 500	1.015 3	0.834 4	0.520 2	0.351 3	0.257 3	0.198 7	0.158 8	0.130 0	0.108 2	0.091 3
1 650	1.116 9	0.917 8	0.572 2	0.386 4	0.283 0	0.218 6	0.174 7	0.142 9	0.119 0	0.100 5
1 800	1.218 4	1.001 3	0.624 2	0.421 6	0.308 7	0.238 5	0.190 6	0.155 9	0.129 8	0.109 6
1 950	1.319 9	1.084 7	0.676 2	0.456 7	0.334 4	0.258 3	0.206 5	0.168 9	0.140 7	0.118 8
2 100	1.421 5	1.168 1	0.728 2	0.491 8	0.360 2	0.278 2	0.222 4	0.181 9	0.151 5	0.127 9
2 250	1.523 0	1.251 6	0.780 3	0.526 9	0.385 9	0.298 1	0.238 3	0.194 9	0.162 3	0.137 0
2 400	1.624 5	1.335 0	0.832 3	0.562 1	0.411 6	0.318 0	0.254 1	0.207 9	0.173 1	0.146 2
2 550	1.726 1	1.418 5	0.884 3	0.597 2	0.437 3	0.337 8	0.270 0	0.220 9	0.183 9	0.155 3
2 700	1.827 6	1.501 9	0.936 3	0.632 3	0.463 1	0.357 7	0.285 9	0.233 9	0.194 7	0.164 4

9.3.2　地下复合材料管的压力校核

(1) 压力等级校核

玻璃钢管的压力等级与管的长期静压强度 σ_{HDB} 有关，由下式确定

$$p_c \leqslant \frac{\sigma_{HDB}}{F_{s1}}\left(\frac{2t}{D_1}\right) \quad (应力基准) \tag{9.3.5}$$

或

$$p_c \leqslant \frac{\varepsilon_{HDB}}{F_{s1}}\left(\frac{2E_\theta t}{D_1}\right) \quad (应变基准) \tag{9.3.6}$$

式中　p_c——压力等级，MPa。

σ_{HDB}——静压设计应力基准(MPa)，确定方法见 ASTM D2992；

ε_{HDB}——静压设计应变基准；

F_{s1}——设计系数，取 $F_{s1}=1.8$；

t——管壁结构层厚度，mm，表 9.3.3 列举了复合材料管的最小壁厚；

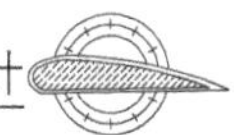

D_1——管子平均直径，mm，按下式计算

当内径 D 为公称直径时　$D_1=D+2t_L+t$

当外径 d 为公称直径时　$D_1=d-t$；

t_L——内衬厚度，mm；

D——管内径，mm；

d——管外径，mm；

E_θ——管壁周向拉伸弹性模量，MPa。

表 9.3.3　玻璃钢管最小管壁厚度

公称直径/mm	200～500	600	700	800	1 000	1 200	1 400	1 500	1 600
最小壁厚/mm	4.4	4.8	5.4	6.3	7.6	9.3	10.8	11.5	12.3
公称直径/mm	1 800	2 000	2 100	2 400	2 600	3 000	3 300	3 600	4 000
最小壁厚/mm	13.7	15.2	16.0	18.5	19.8	23.0	25.2	27.5	30.5

(2) 工作压力校核

管系的工作压力 p_w 不应大于所用管材的压力等级，即

$$p_w \leqslant p_c \tag{9.3.7}$$

式中　p_w——工作压力，MPa。

(3) 冲击压力校核

管系由工作压力和冲击压力叠加之后的最大压力不应超过管材压力等级的 1.4 倍，即

$$p_w + p_s \leqslant 1.4 p_c \tag{9.3.8}$$

式中　p_s——冲击压力，MPa。

9.3.3　地下复合材料管的弯曲强度和刚度校核

由管的挠曲引起的最大弯曲应力或应变不应大于经设计系数折算过的制品长期弯曲强度或限定应变，即

按应力基准
$$\sigma_b = D_f E_{\theta b}\left(\frac{\Delta y_a}{D_1}\right)\left(\frac{t_t}{D_1}\right) \leqslant \frac{\sigma_{sb}}{F_{s2}} \tag{9.3.9}$$

按应变基准
$$\varepsilon_b = D_f\left(\frac{\Delta y_a}{D_1}\right)\left(\frac{t_t}{D_1}\right) \leqslant \frac{\varepsilon_{sb}}{F_{s2}} \tag{9.3.10}$$

式中　σ_b——挠曲引起的最大周向弯曲应力，MPa；

ε_b——因挠曲产生的最大周向弯曲应变，mm/mm；

D_f——无量纲形状系数，见表 9.3.4；

$E_{\theta b}$——管体的周向弯曲弹性模量，MPa；

Δy_a——管体许用长期垂直挠度(mm)，$\Delta y_a \leqslant 0.05D$；

σ_{sb}——管体周向长期弯曲强度(MPa)，测定方法见 AWWA C950；

ε_{sb}——管体周向长期弯曲限定应变；

F_{s2}——弯曲设计系数，取 $F_{s2} \geqslant 1.5$；

t_t——管体总壁厚，mm，$t_t=t+t_L$。

表 9.3.4　管区回填材料和密实度不同时的形状系数 D_f

管刚度 $q/\Delta y$/kPa	砾石		砂	
	自然堆放至轻微压实	中等至高度压实	自然堆放至轻微压实	中等至高度压实
62	5.5	7.0	6.0	8.0
124	4.5	5.5	5.0	6.5
248	3.8	4.5	4.0	5.5
496	3.3	3.8	3.5	4.5

管体周向长期弯曲强度 σ_{sb}、长期弯曲限定应变 ε_{sb} 以及前面给出的静压设计应力基准 σ_{HDB} 和应变基准 ε_{HDB} 统称为复合材料管的长期性能。长期性能是指管道使用到 50 年时所具有的性能。为保证所确定的 50 年后管道性能的可靠性，确定以上长期性能的试验时间不得少于 1×10^4 h，且要求不少于 18 个有效试验，试件失效的时间分布应符合规定的要求，在此基础上按统计外推得到 50 年的管道长期性能值。在 CJ/T 3079—1998 标准中，当压力等级为 0.6 MPa 时，σ_{HDB} 与压力等级值之比取 1.9；而当压力等级为 0.1 MPa 时取为 2.1。从管道的长期性能试验情况来看，其 σ_{HDB} 一般为短时失效水压的 1/3～2/3，因此按极限情况，可取管道的短时失效内压与压力等级之比为 6.0 倍。按照这样的要求，在正常使用情况下，可保证管道在设计寿命期内安全使用。若从经济角度考虑欲降低管道短时失效水压与压力等级之比值，则必须在取得可靠的长期性能试验结果的基础上进行适当调整。

玻璃钢管是一种柔性管，在回填土等外载荷作用下，不仅存在弯曲强度问题，而且存在着刚度控制问题。所谓刚度控制，实际上就是对地下管管环的径向变形量的控制，即要使受压变形后的管环的垂直挠度值（铅垂方向的径向变形量）Δy 小于管体最大许用长期垂直挠度值 Δy_a。这里引用变形率 δ 的定义，即

$$\delta=\Delta y/D_1\leqslant\Delta y_a/D_1\leqslant0.05 \tag{9.3.11}$$

式中　D_1—— 平均直径，mm；

Δy—— 预计的管子垂直挠度值，mm。

地下埋设玻璃钢管的挠度取决于作用于管上的土压力、管的刚度、管周土壤的反力模量、土壤的时间-压实特性和管道底部提供的支承状况等。可以利用现有的一些方法导得这些参数之间的数学关系式，从而可以估算出在特定安装条件下由外压引起管道的垂直挠度值。计算公式为

$$\Delta y=\frac{(D_LW_c+W_L)K_xR^3}{E_{\theta b}I+0.061E'R^3} \tag{9.3.12}$$

式中　D_L——变形滞后系数（无量纲），取 $D_L=1.5\sim2.0$；

W_c——单位长度管子上的管顶垂直静土压，N/mm，由式(9.3.1)确定；

W_L——管线上单位长度的动土压，N/mm，由式(9.3.2)确定；

K_x——挠度系数（无量纲），其值与管底部土壤提供的支撑情况有关，见表 9.3.5；

R——管平均半径，mm；

$E_{\theta b}I$——单位长度管壁的刚度系数，N·mm；

E'—— 土壤反力模量，MPa，见表 9.3.6。

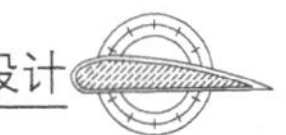

表 9.3.5 挠度系数 K_x

基础支撑角 $2\alpha/(°)$	0	30	45	60	90	120	180
K_x	0.110	0.108	0.105	0.102	0.096	0.090	0.083

变形滞后系数 D_L 的作用是把管的即时变形转换成多年后管的变形。D_L 因回填土质、覆层深度和压实程度不同而异。对于较浅的覆土层($H\leqslant1.5$ m),具有中高等密实度土层时,取 $D_L=2.0$ m 为宜;而对于较浅的覆土层,只有松散的抛填土或轻微压实时,取 $D_L=1.5$ m;当埋设深度大于 1.5 m,且具有适中的夯实度或只有很小的夯实度(或松散堆放)时,D_L 分别取 1.5 m 或 1.25 m 较为合适。这是因为,在回填土被高度压实的情况下,管的初始变形通常是很小的。在这种情况下,即使是在一段时间内其变形稍微增加些,尽管这时变形量仍然很小,但也可能已是初始变形的 2 倍。而对于松散回填土,由于初始变形大,其后随时间增长而产生的变形与初始变形的比率反而比前一种情况小,但这绝不是意味着可以推荐使用松散密度的抛填土。从总的最终变形量来看,在紧固密实回填土中的管子比在松散回填土中的同一种管子的变形量要小得多。

加在可挠曲的管上的土压力使直径在垂直方向减少,水平方向增加。水平位移形成一个土壤被动抗力,其作用有利于支撑管道。管的挠曲程度取决于加在管上的垂直静土压、动土压和管侧的土壤抗力。土壤抗力随土壤类型和管区回填土的压实程度不同而异。各种不同回填材料和压实程度下的 E' 值见表 9.3.6。土壤反力模量 E' 是一个很重要而又十分敏感的参数。如果选择过高的 E' 值,则会产生实际变形量大大超过式(9.3.12)的计算值的情形。即使按照表 9.3.6 选取 E' 值,实际变形量低于计算值的概率仅有 50%。为了使这种概率达到 95%,将式(9.3.12)进行修正,得

$$\Delta y=\frac{(D_L W_c+W_L)K_x R^3}{E_{\theta b} I+0.061K_a E' R^3}+\Delta a \tag{9.3.13}$$

表 9.3.6 土壤反力模量 E' 的平均值(用于初始柔性管平均挠曲)

管区回填材料	不同压实程度的 E' 值/MPa			
	自然堆放	轻微压实 相对密度<40%	中等压实 相对密度 40%~70%	高度压实 相对密度>70%
细粒土(LL>50),中高黏性	这类土壤应专门进行分析,确定所要求的密度、水分含量和压实效果			
细粒土(LL<50)、中等到无黏性,粗粒含量<25%	0.34	1.4	2.8	6.9
细粒土(LL<50),中等到无黏性,粗粒含量>25%	0.69	2.8	6.9	13.8
粗粒土中含有细粒土,细粒含量>12%	0.69	2.8	6.9	13.8
粗粒土中很少或没有细粒土,细粒含量<12%	1.4	6.9	13.8	20.7
碎　石	6.9	20.7	20.7	20.7
实际挠度与推测挠度值的偏差	±2%	±2%	±1%	±0.5%

注:表中数值仅适用于埋深小于 15 m 的管,LL—流体极限。

式中，K_a 和 Δa 按下列方式选取：

(1) 当埋设深度 $H \leqslant 4.88$ m 时，取 $K_a=0.75$，$\Delta a=0$；

(2) 当 $H>4.88$ m 时，取 $K_a=10$，

$$\Delta a=\begin{cases}0.02D & \text{松散或轻微压实填土}\\ 0.01D & \text{中等压实填土}\\ 0.005D & \text{高度压实填土}\end{cases}$$

由表 9.3.6 可见，土壤反力模量 E' 受回填土的密实度控制。要降低埋设管的挠度，必须提高回填土的密实度。

刚度系数 $E_{\theta b}I$ 是管壁材料的周向弯曲弹性模量与单位管长惯性矩的乘积，惯性矩 $I=t^3/12$。在填土外载荷作用下，若要使管的径向变形控制在允许的范围内，管子必须要有足够的抗弯刚度。地下玻璃钢管的抗弯刚度系数一般由平行板加载试验(按照 ASTM D2412) 确定。在平行板加载试验中，可以实际测得管垂直方向挠度值 Δy 和载荷 q，因此，$E_{\theta b}I$ 值可由下式求得

$$E_{\theta b}I=0.149R^3\frac{q}{\Delta y} \tag{9.3.14}$$

式中 q——单位长度上的载荷，N/mm；

Δy——管垂直方向的挠度值，mm；

R——管平均半径，mm；

$E_{\theta b}$——玻璃钢管周向表观弯曲弹性模量，MPa；

I——单位管长的惯性矩，mm^4/mm，对于没有加强肋的直管，$I=t^3/12$。

在式(9.3.14)中，$q/\Delta y$ 是描述管环刚度的参数，称为试验管刚度。当载荷 q 一定时，若垂直挠度值 Δy 较小，表明管环刚度较大；反之，若 Δy 较大，表明管环刚度较小。表 9.3.7 列出了在变形率 $\delta=\Delta y/D_1=5\%$时，不同管径的最小管环刚度($q/\Delta y$)值。根据表 9.3.7 给出的 $q/\Delta y$ 值，可求得不同管径的管环最小抗弯刚度系数 $E_{\theta b}I$。要求管道的刚度系数应大于最小抗弯刚度系数，否则应增加壁厚或在管道外表面设置加强肋，以提高惯性矩。

表 9.3.7 最小管环刚度 $q/\Delta y$

公称直径 DN/mm	25～100	250	300～3 600
$q/\Delta y$/MPa	0.24	0.14	0.07

9.3.4 组合载荷

由于地下复合材料管同时受到内压引起的拉伸应力和土压引起的弯曲应力的组合作用，因此，应当考虑在这两种应力组合作用下的最大应力或应变，并进行校核。

组合应力

$$\sigma_c=\frac{p_w D_1}{2t}+r_c D_f E_{\theta b}\left(\frac{\Delta y_a}{D_1}\right)\left(\frac{t_t}{D_1}\right) \tag{9.3.15}$$

组合应变

$$\varepsilon_c=\frac{p_w D_1}{2E_\theta t}+r_c D_f\left(\frac{\Delta y_a}{D_1}\right)\left(\frac{t_t}{D_1}\right) \tag{9.3.16}$$

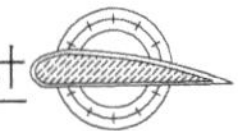

式中　σ_c——组合载荷引起的最大应力，MPa；

ε_c——组合载荷引起的最大应变；

r_c——回圆系数(无量纲)，当 $p_w \leqslant 3.0$ MPa 时，$r_c = 1 - p_w/3$。

由内压和弯曲组合作用引起的最大应力或应变应满足以下的应力基准或应变基准表达式，以保证埋设管安全使用。

按应力基准

$$\frac{\sigma_{pr}}{\sigma_{HDB}} + \frac{\sigma_c - \sigma_{pr}}{\sigma_{sb}} \leqslant \frac{1}{F_{s2}} \tag{9.3.17}$$

按应变基准

$$\frac{\varepsilon_{pr}}{\varepsilon_{HDB}} + \frac{\varepsilon_c - \varepsilon_{pr}}{\varepsilon_{sb}} \leqslant \frac{1}{F_{s2}} \tag{9.3.18}$$

式中　σ_{pr}——内压作用的工作应力，MPa，$\sigma_{pr} = p_w D/(2t)$；

ε_{pr}——内压作用的工作应变，$\varepsilon_{pr} = p_w D/(2E_\theta t)$；

F_{s2}——设计系数，$F_{s2} = 1.5$。

9.3.5　地下复合材料管的稳定性校核

回填土时，管内尚无介质流动而无内压力，回填土和地面载荷等外载荷作用在管道上，地下复合材料管在土压、地面载荷及管内负压作用下，将可能导致管壁屈曲。为了确保管壁的弹性稳定，应使各种外部载荷所引起的应力之和小于或等于许用屈曲应力，即须满足如下条件(动载荷和瞬时负压载荷通常可不必同时考虑)：

$$\left.\begin{aligned} \rho_w g h_w + R_w \frac{W_c}{D_1} + p_v \leqslant q_a \\ \rho_w g h_w + R_w \frac{W_c}{D_1} + \frac{W_L}{D_1} \leqslant q_a \end{aligned}\right\} \tag{9.3.19}$$

式中　ρ_w——水的密度，kg/m^3；

h_w——管顶以上水面高度，m；

g——重力加速度，$g = 9.8$ m/s^2；

W_c——管顶垂直静土压，N/m；

W_L——管线上单位长度的动土压，N/m；

p_v——管道真空压力，Pa；

R_w——水的浮力系数，$R_w = 1 - 0.33h_w/H$ $(0 \leqslant h_w \leqslant H)$；

q_a——许用屈曲应力，Pa。

$$q_a = \frac{1}{F_{s3}}\left(32R_w B' E' \frac{E_{\theta b} I}{D_1^3}\right)^{\frac{1}{2}} \tag{9.3.20}$$

式中　F_{s3}——设计系数，取 2.5；

B'——弹性支撑经验系数(无量纲)，按下式计算

$$B' = \frac{1}{1 + 4e^{-0.213H}} \tag{9.3.21}$$

式中　H——管顶至回填土表面的高度，m。

式(9.3.19)在下述条件下有效

管内无真空压力：0.61 m$\leqslant H \leqslant$24.4 m

管内有真空压力：1.22 m$\leqslant H \leqslant$24.4 m

从结构设计上考虑，提高地下复合材料管的弹性稳定性，通常采用以下四种方法：① 增加复合材料管的壁厚；② 采用树脂砂浆夹层结构，提高抗弯截面模量；③ 按一定间距设置加强肋；④ 改变基底和土壤组成，以提高土壤反力模量 E'。应该说，采用复合材料夹砂管道用作地下埋设管道，是提高其弹性稳定性的经济、有效的途径。

9.3.6 地下复合材料管的轴向应力

地下复合材料管产生轴向应力的因素主要有三个。

(1) 无论管道是否受到轴向约束，内压作用下周向膨胀都会引起轴向拉伸应力。

(2) 对于受轴向约束的管道，温度引起管道热胀冷缩时可产生轴向热应力 σ_{xT}。

$$\sigma_{xT}=\alpha_x \cdot E_x \cdot \Delta T \tag{9.3.22}$$

式中 α_x——复合材料管道轴向热膨胀系数，℃$^{-1}$；

ΔT——管道运行温度与安装温度的差值，℃；

E_x——管道轴向弹性模量，MPa。

为了减少热应力，对于采用承插式连接的管道，应合理地根据安装时的气温来调节承插口的间隙。一般在冬天安装时，其间隙可以稍大些；而在夏季安装时，间隙应尽量小些。在其他气温情况下则应根据当地气温资料进行测算，以合理制定安装间隙。此外，还通常在管道轴向设置柔性环节，如挠性接头，或在直管部分设置圆弧段，以补偿由于温度变化引起的变形。

(3) 管沟基础不平，沿管子长度方向土壤沉降的差异，使管道产生弯曲变形，从而引起轴向应力。这可以通过合理的安装施工工艺保证地基沉降均匀来加以解决。

9.3.7 设计计算实例

[例 9.3.1] 某批玻璃钢管的设计条件为：公称管径 DN=900 mm，管长 L=9 m，工作压力 p_w=0.80 MPa，水锤压力 p_s=0.40 MPa，真空压力 p_v=0.06 MPa，使用温度 0～37℃，覆盖土层厚度 H=1.2～2.4 m，地下水位 h_w=0.3～1.5 m，管基土壤为致密粉粒砂，土壤密度 ρ=2 000 kg/m^3，管压回填材料为黏土砂，压实程度中等，基础支承角 $2\alpha=60°$，地面上双轮载荷 P=70 000×2N。现拟采用纤维缠绕成型工艺制作该批管道，初定内衬层厚度 t_L=1.0 mm，结构层壁厚 t=16 mm，试验压力等级 p_c=1.0 MPa，试验测得玻璃钢管周向拉伸弹性模量 $E_{\theta t}$=1.24×10^4 MPa，周向弯曲弹性模量 $E_{\theta b}$=1.31×10^4 MPa，周向泊松比 ν_θ=0.30，轴向泊松比 ν_x=0.20，管最小刚度 $q/\Delta y$=0.25 MPa，静压设计应变基准：ε_{HDB}=0.64%，管体周向长期弯曲限定应变 ε_{sb}=1.15%。试根据以上确定的设计条件、管材性能和安装参数，采用应变基准进行设计计算，校核该管道是否满足设计要求，设计方案是否可行？

[解] (1) 根据应变基准 ε_{HDB} 计算压力等级 p_c

由式(9.3.6)
$$p_c \leqslant \frac{\varepsilon_{HDB}}{F_{s1}}\left(\frac{2E_\theta t}{D_1}\right)$$

$$D_1=D+2t_L+t=900+2\times1+16=918\ \text{mm}$$

$$\frac{\varepsilon_{HDB}}{F_{s1}}\left(\frac{2E_\theta t}{D_1}\right)=\frac{0.006\ 4}{1.8}\times\frac{2\times1.24\times10^4\times16}{918}=1.54\ \text{MPa}$$

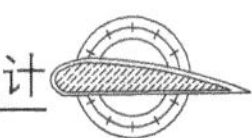

$$p_c=1.0\text{ MPa}\leqslant 1.54\text{ MPa}$$

(2) 校核工作压力 p_w 和冲击压力 p_s

由式(9.3.7)　　$p_w\leqslant p_c$，0.80 MPa≤1.0 MPa

由式(9.3.8)　　$p_w+p_s\leqslant 1.4p_c$

$$p_w+p_s=0.80+0.40=1.2\text{ MPa}$$

$$1.4p_c=1.4\times 1.0=1.4\text{ MPa}$$

$$1.2\text{ MPa}\leqslant 1.4\text{ MPa}$$

校核结果符合设计要求。

(3) 计算许用挠度值 Δy_a

由式(9.3.10)　　$\varepsilon_b=D_f\cdot\dfrac{\Delta y_a}{D_1}\cdot\dfrac{t_1}{D_1}\leqslant\dfrac{\varepsilon_{sb}}{F_{s2}}$

根据管刚度($q/\Delta y=0.25$ MPa)、回填材料(砂)和密实度(中等)，由表 9.3.4 查得$D_f=5.5$；

管道总壁厚　　$t_t=t_L+t=16+1=17$ mm

代入式(9.3.10)后得

$$5.5\cdot\frac{\Delta y_a}{918}\cdot\frac{17}{918}\leqslant\frac{0.0115}{1.5}$$

即　　$\Delta y_a\leqslant 69.1$ mm

由式(9.3.11)得　　$\Delta y_a\leqslant 0.05D_1=0.05\times 918=45.9$ mm

取　　$\Delta y_a=\min(69.1,45.9)=45.9$ mm

(4) 确定外载荷 W_c 和 W_L

由式(9.3.1)得

$$W_c=\rho gH(D_1+t)=2\,000\times 9.8H(0.918+0.016)=18\,306H$$

当 $H=2.4$ m 时，　$W_c=18\,306\times 2.4=43\,934$ N/m$=43.934$ N/mm

当 $H=1.2$ m 时，　$W_c=18\,306\times 1.2=21\,967$ N/m$=21.967$ N/mm

由式(9.3.2)知

$$W_L=C_Lp(1+I_f)$$

当 $H=2.4$ m 时，$I_f=0.766-0.436\times 2.4=0.766-1.05$，$I_f=0$，从表 9.3.2 查得，$C_L=0.1657$，代入式(9.3.2)得

$$W_L=0.1657\times 70\,000(1+0)=11\,599\text{ N/m}=11.599\text{ N/mm}$$

当 $H=1.2$ m 时，$I_f=0.766-0.436\times 1.2=0.243$，从表 9.3.2 查得 $C_L=0.4252$，代入式(9.3.2)得

$$W_L=0.4252\times 70\,000(1+0.243)=3\,6997\text{ N/m}=36.997\text{ N/mm}$$

(5) 计算挠度 Δy

由式(9.3.13)知

$$\Delta y=\frac{(D_LW_c+W_L)K_xR^3}{E_{\theta b}I+0.061K_bE'R^3}+\Delta b$$

因为 $H(=1.2\sim 2.4\text{ m})\leqslant 4.88$ m，取 $K_a=0.75$，$\Delta a=0$。取 $D_L=1.75$。从表 9.3.5 查得 $K_x=0.102$，从表 9.3.6 查得 $E'=6.9$ MPa，代入式(9.3.13)。

当 $H=2.4$ m

$$\Delta y=\frac{(1.75\times 43.934+11.599)\times 0.102\times 459^3}{1.31\times 10^4\times 16^3/12+0.061\times 0.75\times 6.9\times 459^3}=24.9\leqslant 45.9\text{ mm}$$

当 $H=1.2$ m 时

$$\Delta y=\frac{(1.75\times 21.967+36.997)\times 0.102\times 459^3}{1.31\times 10^4\times 16^3/12+0.061\times 0.75\times 6.9\times 459^3}=21.3\leqslant 45.9\ \text{mm}$$

校核结果均符合设计要求。

(6) 校核组合载荷引起的最大应变 ε_c

由于
$$r_c=1-p_w/3=1-0.8/3=0.733$$

由式(9.3.16),可得

$$\varepsilon_c=\frac{p_w D_1}{2E_{\theta t}}+r_c D_f\cdot\frac{\Delta y_a}{D_1}\cdot\frac{t_t}{D_1}$$
$$=\frac{0.8\times 918}{2\times 1.24\times 10^4\times 16}+0.733\times 5.5\times\frac{45.9}{918}\times\frac{17}{918}=0.005\,58\ \text{MPa}$$

$$\varepsilon_{pr}=\frac{p_w D_1}{2E_{\theta t}}=\frac{0.8\times 918}{2\times 1.24\times 10^4\times 16}=0.001\,85$$

代入式(9.3.18)

$$\frac{\varepsilon_{pr}}{\varepsilon_{HDB}}+\frac{\varepsilon_c-\varepsilon_{pr}}{\varepsilon_{sb}}=\frac{0.001\,85}{0.006\,4}+\frac{0.005\,58-0.001\,85}{0.001\,15}=0.613$$
$$\frac{1}{F_{s2}}=\frac{1}{1.5}=0.667\geqslant 0.613$$

校核符合要求。

(7) 稳定性校核

当 $H=2.4$ m 时

$$R_w=1-0.33h_w/H=1-0.33\times 1.5/2.4=0.794$$
$$B'=\frac{1}{1+4e^{-0.213H}}=\frac{1}{1+4e^{-0.213\times 2.4}}=0.294$$

由式(9.3.20)得

$$q_a=\frac{1}{F_{s3}}\left(32R_w B'E'\frac{E_{\theta b}I}{D_1^3}\right)^{\frac{1}{2}}$$
$$=\frac{1}{2.5}\left(32\times 0.794\times 0.294\times 6.9\times\frac{1.31\times 10^4\times 16^3}{12\times 918^3}\right)^{\frac{1}{2}}=0.218\ \text{MPa}$$

由式(9.3.19)得

$$\rho_w g h_w+R_w\frac{W_c}{D_1}+p_v=2\,000\times 9.8\times 1.5\times 10^{-6}+0.794\times\frac{43.934}{918}+0.06$$
$$=0.127\leqslant q_a=0.218\ \text{MPa}$$

$$\rho_w g h_w+R_w\frac{W_c}{D_1}+\frac{W_L}{D_1}=2\,000\times 9.8\times 1.5\times 10^{-6}+0.794\times\frac{43.934}{918}+\frac{11.599}{918}$$
$$=0.080\leqslant q_a$$

校核结果符合设计要求。

当 $H=1.2$ m 时,类似可得

$$R_w=1-0.33\times 0.3/1.2=0.918$$
$$B'=\frac{1}{1+4e^{-0.213\times 1.2}}=0.244$$

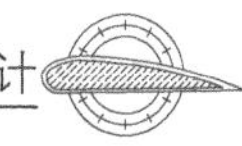

$$q_a=\frac{1}{2.5}\left(32\times0.918\times0.244\times6.9\times\frac{1.31\times10^4\times16^3}{12\times918^3}\right)^{\frac{1}{2}}=0.214\ \text{MPa}$$

$$\rho_w g h_w+R_w\frac{W_c}{D_1}+p_v=2\ 000\times9.8\times0.3\times10^{-6}+0.918\times\frac{21.967}{918}+0.06$$

$$=0.087\ 8\leqslant q_a=0.214\ \text{MPa}$$

$$\rho_w g h_w+R_w\frac{W_c}{D_1}+\frac{W_L}{D_1}=2\ 000\times9.8\times0.3\times10^{-6}+0.918\times\frac{21.967}{918}+\frac{36.997}{918}$$

$$=0.068\ 1\leqslant q_a=0.214\ \text{MPa}$$

校核结果符合设计要求。

故可得结论：各项校核结果均满足设计要求，设计方案可行。

9.4　复合材料管的制造

9.4.1　不同制管工艺的比较

复合材料管的生产工艺有：手糊、预浸胶布卷制、玻璃钢/热塑性塑料复合、拉挤-缠绕、纤维缠绕和离心浇铸等。目前使用较多、较成熟、有发展前途、其制成品适合输送流体介质的工艺是纤维缠绕工艺和离心浇铸工艺。其中纤维缠绕工艺又包括定长管缠绕工艺和连续管缠绕工艺，目前绝大多数工厂采用定长管缠绕工艺。

(1) 手糊成型管力学性能低、质量不够稳定，一般用于生产各种复合材料异型管件和要求不高的小口径管的小批量生产。

(2) 预浸胶布卷制成型管的含胶量和厚度容易控制，但工艺较复杂，只能生产 ϕ200 mm 以下的小直径管，多用于电绝缘工程、炮弹防潮筒、小口径火箭发射筒等。

(3) 玻璃钢/热塑性塑料复合管是以塑料管为内衬(芯模)、以玻璃钢为增强层复合而成。它能充分发挥塑料的耐腐蚀性和玻璃钢的强度。其生产方法是先将塑料衬管外表面进行处理，然后再利用缠绕法或手糊法在塑料管外表成型一定厚度的玻璃钢层。经计算和工程实践表明，按原轻工部 SG78—75 标准选用轻型 PVC 管或选用 PP 标准管作常温、公称压力不大于 10 MPa 的复合管内衬层，既经济又安全。选择塑料内衬管时应注意满足使用温度、耐化学性及卫生要求，要保证结构层与塑料内衬管之间有可靠的层间黏结强度和必须的黏结面积，充分利用塑料管良好的韧性、耐腐蚀性和密封性，可大幅度提高玻璃钢/热塑性塑料复合管道的承压能力。复合管的规格及公称直径均可按设计标准“HG J515—1987 玻璃钢/聚氯乙烯复合管道、管件”执行。

(4) 拉挤-缠绕制管工艺是先利用拉挤机制成轴向强度高的复合材料管，然后再采用纤维环向缠绕，用该法成型的复合材料管强度高、质量稳定，而且生产效率高，但只能生产不具有复合断面结构的较小口径管，一般只用作结构型材，很少用于管道输运工程。

(5) 定长管缠绕工艺(Filament winding process)又称往复式缠绕工艺。该工艺的芯模被夹持在主轴和尾座中间作旋转运动，安装在小车上的导丝头作平行于芯模轴线的往复运动，小车的平移速度与芯模转速之比决定了纤维缠绕线型。在缠绕过程中，缠绕层数逐渐增加，直至达到设计要求的壁厚，然后使制品固化，固化后脱出芯模。通过加入一定量的砂子，可使缠绕管既能满足高刚度管的要求，又可满足压力管的要求。这种工艺方法能按管的受力状况设计缠绕规律，满足环向和轴向受力要求，灵活性大，可靠性高，比强度高，生产效率高，可以方便地制造出管径为 50～3 000 mm、适用于不同工作条件的管子。定长管缠绕工艺所制管子的公称直径表示的是内径。

(6) 连续管缠绕工艺(Continuous advancing mandrel method)通过一个供给树脂预浸无捻粗纱、短切纤维和树脂-砂混合物的供应站，管子是在芯模连续不断前进中制成的，管的内衬层和结构层同时形成，制造过程一旦开始，就连续不断地生产出管子。这种管子仅有环向缠绕，轴向强度是由短切纤维提供的。管道成型模具是由钢带绕卷而成，紧靠钢带的一层为内衬层，靠近固化装置的一层为外层。这种工艺方法灵活性较小，适合于长时间连续生产同一规格的制品。如果生产不同直径或不同壁厚的管子就必须更换模具，而更换一次模具需花费8～16 h。

(7) 离心浇铸工艺(Centrifugal casting process)是使用离心成型机生产 Hobas 管。在这种工艺中，短切玻璃纤维、树脂和石英砂按一定比例混合后喷到高速旋转钢模的内表面，在离心状态下成型。制作内衬层是该工艺过程的最后一步，内衬厚度为 1.2～2.5 mm。离心力的作用可使管壁密实，没有孔隙，不会导致渗漏。Hobas 管有很高的刚度、不分层、整体性好，在土壤载荷作用下也不屈曲，适合于市政工程中应用。这种管子的轴向性能比纤维缠绕工艺低，要提高管子的轴向性能，只能靠增加壁厚。离心浇铸工艺只能生产等直径管，管子的连接采用套管，管子公称直径表示的是管外径，制管直径为 200～2 500 mm。离心浇铸工艺与纤维缠绕成型工艺制作复合材料管的比较见表 9.4.1。

表 9.4.1　不同成型工艺制作复合材料管的比较

项　目		定长管缠绕工艺	连续管缠绕工艺	离心浇铸管工艺
管子长度		3 m、6 m、12 m 等	任意长度	6 m
管端面		带或不带闭锁槽	平面	平面
管径尺寸范围		ϕ25～ϕ3 000 mm	ϕ250～ϕ2 500 mm	ϕ200～ϕ2 500 mm
直径控制方式		内径为定值	外径为定值	外径为定值
内　衬		有独立的内衬制造工艺，内衬单独固化。内表面光滑，可直观检查内衬缺陷，可保证内衬质量	内衬层和增强层同时形成，只有对成品管进行水压试验时才能检查出内衬层的缺陷	内衬不与模具接触，靠离心树脂自然形成。内衬层制作是成型工艺的最后一步。制造时不能检查内衬质量
连　接		带或不带闭锁槽的双“O”型密封圈的承/插接头	管接头/套管	管接头/套管
管件材料	自流管	玻璃钢	玻璃钢	玻璃钢
	压力管	玻璃钢	玻璃钢	钢或延性铸铁
周向强度		可变化	可以达到一定强度	可变化
弯曲强度		可变化	满足 AWWA 要求①	满足 AWWA 要求
承受负压能力		好	采用套管连接时较差	采用套管连接时较差
管道刚度		可变化	满足 AWWA 要求	满足 AWWA 要求
单个接头试验		可以在两个“O”型圈之间的空间加压试漏	不能	不能
接头能否约束		可以	不能	不能

① AWWA—美国给水工程协会标准。

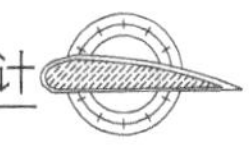

9.4.2 缠绕工艺制造定长管

如上所述,几种制管工艺各有优缺点。目前国内外制作复合材料管主要采用定长管缠绕成型工艺。该工艺生产效率高、质量稳定;不仅能够生产高压管、架空防腐蚀管,而且能够生产地埋夹砂复合材料管。

1. 芯模和成型设备

为了提高经济效益和设备利用率,在批量生产复合材料管道时,对于不同直径的管道应采用不同结构形式的芯模和成型设备。一般来讲,直径小于 800 mm 的管道可采用整体式芯模,用碳钢板卷筒焊接制成,也可用无缝钢管精车制成,芯模表面必须抛光,脱模斜度不小于 2/1 000;直径大于 800 mm 的管道通常采用开缩式芯模,脱模时,通过液压的机械装置,使芯模收缩并从固化的制品中脱下来,然后把芯模恢复到原始位置。由于纤维缠绕定长管的生产过程是间隙式的,为了提高生产率,减少生产占地和缠绕过程的停机时间,可采用与缠绕机配套的多轴芯模装置。例如,对于直径为 50～250 mm、长 6 m 的管道在 MT6 上生产,直径 300～1 000 mm、长 12 m 的管道在 MT4 上生产。MT6 和 MT4 分别为 6 轴和 4 轴芯模装置,它可与贮罐缠绕同用一台主机。多轴芯模装置可以移动,缠绕贮罐时将其移至一边,生产管道时将它移至主机机头处,将其传动轴与机头联接在一起。现以 MT4 为例说明其工作原理。MT4 上有 4 根直径相同或不同的管芯模同装在一个大转鼓上,4 根芯模既可同时随着大转鼓公转,每根芯模又可自转。该设备有 4 个工作状态:第 1 状态为制作状态,这时制作管道的内衬层、增强层及表面层;第 2、3 状态为旋转固化状态(防止流胶);第 4 状态为脱模状态,通过专门的液压装置将已固化的管道从芯模上脱出。各状态位置固定,每根芯模的位置更换靠大转鼓的旋转来实现。每根芯模在该位置上的停留时间,由大转鼓根据工艺要求定时转动决定。

2. 复合材料管道制作工艺

定长复合材料管的断面构造与第 7 章介绍的贮罐罐壁的典型层合结构类似,主要功能相同,即包括内衬层、强度层和外表层,其中内衬层又由内表层和次内层组成。而定长夹砂复合材料管的断面构造共分为 5 层,即内衬层、内强度层、刚度层、外强度层和外表保护层。增加的刚度层又称夹砂层,其主要功能是增加管壁厚度,提高刚性和降低成本。定长复合材料管的制作工艺主要包括以下几个步骤。

(1) 成型内衬层

首先在制衬机上安装已认真清理过的芯模,然后在芯模的圆柱形表面缠绕薄膜脱模剂,薄膜宽度为 20 cm,薄膜搭接宽度约 3 cm,在模具的承口(大头)涂石蜡和聚乙烯醇脱模剂。再根据设计要求制作内衬层,内衬层厚度一般为 1.2～2.5mm。增强材料包括表面毡和短切喷射纤维(或短切毡),内衬层树脂应采用乙烯基酯树脂(如 MFE－2、W2－1)或双酚 A 型不饱和聚酯树脂(如 3301 号、197 号)或间苯型不饱和聚酯树脂。所采用的树脂、玻璃纤维及其制品应符合相应的国家标准或行业标准的规定。用作引水管及饮用水管的内衬树脂的卫生指标应符合 GB 13115 的规定,输送腐蚀性介质管的内衬树脂的防腐性能必须满足防腐要求。在制作内衬层时,包覆缠绕毡的搭接宽度为 2～3 cm。一般的作法是在模具上先涂一层树脂胶液,铺一层表面毡;再铺 1～2 层浸胶短切毡。应使毡层都浸透胶液,要特别注意气泡的驱除。有时为了能顺利地排除气泡,使树脂分布均匀,可再包缠一层 0.14～0.20 mm 网格布。待内衬层固化后,应仔细检查内衬缺陷,当气泡直径在 2 mm 以上就需要修复。

(2) 缠绕强度层

强度层的主要功能是承受管的环向和轴向应力。管壁强度层内不夹砂,主要是纤维和树脂。根据管的受力情况,设计复合材料管的缠绕规律,确定各缠绕层的厚度。然后将计算的缠绕工艺参数(如缠绕层数、纱片宽度)输入计算机控制系统。做好缠绕设备各系统的准备工作后,即可进行纤维缠绕(环向缠绕、螺旋缠绕、夹砂缠绕),整个缠绕过程自动控制。缠绕成型用的无碱玻璃纤维纱一般为 Tex1200、Tex2400、Tex4800 缠绕工艺专用无捻粗纱,且应符合 GB/T 18369—2008 的规定。粗纱使用前应经烘干处理,烘干温度控制在 110℃左右。所采用的不饱和聚酯树脂应符合 GB/T 8237—2005 的规定,所采用的环氧树脂应符合 GB/T 13657—2011 的规定。缠绕结构层的含胶量一般控制在 25%左右,胶液黏度通常在 0.35～0.50 Pa•s,胶液凝胶固化速度要适当,缠绕纱线速度一般不超过 0.90 m/s,小车速度不大于 0.75 m/s。在纤维缠绕过程中,张力大小、各束纤维间张力的均匀性以及各缠绕层之间纤维张力均匀性对缠绕成型管道的质量有很大影响。为了防止管道各缠绕层在缠绕张力作用下出现内松外紧现象,应使张力逐层递减,从而使管道承压后内外层纤维同时承受载荷。为了保证内衬层在缠绕过程中不被破坏,强度层的缠绕时间应选择在内衬层凝胶后开始。由于复合材料管的直径大小和所承受内外压力不同,管的螺旋缠绕角一般控制在 50°～65°。在实际生产中的螺旋缠绕角大都采用 54.5°。有时为了补充环向强度,可适当增加环向缠绕层。在设计复合材料管的缠绕长度时,考虑到两端头形成的螺旋堆积头部分在脱模后要被锯掉,因而要适当加长。缠绕完毕,芯模应继续旋转,直至树脂凝胶。当制品巴氏硬度达到 35 以上时,即可脱模。

(3) 制作刚度层

生产大直径地下埋设复合材料管时,为提高管刚度,降低成本,缠绕时可加一定量的石英砂及碳酸钙等无机非金属颗粒材料为填料,制成树脂砂浆夹芯层,又称刚度层。刚度层由石英砂、树脂和兜砂带组成,刚度层的厚度由设计决定。颗粒材料的最大粒径不得大于 2.5 mm 和五分之一管壁厚度之间的较小值。其中石英砂的 SiO_2 含量(质量分数)应大于 95%,含水量(质量分数)应小于 0.2%;碳酸钙的 $CaCO_3$ 含量(质量分数)应大于 98%,含水量(质量分数)应不大于 0.2%。要求级配合理,混合均匀。为了提高夹砂管的力学性能,必须对砂进行处理。树脂砂浆夹芯层中树脂含量为 25%(即树脂∶砂=25∶75)。有时为了提高管道抗剪能力,可加入 5%左右的短切玻璃纤维。

为了保证夹砂层致密均匀,厚度一致,制造时应注意以下几个问题。

① 夹砂层是用环向缠绕纱托住表面毡构成兜砂带,经环向缠绕,将自由落在管上的砂子包在管的强度层上。夹砂层视其设计厚度,可一次完成,也可多次完成。毡片和缠绕纱片的搭接宽度和缠绕角大小都应事先设计好。一般毡片的宽度要略大于缠绕纱片的宽度。缠绕角在 85°～90°,纱片之间不能留有空隙。

② 夹砂层必须保证充分浸透胶,不能出现缺胶。因此,除毡和纱浸胶外,有时还需要辅之以滴胶装置。一次铺覆厚度应控制在 2 mm 左右。厚的夹砂层可分两次或三次铺成。

③ 毡和缠绕纱组成的兜砂带张力要均匀。过小会出现褶皱;过大会出现断裂,造成局部缺砂,使管壁厚度不均。

④ 缠管过程中,如出现管壁不平整或厚度不均,应及时填平补匀,然后再继续缠绕。

(4) 外表保护层

外表保护层的作用是防止土壤和地下水对复合材料管的侵蚀,保护复合材料管在运输过

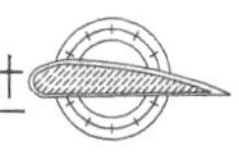

程中少受碰撞损坏。外表保护层较内衬层薄，一般只铺一层表面毡。所用树脂除能耐地下水和土壤的侵蚀外，还要具有耐撞击性。

缠绕制管的最后一道缠绕工序，是在外表面缠一层聚酯薄膜，使固化后的玻璃钢管外表面光滑平整。

(5) 加工连接部位

加工连接部位可采用套筒连接、承插连接或其他连接形式。连接材料可采用玻璃钢、不锈钢或碳素钢。加工连接部位的具体介绍见9.5节。

(6) 加热固化

用于输送食品的管道(如上水管)，为降低管道中的苯乙烯残留量，必须进行加热后固化处理。

3. 复合材料管道检验

(1) 每根玻璃钢管道均应按国家标准进行外观质量、尺寸(不含内衬厚度)和巴氏硬度的检验。管道内表面应光滑平整，无对使用性能有影响的龟裂、分层、气泡、针孔、裂纹、凹陷、沙眼、外来夹杂物、贫胶区和纤维浸润不良等现象；管道外表面应无龟裂、分层、气泡、裂纹、外来夹杂物和贫胶区；管端面应平齐，边棱与切削部位应涂覆树脂层，所有部位应无毛刺。任一截面的管壁平均厚度应不小于规定的设计厚度，其中最小管壁厚度应不小于设计厚度的90%。管外表面层的巴氏硬度不小于40。

(2) 每批玻璃钢管道均应随机抽取4根按GB/T 5351—2005进行水压渗漏试验，以检测结构缺陷及接头密封处的承压情况。对整管或带有接头连接好的整管施加该管压力等级1.5倍的静水内压，保压2 min，管体及连接部位不能出现肉眼可见的渗漏和变形。

(3) 每批玻璃钢管道均应随机抽取1根按相应国家标准进行内衬厚度、树脂不可溶分含量、初始力学性能(初始轴向拉伸强度、初始环向拉伸强度、初始环刚度、初始挠曲性、初始环向弯曲强度等)检验，不得小于国家标准的规定值。树脂不可溶分含量不小于90%。玻璃钢顶管应按GB/T 21492—2008进行初始轴向压缩强度检验。

(4) 用于给水的玻璃钢管应符合GB 5749的要求。

(5) 批量生产的管道每批均要进行内衬破裂和管道爆破试验，试验可按标准ASTM D1599进行。各生产单位应在投产3年内完成长期性能试验。

9.5 复合材料管道连接

复合材料管道也像其他材料的管道一样，必须将多根有限长度的管道连接在一起，才能组成一条实用的管线。经验表明，往往管道系统出现问题最多的地方就在连接处。所以对于连接方式的选择、设计、施工必须高度重视。管道连接方式的选择取决于管道系统的使用条件、安装方法、载荷情况、环境温度及输送介质的特性等因素。为了保证管道系统安全工作，要求接头应具有足够的强度、刚度，在使用压力下具有良好的气密性。复合材料管道连接方式大致分为两类；不可拆卸连接和可拆卸连接。不可拆卸连接有包缠对接和承插粘接。可拆卸连接有承插连接、法兰连接和螺纹连接。不可拆卸连接主要用于管道与管道、管道与管件之间的固定连接。承插连接多用于地下管道、管件之间的连接；法兰连接常用于仪器、设备、泵、阀门的连接，以及维修时必须拆除部分管道的地方。螺纹连接常应用于管径较小的管路上。

(1) 包缠对接

包缠对接形式是复合材料管道固定连接的基本形式。预先用表面修整机在对接两端磨好坡口,接头区域的外表面须打磨粗糙。安装时将两端对准、找正,在坡口接缝处制作内衬层,外边用浸透树脂的短切毡和玻纤布交替包缠,同时用多槽辊滚压去除气泡。包缠时应使每层增强材料的两边至少比前层宽 2.5 cm,形成内窄外宽的阶梯形排列,确保包缠层与管道有良好的黏结性。外表面应包缠表面毡并浸透树脂。一般包缠的总厚度不小于管道的壁厚。包缠长度应经得起剪切载荷,通常可按下式估计

$$L \cdot \pi d\tau_b = Kp\pi D^2/4$$

即

$$2L = \frac{KpD}{2\tau_b} \tag{9.5.1}$$

式中 $2L$——胶接长度,mm;

p——管道内压,MPa;

D——管道内径,mm;

K——安全系数,可取 $K=6$;

τ_b——胶接层的剪切长度,MPa。

包缠至要求的厚度,然后经过固化即成。这种连接用于直管、弯管、三通或渐伸管之间的固定连接。包缠对接铺层尺寸见图 9.5.1。

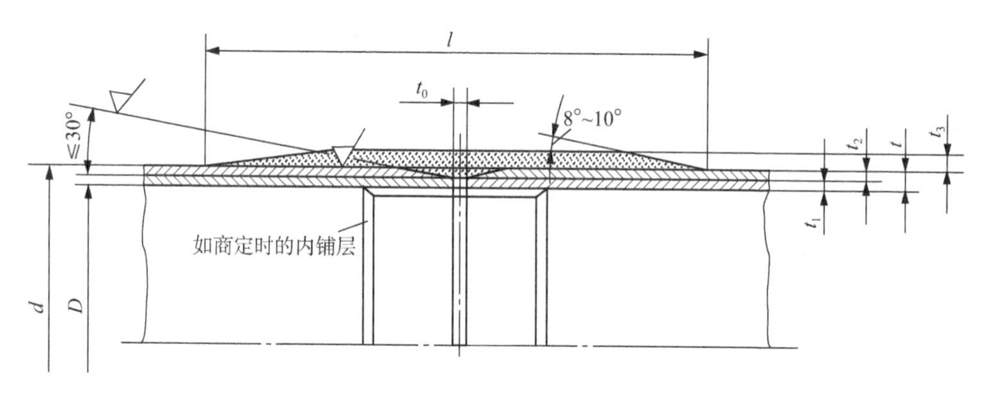

图 9.5.1 包缠对接连接($t=t_1+t_2$)

d—管道外径;t_1—内衬层厚度;t_2—结构层厚度;t_3—搭接厚度;D—管道内径;

t_0—管端间隙;l—搭接总长

(2) 带橡胶密封圈的承插连接

每根管子带有 1 个插口和 1 个承口,承口部分与直管段在芯模上整体成型,插口部分在螺旋缠绕结束后加缠环向层。管道固化脱模后,用表面修整机将两端切齐,并由专门的磨刀加工插口部的橡胶密封槽。安装时将橡胶密封圈套入槽内,然后插口插入承口即可(图 9.5.2)。使用单密封圈的优点是安装速度快,适用于中压埋设管路系统;高压管路或管径较大时采用双密封圈。在承口上两个密封圈之间的位置上开一检查孔,可在接头安装完成后立即用气压或液压检查接头的密封性。承插连接的优点是安装方便、密封性能好,可以调节管道自身热胀冷缩产生的应力,而不需要在管道上设置膨胀节。承插连接适用于没有轴向荷载或只有较小轴向荷载且直径在 2 000 mm 以内的中、高压地下管道,是定长缠绕成型复合材料地下管道的主要连接形式之一。

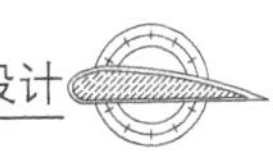

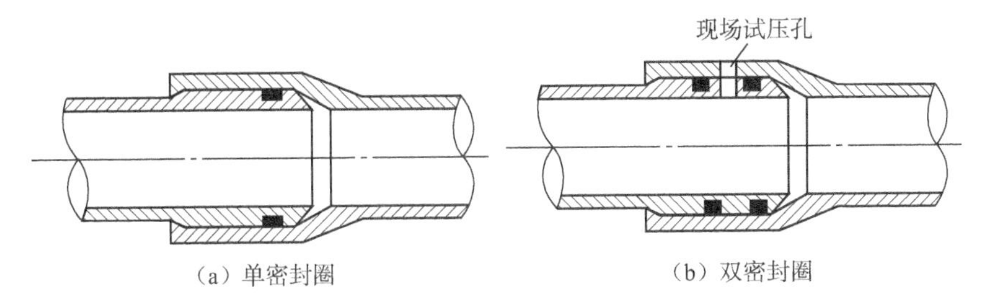

图 9.5.2　带橡胶密封圈的承插连接

(3) 承插粘接

承插粘接类似承插连接,不同之处在于承插口配合间隙较小,结合面之间靠胶黏剂密封。承插粘接的关键是承插口的加工尺寸和精度。必须保证承插面有良好的接触表面,这样既能保证黏结强度,又可防止渗漏。因此,承插口的表面必须按照图纸尺寸及配合公差用机床或专用工具进行加工,加工到内衬层时,一定要防止出现分层现象。安装时在插头外面抹好胶黏剂,插入承口内,然后在外边用包缠对接类似的方法进行包缠增强至要求的厚度。

(4) 法兰连接

法兰结构简单,工作安全可靠,可拆卸,适用性强,是一种良好的接头形式,但造价较高。按结构形式,法兰可分为整体法兰和活套法兰,见图 9.5.3。整体法兰的直管段和法兰盘面在模具上一次成型制得,其特点是可以有效地解决法兰根部易开裂的问题。活套法兰由于活套可以随意转动,因此,安装非常方便,较适合于非标准件法兰、孔位具有方向性的法兰及设备上的定位法兰。但其整体性、承载能力、密封性能不如整体法兰。所有尺寸的复合材料管都可以采用与管道压力等级匹配的法兰接头。法兰连接是预先按要求采用模压成型工艺或手糊成型工艺制作好法兰,用表面修整机将管子切成法兰连接所要求的长度,然后将法兰与直管按一定的工艺对接包缠在一起。法兰要与管的轴线对中,法兰盘面要与管的轴线垂直。法兰不平行是产生泄漏的重要原因,因此螺栓拧紧后法兰与法兰间应密封且应相互平行,不得用强紧螺栓的方法消除歪斜。法兰螺栓孔中心圆是标准尺寸,与金属法兰有互换性。玻璃钢法兰尺寸见

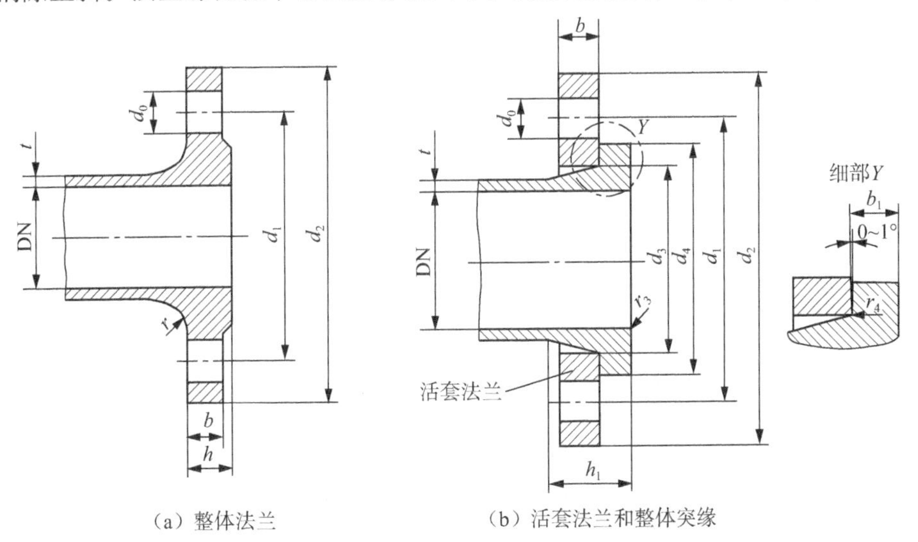

图 9.5.3　玻璃钢法兰

表 9.5.1(GB 2555—81)。玻璃钢法兰的密封面形状既可以是平面,也可以是凸面或榫槽面。

表 9.5.1　玻璃钢法兰尺寸（mm）

公称直径 DN	pN=0.6 MPa								pN=1.0 MPa								pN=1.6 MPa							
	d_2	d_1	d_0	h	b	t	$Th.$	n	d_2	d_1	d_0	h	b	t	$Th.$	n	d_2	d_1	d_0	h	b	t	$Th.$	n
200	320	280	17.5	25	22	6	M16	8	340	295	22	27	24	6	M20	8	340	295	22	33	30	7.5	M20	12
300	440	395	22	29	25	6.5	M20	12	445	400	22	34	30	7	M20	12	460	410	26	39	35	10	M24	12
400	540	495	22	34	30	7	M20	16	565	515	26	39	35	8.5	M24	16	580	525	30	49	45	12.5	M27	16
500	645	600	22	39	35	8.5	M20	20	670	620	26	44	40	9.5	M24	20	715	650	33	60	56	14	M30	20
600	755	705	26	40	35	9	M24	20	780	725	30	50	45	12	M27	20	840	770	36	65	60	15.5	M33	20
700	860	810	26	45	40	10	M24	24	895	840	30	50	45	13.5	M27	24	910	840	36	65	60	18	M33	24
800	975	920	30	45	40	10.5	M27	24	1015	950	33	60	55	15	M30	24	1 025	950	39	70	65	19	M36	24
900	1 075	1 020	30	50	45	11.5	M27	24	1 115	1 050	33	60	55	16.5	M30	24	1 125	1 050	39	75	70	20	M36	28
1 000	1 175	1120	30	50	45	12.5	M27	28	1 230	1 160	36	65	60	17	M33	28	1 255	1 170	42	80	75	21	M39	28
1 200	1 405	13 40	33	55	49	14	M30	32	1 455	1 380	39	75	69	19	M36	32	1 485	1 390	48	95	89	22	M45	32
1 500	1 730	1 660	36	65	59	17	M33	36	1 785	1 700	42	85	79	22	M39	36	1 820	1 710	56	110	104	26.5	M52	36
1 800	2 045	1 970	39	70	64	19	M36	44	2 115	2 020	48	100	94	27	M45	44	2 130	2 020	56	120	114	30	M52	44

注：$Th.$ 为螺栓的螺纹，n 为螺栓数，其余尺寸含义见图 9.5.3。

(5) 螺纹连接

螺纹连接是小直径管道常用的机械连接接头,这种连接形式又分为套管式和承插式两种类型。管子采用螺纹连接时,螺纹部分可采用纤维缠绕或模压,也可采用金属预埋件。玻璃钢螺纹形式有锯齿形和梯形两种,设计时螺距(t)和齿高(H)要取得大些,过小的螺距和齿高对接点强度不利,通常可取 $t=5\sim6$ mm,$H=3\sim4$ mm,螺纹牙数$=5\sim7$。

思考题与习题

9-1　为什么复合材料能取代金属用于制造管道?

9-2　为什么复合材料管道能够得到广泛应用?

9-3　为什么说复合材料管道的设计思想充分体现了复合材料的可设计性?

9-4　复合材料管壁结构形式有哪几种?

9-5　简述复合材料化工管道的管壁应如何进行结构设计。为什么?

9-6　复合材料架空管的壁厚如何计算?其校核包括哪些内容?

9-7　地下埋设复合材料管道承受的载荷有哪些?

9-8　采用应变基准设计地下埋设复合材料管,如果设计条件、管材性能和安装参数确定,试问该如何进行校核计算?

9-9　复合材料管道的原材料主要包括哪些?介绍复合材料管道对各种原材料的要求。

9-10　复合材料管道可用哪些成型工艺方法制作?

9-11　叙述纤维缠绕工艺制作定长复合材料管道的工艺过程。

9-12　对新研制的复合材料管道应进行哪些项目的检测?试验如何进行?

9-13　如何选择复合材料管道连接方式?

9-14　为什么地下埋设复合材料管多采用带橡胶密封圈的承插连接?

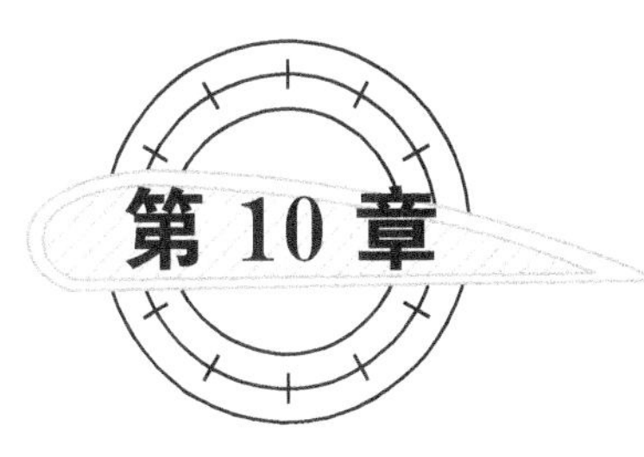

复合材料叶片设计

10.1 引言

叶片(Blade)是具有空气动力形状，使风轮绕其轴转动的主要构件。我国从20世纪60年代初开始从事复合材料叶片的研制工作，目前已设计研制出多个系列的复合材料叶片制品，如风力机叶片系列、机械通风冷却塔风机叶片系列、气垫船高速螺旋桨叶片系列、空冷器自动调节风机叶片系列、风洞叶片系列等。近年来，随着科学技术的进步，风力发电从可再生清洁能源中脱颖而出，正以迅猛的速度发展，成为最具工业开发价值、最具规模化发展前景的一种新能源。这是因为风力发电技术成熟，故障率低；不会产生CO_2；在可再生能源中，发电成本低。风力发电机组是由风轮(Rotor)、齿轮变速箱、发电机、储能设备、支柱塔架及电器控制系统等组成的发电装置。风轮由叶片和轮毂(能将叶片或叶片组件安装在风轮轴上的装置)组成。风力机通过叶片将风能转换为旋转的机械能，再通过变速箱将旋转的速度提升，从而带动发电机发电。风机叶片是风力机设备中将风能转化为机械能的关键部件，其制造成本约占风力发电机组总成本的18%。由于复合材料具有轻质高强、耐腐蚀、耐气候性、疲劳性能好、成型工艺适合制造复杂外形、无需后加工等一系列其他材质无法比拟的优点，已广泛用于制造大中型叶片。为降低风力发电单位千瓦成本和单位千瓦·时运行成本，要求单机容量越来越大。并且随着单机容量的提高，轮毂高度相应提高，风能利用率也将随着高度的增高而提高。随着风力机单机容量增大，叶片长度相应增长，则叶片质量也增加(如40 m长单片叶片为10 t，50 m长单片叶片为16 t)。故对复合材料叶片设计者来说，解决大型风力机复合材料叶片的强刚度与质量的矛盾是一个挑战。风力机复合材料叶片技术的进展也是设计、材料、工艺、装备等综合技术的进展。叶片长度越长，能够捕捉到的风就越多；同时，叶片长度增加，所安装的位置就更高，风速更大，风能更强。风电的价格和风机功率成反比，风机功率越大，单位发电成本越低。叶片的长度和风机的功率成正比，风机功率越大，叶片越长。随着现代风电技术的发展及日趋成熟，风力发电机组研究正朝着增大单机容量、减轻单位千瓦质量、提高转换效率、积极建设近海上风电场的方向发展。目前国内风力机兆瓦级机组在风电市场上占绝对主导地位，最大输出功率达 6 MW（叶轮直径 126 m，叶片长 61.5 m，单片叶片的质量接近 18 t）的风力发电机组已投入运行，新型大型风力机不断出现并得到迅速推广应用。叶片大型化的同时还要求轻量化、低成本化和高性能化，即在满足安全、可靠和寿命要求的前提下质量更轻、成本更低、功率更高。

海洋风电是风电发展的新领域。欧洲有十多个国家计划在近海增加装机容量 2 000 万千瓦以上。我国也在进行海洋风电的开发。在近海建立风电场的主要原因是海洋的风速相对较高，大部分海上风场的发电量会比陆地风场高 20%～40%，其次是减少风场对陆地景观的影响。但海上风电的发展也存在着诸多的问题，包括海上地基造价高，几乎两倍于陆上风电；并且技术上监控难，大部件海上作业昂贵，腐蚀性难以处理等，这些都制约着海上风电的大规模发展。

风机叶片的尺寸大，叶型属于复杂的三维空间翼型，受力情况复杂，对尺寸精度、表面粗糙度、质量分布、强度和刚度等都有较高的要求，它涉及空气动力学、结构动力学、模具装备、复合材料结构设计和制造工艺、结构试验和性能测试等领域，技术难度大，使得复合材料叶片技术成为大型风力机发展的关键之一。我国已颁布大型风力机叶片的国家标准"GB/T 25383—2010 风力发电机组—风轮叶片"。该标准基本上参照了 IEC 标准与德国劳埃德船级社（GL）规范。标准对复合材料叶片的材料选择、制造工艺和结构设计等方面均作出了规定。与金属叶片相比，复合材料叶片具有下列优点。

（1）质量轻、强度高、刚度好。复合材料是由纤维和树脂组成的结构，具有轻质高强和各向异性的特点。对于叶片这种单向受力的构件来讲，利用纤维受力为主的理论，可把主要纤维量安排在叶片的纵向，减少材料用量，这样就可以把复合材料叶片设计得不但比钢叶片轻很多，而且也可比铝叶片轻。质量的减轻反过来可以降低叶片的离心力及重力引起的交变载荷。采用空腹夹层结构和设置加强肋可提高叶片的刚度。

（2）成型工艺简单，易于达到最大气动效果的翼形。为了获得最佳气动效果，叶片具有复杂的外形，在叶轮的不同半径处，叶片的弦长、厚度、扭角和线型都是不同的，如用金属材料制造就很困难，尤其是大型叶片。而复合材料容易成型，它不需要复杂的生产设备，模具制成后，就可以进行批量生产，任何复杂的叶型曲面都可以在相应的模具上较容易和经济地成型出来，并且复合材料叶片具有表面光滑、叶型精确、气动效益好、机械加工少、生产周期短、成品率高等优点。

（3）抗振性好，自振频率可自行设计。由于复合材料的内阻尼大，因而抗振性能较好；并且在叶片形状、尺寸已确定的前提下，利用弹性模量的可设计性，可以对叶片的自振频率作相当大幅度的调整，使之不落入共振区。

（4）缺陷敏感性低。叶片使用寿命约 20 年，要经受 10^8 次以上疲劳交变，所以在选择叶片材料时，要考虑材料的疲劳性能。复合材料的疲劳强度较高。由于缺口的扩展受到完好纤维的制约，使裂缝的扩展速度较缓慢，所以复合材料对缺陷的敏感性远比金属低。因此，采用复合材料制作叶片可以提高叶片的安全度。

（5）耐腐蚀性好。风力机安装在户外，近年来又大力发展离岸风电场，风力机安装在海上，风力机组及叶片要受到各种气候环境的影响。而选择合适原材料的复合材料具有优良的耐酸、耐碱、耐海水、耐气候等性能，能在这种恶劣环境下较长时间地工作。

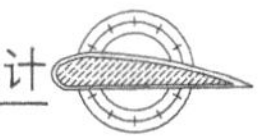

(6) 维修简便，易于修补。复合材料叶片除了每隔若干年要在叶片表面进行适当维护（例如均匀涂漆）以外，一般不需要大的维修。若叶片在使用过程中发生局部或较大区域的损伤，只要损伤区不是严重到接近破坏，一般都可以修复。

10.2　复合材料叶片结构设计

复合材料叶片设计分为气动设计、结构设计和工艺设计。本节在扼要介绍叶片气动设计的基础上，重点讨论叶片的结构设计。结构设计是在叶片满足强度、刚度、寿命和可靠性的前提下，要求质量最轻。

10.2.1　叶片的气动设计

叶片气动设计是风力发电机组设计的基础，应根据使用地区的风资源特点，进行优化分析。叶片的气动设计很关键，涉及风力机组能否获得所需的功率。叶片气动设计包括气动外形设计及气动性能计算。叶片的外形尺寸较复杂，而且其尺寸、表面粗糙度、质量分布以及疲劳强度等都有较高要求。风能利用效率取决于叶片良好的气动外形。叶片气动外形设计主要是根据风力机总体性能要求，选取叶片截面的翼型，计算确定风轮直径、叶片数、转速（风力发电机组风轮绕其轴的旋转速度）、弦长（连接前缘与后缘的直线的长度）、扭转角（叶片尖部几何弦与根部几何弦夹角的绝对值）、剖面厚度沿展向的分布及额定叶尖速度比（同一时刻，叶尖线速度与轮毂高度处风速的比值）。为了使风力发电机组获得最大的气动效率，建议所设计的叶片在弦长和扭角分布上采用曲线变化；设计方法可采用 GB/T 13981 中给定的方法。气动外形设计推荐采用威尔逊（Wilson）设计方法或在此方法上加以改进的可靠的设计方法。该方法基于叶片的每一剖面输出功率最大，从而导出叶片最佳气动外形。理论设计外形还需结合考虑叶片构造、工艺要求进行修正。当气动外形确定后，可进行气动性能计算。叶片的气动性能在很大程度上决定了风机的可靠性和风能利用的经济性。对于定桨距失速控制风力机组，应进行不同安装角（叶根确定位置处翼型几何弦与叶片旋转平面所夹的角度）的风轮输出功率、翼型上下表面试验的压力分布系数 C_p 值、推力等参数计算，以确定叶片初始安装角及风轮失速性能。对于变桨距、变速风轮，要计算不同安装角及不同转速的风轮性能，以确定风轮运行调节方案。翼型设计需要充分考虑功率范围、控制方式以及在叶片上的展向位置等不同要求，小风机一般采用较薄且较宽的翼型，而大风机则更青睐于厚翼型以减小风轮实度，减轻重量和降低成本。低速风机叶片采用薄而略凹的翼型；现代高速风机叶片都采用流线型叶片，其翼型通常从 NACA 和 Gottigen 系列中选取。早期的风力机叶片大多采用传统的 NACA44、NACA64、NACA230 等飞机翼型，目前可采用专门为风力机组设计的专用翼型，如 NACA63、CARDC－22、FX77、FX84、Gottigen 系列翼型等，这些翼型的特点是阻力小，风能利用系数高，而且雷诺数也足够大。

一般在离心通风机设计时，若完全采用纯计算方法，所得风机之性能往往难以正确，甚至性能偏离设计要求较远，所以通常是利用已知较好的空气动力模型，采用相似设计的方法来设计。本文主要介绍使用在大流量、低压头轴流通风机上的复合材料叶片设计。由于低压头，风机中叶片布置不需要很密，叶片间相互影响较小，且可把流经风机的气体当作不可压缩的流体，叶片的气动外形尺寸和截面线型可通过孤立翼型设计法计算求得，设计计算的性能较正确,当然通过风洞试验(利用在风洞试验段中的气流绕模型流动,获得模型气动力特性的试验)将有益于提高设计计算的质量。

叶片的基本外形如图 10.2.1 所示。叶根过渡段由圆柱形逐渐过渡到翼型截面,过滤段采用相对厚度较厚的剖面,以提高承载能力。

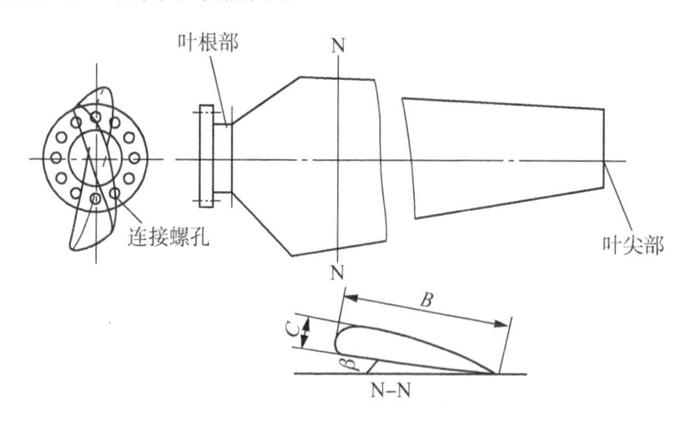

图 10.2.1　叶片外形示意

10.2.2　叶片纵剖面的结构形式

剖面结构形式的设计是叶片设计的重要环节,它的设计质量对叶片结构性能影响很大。复合材料叶片纵向剖面的壳体厚度是根据叶片所承受的外载荷,由相应的强度和刚度要求通过计算确定的。风力机叶片主要是纵向受力,即气动弯曲和离心力,气动弯曲载荷比离心力大得多,由剪切与扭转产生的剪应力不大。利用纤维受力为主的受力理论,可把主要纤维安排在叶片的纵向,这样就可减轻叶片的重量。无论是离心力,还是弯矩和扭矩,都是从叶尖向叶根逐渐递增的,所以空腹薄壁结构复合材料叶片壳体的壁厚也是由叶尖向叶根逐渐递增的,以便得到最轻的结构。由于玻璃纤维增强复合材料具有高强度和低弹性模量的特性,叶片除满足强度条件外,尚需满足变形条件,特别是较长的风力机叶片尤其要注意叶片和塔架的碰撞。叶片纵剖面的结构形式见图 10.2.2。

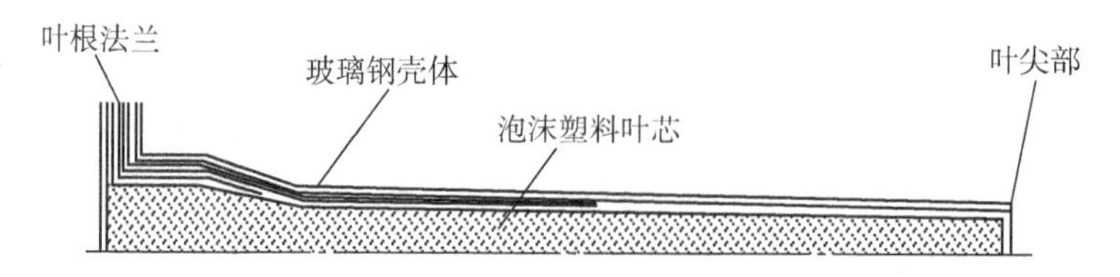

图 10.2.2　叶片纵剖面的结构形式示意

10.2.3　叶片横剖面的结构形式

复合材料叶片横剖面除了某些外载荷较小的叶片直接采用空腹薄壁结构(或在空腹内填充硬质泡沫塑料)外,大多采用主梁加气动外壳(又称蒙皮)的构造形式(主梁与壳体靠胶接组合成整体结构),以利于提高叶片的强度和刚度,减轻叶片重量,避免叶片受载时引起局部失稳或变形过大。主梁承担叶片的大部分弯曲载荷,而外壳除满足叶片的气动性能外,同时承担剪切载荷和部分弯曲载荷。主梁常用整体箱型梁(D 型、O 型或矩形)或双拼槽钢等形式,宜采用

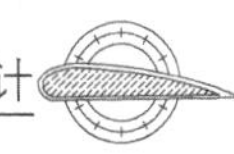

缠绕工艺成型，或采用单向程度较高的织物（4∶1 或 7∶1 单向布）沿轴向铺设，以提高强度与刚度。叶片前缘空腹部分曲率较大，且板宽较小，一般不会产生屈曲失稳，通常采用玻纤毡或双向玻纤织物（1∶1 和 4∶1 布）增强的层合板结构，也有采用夹层结构以提高强、刚度；由于后缘部分较宽，易产生失稳问题，为提高后缘空腹刚度，后缘部分采用夹层结构。夹芯材料可采用 PVC 泡沫或 Balsa 轮廓板。这些芯材有较高的剪切模量，组成的夹层结构有良好的刚度特性。芯层和面层的厚度可采用复合材料夹层结构稳定理论由计算求得。不同剖面形式的选择，除了以最佳形式承受外载荷之外，成型工艺上容易实施也是一个重要考虑因素。常见的叶片横剖面结构形式见图 10.2.3。

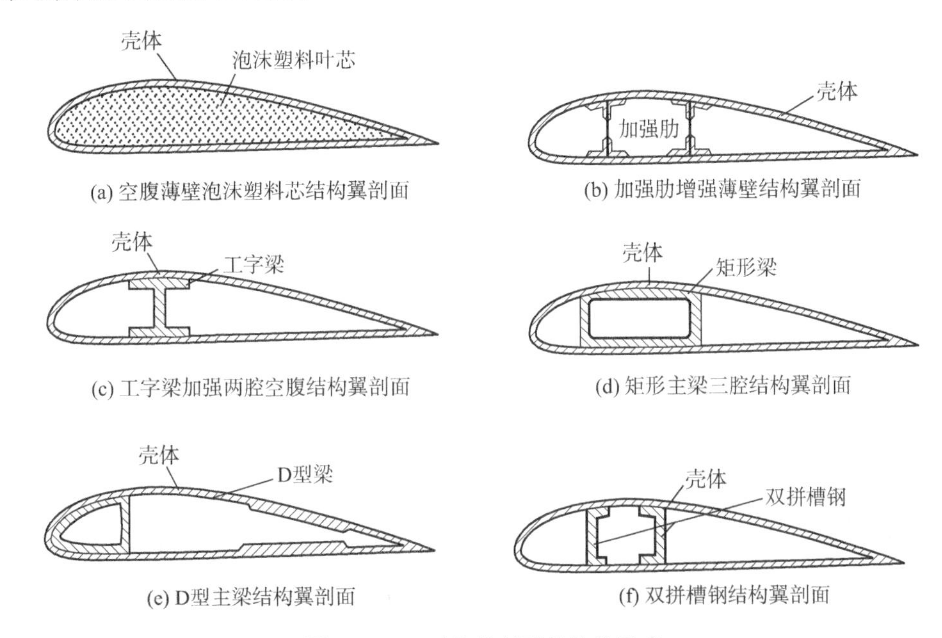

图 10.2.3　叶片横剖面的结构形式

叶片横断面结构形式又分为两种：① 整体叶片，由整体壳体和主梁（方形断面的整体箱型梁）组成，利用环氧胶黏剂将两者胶合成整体；② 分体叶片，有上、下两“半”壳体，主梁是两根工字梁，利用环氧胶黏剂将上、下壳体和两根工字梁牢固地胶合成整体。

10.2.4　铺层设计

所谓铺层设计，就是根据单层性能确定各铺层的铺设方向、铺设次序、各铺设角的铺层数。铺层设计是复合材料风机叶片设计中最关键的设计工作之一。它对叶片的重量、叶片的寿命具有决定性的作用。叶片的铺层设计过程是一个反复迭代不断完善的过程，目前常用有限元法进行。有限元法更多用于模拟分析而不是设计，设计与模拟必须交叉进行，在每一步设计完成后，必须更新分析模型，重新得到铺层中的应力和应变数据，再返回设计，更改铺层方案，最后分析应力和变形等，直到满足设计标准要求为止。

叶片的铺层应根据叶片所受的外载荷来确定。叶片在使用中主要受离心力和气动力的作用。设计时可把叶片看做一承受轴向拉伸、弯曲和扭转联合作用的悬壁梁（图 10.2.4）。若在叶片壁上取出一个单元体来进行分析，则作用在它上面的应力，有沿叶片轴向的正应力 σ_1 和沿叶片剖面周向的剪应力 τ_{12}，另外两个方向的正应力很小，可以忽略不计。

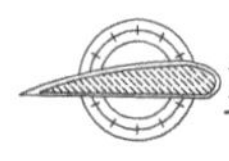

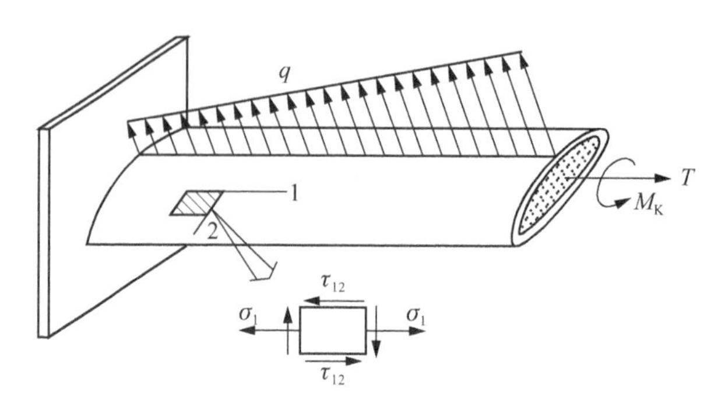

图 10.2.4　叶片载荷计算简图

对于一般不太长、受力不是很大的风机叶片，可以采用图 10.2.3(a)所示的剖面结构。外层的复合材料壳体是层合板薄壁结构，腹内填充硬质泡沫塑料。层合板主要由单向层和±45°层组成。单向层可选用单向织物或单向纤维铺设，以承受由离心力和气动弯矩产生的轴向应力 σ_1；±45°层可采用经纬纤维量相等的平衡型布作±45°铺设，以承受主要由扭矩产生的剪切应力 τ_{12}。45°层一般都放在单向层的外侧。单向层与±45°层纤维用量比例可按轴向应力与剪切应力比例来确定。例如，$\tau_{12}=0.15\sigma_1$，则 45°方向的纤维量为轴向纤维量的 30%。

对于受力大的长叶片，如大型风力机叶片和螺旋桨叶片，可以采用图 10.2.3[(c)或(d)]的剖面结构形式。这两种剖面结构形式虽然不同，但有一个共同特点，即叶片内增加了一个由单向纤维铺设的主梁以承受更大的弯矩。叶片结构是由壳体和腹板组成，壳体采用夹芯结构，中间层是轻木，上下面层为纤维增强材料。面层由单向层和±45°层组成。单向层可选用单向织物或单向纤维铺设，一般用 7∶1 或 4∶1 纤维布，以承受由离心力和气动弯矩产生的轴向应力 σ_1。±45°层可采用 1∶1 纤维布作±45°铺设，以承受主要由扭矩产生的剪切应力 τ_{12}，一般铺放在单向层外侧。腹板的结构形式也是夹芯结构。但是，在壳体与腹板的结合部位，即梁帽处必须是实心纤维增强结构，这是因为该处腹板与壳体相互作用力较大，必须保证壳体的强度和刚度。对于长度大于 40 m 的叶片，在叶片翼缘等对材料强度和刚度要求较高的部位，采用碳纤维或碳纤维/玻璃纤维混杂作为增强材料，可充分发挥其高弹轻质的优点，不仅可以减轻叶片质量、减少叶尖挠度、提高叶片的刚度，且由于碳纤维具有导电性，还可以有效地避免雷击对叶片造成损伤。

叶片最外层通常还采用一层表面毡以形成富树脂层，这样不仅可以得到光滑的表面，还可以提高叶片的耐腐蚀性和耐磨能力。如果冲刷环境恶劣，还可在叶片前缘部位包覆一抗冲刷的金属薄片。

叶片的壁厚除需满足强度条件外，在更大程度上往往是由叶片的变形条件控制的。对于外载荷较小而变形要求不高的叶片，也不宜把壁厚设计得过薄以致发生整体或局部失稳问题。

由单向层和 45°层组成的复合材料层合板，其轴向弹性模量随 45°层所占的比例增加而减小，而剪切弹性模量将随之增大(计算方法见第 3 章)。作为初步估算，忽略层间的相互影响，则层合板的轴向弹性模量 E_1 和剪切弹性模量 G_{12} 分别为

$$\left.\begin{aligned} E_1&=E_0(1-K)+E_{45°}K \\ G_{12}&=G_0(1-K)+G_{45°}K \end{aligned}\right\} \tag{10.2.1}$$

式中　E_0、G_0——单向层沿叶片轴向弹性模量和剪切弹性模量；

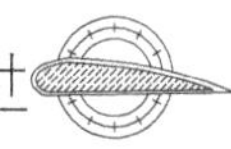

$E_{45°}$、$G_{45°}$——45° 层沿叶片轴向弹性模量和剪切弹性模量；

K——45°层所占的比例。

利用层合板的弹性模量 E_1 和 G_{12}，沿用各向同性材料的计算方法，可以估算叶片的变形，计算出层合板的平均应力 σ_1 和 τ_{12}。单向层和 45°层中的实际应力，可按第 3 章介绍的正交各向异性层合板的理论进行计算。令 σ_{1a} 为单向层的轴向应力，σ_{2a} 为单向层第二向正应力，τ_{12a} 为单向层中的剪应力；σ_{1b} 为 45°层的轴向应力，σ_{2b} 为 45°层的第二向正应力，τ_{12b} 为 45°层的剪应力。如图 10.2.5 所示，第二向应力 σ_2 是由两层材料的不同泊松比引起的。表 10.2.1 给出了 4∶1 单向布层合板和 7∶1 单向布层合板中不同 45°层比例时的各层实际应力。L、T 分别为纤维布的经向和纬向，则 L、T 即为单层的正轴。表 10.2.1 中的数值是在特定树脂含量(45%)下计算的，但是树脂含量的变化对两种单层弹性常数的比值变化影响不太大，因而表中的数值在相当的一个树脂含量范围内可作为参考。

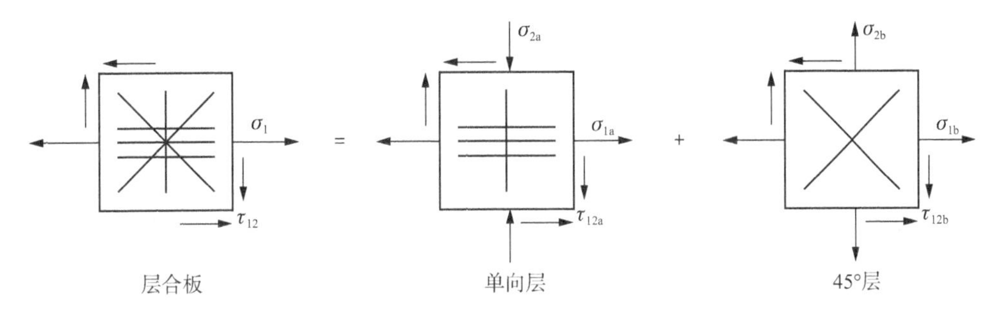

图 10.2.5　层合板应力的分解

表 10.2.1　层合板中各层的应力

层合板	45°层比例/%	单向层			45°层				
		$\sigma_{1a}(\sigma_L)$	$\sigma_{2a}(\sigma_T)$	$\tau_{12a}(\tau_{LT})$	σ_{1b}	σ_{2b}	τ_{12b}	σ_L 或 σ_T	τ_{LT}
4∶1 层合板	10	$1.04\sigma_1$	$-0.02\sigma_1$	$0.91\tau_{12}$	$0.64\sigma_1$	$0.17\sigma_1$	$1.83\tau_{12}$	$0.41\sigma_1 \pm 1.83\tau_{12}$	$0.24\sigma_1$
	20	$1.08\sigma_1$	$-0.04\sigma_1$	$0.83\tau_{12}$	$0.67\sigma_1$	$0.15\sigma_1$	$1.68\tau_{12}$	$0.41\sigma_1 \pm 1.68\tau_{12}$	$0.26\sigma_1$
	30	$1.13\sigma_1$	$-0.06\sigma_1$	$0.77\tau_{12}$	$0.70\sigma_1$	$0.14\sigma_1$	$1.55\tau_{12}$	$0.42\sigma_1 \pm 1.55\tau_{12}$	$0.28\sigma_1$
	40	$1.19\sigma_1$	$-0.08\sigma_1$	$0.71\tau_{12}$	$0.72\sigma_1$	$0.12\sigma_1$	$1.43\tau_{12}$	$0.42\sigma_1 \pm 1.43\tau_{12}$	$0.30\sigma_1$
	50	$1.26\sigma_1$	$-0.11\sigma_1$	$0.66\tau_{12}$	$0.74\sigma_1$	$0.11\sigma_1$	$1.33\tau_{12}$	$0.425\sigma_1 \pm 1.33\tau_{12}$	$0.32\sigma_1$
7∶1 层合板	10	$1.06\sigma_1$	$-0.011\sigma_1$	$0.91\tau_{12}$	$0.46\sigma_1$	$0.099\sigma_1$	$1.83\tau_{12}$	$0.28\sigma_1 \pm 1.83\tau_{12}$	$0.18\sigma_1$
	20	$1.12\sigma_1$	$-0.023\sigma_1$	$0.83\tau_{12}$	$0.51\sigma_1$	$0.090\sigma_1$	$1.68\tau_{12}$	$0.30\sigma_1 \pm 1.68\tau_{12}$	$0.21\sigma_1$
	30	$1.20\sigma_1$	$-0.035\sigma_1$	$0.77\tau_{12}$	$0.54\sigma_1$	$0.081\sigma_1$	$1.55\tau_{12}$	$0.31\sigma_1 \pm 1.55\tau_{12}$	$0.23\sigma_1$
	40	$1.29\sigma_1$	$-0.047\sigma_1$	$0.71\tau_{12}$	$0.57\sigma_1$	$0.070\sigma_1$	$1.43\tau_{12}$	$0.32\sigma_1 \pm 1.43\tau_{12}$	$0.25\sigma_1$
	50	$1.40\sigma_1$	$-0.059\sigma_1$	$0.66\tau_{12}$	$0.60\sigma_1$	$0.059\sigma_1$	$1.33\tau_{12}$	$0.33\sigma_1 \pm 1.33\tau_{12}$	$0.27\sigma_1$

在实际成型复合材料叶片时，由于较难保证纤维方向与设计一致，因此层合板的正交各向异性性能被破坏，从而使得各单层的实际应力大于按正交各向异性板计算的应力。对于强度要求较高的叶片，还必须计算因纤维铺设方向角偏差而引起的附加应力。

10.2.5 叶根设计

叶片与轮毂连接，使叶片成悬臂梁形式。作用在叶片上的各种载荷通过叶片根端连接传递到轮毂上去，因此叶片最大应力与应变均发生在叶根(Blade root)处，且沿着叶展方向逐渐减小，这说明叶根区域是主要承载部位。选择和设计好叶根的连接形式，是复合材料叶片设计成败的关键。叶根连接大多靠复合材料的剪切强度、挤压强度或胶层剪切强度来传递载荷，而复合材料的这些强度均低于其拉伸、压缩及弯曲强度，因而叶片的根端是危险的部位，设计时应予以重视。选择根端形式时要注意防止根端出现较大的剪应力，尤其要尽量避免出现大的层间剪切应力，而应采用断纹剪切或挤压的传力形式，以提高叶片根部的承载能力。目前用于大中型风力机复合材料叶片的根端连接主要有复合材料翻边法兰、金属法兰、预埋金属螺杆和T型螺栓等方式。金属法兰与叶根玻璃钢/复合材料柱壳胶结，而不是用传统的螺栓连接，以减轻根部的重量，也使得外形流畅，但这种方式对胶结工艺技术要求很高。目前国内的大型风力机叶片大多采用预埋金属杆的根端形式。下面介绍几种常用的叶根连接形式。

(1) 预埋金属螺杆连接。预埋金属件的根端连接形式是用 n 根金属杆与叶根壳体胶接，叶片的载荷通过金属杆与叶根壳体的胶接强度传递到轮毂上，因此金属杆与壳体的结合是关键。由于叶片根部承受的载荷最大，而金属与复合材料的胶接强度相对来说不是很高，因此根部是叶片的最危险部位。在设计时要充分予以重视，要采取措施，保证金属杆与复合材料柱壳有足够的胶接强度。为确定金属杆与复合材料壳体的胶接强度，可进行单根金属杆与复合材料壳体胶接强度的模拟拉伸试验，拉伸试验件尽量模拟实际边界条件，以得到客观真实的数据。胶接强度可采用近似方法估算：假定胶层剪切应力均匀分布，预埋杆承载力 $P=\tau Al$。其中，τ 为胶层平均剪切强度，A 为预埋杆断面周长，l 为胶接区长度。理论分析表明，在一定的胶接长度内承载能力随胶接长度增加而增加，但胶接长度超过一定范围，胶层平均应力减少，承载能力增加就很缓慢。精确的胶接应力分析可采用有限元分析，并配以实验验证。胶接的承载能力与被胶接的材料、胶黏剂的选择、操作条件与工艺过程等因素有关，这些因素的微小变化均会引起胶接强度的较大变化。因此胶接强度的安全系数应适当取高些。

(2) 法兰翻边螺栓连接。复合材料法兰根端是用得最广泛的一种根端形式，主要优点是成型简便。它是由叶型截面圆滑过渡到柱壳后再翻边构成法兰，法兰通过螺栓与轮毂相连[图10.2.6(a)]。这种连接的叶根利用了复合材料断纹剪切强度来传递载荷。为了提高叶片的承载能力，叶根附近的铺层应逐渐加厚以扩大承剪面，同时在法兰环上再加刚性较大的金属压环，其作用是强迫复合材料法兰尽量成断纹剪切形式来传递载荷。玻璃钢的断纹剪切强度比层间剪切强度高约 80 MPa，因而提高了承载能力。复合材料翻边的圆角应圆滑，其曲率半径宜大于 4 mm，安装螺栓孔应尽量靠近叶根。这种叶根是与叶身一起成型的，叶身的轴向纤维应尽可能地通过叶根，并在法兰边缘局部补强。另外也使螺栓荷载均匀地分布在翻边上。法兰处应力分布需作三维有限元分析。

(3) 直柄抱瓦连接。直柄抱瓦连接形式如图 10.2.6(b)所示。叶根采用圆柄，并带有小法兰翻边，用金属抱瓦将叶柄紧固在轮毂上，靠挤压摩擦定位并传递载荷。这种连接具有较高的承载能力，并可任意调节叶片的安装角度，是一种较好的连接形式。

(4) 倒锥式连接。这种结构的叶片被安装在两块与叶根有同样锥形缺口的圆盘内，靠圆盘两侧的两个圆环紧固定位，靠表面摩擦力传递叶片扭矩，其安装角可以根据要求确定，调整

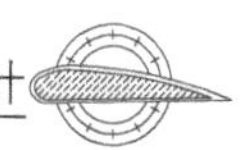

较方便。叶根与叶片一起成型，叶身的纤维织物通过叶根，在根端再填充单向纤维，并从叶根向叶身作扇形散开，叶根为实芯结构。整个叶根处于受剪和表面受挤压的状态，由于受剪面积大，倒锥式叶根也有较大的承载能力。此种连接方式一般只应用于小型风机上。倒锥式连接如图 10.2.6(c)所示。

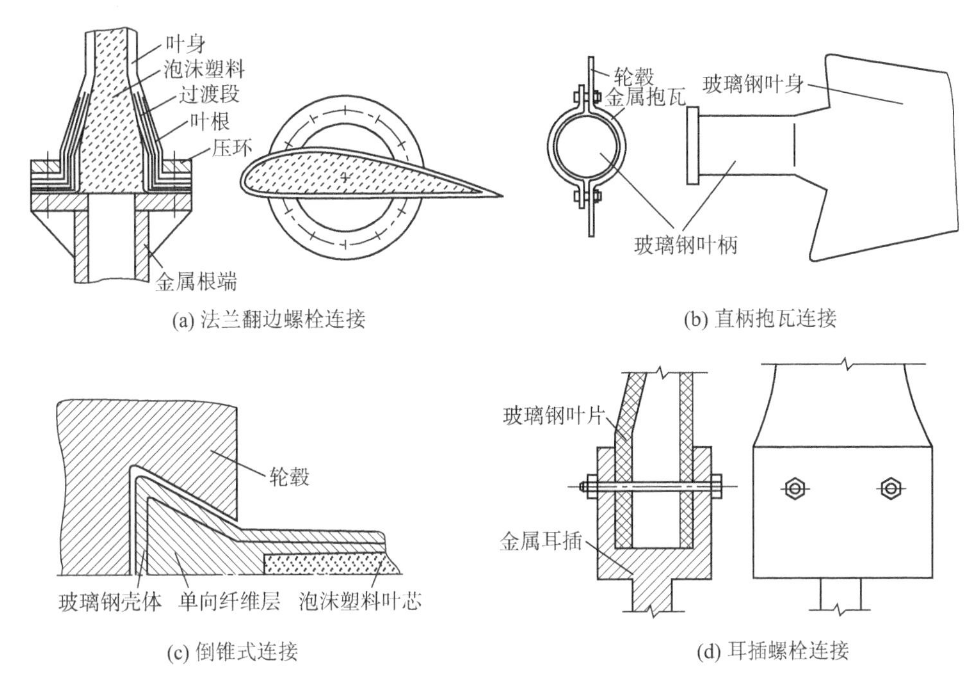

(a) 法兰翻边螺栓连接　(b) 直柄抱瓦连接

(c) 倒锥式连接　(d) 耳插螺栓连接

图 10.2.6　叶片根部的几种连接形式

(5) 耳插螺栓连接。耳插结构叶根如图 10.2.6(d)所示。叶片在根端附近圆滑过渡成一块平板，连接时将平板部分插入叶毂的金属耳插内，用螺栓紧固。叶片的载荷靠螺栓传递，所以决定叶根强度的关键是复合材料孔边挤压值。因为复合材料的挤压强度高，所以这种叶根也是可行的。

10.3　复合材料叶片的强度、刚度和频率计算

风轮叶片是一种全天候条件下运行的产品，在野外长年累月运转，不仅要承受着强大的风载荷，还要经受着砂粒冲刷、紫外线辐射、雨、冰雪、雷电、盐雾、沙尘等恶劣环境侵蚀，从而老化、折断、分离以致破坏。叶片设计使用温度范围为－20℃～＋50℃，最高相对湿度不大于95%；对于在沿海地区运行的风力发电机组，应考虑盐雾对叶片的腐蚀影响，并采取相应有效的防腐措施；叶片设计时应充分考虑遭雷击的可能性，并采取相应的雷击保护措施(按国家标准“GB/Z 25427—2010 风力发电机组雷电防护”要求进行)；应考虑沙尘的影响，如沙尘对叶片表面的长期冲蚀，对机械转动部位润滑的影响以及对叶片平衡造成的影响；应考虑太阳辐射强度以及紫外线对叶片的老化影响，应考虑叶片表面覆冰对风力发电机组性能和结构安全性的影响。一般来讲，大型风力机叶片应具有较好的捕风能力，足够的强度、刚度以及稳定性，还涉及重量轻的要求，能够承受极限风速的考验，叶片要有 20 年以上的设计寿命，以经受风力造成

的疲劳次数达 10^8。叶片的设计寿命既可以通过计算，也可以通过疲劳试验确定。叶片结构设计应根据气动设计给定的载荷情况，并考虑机组实际运行环境条件的影响，在规定的使用环境条件和设计寿命期内，叶片应具有足够的强度和刚度。另外，要求叶片的重量尽可能轻，并考虑叶片间相互平衡措施。

风轮叶片的受力可以简化成三种力：气动力、离心力和重力。气动力使叶片承受弯曲和扭转；离心力使叶片承受拉伸、弯曲和扭转；重力使叶片承受拉压、弯曲和扭转。在这些力的共同作用下，叶片承受拉压、弯曲和扭转载荷。计算分析主要是获取应力及其分布、结构变形(最大挠度)和疲劳寿命，其中包括屈曲分析、连接计算、频率、模态和动响应分析等，校核结构的强度、刚度，给出疲劳寿命，保证结构安全、可靠和有效地使用。由于大型复合材料叶片的外形是由不同翼型构建而成，属于超长三维曲面壳体结构，且存在大量过渡层和夹芯结构，其铺层设计也非常复杂，计算分析中要用到复合材料层合板理论、复合材料连接计算、稳定性计算方法和理论、有限元建模和计算分析方法、专门的计算分析程序和软件等，根部的计算分析还会用到三维非线性有限元分析等，进行疲劳寿命分析时要事先建立疲劳载荷谱。此外，风力机叶片的载荷分布也不规则，导致求取复合材料风力机叶片结构的解析解异常困难，所以有限元法在风力机叶片结构分析中得到广泛应用。对复合材料结构进行有限元计算分析，当前比较好的大型分析软件是 ANSYS。该软件提供一种特殊的复合材料单元——层合板单元，用以模拟各种复合材料结构。这些层合板单元支持各种静强度、非线性、稳定性、接触、模态、动力响应、疲劳断裂等结构分析，完全可以满足风电叶片复合材料结构计算分析的要求。

叶片结构有限元分析的理论基础是有限单元法，它通过将结构比较复杂的大型几何体离散成有限数目单元体，对每个单元体应用弹性力学基本方程和最小位能原理进行联立求解，得出满足工程精度的近似结果来替代对实际结构的分析，可解决很多实际工程需要解决而理论分析又无法解决的复杂问题。

如上所述，风机叶片的运动情况是非常复杂的，它的受力情况也很复杂。在叶片的强度和刚度计算时，通常把叶片简化为一根悬臂梁。对中小型叶片，可认为它主要承受着离心力和气动力作用。离心力在叶片中产生拉伸应力和扭转应力，气动力在叶片中产生弯曲应力和扭转应力。以上两种载荷很大，在计算中必须予以考虑。至于叶片受热不均匀时产生的热应力和叶片振动时产生的弯曲应力及扭转应力，由于数值较小，不予计算，放在安全系数内考虑即可。叶片的强度计算通常按等强度梁的原理进行，并以刚度控制原则进行设计。强度分析应在足够多的截面上进行，被验证的横截面的数目取决于叶片类型和尺寸。在几何形状和/或材料不连续的位置应研究附加的横截面。应通过可靠的分析方法和试验验证，证明叶片能满足各种设计工况下的极限强度、疲劳强度及气动弹性稳定性要求。叶片的设计安全系数应不小于 1.15。

10.3.1 叶片的强度计算

(1) 叶片的空气动力计算

空气动力，即轴向推力和切向阻力，此种力的计算一般由气动研究单位提供。有时没有足够的气动数据，可采用轴向推力由进出口的压差来计算；切向阻力可由电动机功率来估算，并假定轴向推力在叶片上呈梯形分布，切向阻力在叶片上作均匀分布。

叶尖轴向推力集度 q_{yk} 的计算公式为

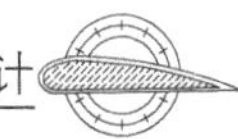

$$q_{yk}=\frac{2\pi}{Z}p_0R_k \quad (\text{N/m}) \tag{10.3.1}$$

式中　p_0——风机全压，Pa；

R_k——叶尖半径，m；

Z——叶片数。

叶根轴向推力集度 q_{y0} 的计算公式为

$$q_{y0}=\frac{2\pi}{Z}p_0R_0 \quad (\text{N/m}) \tag{10.3.2}$$

式中　R_0——叶根半径，m。

切向阻力集度 q_x 的计算公式为

$$q_x=9\,740\times\frac{2N}{nZ(R_k^2-R_0^2)} \quad (\text{N/m}) \tag{10.3.3}$$

式中　N——整个叶轮消耗的攻率，kW；

n——叶轮转速，r/min。

(2) 气动扭矩计算

由于叶片上的气体压力中心一般不与截面的扭转中心重合，从而产生了气动扭矩。该扭矩的方向是使叶片的攻角 α 增大，使叶片扭曲离开旋转平面。其计算公式为

$$M_{kR}=\int_{R_0}^{R_k}qh\,\mathrm{d}R \quad (\text{N}\cdot\text{m}) \tag{10.3.4}$$

式中　q——空气动力合力，N·m；

h——气动力与扭转中心间的距离。

气体压力中心的位置随叶片工作状态而变化，在通常的攻角范围内，压力中心在离前缘35%～40%弦长处。

(3) 气动弯矩计算

作用在叶片单位长度上的轴向推力和切向阻力分别对叶片产生推力弯矩和阻力弯矩，在 R 截面上的弯矩为

$$\begin{aligned}M_{xR}&=\int_R^{R_k}q_y(r-R)\mathrm{d}r=\int_R^{R_k}\frac{2\pi}{Z}p_0r(r-R)\mathrm{d}r\\&=\frac{2\pi p_0R_k^3}{Z}\times\left(\frac{1}{3}-\frac{R}{2R_k}+\frac{R^3}{6R_k^3}\right) \quad (\text{N}\cdot\text{m})\end{aligned} \tag{10.3.5}$$

$$\begin{aligned}M_{yR}&=\int_R^{R_k}q_x(r-R)\mathrm{d}r=\frac{1}{2}q_x(R_k-R)^2\\&=9\,740\times\frac{N(R_k-R)^2}{nz(R_k^2-R_0^2)} \quad (\text{N}\cdot\text{m})\end{aligned} \tag{10.3.6}$$

作用在叶片主惯性轴 η,ξ 上的组合弯矩分别为

$$M_\eta=M_x\cos\alpha+M_y\sin\alpha \quad (\text{N}\cdot\text{m}) \tag{10.3.7}$$

$$M_\xi=-M_x\sin\alpha-M_y\cos\alpha \quad (\text{N}\cdot\text{m}) \tag{10.3.8}$$

(4) 叶片离心力计算

叶片旋转时产生离心力,它的方向是从旋转轴向外,而同时又垂直于旋转轴。离心力又可分解成纵向分力和横向分力。纵向分力沿着叶展轴线方向,使叶片产生拉伸力,这就是平常所讲的离心力。其计算公式为

$$P_R = \rho\omega^2\int_{R_0}^{R_k} rF(r)\mathrm{d}r \quad (\mathrm{N}) \quad R_0 \leqslant r \leqslant R_k \tag{10.3.9}$$

式中 ω——叶片旋转角速度,s^{-1};

ρ——复合材料叶片的密度,$\mathrm{kg/m^3}$。

(5) 离心扭转力矩计算

离心力的横向分力绕叶展轴线作用,使叶片产生了离心扭矩,它顺着叶片的自然扭转方向作用,有将叶弦扭向旋转平面的趋势,使叶片的攻角 α 减小,而与气动扭矩的方向正好相反。其计算公式为

$$M_{kp} = -\rho\omega^2\int_{R_0}^{R_k} J_{xy}\mathrm{d}r \quad (\mathrm{N\cdot m}) \tag{10.3.10}$$

式中 J_{xy}——惯性积,$\mathrm{m^4}$。

(6) 叶片的截面几何特性计算

计算应力时还需要知道叶片各剖面的几何特性,由于叶片叶型的外廓形状是由复杂的曲线所组成的,通常很难找出这些曲线的解析关系。因此,一般不能采用求面积、截面重心坐标、惯性矩的数学式来进行计算。而实际上采用近似解析法和图解法,这些方法能保证所需的精确值。近似解析法的基础是将实际的叶型用某个相近的理论叶型来代替,或采用辛普生近似积分公式来计算。

(7) 应力计算

知道叶剖面的几何特性后,就可用一般材料力学的方法计算出叶片强度。截面上的正应力为

$$\sigma = \sigma_c + \sigma_b \quad (\mathrm{Pa}) \tag{10.3.11}$$

式中 σ_c——离心力引起的应力,Pa;

σ_b——弯矩引起的应力,Pa。

由式(10.3.9)得到离心力引起的应力

$$\sigma_c = \frac{\rho\omega^2}{F(R)}\int_{R}^{R_k} rF(r)\mathrm{d}r \quad (\mathrm{Pa}) \tag{10.3.12}$$

弯曲应力为

$$\sigma_b = \frac{M_\eta}{J_\eta}\xi + \frac{M_\xi}{J_\xi}\eta \quad (\mathrm{Pa}) \tag{10.3.13}$$

式中 J_ξ——最大主惯性矩,$\mathrm{m^4}$;

J_η——最小主惯性矩,$\mathrm{m^4}$。

由于 J_ξ 远大于 J_η,而 $M_\eta > M_\xi$,所以只需计算 M_η 所引起的弯曲应力,而 M_ξ 引起的弯曲应力很小,可以忽略不计。

扭转剪应力按闭口薄壁杆件的扭转进行计算,对等厚薄壁截面有

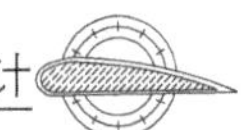

$$\tau=\frac{M_{kR}+M_{kp}}{\Omega_t}\quad (\mathrm{Pa}) \tag{10.3.14}$$

式中　Ω——截面周边中线所包围的面积的两倍，即内外截面积之和，m^2；

t——壁厚，m。

10.3.2　叶片的刚度计算

叶片刚度应保证在所有设计工况下叶片变形后叶尖与塔架的安全距离不小于未变形时叶尖与塔架间距离的 40%。在计算叶片的刚度时，通常把叶片简化成一端固定的悬臂梁。由于叶尖变形位移最大，一般要求计算出的叶尖挠度和扭角小于相应的许用值。

(1) 叶片挠度计算

由于 J_ξ 较大，而 J_ξ 方向的弯矩 M_ξ 又较小，所以在计算中可以不计 J_ξ 方向的挠度。叶尖在 x、y 方向的挠度分别为

$$f_x=\int_{R_0}^{R_k}\frac{M_\eta}{EJ_\eta}(R_k-R)\sin\alpha \mathrm{d}R\quad (\mathrm{m}) \tag{10.3.15}$$

$$f_y=\int_{R_0}^{R_k}\frac{M_\eta}{EJ_\eta}(R_k-R)\cos\alpha \mathrm{d}R\quad (\mathrm{m}) \tag{10.3.16}$$

叶尖的总挠度为

$$f=\sqrt{f_x^2+f_y^2}\quad (\mathrm{m}) \tag{10.3.17}$$

如果要求出叶片上任意位置的变形，只要把上述各式的积分上限 R_k 改为该位置的 R 值即可。在具体计算时，可用数值计算列表进行。

(2) 叶片的扭角计算

在计算叶片的扭角时，采用闭口薄壁杆件的扭转公式进行计算。叶尖的扭角为

$$\Delta\varphi=\int_{R_0}^{R_k}\frac{M_k\mathrm{d}R}{GJ_k} \tag{10.3.18}$$

式中　M_k——扭转力矩，N·m；

G——剪切弹性模量，Pa；

J_k——扭转惯性矩，m^4。

10.3.3　叶片的频率计算

风力机叶片的固有频率是重要的动态性能参数。叶片的固有频率应与风轮的激振频率错开，避免产生共振。固有频率既可以通过计算也可以通过实测确定。从工程设计考虑，叶片动态分析最重要的是频率计算。叶片频率计算的主要目的是利用复合材料的可设计性，调整叶片固有频率，使其与风轮的激振频率错开，这也就是叶片的调频设计。作用在叶片上的载荷频率与转速的整数倍有关。叶片的固有频率接近转速频率某一整数倍的一定范围就会产生较大的动应力，使叶片具有共振性质。因此叶片的固有频率需离开共振频率一定距离，这个距离常用百分比表示，称为叶片的共振安全率。我国目前还没有风力机叶片共振安全率的标准。参考其他类型叶片评价标准，如汽轮机叶片、轴流风机叶片评价标准，要求固有频率避开 2 倍转速频率±15%，3 倍转速频率±8%，4 倍转速频率±6%，5 倍转速频率±5%，6 倍转速频率±4%。风力机转速有一定的波动，故要求风力机叶片固有频率避开共振频率应更大些。丹麦

的3叶片风力机要求叶片一阶振动频率超过3倍频率的20%。

作用在叶片上的气动载荷是动载荷,与周期变化、交变频率和风轮转速有关,其频率为风轮转速的整倍数。对于3叶片风力机组,频率为转速3倍的动载荷分量最大。为避免叶片共振或产生较大的动应力,必须避免叶片固有频率与转速的整倍数重合。采用伽辽金法求解双横向弯曲与扭转耦合的旋转叶片振动方程,可求得叶片的频率和振型。通过复合材料叶片铺层设计和气动外形的优化,可以使叶片的自振频率避开叶片共振区,以满足叶片的动态性能要求。

10.4 复合材料叶片的工艺设计

制造叶片的材料和工艺对其成本存在决定性。综合考虑性能、成本、可靠性等因素,选取合适的原材料及制造工艺是复合材料叶片研制的关键之一。

10.4.1 原材料的选择

风力机叶片曾用木材和金属来制造,但随着风力机向大型化的发展,近年来已基本采用纤维增强树脂基复合材料来代替,如每台3 MW的风力机叶片就重达十几吨,其中将消耗60%的纤维织物和40%的树脂。复合材料叶片的原材料主要由增强材料、树脂基体、涂料、黏合剂、夹芯材料五部分组成。

(1) 增强材料

叶片的增强材料通常选择E-玻璃纤维及其制品、S-玻璃纤维、碳纤维或芳纶纤维。纤维及其制品的牌号、性能、规格应符合现行国家标准或行业标准。叶片在展向承受着较大的离心力和弯矩,因此选用单向织物是非常有利的。常用的单向织物有4∶1布和7∶1布。选用适量的1∶1平衡型纤维布作±45°铺设,可提高叶片的扭转刚度和剪切强度。为了更好地利用纤维增强材料,目前开发了很多种多轴向编织物,以满足不同的需要,使灵活的结构设计得到更好的体现。由于无卷曲的多轴向缝编织物在导流、渗透、强度方面具有更多优越性,成为叶片的主要增强材料,品种包括±45°双轴向、三轴向和四轴向织物。由于目前碳纤维的价格比玻璃纤维高得多,对于弯矩不是很大的叶片,一般选用玻璃纤维作为增强材料就可满足刚度和强度要求。当叶片长度增加时,重量的增加要快于能量的提取,因为叶片重量与风轮半径R近似成3次方关系,而风机产生的电能与风轮直径的平方成正比。随着叶片朝着超大型化和轻量化的方向发展,对增强材料的强度和刚度等性能也提出了新的要求,玻璃纤维在大型复合材料叶片制造中已显现出刚度的不足。为了确保在极端风载下叶尖不碰塔架,叶片必须具有足够的刚度。大型叶片采用碳纤维增强可充分发挥其高弹轻质的优点,既可减轻叶片的重量,又能满足强度与刚度要求。价格是制约碳纤维大规模应用的关键因素。碳纤维在叶片上的应用一般以碳纤维/玻璃纤维混杂的形式出现。当风力机超过3 MW、叶片长度超过40 m时,其叶片内主承力梁、前后翼形边缘部分和根部等关键受力部位所用增强材料,可以根据需要采用大丝束碳纤维或碳纤维与玻璃纤维混杂复合材料结构,不仅可以提高叶片的承载能力,同时,利用碳纤维的导电性能,通过特殊的结构设计,可有效地避免雷击对叶片造成的损伤。

(2) 树脂基体

树脂是复合材料叶片的重要基体材料,直接关系到叶片的强刚度。要求树脂具有较高的强度、良好的韧性、低黏度(一般要求树脂体系的黏度为100～800 mPa·s,最佳黏度范围为

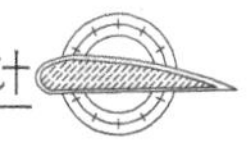

100～300 mPa·s)、低温固化、凝胶时间可变易控等特性。叶片通常都处于非常恶劣的气候条件和交变载荷工况下长期全天候运行,要求固化树脂具有优异的耐候性、耐海水环境腐蚀、耐紫外线辐射作用和抗疲劳性能。从气动效率来看,希望叶片型面精确,因此要求树脂收缩率小。环氧树脂的黏结力强、固化方便,所制成的复合材料强度高、耐疲劳性能好、收缩率低、化学稳定性好,目前兆瓦级以上的风力机叶片主要采用环氧树脂作基体材料,选用的型号通常是黏度较低、耐候性好、耐老化性好的氢化双酚 A 型环氧树脂或脂肪族环氧树脂等特殊品种。用于环氧树脂的固化剂主要是各种胺类固化剂,可以根据要求选用。对 1 MW 以下的中小型叶片的基体树脂可选用乙烯基酯树脂或不饱和聚酯树脂。为缓解对单一材料的依赖和降低成本,乙烯基酯树脂可能会进入兆瓦级叶片的选材。跟环氧树脂相比,乙烯基酯树脂的优点是黏度较低,固化性能较好。胶衣树脂在固化条件下,应具有良好的韧性、防潮性、耐磨性、低吸水性和防紫外线辐射性能,胶衣树脂中只允许添加触变剂、颜料和固化剂。树脂及所有添加物的牌号、规格、性能应符合现行国家标准或有关行业标准。

微波固化具有独特的"场效应"和快速"体加热"特性,因而树脂固化速度快且均匀、黏结质量高。叶片、叶片模具的厚度和面积都较大,因此,物料固化过程中热量散布困难且不均匀,传统的固化工艺(电加热原理)无法快速而均匀地把热量传递到物料内部。德国弗劳恩霍夫化学研究所利用树脂可吸收微波的原理,研究出用于碳纤维复合材料的微波固化工艺。研究表明,微波加热的复合材料物料的黏度较低,使其室温下变硬速度较慢,纤维更易融入树脂基体里,工艺修正时间很宽裕。该工艺的效率高、制品质优,废品、污染物极少,但对固化物件的安放位置要求精准、严格。

(3) 胶黏剂

胶黏剂是叶片的重要结构材料,直接关系到叶片的强刚度。每生产一只兆瓦级叶片大约要使用 100～300 kg 的胶黏剂。要求胶黏剂具有较高的黏合强度和良好的韧性,具有良好的抗潮湿和耐老化能力,25 年无蠕变,且要有良好的操作工艺性,如具有不坍塌、易泵输、低温固化等特性。纤维增强塑料间或与其他材料间的粘接,只允许使用无溶剂的胶黏剂,最好使用双组分反应型胶黏剂。如有可能,应使用与成型叶片所使用树脂相同性质的胶黏剂。目前叶片使用的胶黏剂主要是由环氧树脂和聚氨酯两部分组成的,有些公司还在研制的胶黏剂中使用添加剂,以提高其耐剪切应力和耐剥离能力。同时,各种含短切碳纤维的胶黏剂和胶黏促进剂也陆续开发出来。

叶片对胶黏剂的选择和使用,要兼顾以下几个要点。首先是重量问题。胶黏剂的流动性会显著影响到粘接部分的形状和尺寸而导致用量的差异,较差的流动性使结构胶黏剂不能均匀地填充粘接面,从而带来更多的浪费。选择具有适当的密度和流动性的结构胶黏剂,可以使叶片重量减少 50～100 kg。而随着叶片尺寸的不断加大,采用此种方法来降低叶片总重在工艺设计中变得尤为重要。其次是固化时间问题。为了防止胶黏剂在固化过程中产生开裂,可以适当延长固化时间以减少热应力集中,但这样不可避免地将降低生产效率。而选择高韧性胶黏剂,可以缩短固化时间,从而提高生产效率,并为更进一步地改进固化周期提供了可能性。

(4) 夹芯材料

为了提高叶片的刚度同时又能减轻叶片的重量,在叶片中添加了夹芯材料。常用的夹芯材料有两种,一种是轻木,另一种是泡沫塑料。但是不管是哪种夹芯材料都应满足以下特点:①密度低;②具有较高的强度和硬度;③比热小,受气温变化影响小;④有良好的耐化学腐蚀性能;⑤有良好的阻燃性能;⑥与树脂有良好的结合性。

轻木(Balsa),又称南美的厄瓜多尔的轻木、巴尔沙木,密度小于 180 kg/m^3,含水率为8%～10%。它是由紧密排列的细胞结构组成的,经过防腐和杀虫处理,并进行消毒和烘焙,具有轻质高强等特点,还可以起到防护外来冲击的作用,是目前叶片夹芯材料中最优的选择。轻木具有以下几项优点:①比强度高;②抗压缩性能好;③与面板粘接性能好;④操作简单,工艺性好;⑤绝热、隔音性能好;⑥抗冲击性和抗疲劳性高;⑦阻燃性好;⑧耐水性能优良;⑨操作温度范围宽(－212～163℃);⑩是天然的可再生资源。根据铺层设计方案,预先将轻木裁剪成各种轮廓板。为了便于铺层的粘接,在铺放轮廓板之前可以用树脂胶液对轮廓板进行预浸。

硬质泡沫塑料可以作为芯材,使用的泡沫塑料应为闭孔结构,应能与所选用的树脂和胶黏剂匹配。用作复合材料叶片芯材的泡沫塑料通常是聚氯乙烯(PVC)泡沫板和聚氨酯硬质泡沫塑料。PVC 泡沫轮廓板可根据产品尺寸“量体裁衣” 直接用到叶片制作上,省时省料,可降低成本。聚氨酯硬质泡沫塑料与环氧树脂有良好的黏结力,因此可将预发的泡沫塑料芯在叶片成型时直接填入,也可在空腹叶片中直接浇注泡沫塑料胶液。在已发好的聚氨酯泡沫塑料上再次浇注同类胶液,其界面的黏结性能基本不受影响,因此在发制大型芯材时可分次浇注。

聚氨酯硬质泡沫塑料的配方很多,目前在叶片中常用的是聚醚型聚氨酯,其中又分为多组分和双组分两种配方。多组分发泡原料现配现用,原料品种较多,使用较麻烦,目前通常采用以组合聚醚为基础的双组分发泡原料制备泡沫塑料叶芯。组合聚醚是聚醚、催化剂、发泡剂和稳定剂的混合物,它的贮存期可达 6 个月,使用时只要将组合聚醚与 PAPI (重量比为[(100～110)∶100]混合搅拌均匀后即可浇注,使用非常方便。

(5) 外部涂料

外部涂层对提供光滑的空气动力学表面和防护叶片的抗紫外线降解、耐海水环境腐蚀、湿气侵蚀和风沙造成的磨蚀都是必不可少的。通常可采用聚酯、聚氨酯、乙烯基酯或环氧基材,主要的要求包括它与许多层压材料具有良好的附着力,易于混合、砂纸打磨及其他加工处理,易于快速固化和修理。各大涂料公司都开发了新一代的涂料,包括快速固化、易于混合、附着力强、耐磨性好、耐海水环境腐蚀,具有更好的防紫外线老化性能等。

10.4.2 叶片成型模具

风力机复合材料叶片模具是叶片生产制造的核心工艺装备之一。其中,模具的设计、材料选择、制造工艺选取对模具的性能和成本起决定性作用。当前,复合材料叶片模具追求形状稳定性好、结构强度和刚度高、重量轻、生产制造成本低、翻转精度高、气密性好、加热均匀可靠、运行安全、安装和维护方便等,并且能使复合材料叶片生产成本下降,提高经济收益。复合材料叶片模具基本上是由不饱和聚酯树脂、乙烯基酯树脂和环氧树脂等热固性基体树脂与玻璃纤维等增强材料以及钢结构、翻转机构、加热系统、真空系统等重要部分组成。模具表面要求光滑、平整、密实,无裂纹、针孔,以保证产品的表观质量,其表面光泽度应达到 90 以上,表面粗糙度小于 10 μm,模具表面的巴氏硬度达到 40 以上,以保证产品表面质量,减小脱模时的损伤。

对外形复杂、结构特殊、质量分布及型面精度要求较高的叶片来说,采用低压对模成型是比较方便的。对模法是指复合材料被约束在两个模具面之间而获得固化的一种成型方法。对模法又有干法热压工艺和湿法冷压工艺之分。干法热压工艺生产效率高,环境污染小,但它需配备专用设备及精密的金属对模,投资大,并受到制品尺寸和叶腔结构的限制。对产量较大而

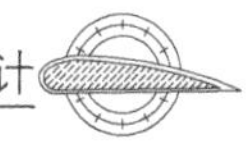

尺寸较小的实心叶片可用干法热压工艺。对中型或大型叶片来说，可采用手糊工艺成型叶片。为了降低模具成本，减轻模具重量，大型复合材料叶片的模具制造逐渐由金属模具向着复合材料模具（采用钢结构支持以满足模具的刚性要求）转变，不仅可以大大降低模具的成本，还可以把复合材料叶片做得更长。另外，由于模具与叶片采用了相同的材料，模具材料的热膨胀系数与叶片材料基本相同，制造出的复合材料叶片的精度和尺寸稳定性均优于金属模具制造的叶片产品。模具的合模翻身可采用铰链式翻身机构，以降低模具移动翻身过程中的变形和由于自重引起的疲劳破坏。

成型叶片的对模是由两个对合的阴模所组成的。对于纤维织物湿法层合产品，一般采用敞口式模具。叶片型面的精确度、粗糙度均由模具的型腔决定。模具材料和结构形式较多。在叶片研制阶段通常采用木模，小批量生产的叶片可采用金属框架式复合玻璃钢模具。为了便于脱模，模具的分模线应该沿着叶片最大弦宽的轨迹，同时还可在模具的端部安装活络顶块。为了防止叶片模具合模时错位，应在上、下模的分模面上设置几个合金钢定位销，定位销的端部应有一定的锥度，这样便于合模。定位销与木模之间的连接可采用木螺钉。为了使铺覆成型的叶片密实，模具必须附有加压装置。加压装置分横向加压和叶根加压两种。横向加压可采用若干横梁和螺杆分段加压。叶根加压主要用在制造翻边法兰叶根的叶片上，它是用金属厚钢板制作，目的是将叶片翻边压密实。

为了提高生产效率（当采用环氧树脂作基体时，固化一般需要加热），可考虑在模具中内置热源，如铺设流体加热管路或电热布等，通过内置热源对模具的加热来实现叶片的快速固化，从而达到不受自然条件制约的、可连续进行的生产。在最近几年内，高温膜加热系统开始逐渐应用于风电模具制造行业，高温膜为远红外线面状发热材料，厚度约为 0.5 mm，功率为 530 W/m^2。该产品采用了多层覆膜技术和独特的生产工艺和设备，PET 面层的耐高温性能良好，产品通电后，在没有任何东西覆盖的情况下表面温度可达到 70℃，如预埋于玻璃钢之内，温度可达到 100℃以上，高温膜自身的熔点为 257℃。高温膜的主要特点有以下几方面：发热原理为远红外线辐射热；产品工作时整个面发热，温度均匀、控制方便；为绿色节能环保产品；重量较轻，为模具减重显著；施工方便，与水加热层的制作相比，较为简单；克服了传统水加热系统的温度达不到要求的缺陷；克服了传统电阻丝加热系统的温度难以控制、电加热发热不安全等问题。

目前发泡模具一般也在成型叶片的对模中用玻璃钢来制作。按叶片的铺层要求，在叶片成型模具中铺糊上、下半壳，其前后缘均按叶型卡板修理。根据实践经验，硬质泡沫塑料叶芯的总尺寸应比理论尺寸放大 0.5～1 mm。型腔的公差由布层厚度来调整，例如，叶片采用 0.23 mm 厚纤维布铺设的话，发泡模具可选用 0.21 mm 厚的纤维布铺设。发泡模半壳整修后，取下其中半片，置于另外半片壳体上，使两个壳体的前、后缘分界面吻合，然后在壳体的背面铺糊一定厚度的玻纤布增强，并加糊分模面法兰边。另半片壳体亦做同样处理。两个半壳制作完毕后，沿法兰边钻孔，用螺栓连接固定即为简单的发泡模具。

10.4.3 叶片成型工艺

传统复合材料叶片的制造多采用手糊工艺。手糊工艺的主要特点是采用手工操作、开模成型（成型工艺中树脂和增强纤维需完全暴露于操作环境中）、生产效率低，产品的动静平衡保证性差，适合于产品批量较小、质量均匀性要求较低的中小型复合材料叶片的成型。

大型风力机叶片大多采用组装方式制造。分别在两个阴模上成型叶片蒙皮，主梁及其他复合材料部件分别在专用模具上成型，然后在主模具上把两个蒙皮、主梁及其他部件胶接组装在一起，合模加压固化后成整体叶片。目前在大型风电叶片生产中，预浸料和真空辅助树脂浸渗模塑工艺（VARIM)已成为两种最常用替代湿法铺层的技术。对于 40 m 以上的大型叶片，大多数制造商采用 VARIM 技术。

1. 空腹薄壁填充泡沫结构合模工艺

空腹薄壁填充泡沫结构通常只用于生产叶片长度比较短和批量比较小的时候，它由玻璃钢壳和泡沫芯组成。它的成型方法比较简单，主要有两种，一种是预发泡沫芯后整体成型，另一种是先成型两个半壳，粘接后再填充泡沫。它的特点是抗失稳和局部变形能力较强，成型时采用上下对模加压成型，对模具的刚度和强度要求高。

(1)袋压对模法。目前定型生产的小型叶片通常采用薄壁空腹中填充硬质泡沫塑料芯结构。对这种结构的叶片，可以采取预先制成空腹叶片，再将硬质泡沫塑料注入叶腔。空腹复合材料叶片可用袋压对模法成型。叶片在阴模中分上、下两半片成型，然后放置预先成型的刚化层及气压袋，合模并锁紧模具，充内压，待叶片固化后抽去气压袋即为空腹叶片。再在空腹叶片中浇注硬质泡沫塑料，并对叶片的前、后缘进行包边增强。其工艺流程如图 10.4.1 所示。

(2) 泡沫塑料叶芯填充对模法。制造薄壁泡沫塑料芯结构的叶片也可以采取预发泡沫塑料芯，在叶片铺覆成型过程中将它填入，并进行整体包覆，合模加压，固化后脱模的方法。其工艺流程见图 10.4.2。这种工艺，硬质泡沫塑料芯起阳模作用，未固化的复合材料叶片经阴模对压后，挤出了多余的树脂，使叶片的结构较致密；泡沫塑料芯可以增加叶片的刚度，不必取出，工艺简单；叶片采取前后缘整体包覆，因此叶片边缘纤维呈连续封闭结构。

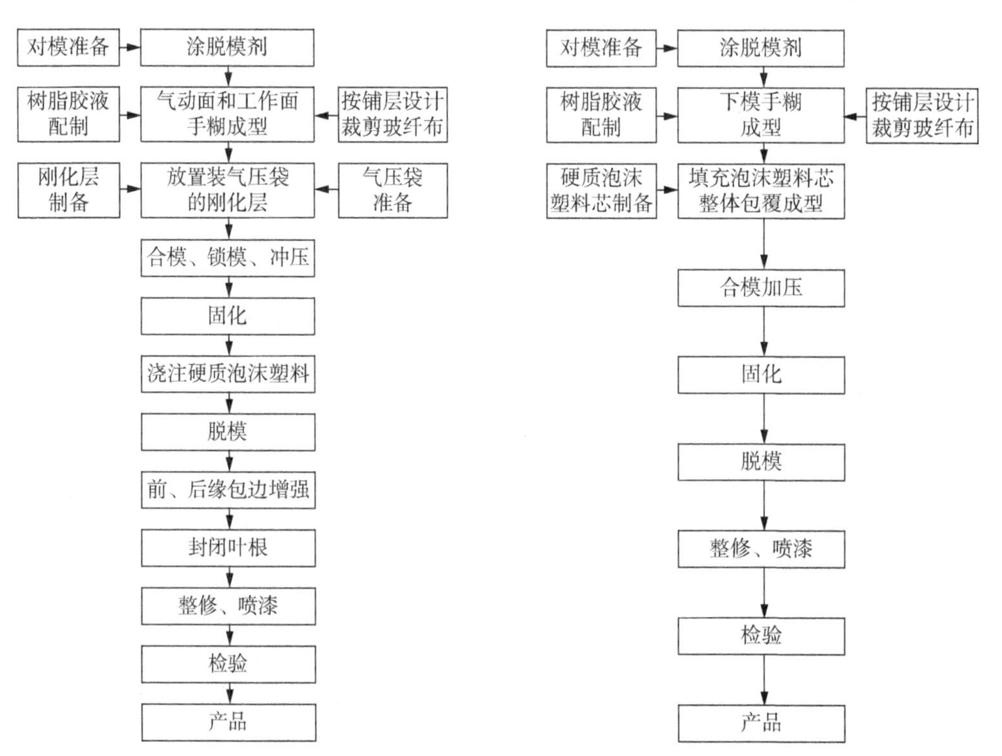

图 10.4.1 袋压对模法工艺流程示意　　**图 10.4.2 泡沫塑料叶芯填充对模法工艺流程示意**

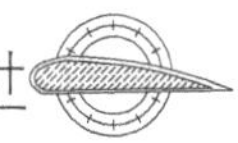

2. 预浸料/热压工艺

预浸料工艺，即干法成型，是将纤维先制成预浸料（是指定向排列的连续纤维或织物浸渍树脂后通过一定的处理过程所形成的一种储存备用的厚度均匀的薄片状半成品，是直接用来制造各种复合材料及其构件的中间材料，是进行铺层设计的基础），再将预浸料按设计要求进行不同角度的铺设制成预浸的层合结构，然后加温袋压固化成型，生产效率较高，现场工作环境好，增强材料铺设角度准确，提高了叶片的质量稳定性，应特别指出，当叶片用到碳纤维时，多采用预浸料/热压工艺成型。

目前预浸料制造已成为一种专门的工艺技术，由专业化工厂进行自动化生产，质量控制得到加强，产品性能稳定。预浸料在室温（20～23℃）的贮存期为 45 天。不同性能、规格、品种的预浸料已商品化，能够满足不同成型方法的要求。在实际的叶片生产中，由于叶片的蒙皮、主梁、根部等各个部位的力学性能及工艺要求各不相同，因而为降低成本，充分发挥各部分的优点，各部分应使用各种不同的预浸料制品。预浸料工艺是最简单的工艺，不需要昂贵的工装设备，但通常只用于生产叶片长度比较短和批量比较小的时候。预浸料在国外运用非常广泛，且其工艺及装备也发展到了相当成熟的地步。丹麦的维斯塔斯（Vestas）公司和西班牙的哥美飒（Gamesa）集团都采用纤维增强环氧树脂预浸料干法成型大型风力机叶片。

3. 真空辅助树脂渗透模塑工艺（VARIM）

真空辅助树脂渗透模塑工艺（Vacuum - assisted resin infusion molding，VARIM）又称闭模真空浸渗工艺，是在 19 世纪 80 年代后期在 RTM 工艺基础上发展起来的适合制作大型复合材料制品的一种新型的液体模塑成型技术。VARIM 工艺是利用薄膜胶带将增强材料密封于单面敞口模具上，采用真空泵抽真空，借助于铺在结构层表面的高渗透率的介质引导，将低黏度树脂吸入结构铺层中沿增强材料的表面快速浸渍，并同时向增强材料厚度方向进行浸润的一种工艺技术。与 RTM 工艺相比，这种成型工艺只需要一个模具面用来铺放纤维预成形体，另一面采用真空袋覆盖，制作方便，适用于紫外光或电子束加速固化，可显著降低成本；该工艺是由电脑控制的树脂分配系统先使胶液迅速在长度方向充分流动渗透，然后在真空负压条件下沿厚度方向缓慢浸润和渗透，明显改善了浸渍效果，产品质量能得到有效的保证。VARIM 工艺对制品尺寸和形状限制较少，使大尺寸、几何形状复杂、整体性要求高的构件的制造成为可能。

用 VARIM 工艺成型复合材料，树脂的消耗量可以进行严格控制，纤维体积含量可高达 60%，制品孔隙率小于 1%，制品力学性能优良，而且产品尺寸不受限制，可以进行芯材、加筋结构件的一次成型以及厚壁、大型复杂几何形状构件的制造，提高了产品的整体性，材料和人工的节省实为可观，还可以将挥发性有毒气体的排放量控制在最小程度，是一种高性能、高效率、低成本、良好环保性的复合材料成型工艺。VARIM 工艺适用于质量要求高、尺寸较大、形状复杂的大型厚壁制品的大批量生产，非常适合一次成型整体的大型风力发电机叶片（纤维、夹芯和接头等可在模腔中一次共成型，无需二次粘接）。目前兆瓦级风力机复合材料叶片制造主要采用这种成型技术。丹麦艾尔姆（LM）玻璃纤维制品有限公司是目前世界上风力发电叶片最大的专业制造商，他的叶片是采用 VARIM 工艺生产的，开发了长达 60 m 的风电叶片。

要充分发挥 VARIM 工艺的特点，达到高水平的品质，应该注意增强材料的特性、树脂黏度、树脂种类、浸渍程度、浸渍时真空度的选择、树脂的凝胶及固化情况等。采用 VARIM 工艺制造叶片的主要工序如下。

(1) 模具设计及准备。模具设计必须合理，特别对模具上树脂注入孔的位置、流通分布更要注意，确保基体树脂能均衡地充满任何一处。对加工好的模具表面进行清理，并涂覆硅胶等脱模剂。

(2) 铺覆增强材料。根据设计要求，在单面刚性模具上铺覆纤维织物及其纤维预成型体等，增强材料的外形和铺层数根据叶片设计确定，要保证纤维织物铺覆平直，以获得良好的力学性能。纤维织物的外形、型号、铺层数、位置、方向及其搭接尺寸必须满足设计要求。在先进的现代化工厂，采用专用的铺层机进行铺层。注意尽可能减少复合材料中的孔隙率。

(3) 布置真空管路，并真空包覆。根据工艺要求，依次铺设脱模布、剥离层介质(一般选用低孔隙率、低渗透率的 PE 或 PP 多孔膜，其作用是将制品与高渗透介质或真空袋膜分隔开)、高渗透导流介质(通常可采用尼龙网和机织纤维，其作用是保证树脂在真空灌注过程中能够迅速渗透和流动，以大幅度提高充模流动速率)和树脂灌注管道，合理布置真空导气管道。然后用密封胶黏带将增强材料及真空辅助介质(脱模介质、高渗透导流介质、导气介质等)密封在弹性真空袋膜(通常可采用耐高温尼龙膜或聚丙烯膜)内，并抽真空排除纤维增强体中的气体，完成树脂的流动、渗透，实现对增强体的浸渍。在生产中需要保证整个密闭模腔达到预定的真空度。这一步较为关键，通常在正式生产前需要结合理论模拟和反复试验确定工艺参数，以保证达到最佳化。

(4) 树脂优选、灌注及固化。优选浸渗用的基体树脂，特别要保证树脂的最佳黏度及其流动性。在真空负压条件下，将混合好的树脂胶液通过灌注管道导入密闭模腔内，并充分快速渗透和浸渍被大气压力作用压实的增强材料预成型体，待树脂充满整个模腔后，关闭树脂流道。继续维持较高的真空度，在室温或加热条件下液体树脂发生固化交联反应，得到蒙皮坯。

(5) 蒙皮粘接及后固化。在蒙皮完成固化成型后，将上、下蒙皮和腹板粘接成为整体，并按照规定的工艺进行后固化。

(6) 后处理。叶片脱模后，对叶片进行切边、补强、修整、打磨及涂装处理后，最终得到制品。

4. 拉挤工艺

在垂直轴风力发电机组中，叶片为鱼骨型不变截面，且不需考虑转子动平衡问题，可采用拉挤工艺方法生产。用拉挤成型工艺生产复合材料叶片可实现工业化连续生产，不仅能够降低叶片的生产成本，提高叶片的生产率，还能确保产品质量。产品无需后期修整，质量一致，无需检测动平衡，成品率达 95%。拉挤成型叶片的横截面可设置多个间隔空腔，以增加刚度，降低自重。与其他成型工艺方法相比，用拉挤成型工艺方法生产复合材料叶片成本可降低 40%。拉挤工艺对材料配方和拉挤工艺过程要求非常严格，国际上目前只能拉挤出 600～700 mm 宽的叶片，用于千瓦级风力发电机上。我国目前已研制成功用于兆瓦级垂直轴风力发电机的叶片，截面尺寸为 1 400 mm×252 mm，壁厚为 6 mm，长度为 80～120 m，属于超大型薄壁中空多腔异型材。

5. 缠绕工艺

大型风机叶片大多采用复合材料 D 型主梁或 O 型主梁与复合材料蒙皮 (壳体)组合的结构形式。该种结构的大型叶片一般采用缠绕工艺成型 D 型或 O 型主梁，分别在两个阴模上用 VARIM 工艺成型蒙皮，然后在主模具上把两个蒙皮、主梁及其他部件胶接组装在一起，合模加压固化后成整体叶片。由计算机控制的缠绕设备具有五种功能，即移动台架、转动芯轴、伸缩工作臂、升降杆臂以及变动缠绕角。美国生产的 WTS－4 型风力机叶片即采用了这种方法，单片叶片长度达 39 m，重 13 t，其生产过程是完全自动化的。

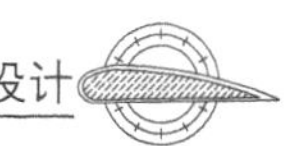

10.5 复合材料叶片的试验工作

复合材料叶片试验的基本目的是在一个合理的置信度下证明:按相应标准制造出的一种型号叶片,在特定极限状态下具有所规定的可靠性。或者更确切地说是为了验证叶片不会达到指定的极限状态。由此证明叶片具有其设计规定的强度和使用寿命。在试验中应证明:叶片在设计使用寿命内能够承受设计规定的极限载荷和疲劳载荷。国际上绝大多数国家要求所安装的风力机得到认证,以保证其质量。欧盟建议采用标准 IEC 61400 统一认证规则和要求。我国复合材料叶片试验工作的主要依据是国家标准"GB/T25384—2010 风力发电机组风轮叶片全尺寸结构试验",该标准规定了风轮叶片全尺寸结构试验的总则、叶片数据、设计与试验载荷、试验载荷系数、载荷分布、失效模式、试验程序和方法、叶片特性的其他试验和组件试验。

为了验证风力机叶片结构设计的正确性、可靠性和制造工艺的合理性,并为设计、制造工艺的完善和改进提供可靠的依据,根据国家标准及船级社关于风力机的认证规范要求,应对新研制的复合材料叶片进行气动性能试验、固有特性试验、静力试验、疲劳试验、解剖试验、叶片随件试件试验、雷击试验等,试验结果作为产品定型的审查文件。

对于新研制的叶片,要求进行风洞模型试验和风场实测,目的是验证风轮在各种工况下的气动性能,对于变距叶片还要试验各个变距角度下的气动性能。对于购买专利或许可证生产的叶片,一般只要求进行风场实测。

在定桨距风力发电机组中,有的叶片设计有叶尖气动刹车机构。在叶片研制过程中,要对这一机构的功能进行分析和验证。

对于新研制的叶片,都要求进行叶片固有特性试验,其目的是测量叶片的固有频率,为叶片动力分析、振动控制提供原始依据,并验证动力分析方法的正确性。试验件应从试制批中抽取。试验项目包括:①叶片挥舞弯曲振动至少一、二阶固有频率;②叶片摆振弯曲振动至少一阶固有频率;③叶片扭转振动的一阶固有频率(必要时)。

对于新研制的叶片,要求做叶片静力试验;对于批生产叶片,在工艺做重大技术更改后,也要求做静力试验,其目的是为了验证叶片的静强度储备,并为校验强度、刚度计算方法以及结构合理性提供必要的数据。试验测定的有关数据还可供强度设计、振动分析使用。试验件应是具有静强度试验要求的全尺寸叶片,一般可从试制批中抽取,可作不影响静强度试验的再加工,以便与试验工装连接和加载,件数一般为一件。试验夹具要尽量模拟叶片的力学边界条件,并尽可能小地影响叶片的内力分布。试验应先进行刚度测试(包括:挥舞、摆振刚度;必要时,也应测量扭转刚度),再进行静态强度试验(测定复合材料叶片在全载荷作用下,叶身各截面处的应力、应变、挠度分布情况及叶尖最大挠度,有的直到破坏以验证破坏位置、破坏模式和安全余度,并与设计计算的理论值相比较)。进行刚度测量时,试验载荷不超过设计载荷。在试验载荷作用下,加载部位不得有残余变形和局部损坏。在试验过程中,按任务书规定的试验载荷,采取逐级加载逐级测量的试验方法,对同一试验内容一般不少于三次试验,或用不同的试验方法验证数据的重复性和准确性。进行静强度试验时,试验载荷应尽量与叶片设计载荷一致,既要满足叶片的总体受力要求,也要满足叶片的局部受力要求。

对于新研制的叶片,要求进行叶片疲劳试验;对于批生产叶片,在工艺做重大技术改进后,也要求做疲劳试验。其目的是为了暴露叶片的疲劳薄弱部位,验证设计的可靠性、工艺的符合性，为改进设计、工艺、编制使用维护说明书、确定叶片使用寿命提供依据。试验件应是具有静强度要求的全尺寸叶片，一般可从试制批中抽取，并做不影响静强度要求的再加工，以便与试验工装连接和加载，试验件数根据实际情况取 1～2 片。疲劳试验主要验证疲劳寿命和疲劳薄弱环节。全尺寸叶片疲劳试验是一项重要的试验内容，在实验室里验证叶片能否使用 20 年。根据叶片疲劳载荷谱，在 20 年使用期，疲劳载荷交变次数应达 10^8 次量级。对于大型叶片，试验加载速度在 1 次/秒左右。为加速疲劳试验速度，应加大载荷，减少试验次数，一般加载次数达 500 万次，需 2～3 个月。试验载荷谱应根据损伤等效原则确定。

解剖试验属于预生产试验范畴，应在工艺试模取得全面检查合格以后进行，目的是确定复合材料叶片各验证位置的材料性能，检查工艺与设计的符合性，以便为设计调整、工艺参数修正提供依据。试验件应是工艺试模件，对于材性试验，可根据设计要求铺设局部切面，其他项目试验可选用疲劳试验后的试件。试验项目包括：①成型工艺质量（型腔节点位置、前后缘黏结质量、内填件的黏结质量等）；②主要承力部分材性试验（密度、拉伸强度、拉伸模量、剪切模量等）；③质量分布特性。

叶片随件试件试验是每件复合材料叶片生产时都要进行的常规试验，目的是保证工艺、材料稳定性，对于叶片来说，由于实际原因，不可能对产品进行破坏，需要对每一片叶片安排一个随模试件，对其主要性能进行测试，该测试结果按常规检验填写在叶片履历本或合格证上。该随模试件要求和叶片一起成型，最好共用一个模具，否则，该试件的工艺参数要求和叶片成型一致，试件尺寸按设计要求，切割成符合材性测量的标准试件。试验项目为：①拉伸强度；②拉伸模量；③弯曲强度；④弯曲模量；⑤剪切强度；⑥剪切模量。试验方法按国家相关标准进行。

雷击试验的目的是为了考核叶片防雷击保护系统的性能，确定叶片抗雷击的能力。试验件为全尺寸叶片或模拟样件。雷击保护系统的设计和防雷击试验主要按 GB/Z 25427—2010 要求进行。

试验标准中涉及的全尺寸试验是在少数试验件上进行的，由于只用 1～2 片叶片试验，因此不能获得产品叶片的强度统计分布。尽管试验能够对相应叶片型号提供有效的信息，但它不能替代严密的设计方法，也不能代替叶片批量生产中的质量保证体系。

思考题与习题

10－1　为什么复合材料能取代金属用于制造叶片？

10－2　为什么说复合材料叶片的设计思想充分体现了复合材料的可设计性？

10－3　复合材料叶片纵剖面应如何进行结构设计？

10－4　复合材料叶片横剖面应如何进行结构设计？

10－5　简述复合材料叶片应如何进行铺层设计。

10－6　复合材料叶片应如何进行叶根设计？

10－7　复合材料叶片的强度计算和刚度计算应如何进行？

10－8　复合材料叶片的原材料主要包括哪些？介绍复合材料叶片对各种原材料的要求。

10－9　复合材料叶片可用哪些成型工艺方法制作？

10－10　叙述真空辅助树脂渗透模塑工艺制作复合材料叶片的工艺过程。

10－11　对新研制的复合材料叶片应进行哪些试验？试验如何进行？

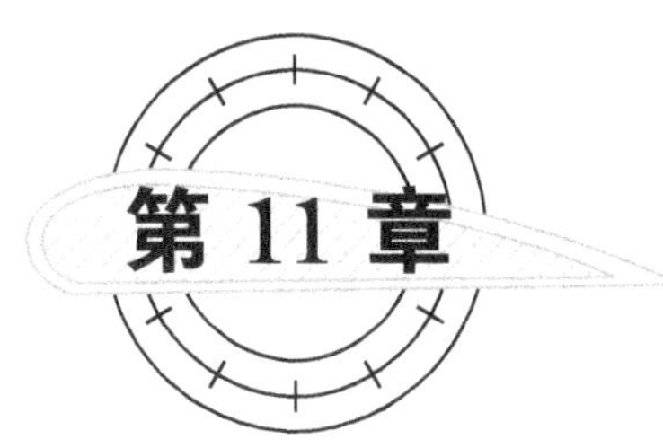

复合材料冷却塔设计

11.1 引言

水是人类生存与发展的生命线，是国民经济与生态环境的命脉，是实现可持续发展的重要物质基础。我国是一个淡水资源严重缺乏的国家，总储量居世界第五位，人均拥有量为世界人均的 1/4，而且分布很不平衡，不少城市和地区发生过水荒。随着国家经济建设的高速发展，一方面淡水消耗量急剧增加，另一方面又大量排放废水，不仅破坏了生态平衡，而且污染了环境。城市是用水大户，占到总用水量的 70%～80%，工业企业又是城市的用水大户，占了城市用水量的 70%～80%，而工业用水中又有 70%～80%的为冷却用水，可以循环冷却重复使用，所以采用循环冷却水系统对节约用水、保护环境和减少能耗都具有重大的现实意义。而冷却塔(Cooling tower)正是冷却循环水系统中的关键设备。

冷却塔是一种通过空气与水在淋水填料中的相对流动，利用水的蒸发以及空气和水的热传导带走水中热量的设备或构筑物。以往的冷却塔采用木结构、钢结构和钢筋混凝土结构。木结构塔需耗大量优质木材，且防腐处理困难，基本上已被淘汰；钢结构塔的围护钢板防腐问题尚无较好的解决办法；钢筋混凝土结构塔的制造周期长，投资和占地面积大，施工困难，使冷却塔的应用受到限制。

复合材料冷却塔通常是指选用复合材料材质作为主体结构材料的冷却塔，目前在冷却塔中使用的复合材料主要是玻璃纤维增强塑料(玻璃钢)。玻璃钢零部件包括冷却塔的塔体外壳(围护结构)、风筒、风机叶片、进风百叶窗、布水管、挡水板、收水器、导风板等，冷却塔的主框架结构可采用拉挤玻璃钢型材，部分管道、淋水填料和支架也有采用玻璃钢的。我国研制生产玻璃钢冷却塔已有 40 余年的历史，已开发出多种类型、不同规格的玻璃钢冷却塔，其生产技术水平和产品质量不断提高，新型、高效、超低噪声、节能型冷却塔不断出现，冷却水量最小的冷却塔为 8 m^3/h，最大的冷却塔已达到 5 000 m^3/h，风机直径达到 9.14 m。冷却塔是我国比较成功地大量使用玻璃钢零部件的制品，玻璃钢冷却塔也是我国复合材料工业中产量最大的定型制品之一。

玻璃钢冷却塔具有耐腐蚀、易成型、重量轻、强度高、耗电省、冷效高、成本低、结构紧凑、造型美观、占地面积小、安装维修方便等优点，较好地解决了防腐问题。采用这种冷却塔还可以使结构优化、线型准确，从而实现了工厂专业化生产，缩短了建造周期。现在循环水量 1 000 t/h 以内的机械通风冷却塔，几乎全部被玻璃钢塔取代，成为循环供水的重要设备，在改善生活环境、有效利用水资源方面起到了非常显著的作用。玻璃钢冷却塔是集中空调系统的重要组成部分，在大型建筑和石油化工、冶金、电力等工业领域已获得广泛应用。

冷却塔的工作原理是：热水由进水管进入塔的上部，由布水孔分散成细小水滴，均匀分布在塔内的淋水填料上，在其表面形成向下流动的水膜，以一定的滞留时间与空气相接触；空气从进风口进入，再被装于塔顶部的轴流式风机抽走，空气在塔内流通过程中与淌下来的热水在填料层表面进行热交换，使热水得到冷却。

冷却塔按空气和水在淋水填料中相对流动的方向不同可分为逆流式冷却塔和横流式冷却塔两大类。前者水在淋水填料中由于重力作用自上而下流动，空气迎着水流自下向上逆向流动；后者水从上向下流动，空气呈水平方向横向流动。根据塔体形状又分为圆形塔、方形塔。

冷却塔按用途不同也可分为两大类。一类是配套用于空调，进出塔水温差与配套使用的冷冻机匹配，该类塔简称为标准型塔；另一类主要用于工业循环水的冷却，简称为工业型塔（G 型）。工业型冷却塔采取增大塔体直径、风量、风压、功率、填料高度等一系列措施，适合于水温降较高的工业用水的冷却。在标准型塔中，又由于环境对塔的噪声要求的不同，可分为普通型塔（P 型）、低噪声塔（D 型）及超低噪声塔（C 型）等 3 种，三者不同的是噪声指标。设计复合材料冷却塔应按照国家标准“GB/T 7190.1—2008 中小型玻璃纤维增强塑料冷却塔”或“GB 7190.2—2008 大型玻璃纤维增强塑料冷却塔”执行。国家标准规定的各类中小型玻璃钢冷却塔标准设计工况(Designing working conditions)及噪声指标见表 11.1.1 和表 11.1.2，标准要

表 11.1.1 中小型玻璃钢冷却塔的标准设计工况

标准设计	塔型				标准设计	塔型		
	P 型	D 型	C 型	G 型		D 型	C 型	G 型
进水温度 t_1/℃	37			43	湿球温度 τ/℃	28		
出水温度 t_2/℃	32			33	干球温度 θ/℃	31.5		
设计温差 Δt/℃	5			10	大气压力 p_0/kPa	99.4		

表 11.1.2 中小型玻璃钢冷却塔的噪声指标

名义冷却水流量/(m^3/h)	噪声指标 dB(A)				名义冷却水流量/(m^3/h)	噪声指标 dB(A)			
	P 型	D 型	C 型	G 型		D 型	C 型	G 型	
8	66.0	60.0	55.0	70.0	300	72.0	66.0	61.0	75.0
15	67.0	60.0	55.0	70.0	400	72.0	66.0	62.0	75.0
30	68.0	60.0	55.0	70.0	500	73.0	68.0	62.0	78.0
50	68.0	60.0	55.0	70.0	700	73.0	69.0	64.0	78.0
75	68.0	62.0	57.0	70.0	800	74.0	70.0	67.0	78.0
100	69.0	63.0	58.0	75.0	900	75.0	71.0	68.0	78.0
150	70.0	63.0	58.0	75.0	1000	75.0	71.0	68.0	78.0
200	71.0	65.0	60.0	75.0					

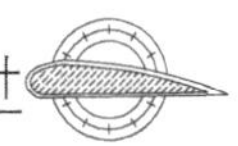

求：冷却塔的飘水率(Drifting ratio，为单位时间内从冷却塔风筒飘出的水量与进入冷却塔水量之比)不大于名义冷却水流量(Nominal cooling water capacity)的 0.015%，按水温降对比法求出的实测冷却能力与设计冷却能力的百分比(η)不小于 95%，标准型塔耗电比(Consumptive electric power ratio，是指实测风机电动机输入功率与实测冷却水量之比)不大于 0.035 kW/(m^3/h)，G 型塔耗电比不大于 0.05 kW/(m^3/h)。

冷却塔按生产厂商特记符号、噪声等级、进出水温差、名义冷却水流量和标准号进行标记。

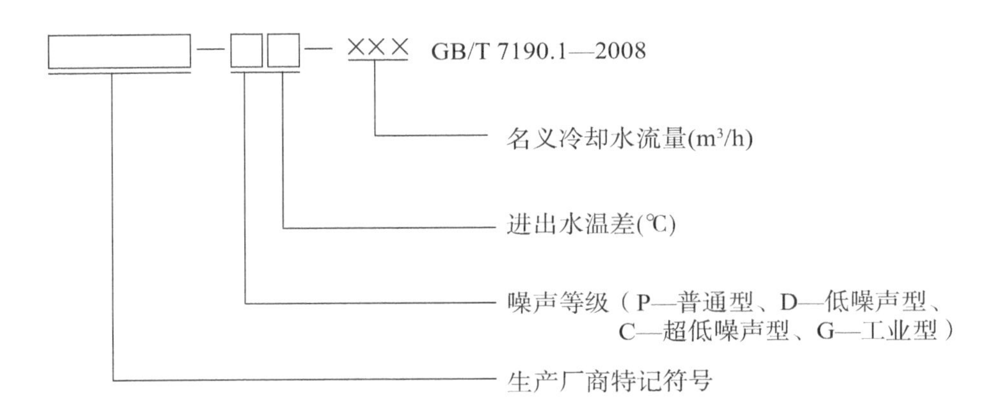

例如“BND－C5－200 GB/T 7190.1—2008”表示 BND 公司生产的超低噪声、5℃温差系列、名义冷却水流量 200 m^3/h、执行 GB 7190.1—2008 的冷却塔。

逆流式圆形冷却塔见图 11.1.1，逆流式方形冷却塔见图 11.1.2，横流式冷却塔见图 11.1.3。

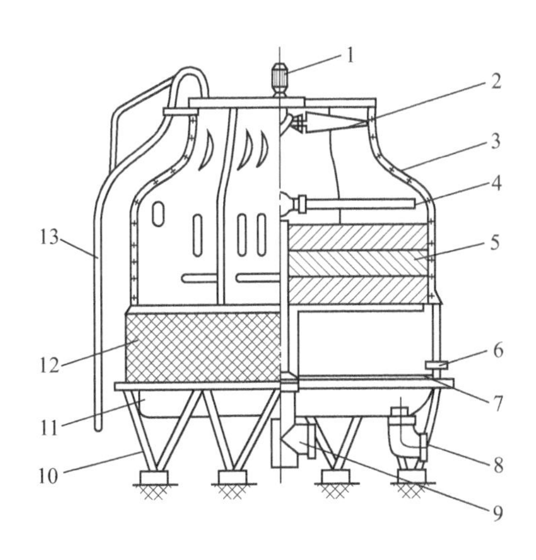

图 11.1.1　逆流式圆形玻璃钢冷却塔示意

1—电动机和减速器；2—叶片；3—上塔体；4—布水器；5—填料；6—补给水管；7—滤水网；8—出水管；9—进水管；10—支架；11—下塔体；12—进风窗；13—梯子

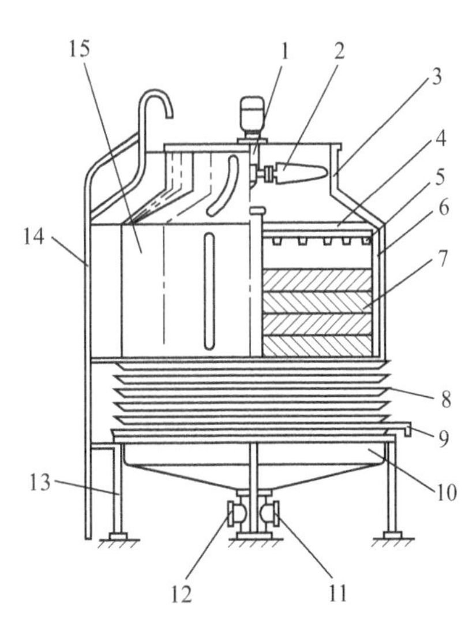

图 11.1.2　逆流式方形玻璃钢冷却塔示意

1—电动机和减速器；2—叶片；3—上塔体；4—除水器；5—布水器；6—钢架；7—填料；8—进风窗；9—补给水管；10—下塔体；11—进水管；12—出水管；13—支架；14—梯子；15—中塔体

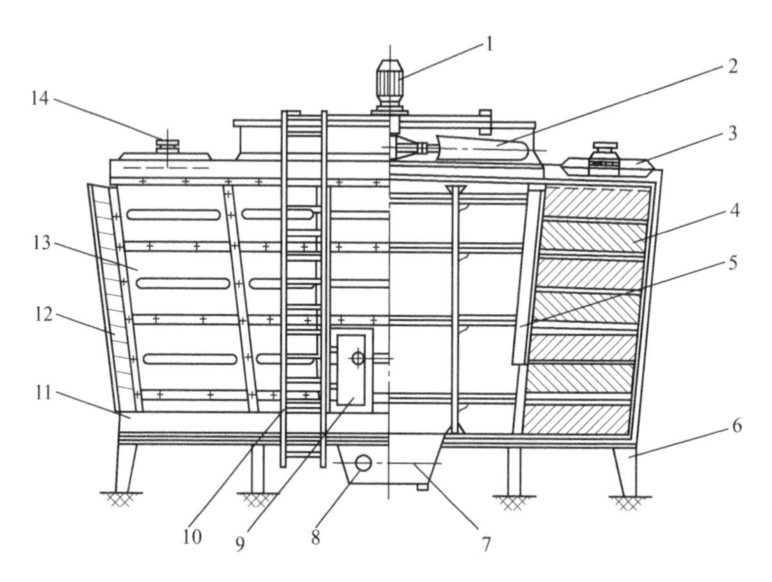

图 11.1.3 横流式玻璃钢冷却塔示意

1—电动机和减速器；2—叶片；3—配水槽；4—填料；5—除水器；6—支架；7—集水箱；8—出水管；9—门；10—梯子；11—下塔体；12—进风窗；13—外围结构；14—进水管

矩形横流式冷却塔采用两侧进风，靠顶部的风机使空气经由塔两侧的填料，与热水进行质交换，湿热空气排出塔外。横流式冷却塔也分为标准型(BHB)、低噪声型(BHD)、超低噪声型(BHCD)和工业型(BHG)，组合式横流塔(BHz)可组合安装。塔体用折边型钢组装结构承重，用玻璃钢顶板、墙板封闭围护。玻璃钢风筒、风机采用低转速、低动压的机翼型玻璃钢叶片，槽式(或管式)喷头布水，填料采用两面有凸点的波片黏结成整体，以提高刚性。填料由水池底部直接堆放到布水槽，填料尾部设有收水措施。横流塔适用于处理水量大的单位，一般分为 80 m^3/h、100 m^3/h、125 m^3/h、150 m^3/h、175 m^3/h、200 m^3/h，可以多台匹配并联组合安装。

方形逆流式冷却塔的外形与横流塔相似，所不同的是在塔体下部(填料层下部)双向进风，水汽相对流向是逆流式。方形逆流式冷却塔适用于冷却水量大的石油化工、冶金、电力等行业，属工业型。水温降 $\Delta t=10℃$，可以单塔使用，也可以单列或双列多台组合。

横流塔与逆流塔特性比较如下。

(1) 在热力性能同等效果下，横流塔填料用量大于逆流塔，但横流塔填料安装、清洗和维护较方便。

(2) 当要求多台冷却塔并列使用时，横流塔比逆流塔占地面积小。

(3) 逆流塔控制冷却水温较准确，比横流塔受四季气流影响小，所以风机效率比横流塔高，一般单塔或不受场地限制时常选用逆流塔。

(4) 玻璃钢壳体在逆流塔中既作为围护外壳，又是主要的受力结构件，所以能充分发挥其材料特性；横流塔大多采用框架形结构受力，受力构件为钢架，玻璃钢仅起维护结构作用。

(5) 横流塔可获得较高幅度的温降，增加填料高度对机械通风阻力影响不大；横流塔对布配水故障和堵塞现象也比较容易处理。

限于篇幅，本章仅讨论中小型逆流式玻璃钢冷却塔的设计。

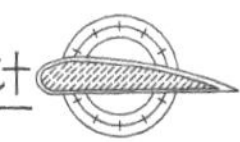

11.2　冷却塔构造设计

11.2.1　空气分配装置

在冷却塔中，除了水的均匀分配外，空气沿冷却塔断面上的均匀性分配问题也是十分重要的。在逆流式冷却塔中空气分配装置包括进风口和导风装置两部分。进风口的外形和面积大小对整个淋水装置面积上的气流分布均匀性及空气动力阻力有很大影响。较大的进风口面积，较低的进风口风速，虽然有利于逆流塔淋水断面上气流的均匀分布，阻力小，但同时会增加塔体的高度；进风口面积过小，进风口上部边缘会产生涡流，影响冷却效果。机械通风逆流式冷却塔进风口面积与塔淋水面积之比宜在 0.40～0.53。进风口设计风速一般为 3～4 m/s。风速过高，会使通风阻力增加，减小风量，影响冷效；风速过低，需增加塔的高度，不经济。为防止淋水外溅，减少灰尘和杂物进入塔内，改善气流条件，常在冷却塔的进风口设置向塔内倾斜的百叶窗。百叶窗板可采用玻璃钢制作，板平面与水平面夹角常用 45°，百叶板层数一般为 6～10，百叶窗板的宽度取决于进风口高度，小塔常用 0.15～0.30 m，大塔常用 0.75～1.0 m。逆流冷却塔百叶窗柱一般都垂直布置。有的单位为降低通风阻力、增大风量，拆除百叶窗成为敞开式进风口，这样虽能降低风阻，但易受自然风速的影响，引起涡流或进风不均。对于进风口不设百叶窗或网格的逆流式冷却塔，为防止气流横穿塔内，将淋水带出塔外，必须在塔内设置隔风板。

11.2.2　淋水填料

淋水填料(Fill)的作用是使进入的热水尽可能多地形成薄的水膜或细小的水滴，增加水和空气的接触面积和接触时间，有利于水和空气的热交换，因而它是决定冷却塔效率高低的关键部件。选择填料的条件是在淋水密度和空气重量速度相同的条件下，要求容积散质系数较高、通风阻力较小，具有较大的接触表面积和良好的亲水性能，此外还应该经久耐用、重量轻、刚性好、不易燃烧、造价便宜。

淋水填料按照塔内水冷却的表面形式，可分为点滴式、薄膜式、点滴薄膜式等三种类型。目前应用最多的是薄膜式填料。对于水浊度小于 20 mg/L 的清循环水，一般设计都选用薄膜式填料。对于水浊度较大或者含有较多杂质，容易造成填料堵塞的循环水，则宜选用点滴式填料。薄膜式填料是一种被热压成各种波纹形状的改性聚氯乙烯薄片。薄膜式填料的优点是热力特性好、填料体积小；缺点是片距小、通风阻力大，容易堵。如为薄膜式改性聚氯乙烯材质填料片组装的填料时，填料片和组装块应符合以下要求：①片材密度不大于 1.55 g/cm^3；②平片拉伸强度不小于 40 MPa；③阻燃氧指数不低于 28；④平片在(90±1)℃水中，15 min 纵向变形率不大于 5%。

淋水填料的性能目前只能通过试验模拟塔实测得到。填料热力特性的经验计算公式为

$$N=A\lambda^m \tag{11.2.1}$$

$$\beta_{xv}=Ag_k^m q^n \tag{11.2.2}$$

式中　N——冷却数；

λ——气水比，即进塔干空气流量(kg/h)与进塔冷却水流量(kg/h)之比；

β_{w}——填料容积散质系数，kg/(m³·h)；

g_{k}——重量风速，kg/(m²·s)；

q——淋水密度(Water drenching density)，m³/(m²·h)；

A, m, n——常数。

对于逆流式冷却塔的设计，选定填料后，只要冷却塔设计的填料高度与试验模拟塔一致，那么试验模拟塔数据就可直接用于设计。填料热力特性的设计许用值，根据塔的大小和填料品种的不同，可取性能试验值乘以 0.8～0.9 的折减系数后所得的值。

对于标准型逆流冷却塔，薄膜填料常用高度为 1 m；对于工业型逆流冷却塔，薄膜填料常用高度为 1.5 m。点滴式填料常用高度为 1.5～2 m。逆流冷却塔淋水密度设计常用值为 10～18 m³/(m²·h)。淋水断面常用设计风速为 2.2～2.5 m/s。根据上述推荐取值范围以及拟选用填料的性能(对于通常使用的 35×15×60 改性聚氯乙烯斜波片填料，一般 β_{w} 均能达到 16 000 kg/(m³·h))，即可初定逆流式冷却塔的淋水填料装置的尺寸，然后进行冷却塔热力与阻力性能的复核与计算。

填料安装时要求间隙均匀、顶面平整、无塌落和叠片现象，能承力 3.0 kN/m²，填料片不得穿孔破裂。

11.2.3 布水系统

布水系统(Cooling water distribution system)的功能是将需要冷却的热水均匀布洒在冷却塔整个淋水填料的顶部，充分发挥其冷却作用。布水的均匀性直接关系到冷却效果的好坏。对于布水系统，除要求布水均匀之外，还要求供水水压低，通风阻力小，运行可靠，维护管理简单，调节水量方便。布水系统设计的流量适应范围为冷却水量的 80%～110%。布水管流速可取 1.0～1.5 m/s，布水系统总阻力宜小于 5 kPa。

(1) 旋转布水器布水系统

对于单位处理水量在 500 m³/h 以下的中小型圆形机械通风逆流式冷却塔通常采用旋转布水器布水系统。旋转式布水系统系在布水管上开有出水孔或扁形出水槽，布水孔与水平夹角为 60°左右，利用水喷出时的反作用力推动布水管旋转，使淋水填料装置表面得到轮流而均匀的布水。这种布水系统的优点是布水均匀，供水压力低，改变喷水孔的喷水角度可调节布水管转速，在布水管上装设挡水板具有一定的促进布水均匀和除水作用；缺点是布水孔容易堵塞，布水间断，维护较困难。旋转布水器布水系统由旋转布水头和布水管两部分组成，其结构示意如图 11.2.1 和图 11.2.2 所示。旋转布水头壳体多用尼龙浇注，托架用磷青铜制造。布水管一般有 6 根，材质为玻璃钢管或薄壁铝合金管。管端与塔体间隔以 20 mm 为宜，管底与填料间隙不小于 50 mm。为使转动部分稳定和不使布水管下翘，将布水管外端用尼龙绳与旋转体顶端拉紧固定。布水管开孔面积计算时，可取流量系数为 0.8。管上开孔布置应符合等面环(等淋水密度)原则。布水孔出口压力设计值为 2 kPa。

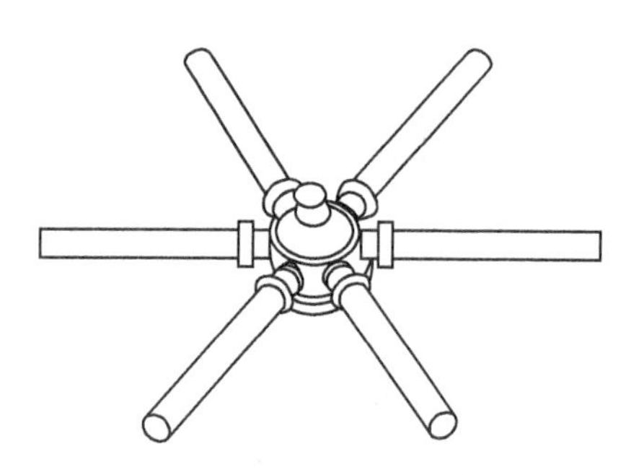

图 11.2.1　旋转布水器外形

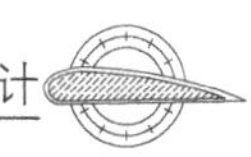

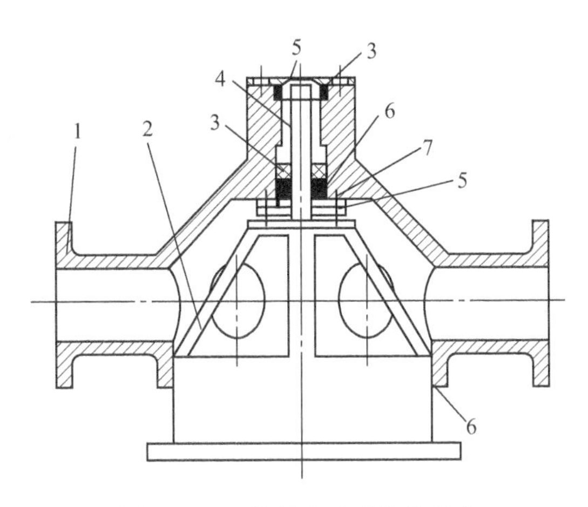

图 11.2.2　旋转布水头构造示意

1—布水器；2—托架；3—轴承；4—芯轴；5—压板；6—密封圈；7—密封圈座

(2) 正方形分布固定喷淋布水器和正菱形分布喷淋布水器布水系统

这是近几年来由设计部门设计的两种布水方式。正方形分布固定喷淋布水器分四支对称，直接连接或焊接在主进水管上，结构坚固、耐用。它的缺点是喷淋布水器各部件粗大、笨重，为支撑它的重量需增加支撑件，使塔自重增加，安装与运输困难，整个塔身强度降低。喷头在圆形逆流式冷却塔中呈正方形分布。应用单旋流一直源式喷头，该喷头流量系数为 0.60～0.65，对压力的适应性强，喷头角度为 90°，喷角稳定，径向和周向不均匀系数小。但喷头在正方形分布时会使布水出现较大空挡或重合地带，从而使布水均匀度降低。如改为正菱形分布喷淋布水器，布水效果明显改善，这从几何角度也可以看出，正菱形喷淋布水的空余面积比正方形喷淋布水小，因而布水的均匀性好一些。

横流塔宜采用池式布水系统。池式布水系统由配水池、消能器及布水喷头三部分组成。配水池应水平，孔口光滑，积水深度不小于 50 mm。

11.2.4　收水器

冷却塔排出湿空气中夹带许多细小水滴，排气夹带的水滴同塔内风速、风筒风速的大小及淋水密度有关，也同配水装置喷出水滴大小及水速有关。为防止水量的风吹损失，避免对环境造成污染，通常在塔中设置收水器(Drift eliminator)来捕获这部分水分。

目前冷却塔使用最普通的是弧形收水器，其材质为玻璃钢或 PVC，2.5 m/s 风速时的收水效率可达 99%，片距 30 mm 时的阻力为 4 Pa。在中小型的圆形逆流式冷却塔中，由于周边圆弧形边界不便使用上述收水器，所以仍使用 0.15 m 高的小波斜交叉薄膜填料作为收水器。这种收水器存在斜通过，即当气流不与收水器面垂直时，易发生穿透，因而效果不太理想。收水器研究的目标是在提高收水效率的同时降低通风阻力。

11.2.5　风机

在机械通风冷却塔中，水冷却所需要的空气流量是由安装在塔顶上的风机供给的。风机使塔内的空气稳定流动，从而达到冷却效果。它的作用原理是当风机启动后，由于风机各叶片间的空气被排出，在叶片间形成瞬时负压与其塔外空气形成压差。由于压差的存在，驱使空气由进风窗进入，并通过填料层至风机叶片间，填补那里的负压空白区。随着风机的转动，空气也就不断地进入塔内，从填料内的热水中取得热量后，再由风机排出塔顶出口。供冷却塔用的风机基本上都是专用轴流式风机，其特点是：风量大，风压较小，可通过调整叶片角度改变风量和风压，在户外长期连续运转无故障，可正反向旋转。

冷却塔专用风机叶片的叶型有薄板型和机翼型两种。薄板型的优点是制造简单，缺点是相对机翼型叶片来说气动效率较低。薄板型叶片较多地应用于小型风机。风机叶片材质也有两类，薄板型叶片使用铝合金板或玻璃钢。机翼型叶片使用的是玻璃钢或铸造铝合金。对于大中型冷却塔专用轴流风机，使用的是空腹结构或泡沫塑料夹芯结构的机翼型玻璃钢叶片，它具有重量轻、振动小、耐腐蚀、易成型、使用可靠、维修方便、噪声低等优点。要求玻璃钢风机叶片的表面光洁，各截面过渡均匀，其可见气泡直径不大于 3 mm，展向每 100 mm 区域内气泡数不超过三个。叶尖距风筒内壁之间的间隙应保持均匀，其值不宜大于 $0.008D$（D 为风机直径），但不小于 8 mm，安装后局部间隙不小于 4 mm。

风机设计的合理与否，直接影响到能耗和噪声。冷却塔风机的设计风量是由冷却塔热力特性计算所要求的气水比决定的，风机的设计全压是由冷却塔阻力特性计算决定的。低噪声风机设计中采取的主要措施是降低风机转速，同时采用低噪声电动机和皮带传动，并增加隔振垫。冷却塔专用风机的详细性能可查阅生产厂产品样本的性能曲线。风机组装前，风机叶片应作静平衡试验，并按“刚性转子平衡精度”，取 G6.3 等级，平衡力矩由计算求出。叶片平衡后应定位、编号。风机配用专用电机，其功率是根据设计风量、设计全压及总效率计算确定的。电机宜采用封闭式改型 Y 系列。有防爆要求时采用防爆电动机，对电动机的接线匣进行防水密封、上油防腐等处理。一般 15 m^3/h 以下冷却塔采用电机直接与风机相联，200 m^3/h 以上冷却塔采用减速传动。

11.2.6 减速机

使用倒装式行星齿轮减速机可以降低塔体壁厚和噪声，其安装方式是将风机安装在减速机的顶端，减速机安装在冷却塔进出水管上端的小型结构架上。塔体不再承受风机和减速机的载荷，中心管及塔体支架为主要的受力结构件。塔体只用作挡水板，仅起维护结构作用。这就可以将塔体壁厚大幅度减薄，成本显著降低。倒装式减速机充分利用了圆形逆流式冷却塔的中心管承重能力强、塔体直径大、稳定性好的结构特点，减速机置于中心管的顶部，并通过呈辐射分布的正菱形喷淋布水器与塔体上的角铁加强圈连为一体，形成了一个十分合理的力学结构。倒装式减速机与外传动减速机相比，省去了电机平台和传动轴的累赘，安装更方便，达到了节省材料的目的。倒装式减速机与塔体形成的合理结构，使整塔更加坚固，维修率大大降低。风机转动时震动减少，噪声降低，经过测试，使用倒装式减速机和喷淋布水器的冷却塔比同类型的冷却塔噪声平均降低约 18 dB。

11.2.7 塔体

冷却塔塔体的结构形式、组成和主要几何尺寸是由热工性能要求所确定的。逆流塔的上塔体既是围护结构，又是塔顶风机及电机的承重部件。上塔体和下塔体一般均采用玻璃钢成型的回转薄壳的结构形式。上塔体根据纬向半径 R 的变化可分为三段，下段和上段是半径分别为 R_1 和 R_0 的圆柱形壳体，中间导流收缩段用旋转壳体相连接，从淋水段一个大圆筒形壳

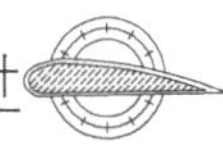

体(R_1)过渡到风机工作段的小圆筒形壳体(R_0)。通常风机叶片尖端与壳体内壁的间隙 $\delta=0.015R_0$,且不小于 8 mm。为使冷却塔由淋水填料到风机的气流平稳,上塔体要求采用合理的收缩型线,以提高填料配风的均匀性和降低收缩段的阻力。收缩型面维氏方程如下。

$$\left.\begin{array}{l} R_i=R_1/\sqrt{n-n_i} \\ n=(R_1/R_0)^2 \\ n_i=[(n-1)(1-h^2)]/(l+h^2/3)^3, h=H_i/H \end{array}\right\} \quad (11.2.3)$$

式中　R_1——收缩段进口截面半径(即淋水段半径),mm;

R_i——收缩段任意截面半径,mm;

n——收缩段进出口截面半径平方比;

R_0——收缩段出口截面半径,mm;

n_i——变量;

h——任意截面相对高度;

H_i——任意截面离 R_1 截面的高度,mm;

H——收缩段总高度,mm。

按公式计算的收缩段曲线,在出口段附近可略加修正,使出口截面处 $dR_i/dH_i\approx 0$,即接近平行轴线,这段修正长度小于 $0.2R_0$。

考虑到塔体的制造、运输和安装等因素,通常上、下塔体外壳依规格不同,沿母线分成若干等分块(尺寸不大的下塔体也可以制成整体结构),各块之间用翻边法兰连接成一个整体,这样自然地又在分块连接线上形成了一条 T 形肋。为了增加塔体的刚度,可在相邻的两块翻边法兰之间夹放一片尺寸同翻边法兰相近的钢板,在每块的母线方向上设置几根封闭的空腹加强肋,壳体的两端用金属环加强,母线的突变处局部增厚而且圆滑过渡,因此,整个塔体应是一个变厚度的加肋回转壳。

中小型玻璃钢冷却塔的下塔体主要起集水盘的作用,汇集淋水填料掉落下来的水滴。下塔体高度一般取 300~400 mm,有效积水深度为 250~350 mm。对中型和大型冷却塔设计都采用混凝土集水池。集水池的作用是汇集淋水填料掉落下来的水滴,同时起储存和调节水量的作用。

冷却塔中使用的钢结构构件一般都采用碳钢型材,但在中小型冷却塔中,为节省材料、减轻重量,也采用薄钢板经折边而成的薄壁型钢及矩形、方形薄壁管。为保证冷却塔钢结构的使用寿命,所有黑色金属部件(包括连接件)表面应作去油、防锈和防腐处理(如可采用热浸锌或表面手糊 0.6 mm 厚的玻璃钢等)。

11.2.8　降低噪声

国家标准"GB/T 7190.1—2008 中小型玻璃纤维增强塑料冷却塔"对各类冷却塔噪声指标作了明确的规定。对于标准型低噪声冷却塔的设计,为达到规定的指标,必须采取两项措施,一是采用低噪声风机,二是降低淋水噪声。要降低淋水噪声,对于横流式冷却塔来说不必采取其他措施。对于逆流式冷却塔来说一般有两个途径:一是在冷却塔进风窗高度段吊挂点滴塑料填料片和薄膜斜板,前者是让淋水不断碰撞逐步下落,后者是让淋水沿斜板下落,目的都是抵消滴水的动能;二是在集水池上增设一层弹性消声层,材质一般是软性泡沫塑料或弹性泡沫橡胶。消声层必须过水通畅，即泡沫孔是通孔。另外，低噪声冷却塔使用时，应调整出口阻力，保证集水盘有一定的集水高度，避免淋水直接落在集水盘底上，增加噪声。

对于超低噪声冷却塔，则必须在低噪声冷却塔的基础上，在风机出风口及进风窗外侧增加吸声屏障，进一步降低传至外界的风机噪声和淋水噪声，俗称“穿裙戴帽”。风机出风口的吸声罩以及进风窗外侧的吸声屏障一般都采用空腹加筋的夹层机构，最外层为玻璃钢板，内层为微孔铝合金板，夹层筋为经防腐处理的松木条，夹层内填充玻璃纤维棉。工艺设计计算时必须考虑进风及出风通道附加的阻力对塔的影响。由于冷却塔使用环境十分潮湿，所以使用吸水的吸声材料会降低吸声材料性能。

11.3 冷却塔热力计算

冷却塔热力计算的任务是在给定的气象条件、水负荷和热负荷条件下，根据冷却要求来确定冷却塔所需要的面积(塔体直径)，或验算已知冷却塔的出水温度。在冷却塔热力计算中，可按上节介绍的有关冷却塔构造设计的知识，先初步确定淋水填料的种类，淋水填料装置的尺寸、风机大小、设计风量，然后对冷却塔的热力特性(Thermal performance)进行计算，并将淋水填料装置的热力特性计算值与选定的淋水填料装置的热力特性试验值进行比较，复核能否满足设计要求。如不能满足，则需调整参数，再次复核计算，直至满足要求为止。所以说，冷却塔的热力计算过程是一个反复试算过程。

冷却塔的热力计算可以按蒸发冷却理论公式进行，或者按经验公式进行，或者按计算图表进行。理论计算方法是以蒸发冷却理论为基础，根据传热和传质的基本关系以及冷却过程中热量与湿量的平衡而导出冷却过程方程式。冷却过程方程式有多种求解方法。由于焓差法计算比较简单，在温差小于15℃时，计算结果较为精确，现有不少单位的试验资料也多根据此法整理，故在实际计算中应用较为普遍。本节介绍利用平均焓差法进行逆流式冷却塔热力计算的步骤，其标准设计工况如表11.1.1所示。

(1) 饱和空气的水蒸气分压 p''

$$\lg p''=2.0057173-3142.305\left(\frac{1}{T}-\frac{1}{373.16}\right)+8.2\lg\frac{373.16}{T}-0.0024804(373.16-T) \tag{11.3.1}$$

式中 T——绝对温度，K，$T=273.16+t$，t 为空气的温度，℃；

(2) 进塔空气相对湿度 φ

$$\varphi=\frac{p''_\tau-Ap_0(\theta-\tau)}{p''_\theta} \tag{11.3.2}$$

式中 τ——空气湿球温度，由机械通风干湿表测得，℃；

θ——空气干球温度，℃；

p_0——进塔空气大气压力，kPa；

p''_τ——进塔空气在湿球温度为 τ 时的饱和空气的水蒸气分压，kPa；

p''_θ——进塔空气在干球温度为 θ 时的饱和空气的水蒸气分压，kPa；

A——不同干湿球温度计的系数，对于通风式阿斯曼干湿球温度计，$A=0.000662$，对于屋式阿弗古斯特干湿球温度计，$A=0.0007974$。

(3) 进塔干空气的密度 ρ_1

$$\rho_1=\frac{p_0-\varphi p''_\theta}{0.28714(273+\theta)}\quad (\mathrm{kg/m^3}) \tag{11.3.3}$$

(4) 气水比 λ

气水比(Air/water ratio)即进塔干空气流量(kg/h)与进塔冷却水流量(kg/h)之比。

$$\lambda=\frac{\rho_1 G}{Q} \tag{11.3.4}$$

式中　Q——冷却水质量流量,kg/h;

G——风量,$\mathrm{m^3/h}$。

冷却塔的气水比选择得是否合理,直接影响到设备费及维修费的问题。一般标准型冷却塔水温降较低,气水比可选择在 0.50～0.62;工业型冷却塔可适当大一些,对于填料增高能起到高水温降的情况下,也可以选在上述范围之内。

(5) 进塔空气焓 i_1

$$i_1=1.006\theta+0.622(2\,500+1.858\theta)\frac{\varphi p''_\theta}{p_0-\varphi p''_\theta}\quad (\mathrm{kJ/kg}) \tag{11.3.5}$$

(6) 出塔空气焓 i_2

$$i_2=i_1+\frac{C_w(t_1-t_2)}{K\lambda}\quad (\mathrm{kJ/kg}) \tag{11.3.6}$$

式中　t_1——进塔水温,℃;

t_2——出塔水温,℃;

C_w——水的比热,$C_w=4.187$ kJ/(kg·℃);

K——蒸发水量带走的热量系数,

$$K=1-\frac{t_2}{586-0.56(t_2-20)} \tag{11.3.7}$$

(7) 塔内空气的平均焓 i_m

$$i_m=\frac{i_1+i_2}{2}\quad (\mathrm{kJ/kg}) \tag{11.3.8}$$

(8) 温度为 t 时的饱和空气焓 i''

$$i''=1.006t+0.622\times(2\,500+1.858t)\frac{p''_t}{p_0-p''_t}\quad (\mathrm{kJ/kg}) \tag{11.3.9}$$

式中　p''_t——温度为 t 时的饱和空气的水蒸气分压,kPa。

(9) 逆流塔的平均焓差 Δi_m

$$\Delta i_m=\frac{6}{\left(\frac{1}{i''_2-i_1}+\frac{4}{i''_m-i_m}+\frac{1}{i''_1-i_2}\right)}\quad (\mathrm{kJ/kg}) \tag{11.3.10}$$

式中　i''_m——平均水温 $(t_1+t_2)/2$ 的饱和空气焓,kJ/kg;

i''_1——进水温度 t_1 时的饱和空气焓,kJ/kg;

i''_2——出水温度 t_2 时的饱和空气焓,kJ/kg。

(10) 填料容积散质系数 β_{xv}

逆流式冷却塔冷却过程的基本方程式为

$$\left.\begin{aligned}\frac{\beta_{xv}\cdot V}{Q}&=\frac{C_{\mathrm{w}}}{K}\int_{t_2}^{t_1}\frac{\mathrm{d}t}{i''-i}=N\\ V&=F\times H\end{aligned}\right\}\tag{11.3.11}$$

式中 β_{xv}——填料容积散质系数,kg/($\mathrm{m^3\cdot h}$);

V——淋水填料总体积,$\mathrm{m^3}$;

F——淋水段面积,$\mathrm{m^2}$;

H——填料高度,m;

i——冷却塔淋水装置中的空气焓,kJ/kg;

i''——与 i 对应的饱和空气焓,kJ/kg。

式(11.3.11)右边积分式表示冷却任务的大小,与冷却任务及外部气象参数有关,而与冷却塔的构造和形式无关,称为冷却数(或交换数),以 N 表示。N 是一个无量纲数。对于不同形式和布置的淋水装置,在气水比相同时,N 值越大,表示要求散发的热量越多。式(11.3.11)左边表示冷却塔本身所具有的冷却能力。它与淋水装置的形式、构造、尺寸、水温及冷却水量有关,称为冷却塔的特性数,以 N' 表示。冷却塔的热力计算问题,就是要使生产要求的冷却任务与设计冷却塔的冷却能力相等。

式(11.3.11)交换数中的($i''-i$)愈小,说明空气含热量愈接近水面饱和气层含热量,则水的散热愈困难,填料体积要愈大,所需冷却塔也愈大,反之亦然。如果对焓差($i''-i$)取平均值 Δi_{m},取冷却塔进、出水温差为 Δt,那么式(11.3.11)可近似表示为

$$\frac{\beta_{xv}\cdot V}{Q}=\frac{C_{\mathrm{w}}\Delta t}{K\Delta i_{\mathrm{m}}}$$

即

$$\beta_{xv}=\frac{C_{\mathrm{w}}\cdot\Delta t\cdot Q}{K\cdot\Delta i_{\mathrm{m}}V}\quad[\mathrm{kg/(m^3\cdot h)}]\tag{11.3.12}$$

式中,$Q\Delta t$ 为淋水装置散热量。因此,β_{xv} 的物理含义可理解为:"单位容积的淋水装置 V 在单位焓差(Δi_{m})的推动力作用下,所能散发的热量"。在其他因素不变的情况下,β_{xv} 愈大,反映冷却塔散热能力愈好,则塔的体积也可愈小。

(11) 淋水段风速 v、重量风速 g_{k}、淋水密度 q、填料体积 V

$$v=G/(3\,600F)\quad(\mathrm{m/s})\tag{11.3.13}$$

$$g_{\mathrm{k}}=\rho v\quad[\mathrm{kg/(m^2\cdot s)}]\tag{11.3.14}$$

$$q=Q_1/F\quad[\mathrm{m^3/(m^2\cdot h)}]\tag{11.3.15}$$

$$V=\frac{C_{\mathrm{w}}\Delta tQ}{K\cdot\Delta i_{\mathrm{m}}\beta_{xv}}\quad(\mathrm{m^3})\tag{11.3.16}$$

式中 G——风量,$\mathrm{m^3/h}$;

F——淋水段面积,$\mathrm{m^2}$;

ρ——湿空气密度,$\mathrm{kg/m^3}$;

Q_1——单塔处理水量,$\mathrm{m^3/h}$。

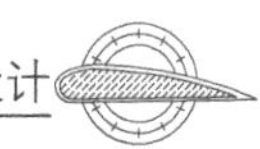

11.4　玻璃钢冷却塔塔体结构设计

11.4.1　上塔体薄膜应力的计算

逆流式冷却塔上塔体外壳的计算方法有很多种，由于上塔壳体结构复杂，因而难以算得准确结果。根据热力计算结果确定冷却塔上塔壳体尺寸后，可将上塔壳体简化成图 11.4.1 所示的计算模型，其中上段和下段为圆筒形壳体，中间用截锥形壳体相连接。每段的轴向高度分别为 h_1、h_2、h_3，各承受着均匀分布的壳体结构自重、上部（风机等）载荷及风载荷。风载荷可根据塔体形状、使用地点气候条件及安装高度按《工业与民用建筑结构荷载规范》计算确定。设上塔体圆柱壳所承受的风压为 k_1，则在截锥壳所承受的风压为 $k=k_1\cos\alpha$（α 为截锥壳的半角）。按此模型计算上塔体各段单位长度上的薄膜力，计算公式列于表 11.4.1。表 11.4.1 中 q 为壳体单位面积上所承受的平均自重，即

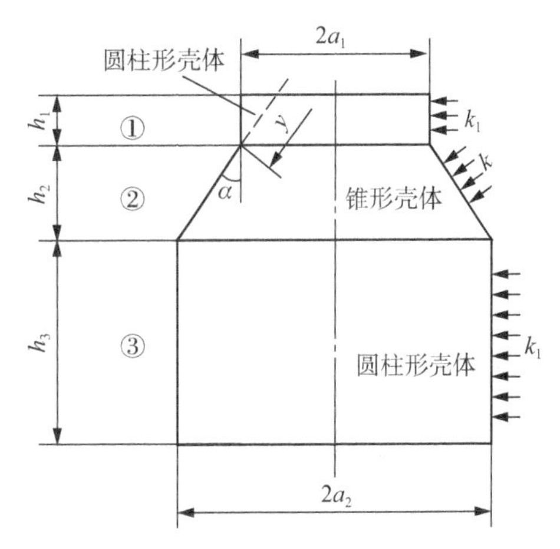

图 11.4.1　上塔体计算模型

$$q=\gamma t \tag{11.3.17}$$

式中　γ——玻璃钢壳体的重度，N/m³；

t——玻璃钢壳体的厚度，m。

表 11.4.1 中的 p 是上部载荷 W（包括风机系统的重量和安装检修人员重量等）所产生的环向单位宽度上的力

$$p=\frac{W}{2\pi R_0} \tag{11.3.18}$$

式中　R_0——上段圆柱壳半径，m；

W——上部载荷，N。

将上述各值代入表 11.4.1 中的公式，可以算出各段壳体单位长度上的最大薄膜力 $(N_x)_{\max}$、$(N_\theta)_{\max}$、$(N_{x\theta})_{\max}$。因此，各段壳体沿圆周方向的拉伸应力 σ_t、壳体母线方向的压缩应力 σ_c、剪应力 τ_s 及其强度和稳定条件可由下列各式表示

$$\left.\begin{aligned}\sigma_t&=(N_x)_{\max}/t\leqslant[\sigma_t]\\ \sigma_c&=(N_\theta)_{\max}/t\leqslant[\sigma_{cr}]\\ \tau_s&=(N_{x\theta})_{\max}/t\leqslant[\tau_s]\end{aligned}\right\} \tag{11.3.19}$$

式中　t——玻璃钢壳体的厚度，m。

$[\sigma_t]$、$[\sigma_{cr}]$、$[\tau_s]$——分别为玻璃钢壳体材料的许用拉伸强度、许用临界应力和许用剪切强度，Pa。

运用式(11.3.19)，可以校核壳体的强度和稳定性，也可以确定壳体所需要的厚度 t。

表 11.4.1　上塔体外壳的薄膜力

序号	壳体	位置	自重及上部载荷产生的薄膜力	短期载荷产生的薄膜力
①	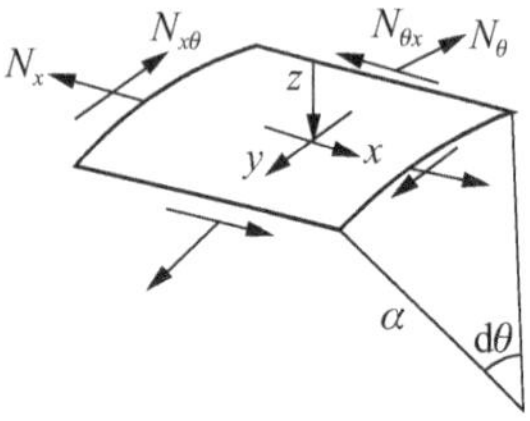	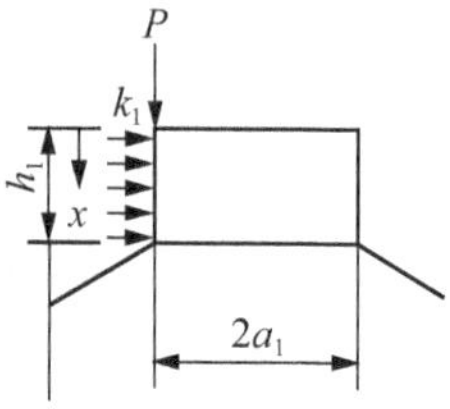	$N_{x1}=-(p+qx)N_{x\theta 1}=0$ $N_{\theta 1}=-qy\sin\alpha\tan\alpha$	$N_x=\frac{k_1}{a_1}\frac{x^2}{2}\cos\theta$ $N_{x\theta}=-k_1x\sin\theta$ $N_\theta=-k_1a_1\sin\theta$
②	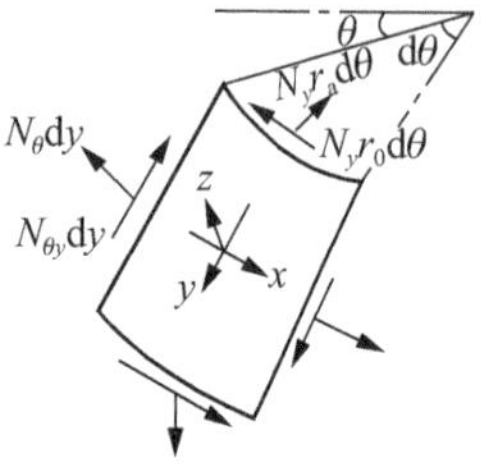	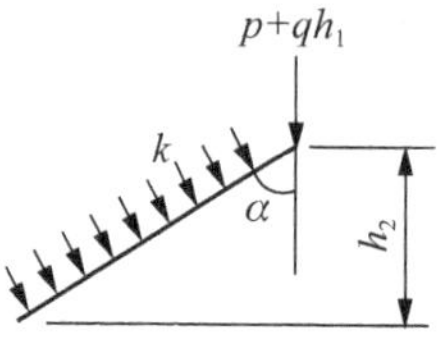	$N_{y2}=\frac{qy}{2\cos\alpha}+\frac{a_1}{y\sin\alpha}\cdot\left(\frac{qa_1}{\sin 2\alpha}-\frac{p+qh_1}{y\sin\alpha}\right)$ $N_{y\theta 2}=0$ $N_{\theta 2}=-qy\sin\alpha\tan\alpha$	$N_y=\left\{\frac{k_y}{2\cos\alpha}\left(\frac{1}{3\sin\alpha}-\sin\alpha\right)+\frac{1}{y}\frac{a_1}{\sin\alpha}\left[\frac{k_1h_1^2}{2a_1\cos\alpha}+\frac{ka_1}{\sin 2\alpha}\left(\sin\alpha-\frac{1}{\sin\alpha}\right)+\frac{k_1h_1}{\sin\alpha}\right]+\frac{1}{y^2}\frac{a_1^2}{\sin 3\alpha}\cdot\left(\frac{2ka_1}{3\sin 2\alpha}\right)-k_1h_1)\right\}\cos\theta$ $N_{y\theta}=-\left[\frac{ky}{3\cos\alpha}-\frac{1}{y^2}\frac{a_1^2}{\sin^2\alpha}\cdot\left(\frac{2ka_1}{3\sin 2\alpha}-k_1h_1\right)\right]\sin\theta$ $N_\theta=-ky\tan\alpha\cos\theta$
③	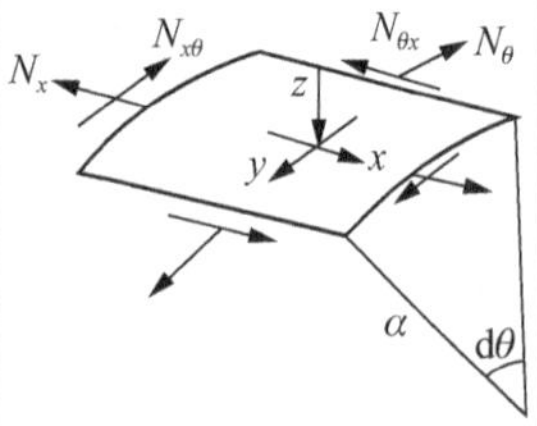	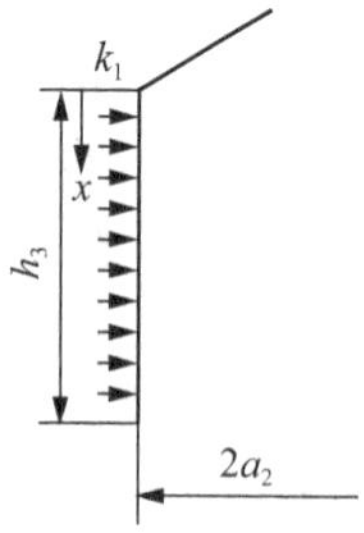	$N_{x3}=-(N_y)_{a_2}\cos\theta-qx$ $N_{x\theta 3}=0$ $N_{\theta 3}=(-qy\sin\alpha\tan\alpha)_{y=a_2}$	$N_x=\frac{1}{a_2}\left\{\frac{k}{2}x^2+\left[\frac{2ka_2}{2\sin 2\alpha}-\left(\frac{a_1}{a_2}\right)^2\cdot\left(\frac{2ka1}{3\sin 2\alpha}-k_1h_1\right)x\right]\right\}\cos\theta$ $+\cos\alpha\left\{\frac{ka_2}{\sin 2\alpha}\left(\frac{1}{3\sin\alpha}-\sin\alpha\right)+\left(\frac{a_1}{a_2}\right)\left[\frac{k_1h_1^2}{2a_1\cos\alpha}+\frac{ka_1}{\sin 2\alpha}\cdot\left(\sin\alpha-\frac{1}{\sin\alpha}\right)+\frac{k_1h_1}{\sin\alpha}\right]+\frac{1}{\sin\alpha}\left(\frac{a_1}{a_2}\right)^2\cdot\left(\frac{2ka_2}{3\sin 2\alpha}-k_1h_1\right)\right\}\cos\theta$ $N_{x\theta}=-k_1x\sin\theta-\left\{\frac{2ka_2}{2\sin 2\alpha}-\left(\frac{a_1}{a_2}\right)^2\cdot\left(\frac{2ka_1}{3\sin 2\alpha}-k_1h_1\right)\right\}\sin\theta$ $N_\theta=-k_1a_1\cos\theta$

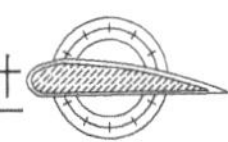

11.4.2　下塔体计算

玻璃钢冷却塔下塔体上作用有结构自重和静水压载荷等，设计时可看成是承受均布载荷、内外周边简支的圆环板(图 11.4.2)。当下塔体上设置有沿半径方向辐射状的加强肋时，可以将加强肋的面积折算入下塔体圆环板中，仍按均匀厚度的圆环板计算。按照弹性力学圆形薄板轴对称弯曲问题求解。分布载荷作用于圆环板时的挠度 f、转角 θ、弯矩 M 和剪力 Q 的计算公式分别为

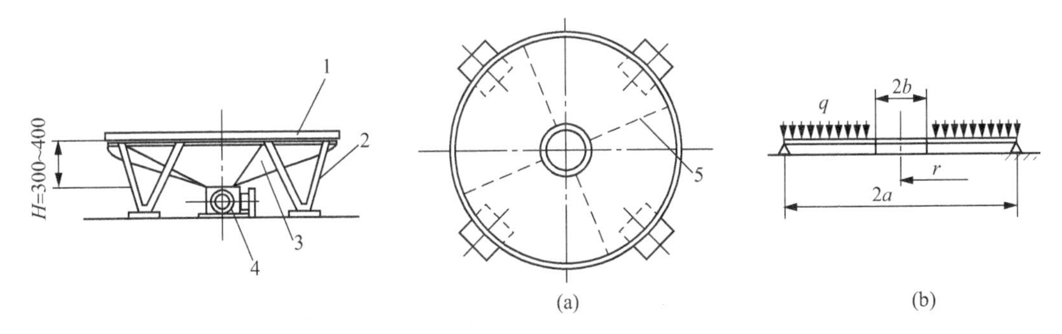

图 11.4.2　下塔体的结构简图及计算模型

1—角钢支架；2—支腿；3—下塔体；4—进出水管组件；5—翻边连接法兰的位置

$$\left.\begin{aligned}
f&=\frac{qx^4}{64D}+\frac{c_1}{4}x^2(\ln x-1)+\frac{c_2}{4}x^2+c_3\ln x+c_4\\
\theta&=\frac{\mathrm{d}f}{\mathrm{d}x}=\frac{qx^3}{16D}+\frac{c_1}{4}x(2\ln x-1)+\frac{c_2}{2}x+\frac{c_3}{x}\\
M&=-D\frac{\mathrm{d}^2f}{\mathrm{d}x^2}=-D\left[\frac{3qx^2}{16D}+\frac{c_1}{4}(2\ln x-1)+\frac{c_2}{2}-\frac{c_3}{x^2}\right]\\
Q&=-D\frac{\mathrm{d}^3f}{\mathrm{d}x^3}=-D\left(\frac{3q}{8D}x+\frac{c_1}{2x}+\frac{c_3}{x^3}\right)
\end{aligned}\right\}\tag{11.3.20}$$

式中　D——板的弯曲强度，N·m，$D=\dfrac{Et^3}{12(1-\nu^2)}$，其中 ν 为泊松比，$\nu\approx0.3$，E 为弯曲弹性模量，Pa；

q——圆环板承受的均布载荷，$\mathrm{N/m^2}$；

c_1、c_2、c_3、c_4——积分常数，由以下边界条件确定

在外周边：$x=a$，$f=0$，$\theta=0$；

在内周边：$x=b$，$f=0$，$\theta=0$。

由边界条件可以确定 $c_1\sim c_4$ 的联立方程组

$$\left.\begin{aligned}
&\frac{qa^4}{64D}+\frac{a^2}{4}(\ln a-1)c_1+\frac{a^2}{4}c_2+c_3\ln a+c_4=0\\
&\frac{qb^4}{64D}+\frac{b^2}{4}(\ln b-1)c_1+\frac{b^2}{4}c_2+c_3\ln b+c_4=0\\
&\frac{qa^3}{16D}+\frac{a}{4}(2\ln a-1)c_1+\frac{a}{2}c_2+\frac{1}{a}c_3=0\\
&\frac{qb^3}{16D}+\frac{b}{4}(2\ln b-1)c_1+\frac{b}{2}c_2+\frac{1}{b}c_3=0
\end{aligned}\right\}\tag{11.3.21}$$

将已知数据代入式(11.3.21),可以解出 c_1、c_2、c_3 和 c_4。然后由式(11.3.20)可以求得挠度、转角和应力。

11.4.3 安全系数

由于实际受力情况与上述简化模型之间的区别,造成实际情况与计算结果之间的误差,同时考虑到材料性能的离散性(变化率 0.2～0.3)、通风机旋转振动引起的动载荷(超载系数为 4～6)、湿热联合作用对材料性能的影响,以及户外暴露而产生老化所引起的强度下降(10 年期间约降低 50%),因此在冷却塔设计中必须考虑安全系数。综合以上各种因素,安全系数有必要取 14～15。

11.5 玻璃钢冷却塔塔体成型工艺设计

中小型玻璃钢冷却塔塔体可用片状模塑料模压法或冷压法成型,大、中型冷却塔塔体一般由手糊法和喷射法混合成型或用手糊法成型。模压法成型需用液压机和金属模具,设备投资较大,且成型制品尺寸受到限制。本章介绍目前广泛采用的手糊法成型逆流式玻璃钢冷却塔塔体工艺。

11.5.1 模具制作

模具既是玻璃钢制品成型的依据,又是手糊成型工艺的主要设备。玻璃钢制品质量的好坏主要取决于模具质量。设计和制作模具时,要考虑模具在使用期间能保持合乎要求的尺寸、制造容易、铺覆方便、脱模容易、造价低廉,要求模具表面光滑、密实、无孔隙。玻璃钢冷却塔塔体要求外表面光滑,故制作成型模具前必须先做一个过渡模(母模),然后用过渡模翻制成型阴模,在阴模上成型玻璃钢制品才能获得光滑美观的外表面。

1. 过渡模的制作

(1) 过渡模成型工具

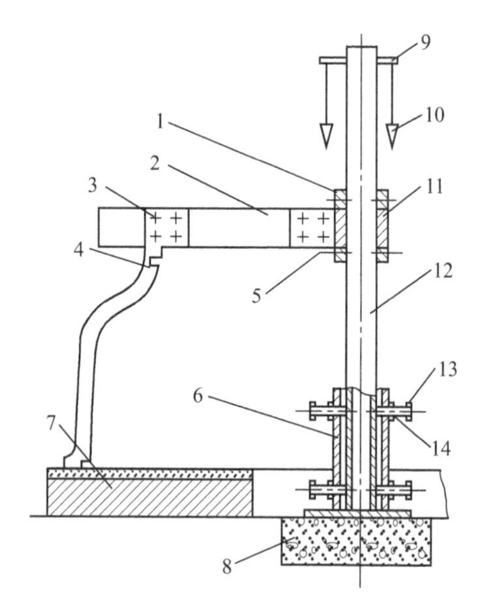

图 11.5.1 上塔体过渡模成型刮刀

1—固定垫圈(2 个);2—转臂;3—螺栓(4 个);4—刮刀;5—固定螺钉;6—轴座;7—平台;8—地脚螺栓(4 个);9—圆柱销(4 个);10—重锤;11—转臂座;12—转轴;13—螺栓(8 个);14—螺母(8 个)

圆形逆流式玻璃钢冷却塔塔身是一个以冷却塔中心为轴心的回转体,因此可将成型过渡模型面的主要工具刮刀作为回转面的一根母线,并以塔体的半径为回转半径,绕着中心轴旋转,从而达到方便成型的目的。过渡模成型工具刮刀由转轴、转臂及刮刀等组成(图 11.5.1),现分别简述如下。

① 转轴　转轴是定位中心,可用无缝钢管加工而成。轴的上端钻有 4 个孔,并放有圆柱销,用来安放重锤,用于判断转轴的垂直性;轴的下端插入可调整的轴座内,通过轴座上的调整

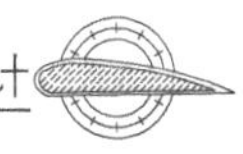

螺钉,可以方便地将转轴调整至垂直位置。轴座底部焊有一个法兰,通过法兰上的 4 个螺栓孔,可把轴座固定到基准地面上。

② 转臂　转臂是用槽钢或角钢与钢板组焊后加工而成。转臂一端通过螺栓与转臂座连接,另一端铣了 4 个长形孔,采用螺栓与刮刀连接,且可使刮刀位置左右调整。另外,采用固定垫圈固定转臂座的上下位置。

③ 刮刀　刮刀是玻璃钢冷却塔塔体型面成型的主要工具,决定塔体的形状、尺寸和精度。刮刀尺寸必须准确,应与塔体的图纸上所注尺寸一致。因而制作刮刀时,下料前应反复核对,以确保尺寸准确无误。刮刀必须具有足够的刚度,上端通过螺栓与转臂相连接。

(2) 过渡模成型工艺

① 成型工具安装　先把转轴立在基准地面或平台上,在轴上端的圆柱销上放上重锤,找正转轴垂直位置后将转轴固定;然后装上转臂,使它垂直于转轴;再装上刮刀并找正位置。

② 模坯制作　用瓦砖砌成过渡模的大概轮廓,抹上水泥砂浆,然后推动连接在转臂上的成型刮刀,使其绕转轴旋转,同时用力均匀地把模具表面的水泥砂浆刮平滑,刮水泥砂浆时,应留有 1～2 mm 余量供后面工序的施工。

③ 刮胶泥　将 801 建筑胶、筛过的 500 号水泥和适量的水混合均匀,然后刮到过渡模水泥表面上。这种胶泥具有快干、防水、防潮的作用,能阻隔模具里面的水汽向外挥发。

④ 刮环氧腻子　待胶泥干后,养护 1～2 天,即可刮环氧腻子。把配制好的环氧腻子抹在模具表面,然后均匀用力推动刮刀将腻子刮光滑。腻子层厚度为 1 mm。

⑤ 水磨　待环氧腻子固化完全,按顺序分别用 400 号、600 号和 800 号水砂纸将模具表面磨平滑。水磨时应沿着圆弧面左右平衡移动,从上到下打磨,不能无顺序无规则地打磨。每用一种标号的水砂纸研磨完后都要对模面进行清洗。

⑥ 加强肋和挡板的安放　把用木材加工好的加强肋和分型面挡板安放到模具的指定位置上固定,然后用环氧腻子把两面相交处做成半径 R 大于 5 mm 的圆角。木材加工件在安装前应用环氧腻子刮平,打磨光滑。

⑦ 喷涂聚氨酯清漆　磨光环氧腻子后,用清水洗净并擦干,然后喷涂聚氨酯清漆。漆干了以后,用水砂纸打磨,打磨方法同上,打磨完之后,用清水洗净、擦干,再喷涂聚氨酯清漆,再打磨。

⑧ 研磨抛光　把脱模蜡抹在模具表面,然后用干净的纱布或毛巾来回摩擦,直至发热为止。以后每隔 2h 打蜡抛光 1 次,一般要抛光 5 次以上。亦可采用抛光机抛光,但转速不宜过高。

2. 成型阴模的翻制

(1) 涂脱模剂

在抛光的过渡模上涂 2 次脱模剂,要求涂匀,不要涂得太厚。

(2) 涂胶衣

胶衣层通常采用涂刷和喷涂。涂刷胶衣一般为 2 遍。待脱模剂干后,先涂刷第一遍胶衣,应尽量涂得厚薄均匀、连续,当第一遍胶衣手感发黏而又不粘手时,即可涂刷第二遍胶衣,并且第二遍与第一遍的涂刷方向应垂直。模具胶衣的厚度(300～400 g/m^2,每遍厚度不超过 0.15 mm)约为制品胶衣厚度的 1.4 倍,以满足打磨抛光的需要。模具胶衣颜色一般为黑色,灯光检查时黑色吸光,易发现模具表面不平整部分。为了避免垂直面或斜面树脂的流失,可加入触变树脂或气相二氧化硅粉。触变树脂一般用量为 15%～40%,气相二氧化硅粉一般用量为 1.0%～2.0%。通常用量以控制操作不流胶为准。胶衣配方为:模具专用胶衣树脂 100 份,色浆 1～5 份,引发剂 2～4 份,促进剂 1～4 份。

(3) 阴模的糊制

待胶衣层开始凝胶时,应立即铺放一层较柔软的增强材料。面层增强材料宜选用玻璃纤维表面毡,既能增强胶衣层(防止龟裂),又有利于胶衣层与结构层的黏合。结构层可采用厚的方格布。基体选用低收缩间苯型不饱和聚酯树脂。较厚的模具(如厚度超过 7 mm)可分 2 次成型固化。为了提高模具的刚度,防止树脂固化收缩和使用过程的变形,沿模具纵向应合理设置加强肋,模具的法兰面也必须加强。通常采用木材、硬质聚氨酯泡沫塑料或聚氯乙烯泡沫塑料作为加强肋的芯子,芯子外面包覆的增强材料应多于 5 层布。

(4) 表面处理

一般糊制的阴模应固化 24 h 以上才能脱模、加工和切除废边,然后进行砂磨处理,其顺序是先后使用 400 号～2000 号的水砂纸,边打磨边冲洗,再用 1 号抛光剂进行中粗抛光,最后用 3 号抛光剂精细抛光 2～3 遍,即可达到镜面效果。洗净模具表面的油污,并用毛巾擦去水珠以后,用纱布将脱模蜡均匀地涂在模具上,再用纱布反复摩擦,直至擦到发热为止。以后每隔 2 h 擦 1 次,新模具共需打 5 次蜡才能交付使用。

11.5.2 冷却塔塔体手糊成型工艺

(1) 原材料的选用

塔体是冷却塔中承受多种载荷的主体大部件,它要在一定的温度、湿热及水喷淋下长期工作,并承受塔各部件自重、风机重量、风载、填料和积水、风机运行时的负压、检修安装人员重量、积雪和地震力的作用等。根据上述工作条件,玻璃钢冷却塔的塔体宜采用复合结构,对材料的基本要求如下。

① 冷却塔运行时,塔体内表层长期处于湿热和热水喷淋的环境中,因此,玻璃钢塔体内表层材料应具有良好的耐水性和耐热性。

② 塔体强度结构层应具有足够的强度和刚度,以承受多种载荷的联合作用。

③ 由于塔体长期在室外使用,需经受紫外光的照射及千变万化的大气作用,因此,塔体外表层材料应具有良好的耐大气老化性能。

④ 所选用的原材料应具有良好的阻燃性或自熄性。塔体采用的阻燃树脂的氧指数(Oxygen index, OI)要求大于 26%,采用阻燃树脂制作的玻璃钢的氧指数应大于 28 %。

根据以上要求,对原材料可考虑作如下选择。

① 内表层的基体应采用耐热性和耐水性较好的韧性不饱和聚酯树脂,增强材料可选用无碱玻璃纤维短切毡;富树脂层的树脂含量应在 70%以上,短切毡或喷射成型层的树脂含量应在 65%以上。

② 强度结构层的基体应采用阻燃型的不饱和聚酯树脂,增强材料可选用厚度为 0.4～0.8 mm 的中碱无捻粗纱方格布。强度层的树脂含量控制在 45%～55%。

③ 外表面胶衣层与强度结构层间的过渡层,增强材料可采用中碱玻璃纤维表面毡(40～50 g/m^2)1～2 层,基体可选用加入 0.3%左右紫外光吸收剂的阻燃型不饱和聚酯树脂。

④ 外表面胶衣层选用加有 UV_9 紫外光吸收剂的胶衣树脂。

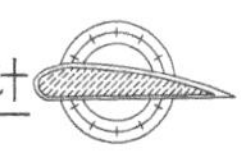

(2) 塔体手糊成型工艺

塔体手糊成型工艺流程如图 11.5.2 所示。

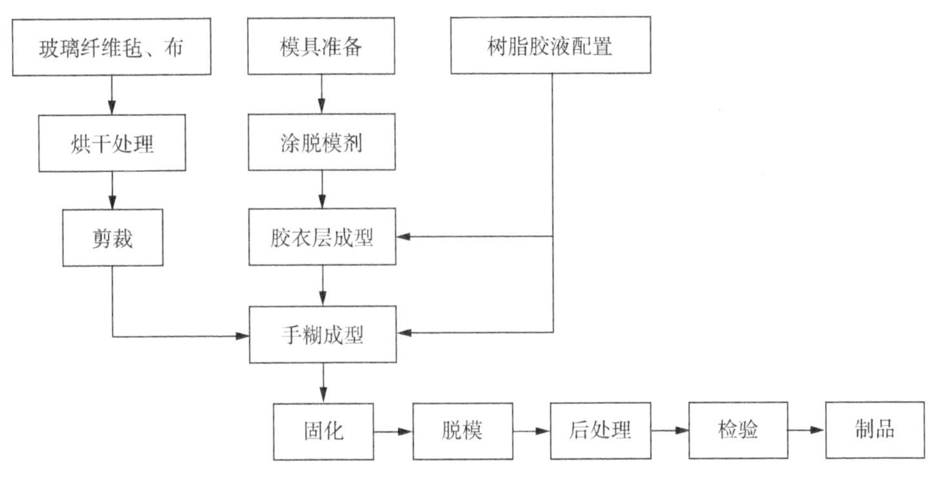

图 11.5.2　塔体手糊成型工艺流程

(3) 玻璃钢件的质量检测

① 外观　塔体外表面应有均匀的胶衣层，表面应光滑、无裂纹、色泽均匀；塔体表面的气泡和缺损允许修补，但应保持色泽基本一致，修补后的塔体外表面上直径 3～5 mm 的气泡在 1 m^2 内不允许超过 3 个，不允许有直径大于 5 mm 以上的气泡；下塔体内表面应为富树脂层；塔体边缘应整齐、厚度均匀、无分层，切割加工断面应加封树脂。

② 固化度和巴氏硬度　聚酯玻璃钢的固化度不小于 80%，巴氏硬度不小于 35；环氧玻璃钢的固化度不小于 90%。

③ 弯曲强度　织物增强聚酯玻璃钢的弯曲强度不低于 147 MPa，织物增强环氧玻璃钢的弯曲强度不低于 196 MPa；短切毡增强玻璃钢的弯曲强度不低于 78.4 MPa。

11.6　冷却塔的选型与使用

(1) 选用时须知水量 Q、进水温度 t_1 及设计湿球温度 τ，根据产品说明书上的热力性能曲线确定型号规格。

(2) 循环水浑浊度不大于 50 mg/L，短期允许不超过 100 mg/L。不宜含有油污和机械杂质。

(3) 最冷月平均气温低于－10℃的地区，在向厂方订货时需提出防冻问题，防止管路及布水系统结冰。

(4) 各厂生产的冷却塔淋水填料的材质不同，耐温程度有不同的规定。进水温度 t_1 如超过产品说明书规定的温度，应在订货时向厂方提出，在选材上加以解决。如需阻燃型塔，亦须在订货时说明(阻燃型塔树脂氧指数应不小于 28%)。

(5) 旋转布水器的布水管(或配水箱的配水孔)是按名义流量开孔，如实际流量与名义流量相差 15%以上时，应要求厂方改变开孔尺寸。

(6) 冷却塔进水管的水压应按产品说明书的要求设计，不要压力过高，否则会漂水。

(7) 冷却塔的安装地点应通风良好(与其他建筑物的净距应大于冷却塔进风口高度的 2

倍)。安装多台圆形塔时应保持一定的间距,避免在上风口的塔排出的湿热空气回流至下风口塔的进风口。应尽量避免布置在热源、废气、烟气发生点、化学品堆放处和煤堆附近。

(8) 管道安装及基础处理和其他事项应按相关的产品说明书上的规定办理。

(9) 对塔进行热力性能试验时,应满足以下要求:

① 冷却水量为设计水量的80%~110%。

② 进水温度与设计温度偏差允许为±2℃。

③ 进塔空气湿球温度为10~30℃。

测试条件与设计条件有差异时,应将试验条件的交换数修正到设计条件下的热力性能。

(10) 噪声、热力性能和风机电耗等测定方法见GB 7190—2008。

思考题与习题

11-1 为什么采用循环冷却水系统对节约用水、保护环境和减少能耗都具有重大的现实意义?

11-2 为什么复合材料能取代金属、木结构和钢筋混凝土用于制造冷却塔?

11-3 冷却塔中哪些零部件可以用复合材料(玻璃钢)制造?

11-4 为什么玻璃钢冷却塔在各领域都能获得广泛应用?

11-5 试比较横流式冷却塔与逆流式冷却塔的性能特点。

11-6 简述冷却塔各部分构造设计要求。

11-7 简述降低冷却塔噪声的有效措施。

11-8 利用平均焓差法计算确定200 m^3/h低噪声型逆流式冷却塔的直径。已知填料容积散质系数$\beta_{xv}=16\,000$ kg/($m^3\cdot h$)。

11-9 简述玻璃钢冷却塔塔体应如何进行结构设计。

11-10 叙述手糊法成型逆流式玻璃钢冷却塔塔体的工艺过程。

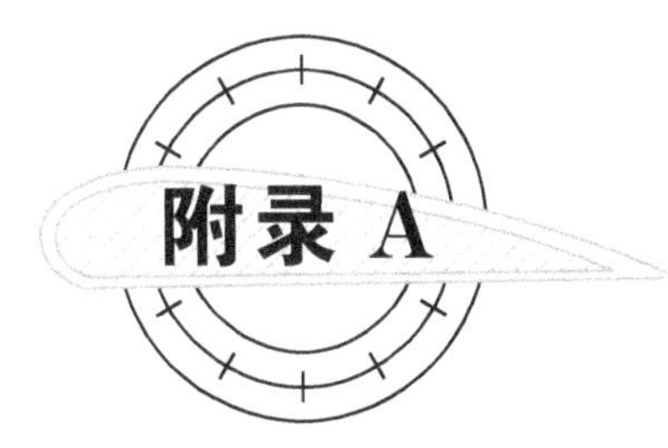

复合材料国家标准目录汇编

GB/T 793—1983	环氧树脂黏度测定
GB/T 1040.4—2006	塑料拉伸性能的测定 第4部分:各向同性和正交各向异性纤维增强复合材料的试验条件
GBT 1303.10—2009	电气用热固性树脂工业硬质层压板 第10部分:双马来酰亚胺树脂硬质层压板
GB/T 1408.1—2006	绝缘材料电气强度试验方法 第1部分:工频下试验
GB/T1408.2—2006	绝缘材料电气强度试验方法 第2部分:对应用直流电压试验的附加要求
GB/T 1409—2006	测量电气绝缘材料在工频、音频、高频(包括米波波长在内)下电容率和介质损耗因数的推荐方法
GB/T 1410—2006	固体绝缘材料体积电阻率和表面电阻率试验方法
GB/T 1411—2002	干固体绝缘材料耐高电压、小电流电弧放电的试验
GB/T 1446—2005	纤维增强塑料性能试验方法总则
GB/T 1447—2005	纤维增强塑料拉伸性能试验方法
GB/T 1448—2005	纤维增强塑料压缩性能试验方法
GB/T 1449—2005	纤维增强塑料弯曲性能试验方法
GB/T 1450.1—2005	纤维增强塑料层间剪切强度试验方法
GB/T 1450.2—2005	纤维增强塑料冲压式剪切强度试验方法
GB/T 1451—2005	纤维增强塑料简支梁式冲击韧性试验方法
GB/T 1452—2005	夹层结构平拉强度试验方法
GB/T 1453—2005	夹层结构或芯子平压性能试验方法
GB/T 1454—2005	夹层结构侧压性能试验方法
GB/T 1455—2005	夹层结构或芯子剪切性能试验方法

GB/T 1456—2005	夹层结构弯曲性能试验方法
GB/T 1457—2005	夹层结构滚筒剥离试验方法
GB/T 1458—1988	纤维缠绕增强塑料环形试样拉伸试验方法
GB/T 1461—1988	纤维缠绕增强塑料环形试样剪切试验方法
GB/T 1462—2005	纤维增强塑料吸水性试验方法
GB/T 1463—2005	纤维增强塑料密度和相对密度试验方法
GB/T 1464—2005	夹层结构或芯子密度试验方法
GB/T1634.2—2004	塑料负荷变形温度的测定　第 2 部分:塑料、硬橡胶和长纤维增强复合材料
GB/T 2567—2008	树脂浇铸体性能试验方法
GB/T 2572—2005	纤维增强塑料平均线膨胀系数试验方法
GB/T 2573—2008	玻璃纤维增强塑料老化性能试验方法
GB/T 2574—1989	玻璃纤维增强塑料湿热试验方法
GB/T 2575—1989	玻璃纤维增强塑料耐水性试验方法
GB/T 2576—2005	纤维增强塑料树脂不可溶分含量试验方法
GB/T 2577—2005	玻璃纤维增强塑料树脂含量试验方法
GB/T 2578—1989	纤维缠绕增强塑料环形试样制作方法
GB/T 3139—2005	纤维增强塑料导热系数试验方法
GB/T 3140—2005	纤维增强塑料平均比热容试验方法
GB/T 3354—1999	定向纤维增强塑料拉伸性能试验方法
GB/T 3355—2005	纤维增强塑料纵横剪切试验方法
GB/T 3356—1999	单向纤维增强塑料弯曲性能试验方法
GB 3357—1982	单向纤维增强塑料层间剪切强度试验方法
GB/T 3362—2005	碳纤维复丝拉伸性能试验方法
GB/T 3363—1982	碳纤维复丝纤维根数检验方法(显微镜法)
GB/T 3364—1982	碳纤维直径和当量直径检验方法(显微镜法)
GB/T 3365—1982	碳纤维增强塑料孔隙含量检验方法(显微镜法)
GB/T 3366—1996	碳纤维增强塑料纤维体积含量试验方法
GB/T 3854—2005	增强塑料巴柯尔硬度试验方法
GB/T 3855—2005	碳纤维增强塑料树脂含量试验方法
GB/T 3856—2005	单向纤维增强塑料平板压缩性能试验方法
GB/T 3857—2005	玻璃纤维增强热固性塑料耐化学介质性能试验方法
GB/T 3961—1993	纤维增强塑料术语
GB/T 4202—2007	玻璃纤维产品代号
GB/T 4550—2005	试验用单向纤维增强塑料平板的制备
GB/T 4613—1984	环氧树脂的环氧值、有机氯、无机氯、挥发份、软化点测定
GB/T 4944—2005	玻璃纤维增强塑料层合板层间拉伸强度试验方法
GB/T 5009.98—2003	食品容器及包装材料用不饱和聚酯树脂及其玻璃钢制品卫生标准分析方法

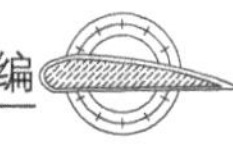

GB/T 5258—1995	纤维增强塑料薄层板压缩性能试验方法
GB/T 5349—2005	纤维增强热固性塑料管轴向拉伸性能试验方法
GB/T 5350—2005	纤维增强热固性塑料管轴向压缩性能试验方法
GB/T 5351—2005	纤维增强热固性塑料管短时水压失效压力试验方法
GB/T 5352—2005	纤维增强热固性塑料管平行板外载性能试验方法
GB/T 5591.1—2002	电气绝缘用柔软复合材料　第1部分：定义和一般要求
GB/T 5591.2—2002	电气绝缘用柔软复合材料　第2部分：试验方法
GB/T 6006—1985	玻璃纤维短切原丝毡片黏结剂在苯乙烯中溶解时间的测定
GB/T 6007—1985	玻璃纤维毡片单位面积质量的测定
GB/T 6011—2005	纤维增强塑料燃烧性能试验方法 炽热棒法
GB/T 6058—2005	纤维缠绕压力容器制备和内压试验方法
GB/T 7190.1—2008	玻璃纤维增强塑料冷却塔　第1部分：中小型玻璃纤维增强塑料冷却塔
GB/T 7190.2—2008	玻璃纤维增强塑料冷却塔　第2部分：大型玻璃纤维增强塑料冷却塔
GB/T 7193.1—1987	不饱和聚酯树脂　黏度测定方法
GB/T 7193.2—1987	不饱和聚酯树脂　羟值测定方法
GB/T 7193.3—1987	不饱和聚酯树脂　固体含量测定方法
GB/T 7193.4—1987	不饱和聚酯树脂　80℃下反应活性测定方法
GB/T 7193.5—1987	不饱和聚酯树脂　80℃热稳定性测定方法
GB/T 7193.6—1987	不饱和聚酯树脂　25℃凝胶时间测定方法
GB/T 7559—2005	纤维增强塑料层合板螺栓连接挤压强度试验方法
GB/T 8237—2005	纤维增强塑料用液体不饱和聚酯树脂
GB/T 8924—2005	纤维增强塑料燃烧性能试验方法 氧指数法
GB/T 9979—2005	纤维增强塑料高低温力学性能试验准则
GB/T 10703—1989	玻璃纤维增强塑料耐水性加速试验方法
GB 10440—2008	圆柱形复合罐
GB/T 13095.1—2000	整体浴室
GB/T 13095.2—2000	整体浴室　类型和尺寸系列
GB/T 13095.3—2000	整体浴室　防水盘
GB/T 13095.4—2000	整体浴室　试验方法
GB/T 13096—2008	拉挤玻璃纤维增强塑料杆力学性能试验方法
GB 13115—1991	食品容器及包装材料用不饱和聚酯树脂及其玻璃钢制品卫生标准
GB 13117—1991	食品容器及包装材料用不饱和聚酯树脂及其玻璃钢制品卫生标准分析方法
GB/T 13657—2011	双酚A型环氧树脂
GB/T 14205—1993	玻璃纤维增强塑料养殖船
GB/T 14206—2005	玻璃纤维增强聚酯波纹板
GB/T 14207—1993	夹层结构或芯子吸水性试验方法

GB/T 14208—1993	纺织玻璃纤维 无捻粗纱 棒状复合材料弯曲强度的测定
GB/T 14209—1993	纺织玻璃纤维 无捻粗纱 棒状复合材料压缩强度的测定
GB/T 14354—2008	玻璃纤维增强不饱和聚酯树脂食品容器
GB/T 15231—2008	玻璃纤维增强水泥性能试验方法
GB/T 15568—1995	通用型片状模塑料(SMC)
GB/T 15738—1995	导电和抗静电纤维增强塑料电阻率试验方法
GB/T 15928—1995	不饱和聚酯树脂增强塑料中残留苯乙烯单体含量测定方法
GB 16413—1996	煤矿井下用玻璃钢制品安全性能检验规范
GB/T 16778—1997	纤维增强塑料结构件失效分析一般程序
GB/T 16779—1997	纤维增强塑料层合板拉—拉疲劳性能试验方法
GB/T 17470—2007	玻璃纤维短切原丝毡和连续原丝毡
GB/T 18369—2008	玻璃纤维无捻粗纱
GB/T 18370—2001	玻璃纤维无捻粗纱布
GB/T 18371—2008	连续玻璃纤维纱
GB/T 18373—2001	印制板用 E 玻璃纤维布
GB/T 18374—2008	增强材料术语及定义
GB 18545—2001	车间空气中玻璃钢粉尘职业接触限值
GB/T 21238—2007	玻璃纤维增强塑料夹砂管
GB/T 21492—2008	玻璃纤维增强塑料顶管
GB/T 23100—2008	电气用热固性树脂工业硬质玻璃纤维缠绕管
GB/T 23641—2009	电气用纤维增强不饱和聚酯模塑料(SMC 和 BMC)
GB/T 24721.1—2009	公路用玻璃纤维增强塑料产品　第 1 部分:通则
GB/T 24721.2—2009	公路用玻璃纤维增强塑料产品　第 2 部分:管箱
GB/T 24721.3—2009	公路用玻璃纤维增强塑料产品　第 3 部分:管道
GB/T 24721.4—2009	公路用玻璃纤维增强塑料产品　第 4 部分:非承压通信井盖
GB/T 24721.5—2009	公路用玻璃纤维增强塑料产品　第 5 部分:标志底板
GB/T 25383—2010	风力发电机组　风轮叶片
GB/T 25384—2010	风力发电机组　风轮叶片全尺寸结构试验
GB/Z 25427—2010	风力发电机组　雷电防护
GB/T 26735—2011	玻璃纤维增强热固性树脂喷淋管
GB/T 26743—2011	结构工程用纤维增强复合材料筋
GB/T 26745—2011	结构加固修复用玄武岩纤维复合材料
GB/T 26749—2011	碳纤维浸胶纱拉伸性能的测定
GB/T 26752—2011	聚丙烯腈基碳纤维
GB 50608—2010	纤维增强复合材料建设工程应用技术规范

复合材料管道、贮罐及容器常用标准目录汇编

ISO 7370—1983(E)	玻璃纤维增强热固性塑料(GRP)管及管件—公称直径、规定直径及标准长度
ISO 8483—2003	玻璃纤维增强热固性塑料管及管件—证实法兰螺栓连接设计的试验方法
ISO 8533—2003	玻璃纤维增强热固性塑料管及管件—证实粘接或包缠连接设计的试验方法
ISO 8605—1989(E)	纺织玻璃增强塑料—片状模塑料(SMC)基础规范
ISO 8639—2000	玻璃纤维增强热固性塑料管及管件—柔性接头密封性试验方法
ISO 10928—1997	塑料管系统—玻璃纤维增强热固性塑料管及管件—回归分析方法及其应用
API—15LR	低压玻璃钢输送管标准
API—15AR	玻璃钢套管标准
API—15HR	高压玻璃钢输送管标准
AS 3571—1989	给水、污水和排水用的聚酯基玻璃纤维增强热固性塑料(GRP)管标准
AS 3572.5—1989	玻璃纤维缠绕增强塑料管环向拉伸强度的测定
AS 3572.6—1989	玻璃纤维缠绕增强塑料管环向拉伸模量的测定
AS 3572.8—1989	玻璃纤维缠绕增强塑料管长期环向刚度的测定
AS 3572.10—1989	玻璃纤维增强塑料管初始环向刚度的测定
AS 3572.11—1989	玻璃纤维增强塑料管初始环向变形的测定

AS 3572.12—1989	玻璃纤维增强塑料管初始失效压力和初始环向强度的测定
AS 3572.13—1989	玻璃纤维增强塑料管初始轴向拉伸强度的测定
AS 3572.14—1989	玻璃纤维增强塑料管在恒定载荷及环境条件下的长期环向变形测定
AS 3572.15—1989	玻璃纤维增强塑料管长期应变腐蚀性能的测定
AS 3572.16—1989	玻璃纤维增强塑料管柔性接头的试验
ASTM C581—87	玻璃纤维增强结构用热固性树脂的耐化学腐蚀的试验方法
ASTM C582—87	耐腐蚀设备用接触模塑增强热固性塑料(RTP)层合板规范
ASTM D1532—88	聚酯玻璃纤维毡层合板标准规范
ASTM D1599—88	塑料管及管配件的短期水压破坏强度的测试方法
ASTM D1694—87	玻璃纤维增强热固性树脂管的60°(短牙)螺纹标准规范
ASTM D2143—69(1987)	增强热固性塑料管的循环压力强度的试验方法
ASTM D2290—87(1986)	用分离盘法测定塑料和增强塑料制品的表观拉伸强度的试验方法
ASTM D2310—86	机械成型的增强热固性树脂管的分类方法
ASTM D2412—87	平板加载法测定塑料管的外压特性
ASTM D2517—81(1987)	增强热固性树脂管标准规范
ASTM D2563—87	玻璃钢层合件目测缺陷分类
ASTM D2586—68(1990)	玻璃纤维增强塑料圆筒静水压强度试验方法
ASTM D2924—86	增强热固性树脂管的抗外压性能的测试方法
ASTM D2925	全流状态下增强热固性树脂管的梁挠度测定方法
ASTM D2992—87	确定玻璃纤维增强热固性树脂管及管件静水压力或压力设计基准推荐实施方法
ASTM D2996—88	纤维缠绕增强热固性树脂管规格
ASTM D2997—90	离心浇铸法增强热固性树脂管规格
ASTM D3139—89	采用柔型弹性体密封的塑料压力管接头标准规范
ASTM D3212—89	用柔型弹性体密封圈的排水和污水塑料管连接规范
ASTM D3262—88	玻璃纤维增强热固性树脂污水管标准规范
ASTM D3517—91	玻璃纤维增强热固性树脂压力管规范
ASTM D3567—91	玻璃纤维增强热固性树脂管和配件的尺寸测量方法
ASTM D3753—81(1986)	玻璃纤维增强聚酯人孔(检查井)规范
ASTM D3754—88	玻璃纤维增强热固性树脂污水和工业压力管标准规范
ASTM D3839—89	柔性增强热固性树脂管和增强塑料砂浆管的地下安装时的标准方法
ASTM D3840—88	常压使用增强塑料砂浆管管件标准规范
ASTM D4021—86	玻璃纤维增强聚酯地下石油贮罐标准规范
ASTM D4024—87	增强热固性树脂(RTR)法兰规范
ASTM D4097—88	接触模塑玻璃纤维增强热固性树脂化工防腐贮罐标准规范
ASTM D4160—82	常压增强热固性树脂(RTRP)—管件标准规范
ASTM D4161—86	用柔型弹性密封圈的玻璃纤维增强热固性树脂管连接规范

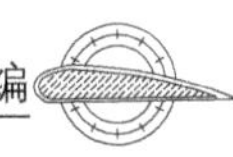

ASTM D4398—89	测定单面暴露的玻璃纤维增强热固性树脂板耐化学性能的试验方法
ASTM E1067—85	玻璃纤维增强塑料(FRP)贮罐/容器声发射检验标准实施方法
ASTM E1118—89	增强热固性树脂管(RTRP)声发射检验标准实施方法
ASTM F1173	用于海上的玻璃纤维增强环氧树脂管和管件标准
ANSI C136.20—1990	纤维增强塑料(FRP)照明电杆标准
ANSI/AWWA C950—2001	玻璃纤维增强塑料压力管
BS 4994—1987	增强塑料容器和贮罐的设计和结构规范
BS 5480—1990	供水或污水用玻璃钢管道、接头及管件
BS 6464—1984	制炼厂用增强塑料管、管件及接头规范
DIN 16870—87	(第1分册)玻璃纤维增强环氧树脂(EP-GF)缠绕管
DIN 16964—82	玻璃纤维增强聚酯树脂(UP-GF)缠绕管一般质量要求及试验方法
DIN 16965—82	(第1分册)玻璃纤维增强聚酯树脂(UP-GF)缠绕管　A型管
DIN 16965—82	(第2分册)玻璃纤维增强聚酯树脂(UP-GF)缠绕管　B型管
DIN 16965—82	(第4分册)玻璃纤维增强聚酯树脂(UP-GF)缠绕管　D型管
DIN 16965—82	(第5分册)玻璃纤维增强聚酯树脂(UP-GF)缠绕管　E型管
DIN 16966—82	(第2分册)玻璃纤维增强聚酯树脂(UP-GF)管件及连接、弯头
DIN 16966—82	(第4分册)玻璃纤维增强聚酯树脂(UP-GF)管件及连接、三通、接管
DIN 16966—82	(第5分册)玻璃纤维增强聚酯树脂(UP-GF)管件及连接、异径管
DIN 16966—82	(第6分册)玻璃纤维增强聚酯树脂(UP-GF)管件及连接、突缘、法兰、密封件
DIN 16966—82	(第8分册)玻璃纤维增强聚酯树脂(UP-GF)管件及连接　铺层连接
DIN 16967—82	(第2分册)玻璃纤维增强环氧树脂(EP-GF)的管件及连接 弯头、三通
FRPS C001—1985	接触成型玻璃纤维增强塑料耐腐蚀制品标准
FRPS P001—1985	纤维缠绕增强热固性树脂压力管
JIS A4101—1988	玻璃纤维增强塑料净化槽结构部件
JIS A4110—1989	玻璃纤维增强聚酯整体水箱
JIS A5350—1991	增强塑料复合管
JIS K6919—1992	纤维增强塑料用液体不饱和聚酯树脂
JIS K7011—1989	结构用玻璃纤维增强塑料
JIS K7012—1992	玻璃纤维增强塑料耐腐蚀贮罐
MIL P24608	直径1/2～12英寸,压力200psi,使用温度150°F的环氧树脂管标准
MIL P28584A	直径2～12英寸,压力125psi及250°F下连续使用的增强环氧树脂管和管件
MIL P29206	直径2～12英寸,温度150°F及150psi压力下(冲击压力可达250psi)使用的增强环氧或聚酯管和管件

SFS 5163(E)　　塑料管、GRP 管及管件—设计和定尺寸原则、质量规范、控制和标记

标准代号说明

ISO——国际标准
ANSI——美国国家标准
API——美国石油协会标准
AS——澳大利亚国家标准
ASTM ——美国材料与试验协会标准
AWWA ——美国给水工程协会标准
BS——英国标准
DIN ——德国国家标准
FRPS——日本增强塑料协会标准
JIS ——日本国家工业标准
MIL ——美国军用标准
SFS ——芬兰国家标准

[1] 王耀先. 复合材料结构设计. 北京：化学工业出版社，2001.
[2] 陆关兴，王耀先. 复合材料结构设计. 上海：华东化工学院出版社，1991.
[3] 王耀先. 复合材料力学. 上海：华东化工学院出版社，1991.
[4] 李顺林，王兴业. 复合材料结构设计基础. 武汉：武汉工业大学出版社，1993.
[5] 沃丁柱，李顺林，王兴业，等. 复合材料大全. 北京：化学工业出版社，2000.
[6] 王士杰. 复合材料力学导引. 重庆：重庆大学出版社，1987.
[7] 李顺林. 复合材料力学引论. 上海：上海交通大学出版社，1986.
[8] 航空航天工业部科学技术研究院. 复合材料设计手册. 北京：航空工业出版社，1990.
[9] 王耀先，柴德龙，等. 功能高分子学报，1994(3)：323-332.
[10] 中国航空研究院. 复合材料连接手册. 北京：航空工业出版社，1994.
[11] [美]蔡为仑. 复合材料设计. 刘方龙，等译. 北京：科学出版社，1989.
[12] 周履，王震鸣，范赋群. 复合材料及其结构的力学进展(第一册). 广州：华南理工大学出版社，1991.
[13] [日]植村益次. 纤维增强塑料设计手册. 北京玻璃钢研究所，译. 北京：中国建筑工业出版社，1986.
[14] [美]邹祖讳. 复合材料的结构与性能. 吴人洁，等译. 北京：科学出版社，1999.
[15] 刘锡礼，王秉权. 复合材料力学基础. 北京：中国建筑工业出版社，1984.
[16] 上海玻璃钢研究所. 玻璃钢结构设计. 北京：中国建筑工业出版社，1980.
[17] 林毅. 复合材料. 赵渠森，译. 北京：国防工业出版社，1979.
[18] Jones R M. Mechanics of Composite Materials. 2nd ed. USA Philadelphia：Taylor & Francis，Inc.，1998.
[19] 哈尔滨建筑工程学院. 玻璃钢结构分析与设计. 北京：中国建筑工业出版社，1981.
[20] 沈观林，胡更开. 复合材料力学. 北京：清华大学出版社，2006.
[21] 上海玻璃钢研究所. 玻璃钢手糊成型工艺. 北京：中国建筑工业出版社，1984.
[22] 顾震隆. 短纤维复合材料力学. 北京：国防工业出版社，1987.
[23] 王兴业，唐羽章. 复合材料力学性能. 长沙：国防科技大学出版社，1988.
[24] 李顺林. 复合材料工作手册. 北京：航空工业出版社，1988.
[25] 李卓球，岳红军. 玻璃钢管道与容器. 北京：科学出版社，1990.

[26] 岳红军. 玻璃钢夹砂管道. 北京：科学出版社，1990.
[27] 姜作义，张和善. 纤维-树脂复合材料技术与应用. 北京：中国标准出版社，1990.
[28] 乔生儒. 复合材料细观力学性能. 西安：西北工业大学出版社，1997.
[29] 蒋咏秋，陆逢升，顾志建. 复合材料力学. 西安：西安交通大学出版社，1990.
[30] 吕恩琳. 复合材料力学. 重庆：重庆大学出版社，1992.
[31] 周履，范赋群. 复合材料力学. 北京：高等教育出版社，1991.
[32] 赵玉庭，姚希曾. 复合材料基体与界面. 上海：华东化工学院出版社，1991.
[33] 翁祖祺，陈博，张长发. 中国玻璃钢工业大全. 北京：国防工业出版社，1992.
[34] [英]菲利普斯，等. 复合材料的设计基础与应用. 理有亲，等译. 北京：航空工业出版社，1992.
[35] 周祖福. 复合材料学. 武汉：武汉工业大学出版社，1995.
[36] 王山根，等. 国外复合材料性能手册. 北京：中国环境科学出版社，1990.
[37] 陈祥宝. 高性能树脂基体. 北京：化学工业出版社，1999.
[38] [荷]欧洲航天局. 空间结构用复合材料设计手册. 丁惠梁，等译. 航空航天部飞机强度研究所，1992.
[39] Christensen R M.] Mechanics of Composite Materials. John Wiley &sons，Inc. ，1979.
[40] Vinson J R，Chou J W. Composite Materials and their Use in Structures. Applied Science Publishers Ltd，1975.
[41] Tsai S W，Hahn H T. Introduction to Composite Materials，Technomic Publishing Co，1980.
[42] Agarwal B D，Broutman L J. Analysis and Performance of Fiber Composites. John Wiley & Sons，Inc. ，1980.
[43] 王善元，张汝光. 纤维增强复合材料. 上海：中国纺织大学出版社，1998.
[44] 华东建筑设计院. 工业给水处理. 北京：中国建筑工业出版社，1986.
[45] 华东化工学院复合材料教研组. 玻璃钢产品结构设计讲义. 1983.
[46] 吴代华，晏石林，岳红军. 缠绕玻璃钢容器的强度与铺层设计. 玻璃钢学会第八届玻璃钢/复合材料学术年会论文集，1989.
[47] British standards Institution. BS 4994 - 1987 British Standard Specification for Design and Construction of Vessels and tanks in reinforced plastics.
[48] 中华人民共和国国家标准. GB7190. 1—1997 玻璃纤维增强塑料冷却塔] 第 1 部分：中小型玻璃纤维增强塑料冷却塔.
[49] 周仕刚，秦瑞瑶，等. 夹砂复合材料管道研究的新进展. 复合材料新进展学术会议论文集，1991.
[50] 秦瑞瑶. 缠绕夹砂玻璃钢管（RPM 管）的成型工艺参数分析. 玻璃钢/复合材料，1996(2)：30.
[51] 哈尔滨玻璃钢研究所，全国纤维增强塑料标准化技术委员会. 国外纤维增强塑料标准选编(2). 哈尔滨：黑龙江科学技术出版社，1993.
[52] 苏玉堂，史有好. 玻璃钢管道手册. 北京：中国玻璃钢工业协会，玻璃钢研究设计院，1995.

[53] 苏玉堂，黄斌．玻璃钢管道不同生产工艺的比较．北京：中国玻璃钢工业协会，玻璃钢研究设计院，1994.
[54] 中华人民共和国国家标准．GB2555—81 一般用途管法兰连接尺寸．
[55] 李忠江，徐光友，李军．玻璃钢法兰设计．玻璃钢/复合材料，1997(3)：32 - 33.
[56] ANSI/AWWA C950 - 88 Standard for Glass Fiber Reinforced Thermosetting - Resin Pressure Pipe.
[57] 王志文．化工容器设计．2 版．北京：化学工业出版社，1998.
[58] Chou T W. Microstructural Design of Composites. Cambridge University Press，1992.
[59] 张少实，庄茁．复合材料与粘弹性力学．北京：机械工业出版社，2005.
[60] 矫桂琼，贾普荣．复合材料力学．西安：西北工业大学出版社，2008.
[61] 陈建桥．复合材料力学概论．北京：科学出版社，2006.
[62] 王敏，郑水蓉，郑亚萍．聚合物基复合材料及工艺．北京：科学出版社，2004.
[63] 姜振华．先进聚合物基复合材料技术．北京：科学出版社，2007.
[64] 刘雄亚．复合材料新进展．北京：化学工业出版社，2007.
[65] Daniel I M，Ishai O. Engineering mechanics of composite materials. New York：Oxford，1994.
[66] 郑传祥．复合材料压力容器．北京：化学工业出版社，2006.
[67] 刘雄亚，晏石林．复合材料制品设计及应用．北京：化学工业出版社，2003.
[68] 中国航空研究院．复合材料结构设计手册．北京：航空工业出版社，2001.
[69] 王震鸣．复合材料力学和复合材料结构力学．北京：机械工业出版社，1991.
[70] 益小苏，杜善义，张立同．复合材料手册．北京：化学工业出版社，2009.
[71] 沃丁柱．复合材料大全．北京：化学工业出版社，2000.
[72] 汪泽霖．玻璃钢原材料及选用．北京：化学工业出版社，2009.
[73] 益小苏．先进复合材料技术研究与发展．北京：国防工业出版社，2006.
[74] 赵美英．陶梅贞．复合材料结构力学与结构设计．西安：西北工业大学出版社，2007.
[75] 杨乃宾，梁伟．大飞机复合材料结构设计导论．北京：航空工业出版社，2009.
[76] 国家发展和改革委员会高技术产业司，中国材料研究学会．中国新材料产业发展报告(2007)——新材料与资源、能源和环境协调发展．北京：化学工业出版社，2008.
[77] 国家发展和改革委员会高技术产业司，中国材料研究学会．中国新材料产业发展报告(2008)．北京：化学工业出版社，2009.
[78] 国家发展和改革委员会高技术产业司，中国材料研究学会．中国新材料产业发展报告(2009)．北京：化学工业出版社，2010.
[79] 国家发展和改革委员会高技术产业司，中国材料研究学会．中国新材料产业发展报告(2010)．北京：化学工业出版社，2011.
[80] 陈祥宝．聚合物基复合材料手册．北京：化学工业出版社，2004.
[81] 张玉龙．先进复合材料制造技术手册．北京：机械工业出版社，2003.
[82] 赵渠森．先进复合材料手册．北京：机械工业出版社，2003.
[83] 黄家康．复合材料成型技术及应用．北京：化学工业出版社，2011.
[84] 王汝敏，郑水蓉，郑亚萍．聚合物基复合材料．2 版．北京：科学出版社，2011.

[85] 中国科学院先进材料领域战略研究组. 中国至2050年先进材料科技发展路线图. 北京：科学出版社，2009.

[86] 董建华，张希，王利祥. 高分子科学学科前沿与展望. 北京：科学出版社，2011.

[87] Zhu D，Wang Y X，Zhang X L，et al. Interfacial Bond Property of UHMWPE Composite. Polymer Bulletin，2010，65:35－44.

[88]Zhang X K，Wang Y X，Lu C，et al. Interfacial adhesion study on UHMWPE fibre－reinforced composites. Polymer Bulletin，2011，67:527－540.

[89] Gibson R F. Principles of composite material mechanics. 2nd ed. USA Boca Raton：CRC Press，2007.

[90] Sun C T. Mechanics of Aircraft Structures. New York：John Wiley & Sons，1998].

[91] Vasiliev V V，Morozov E V. Advanced mechanics of composite materials. 2nd ed. UK Oxford：Elsevier，2007.

[92] Kaw A K. Mechanics of composite materials. 2nd ed. Florida：Taylor & Francis，2006.

[93] Bunsell A R，Renard J. Fundamentals of fibre reinforced composite materials. Institute of Physics，2005.

[94] Gerdeen J C，Lord H W，Rorrer R A L. Engineering design with polymers and composites. USA Boca Raton：Taylor & Francis Group CRC Press，2005.

[95] Tuttle M E. Structural analysis of polymeric composite materials. New York：Marcel Dekker，Inc.，2004.

内容简介

全书共四篇 11 章，从复合材料导论、复合材料力学、复合材料结构设计基础以及复合材料典型产品设计等四个方面系统介绍了复合材料力学与结构设计。主要内容包括：复合材料的构造、特性、应用及发展；单层板的宏观力学分析，层合板的宏观力学分析，单层板的细观力学分析；复合材料连接分析与设计，复合材料结构设计基础；纤维缠绕压力容器设计，复合材料贮罐设计，复合材料管道设计，复合材料叶片设计和复合材料冷却塔设计等。

本书既可作为高等院校材料专业及相关专业的教材，又可供复合材料行业从事研究、设计、生产与应用部门的工程技术人员参考。